U0913335

国家出版基金项目
NATIONAL PUBLICATION FOUNDATION

中国分析测试技术丛书

中国分析测试协会组织编写

李景虹 总主编

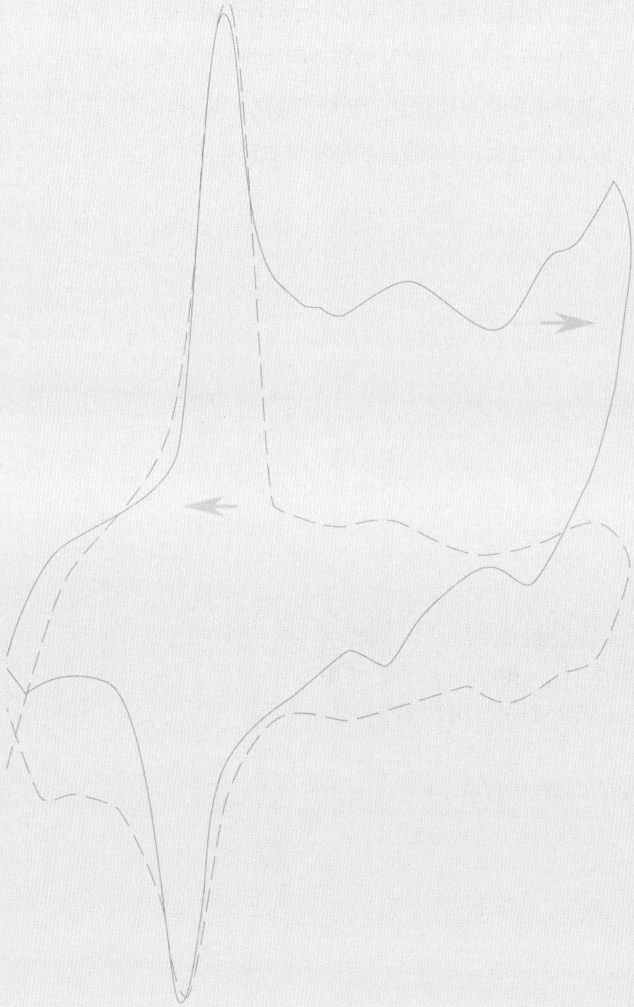

ELECTROCHEMICAL ANALYSIS

电化学分析

刘松琴　江德臣　张袁健　等 编著

化学工业出版社

·北京·

内容简介

《电化学分析》是“中国分析测试技术丛书”的一个分册。

本书内容大体分为两部分：首先，第一至五章主要介绍电化学分析过程相关的基础知识，以及电位分析法、电导分析法、伏安分析法和交流阻抗分析法等经典电化学分析技术。第六至十章，结合学科前沿热点，重点阐述电化学分析技术的新进展和新应用领域，包括电化学发光分析、电化学原位表征技术（电化学与波谱和质谱等其他分析技术的结合联用），以及电化学分析在生物、单细胞/活体电化学分析、单颗粒与单分子电化学分析等领域的应用和进展，并着重介绍了国内学者的研究成果，便于广大分析测试工作者及时掌握电化学分析领域的最新技术和相关应用进展。

《电化学分析》主要读者是从事电化学分析研究或者对电化学分析技术感兴趣的科技工作者及硕士、博士研究生，以及具有较好理论基础的高年级本科生。

图书在版编目（CIP）数据

电化学分析 / 中国分析测试协会组织编写 ； 刘松琴等编著. -- 北京 ： 化学工业出版社，2025. 4. --（中国分析测试技术丛书）. -- ISBN 978-7-122-47227-4

Ⅰ. O657.1

中国国家版本馆CIP数据核字第2025JT4614号

责任编辑：马泽林　杜进祥

文字编辑：向　东

责任校对：宋　玮

装帧设计：王晓宇

出版发行：化学工业出版社

（北京市东城区青年湖南街13号　邮政编码100011）

印　　装：中煤（北京）印务有限公司

787mm×1092mm　1/16　印张27½　字数489千字

2026年1月北京第1版第1次印刷

购书咨询：010-64518888

售后服务：010-64518899

网　　址：http://www.cip.com.cn

凡购买本书，如有缺损质量问题，本社销售中心负责调换。

定　　价：168.00元

版权所有　违者必究

“中国分析测试技术丛书”

编 委 会

中国分析测试协会　组织编写

李景虹　欧阳钢锋　总主编

编委会主任：**李景虹**　清华大学　中国科学院院士

编委会委员（以姓氏拼音为序）：

蔡宗苇　香港浸会大学　教授
陈洪渊　南京大学　中国科学院院士
陈焕文　江西中医药大学　教授
丁延伟　中国科学技术大学　教授
董　林　南京大学　教授
方　向　中国计量科学研究院　研究员
冯钰锜　武汉大学　教授
扶　晖　北京大学分析测试中心　高级工程师
高　松　中山大学　中国科学院院士
关亚风　中国科学院大连化学物理研究所　研究员
侯贤灯　四川大学　教授
黄承志　西南大学　教授
江桂斌　中国科学院生态环境研究中心　中国科学院院士
江云宝　厦门大学　教授
姜秀娥　中国科学院长春应用化学研究所　研究员
蒋健晖　湖南大学　教授
鞠熀先　南京大学　教授
孔继烈　复旦大学　教授
李　灿　中国科学院大连化学物理研究所　中国科学院院士
李景虹　清华大学　中国科学院院士
练鸿振　南京大学　教授
林金明　清华大学　教授
刘　涛　大连理工大学　教授
刘松琴　东南大学　教授
刘忠范　北京大学　中国科学院院士
卢小泉　西北师范大学　教授
吕　弋　四川大学　教授

毛兰群　北京师范大学　教授
宁永成　清华大学　教授
欧阳钢锋　中山大学　教授
庞代文　南开大学　教授
邵学广　南开大学　教授
孙世刚　厦门大学　中国科学院院士
谭蔚泓　湖南大学　中国科学院院士
唐　波　崂山实验室 / 山东师范大学　中国科学院院士
唐智勇　国家纳米科学中心　中国科学院院士
田　阳　华东师范大学　教授
田中群　厦门大学　中国科学院院士
万立骏　中国科学院化学研究所　中国科学院院士
汪海林　中国科学院生态环境研究中心　研究员
王　铁　天津理工大学　教授
王　勇　国家自然科学基金委员会　研究员
王春霞　国家自然科学基金委员会　研究员
王建波　武汉大学　教授
吴骊珠　国家自然科学基金委员会　中国科学院院士
许国旺　中国科学院大连化学物理研究所　教授
薛其坤　南方科技大学　中国科学院院士
严秀平　江南大学　教授
姚　琲　天津大学　教授
姚建年　中国化学会　中国科学院院士
姚骏恩　北京航空航天大学　中国工程院院士
姚文清　清华大学　正高级工程师
岳清瑞　北京科技大学　中国工程院院士
张书圣　临沂大学　教授
张玉奎　中国科学院大连化学物理研究所　中国科学院院士
周小元　重庆大学　教授
周一歌　湖南大学　教授
朱为宏　华东理工大学　中国科学院院士
庄乾坤　国家自然科学基金委员会　研究员

本书编写人员

（以姓氏拼音为序）

陈　然　东南大学

华　鑫　东南大学

江德臣　南京大学

刘松琴　东南大学

闵乾昊　南京大学

王　伟　南京大学

吴德印　厦门大学

吴亚锋　东南大学

张袁健　东南大学

周志新　东南大学

丛书序言 FOREWORD

科学是从测量开始的。科学仪器是人类认识世界获取信息的重要工具。“工欲善其事，必先利其器”，原创性的科学仪器往往会开辟新的学科领域，带来新的科技成果。据不完全统计，诺贝尔奖自然科学获奖项目中，72% 的物理学奖、81% 的化学奖、95% 的生理学或医学奖都是借助尖端科学仪器来完成的，特别是因发明科学仪器而直接获诺贝尔奖的项目占 11%。中国遭遇“卡脖子”问题，究其根本，很多是卡在超精密分析测试能力上。只有测量出来，才能制造出来。没有精密的测量，就没有精密的产品，高水平的分析测试技术和分析仪器制造能力是发展高端制造业的必备条件。

分析测试是借助各种科学仪器，运用物理、化学、生物学、材料科学、电子学、计算机科学等多学科知识和技术，对被测对象进行分析，获得被测物质定性或定量的成分、结构等信息。分析测试是科技与生产的眼睛，是衡量一个国家经济与科技发展水平的主要标志，在科技、经济、国防和社会发展各领域均处于重要地位，是推动中国航空航天、生物医药、能源环境、新材料研究等领域开展世界前沿科技探索的重要引擎（图 1）。

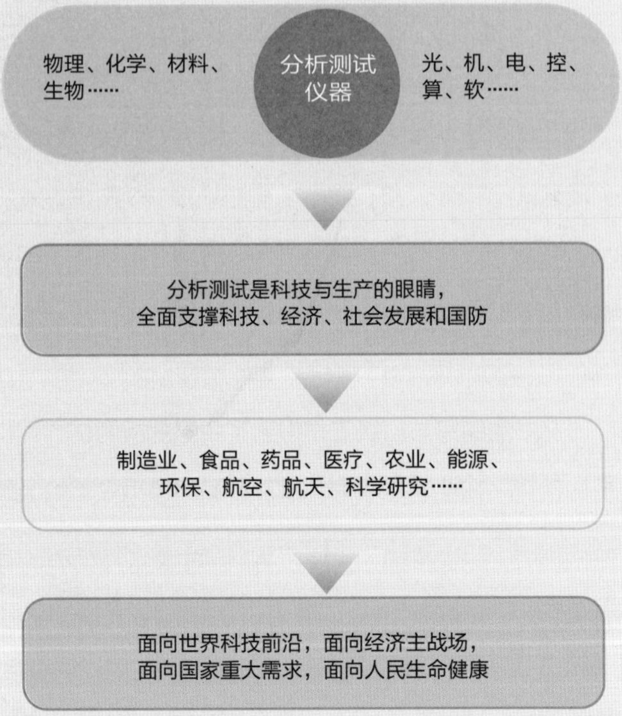

≫ 图 1　分析测试技术的重要地位

随着国民经济和科学技术的飞速发展，从事分析测试的各类人员迅速增多，同时，由于新原理、新技术、新材料和新工艺的广泛采用，分析测试仪器也得到了日新月异的发展，分析测试的应用领域越来越广阔、越来越深入，如中国科学院上海技术物理研究所研制的“嫦娥五号”着陆器上的月球矿物光谱仪，首次提供了月球上水的原位探测证据；再如中国科学院大连化学物理研究所研制的微型气相色谱仪，已搭载我国空间站问天实验舱正式入轨服役，为航天员生命健康提供保障。

为了加强分析测试技术交流，系统总结分析测试领域取得的诸多成就，使广大分析测试工作者及时掌握分析仪器最新技术与应用进展，进一步提高分析测试技术水平，中国分析测试协会特组织编写“中国分析测试技术丛书”。丛书由数十项国家自然科学基金项目、国家重大科研仪器研制项目等国家课题孕育，基于国家大型科学仪器中心、国家重点实验室、一流高校分析测试中心等单位百余名专家的科研成果总结凝练而成，融入了他们广博的知识积累和丰富的分析经验。丛书以科技创新驱动引领高质量发展为目标，以“科学系统、简明实用、面向前沿、突出创新”为编写宗旨，以面向世界科技前沿、面向经济主战场、面向国家重大需求、面向人民生命健康为主线，强调创新创造，注重世界领先和中国首创，从定性定量分析、物化性能分析、结构形貌分析等角度，全面系统阐述了分析测试各领域前沿技术、关键技术以及相关应用成果。

希望丛书的出版，能为广大分析测试人员，科研人员及工程技术人员，科学仪器研发、生产及管理人员，高等学校师生等提供一个入门的指导和有力的工具，共同促进中国分析测试技术进步，为各领域科研与生产，为国家、地方经济和社会发展服务。

丛书的编写与出版工作得到了中国分析测试界同仁的大力支持，凝聚了他们大量的心血和期望，在此谨向他们，以及在编写过程中曾给予我们热情支持与帮助的有关院校、科研院所及厂矿企业的专家和同行，致以诚挚的谢意。同时我们也真诚期待广大读者的热情关注和批评指正。

中国科学院院士

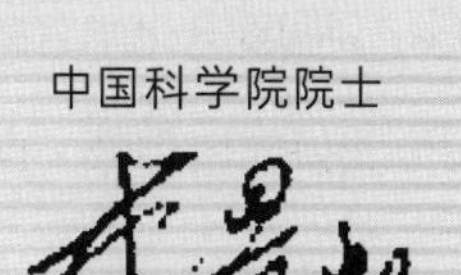

序

随着时代发展，现代科技领域的重大突破往往与分析测试方法的发展和科学仪器的进步密切相关。分析测试在科技发展和工业生产中占有举足轻重的位置，分析测试技术的水平高低体现了一个国家的科技和经济发展状况。

《电化学分析》作为“中国分析测试技术丛书”之一，主要阐述电化学分析的基础理论、经典分析方法以及最新应用进展。电化学分析有着悠久的历史，从 18 世纪末的电解分析法起发展至今，电化学分析理论发展日臻完善。现代电化学的研究已经从电极表界面过程研究拓展到利用各种电化学分析方法开展分析测试，特别是电化学理论和分析方法与环境科学、能源科学、材料科学、生命科学等领域结合后，拓展出许多新的交叉研究领域。

本书在介绍电化学分析的经典基础理论和方法时，着重引用我国学者在这些交叉研究领域发展的各种新方法和研究成果，尤其是利用电化学方法与其他光谱、质谱等技术联用，发展了电致化学发光、电化学成像、电化学质谱、电化学红外、电化学拉曼分析测试原理和技术以及一系列仪器和原理样机，并用于生命科学、新能源和环境等领域进行电化学界面反应的原位探测和电极反应动力学研究，取得了丰硕成果。

21 世纪以来，现代科技已经进入纳米时代。在电化学分析领域，纳米电极的出现，为电化学分析在纳米尺度上的研究提供了巨大的推动力。当前，科研工作者们已经可以制备尺寸在几纳米至几十纳米的电极，这些纳米电极用途广泛，可以检测电子转移、离子转移、离子电导等各类信号，结合扫描探针技术更是可以获得纳米级的空间分辨率。纳米电极的出现也极大地丰富了电化学分析的研究对象，从探索宏观电极的表面物理化学信息，到生命科学领域的单细胞研究，以及单个纳米颗粒的表征，逐步形成了纳米电化学这一独具特色的研究方向。本书从原理、试剂、仪器到应用，对纳米电化学分析这一领域的研究工作进行了总结和展望。

回顾电化学分析发展的历史，在电化学分析发展的早期直至 20 世纪中后期，主要由外国研究者引领。但令人欣慰的是，随着现代电化学分析的发展，我国学者已在各个领域做出了许多出色的贡献，对电化学分析的影响力逐渐浮现。《电化学分析》通过展示国内学者的研究成果，旨在帮助广大分析测试工作者及时掌握电化学分析领域的最新技术和应用进展，也激励科研工作者再接再厉，继续在电化学分析、纳米电化学及新兴交叉领域做出更多原创性的工作。在此，我衷心希望有更多的年轻学者和研究生能投身到电化学分析研究中来，期待《电化学分析》能够为电化学分析及其他相关领域的科研工作者和学生们提供一些帮助和支持，共同推进科技进步与创新发展。

陈洪渊

中国科学院院士

南京大学化学化工学院

前言 PREFACE

电化学是一门研究电能和化学能相互转化的学科。作为国民经济和工业中不可缺少的一部分，电化学应用场景十分广阔，从最早的电解冶金、电化学分解与合成，发展到电化学金属腐蚀防护、电解加工和化学电源等，衍生出多种电化学分析和分离技术，涵盖了生产生活和科技前沿，与人们生活的方方面面有着紧密的联系。

在电化学分析技术方面，18 世纪末期开始的电解分析法和库仑滴定法，以及 19 世纪的电导滴定法、高频滴定法和以 pH 玻璃电极为标志的直接电位法，为认识电化学现象、规律和分析应用奠定了坚实的基础。20 世纪 20 年代，极谱法的诞生标志着电化学分析技术进入了新的篇章，发明人 Heyrovsky 教授获得 1959 年度诺贝尔化学奖。20 世纪 60 年代，离子选择电极问世以及多款电化学仪器的商品化推动了电化学分析技术的进一步发展和工业应用。进入 21 世纪，随着化学修饰电极的广泛应用和科学仪器的快速发展，建立了许多电化学分析新技术，用于环境、生命科学和能源等领域，标志着电化学分析进入到一个崭新的发展时代。

本书内容大体包括电化学分析理论和经典分析技术，在编写上略去冗长的公式推导，力求简化电化学概念，展现电分析化学的最新成果，并结合目前学科前沿热点，重点阐述电化学分析技术的新进展。前五章主要介绍与电化学过程相关的基础知识、电位分析法、电导分析法、伏安分析法和电化学阻抗技术。第六、七章主要介绍近年来涌现出的多种电化学测量分析方法，包括电化学发光分析，以及电化学与波谱、扫描探针显微镜、质谱等联用的一系列技术。

电化学分析技术在社会经济建设和保障人民身体健康等方面发挥着重要的作用。在环境分析领域，针对我国严峻的水体污染问题，中国科学院长春应用化学研究所电分析化学国家重点实验室汪尔康院士、董绍俊院士和逯乐慧研究员等在国家重点研发计划项目“复合微污染水质快速、原位在线风险识别，安全转化纳米技术及应用基础研究”持续支持下，以水体微生物种群为原位培养微生物膜反应器，开发水体毒性和生物耗氧量原位、快速电化学分析仪器和技术，并利用铋膜电极和薄层电化学检测池，实现重金属离子等的原位监测，有力地保障了生态环境安全和人民生命健康。

在生命健康领域，德国马普生物物理研究所 Neher 和 Sakmann 教授于 1976 年发明了膜片钳技术，用于记录离子跨越细胞膜的电流变化，并分析细胞膜表面离子通道与生命活动的关联性。这一伟大的贡献使 Neher 和 Sakmann 教授获得 1991 年度诺贝尔生理学或医学奖，也推动了电化学技术在生命健康领域中的应用。为更好地推动生命健康领域的发展，南京大学陈洪渊院士率先倡导开展生命分析化学这一交叉学科领域的研究，创建了生命分析化学国家重点实验室。针对生命分析中的科学挑战，构建以纳米级电化学探针为核心，耦合光学-质谱技术的世界上第一台“单细胞时空分辨分子动态分析系统”；通过测量原理创新、突破测量极限，研制成多套高时空分辨的单分子、单颗粒化学测量与成像仪器装置，为发展重大疾病的未来诊断和治疗技术、新药研发等提供了理论和技术支撑。进一步利用纳米毛细管电极，北京师范大学毛兰群教授发展了一种聚电解质限域的流体忆阻器，利用单个器件首次实现了神经化学信号与电信号转导的模拟，在化学突触的模拟研究中迈出了关键的一步。因此，本书第八章和第九章重点介绍电化学分析技术在生物分析领域和单细胞分析中的应用。

在能源领域，电化学分析可对能源体系中形态、组成、分布、能量状态等进行实时测量，捕获活性位点和反应中间物，为系统深入认识能源过程的化学本质提供重要支撑。如中国科学院化学研究所万立骏院士利用电化学扫描探针显微镜等表界面分析技术，原位获得能源体系复杂电化学界面动态演化过程的微观反应信息；同时结合谱学电化学对产物乃至中间物进行定性和定量分析，可从分子尺度揭示反应机理。新能源开发是应对化石类能源紧缺的基本途径，对实现碳中和具有重要意义。厦门大学孙世刚院士通过开发一系列先进的原位电化学表征技术，深入探究电化学物质能量转化与存储的作用机制，为新能源体系的构建和新能源材料的开发提供了有力的技术支撑。本书第十章对单颗粒和单分子电化学分析进行介绍，尤其是对利用单颗粒研究电催化过程、电池正极材料的应用进行了重点阐述。

本书由中国分析测试协会组织编写，全书由刘松琴、江德臣、张袁健等编著。具体分工为：第一章至第四章由陈然、刘松琴编著，第五章由吴德印、刘松琴编著，第六、七章由张袁健、华鑫编著，第八章由闵乾昊、吴亚锋、周志新编著，第九章由江德臣编著，第十章由王伟编著。书稿完成后，承蒙陈洪渊院士、卢小泉教授在百忙之中对书稿进行审阅，提出了许多宝贵的意见，特此深表谢意！

本书部分内容是编著者团队在国家自然科学基金、科技部和生命分析化学国家重点实验室等的支持下取得的。衷心感谢国家自然科学基金重大科研仪器研制项目（单细胞时空分辨分子动态分析系统，21327902；单细胞活性分子时空分辨光学分析系统，21627806；高内涵光电显微平台的研制，21427807）、国家自然科学基金（20675013、20875013、21175021、21375014、21622505、21874018、21925403、22025403、22102025）等的持续支持！本书部分成果获教育部自然科学奖一等奖。

由于篇幅有限，本书只编入了部分国内学者的重要成果。同时由于笔者水平有限，书中难免存在疏漏，敬请读者批评指正！

编著者

2025 年于南京

CONTENTS

目录

ELECTROCHEMICAL ANALYSIS

ELECTROCHEMICAL ANALYSIS

第一章
绪论

电化学具有悠久的历史，最早可以追溯至 18 世纪。电化学的应用场景十分广阔，从最早的电解冶金（例如电解制铝、金属精炼等）、电化学分解与合成（例如氯碱工业），到利用电化学原理进行金属腐蚀防护、电解加工，再到电化学分离技术（例如使用电氧化法、电还原法进行废水处理）、电化学分析技术（例如痕量物质检测、电导滴定、电位分析、生物电分析等）、化学电源（从传统的铅酸、锌锰等蓄电池，到锂电池、燃料电池），涵盖了生产生活和科技前沿。在现代社会，电化学在化工、冶金、电子、机械、医学、材料、能源等领域得到广泛应用，与人们生活的方方面面有着紧密的联系。

本章从介绍电化学的发展历史开始，引入本书的主题——电化学分析方法，介绍电化学分析的仪器和电化学分析技术的发展历程。随后，为了便于读者理解电化学分析的检测原理，本章对电化学研究的基础理论进行了简单介绍，具体包括电化学界面相关性质、电化学分析测量技术基础和电极过程动力学理论。

第一节
电化学和电化学分析发展简史

一、电化学发展简史

人们对于电荷的认知很早，在公元前就已经发现物体摩擦产生静电而吸引微小物体的现象。但对于电化学的认识一般认为始于18世纪末意大利解剖学家伽伐尼（A. L. Galvani）使用铁制解剖刀发现铜盘里蛙腿肌肉的抽缩现象。随后意大利物理学家伏打（A. Volta）总结出不同金属接触会产生电动势，并排列出金属的电动势顺序。此外他还发明了伏打电堆，实现了人类历史上首次人为可控的持续电流，从而诞生了电化学学科。

在同一时代，科学家们也开始了电解水的尝试，并开始进行电解研究。英国化学家戴维（H. Davy）通过电解分离出包含钾、钠、钙、镁、锶、钡等的多种金属元素，成为历史上发现元素最多的科学家。此时，电化学并没有明确的研究理论，仍然处于实验科学阶段。

19世纪30年代起，电化学热力学开始得到快速发展。英国化学家法拉第（M. Faraday）提出了法拉第定律，奠定了电化学的基础理论之一，并提出了电解、电极、阴阳离子、阴阳极等一直沿用至今的术语。随后德国科学家亥姆霍兹（H. von Helmholtz）和美国科学家吉布斯（J. W. Gibbs）的工作给予了电池电动势明确的热力学意义。19世纪90年代，德国化学家能斯特（W. H. Nernst）建立了电极电势理论，即能斯特方程，这也是电化学热力学的基础理论之一。同一时期，亥姆霍兹也提出了双电层的平板电容器模型，标志着溶液/电极界面研究的开启。19世纪末，瑞典化学家阿伦尼乌斯（S. A. Arrhenius）提出了电离学说，解释了电解质溶液的本质。至20世纪20年代，德拜（P. Debye）、休克尔（E. Huckel）提出了强电解质溶液理论，极大地促进了电解质溶液理论的发展，同时，电化学动力学的相关研究开始涌现。

20世纪初，瑞士化学家塔菲尔（J. Tafel）提出了塔菲尔公式，以描述电极反应速率和过电势之间的关系。20世纪20年代，巴特勒（Butler）和费尔默（M. Volmer）建立了

Butler-Volmer 电化学动力学基本公式，随后弗鲁姆金（Frumkin）、博克里斯（Bockris）等人研究了双电层结构对于电极反应速率的影响，并逐步形成了电极过程动力学。

20 世纪 50 年代以后，电化学测量技术得到了逐步完善，标志着电化学分析学科的快速发展，而 60 年代以来，电化学与量子力学、量子化学结合，形成了量子电化学学科。目前，电化学研究在理论和技术方面都得到了长足发展，在多个领域内与物理、材料、生物等形成了交叉学科。

二、电化学分析发展简史

电化学分析是电化学的一个分支领域，主要使用电化学的原理发展分析检测技术，并用于各种定性定量的分析检测。电化学分析中的经典分析技术包括电解分析法、电位分析法、电导分析法等；随着电子技术和仪器技术的发展，又产生了伏安分析法、阻抗分析法等；而现代电化学分析则进一步发展出了电化学-波谱联用、电化学发光、扫描电化学显微镜、生物电化学分析等新技术，极大地拓展了电化学分析的研究领域。

在电化学理论形成之初，电化学分析技术就在不断发展。18 世纪末期，建立了电解分析和库仑滴定法，19 世纪创立了电导滴定和高频滴定法，而 pH 玻璃电极的使用标志着直接电位法的建立。20 世纪 20 年代，极谱法的诞生标志着电化学分析技术进入了新的篇章，海洛夫斯基（Heyrovsky）因为极谱法的创立而获得了 1959 年的诺贝尔化学奖。随后，伴随着 40 年代兴起的电子科学和仪器技术发展，极谱法和伏安法得到了迅速发展，逐渐成为了电化学分析中最为广泛使用的技术，电化学分析也从稳态研究为主进入瞬态研究。60 年代，电化学阻抗分析法也开始发展，逐步成为常用的电化学分析技术之一。

随后，电化学分析的研究领域进一步拓展，并产生了一系列学科交叉研究方向。20 世纪 60 年代，离子选择电极问世，极大地推动了电位分析法的发展，酶电极的发现使得电化学分析与生物领域形成了交叉；70 年代，发明了化学修饰电极；80 年代，发展了具有微米尺寸的微电极，相比于传统的毫米-厘米尺寸电极，在微电极上进行伏安分析具有独特的优势，例如更高的传质速度、更低的非法拉第信号、更快的电极响应速度和更好的空间分辨率等。另外，80 年代起，电化学分析与光谱、色谱等技术结合，发展了光谱电化学、色谱电化学等波谱-电化学联用技术。80 年代末，电化学扫描探针技术的出现为电化学分析提供了强有力的原位分析技术。

当今，随着电子工业和相关学科的进步，电化学分析技术得到蓬勃发展。利用现代微/

纳加工技术可以制备具有纳米尺寸的纳米电极，极大地推进了电化学扫描探针技术的快速发展；电化学分析与生物领域的学科交叉融合紧密，形成了生物大分子（蛋白质、酶、核酸等）相关的电化学、单细胞电化学、活体电化学等新的分析方向；得益于信号捕获和信号灵敏分辨的技术进步，电化学分析的检测能力得到极大提升，实现了单颗粒、单分子的电化学分析。此外，电化学分析的研究对象从初始的电极-溶液界面发展到了液体-液体、固体-固体、气体-固体界面，电极材料也从导体（金属、石墨等）拓展到了半导体。

第二节
电化学分析技术与仪器

一、电化学分析技术特点

电化学分析技术作为现代分析技术的一种，涵盖了多种多样的测量手段，分析范围广泛。其中，电化学分析技术通常具有以下特点。

① 检测灵敏度高：基于电化学原理（包括利用实验条件实现信号放大等）以及不断更新的电化学分析仪器，电化学分析可以适用于痕量物质检测。例如利用离子选择电极可以达到 pmol/L 级别的离子检测 [1]。

② 空间分辨率高：利用纳米尺寸的超微电极，可进行微 / 纳尺度电极表面反应的检测。例如，利用纳米电极可以实现电极表面约 3nm 直径的气泡生成过程的监测 [2]。

③ 时间分辨率高：随着现代电化学分析仪器的发展，电化学相关信号的采集速度可以达到几十纳秒级别，例如使用碳纤维纳米电极可以检测到细胞囊泡破裂过程，持续时间只有几十纳秒 [3-4]。

④ 仪器设备较简单：除去与波谱、扫描探针显微镜、质谱、色谱等技术联用的电化学分析方法，大部分电化学测量只需要一台电化学检测仪器（如恒电位仪、电化学工作站等）、反应池和所需的电极，仪器设备的调试和操作也比较便捷，对所需要的实验场地要求较低。

⑤ 应用范围广：电化学分析可应用于无机、有机化合物和生物活体检测，反应机理研究，电催化与合成等诸多领域。

⑥ 适用于微量操作：电化学分析通常在电化学反应池中进行，通常使用的溶液体积只有几毫升。使用微流控技术可以进一步大幅缩减所需的样品体积，适用于微量操作。

二、电化学分析技术分类

按照历史时间顺序和研究内容，电化学分析技术大体可以分为以下几类：

① 基于电化学热力学的测量分析方法，主要指基于能斯特方程、法拉第定律等热力学公式的测量方法，包括电位分析法、电导分析法、电解分析法和库仑分析法等。

② 基于电荷转移过程动力学性质的测量分析方法，主要指基于调控和测量电极电位、极化电流而对电极过程的反应机理、动力学参数进行分析的伏安分析法。

③ 基于电化学系统在小幅度正弦交流激励信号作用下的阻抗分析方法，其电流（或电位）随时间按正弦变化，研究电化学系统的反应机理和系统的内在参数。

④ 电化学与其他分析技术联用的测量分析方法，主要指在调控电极电位、极化电流的同时，与波谱、扫描探针显微镜、质谱、色谱等联用的一系列技术。

三、电化学分析仪器

按照测量的电化学参数不同，电化学分析仪器通常分为如下类别。

① 电位分析仪：电位分析仪是基于能斯特方程，通过测量电极电位的变化来检测物质浓度的仪器，具体包括直接电位仪（如 pH 计、离子浓度计等）和电位滴定仪等。

② 电导仪和电导率仪：电导仪和电导率仪是指通过测量溶液电阻来获得溶液电导和电导率的仪器。

③ 库仑分析仪和电解分析仪：库仑分析仪和电解分析仪都是基于法拉第定律测量物质含量的仪器。其中，库仑分析仪基于由库仑计测量物质发生氧化或还原反应消耗的电量，从而计算出反应物的量；而电解分析仪按照离子电解后沉积在电极上的产物重量测定离子含量，具体包括恒电流电解分析仪和恒电位电解分析仪。

④ 伏安仪和极谱仪：伏安仪和极谱仪都是记录电位-电流变化曲线的仪器，其中适用于滴汞电极的仪器称为极谱仪，无滴汞电极的称为伏安仪。按照施加电压波形和电流记录

方式，又可以细分为经典极谱仪、方波伏安仪、脉冲伏安仪、交流极谱仪等。

按照时间顺序，电化学分析仪器的发展经历了多个阶段。早期的恒电流测量系统具有高电阻，并且需要施加高电压；随着恒电位仪的发展，结合模拟电路的信号放大、运算等功能，拓展了电化学分析仪器的测量应用；而现代的电化学工作站（如 Potentiostat），集成了众多电化学分析测试技术，是一种综合全面的电化学分析仪器，并且测量范围、检测精度都得到了很大提升，数据处理和分析也更为便捷。

随着电化学技术和仪器科学的进步，现代电化学分析仪器的测量范围和精度都得到了改进；同时，一台仪器通常集成了多种分析测量技术；数据收集和处理更加数字化和智能化，有些仪器可以实现自动化编程检测。随着电化学分析研究领域的拓展，也涌现出更多新兴的分析仪器，例如扫描电化学显微镜、电化学-质谱联用检测仪器。进一步将电化学研究拓展至半导体领域，发展了研究半导体材料光-电转化性能的光电化学谱仪等仪器。可以期待，随着电化学研究的发展，会不断有新的电化学分析仪器涌现出来，而现有的电化学分析仪器也将不断得到改进和提升。

第三节
电化学界面

当电极置于电解质溶液中并携带有一定量的电荷时，由于静电作用将在电极-溶液界面处吸附与电极表面电荷相反的离子，形成电极表面和电极-溶液界面上的电荷双层结构（简称双电层）。1879 年亥姆霍兹（Helmholtz）提出了平板电容器模型，又称为紧密双电层模型，见图 1-1（a）。该模型将双电层看作一个平板式电容器，携带电荷的电极表面为电容器的一极，由于静电作用富集而紧密排列在电极-溶液界面的相反电荷离子形成了电容器的另一极。双电层的电容是一个常数，双电层的厚度则由离子半径决定。该模型在浓溶液中，特别是界面电位差较大时能很好地解释实验结果。然而，这个简单模型存在许多不足之处，例如溶液中离子除了受到静电作用，也受到热运动的影响，不可能维持整齐紧密的排布；并且该模型只考虑了电极与电极表面第一层离子层之间的相互作用，并未考虑更远处离子的作用等。

1910 ～ 1917 年，古依（Gouy）和恰帕曼（Champman）依据粒子热运动对亥姆霍兹模型做出修正，提出了古依-恰帕曼模型，又被称为扩散双电层模型，见图 1-1（b）。该模型认为电极-溶液界面附近的相反电荷离子同时受到静电作用的吸引和热运动扩散的影响，从电极-溶液界面向溶液远处逐渐扩散分布。反电荷离子在电极-溶液界面具有较高的浓度，在远离界面处具有较低浓度，形成了一个扩散双电层；其厚度远超过离子尺寸。尽管该模型取得了显著进步，但是该模型依然只是从静电作用角度考虑粒子的运动，使得一些实验现象无法解释。例如，根据该模型计算的理论微分电容值比实际数据大很多；在电极和溶液的电位差极大时，实验观测到双电层的微分电容值的变化趋近于平缓等。

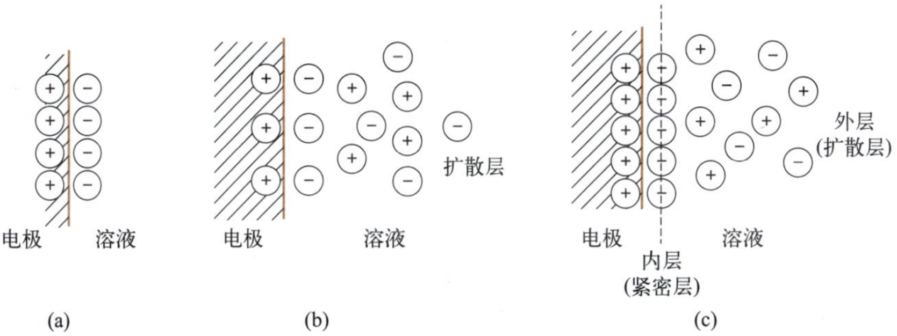

图 1-1　亥姆霍兹提出的紧密双电层模型（a）；古依和恰帕曼的扩散双电层模型（b）；斯特恩的双电层模型（c）

1924 年，斯特恩（Stern）将亥姆霍兹模型和古依-恰帕曼模型结合，提出了斯特恩模型，又被称作 Gouy-Champman-Stern 双电层模型，见图 1-1（c）。该模型认为双电层由内外两层组成，内层类似于亥姆霍兹模型，在紧靠电极-溶液界面处形成紧密层，外层类似于古依-恰帕曼模型，形成分散层，向外延伸至远处溶液。在内层，电位随距电极表面距离呈直线型下降；而在外层，电位随距电极表面距离呈指数型下降。1947 年，格拉汉姆（Graham）进一步发展了斯特恩模型，将内层分为内亥姆霍兹面（inner Helmholtz plane）和外亥姆霍兹面（outer Helmholtz plane）。电极表面未溶剂化的离子构成了内亥姆霍兹面，在该区域内电位随距离呈直线型下降。内亥姆霍兹面之外是外亥姆霍兹面，由一部分溶剂化的离子组成，与电极界面吸附较紧，可以随电极表面一起运动。外亥姆霍兹面之外是扩散层，由溶剂化的离子组成，不随电极一起运动。从内亥姆霍兹面至外亥姆霍兹面，再到扩散层，电位随距离呈指数型下降。这一模型被称作斯特恩-格拉汉姆模型。

第四节
电化学分析测量技术基础

一、原电池和电解池

按照电化学反应的发生条件，可以将电化学体系分为两类：

① 电化学反应可以自发进行的体系，这种体系将两个电极和外部电路接通后，可以将电流输送到外部电路，被称作原电池体系。

② 电化学反应无法自发进行的体系，这种体系和外部电源接通后，可以通过外部电源施加电压 / 电流促使电化学反应发生，被称作电解池体系。

在原电池中，电化学反应自发进行并向外输送电流，该过程将化学能转化为电能。以一个简单的原电池为例，在两个烧杯中分别放入 $ZnSO_4$ 溶液和 $CuSO_4$ 溶液，并在 $ZnSO_4$ 溶液中放入一锌片电极，在 $CuSO_4$ 溶液中放入一铜片电极，然后将铜片和锌片分别与外部电路连接，并将两个烧杯之间用盐桥连接成回路，就构成了一个原电池，如图 1-2（a）所示。

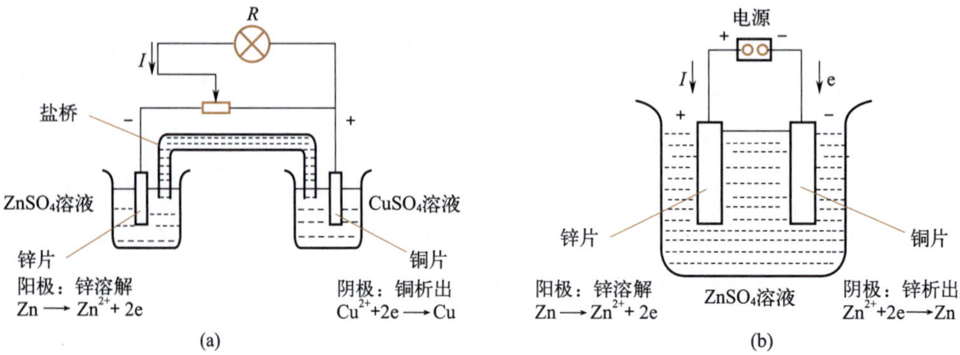

图 1-2　由锌片、铜片、$ZnSO_4$ 溶液和 $CuSO_4$ 溶液构成的简易原电池示意图（a）；锌片、铜片和 $ZnSO_4$ 溶液构成的电解池示意图（b）

在这个原电池的阳极发生氧化反应（锌片溶解）：

$$Zn \longrightarrow Zn^{2+} + 2e$$

在阴极发生还原反应（铜在铜片表面析出）：

$$Cu^{2+} + 2e \longrightarrow Cu$$

电池总反应为：

$$Zn + Cu^{2+} \longrightarrow Zn^{2+} + Cu$$

注意到这个总反应就是将锌片置于 $CuSO_4$ 溶液中发生的置换反应，由于这个置换反应可以自发进行，电池的总反应也可以自发进行。由于锌的氧化和 Cu^{2+} 的还原发生在不同的烧杯中，电荷沿着外部电路由阳极流向阴极，形成了电流。

与原电池相对的，在电解池中，电化学反应不能自发进行，需由外部电源提供能量，从而实现能量从电能向化学能的转化。例如，在 $ZnSO_4$ 溶液中放入一片锌片和一片铜片，并与外部电源相连就组成了一个电解池［图 1-2（b）］。在外部电源施加电压后，在阴极的铜片表面发生还原反应（锌在铜片表面析出）：

$$Zn^{2+} + 2e \longrightarrow Zn$$

在阳极的锌片表面发生氧化反应（锌片溶解）：

$$Zn \longrightarrow Zn^{2+} + 2e$$

由电源输送电子到铜片电极，溶液中的 Zn^{2+} 从铜表面得到电子还原为锌原子并析出；同时锌片电极表面锌原子失去电子被氧化成 Zn^{2+}，失去的电子流入电源，形成回路。通过这个反应实现了在铜片表面的镀锌。另一个电解池的例子是工业上从食盐水制备氯气和 NaOH，电解池可以通过外部供能来推动从热力学角度不会自发发生的化学反应（即反应的吉布斯自由能大于零），实现电镀、电解、电合成等过程，是工业生产中的重要技术。

二、电化学池的平衡态和可逆性

“可逆性”和“平衡态”是电化学研究中经常出现的两个概念，热力学中，一个反应处于平衡态意味着该反应的正向和逆向反应速率相同，反应在平衡位置可以向正向和逆向方向中的任一方向移动。在电化学体系中，一个电极反应处于平衡态同样表示该反应的正向和逆向反应速率相同，且电极上流过的电流无限小，电极表面的电荷交换和物质交换都处于平衡。

热力学中一个反应的可逆性是指一个处于平衡态的反应，外加一个无限小的逆向驱动力就可以使该反应逆向进行。电化学中的可逆性包含了热力学可逆性和电极反应的可逆性。以下面两个电化学体系来说明电化学反应的可逆性：

体系 A 由 HCl 溶液中插入一个标准氢电极和一个银 / 氯化银电极组成（关于标准氢电极、银 / 氯化银电极的构造，详见第二章第一节或图 2-1），体系的电化学符号为：$Pt \mid H_2(g, p) \mid HCl(a) \mid AgCl(s) \mid Ag$。体系B由$H_2SO_4$溶液中插入一个锌片和一个铂丝组成，体系的电化学符号为：$Zn \mid H_2SO_4(a) \mid Pt$。

在体系 A 中，铂丝作为阴极，会发生如下反应并放电：

$$\frac{1}{2}H_2(g,p)+AgCl(s)\longrightarrow Ag(s)+H^+\left(a_{H^+}\right)+Cl^-\left(a_{Cl^-}\right)$$

当所有物质都处于标准态时，银丝和铂丝之间的电势差是 0.222V。而如果外加一个电源提供一个反向的电流来抵消这个电势差，就使得反应反向发生：

$$Ag(s)+H^+\left(a_{H^+}\right)+Cl^-\left(a_{Cl^-}\right)\longrightarrow\frac{1}{2}H_2(g,p)+AgCl(s)$$

改变体系中的电流方向仅仅改变了反应方向，而不产生新的反应，这个体系就是电化学可逆的。

在体系 B 中，电池放电时发生如下反应：

$$\frac{1}{2}Zn(s)+H^+\left(a_{H^+}\right)\longrightarrow\frac{1}{2}Zn^{2+}\left(a_{Zn^{2+}}\right)+\frac{1}{2}H_2(g,p)$$

在锌电极上金属锌失去电子成为Zn^{2+}，在铂电极上H^+得电子还原为氢气。而外加一个反向电势，则在锌电极上H^+优先于Zn^{2+}被还原，而铂电极上发生水的氧化反应。此时发生的净反应为：

$$2H_2O(l)\longrightarrow 2H_2(g)+O_2(g)$$

这种改变了电流方向，发生了不同的电极反应和净反应的情况就是电化学不可逆的。

假定在一个电化学体系中发生如下反应：

$$O+ne \rightleftharpoons R$$

如果电极电势E和 O、R 的浓度关系符合能斯特（Nernst）方程：

$$E=E^0+\frac{RT}{nF}\ln\frac{c_O}{c_R} \tag{1-1}$$

式中，E^0为标准电位；c_O, c_R分别为 O 和 R 的浓度；n为反应的电子转移数；R为气体常数；T为温度；F为法拉第常数。

那么这个体系被称为 Nernst 体系，或者电化学可逆体系。

三、电动势和标准电极电势

原电池可以实现化学能向电能的转化，而一个原电池向外做功的能力可以用该电池的电动势（electromotive force）来描述。以图 1-2（a）描述的原电池为例，那么该原电池的电动势 E 与总反应的吉布斯自由能变 ΔG 之间的关系符合：

$$\Delta G = -nFE \tag{1-2}$$

式中，n 为电池总反应中转移的电子数量（上述例子中 $n=2$）；F 为法拉第常数。

在原电池内没有电流通过时（以避免欧姆压降带来的影响），电动势 E 等于电池两端的电极电势之差，即阴极与阳极之间的电极电势之差：

$$E = \varphi_+ - \varphi_- \tag{1-3}$$

式中，φ_+ 为阳极电极电势；φ_- 为阴极电极电势。

在实际测量中，电池对外做功时，电路中的电阻会损耗电池的输出电压。如果在两个电极之间接一个伏特计，测量出的电压会略低于理论值（即两电极电势之差），如图 1-3（a）所示。为了避免这种电流流经电阻所导致的电压变化，人们提出了开路电压这一概念，也叫作零电流电压，指的是电路中没有电流时（即为开路），两电极之间的电位差。为了准确地测量原电池的电动势，通常使用补偿法，也被称作对消法，如图 1-3（b）所示。

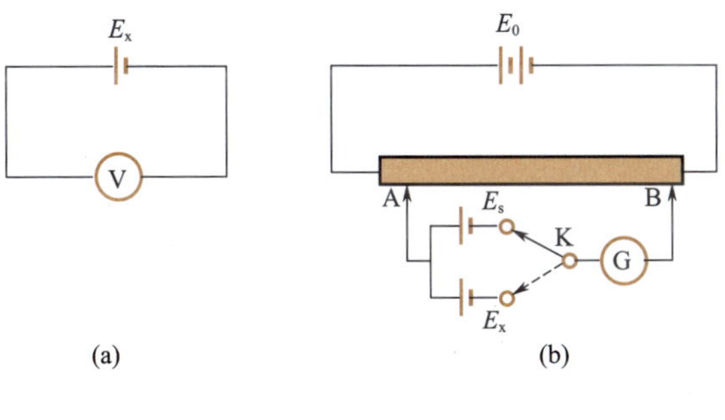

《 图 1-3　电动势测定示意图

（a）将伏特计直接与原电池相连，由于电路电流不为零，测出电压低于电池电动势；（b）补偿法测量电池电动势 E_x

图 1-3 E_0 为电源，E_s 为已知电动势的原电池。将开关 K 与 E_s 接通，通过调节滑动变阻器 AB 的电阻值（记为 R_s），使得电流计 G 读数为零，此时电源 E_0 在 AB 上的分压降等于 E_s。随后，将开关 K 与 E_x 接通，调节滑动变阻器 AB 的电阻值为 R_x 时，电流计 G 读数为零，此时电源 E_0 在 AB 上的分压降等于 E_x，即 $E_x = E_0R_x / R_s$。

每一个电池净反应都由两个独立的半反应组成，准确测量这些半反应的绝对电势是比较困难的。因此，规定标准氢电极（NHE）的半反应电势（即标准氢电极电势）为0V，以NHE为负极、其他电极为正极组成原电池，测定所得电池的电动势可得到一系列半反应的标准电极电势。这里的“标准”指的是所有组分都处于标准态。例如固体处于纯晶体/金属，气体分压处于标准大气压，溶液中物质的活度处于1mol/L等。

本书中，除非特别说明，电极电势均为相对于标准氢电极的还原电极电势。

四、法拉第过程

1. 法拉第过程与法拉第定律

在电极上施加电位或者电流时，电极表面可能发生两种过程：第一种过程是电子在电极-溶液界面上发生转移从而产生氧化-还原反应。这类反应遵循法拉第定律，即电极表面由电流通过而引起的电化学反应的物质的量与所通过的电量呈正比，这类过程称作法拉第过程。以在一个电极上发生将金属离子 M^{z+} 还原为金属单质M的反应为例：

$$M^{z+} + ze \longrightarrow M$$

电极上沉积M的物质的量 n 与流过电极的电荷总量 Q 之间的关系为：

$$n = \frac{Q}{zF} \tag{1-4}$$

其中 F 为法拉第常数，$F=96485.4\text{C/mol}$，代表1mol电子所带的电荷。公式（1-4）就是法拉第定律的数学表达式。

2. 法拉第定律的应用——电量计/库仑计

法拉第公式是电化学中最重要的公式之一，揭示了电化学测量的参数（电荷）与参加电化学反应物质的量之间的定量关系，并奠定了电化学定量分析的基础，其中法拉第定律的一个经典应用就是电量计，又叫库仑计（Coulometer）。传统的库仑计包括重量库仑计、化学库仑计、气体库仑计等。现代电化学分析通常使用的恒电位仪也可以检测流过电解池的电流大小，通过对时间的积分处理获得总电量，这种方法也被称为电流积分库仑计。

使用库仑计进行分析的一个重要前提是流过电解池的电流全部用于电解，没有副反应和漏电现象，即需要电流效率为100%。其中电流效率指的是法拉第反应产生的电流与总电流的比值。电流效率为 100% 也意味着非法拉第过程可以忽略不计。

五、非法拉第过程

在电极上施加电位或者电流时，电极表面由于吸附-脱附、双电层充-放电等过程导致电极-溶液界面的结构变化，并引起电流改变。这类过程没有发生电极-溶液界面的电子转移，并不遵循法拉第定律，因此被称作非法拉第过程。同时无论外界施加多大的电位，在电极-溶液界面都不会发生电子转移的电极称为理想极化电极（ideal polarizable electrode, IPE）。现实体系中没有真正的理想极化电极，但有一些电极放置于某些溶液中时，可以在一定的外加电位范围内近似看作理想极化电极。例如将一个汞电极置于去除氧气的氯化钾溶液中，在约 2V 的电位窗口内汞电极可以看作理想极化电极。在很正的电位下，汞可以被氧化：

$$2Hg + 2Cl^- \longrightarrow Hg_2Cl_2 + 2e \quad (约\ 0.25V\ vs.\ 标准氢电极)$$

而在足够负的电位下，钾离子可以被还原形成钾汞齐：

$$K^+ + 2e \longrightarrow K(Hg) \quad (约\ -2.1V\ vs.\ 标准氢电极)$$

在这两个电位之间，汞电极表面几乎没有其他电子转移反应发生。虽然水的还原反应热力学上是可以发生的，但是实际上该反应在汞表面的动力学非常慢，可以忽略，因而此时汞电极可以看作是理想极化电极。

由双电层充-放电过程导致的非法拉第过程产生的电流信号可以由理论公式近似描述。考虑一个由理想极化电极和理想参比电极组成的电解池，这种电解池可以通过将一个汞电极和一个饱和甘汞参比电极浸入 KCl 溶液中，分别与电化学工作站连接而组成。由于理想极化电极可以忽略电流流过电极时产生的极化效应，整个电解池可以由如图 1-4 所示的等效电路表示。

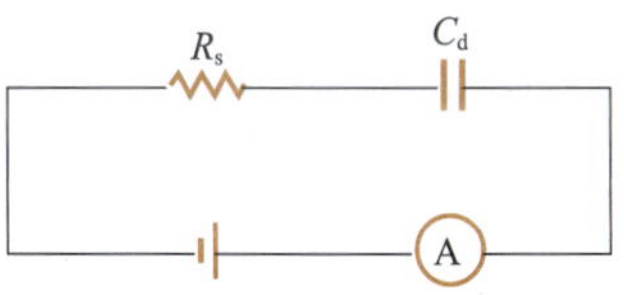

图 1-4 电解池的等效电路图

图 1-4 中 R_s 表示溶液电阻，而 C_d 表示电极表面双电层的电容，这种等效电路也被称作 RC 电路。当给电极施加一个大小为 E_{step} 的电位跃迁时，假定电极初始时没有带电荷（即 $t=0$ 时，$q=0$），非法拉第电流 i 可由下式给出：

$$i = \frac{E_{step}}{R_s} e^{-t/(R_s C_d)} \tag{1-5}$$

初始电流大小为$\frac{E_{step}}{R_s}$，然后电流随着时间呈指数型衰减，直至可以忽略；R_sC_d是这个衰减曲线的时间常数，通常记作τ。在跃迁后经过时间$t=\tau$时，非法拉第电流衰减至初始值的约37%，而在经过时间$t=3\tau$时，非法拉第电流衰减至初始值的约5%。

而当电极电势E是随着时间线性变化时（即线性扫描伏安法），假定$t=0$时，$q=0$，可以得到

$$i = vC_d\left[1-e^{-t/(R_sC_d)}\right] \tag{1-6}$$

这个公式表明使用线性扫描伏安法时，非法拉第电流随扫描速度v线性增大。同时，与公式（1-5）对比可以看出，在线性扫描伏安法中，$t=0$时非法拉第电流为0，而随着时间流逝，非法拉第电流上升并趋近于一个极限值vC_d。

发生电位跃迁时和电位发生线性变化时对应的非法拉第电流如图1-5所示。

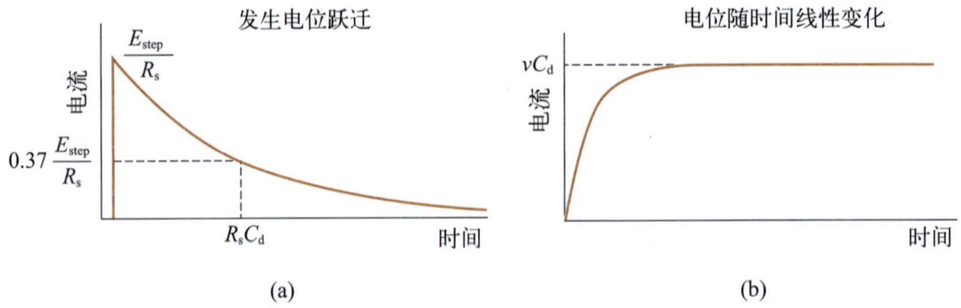

图1-5 非法拉第电流随时间变化图
（a）发生电位跃迁E_{step}时的非法拉第电流衰减曲线；（b）电位随时间线性变化时的非法拉第电流变化曲线，电位扫描速度为v

六、电极极化

当电极上有电流通过时，电极电位偏离平衡电极电位的现象称为极化现象，如图1-6所示。电位偏离值被称作过电位，用η表示。电极极化可能导致电极电位变正或者变负，通常使用η的绝对值$|\eta|$描述过电位的大小。对一个简单的电极反应，存在多种可能的电极极化，例如电化学极化（也被称为电荷传递极化）、浓差极化、电阻极化（也被称为欧姆极化）等，电极的过电位是各种极化导致的过电位之和。

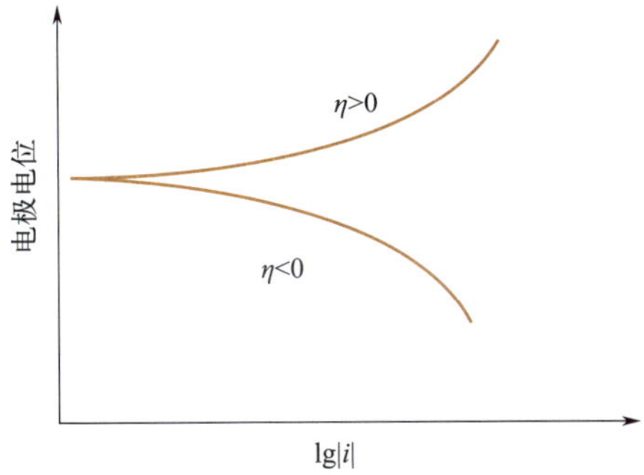

图 1-6 电极极化曲线示意图
i—电流

电化学极化是电荷传递过程缓慢导致的电极电位变化，通常在电极过程由电荷传递过程控制时发生。例如镍离子在镍金属电极表面的还原过程，在没有电流流过电极时，镍离子和镍金属之间处于动态平衡：

$$Ni^{2+} + 2e \rightleftharpoons Ni$$

此时镍电极处于平衡电位。在通电后，电流流过镍电极，镍电极表面的电子倾向于从电极流向吸附在电极表面的 Ni^{2+}，并发生还原反应：

$$Ni^{2+} + 2e \longrightarrow Ni$$

但是该还原反应的速率较慢，来不及将外部输入的电子全部消耗，这导致了镍电极表面富集了过量的电子，使得电极电位从平衡电位向负电位偏移，产生电化学极化现象。加快电极-溶液界面的电荷传递速率可以降低电化学极化，具体方法包括提高电极和催化剂的活性，增大电极的有效表面积（例如使用多孔电极或者纳米颗粒修饰的电极）等。

浓差极化是电活性物质扩散过程缓慢导致的电极界面层电活性物质与溶液本体的浓度差所引起的电极电位变化，通常在电极过程由电解液扩散传质控制时发生。以锌电镀反应为例，未发生电镀反应时，初始溶液中 Zn^{2+} 的浓度为 c_0。在某一时刻 t 电镀开始，Zn^{2+} 被还原为金属原子并沉积在电极表面，此时电极表面附近的 Zn^{2+} 浓度降低。如果 Zn^{2+} 的扩散速率小于还原速率（即电极过程由扩散步骤控制），那么电极表面的 Zn^{2+} 浓度将一直低于 c_0。根据 Nernst 方程，电极电位与电极表面的物质浓度有关，Zn^{2+} 浓度的降低将导致电极电位的变化，即浓差极化现象。为了降低浓差极化，可以增大反应物浓度，或者对电解液进行搅拌。但是在电化学测量中，有时反应物浓度受到客观条件限制无法增大，因此浓差极化在电化学测量中较为普遍存在。

电阻极化是由电极-溶液界面的电阻导致的欧姆压降。电极-溶液界面的电阻分别由电极的电阻和溶液的电阻贡献，由于通常使用金属或石墨电极，其电阻值远小于溶液的电阻，所以电阻极化通常受溶液电阻的影响。在电化学测量中，一般溶液的电阻值都较低，因此电阻极化通常可以忽略不计。

目前，电化学研究多使用三电极体系，包含工作电极、参比电极和对电极。W 代表工作电极（working electrode，WE），在工作电极表面发生的电极过程是整个电解池的研究对象。R 代表参比电极（reference electrode，RE），作为工作电极上施加的电位的基准，用于确定工作电极的电极电位。C 代表对电极（counter electrode，CE），也被称作辅助电极（auxiliary electrode），电流通过工作电极流向溶液再流向对电极，形成回路。三电极体系等效电路图如图 1-7 所示。

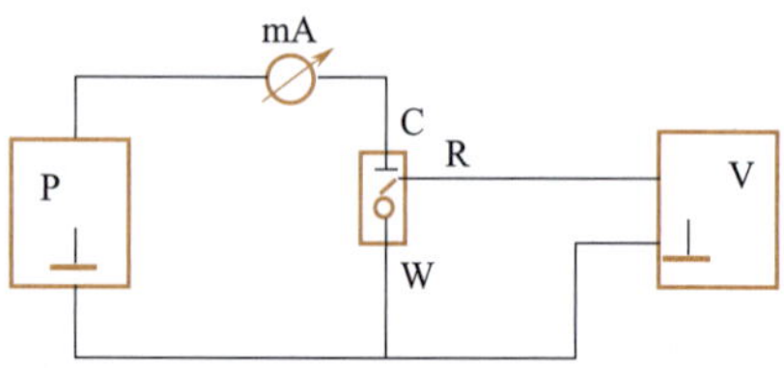

图 1-7　三电极体系等效电路图
P—电源；C—对电极；R—参比电极；W—工作电极

由于电流通过工作电极和对电极，这两种电极通常由铂、石墨等材料构成，以避免在电流通过时发生电极材料的变化（例如电极发生氧化形成离子进入溶液），从而影响测量的稳定性和准确性。此外，随着电化学研究的不断发展，工作电极的材料正在变得更加丰富，例如在铂电极表面进行化学修饰、沉积纳米颗粒等；又或者使用毛细管拉制形成的液-液界面电极等。参比电极也需要满足一些基本性质，例如电化学可逆性、稳定性、低电阻值等。

需要说明的是，在一些研究，特别是涉及超微电极的研究中可以采用两电极体系。在超微电极研究中，溶液中流通的电流非常小，因而辅助电极表面几乎不会发生极化，可以同时作为参比电极使用。此外微小的电流也使得欧姆压降可以忽略。最后，在超微电极研究中，由于反应池物理空间有限，通常采用两电极体系（没有参比电极）。

第五节
电极过程动力学

一、界面传质

电化学反应过程中，发生电子转移反应的电化学活性物质通过传质源源不断地到达电极界面，并发生电子转移反应。反应生成物也通过传质不断地离开电极界面，在电极反应速率足够快时，电极反应会进入“传质控制”状态，即传质会成为整个电极过程的速率控制步骤。

通常，溶液相的传质方式有三种：扩散、对流和电迁移。

1. 扩散（diffusion）

扩散是电化学反应中最为普遍存在的传质方式。在溶液中某一物质浓度的空间分布不均匀时，不同区域之间的浓度差会导致物质自发从高浓度区域向低浓度区域移动。这种基于物质浓度差的移动被称作扩散。在电化学测量中，电极表面附近发生电化学反应，导致局部的反应物浓度低于溶液中的本体浓度，而产物浓度高于溶液中的本体浓度。于是反应物从溶液本体向电极表面扩散，产物则从电极表面向溶液中扩散。根据菲克第一定律（Fick's first law），扩散导致电极表面电活性物质浓度的变化可以用扩散流量 J_d 表示（即单位时间在单位面积上流过的电活性物质的量），且扩散流量和物质浓度场梯度存在如下关系：

$$J_{\mathrm{d},i} = -D_i \frac{\partial c_i(x,t)}{\partial x} \tag{1-7}$$

式中，$J_{\mathrm{d},i}$ 为物质 i 的扩散流量，mol/(cm^2·s)；D_i 为物质 i 的扩散系数（是物质本身的物理性质），cm^2/s；$c_i(x,t)$ 为物质 i 在时间 t、与电极表面距离 x 处的浓度，mol/cm^3；$\frac{\partial c_i(x,t)}{\partial x}$ 为物质 i 在时间 t、与电极表面距离 x 处的浓度场梯度。

上述公式表明了扩散流量与物质的扩散系数和浓度场梯度呈正比，并且扩散的方向与浓度场相反（扩散方向从高浓度位置到低浓度位置）。

菲克第二定律则描述了物质浓度场随时间的变化：

$$\frac{\partial c_i(x,t)}{\partial t} = D_i \frac{\partial^2 c_i(x,t)}{\partial x^2} \tag{1-8}$$

该定律表明，在距离电极表面 x 处，物质 i 的浓度随时间的变化率正比于该处浓度场的二阶导数。菲克第二定律可以由菲克第一定律直接推导得出。对于一个达到稳态的系统，在距离电极 x 的位置，物质 i 的浓度不随时间变化，即：

$$\frac{\partial c_i(x,t)}{\partial t} = D_i \frac{\partial^2 c_i(x,t)}{\partial x^2} = 0 \tag{1-9}$$

这也意味着该位置的物质 i 的浓度场梯度为一个常数。

2. 对流（convection）

对流是溶液中物质（离子）的相对运动产生的传质方式。按照溶液中物质（离子）相对运动的产生原因，可分为自然对流和强制对流两大类。自然对流一般指的是溶液存在密度差、温度差等自然因素导致的对流。在电化学反应时，如果电极表面发生反应大量消耗反应物，并导致电极附近的溶液密度下降（例如金属离子的电镀过程中，大量金属离子从溶液中析出，导致电极附近的溶液密度下降）。附近的溶液层会由于重力作用出现对流。类似地，电极反应如果伴随着显著的温度变化（吸热或者放热反应），也会由于溶液层之间的温度差引发对流。强制对流指的是通过施加外部搅拌而产生的对流，电化学分析测量中一些常用的方法包括使用磁子、桨式搅拌器等。

由对流引起的物质浓度的变化速度可以用对流流量 J_c 表示，对流流量与溶液的流速有关：

$$J_{c,i} = v_x c_i(x,t) \tag{1-10}$$

式中，$J_{c,i}$ 为物质 i 的对流流量，mol/(cm^2·s)；v_x 为溶液在电极表面的法向流速，cm/s。

通过改变对流强度（例如改变磁子的搅拌速度），可以改变 v_x 从而调节对流流量。

3. 电迁移（electromigration）

电迁移是电解质溶液中离子在电场作用下的定向移动。与扩散、对流不同的是，电迁移只对溶液中离子的传质产生影响。电迁移引起的传质速率可以由电迁移流量 J_m 表示：

$$J_{m,i} = \pm c_i(x,t)v_i = \pm c_i(x,t)u_i E \tag{1-11}$$

式中，$J_{m,i}$ 为离子 i 的电迁移流量，mol/(cm^2 · s)；v_i 为离子 i 的电迁移速率，cm/s。

离子的电迁移速率与离子的淌度 u_i[单位 cm^2/(s·V)] 和施加的电场强度 E(单位 V/s) 有关：

$$v_i = u_i E \tag{1-12}$$

其中离子的淌度 u_i 是离子本身的物理性质，通过改变施加电场的强度可以引发电迁移流量的改变。

4. 传质方式的选择

在三种传质方式中，扩散是所有反应体系中都存在的。对流和电迁移这两种传质方式依据电化学反应条件，可以被忽略，也可以是传质的重要组成部分。具体传质方式的选择则取决于电化学反应的目的。

以经典的循环伏安实验为例，为了方便电极表面的浓度场函数求解，并最终计算出电极电位和电极电流之间的函数关系（即循环伏安图的理论解），研究者倾向于简化传质模型。通过在溶液中加入大量的支持电解质（supporting electrolyte），利用这些电解质离子的电迁移作为电解质溶液导电性的来源，此时，反应物离子的电迁移可以忽略不计。同时，电解液中不施加强制对流，电极反应产生的自然对流也可以忽略。因此，此时溶液中的主要传质方式就是扩散，简化的传质模型便于求解反应物浓度场随时间、空间变化的偏微分方程，从而解析循环伏安曲线。

特殊情况下，电化学反应需要更高的传质速率，例如在电镀实验中使电镀反应充分，使用强制对流，通过增大搅拌速度提高溶液流速获得更高的对流通量，提高传质速率。如果反应物是离子，也可以使用外加电场，通过增强电迁移的方法来增强传质。扩散虽然是最为普遍的传质方式，但是很难通过实验装置的改进获得更高的扩散流量。

二、电极反应动力学

为了阐明电极反应的动力学性质，假定电极表面发生一个简单的单电子转移反应：

$$\mathrm{O} + \mathrm{e} \rightleftharpoons \mathrm{R}$$

该反应的正向反应为 O 从电极表面得到 1 个电子还原成 R，同时逆向反应为 R 向电极表面给出 1 个电子而氧化成 O。在给定电位下，正向逆向反应速率的差值决定了该电位下发生的净反应，即在电极表面处于氧化电位（正电位）时，逆向氧化反应速率大于正向的还原反应速率，电极表面的净反应为 R 向 O 的转化。与之对应的，电极表面处于还原电位（负电位）时，正向还原反应速率大于逆向氧化反应速率，电极表面的净反应为 O 向 R 的转化；而当电极表面处于平衡电位时，正向和逆向反应速率相同，O 和 R 处于动态平衡状态。电化学反应动力学可以描述正向、逆向反应速率和电极电位之间的关联性。

1. 从阿伦尼乌斯（Arrhenius）方程到巴特勒–费尔默（Butler–Volmer）方程

如图 1-8 所示，从反应物 O 生成产物 R 需要越过能垒 ΔG_f。按照 Arrhenius 方程，正向反应的反应速率常数 k_f 和能垒 ΔG_f 之间的关系为：

$$k_\mathrm{f} = A_\mathrm{f}\exp\left(-\frac{\Delta G_\mathrm{f}}{RT}\right) \tag{1-13}$$

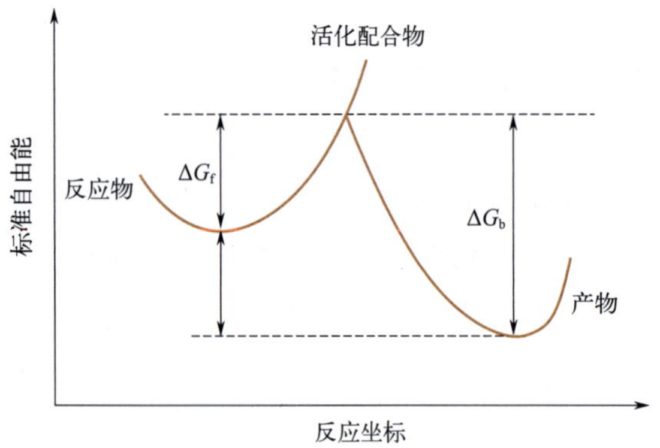

图 1-8 化学反应伴随的自由能变化
自由能最高点对应的是反应生成活化配合物（或者反应中间态）

其中 A_f 是一个常数。相应的，对于逆向反应，从 R 生成 O 需要越过能垒 ΔG_b，逆向反应的反应速率常数 k_b 与能垒 ΔG_b 的关系为：

$$k_b = A_b \exp\left(-\frac{\Delta G_b}{RT}\right) \tag{1-14}$$

当电极表面反应呈平衡状态，且溶液中 O 和 R 的浓度处处相等，即 $c_O(x, t) = c_R(x, t)$ 时。根据 Nernst 方程，此时电极电位 E 等于该反应的标准电位 E^0。在该电位下正向和逆向反应速率相同，即 $v_f = v_b$。由于

$$v_f = k_f c_O(x,t) \tag{1-15}$$

$$v_b = k_b c_R(x,t) \tag{1-16}$$

由此可知电极反应呈平衡状态时 $k_f = k_b$，将此时的 k_f 和 k_b 数值定义为 k_0，即平衡状态时的标准电子转移速率常数。当电极电位从 E^0 变为 E 时，电化学反应体系的势能变化关系曲线如图 1-9 所示。

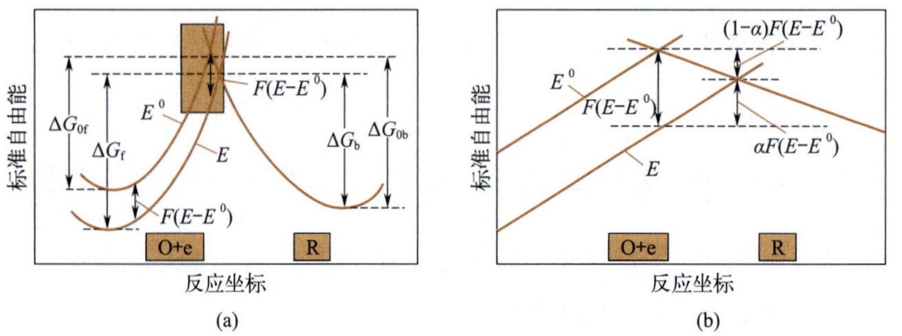

图 1-9 电化学反应体系在不同电极电位时的势能变化关系曲线
图（b）是图（a）框内区域的局部放大图

利用标准电子转移速率常数 k_0 表示其他电位时的速率常数。从图 1-9 可以看到，由于电极电位从 E^0 变成了 E，在电极上的电子相对能量变化了 $F(E-E^0)$，F 为法拉第常数。其中逆反应 $R \longrightarrow O + e$ 的反应能垒发生的改变是能量总变化量的一部分，将这个比例定义为 $(1-\alpha)$，其中 α 是电子传递系数，数值在 0 ～ 1 之间，通常为 0.3 ～ 0.7。由此可得，逆反应的能垒改变了 $(1-\alpha)F(E-E^0)$，即：

$$\Delta G_b - \Delta G_{0b} = (1-\alpha)F(E-E^0) \tag{1-17}$$

与此同时，正向反应 $O + e \longrightarrow R$ 的能垒改变了 $\alpha F(E-E^0)$，即：

$$\Delta G_f - \Delta G_{0f} = \alpha F(E-E^0) \tag{1-18}$$

合并公式（1-13）与式（1-18），式（1-14）与式（1-17），得到：

$$k_f = k_0 \exp\left[-\frac{\alpha nF}{RT}\left(E-E^0\right)\right] \tag{1-19}$$

$$k_b = k_0 \exp\left[\frac{\left(1-\alpha\right)nF}{RT}\left(E-E^0\right)\right] \tag{1-20}$$

这就是描述电极反应动力学的巴特勒-费尔默（Butler-Volmer）方程。

2. 电极反应动力学控制的电极电流

对于上述单电子转移反应，在电极电位 E 下，某一时刻 t 电极表面的正向反应速率 v_f 可由下式表示：

$$v_f = k_f c_O\left(0,t\right) = k_0 \exp\left[-\frac{\alpha nF}{RT}\left(E-E^0\right)\right]c_O\left(0,t\right) \tag{1-21}$$

电化学反应处于电极反应动力学控制下时，v_f 和阴极反应电流 i_c 之间的关系满足：

$$i_c = v_f FA \tag{1-22}$$

式中，F 为法拉第常数；A 为电极表面积。

与之对应的，逆向反应速率 v_b 可用下式表示：

$$v_b = k_b c_R\left(0,t\right) = k_0 \exp\left[\frac{\left(1-\alpha\right)nF}{RT}\left(E-E^0\right)\right]c_R\left(0,t\right) \tag{1-23}$$

并且v_b和阳极反应电流i_a之间的关系满足：

$$i_a = v_b FA \tag{1-24}$$

电极上发生的净反应速率为：

$$v_{\text{net}} = v_{\text{f}} - v_{\text{b}} = k_0 \exp\left[-\frac{\alpha nF}{RT}\left(E - E^0\right)\right] c_{\text{O}}(0,t) - k_0 \exp\left[\frac{(1-\alpha)nF}{RT}\left(E - E^0\right)\right] c_{\text{R}}(0,t) \tag{1-25}$$

此时，电极上的电流是：

$$i = i_{\text{c}} - i_{\text{a}} = FAk_0 \{\exp\left[-\frac{\alpha nF}{RT}\left(E - E^0\right)\right] c_{\text{O}}(0,t) - \exp\left[\frac{(1-\alpha)nF}{RT}\left(E - E^0\right)\right] c_{\text{R}}(0,t)\} \tag{1-26}$$

上式是 Butler-Volmer 方程的另外一个表达式。

3. 平衡态下的Butler–Volmer方程

在电化学反应处于平衡态时，从 Butler-Volmer 方程可以推导出 Nernst 方程表达式。对于电极表面发生的一个简单的单电子转移反应

$$\text{O} + \text{e} \rightleftharpoons \text{R}$$

当该电化学反应处于平衡态时，电极表面的净电流为零，即正向和逆向反应的速率相同。同时，当电化学反应达到平衡态时，溶液中 O 与 R 的浓度分布达到稳态，分别记作 c_{O}^* 和 c_{R}^*，电极表面的 O 与 R 浓度也为 c_{O}^* 和 c_{R}^*。依据公式（1-25），可得：

$$k_0 \exp\left[-\frac{\alpha F}{RT}\left(E - E^0\right)\right] c_{\text{O}}^* = k_0 \exp\left[\frac{(1-\alpha)F}{RT}\left(E - E^0\right)\right] c_{\text{R}}^* \tag{1-27}$$

重排可得：

$$\frac{c_{\text{O}}^*}{c_{\text{R}}^*} = \exp\left[\frac{F}{RT}\left(E - E^0\right)\right] \tag{1-28}$$

上式两边取自然对数即可得到 Nernst 方程：

$$E = E^0 + \frac{RT}{F} \ln \frac{c_{\text{O}}^*}{c_{\text{R}}^*} \tag{1-29}$$

上述公式也在平衡条件下证实了 Butler-Volmer 方程。

4. 塔菲尔经验公式

Butler-Volmer 方程在 20 世纪 20 年代被提出。而早在 1905 年，塔菲尔（Tafel）就提

出了过电位 η 和电流密度 i 之间的关系，被称为塔菲尔经验公式：

$$|\eta| = a + b\lg|i| \tag{1-30}$$

其中过电位 η 和电流密度 i 均取绝对值；a 和 b 是两个常数，a 与电极材料种类、性质、表面结构、溶液组成、温度等因素有关，可以依据 a 的大小判断不同电极体系中电子转移性能；b 则是一个和温度相关的常数。塔菲尔经验公式是研究者们通过实践总结出的电化学极化的基本规律，而电化学动力学研究可以更加深入地解释该经验公式。

根据 Butler-Volmer 方程，在 $E \gg E^0$ 时，k_f 非常小，因此可以忽略不计。此时，电极上的电流密度简化为：

$$i = -FAk_0\exp\left[\frac{(1-\alpha)nF}{RT}\left(E-E^0\right)\right]c_R(0,t) \tag{1-31}$$

电流取对数，并令 $\eta = E - E^0$ 可得：

$$\ln|i| = \ln\left[FAk_0c_R(0,t)\right] + \frac{(1-\alpha)nF}{RT}\eta \tag{1-32}$$

与公式（1-30）对比可以发现，这就是塔菲尔经验公式的表达形式。其中 Butler-Volmer 方程中的 $(1-\alpha)nF/(RT)$ 对应塔菲尔经验公式中的 b 值，并且与温度密切相关。而 Butler-Volmer 方程中的 $\ln\left[FAk_0c_R(0,t)\right]$ 对应塔菲尔经验公式中的 a 值，该值与电极材料性质、电极表面状态、温度等相关联。

类似地，在 $E \ll E^0$ 时，电极上的电流简化为：

$$i = FAk_0\exp\left[-\frac{\alpha nF}{RT}\left(E-E^0\right)\right]c_O(0,t) \tag{1-33}$$

进而得到

$$\ln|i| = \ln\left[FAk_0c_O(0,t)\right] - \frac{\alpha nF}{RT}\eta \tag{1-34}$$

同样符合塔菲尔经验公式。

5. 多电子转移反应的动力学

对于一个多电子转移的反应，参考 Butler-Volmer 方程的推导方法，将图 1-9 中反应势能曲线中的 $F(E-E^0)$ 改为 $nF(E-E^0)$，就可以从 Arrhenius 公式推导出具有 n 个电子转移的反应的动力学方程：

$$k_{f,all} = k_0\exp\left[-\frac{\alpha nF}{RT}\left(E-E^0\right)\right] \tag{1-35}$$

$$k_{\mathrm{b,all}}=k_0\exp\left[\frac{(1-\alpha)nF}{RT}\left(E-E^0\right)\right] \tag{1-36}$$

式中，$k_{\mathrm{f,all}}$ 和 $k_{\mathrm{b,all}}$ 的角标 all 表示总反应的反应速率常数。

但是，实际上 n（$n>1$）个电子同时转移的概率是非常小的，通常反应都是由多个单电子转移反应依次发生所构成，这时整个电子转移反应的动力学过程非常复杂，获得精确的动力学过程的解析表达式是非常困难的。只有在反应机理满足一些特定条件后，才可能解析多电子转移反应的动力学过程。

譬如，当反应中存在一个速率决定步骤（rate determining step, RDS）时，假设电活性物质 O 经历多步电子转移步骤生成其还原态 R：

$$\mathrm{O}+n\mathrm{e}\rightleftharpoons\mathrm{R}$$

其中某一步的电子转移速率远低于其他步骤，是整个电极反应的速率决定步骤，又被称作决速步。这时整个反应历程可以写作：

$$\mathrm{O}+m\mathrm{e}\rightleftharpoons\mathrm{O}'$$

$$\mathrm{O}'+\mathrm{e}\rightleftharpoons\mathrm{R}'$$

$$\mathrm{R}'+(n-m-1)\,\mathrm{e}\rightleftharpoons\mathrm{R}$$

其中 $\mathrm{O}+m\mathrm{e}\rightleftharpoons\mathrm{O}'$ 表示决速步之前的反应总和，$\mathrm{O}'+\mathrm{e}\rightleftharpoons\mathrm{R}'$ 是决速步，$\mathrm{R}'+(n-m-1)\,\mathrm{e}\rightleftharpoons\mathrm{R}$ 表示决速步之后的反应总和。由于决速步的存在，实验中可以观测到的动力学现象来自于决速步，即只能获得 $\mathrm{O}'+\mathrm{e}\rightleftharpoons\mathrm{R}'$ 这一步的 k_{f}、k_{b}、k_0 等参数。在这种情况下，决速步的反应速率常数为：

$$k_{\mathrm{f,RDS}}=k_{0,\mathrm{RDS}}\exp\left[-\frac{\alpha F}{RT}\left(E-E^0_{\mathrm{RDS}}\right)\right] \tag{1-37}$$

$$k_{\mathrm{b,RDS}}=k_{0,\mathrm{RDS}}\exp\left[\frac{(1-\alpha)F}{RT}\left(E-E^0_{\mathrm{RDS}}\right)\right] \tag{1-38}$$

而反应的电流则是：

$$i=nFAk_{0,\mathrm{RDS}}\left\{c_{\mathrm{O}'}(0,t)\exp\left[-\frac{\alpha F}{RT}\left(E-E^0_{\mathrm{RDS}}\right)\right]-c_{\mathrm{R}'}(0,t)\exp\left[\frac{(1-\alpha)F}{RT}\left(E-E^0_{\mathrm{RDS}}\right)\right]\right\} \tag{1-39}$$

其中角标 RDS 表示决速步的动力学参数。从上式可以看出，反应的电流等于决速步产生的电流乘以 n，可以理解为每有一个 O′ 转化为 R′，整体反应转移了 n 个电子。对于更为复杂的多电子转移过程的动力学，其他电化学经典教材做了更为详细的描述，读者可

以参考阅读 [5-8]。

参考文献

[1] Garada M B, Kabagambe B, Kim Y, et al. Ion-transfer voltammetry of perfluoroalkanesulfonates and perfluoroalkanecarboxylates: Picomolar detection limit and high lipophilicity[J]. Anal Chem, 2014, 86(22): 11230-11237.

[2] Chen Q, Luo L, Faraji H, et al. Electrochemical measurements of single H_2 nanobubble nucleation and stability at Pt nanoelectrodes[J]. J Phys Chem L, 2014, 5(20): 3539-3544.

[3] Dunham K E, Venton B J. Improving serotonin fast-scan cyclic voltammetry detection: New waveforms to reduce electrode fouling[J]. Analyst, 2020, 145: 7437-7446.

[4] Liu Y, Du J, Wang M, et al. Recent progress in quantitatively monitoring vesicular neurotransmitter release and storage with micro/nanoelectrodes[J]. Front Chem, 2021, 8: 591311.

[5] 阿伦 · J · 巴德，拉里 · R · 福克纳 . 电化学方法原理和应用 [M]. 2 版 . 邵元华，朱果逸，董献堆，等，译 . 北京：化学工业出版社，2005.

[6] 卡尔 · H · 哈曼，安德鲁 · 哈姆内特，沃尔夫 · 菲尔施蒂希 . 电化学（原著第二版）[M]. 陈艳霞，夏兴华，蔡俊，译 . 北京：化学工业出版社，2010.

[7] 李荻，李松梅 . 电化学原理 [M]. 4 版 . 北京：北京航空航天大学出版社，2021.

[8] 胡会利，李宁 . 电化学测量 [M]. 北京：化学工业出版社，2020.

ELECTROCHEMICAL ANALYSIS

第二章
电位分析法

电位分析法是依据指示电极电位与待测物质浓度的相关性实现待测物检测的方法。电位分析法与参比电极和指示电极性质密切相关，并衍生出了直接电位法、电位滴定法等经典电位分析方法。近年来，离子选择电极由于其简便、快速的特点成为电位分析热门研究领域之一，研究者们致力于优化电极材料，扩大检测应用领域并提升电极检测性能。本章将介绍电位分析法的基本原理、参比电极、指示电极和传统电位分析法（即直接电位法和电位滴定法），并着重对离子选择电极的原理、构造与应用进行阐述。

第一节 电位分析基本原理与参比电极

一、电位分析基本原理

电位分析测量体系包括含待测物质的溶液、电极电位与待测物质浓度相关的指示电极（或工作电极）、电位保持恒定的参比电极和一台电位测量与控制仪器。指示电极和参比电极浸入待测溶液中，构成原电池，在零电流情况下，测定两电极之间的电位差（即原电池的电动势），求得指示电极的电极电位。电位分析法的原理是依据 Nernst 方程。对于待测物质 i：

$$E_{指示电极} = E^0 - \frac{RT}{nF}\ln a_i \tag{2-1}$$

式中，E^0 为待测物的标准电极电位；n 为待测物在指示电极上发生电极反应转移的电子数；a_i 为待测物的活度。

在电位分析法中，通过测量指示电极的电极电位，并依据 Nernst 方程计算出待测物浓度的方法被称作直接电位法；而将电位测量与滴定反应结合，通过滴定过程中电极电位的突然变化来确定滴定终点，从而计算待测物浓度的方法被称作电位滴定法。

二、参比电极

参比电极是电化学测量中不可或缺的重要组成部分，理想的参比电极应具有下列特征：

① 电化学可逆性：参比电极应为电化学可逆电极，可利用 Nernst 方程计算不同浓度时的电位值。例如 Ag/AgCl 电极，电极电位随着电解液中 Cl^- 浓度的变化而变化。

② 稳定性：电极不易极化，电极电位稳定；电极电位不易受到杂质、副反应干扰；电极材料的温度系数较小，电极电位随温度变化较小等。

③ 重现性：不同批次的参比电极的电极电位应相同。

④ 低电阻值：在瞬态测量中，参比电极具有低电阻有利于减少系统的振荡，提高系

统的响应速度。

常用的参比电极包括：

（1）标准氢电极和可逆氢电极　标准氢电极（standard hydrogen electrode, SHE）是将铂黑电极置于氢离子活度为1mol/L的理想溶液中，与压力为100kPa的氢气平衡时所构成的电极。规定其标准电极电位为0V，即 $E^0_{H_2}=0$ 。在描述其他参比电极电位时，若无特别说明，都是相对于标准氢电极的电位，即标注为vs. SHE。

然而，标准氢电极是一个理想模型，氢离子活度为1mol/L的理想溶液实际并不存在。实际研究者常使用可逆氢电极（reversible hydrogen electrode，RHE）。可逆氢电极与标准氢电极的区别在于没有氢离子活度、氢气压力的要求，其符号为Pt, $H_2|H^+$。电极反应如下：

酸性溶液：$2H^+(a_{H^+})+2e = H_2(g, p)$

碱性溶液：$2H_2O(l)+2e = H_2(g, p)+2OH^-(a_{OH^-})$

可逆氢电极的电位同溶液的pH值、氢气压力有关：

$$E_{H_2}=\frac{RT}{F}\ln\frac{a_{H^+}}{p_{H_2}^{1/2}} \tag{2-2}$$

式中，a_{H^+} 为氢离子的活度；p_{H_2} 为氢气分压。

在25℃，氢气压力为1atm（1atm=101325Pa）时，氢电极的电极电位为

$$E_{H_2}=-0.05916\text{pH} \tag{2-3}$$

可逆氢电极是将镀有铂黑的铂片浸入强酸溶液中，并处于一定压力的氢气氛围中而获得，如图2-1（a）所示。

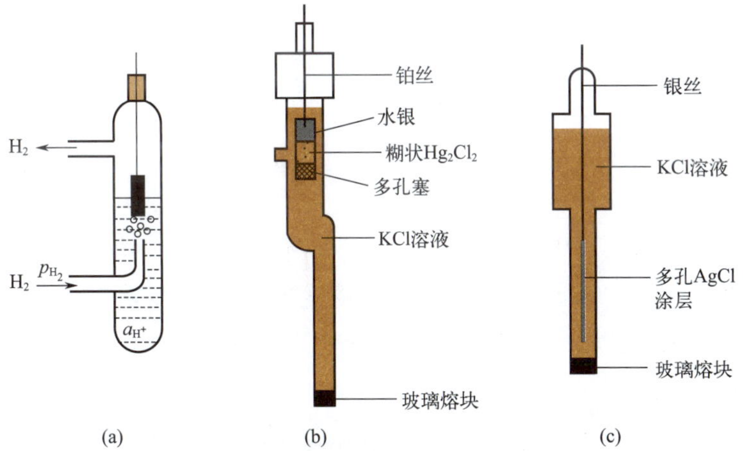

图2-1　可逆氢电极（a）、商业甘汞电极（b）和商业银/氯化银参比电极（c）的结构示意图

可逆氢电极在实际使用中有许多缺陷，例如制备中，铂片需要预处理，需镀上铂黑，并且电极需要处于稳定的氢气氛围，导致制作和使用过程较为复杂。此外铂黑易中毒而失活，因此实际工作中往往使用其他易于制备、使用方便的参比电极，这些参比电极通常被称为二级标准电极。

（2）甘汞电极　甘汞电极由金属汞、甘汞（Hg_2Cl_2）和一定浓度的 KCl 溶液组成，其电极符号为 $Hg|Hg_2Cl_2|Cl^-$，电极反应为：

$$Hg_2Cl_2(s) + 2e \xlongequal{\quad} 2Hg(l) + 2Cl^-(a_{Cl^-})$$

其电极电位为：

$$E_{Hg/Hg_2Cl_2} = E^0_{Hg/Hg_2Cl_2} - \frac{RT}{F}\ln a_{Cl^-} \tag{2-4}$$

使用 KCl 饱和溶液时的电极称为饱和甘汞电极（saturated calomel electrode，SCE），在 25℃，其电位值为 0.2412V（vs. SHE），如图 2-1（b）所示。由于 SCE 的 Cl^- 浓度容易控制，因此 SCE 是最常用的参比电极之一。然而需要注意的是，Hg_2Cl_2 在高温时不稳定，因此通常适用于 70℃以下的情况。另外甘汞电极的电位受温度影响较大，也存在热滞后性，因此测量时要防止温度波动。最后 Hg_2Cl_2 易光解，在使用和存放时也需要注意避光。

（3）汞 / 硫酸亚汞电极　汞 / 硫酸亚汞电极常用于硫酸溶液体系的研究，其电极符号为 $Hg|Hg_2SO_4|\ SO_4^{2-}$，电极反应为：

$$Hg_2SO_4(s) + 2e \xlongequal{\quad} 2Hg(l) + SO_4^{2-}(a_{SO_4^{2-}})$$

其电极电位为：

$$E_{Hg/Hg_2SO_4} = E^0_{Hg/Hg_2SO_4} - \frac{RT}{2F}\ln a_{SO_4^{2-}} \tag{2-5}$$

25℃时，标准电极电位 $E^0_{Hg/Hg_2SO_4} = 0.616\,V$（vs. SHE）。使用饱和 K_2SO_4 溶液时，其电极电位为 0.64V（vs.SHE）。另外，Hg_2SO_4 易水解，并且溶解度较大，所以该参比电极稳定性较差。汞 / 硫酸亚汞电极的结构与甘汞电极的结构类似，只不过将 Hg_2Cl_2 糊换成 Hg_2SO_4 糊，并将 KCl 溶液换为 K_2SO_4 溶液。

（4）银 / 氯化银电极　银 / 氯化银电极是最常用的参比电极之一，是由银丝表面镀一层氯化银，并浸入 KCl 溶液获得，其电极符号为 $Ag|AgCl\,|Cl^-$，电极反应为：

$$AgCl(s) + e \rightleftharpoons Ag(s) + Cl^-(a_{Cl^-})$$

其电极电位为：

$$E_{Ag/AgCl} = E^0_{Ag/AgCl} - \frac{RT}{F}\ln a_{Cl^-} \tag{2-6}$$

25℃时，标准电极电位 $E^0_{Ag/AgCl} = 0.222V$（vs. SHE）。而使用饱和 KCl 溶液时，其电极电位为 0.199V（vs. SHE）。常见的银 / 氯化银参比电极的结构图如图 2-1（c）所示。在一些实验中，可以直接使用涂有 AgCl 的银丝作为参比电极，这种银 / 氯化银电极制备简便、体积小、便于操作，适用于微型反应体系，这是前面几种参比电极所不具备的优势。另外银 / 氯化银电极不像甘汞电极具有较大的温度滞后效应，在高温下也依然稳定，因此在高温体系中经常用来替代甘汞电极。需要注意的是 AgCl 见光易分解，因此使用和保存时需注意避光。

（5）有机溶液体系参比电极　在一些有机溶液（例如乙腈溶液）中，可以使用 Ag/Ag^+ 电对组成的参比电极。其中 Ag^+ 是溶解在有机溶剂中的银离子，常用的盐有 $AgClO_4$ 和 $AgNO_3$，在有机溶液中可以达到 0.01 ～ 0.1mol/L 的浓度。这类电极的电极符号为 $Ag|Ag^+$，电极反应为：

$$Ag^+ + e \rightleftharpoons Ag$$

而在一些有机溶剂中，不易存在高浓度的无机阴离子。这时参比电极由金属和金属离子的有机盐组成。例如 Ag|AgTPB，其中 TPB 代表四苯硼酸根离子（tetraphenylborate）。由于这个阴离子的疏水性，AgTPB 在非极性的有机溶剂中具有较好的溶解度。

上述 Ag/Ag^+ 参比电极的电位绝对值稳定性较差，属于准参比电极，因此无法给出具体的电极电位。通常在样品测量前和测量结束后分别在空白溶液中检测常见的氧化还原电对（例如二茂铁或者铁氰化钾）的电势作为校准。

（6）准参比电极（quasi-reference electrode）　在电化学测量时，有时采用金属电极直接浸入溶液中作为参比电极，这种电极被称为准参比电极。例如在电化学扫描探针显微镜技术中，需要在微小的探针内部或微电解池中插入参比电极，由于空间限制常使用铂丝或者银丝作为准参比电极。这些应用中往往不需要测量准确的电极电位值，只需要知道施加的极化电位即可；并且这些准参比电极性质稳定，具有低电阻，符合参比电极的一般要求，因此适用于这些研究。另外，使用准参比电极时，通常在测量前后使用常规参比电极进行校准。

第二节
金属基指示电极

直接电位法指示电极按构造可以分为金属基指示电极和膜电极，膜电极又叫离子选择电极。金属基指示电极按照构造可以分为第一类电极、第二类电极、第三类电极、第零类电极，离子选择电极的设计和应用将在本章第四节展开。

一、第一类电极——金属-金属离子电极

第一类电极指的是由金属和该金属离子溶液组成的电极体系，简单的例子是将银丝插入 $AgNO_3$ 溶液，就构成了一个指示电极 $Ag|Ag^+$，电极反应为：

$$Ag^+ + e \longrightarrow Ag$$

银丝上的电极电位和溶液中 Ag^+ 浓度相关：

$$E = E^0_{Ag/AgCl} + \frac{RT}{F}\ln a_{Ag^+} \tag{2-7}$$

第一类电极对于金属性质有一定要求。一些活泼的金属表面容易被空气氧化形成氧化膜，不宜于制备第一类电极，例如铁、镍、锌、钴等。常用的第一类电极主要包括 Ag、Cu、Pb、Cd 等金属和对应的金属离子。

二、第二类电极——金属-金属难溶盐 / 氧化物电极

第二类电极是由金属及其难溶盐组成的电极体系。将金属难溶盐（例如 AgCl）涂于金属表面，并浸入含有相同阴离子（Cl^-）的溶液中，就构成了这种指示电极。甘汞电极、银 / 氯化银电极都属于这类电极，相应的电极反应和电极电位在上一节已有介绍。

这种指示电极的电极电位和溶液中阴离子活度相关，因此可用于测定难溶盐中对应的阴离子浓度。也可以使用金属配合物替代金属离子难溶盐，测定溶液中配合剂的浓度。

此外，金属锑（Sb）表面涂上难溶氧化物 Sb_2O_3，可以构成锑电极，电极反应为：

$$Sb_2O_3 + 6H^+ + 6e \rightleftharpoons 2Sb + 3H_2O$$

由于电极反应有 H^+ 参与，该电极电位与 H^+ 浓度有关，可以用于测量溶液的 pH。电极电位为：

$$E = E^0_{Sb/Sb_2O_3} + \frac{RT}{F}\ln a_{H^+} \tag{2-8}$$

类似地，氧化汞 HgO 在碱性溶液中难以溶解，因此可以在碱性条件下构成汞 / 氧化汞电极，其电极电位与溶液中的 OH^- 浓度有关，电极反应为：

$$HgO + H_2O + 2e \rightleftharpoons Hg + 2OH^-$$

电极电位为：

$$E = E^0_{Hg/HgO} - \frac{RT}{F}\ln a_{OH^-} \tag{2-9}$$

三、第三类电极

第三类电极是由一种金属和其难溶盐，外加另一种金属离子和其难溶盐组成的，并且这两种金属难溶盐具有相同的阴离子。一个典型的例子是由金属银、饱和草酸银和草酸钙溶液、钙离子组成的电极体系，其电极符号为：$Ag|Ag_2C_2O_4, CaC_2O_4|Ca^{2+}$，可以指示钙离子浓度。电极反应为：

$$Ca^{2+} + Ag_2C_2O_4 + 2e \rightleftharpoons 2Ag + CaC_2O_4$$

溶液中的钙离子浓度影响了草酸根的浓度，进而影响到 Ag^+ 浓度，引起电极电位的变化。电极电位为：

$$E = E^0_{Ag/Ag_2C_2O_4} + \frac{RT}{2F}\ln a_{Ca^{2+}} \tag{2-10}$$

四、第零类电极——惰性金属电极

第零类电极指的是将惰性金属（如铂）或者石墨浸入含有两种不同价态的同元素离子的溶液中所构成的指示电极。一个典型的例子是将铂丝插入含有 Fe^{2+} 和 Fe^{3+} 的溶液中，在铂丝表面可以发生 Fe^{2+} 和 Fe^{3+} 之间的氧化还原反应：

$$Fe^{3+} + e \rightleftharpoons Fe^{2+}$$

此时铂丝的电极电位与溶液中 Fe^{2+} 和 Fe^{3+} 的活度之比符合 Nernst 方程，因此可以用于定量测量。

第三节
电位滴定法

电位滴定法与普通的滴定方法相近，区别在于滴定终点是利用电位检测来指示，而不是指示剂显色或变色。将指示电极和参比电极置于待检测溶液，构成原电池，同时使用滴定管加入滴定溶液，并加以充分搅拌。在滴定终点附近，溶液中的待测离子浓度将显著下降若干数量级。按照 Nernst 方程，这将导致指示电极的电位发生突跃。通过测量原电池的电池电动势来监测指示电极的电位变化，并指示滴定终点的方法叫作电位滴定法，如图 2-2 所示。相比于直接电位法，指示电极和参比电极浸在同一个溶液中，溶液温度、液接电位等保持不变，因此电池电动势的变化可以直接反映待测物浓度的变化，发生电位突跃处就是电位滴定的终点，无需使用标准溶液。

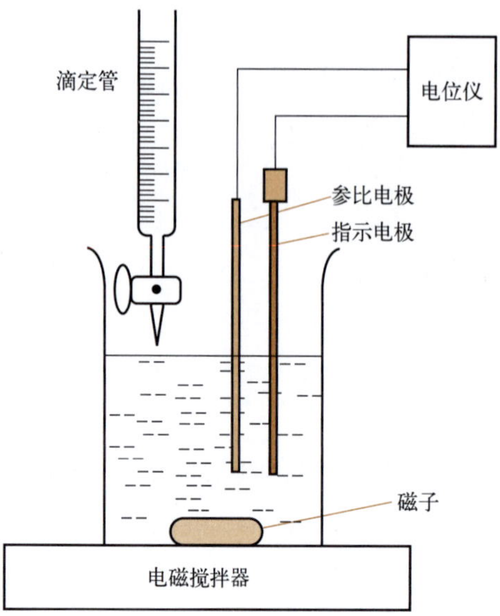

图 2-2　电位滴定法实验装置示意图

将电池电动势 E 随加入滴定剂体积 V 的变化作图，可判断电位滴定的终点。E-V 曲线斜率最大处即为 E 发生突跃处，也就是滴定终点。但有关斜率变化最大处的判断可能存在一定误差，因此，可以对 E-V 曲线做一次微商，利用导数的最大值对应的斜率最大值来判断滴定终点。由于二阶微商为零处对应一阶微商的最高点，也可以对 E-V 曲线做两次微商，从曲线的零点判断一阶微商的最高点，即滴定终点。

此外，基于 E-V 曲线并手动确定滴定终点的方法操作较为繁琐耗时，现代电化学测量中通常使用自动电位滴定仪进行 E-V 曲线测量和滴定终点判断，操作方便省时。以商业自动电位滴定仪进行溶液中 Cl^- 的滴定为例，使用的滴定剂为 $AgNO_3$ 溶液。自动电位滴定仪按一定速率向待测溶液中滴加 $AgNO_3$ 溶液并保持搅拌，同时记录滴加 $AgNO_3$ 溶液的体积 V 和溶液的电池电动势 E。自动电位滴定仪的滴定模式和判断滴定终点的方法大致可以分为以下几种：

① 按照恒定速度进行滴定，自动记录完整的 E-V 曲线。根据 E-V 曲线一次微商图获得曲线斜率变化最大处，即为滴定终点，如图 2-3（a）和（b）所示。

② 根据滴定体系计算滴定终点时的电动势 E_0，在滴定过程中比较 E 与 E_0，并根据 E 与 E_0 的差值控制滴定速度。当 E 与 E_0 差距较大时，滴定速度较快；而接近终点时滴定速度降低；当 E 恰好等于 E_0 时，达到滴定终点，滴定自动停止。

③ 以恒定速度滴定，在滴定终点时，E-V 曲线的二阶微商由最大值降至最小，如图 2-3（c）所示。基于这一突跃变化来启动继电器，从而控制电磁阀关闭滴定管的滴定通路。同第②种方式相比，不需要预先设定终点电动势，更为便捷。

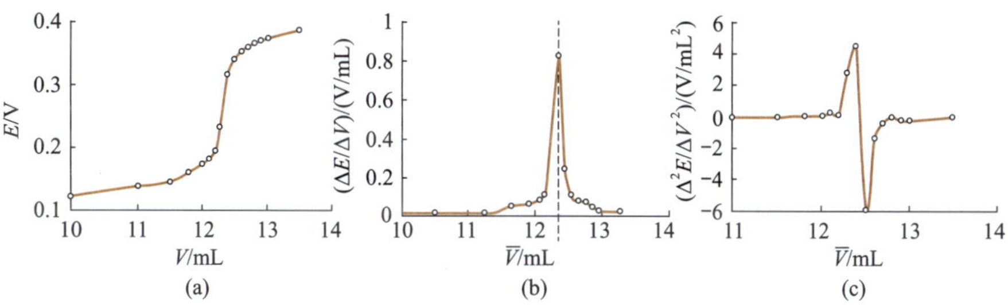

图 2-3　自动电位滴定仪记录的 E-V 曲线（a）和 E-V 曲线的一阶微商曲线（曲线最高点对应为滴定终点；$\overline{V}$ 代表加入一滴滴定溶液前后体积 V 的平均值）(b) 及 E-V 曲线的二阶微商曲线（曲线过零点处对应滴定终点）(c)

在电位滴定法中，依据不同类型的滴定反应，可以使用不同的指示电极。例如进行酸碱滴定时，可以使用 pH 玻璃电极；进行氧化还原滴定时，可以使用铂电极或石墨电极；使用 EDTA 进行配位滴定时，可以使用汞电极。

相比于传统滴定方法，电位滴定法具有许多优势，例如电位滴定法可以用于浑浊、有色的溶液滴定，可以用于没有合适的指示剂的滴定体系（或浓度很低的溶液，易受指示剂自解离的影响）。此外自动电位滴定仪可以提高实验精度和重复性，降低实验误差。

第四节 离子选择电极

在金属指示电极之外，另一类指示电极是离子选择电极（ion selective electrode, ISE），这也是最为常用的指示电极。离子选择电极又叫膜电极。假设有两种电解质溶液，溶液之间使用一层具有可选择性穿透的离子膜进行分隔，仅待测离子可以从待测溶液通过这层膜进入另一种电解质溶液，两种溶液之间的电势差和溶液中离子的活度符合 Nernst 方程：

$$E_{膜} = \varphi_2 - \varphi_1 = -\frac{RT}{zF}\ln\frac{a_2}{a_1} \tag{2-11}$$

式中，a_1, a_2 分别为离子在两种溶液相中的活度；z 为离子所带电荷；φ_1, φ_2 分别为两种溶液相的电势；$\varphi_2 - \varphi_1$ 为两种溶液相间的电势差，定义为膜电位 $E_{膜}$。

目前已经开发了一些离子选择电极，并实现了商品化，在日常生产生活中得到了广泛应用。离子选择电极按其构造可分为传统玻璃 ISE、薄膜 ISE 和基于导电高聚物与碳纳米材料等的 ISE。本节将按照电极构造分类，对离子选择电极进行介绍，涵盖了经典的离子选择电极和近年来发展的新型离子选择电极，并对离子选择电极的发展方向、拓展应用进行简单介绍。

一、离子选择电极的构造

1. 玻璃电极

玻璃电极是人们最早研究出来的离子选择电极，现在广泛应用于 pH 和碱金属离子浓度的测量。图 2-4 是玻璃电极构造示意图。

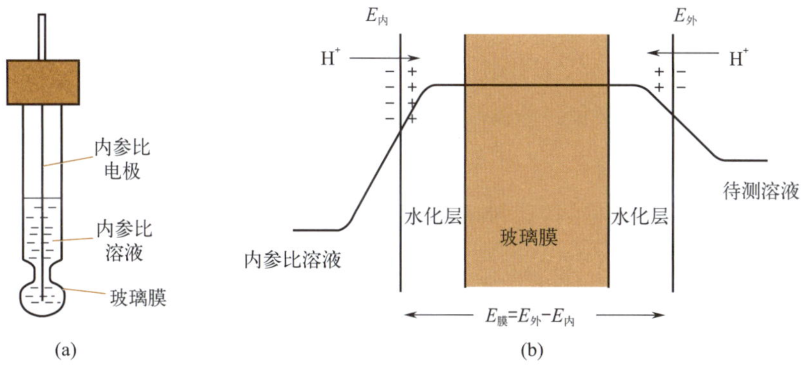

图 2-4　玻璃电极示意图（玻璃电极内部装有内参比溶液和内参比电极，使用时将玻璃电极浸入待测溶液中，通过玻璃膜表面对阳离子的亲和力不同实现对阳离子的选择性）(a) 和玻璃电极的内外水化层结构示意图（玻璃电极的膜电位 $E_{膜}$ 等于外相界电位 $E_{外}$ 与内相界电位 $E_{内}$ 之差）(b)

玻璃电极的工作原理是基于玻璃-电解质溶液界面的离子选择性。玻璃电极的玻璃膜厚度为几十微米，在玻璃膜内部依靠阳离子（通常为 Na^+、K^+ 等碱金属离子）的移动进行电荷迁移。在玻璃膜表面和溶液接触的部分，由于玻璃的硅酸盐网络对于特定阳离子的亲和作用使得阳离子吸附在膜表面，引起了膜表面的电荷分离，从而改变了膜电势。

玻璃电极的离子选择性与玻璃组分有很大关系，具有不同组分的玻璃电极可以实现不同的离子选择性。例如：具有高 H^+ 选择性的 pH 玻璃电极，其选择性顺序为 $H^+ \gg Na^+ > K^+$、Rb^+、$Cs^+ \gg Ca^{2+}$；可以很好区分 Na^+ 和 K^+、Li^+ 的钠离子选择电极，其选择性顺序为 $Ag^+ > H^+ > Na^+ \gg K^+$、$Li^+ \gg Ca^{2+}$；选择性较窄的通用阳离子选择电极，其选择性顺序为 $H^+ > K^+ > Na^+ > NH_4^+$、$Li^+ \gg Ca^{2+}$。

下面以最为常见的 pH 离子选择电极为例，详细介绍玻璃电极的工作原理。pH 电极使用一种特殊玻璃，由 SiO_2 基质中加入少量 Na_2O 和 CaO 烧制而成。将这种玻璃吹制成玻璃球泡，构成玻璃膜（或敏感膜），膜厚度一般为几十至几百微米。当玻璃膜（GL）与水溶液接触时，由于硅酸盐结构与 H^+ 的结合能力远大于与 Na^+ 的结合能力，因此，发生如下离子交换反应：

$$H^+(\text{水溶液}) + Na^+GL^-(\text{膜表面}) \longrightarrow Na^+(\text{水溶液}) + H^+GL^-(\text{膜表面})$$

当离子交换达到平衡后，玻璃膜表面的 Na^+ 几乎全部被 H^+ 取代，形成很薄的水合硅胶层，又称为水化层。因此水中浸泡后的玻璃膜由三部分组成：膜内表面的水化胶层、膜中间的干玻璃层、膜外表面的水化胶层。从水化层到干玻璃层 H^+ 数目逐渐减少，而 Na^+ 数目增加，形成了 H^+ 活度梯度。将玻璃电极浸入待测溶液后，待测溶液中的 H^+ 在膜外表面的水化层扩散，在扩散达到平衡后，膜表面过剩的正电荷吸引溶液中的阴离子，在膜表面-水溶液界面形成了双电层，产生了外相界电位$E_{外}$。类似地，在玻璃膜内表面也会产生一个内相界电位$E_{内}$。如果内参比溶液和待测溶液的H^+活度不同，$E_{外}$和$E_{内}$数值不同，即形成了膜电位$E_{膜}$，如图 2-4（b）所示。

$E_{膜}$与待测溶液的H^+活度a_{H^+}的关系符合 Nernst 方程：

$$E_{膜} = K + \frac{RT}{F}\ln a_{H^+,外} = K - 0.0592\text{pH}_{外} \tag{2-12}$$

其中K是一个常数，与内参比溶液的H^+活度有关，也与不对称电位有关。在理想情况下，内参比溶液和待测溶液的H^+活度完全相同时，$E_{膜}$应当为零。但是实际测量中$E_{膜}$通常不为零，是由于玻璃膜内表面和外表面性质的微小差异导致的，被称为不对称电位（$E_{不对称}$），其大小与玻璃膜的工艺质量有关。将玻璃膜浸泡在纯水中足够时间进行活化，形成稳定的水化层后，可以获得很小（通常 1 ～ 30mV）且稳定的$E_{不对称}$，满足 pH 测量的需求。此时，玻璃电极的电位为：

$$E_{玻璃} = E_{膜} + E_{内参} \tag{2-13}$$

一般内参电极是 Ag/AgCl 参比电极，其电位与内参比溶液的Cl^-浓度有关：

$$E_{内参} = E^0_{Ag/AgCl} - \frac{RT}{F}\ln a_{Cl^-} \tag{2-14}$$

在 298K 时，将式（2-12）和式（2-14）代入式（2-13）可得

$$E_{玻璃} = K - 0.0592\text{pH}_{外} + E^0_{Ag/AgCl} - 0.0592\ln a_{Cl^-} \tag{2-15}$$

对于一个玻璃电极，在测量中可以认为内参比溶液不会发生变化，进一步定义一个新的常数K'，可以得到

$$E_{玻璃} = K' - 0.0592\text{pH}_{外} \tag{2-16}$$

其中K'包含了内参电极电位、不对称电位、内参比溶液的H^+活度等有关因素。

式（2-16）就是使用玻璃电极测量溶液 pH 的依据，在实际测量中，将玻璃电极和一个外参比电极一同浸入溶液中，构成一个电池，通过测定电池的电动势并与外参比电极的电极电位进行计算，求得玻璃电极的电极电位。这种实验装置比较复杂，不利于操作，因此通常将玻璃电极和外参比电极组合在一起，形成 pH 复合电极，如图 2-5（a）所示。

指示电极与参比电极形成了原电池，其电池电动势E为

$$E = E_{ref} + E_{玻璃} \tag{2-17}$$

$$E = E_{ref} + K' - 0.0592\,\text{pH}_{外} \tag{2-18}$$

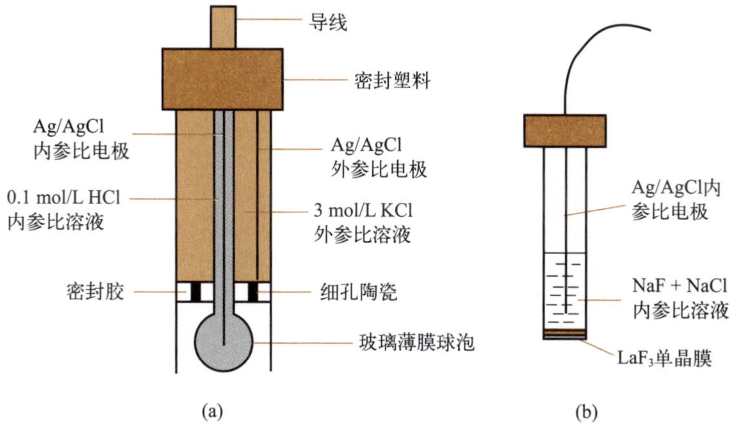

图 2-5　商业复合 pH 电极（a）和氟化镧单晶膜构成的氟离子选择电极（b）示意图

使用同一个玻璃电极在相同的测量条件（实验温度、气压等）下，可以认为 K' 为定值。因此，在标准溶液和待测溶液中分别测量电池电动势，可以得到

$$E_s = E_{ref,s} + E_{l,s} - E_{w,s} \tag{2-19}$$

$$E_t = E_{ref,t} + E_{l,t} - E_{w,t} \tag{2-20}$$

式中，下标 s 和 t 分别表示标准溶液和待测溶液；E_{ref}，E_l 和 E_w 分别表示参比电极的电位、液接电位和工作电极的电位。在标准溶液和待测溶液均为稀溶液时，可以认为

$$E_{ref,s} \approx E_{ref,t} \tag{2-21}$$

$$E_{l,s} \approx E_{l,t} \tag{2-22}$$

因此有

$$E_t - E_s = E_{w,s} - E_{w,t} = \frac{RT}{F}\ln\frac{a_{H_s^+}}{a_{H_t^+}} \tag{2-23}$$

同时，由于

$$pH_s = -\lg a_{H_s^+} \tag{2-24}$$

$$pH_t = -\lg a_{H_t^+} \tag{2-25}$$

代入式（2-23）可得

$$E_t - E_s = 2.303\frac{RT}{F}\times(pH_s - pH_t) \tag{2-26}$$

在 298K 的情况下，上式可以简化为

$$E_t - E_s = 0.05916\times(pH_s - pH_t) \tag{2-27}$$

其中 E_t，E_s 单位为 V。根据上式，可以从标准溶液和待测溶液的电池电动势计算待测溶液的 pH。

pH 复合电极的最大优势就是使用方便。在测量中需要注意初次使用时要将电极浸泡在去离子水中或 0.1mol/L 的 HCl 溶液中活化 24h。在测试前需要用去离子水清洗，但不可以用纸直接接触玻璃球泡，因为静电效应可能在玻璃膜上产生电荷，会延长电极电位达到稳定所需的时间。尽量避免强酸、强碱或腐蚀性溶液，以延长玻璃膜的使用寿命，也应注意玻璃膜很薄，需要避免碰撞。

2. 固态膜离子选择电极

除了玻璃电极外，晶体膜电极也是传统的离子选择电极。例如单晶膜构成的氟离子选择电极，结构如图2-5(b)所示。其内参比溶液是1mmol/L的NaF和0.1mol/L的NaCl溶液，内参比电极是 Ag/AgCl 电极，并使用 LaF_3 单晶薄片（掺杂了 EuF_2）作为离子膜。由于 LaF_3 单晶掺杂了 EuF_2，晶体内产生了 F^- 空穴，因此 F^- 可以进入晶体膜并产生膜电位的改变；同时，由于空穴缺陷的大小和电荷分布，只能容纳特定的可移动的晶格离子，形成了离子选择性。

氟离子选择电极的电极电位为：

$$E = E^0_{app} - \frac{RT}{F}\ln a_{F^-} \tag{2-28}$$

其中 E^0_{app} 表示的是在该单晶表面的表观标准电极电位，受到溶液温度、晶体膜性质等因素的影响。氟离子选择电极对氟离子响应的线性范围为 $5\times10^{-7}\sim1\times10^{-1}$mol/L，并具有很高的离子选择性，唯一的干扰来自氢氧根离子，这是因为 OH^- 可以和 LaF_3 发生如下反应并释放出氟离子。

$$LaF_3 + 3OH^- \longrightarrow La(OH)_3 + 3F^-$$

因此，氟离子检测的最佳pH一般为5～6。过高pH下 OH^- 浓度对氟离子检测有影响；而过低 pH 下，氟离子会和 H^+ 形成 HF 或 HF_2^-，影响氟离子的测定。

与 pH 电极类似，氟离子选择电极也可以连同一个参比电极（如甘汞电极）组成复合电极。使用时将复合电极放置于待测溶液中，通过复合电极直接读取氟离子浓度。

将 AgCl、CuS、PbS 等难溶盐与 Ag_2S 混合并压片成多晶薄膜，可制得对所含盐的组成离子具有敏感响应的晶体膜电极。例如，将 CuS 与 Ag_2S 混合压片可制得 Cu^{2+} 选择电极，同时，对 Ag^+、S^{2-} 也有很好的响应。此外，这类多晶膜也对能与膜组分形成沉淀的离子具有响应，例如 AgCl 与 Ag_2S 压片形成的多晶膜对 Cl^-、Br^-、I^-、CN^-、OH^- 等有敏感响应。

3. 非固态膜离子选择电极

非固态膜离子选择电极的离子膜可以由液体（通常是疏水溶剂）或聚合物组成。由于非固态离子膜的组分和构造多种多样，离子膜的性质可以较方便地调控，因此这类离子选择电极得到更好的发展和应用。

以常用的工作电极（如铂电极、玻碳电极）为基底，在电极表面修饰一层导电高聚物膜，并利用塑化剂聚氯乙烯（PVC）提高膜的稳定性。待测离子可在该膜内迁移，构成具有离子选择性的导电高聚物电极。常用的导电聚合物有聚 3,4-乙烯二氧噻吩 [poly (3,4-ethylenedioxythiophene), PEDOT]，聚吡咯（polypyrrole，PPy），聚苯胺（polyaniline，PANI）等。这些导电高聚物的分子结构如图 2-6 所示。

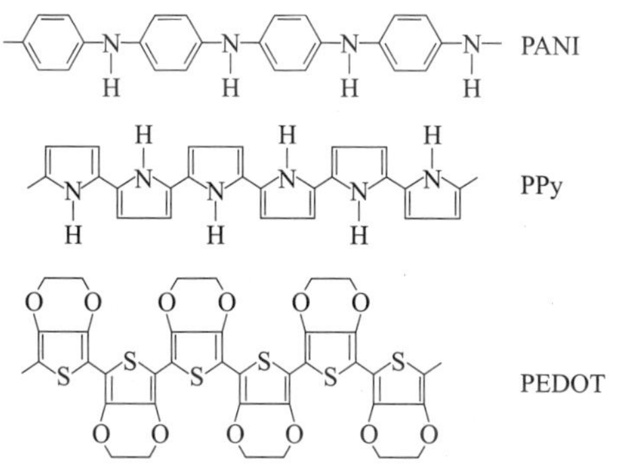

《 图 2-6 常见的导电高聚物分子结构示意图

由于聚合物中存在着共轭 π 键，因此具有很好的导电性。同时，这些聚合物具有较强的疏水性，可以和 PVC 共同构成稳定的高分子膜。此外，导电高聚物本身可以被氧化-还原，使得局部带有正电荷或负电荷，吸引阴阳离子进入高分子膜，引起膜电位的变化。进一步在高聚物膜内添加离子载体，通过离子载体和待测离子的结合提高离子的选择性。

早期的非固态膜离子选择电极可以实现 Li^+、Na^+、K^+、Ca^{2+} 等离子的检测 [1-2]。由于高聚物膜的耐用性和稳定性，非固态膜离子选择电极的应用范围得到不断拓展，从最初的水溶液逐渐发展至各类生物样品。并且，电极结构也逐步改进，电极体积缩小，能进行多通道测量。这些技术进步拓展了离子选择电极的实际应用。例如 Urbanowicz 等 [3] 利用多通道的离子选择电极对人类唾液中 Na^+、K^+、Ca^{2+}、Mg^{2+}、Cl^- 进行同时检测。张建明等[4]利用丝网印刷技术，将 PEDOT 沉积于碳糊电极表面，构建了小型 Ca^{2+} 选择性电极，用于血液中的 Ca^{2+} 浓度检测，采样仅需 15 μL，响应时间 15s。Pirovano 等[5]利用 3D 打印技术，构建了具有双检测通道可穿戴式的 Na^+ 和 K^+ 选择性电极，可以检测人体汗液中的 Na^+ 和 K^+ 含量。

4. 气敏电极

离子选择电极除了可以用于溶液相的检测之外，也可以应用于气体小分子的检测。典型的气敏电极是基于 Severinghaus 设计，并由 Meyerhoff 等改进的复合电极[6-7]。该复合电极通常由一个指示电极（如 pH 玻璃电极）和高分子气敏膜组成，并在指示电极和气敏膜之间填充少量的电解质溶液。气敏膜可以阻隔液体，通过调控气敏膜孔的大小实现气体小分子的选择性通过。气体通过膜后，溶解于电解质溶液中，引发指示电极的电位变化，从而实现气体如 NH_3、CO_2、H_2S、NO_x 等的灵敏检测。

例如常见的商业氨气敏电极，由 pH 玻璃电极和高聚物气敏膜组成，内部装有 0.1mol/L 的 NH_4Cl 内参比溶液。气敏膜仅允许氨气通过并扩散进入 NH_4Cl 溶液，发生电离反应：

$$NH_3 + H_2O \longrightarrow NH_4^+ + OH^-$$

从 pH 电极电位的变化计算出 OH^- 浓度，结合氨水的解离常数计算出 NH_4^+ 的浓度，并计算出从气体样品进入溶液中的 NH_3 的量。这种方法计算较为复杂，通常利用标准曲线来确定待测样品中 NH_3 含量。记录氨气敏电极在不同浓度的氨气氛围中的 pH 电极电位，绘制电极电位 E - lg[NH_3] 曲线，即得到了标准曲线。使用氨气敏电极检测 NH_3 操作方便，响应快速，可以实现连续检测。

近年来，气敏电极的选择性得到了增强。以 SO_2 气敏电极为例，传统的商业 SO_2 气敏电极与氨气敏电极构造类似，包含一个 pH 玻璃电极和一个高分子膜，并且填有 $NaHSO_3$ 电解质溶液。空气中的 SO_2 可以穿透高分子膜进入电解质溶液，使得溶液的 pH 改变，从而被玻璃 pH 电极检测到。Mowery 等[8]将 HSO_3^- 载体溶解在高分子膜中，形成了 HSO_3^- 选择性膜，并将其封装在气体选择性膜内侧（图 2-7）。通过比较内参比 Ag/AgCl 和外参比 Ag/AgCl 电极电位的区别，检测 HSO_3^- 浓度，并获得 SO_2 在气体中的浓度。HSO_3^- 选择性膜可以有效排除溶液中阴离子 NO_2^-，HCO_3^-，F^-，I^-，Br^-，ClO_4^-，乙酸根离子，水杨酸根离子等的干扰。

传统气敏电极需要待检测的气体分子在电解质溶液中转化为离子，秦伟等[9]使用分子印迹聚合物（molecular imprinted polymers，MIP）实现了中性气体（不溶于水）的检测。

首先，针对不同待测中性气体（例如甲苯）设计不同的分子印迹聚合物，并将其嵌于气敏电极的高分子膜中。然后，将气敏电极置于气相中，待测定的气体分子可以在分子印迹聚合物构成的空穴中选择性吸附，占据了一部分的结合位点（图 2-8）。最后，将气敏电极置于含与待测气体分子结构类似的离子指示剂溶液中，这些离子指示剂将占据剩余的结合位点并引发电极电势的变化，实现待测气体分子的定量检测。

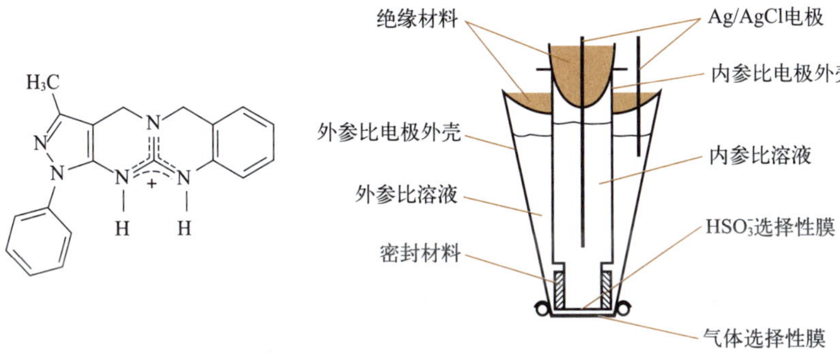

图 2-7　基于胍盐的 HSO_3^- 离子载体（a）以及使用 HSO_3^- 选择性膜的 SO_2 气敏电极（b）（内参比溶液为 0.1mol/L KCl，外参比溶液为 1.0mol/L Bis-Tris HCl，pH 6.0）[8]

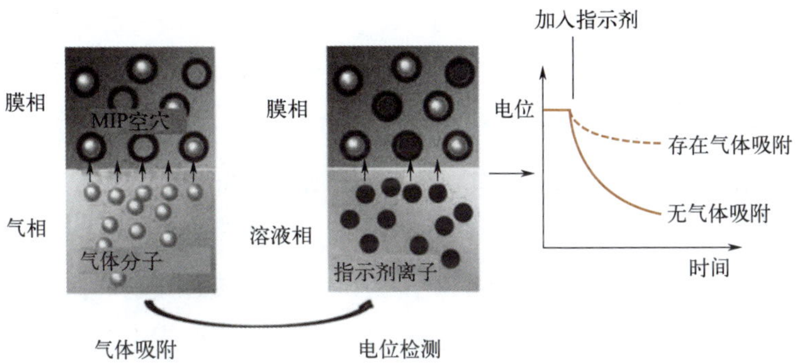

图 2-8　基于分子印迹聚合物实现中性气体分子检测的机理 [9]

二、离子选择电极新进展

1．新型离子载体

提升非固体膜离子选择性的关键在于离子膜内嵌入的离子载体。离子载体通常是一些离子配体和螯合剂，如二苯并-18-冠醚-6（dibenzo-18-crown-6，DB18C6），其结构式如图 2-9 所示。

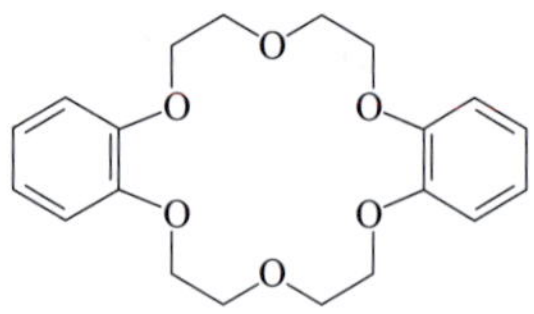

图 2-9　离子载体 DB18C6 的分子结构

DB18C6 中间的空腔直径约 0.4nm，周围有 6 个氧原子作为电子供体，可以包裹一些大小合适的阳离子（如 Na^+、K^+ 等），发生如下配合反应：

$$M^{z+} + nL \longrightarrow ML_n^{z+}$$

其中，M^{z+} 表示带 z 个电荷的金属离子；L 表示配体；ML_n^{z+} 表示生成的配合物。由于 DB18C6 中心空腔的体积和阳离子的体积匹配等因素，对尺寸匹配的阳离子具有更强的结合作用，而对体积大的阳离子的结合作用较弱，从而实现了离子的选择性。

离子膜的选择性可用离子选择系数 $K_{i,j}$ 来定量化描述。假设溶液中存在待测离子 i 和干扰离子 j，并且两种离子所带电荷相同，那么 $K_{i,j}$ 为相同测试条件下，形成相同的膜电位时 i 和 j 的活度比值，即

$$K_{i,j} = \frac{a_i}{a_j} \tag{2-29}$$

离子选择系数 $K_{i,j}$ 小，代表产生相同膜电位时待测离子 i 的活度低于干扰离子 j 的活度，即该离子膜对待测离子 i 的浓度感应更灵敏。例如，以缬氨霉素（valinomycin）作为 K^+ 的离子载体时，可以获得很好的 K^+ 选择性；对于干扰离子 Na^+，其离子选择系数 $\lg K_{K^+,Na^+}$ 可以低至 −3.7。这就说明当溶液中 K^+ 活度低至 Na^+ 活度 $1/10^{3.7}$（约 1/5000）时，离子选择电极检测 K^+ 产生的信号就与检测 Na^+ 产生的信号相近，具有非常高的 K^+ 选择性。对干扰离子 Mg^{2+}、Ca^{2+}，$\lg K_{K^+,Mg^{2+}}$ 和 $\lg K_{K^+,Ca^{2+}}$ 更是可以低至 −4.3 和 −4.1，说明该离子载体对于 Mg^{2+}、Ca^{2+} 具有更高的抗干扰性 [10]。

2. 可穿戴式离子选择电极

近年来，基于电位分析法的可穿戴式电位型离子传感器（wearable potentiometric ion sensors, WPIS）取得长足的进步 [11]。它将离子检测系统的各个部件（如指示电极、内参电极、样品采集单元）集成在一个柔性平台上，使用者（病人或者运动者）在日常活动中可

以方便地佩戴，并同时对特定离子进行检测。目前用于可穿戴式电位型离子传感器的指示电极大多由导电高聚物膜电极构成，检测的样品是使用者的汗液，检测的离子一般是汗液中的 H^+（即测量 pH）、Na^+、K^+ 等常见阳离子，用于实时监测佩戴者运动中的身体机能和健康状况。例如 Na^+ 和 Cl^- 的浓度反映了运动者身体的脱水情况，K^+ 和 Mg^{2+} 浓度与肌肉力量相关，Ca^{2+} 浓度与运动者的体内平衡息息相关。而在临床上，通过汗液中的不同离子浓度检测也可以辅助判断患者的身体状况。例如 Na^+ 和 Cl^- 浓度异常与囊泡性纤维症有关，K^+ 浓度过高与过低反映了高钾血症和低钾血症，Ca^{2+} 浓度异常可以指示甲状腺功能亢进和肾结石，Mg^{2+} 浓度异常和低镁症、心律失常相关，NH_4^+ 浓度异常可以指示肝功能异常，等等。下面以几个最近的研究为例，介绍可穿戴式的离子选择电极方面的进展。

Gao 等[12] 设计了一种柔性传感阵列，可实现运动者汗液中葡萄糖、乳酸、K^+、Na^+ 的同时检测。该阵列使用柔性聚对苯二甲酸乙二醇酯为基底，在其表面通过刻蚀-沉积形成了传感阵列的电路模板，并修饰了对应的传感检测单元（图 2-10）。构建了葡萄糖氧化酶和乳酸氧化酶修饰电极，基于酶催化葡萄糖和乳酸氧化过程中的电子转移信号，实现葡萄糖和乳酸的检测。在使用中，运动者的汗液通过传感阵列上的采样口进入传感阵列，并分别由各个传感检测单元检测汗液中的葡萄糖、乳酸、K^+、Na^+。所得数据由阵列上的集成电路处理，并通过无线信号发送至使用者的手机上，实现运动者身体状况的监测。

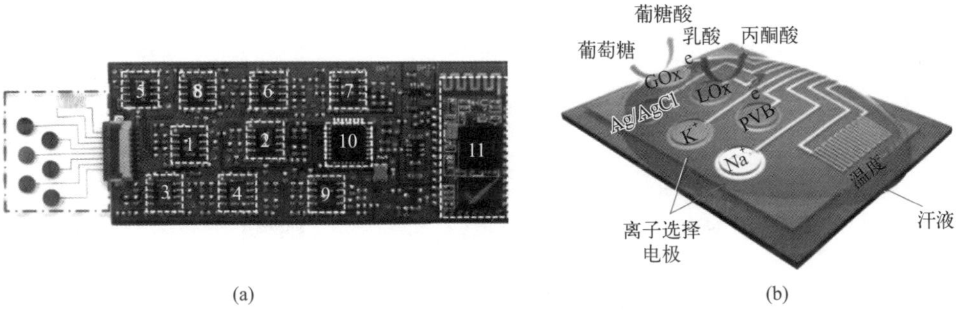

图 2-10　阵列照片（左侧虚线框部分为传感阵列，用于传感检测；右侧虚线框内为集成电路组件，用于信号处理和无线信号发送）(a) 和传感阵列的示意图（GOx 和 LOx 代表葡萄糖氧化酶和乳酸氧化酶；PVB 代表聚乙烯醇缩丁醛）(b)[12]

Roy 等[13] 将多孔的碳纳米管溶解于塑化剂 PVC 中，构成了基于碳纳米管的离子选择电极。同时将碳纳米管、Ag/AgCl、溶解了 NaCl 的琼脂糖膜和 PVC 混合，构成了固态的参比电极。由于碳纳米管-高聚物的良好机械强度和柔韧性，该离子选择电极和固态参比电极可用于可穿戴装置，检测佩戴者汗液中的 Na^+ 浓度。

可穿戴式离子选择电极通常在拉伸状态下使用，面临的一个关键挑战是在拉伸状态下能给出良好的分析信号。为了应对这一挑战，牛利等 [14] 在可拉伸的金纤维电极上涂覆离子选择性膜，构建了可拉伸的 Na^+、Cl^-、pH 离子选择电极。在施加 200% 拉伸率的状态下，电极的电阻仅增长 2.1%。此外该金纤维电极具有很好的稳定性，在最大拉伸状态下可以承受 1000 次循环伏安测试（图 2-11）。将其嵌入发夹，可对人体汗液中 Na^+、Cl^- 和 pH 进行实时检测。

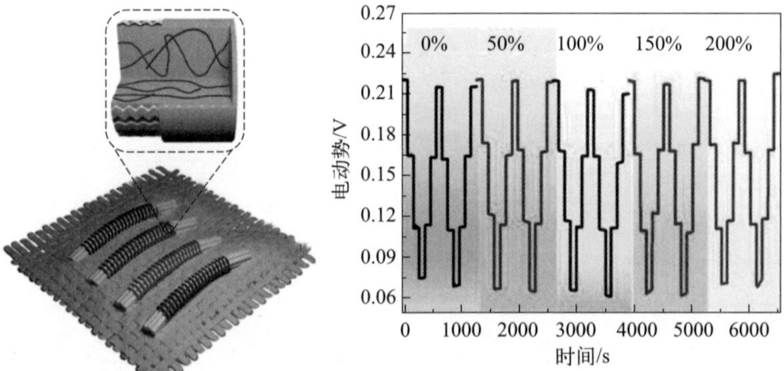

图 2-11 基于高度可拉伸的金纤维电极构建的离子选择电极结构示意图和电极信号曲线（在不同的拉伸程度下，检测的电位依然稳定）[14]

除此以外，可穿戴式的离子选择电极对于响应时间有一定的要求，通常在 10 ～ 60s 之间 [15-17]。张斑等 [18] 利用金纳米枝晶为基底，构建了可穿戴的 Na^+ 选择电极，实现了有效的汗液收集和 Na^+ 浓度的实时检测分析。这一离子选择电极制备简单，并具有良好的稳定性和可重复性，储藏 2 个月后电极电位依然稳定。

3. 面向生物受体的离子选择电极

通常离子选择电极用于检测简单的阴 / 阳离子。近年来，通过调整离子选择电极的构造，可进行生物体中常见的阴 / 阳离子、生物小分子、DNA 以及酶和蛋白质的选择性检测。除了使用离子膜外，利用生物酶的选择性催化作用是这类电极的特点之一。

通过在电极表面修饰酶分子，利用酶与底物的催化反应可以提高选择性。同时酶催化反应过程中产生的离子可以由离子选择电极检测，建立了葡萄糖、谷氨酸、尿素等特定底物的检测方法 [19-21]。秦伟等 [22] 通过在纸上修饰固态离子选择电极和参比电极，并修饰固态胆碱离子选择性膜，实现了胆碱离子的检测。通过在纸面不同区域浸渍丁酰胆碱酯酶和对应的培养基构建折纸电极，可实现相关酶活性的检测；基于有机磷酸酯杀虫剂——甲基对硫磷对酶活性的抑制作用实现甲基对硫磷的浓度检测。

利用量子点、金、脂质体、碳酸钠等纳米颗粒对 DNA 进行标记，可以发展出基于离子选择电极的 DNA 电位分析法。例如，Bakker 等 [23] 利用量子点对 DNA 进行标记，建立了 DNA 杂交的电位检测法，其检测机理和标准曲线如图 2-12 所示。检测过程分为 4 步，①在金基底表面形成单层探针 DNA；②与目标 DNA 杂交；③用标记了 CdS 的探针 DNA 二次杂交；④将 CdS 溶解并使用 Cd^{2+} 选择电极检测。借助 DNA 杂交，这一方法具有非常高的选择性，并具有 10^{-12} mol/L 量级的检测下限。同时，利用体外核酸信号放大技术，可以进一步提高 DNA 检测的灵敏度。

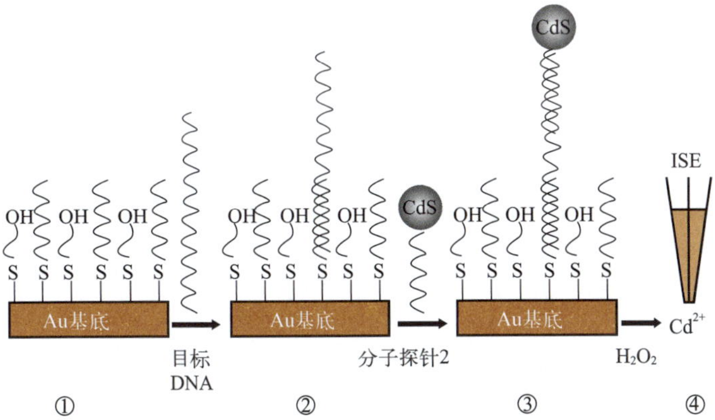

图 2-12 基于 CdS 量子点实现 DNA 杂化的检测步骤示意图 [23]

利用离子选择电极检测酶反应所产生的相应离子，就可以测定酶活性。例如丁家旺等 [24] 开发了用于多阳离子检测的离子选择电极，并用于核酸酶活性的检测。基于离子选择电极的辣根过氧化物酶、碱性磷酸酶、凝血酶、胰蛋白酶等酶活性检测电极也相继被开发出来。将离子选择电极和免疫分析法结合，利用蛋白质的免疫反应所带来的电荷变化以及反应中生成的离子，可以实现蛋白质的检测。

此外，离子选择电极在生物受体领域还有很多新的应用。例如秦伟等 [25] 培养了一种氨氧化细菌，通过使用铵离子选择电极可以检测细菌消耗氨的速率，进一步可以在培养溶液中添加不同的毒素，并根据细菌耗氨速率的改变研究毒素的毒性。

4. 离子选择性微电极

随着微纳加工技术的发展，人们开发出基于微 / 纳米电极的离子选择电极。这些微 / 纳米电极与前面描述的导电聚合物膜电极类似，即在金、铂、碳等微电极表面涂一层导电聚合物构成离子膜，膜内含有特定的离子载体以实现离子的选择性吸附。例如，秦伟等[26-27]以 14μm 的金丝为基底，制备了铜离子选择性微电极和铅离子选择性微电极，并用于检测海岸边沉积物孔隙水中的铜离子、铅离子含量。

这类离子选择性微电极可以用于生物体内离子或小分子的检测，且由于微电极的尺寸小，可有效地减少对生物组织的破坏作用。例如 Difranco 等[28]制备了一种 Cl^- 选择性微电极，该电极对于碳酸氢根的干扰有很好的抵抗能力 ($\lg K_{Cl^-,HCO_3^-}=-2.0$)，并且可以在骨骼肌纤维内检测 Cl^- 的细胞内活性。郑卫等[29]以碳纤维为基底，制备了一种钙离子选择性微电极，成功检测了老鼠大脑皮层内的胞外钙浓度。

5. 无离子选择性膜的固态离子选择电极

传统的离子选择性膜在使用中常常需要面临一些挑战，包括维持膜的机械稳定性、防止膜内的离子进入待测溶液、离子选择性膜中使用的有机离子配体成本高等。为应对这些挑战，开发了不使用离子选择性膜的固态离子选择电极，例如，牛利等[30]利用 Cu(Ⅱ) 的类普鲁士蓝配合物［铁氰化铜 (Ⅱ)］实现离子-电子信号传导和 NH_4^+ 的识别，构建了无离子选择性膜的固态 NH_4^+ 选择性电极。这种电极和传统离子选择电极相比具有相似的分析检测能力，但是制备过程得到了简化，成本也显著降低。

参考文献

[1] Bobacka J, Lindfors T, McCarrick M, et al. Single-piece all-solid-state ion-selective electrode[J]. Anal Chem, 1995, 67(20): 3819-3823.

[2] Bobacka J. Conducting polymer-based solid-state ion-selective electrodes[J]. Electroanalysis, 2006, 18(1): 7-18.

[3] Urbanowicz M, Jasiński A, Jasińska M, et al. Simultaneous determination of Na^+, K^+, Ca^{2+}, Mg^{2+} and Cl^- in unstimulated and stimulated human saliva using all solid state multisensor platform[J]. Electroanalysis, 2017, 29(10): 2232-2238.

[4] Wang Y, Xu H, Yang X X, et al. All-solid-state blood calcium sensors based on screen-printed poly(3,4-ethylenedioxythiophene) as the solid contact[J]. Sens Actuators B, 2012, 173: 630-635.

[5] Pirovano P, Dorrian M, Shinde A, et al. A wearable sensor for the detection of sodium and potassium in human sweat during exercise[J]. Talanta, 2020, 219: 121145.

[6] Severinghaus J W, Bradley A F. Electrodes for blood pO_2 and pCO_2 determination[J]. J Appl

Phys, 1958, 13(3): 515-520.

[7] Meyerhoff M E. Polymer membrane electrode based potentiometric ammonia gas sensor[J]. Anal Chem, 1988, 52(9): 1532-1534.

[8] Mowery M D, Hutchins R S, Molina P, et al. Guanidinium-based potentiometric SO_2 gas sensor[J]. Anal Chem, 1999, 71(1): 201-204.

[9] Liang R N, Chen L S, Qin W. Potentiometric detection of chemical vapors using molecularly imprinted polymers as receptors[J]. Sci Rep, 2015, 5: 12462.

[10] Kane P, Diamond D. Determination of ion-selective electrode characteristics by non-linear curve fitting[J]. Talanta, 1997, 44(10): 1847-1858.

[11] Parrilla M, Cuartero M, Crespo G A. Wearable potentiometric ion sensors[J]. TrAC Trends Anal Chem, 2019, 110: 303-320.

[12] Gao W, Emaminejad S, Nyein H Y Y, et al. Fully integrated wearable sensor arrays for multiplexed in situ perspiration analysis[J]. Nature, 2016, 529: 509-514.

[13] Roy S, David-Pur M, Hanein Y. Carbon nanotube-based ion selective sensors for wearable applications[J]. ACS Appl Mater Interfaces, 2017, 9(40): 35169-35177.

[14] Xu J N, Zhang Z, Gan S Y, et al. Highly stretchable fiber-based potentiometric ion sensors for multichannel real-time analysis of human sweat[J]. ACS Sens, 2020, 5(9): 2834-2842.

[15] Nyein H Y Y, Tai L, Ngo Q P, et al. A wearable microfluidic sensing patch for dynamic sweat secretion analysis[J]. ACS Sens, 2018, 3(5): 944-952.

[16] McCaul M, Porter A, Barrett R, et al. Wearable platform for real-time monitoring of sodium in sweat[J]. Chemphyschem, 2018, 19(12): 1531-1536.

[17] Bandodkar A J, Molinnus D, Mirza O, et al. Epidermal tattoo potentiometric sodium sensors with wireless signal transduction for continuous non-invasive sweat monitoring[J]. Biosens Bioelectron, 2014, 54: 603-609.

[18] Wang S Q, Wu Y J, Gu Y, et al. Wearable sweatband sensor platform based on gold nanodendrite array as efficient solid contact of ion-selective electrode[J]. Anal Chem, 2017, 89(19): 10224-10231.

[19] Saeedfar K, Heng L Y, Ling T L, et al. Potentiometric urea biosensor based on an immobilised fullerene-urease bio-conjugate[J]. Sensors, 2013, 13(12): 16851-16866.

[20] Karakuş E, Pekyardimci Ş, Kiliç E. Potentiometric glucose determination in human serum samples with glucose oxidase biosensor based on iodide electrode[J]. Prikl Biokhim Mikrobiol, 2013, 49: 209-214.

[21] Yılmaz D, Karakuş E. Construction of a potentiometric glutamate biosensor for determination of glutamate in some real samples[J]. Artifi Cell Blood Sub, 2011, 39(6): 385-391.

[22] Ding J W, Li B W, Chen L X, et al. A three-dimensional origami paper-based device for potentiometric biosensing[J]. Angew Chem Int Ed, 2016, 55(42): 13033-13037.

[23] Numnuam A, Chumbimuni-Torres K Y, Xiang Y, et al. Potentiometric detection of DNA hybridization[J]. J Am Chem Soc, 2008, 130(2): 410-411.

[24] Ding J W, Qin W. Potentiometric sensing of nuclease activities and oxidative damage of single-stranded DNA using a polycation-sensitive membrane electrode[J]. Biosens Bioelectron, 2013, 47: 559-565.

[25] Zhang Q Y, Ding J W, Kou L J, et al. A potentiometric flow biosensor based on ammonia-oxidizing bacteria for the detection of toxicity in water[J]. Sensors, 2013, 13(6): 6936-6945.

[26] Zhao G T, Liang R N, Wang F F, et al. An all-solid-state potentiometric microelectrode for detection of copper in coastal sediment pore water[J]. Sens Actuators B, 2019, 279: 369-373.

[27] Zhao G T, Ding J W, Qin W. Fine-scale *in-situ* measurement of lead ions in coastal sediment

pore water based on an all-solid-state potentiometric microsensor[J]. Anal Chim Acta, 2019, 1073: 39-44.

[28] Difranco M, Quinonez M, Dziedzic R M, et al. A highly-selective chloride microelectrode based on a mercuracarborand anion carrier[J]. Sci Rep, 2019, 9: 18860.

[29] Zhao L J, Jiang Y, Wei H, et al. *In vivo* measurement of calcium ion with solid-state ion-selective electrode by using shelled hollow carbon nanospheres as a transducing layer[J]. Anal Chem, 2019, 91(7): 4421-4428.

[30] Xu L B, Zhong L J, Tang Y T, et al. Beyond nonactin: Potentiometric ammonium ion sensing based on ion-selective membrane-free Prussian blue analogue transducers[J]. Anal Chem, 2022, 94(29): 10487-10496.

ELECTROCHEMICAL ANALYSIS

ELECTROCHEMICAL ANALYSIS

第三章
电导分析法

通常具有导电能力的物质被称为导体，按照导电方式可以将导体分为电子导体和离子导体两大类。其中电子导体是依靠电子的定向移动形成电流的导体，通常包括金属导体（金属自由电子的定向移动）、石墨（石墨层间自由电子的定向移动）等。离子导体则是指依靠离子的定向移动形成电流的导体，例如电解质溶液、高温熔融状态下的固体电解质等。本章主要讨论电解质溶液这类离子导体。

第一节
电导率

电解质溶液的导电性与溶液中的离子活度有关，利用溶液导电性变化来检测溶液中离子活度变化的技术就是电导分析法。电解质溶液导电能力来源于溶液中离子在外加电场作用下发生的定向移动。假定外加电场为 E，一个阳离子所带电荷为 ze_0。其中 e_0 表示一个电子所带的电荷，即基本电荷或元电荷，具体数值为 1.602×10^{-19}C。将阳离子看作一个半径为 r 的简单球体，那么该阳离子在电场作用下迁移时也受到溶液中摩擦阻力 f 的作用，阻力 f 随着离子运动速度 v 的增大而增大。依据斯托克斯方程

$$f=6\pi\eta rv \tag{3-1}$$

式中，η 是溶液的黏度。当离子开始运动后，其速度将达到一个极限值 v_{max}，此时离子受电场作用力与摩擦阻力相同：

$$ze_0|E|=6\pi\eta rv_{max} \tag{3-2}$$

即

$$v_{max}=\frac{ze_0|E|}{6\pi\eta r} \tag{3-3}$$

v_{max} 与 $|E|$ 相关，定义离子电迁移率 u 为：

$$u=\frac{v_{max}}{|E|}=\frac{ze_0}{6\pi\eta r} \tag{3-4}$$

对于给定的 η 值，溶液中的离子拥有各自不同的 u。此外，同一种离子在不同黏度的电解液中电迁移率不同，同一溶液在不同温度下因黏度变化也会呈现不同的电迁移率。

1923 年，德拜和休克尔建立了离子氛（ionic cloud）模型以解释电解质溶液中离子间的相互作用。在强电解质溶液中，电解质完全解离为阴阳离子。由于静电作用，每一个中心离子周围都吸引带有相反电荷的离子，排斥相同电荷的离子，从而在该离子周围形成一个局部有序的球形带相反电荷的离子氛围，即“离子氛”，见图 3-1。

之后昂萨格拓展了该理论，将离子氛模型引入了有外加电场作用下的电解质溶液，从而形成了德拜-休克尔-昂萨格理论（Debye-Hückel-Onsager theory）。根据该理论，在外加

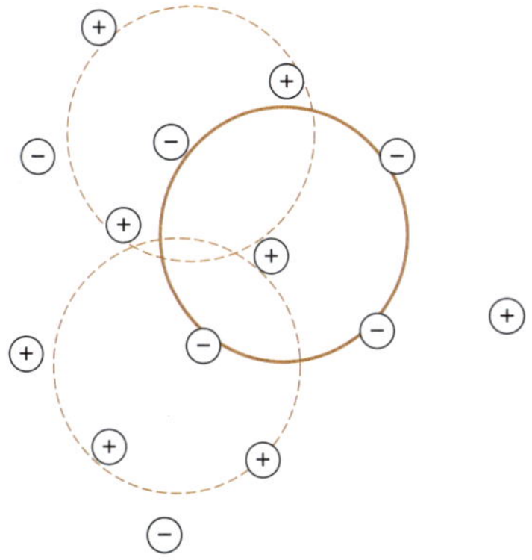

图 3-1　离子氛示意图

电场作用下，中心离子发生电迁移，这将破坏离子周围的离子氛。在迁移过程中离子将建立新的离子氛，这一过程所需的时间称为弛豫时间（relaxation time）。由于弛豫时间的存在，在中心离子迁移的过程中，其位置与离子氛的中心总是存在一定的偏离，离子氛也变得不对称。不对称的离子氛对中心离子迁移产生阻力，降低溶液的导电性能，这被称作弛豫效应（relaxation effect）。弛豫效应随着溶液浓度的升高而增大。此外，一个阳离子在迁移时会带着溶剂化分子层（如水合层）一同移动，在移动路径上也会有其他阴离子带着溶剂化分子层向相反方向迁移，使得阳离子的迁移受到了由溶液黏度所产生的摩擦阻力，降低溶液的导电性能，这被称作电泳效应（electrophoretic effect）。

一、电导率和摩尔电导率

电导 G 表述了导体导电能力的大小，与导体的电阻 R 互为倒数，其单位为西门子（简称西），符号为 S 或者 Ω^{-1}。根据欧姆定律：

$$G=\frac{1}{R}=\frac{I}{U} \tag{3-5}$$

式中，U 为两电极间的电位差；I 为通过导体的电流。

类似电阻 R，电导 G 不仅取决于导体本身的性质，还与导体的形状、截面积大小等有关。为了定量表述导体本身性质对电导的影响，引入电导率 κ 的概念。对于一个均匀的棒状导体，导体电导和电导率的关系为：

$$G=\kappa\frac{A}{L} \tag{3-6}$$

式中，A 为导体横截面积；L 为导体长度。

从上式可知，电导率 κ 的单位为S/m，表示单位长度和单位面积所包含的溶液的电导。

将横截面积均为 A 的两根电极置于电解质溶液中，在间距为 L 的两电极之间施加电位 U，那么电极之间的电场强度 E 为：

$$E=\frac{U}{L} \tag{3-7}$$

此时所形成的电流由阴阳离子的定向移动共同组成。由前述公式可知，阴阳离子在电场中可以达到的最终速度分别为 $v_{\max,+}$ 和 $v_{\max,-}$，而电流 i 表示单位时间内流过横截面的电量，所以 i 可以表述为

$$i=Ae_0\left(n_+z_+v_{\max,+}+n_-z_-v_{\max,-}\right) \tag{3-8}$$

式中，n_+，n_- 分别为单位体积内的阳离子和阴离子的数量；z_+，z_- 分别为阳离子和阴离子所带的电荷数。

此外根据电导公式

$$G=\kappa\frac{A}{L}=\frac{i}{U}=\frac{Ae_0\left(n_+z_+v_{\max,+}+n_-z_-v_{\max,-}\right)}{U} \tag{3-9}$$

最终可以得到

$$\kappa=e_0\left(n_+z_+u_++n_-z_-u_-\right) \tag{3-10}$$

式中，u_+，u_- 分别为阳离子和阴离子的电迁移率。

由此可知，电解质溶液的电导率与电解质离子性质有关（即 u_+，u_-，z_+，z_-），也与单位体积内离子数量有关（即 n_+，n_-）。

单位体积内离子数量与电解质浓度有关，因此引入摩尔电导率 Λ：

$$\Lambda=\frac{\kappa}{c} \tag{3-11}$$

式中，c 为电解质浓度，某种电解质溶液的摩尔电导率 Λ 的单位是 $S \cdot m^2/mol$，代表的是相距 1m 的两块平行电极之间包含 1mol 电解质溶液的电导，可以用于比较不同电解质的导电能力。

二、电导率测定原理

测量电解质溶液的电导就是测量该溶液的电阻值。在一个电解质溶液内放置两个电

极，在电极之间施加电压形成电流，此时形成了一个电解池。该电解池可以简化为由溶液电阻 R 和双电层电容 C 组成的等效电路，如图 3-2 所示。

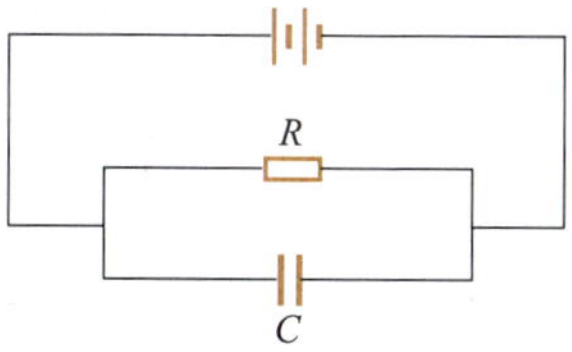

《 图 3-2　电解池的简易等效电路图
一个电解池可以看作由电源、电阻（R）和电容（C）组成

其中溶液的电阻 R 包括溶液中离子迁移受到的阻碍作用而形成的电阻、两个电极的电阻以及电极表面可能发生电荷转移反应过程形成的电阻。电容 C 代表由电极和溶液界面形成的双电层电容，这一电容是电极表面发生的非法拉第过程的重要组成部分。

测量电解质溶液的电阻时，不宜使用直流电压。如果施加较小的直流电压，无法引起电极表面反应，那么只会有瞬间电流（用于电容充电），没有直流电流通过，无法测量电阻。如果施加的电压较大，产生了电极反应，溶液中离子浓度会发生变化，同样无法测量溶液电阻。在施加交流电压时，由于交流电压很小，不产生电极反应；但由于电压方向不断变化，电容的不断充电放电形成了电流，可以依此进行电阻分析。在交流电压较大、引起了电极表面反应时，由于电压不断变化，电极上发生的氧化和还原反应依次交替进行，等同于净反应没有发生，因而不会影响溶液中的离子浓度。所以通常使用交流电压进行溶液的电阻（电导）测量。

根据图 3-2 的等效电路，通常采用惠斯通电桥（Wheatstone bridge）法测量电解质溶液的电阻（电导），如图 3-3 所示。

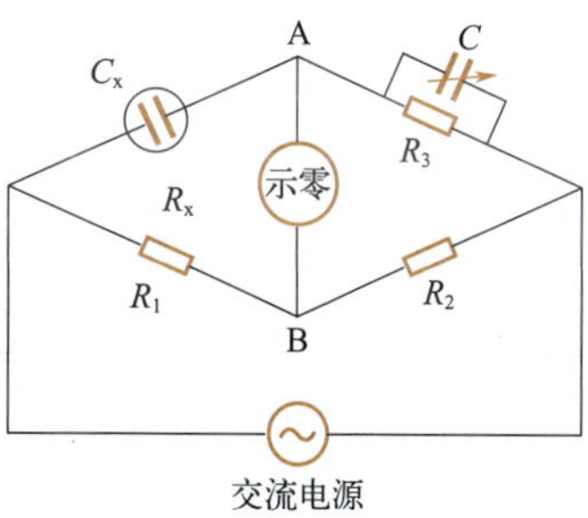

《 图 3-3　惠斯通电桥法的电路示意图
惠斯通电桥法可以测量电解质溶液的电导，R_x, C_x 分别为待测电解质溶液的等效电阻和电容；R_1, R_2 为已知电阻值的标准电阻；R_3 为可调电阻；C 为可变电容

图 3-3 中 R_1，R_2，R_3 和 R_x 称为电桥的四个桥臂（bridge）。其中 R_x 和 C_x 分别为电解质溶液的电阻和电容；R_1，R_2 为标准电阻，R_1 和 R_2 构成了电路的比例臂，R_1 和 R_2 的比值决定了电阻 R_x 测量中的放大比例，见式（3-12）；R_3 为可调精密电阻，C 为可变电容，R_3

和 C 构成了调节臂。当施加交流电压时，先选择合适的 R_1，R_2 和 C，调节 R_3 使得电桥达到平衡，即电桥对角线 A-B 点间交流电势为零，此时即可获得电解质溶液的电阻 R_x 和电容 C_x：

$$R_x = \frac{R_1}{R_2} R_3 \tag{3-12}$$

$$C_x = \frac{R_2}{R_1} C \tag{3-13}$$

实验中通常按照上述原理，使用电导仪测量电解质溶液的电阻（电导）。电极材料通常使用铂，也可以使用石墨、不锈钢等材料。两个电极通常为片状，具有固定的面积，相互平行，且具有固定的间距。然而由于电极的有效面积 A 和电极间距 L 不易测量，因此引入一个参数——电导池常数 K_{cell}：

$$K_{cell} = \frac{L}{A} \tag{3-14}$$

K_{cell} 单位为 m^{-1}。通常使用已知电导率的 KCl 溶液注入电导池中，根据溶液电导率和测得的电导得到该电导池的 K_{cell}，然后使用该电导池进行待测溶液电导率的测量。

为了减少极化效应和电容的干扰，铂片电极常常镀一层纳米铂颗粒（铂黑）。但是铂黑对有些溶液反应具有催化效应，并且有较强的吸附能力，可以从溶液中吸附大量溶质。这些效应都会影响测量精度，因此有时依然使用光亮的铂片电极。

在精密测量中，需要精确控制电解质溶液的温度，以避免溶液黏度的变化（进而引起电导率的变化）。此外，精密测量中还需要考虑一系列其他因素，例如电解质溶液中溶解的二氧化碳对电导测定有影响。因此需要迅速完成测量以减少二氧化碳的溶解，或者在惰性气体氛围中进行测量。

三、电导率测量的应用

在工业生产和日常生活中，溶液电导率测量有许多应用。由于纯水本身具有极低的电导率，水中的离子杂质对水的电导率有显著影响，因此电导率被广泛应用于湖水、河水、雨水的水质检测。例如，根据池塘内水的电导率判断盐含量，进而监控盐度是否超出某些鱼类生长的容许范围；在海滨城市，通过检测地下水的电导率分布情况，也可以判断海水入侵范围和程度。此外，工业污水处理中，电导率也是重要污染指标之一。

在半导体生产中，常使用超纯水清洁电子零件以及生产线。在食品、饮料生产中也需要保证水质。在医药行业中，生产线的清洗、药品制备和注射液的制作都需要使用纯水乃至超纯水。在上述场景中，可以依据水的电导率判定其纯度。依据国家实验室纯水标准和水的电导率，可以将实验室纯水分为三级：其中一级水的电导率≤ 0.1μS/cm，二级水的电导率≤ 1μS/cm，三级水的电导率≤ 5μS/cm。一般来说一次蒸馏或者离子交换可以得到三级水，多次蒸馏或离子交换可以获得二级水，一级水则需要使用离子交换和反渗透处理。超纯水的要求比一级水标准更高，除了电导率达到一级水标准外，还有有机物含量及除热原、除细菌等要求。

在临床应用方面，可以通过对患者体液的电导率测量来进行疾病诊断。例如尿液的电导率与尿液中的无机盐浓度相关，因而检测尿液的电导率可以辅助诊断肾脏浓缩功能相关的疾病。另外血糖的变化会引起神经病变，引发汗腺功能异常，通过测量汗腺内的电导率，可以评估汗腺功能并实现糖尿病风险的早期检测。

第二节
扫描离子电导显微镜

随着现代电化学技术的发展，研究者们开发出了一系列基于电导 / 电阻测量的新型电分析方法。特别是当检测器（探针）的尺寸很小时，空间位阻效应、探针表面的电荷分布对于离子迁移产生的影响催生了扫描离子电导显微镜和离子电流整流等相关领域的研究。本节将重点介绍扫描离子电导显微镜（scanning ion conductance microscope, SICM）。

一、扫描离子电导显微镜工作原理

扫描离子电导显微镜技术是一种在溶液相使用的、基于离子电导（电阻）的非接触式扫描探针技术。技术的核心在于检测流过探针的离子电流，该离子电流的大小与探针-基底距离密切相关，从而可以实现基底表面形貌表征。

通常使用一个纳米尺寸的毛细管作为探针，探针内放置一根准参考对电极（quasi reference counter electrode, QRCE），同时，探针外溶液中放另一根 QRCE。通过在两根 QRCE 之间施加一个电势差，就形成了流经探针的离子电流。在外加电场保持不变的情况下，离子电流的大小与纳米毛细管通道的电阻成反比。该电阻主要由两部分组成：离子通过纳米毛细管口所需克服的电阻 R_p，以及离子从基底表面迁移至纳米毛细管口附近所需克服的电阻 R_{ac}。在探针离基底很远时，R_{ac} 不受到基底空间位阻的影响，是一个定值。随着探针靠近基底，由于基底的空间位阻影响，离子移动受阻，导致 R_{ac} 增大，离子电流减小。这一效应随着探针-基底的间距减小而逐步增强，如图 3-4 所示。

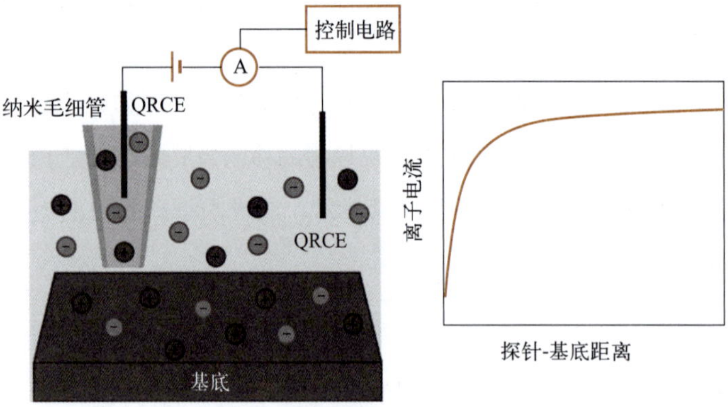

图 3-4　SICM 工作原理和离子电流随探针-基底距离变化示意图

R_p 以及 R_{ac} 可以由下列公式描述[1]：

$$R_p = \frac{b}{\kappa \pi r_p r_i} \tag{3-15}$$

$$R_{ac} \approx \frac{1.5 \ln \frac{r_o}{r_i}}{\kappa \pi d} \tag{3-16}$$

式中，b 为纳米毛细管的长度；κ 为毛细管内部电解液的电导率；r_p 为纳米毛细管开阔一端的内径；r_i 为纳米毛细管口的内径；r_o 为纳米毛细管口的外径；d 为探针-基底距离。

整个体系的总电阻 R_T 为 R_p 和 R_{ac} 之和，所以离子电流 $I(d)$ 可以由式（3-17）和式（3-18）计算：

$$I(d) = \frac{U}{R_T} = \frac{U}{R_p + R_{ac}} \approx I_{max} \left(1 + \frac{1.5 \ln \frac{r_o}{r_i} r_p r_i}{bd} \right)^{-1} \tag{3-17}$$

$$I_{max} \approx \frac{U}{R_p} \tag{3-18}$$

式中，U 表示外加电势；I_{max} 表示探针-基底距离无穷大，没有空间位阻效应时的离子电流。

根据公式（3-17），可以经迫近电流曲线，将探针逐步靠近基底，并通过观测离子电流 I（d）实现将探针放置于基底表面附近的位置。随后，可以在基底表面进行 x，y 方向的平面扫描，表征基底表面形貌或者表面电荷信息。

二、扫描离子电导显微镜应用

相比于原子力显微镜（AFM），使用 SICM 可以在溶液中进行高空间分辨表面形貌表征，对于活细胞等生物样品研究具有独特的优势。例如，Korcheve 等[2]利用 SICM 持续观察了 24h 内 A6 肾上皮细胞的高度、体积和形状变化，揭示细胞在生理状态下发生的形态变化，如图 3-5 所示。将 SICM 检测和电生理学膜片钳（patch clamp）技术联用，可将细胞形态与细胞功能关联起来。

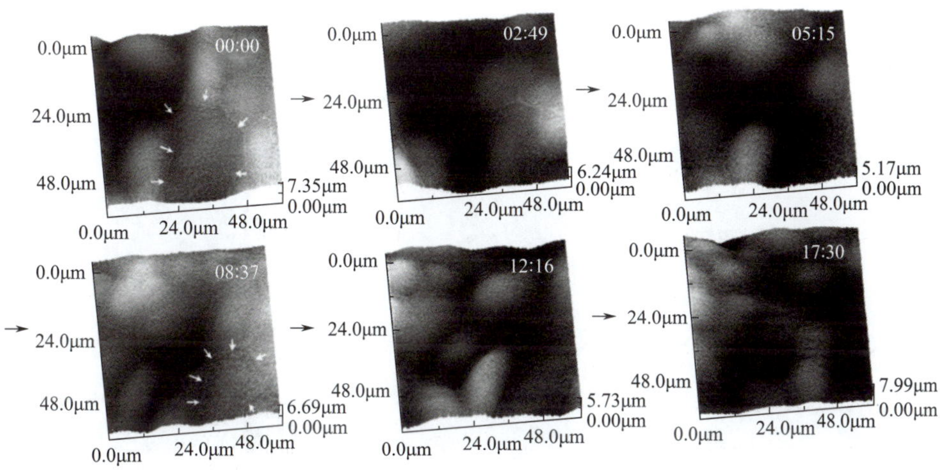

图 3-5　在培养皿上培养的 A6 细胞单层的 SICM 图像[2]

SICM 图像采集一共持续了 24h，每间隔 20min 采集一次。每张图右上角显示了采集时从实验开始所经历的时间

此外，当细胞表面带有电荷时，离子通过纳米毛细管管口的电阻除了受到探针-基底距离的影响，也会受到细胞表面电荷分布的影响，即离子移动会受到表面电荷的同性相斥和异性相吸原理的影响。Unwin 等[3]使用 40nm 直径的纳米毛细管作为 SICM 探针，测定了玉米根毛细胞表面的形貌变化。同时，考虑基底带有电荷对离子迁移的影响，通过拟合分析 SICM 信号，计算纳米毛细管下方细胞表面所带的电荷密度，获得了细胞表面的电荷分布，如图 3-6 所示。这一研究证明了 SICM 除了研究基底的表面形貌，还可以检测基底

表面电荷分布，具有广泛的应用场景。

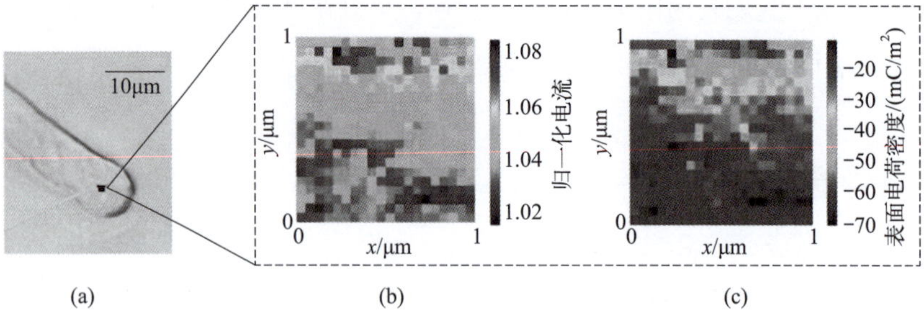

扫码看彩图

图 3-6　高分辨率的玉米根毛细胞末端的表面电荷分布图（空间分辨率为 50nm）[3]

（a）光学显微镜下的根毛细胞，黑色方块表示 SICM 扫描的区域；（b）在探针施加 −0.4V 电压时的 SICM 归一化电流分布图；（c）通过拟合分析，得出的 SICM 扫描区域的表面电荷分布图

第三节 离子电流整流

一、离子电流整流原理

通过对生物体内离子迁移现象以及人工通道和人工孔的离子迁移现象的研究，发现了离子电流整流（ionic current rectification, ICR）测量理论和方法。离子电流整流是在受限空间内离子迁移特有的现象，通道界面双电层结构对离子的迁移和整流具有重要影响，由于不对称的双电层结构而导致的电流-电压（*I-V*）曲线的不对称性即为离子电流整流现象。ICR 现象的示意图如图 3-7。

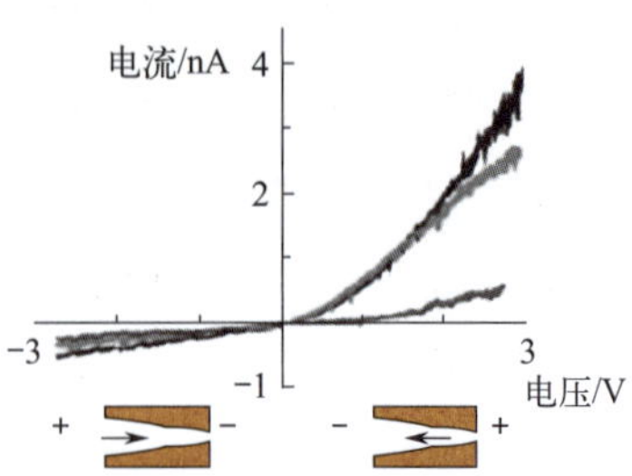

图 3-7　纳米孔道内观测到的离子电流整流现象示意图 [4]

Bard 等[5]首次记录到石英纳米毛细管内非对称的离子电流的 *I-V* 曲线，所用毛细管口直径在 20 ～ 200nm。目前离子电流整流现象在各类人工制备的纳米 / 微米界面都被观测到，例如具有锥形、子弹形、雪茄形等不同几何结构的纳米 / 微米通道，以及不同材料的纳米 / 微米孔，具体材料包括玻璃、硅基材料（硅、云母、二氧化硅、氮化硅）、高聚物膜等。

纳米孔道内的离子选择渗透性是产生离子电流整流现象的基本原因。当纳米孔道的尺寸与双电层厚度（即德拜长度）接近时，离子通过纳米孔道主要受到双电层结构的影响。以一个表面带负电荷的锥形纳米孔道为例，由于异性相吸原理，这个孔道对于阳离子具有选择渗透性，而阴离子很难通过，离子电流主要来自流经孔道的阳离子。当孔道内施加负电压时，选择渗透性从两个方面增强了离子迁移的电导：孔道内宽阔部分的平均电解质浓度增大，导致离子电导增强；孔道末端（狭窄部分）聚集了阳离子，使得末端的离子电导增强。对应的，在孔道内部施加正电压时，孔道末端附近的阳离子浓度降低，孔道内宽阔部分的平均电解质浓度降低。这两个因素都导致离子电导下降。因此，在孔道内施加不同的电压 / 电场时，将出现不同的离子电流，即不对称的 *I-V* 曲线。

为定量描述离子电流整流理论，提出了两个重要参数，即由孔道表面电荷和外加电压综合影响的电场分布，以及受限空间内的离子分布。孔道内的电场分布遵循泊松（Poisson）方程：

$$\nabla^2\Phi = -\frac{F}{\varepsilon}\sum_i z_i c_i \tag{3-19}$$

式中，Φ 为局部电场强度；z_i, c_i 分别为离子 i 的电荷数和浓度；ε 为溶液的介电常数；F 为法拉第常数。

而纳米孔内的离子迁移可以由能斯特-普朗克（Nernst-Planck）方程描述：

$$J_i = -D_i\nabla c_i - \frac{z_i F}{RT}D_i\nabla c_i\nabla\Phi + c_i u \tag{3-20}$$

式中，J_i 为离子 i 的通量；u 为液体流速；D_i 为离子 i 的扩散系数；R 为气体常数。

因此纳米孔内受到外加电场影响的离子分布可以通过联立泊松（Poisson）方程和 Nernst-Planck 方程求出。

实际上，在式（3-19）和式（3-20）中，J_i、u、Φ 和 c_i 都是空间位置的函数，要得出一个明确的解析解是非常困难的，因此可以使用有限元模拟软件求解出数值解，进而得出电流-电压（*I-V*）曲线。通过这种理论计算方法，可探究孔内表面电荷对于 *I-V* 曲线的影响，并阐明实验现象的本质。为了考虑对流对于离子电流的影响，也可以在模型中加入纳维尔-斯托克斯（Navier-Stokes）公式以描述对流的作用：

$$u\nabla u=-\frac{1}{\rho}\left[-\nabla p+\eta\nabla^{2}u-F\left(\sum_{i}z_{i}c_{i}\right)\nabla\Phi\right] \tag{3-21}$$

式中，ρ 为液体的密度；η 为液体的黏度；p 为压强。

这种模型被称为 PNP-NS（Poisson Nernst Planck- Navier Stokes）模型。使用有限元模拟软件也可以对公式（3-21）求解数值解[6]，并得出 *I-V* 曲线，如图 3-8 所示。

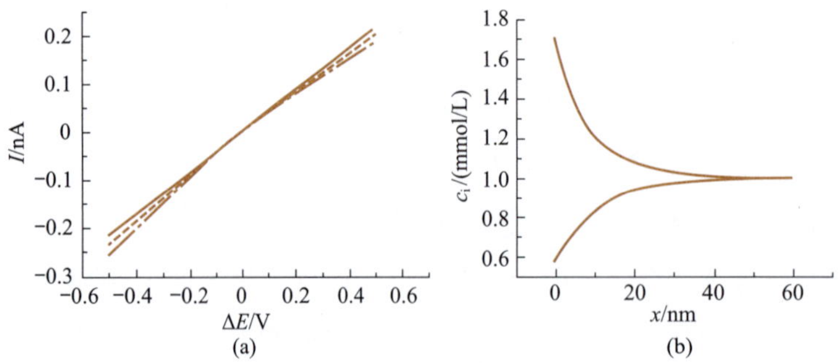

图 3-8 使用 PNP-NS 模型模拟的表面带有负电荷的纳米孔上的 *I-V* 曲线（a）和纳米孔道内的离子浓度分布（b）[6]

二、离子电流整流现象的分析应用

受生物体内离子通道研究的启发，人们发现人工纳米 / 微米孔道具有离子电流整流现象，并以此为基础设计了一系列微纳尺寸的离子传感器和生物传感器。徐静娟等[7]设计了一种纳米毛细管，基于离子电流整流现象精确测量单个活细胞的活性氧（reactive oxygen species, ROS）产生行为。该纳米毛细管直径为 30nm，毛细管内壁修饰了 G4 DNA 酶和 ABTS[2,2′-联氮-双 (3-乙基苯并噻唑啉-6-磺酸)，2,2′-azino-bis(3-ethylbenzothiazoline-6-sulfonate)]。细胞产生的 ROS 流经毛细管时，可在 G4 DNA 酶的催化作用下将毛细管内部的 ABTS 氧化为 ABTS 自由基，使得毛细管内表面的电荷密度发生变化。通过检测毛细管的 *I-V* 曲线，就可以实现 ROS 的定量检测。如图 3-9 所示，由于纳米毛细管的超小尺寸，可以将其重复多次插入细胞，或者在细胞中长期检测，而不会影响细胞功能。

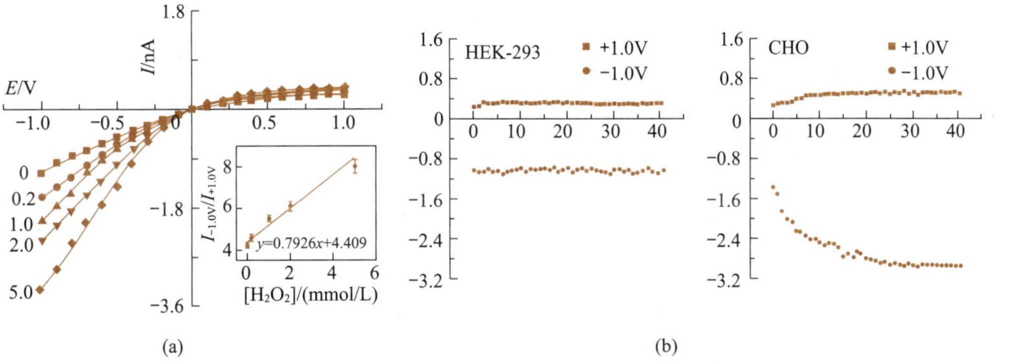

图 3-9 （a）在含有 40mmol/ L KCl 的 pH 7.4 的三羟甲基氨基甲烷盐酸盐（Tris-HCl）缓冲溶液中，检测到的不同 H_2O_2 浓度（0 ~ 5.0mmol/L）的典型 I-V 曲线。插图为 $I_{-1.0V}/I_{+1.0V}$ 与 H_2O_2 浓度的关系曲线。（b）在 HEK-293 和 CHO 细胞内，持续监测受到 10μmol/L 辣椒素刺激后的纳米毛细管在 +1.0V 和 -1.0V 检测到的电流。HEK-293 细胞的 $I_{-1.0V}/I_{+1.0V}$ 比值不变，几乎没有氧化应激；CHO 细胞则在辣椒素的刺激下释放了更多的 ROS，$I_{-1.0V}/I_{+1.0V}$ 比值上升 [7]

毛兰群等 [8] 开发了一种基于离子电流整流的微米级探针，可用于检测大脑内三磷酸腺苷（ATP）。制备的微米尺寸毛细管内修饰了刷状的聚咪唑鎓和 ATP 核酸适配体，当溶液中的 ATP 进入毛细管并与适配体结合后，适配体从刷状的聚咪唑鎓表面脱离，导致毛细管内部表面电荷增大，从而使得离子电流整流现象增强，实现了 ATP 的检测，如图 3-10 所示。将这种微米级探针应用于大鼠大脑皮层微透析液内 ATP 的检测，展示了这种微米级离子电流整流探针在研究生理学和病理学中 ATP 相关过程的应用前景。

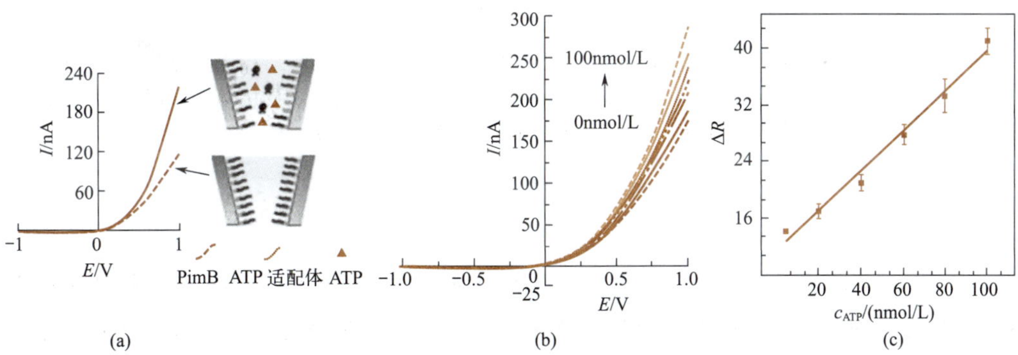

图 3-10 （a）基于适配体 / 聚咪唑鎓电刷（PimB）修饰的微米毛细管的离子整流电流检测 ATP 的原理示意图。（b）适配体 / 聚咪唑鎓修饰的微米毛细管上检测不同 ATP 浓度的典型 I-V 曲线。溶液含有 10mmol/L KCl 和 0 ~ 100nmol/L ATP。扫描速度：50mV/s。（c）整流比的改变值 ΔR 随 ATP 浓度的变化。$\Delta R=R-R_0$，其中 R 表示整流比（rectification ratio），为某个 ATP 浓度下 +1.0V 和 -1.0V 的电流比值 $I_{+1.0V}/I_{-1.0V}$；R_0 为 ATP 浓度为 0 时的整流比 [8]

此外，毛兰群等[9]也利用离子电流整流效应，使用纳米级和微米级毛细管构建了一种聚电解质受限流体忆阻器（polyelectrolyte-confined fluidic memristor, PFM），用于模仿神经突触的功能，并首次实现神经化学信号与电信号转导的模拟，如图 3-11 所示。他们在毛细管内修饰了聚咪唑鎓电刷（polyimidazolium brush, PimB），这样毛细管内的流体会受 PimB 所限制，这种受限的聚电解质-离子相互作用导致了滞后的离子传输，产生了离子记忆效应，即具有忆阻器特性。这种 PFM 具有可与生物体系相比拟的工作电压和功耗，并且可以在生理溶液中模拟神经递质对记忆功能的调控，模拟了突触可塑性的化学调控行为。进一步，他们利用 PimB 对不同离子的识别能力，实现了神经化学信号与电信号之间转导的模拟，在化学突触的模拟研究中迈出了关键的一步。

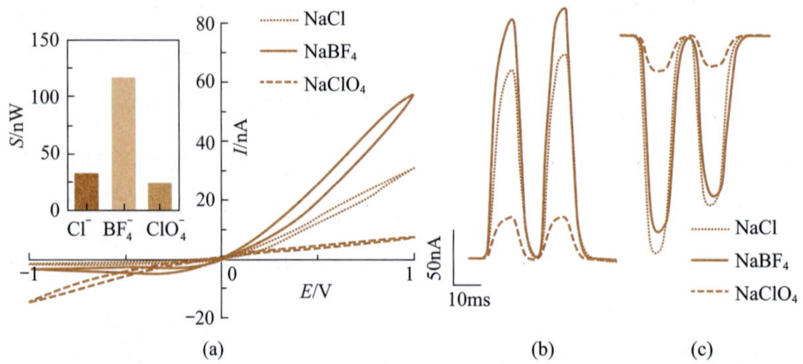

图 3-11 (a) PFM 对不同的电解质：10mmol/L NaCl、$NaBF_4$ 和 $NaClO_4$ 的 *I–V* 响应曲线，扫描速度 50mV/s。内插图为 *I–V* 曲线的滞后面积 *S*。(b) 和 (c) 在不同的电解质溶液中，在 PFM 上分别施加促进电压 (+2V) 和抑制电压 (−2V) 后产生的不同离子电流响应[9]

王康等[10]通过在纳米毛细管内生长类沸石咪唑酯骨架材料（ZIF-90），构建了可由 pH 控制离子迁移的离子通道，如图 3-12 所示。在 1mol/L KCl 溶液中，这种由 ZIF-90 组成的纳米孔道的整流比在碱性条件下可以达到 500 以上，是在高电解质浓度下所获得的最高值。通过荧光实验，揭示了如此高的整流比是源于碱性条件下离子和 ZIF-90 之间的强静电作用。这一研究表明金属有机骨架（MOF）可以有效地组成离子选择渗透性材料，并用于基于纳米孔的分析检测。

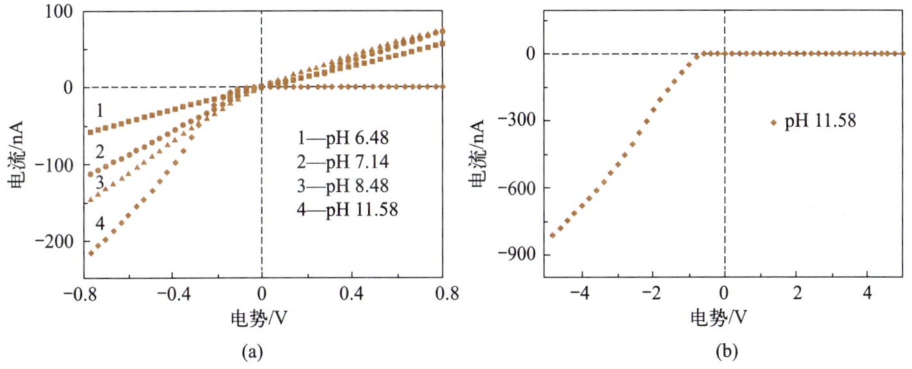

图 3-12 （a）不同 pH 下 ZIF-90 离子通道在 1mol/L KCl 溶液中的 *I-V* 曲线，pH 由 KOH 调节。（b）pH 为 11.58 时，在 +5 ~ −5V 电势范围内的 ZIF-90 离子通道 *I-V* 曲线[10]

参考文献

[1] Chen C C, Zhou Y, Baker L A. Scanning ion conductance microscopy[J]. Annu Rev Anal Chem, 2012, 5: 207-228.

[2] Gorelik J, Zhang Y J, Shevchuk A I, et al. The use of scanning ion conductance microscopy to image A6 cells[J]. Mol Cell Endocrinol, 2004, 217: 101-108.

[3] Perry D, Paulose Nadappuram B, Momotenko D, et al. Surface charge visualization at viable living cells[J]. J Am Chem Soc, 2016, 138(9): 3152-3160.

[4] Guo W, Tian Y, Jiang L. Asymmetric ion transport through ion-channel-mimetic solid-state nanopores[J]. Acc Chem Res, 2013, 46(12): 2834-2846.

[5] Wei C, Bard A J, Feldberg S W. Current rectification at quartz nanopipet electrodes[J]. Anal Chem, 1997, 69(22): 4627-4633.

[6] White H S, Bund A. Ion current rectification at nanopores in glass membranes[J]. Langmuir, 2008, 24(5): 2212-2218.

[7] Song J, Xu C H, Huang S Z, et al. Ultrasmall nanopipette: Toward continuous monitoring of redox metabolism at subcellular level[J]. Angew Chem Int Ed, 2018, 57(40): 13226-13230.

[8] Zhang K L, He X L, Liu Y, et al. Highly selective cerebral ATP assay based on micrometer scale ion current rectification at polyimidazolium-modified micropipettes[J]. Anal Chem, 2017, 89(12): 6794-6799.

[9] Xiong T Y, Li C W, He X L, et al. Neuromorphic functions with a polyelectrolyte-confined fluidic memristor[J]. Science, 2023, 379(6628): 156-161.

[10] Jiang Z Y, Liu H L, Ahmed S A, et al. Insight into ion transfer through the sub-nanometer channels in zeolitic imidazolate frameworks[J]. Angew Chem Int Ed, 2017, 56(17): 4767-4771.

ELECTROCHEMICAL ANALYSIS

第四章
伏安分析法

伏安分析法是在电解反应过程中，记录电流随电极电势变化（或者电流随时间的变化等），从而分析电化学反应过程，并对反应物质的浓度、性质等进行测量的分析方法。伏安分析法是一种非常重要的电化学分析方法。相比于本书前述章节介绍的电位和电导分析法等基于电化学热力学的分析方法，伏安分析法可以同时揭示电化学反应的热力学和动力学两方面的信息。因此，自从 20 世纪中期被提出以来，伏安分析法已经成为最为广泛使用的电化学分析技术。许多现代的电化学分析技术也与伏安分析法密切相关。

依据电位控制方法，伏安分析法可以大致分为两类：电势阶跃法，亦称为计时安培法；电位扫描伏安法，包括线性扫描伏安法和循环伏安法。另外，伏安分析法的提出与滴汞电极密切相关，基于滴汞电极的特殊性质发展了一系列电流–电位检测技术，这一类技术统称为极谱法，具体包括直流极谱法、交流极谱法、方波和脉冲极谱法等。本章也对这些方法进行介绍，然而由于汞的毒性，极谱法近年来已经较少有人使用。最后，伏安分析法检测的法拉第电流信号来自于电极表面的电子转移反应，这一过程受到电子转移反应动力学和反应物向电极表面传质速度的影响。电极的形状，例如平面圆盘形、半球形等对反应物的传质有重要影响，因此本章也会针对不同的电极形状展开讨论。

第一节
电势阶跃法

在电化学池电极两端施加一定的电位以驱动电化学反应，产生法拉第电流。电流与施加电位之间的关系大致可以分为四种情况：①当过电位很小时，电子转移速率可以忽略，电流为零；②随着过电位增大，电流随过电位增大而增大，电流大小受电子转移速率控制，称为电化学活化区间；③随着过电位进一步增大，电流大小受电子转移速率和传质速率共同影响，此时同时存在电化学极化效应和浓差极化效应（混合控制区）；④当过电位足够大时，进入传质控制区，此时电子转移速率非常快，电极界面反应主要决速步骤是反应物的传质。因为大多数体系中扩散是主导的传质途径，因此，传质控制也被称为扩散控制。在传质控制区内，电流值会达到一个极限值，称为极限扩散电流。随后电流逐渐地降低，这是由于随电化学反应进行，电极表面附近的扩散层变厚，浓度梯度逐渐地减小，从而反应物流经电极界面的流量减小，最终导致法拉第电流降低。

电势阶跃法（potential step method）是将电极电势发生突跃式的改变，并检测电势突跃后的法拉第电流随时间变化的测量方法，又叫计时安培法（chronoamperometry）。通常在电势阶跃发生前，电极表面待测物质的电子转移反应速率可以忽略；而施加阶跃电势后，进入传质控制区，此时记录的就是扩散电流随时间的变化。

根据不同电极的几何形状，扩散电流随时间的变化趋势有所区别，下面按照常见的电极几何形状分别介绍。

一、平面电极

平面电极通常为平面圆盘，有时也有正方形等几何形状。对于平面电极，电化学活性物质在电极表面的扩散可以看作沿着电极表面法向的一维线性扩散，如图 4-1 所示。这一性质使得平面电极表面的扩散方程求解较为方便。

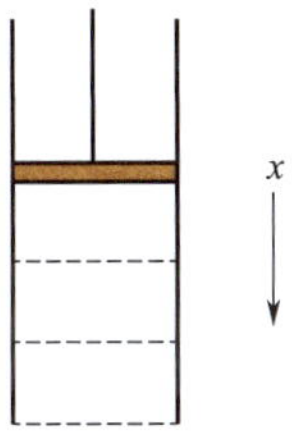

图 4-1　溶液中平面电极表面的一维线性扩散

1. 扩散控制条件下的平面电极计时安培法

假设在一个平面圆盘电极表面，发生如下电子转移反应：

$$\mathrm{O} + \mathrm{e} \rightleftharpoons \mathrm{R}$$

其中 O 和 R 分别表示处于氧化态和还原态的电化学活性物质，溶液是静止的，初始只存在 O，浓度为 c_O^*，其扩散系数为 D_O。如果阶跃后的电极电势很大，电极反应快速进行并达到了扩散控制，电极表面的 O 瞬间还原为 R，电极电流达到极限电流，则电极界面上 O 的浓度恒定为 0；同时，逆向反应 $\mathrm{R} \longrightarrow \mathrm{O} + \mathrm{e}$ 的速率可以忽略。按照 Fick 第二定律，O 的扩散方程为

$$\frac{\partial c_O(x,t)}{\partial t} = D_O \frac{\partial^2 c_O(x,t)}{\partial x^2} \tag{4-1}$$

求解式（4-1）的初始条件为

$$c_O(x,0) = c_O^*, \quad c_R(x,0) = c_R^* = 0 \tag{4-2}$$

电极的半无限扩散条件：假定电解池尺寸即电极之间的距离与实验时间内电极扩散层厚度相比为无穷大，那么在离电极很远的地方（$x \to \infty$）各物质浓度与本体浓度或初始浓度一致，即（t 为时间）

$$\lim_{x\to\infty} c_O(x,t) = c_O^* \quad（所有\ t）$$

$$\lim_{x\to\infty} c_R(x,t) = c_R^* = 0 \quad（所有\ t） \tag{4-3}$$

电极表面的 O 和 R 浓度的边界条件：一般的电极体系中，$c_O(0,t)$ 及 $c_O(0,t)$ 与 $c_R(0,t)$ 的比均为电位的函数，一定电位下的电流与反应物的流量关系由流量方程式给出（边界条件 1）。

$$-J_O(0,t) = \frac{i}{nFA} = D_O\left[\frac{\partial c_O(x,t)}{\partial x}\right]_{x=0} = J(t) \tag{4-4}$$

其中 $J_{\mathrm{O}}(0,t)$ 表示物质 O 在电极表面的流量。另外，考虑到在电极上参加电子传递的每一个 O 都必然生成一个 R，因此有电极表面流量（物质）守恒（边界条件 2）。

$$D_{\mathrm{O}}\left[\frac{\partial c_{\mathrm{O}}(x,t)}{\partial x}\right]_{x=0}=-D_{\mathrm{R}}\left[\frac{\partial c_{\mathrm{R}}(x,t)}{\partial x}\right]_{x=0} \tag{4-5}$$

在扩散控制条件下，电极施加了一个足够负的电势。此时，电极反应是快速的，并受扩散控制，因此，O 的表面浓度实际上维持在 0（边界条件 3）。

$$c_{\mathrm{O}}(0,t)=0 \tag{4-6}$$

方程（4-1）可以利用拉普拉斯变换（Laplace transformation）求解，得到

$$\left[\frac{\partial c_{\mathrm{O}}(x,t)}{\partial x}\right]_{x=0}=\frac{c_{\mathrm{O}}^{*}-c_{\mathrm{O}}(0,t)}{\sqrt{\pi D_{\mathrm{O}}t}} \tag{4-7}$$

因此，极限电流为

$$i=nFAD_{\mathrm{O}}\left[\frac{\partial c_{\mathrm{O}}(x,t)}{\partial x}\right]_{x=0}=nFAD_{\mathrm{O}}\frac{c_{\mathrm{O}}^{*}}{\sqrt{\pi D_{\mathrm{O}}t}}=nFAD_{\mathrm{O}}{}^{1/2}c_{\mathrm{O}}^{*}/\sqrt{\pi t} \tag{4-8}$$

这就是通常所说的克特雷尔（Cottrell）方程式。Kolthoff 和 Laitinen 的经典实验详细地证实了此方程的正确性[1-2]，该公式表明，电极表面电活性物质的贫化作用是以 $t^{1/2}$ 函数的倒数来表征的。

这一方程是许多电化学技术的重要基本方程。它表示在 $t=0$ 时，突然由相对标准电极电位 E^0 较正的电位变化到相对 E^0 较负的电位的电势阶跃所引起的电流效应。如图 4-2 所示。此时电流衰减遵循 $1/t^{1/2}$ 规律。这是未搅拌溶液的基本电流-时间依赖关系，这种测量方法称为计时安培法。

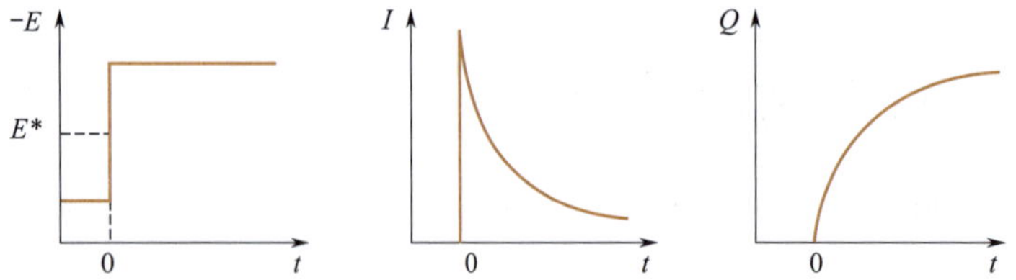

图 4-2 计时安培法中电位（E）、电流（I）和电量（Q）与时间（t）关系

计时安培法的电量与时间关系可用电流对时间的积分来获得：

$$Q=\int_0^t i\mathrm{d}t=\int_0^t nFAD_{\mathrm{O}}{}^{1/2}c_{\mathrm{O}}^{*}/\sqrt{\pi t}\,\mathrm{d}t=kt^{1/2} \tag{4-9}$$

式中，k 为与电极面积及本体浓度有关的常数。可见，电量与 $t^{1/2}$ 成正比。

2. 一般条件下的扩散电流方程（恒电位伏安法）

当外加电势较低时，所产生的电流就不是极限电流。此时，电极表面既有 R 又有 O 存在，而且 O 的浓度不是 0，两者浓度之比决定于电位 E

$$E = E^0 + \frac{RT}{F}\ln\frac{f_{\mathrm{O}}c_{\mathrm{O}}(0,t)}{f_{\mathrm{R}}c_{\mathrm{R}}(0,t)} \tag{4-10}$$

式中，f 为活度系数。此时的边界条件除式（4-4）和式（4-5）外，还有

$$\frac{c_{\mathrm{O}}(0,t)}{c_{\mathrm{R}}(0,t)} = \theta = \frac{f_{\mathrm{R}}}{f_{\mathrm{O}}}\mathrm{e}^{\frac{nF}{RT}(E-E^0)} \tag{4-11}$$

此时要求 $c_{\mathrm{O}}(0,t)$ 及 $c_{\mathrm{R}}(0,t)$ 两个浓度，必须解两个偏微分方程：

$$\frac{\partial c_{\mathrm{O}}(x,t)}{\partial t} = D_{\mathrm{O}}\frac{\partial^2 c_{\mathrm{O}}(x,t)}{\partial x^2} \tag{4-12}$$

$$\frac{\partial c_{\mathrm{R}}(x,t)}{\partial t} = D_{\mathrm{R}}\frac{\partial^2 c_{\mathrm{R}}(x,t)}{\partial x^2} \tag{4-13}$$

初始条件为：$c_{\mathrm{O}}(x,0) = c_{\mathrm{O}}^*$， $c_{\mathrm{R}}(x,0) = 0$ 。

半无限边界条件为

$$\lim_{x\to\infty} c_{\mathrm{O}}(x,t) = c_{\mathrm{O}}^* \qquad \lim_{x\to\infty} c_{\mathrm{R}}(x,t) = 0 \tag{4-14}$$

利用拉普拉斯变换，可以得到

$$\left[\frac{\partial c_{\mathrm{O}}(x,t)}{\partial x}\right]_{x=0} = \frac{c_{\mathrm{O}}^* - c_{\mathrm{O}}(0,t)}{\sqrt{\pi D_{\mathrm{O}} t}} \tag{4-15}$$

$$\left[\frac{\partial c_{\mathrm{R}}(x,t)}{\partial x}\right]_{x=0} = \frac{-c_{\mathrm{R}}(0,t)}{\sqrt{\pi D_{\mathrm{R}} t}} \tag{4-16}$$

结合式（4-5）和式（4-11）得

$$c_{\mathrm{O}}(0,t) = c_{\mathrm{O}}^*\frac{\theta\sqrt{D_{\mathrm{O}}/D_{\mathrm{R}}}}{1+\theta\sqrt{D_{\mathrm{O}}/D_{\mathrm{R}}}} \tag{4-17}$$

$$c_{\mathrm{R}}(0,t) = c_{\mathrm{O}}^*\frac{\sqrt{D_{\mathrm{O}}/D_{\mathrm{R}}}}{1+\theta\sqrt{D_{\mathrm{O}}/D_{\mathrm{R}}}} \tag{4-18}$$

于是：

$$\left[\frac{\partial c_{\mathrm{O}}(x,t)}{\partial x}\right]_{x=0}=\frac{c_{\mathrm{O}}^{*}}{\sqrt{\pi D_{\mathrm{O}}t}}\frac{1}{1+\theta\sqrt{D_{\mathrm{O}}/D_{\mathrm{R}}}} \tag{4-19}$$

所以，在不同电位时的扩散电流为

$$i_t=nFAc_{\mathrm{O}}^{*}\sqrt{\frac{D_{\mathrm{O}}}{\pi t}}\frac{1}{1+\theta\sqrt{D_{\mathrm{O}}/D_{\mathrm{R}}}} \tag{4-20}$$

在极限电流时，$\theta=0$，因此式（4-20）还原为式（4-8），即 Cottrell 方程。

3. 电流-电位方程

从方程式（4-20）可见，当 t 等于一定值 t_1 时，瞬间电流为

$$i=nFAc_{\mathrm{O}}^{*}\sqrt{\frac{D_{\mathrm{O}}}{\pi t_1}}\frac{1}{1+\theta\sqrt{D_{\mathrm{O}}/D_{\mathrm{R}}}} \tag{4-21}$$

在同一时间测得较高电位下的扩散电流，即式（4-8）表示的极限扩散电流 i_1，于是

$$i=\frac{i_1}{1+\theta\sqrt{D_{\mathrm{O}}/D_{\mathrm{R}}}} \tag{4-22}$$

代入式（4-10）可得

$$E=E^{0}-\frac{RT}{nF}\ln\frac{f_{\mathrm{R}}}{f_{\mathrm{O}}}\left(\frac{D_{\mathrm{O}}}{D_{\mathrm{R}}}\right)^{1/2}+\frac{RT}{nF}\ln\frac{i_1-i}{i} \tag{4-23}$$

或

$$E=E_{1/2}+\frac{RT}{nF}\ln\frac{i_1-i}{i} \tag{4-24}$$

上式是平面电极上电势阶跃法的电流-电位方程式。式中，$E_{1/2}$ 为半波电位，即电流 i 等于极限电流一半时的电位。

$$E_{1/2}=E^{0}-\frac{RT}{nF}\ln\frac{f_{\mathrm{R}}}{f_{\mathrm{O}}}\left(\frac{D_{\mathrm{O}}}{D_{\mathrm{R}}}\right)^{1/2} \tag{4-25}$$

二、球形电极

球形电极表面物质扩散与平面电极不同，通常为半无限球面扩散。球形金属电极表面上的扩散电流与电极上反应物和产物的扩散状态有关。对于电极反应 $\mathrm{O}+ne \rightleftharpoons \mathrm{R}$，有三种扩散方式，即：① O 与 R 都溶于溶液；②还原产物 R 沉积在电极表面，并向其内部

扩散；③球形汞齐电极氧化溶出。这些过程如图 4-3 所示。

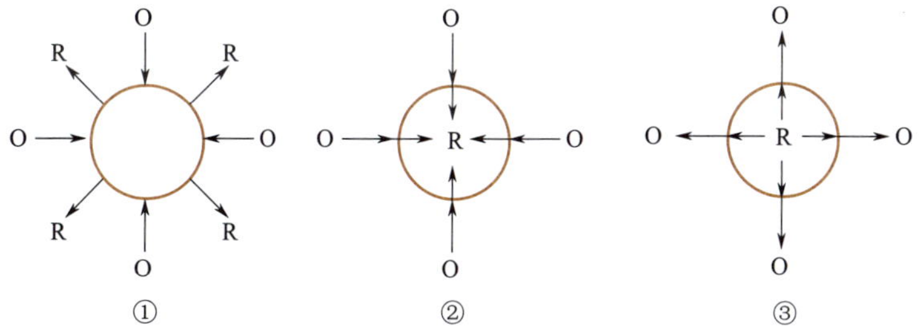

图 4-3　球形电极上反应物与产物扩散方式示意图

三种扩散形式都是径向的、对称的，因此，可以使用球坐标的 Fick 定律描述物质向电极表面的扩散。当阶跃电位足够大，电极表面反应为扩散控制时，可推导该情况下的扩散电流。

1. 第一种类型

对于第一种类型的球形扩散场，Fick 扩散第二定律写成：

$$\frac{\partial c_O(r,t)}{\partial t}=D_O\left[\frac{\partial^2 c_O(r,t)}{\partial r^2}+\frac{2}{r}\frac{\partial c_O(r,t)}{\partial r}\right] \tag{4-26}$$

式中，r 为离电极中心的径向距离，初始与边界条件是

$$c_O(r,0)=c_O^* \quad (r>r_0)，\quad c_R(r,0)=0 \quad (r>r_0) \tag{4-27}$$

$$\lim_{r\to\infty} c_O(r,t)=c_O^* \tag{4-28}$$

$$c_O(r_0,t)=0 \tag{4-29}$$

r_0 为电极的半径。令 $v_{(r,t)}=rc_O(r,t)$，可将式（4-26）变换成与线性问题相同形式的方程式：

$$\frac{\partial c_O(r,t)}{\partial t}=\frac{\partial v_{(r,t)}}{\partial t}\frac{1}{r} \tag{4-30}$$

$$\frac{\partial^2 v_{(r,t)}}{\partial r^2}=\frac{\partial}{\partial r}\frac{\partial v_{(r,t)}}{\partial r}=\frac{\partial}{\partial r}\left[\frac{\partial c_O(r,t)}{\partial r}+c_O(r,t)\right]=r\frac{\partial^2 c_O(r,t)}{\partial r^2}+2\frac{\partial c_O(r,t)}{\partial r} \tag{4-31}$$

于是可得

$$\frac{\partial v_{(r,t)}}{\partial t}=D_O\frac{\partial^2 v_{(r,t)}}{\partial r^2} \tag{4-32}$$

初始条件为

$$v_{(r,0)} = rc_{\mathrm{O}}^{*} \tag{4-33}$$

边界条件是

$$v_{(r_0,t)} = 0 \tag{4-34}$$

$$v_{(\infty,t)} = rc_{\mathrm{O}}^{*} \tag{4-35}$$

得

$$\left[\frac{\partial c_{\mathrm{O}}(r,t)}{\partial r}\right]_{r=r_0} = c_{\mathrm{O}}^{*}\left(\frac{1}{r_0} + \frac{1}{\sqrt{\pi D_{\mathrm{O}} t}}\right) \tag{4-36}$$

得到极限扩散电流为

$$i_1 = nFAD_{\mathrm{O}}c_{\mathrm{O}}^{*}\left(\frac{1}{r_0} + \frac{1}{\sqrt{\pi D_{\mathrm{O}} t}}\right) \tag{4-37}$$

式中，A 为球形电极的表面积 $4\pi r_0^2$。将上式改写为

$$i_{1,\text{球形}} = i_{1,\text{线性}} + \frac{nFAD_{\mathrm{O}}c_{\mathrm{O}}^{*}}{r_0} = i_{1,\text{线性}} + 4\pi nFD_{\mathrm{O}}c_{\mathrm{O}}^{*}r_0 \tag{4-38}$$

对于平面电极，$\lim\limits_{t\to\infty} i_1 = 0$。而对于球形电极

$$\lim_{t\to\infty} i_1 = 4\pi nFD_{\mathrm{O}}c_{\mathrm{O}}^{*}r_0 \tag{4-39}$$

这是由于球形电极的扩散场是收敛的，即扩散场能借助于不断增大的面积捕集物质，因此，电极表面扩散层的增长不影响电极表面的浓度梯度。

如果球的半径足够大，测定的时间又足够短，则球面扩散收敛项［式（4-37）中第一项］的贡献与平面电极扩散项［式（4-37）第二项］的贡献小得多，此时，可用线性平面处理扩散问题。

2. 第二种类型

对于第二种类型，即反应物向球面电极表面扩散，还原产物 R 沉积在电极表面，并向其内部扩散，Fick 扩散第二定律为

$$\frac{\partial c_{\mathrm{O}}(r,t)}{\partial t} = D_{\mathrm{O}}\left[\frac{\partial^2 c_{\mathrm{O}}(r,t)}{\partial r^2} + \frac{2}{r}\frac{\partial c_{\mathrm{O}}(r,t)}{\partial r}\right] \tag{4-40}$$

$$\frac{\partial c_{\mathrm{R}}(r,t)}{\partial t} = D_{\mathrm{R}}\left[\frac{\partial^2 c_{\mathrm{R}}(r,t)}{\partial r^2} + \frac{2}{r}\frac{\partial c_{\mathrm{R}}(r,t)}{\partial r}\right] \tag{4-41}$$

初始条件与式（4-27）一致，边界条件为式（4-28）和以下各式

$$c_{\mathrm{R}}(r,0)=0 \tag{4-42}$$

$$D_{\mathrm{O}}\left[\frac{\partial c_{\mathrm{O}}(r,t)}{\partial r}\right]=-D_{\mathrm{R}}\left[\frac{\partial c_{\mathrm{R}}(r,t)}{\partial r}\right] \tag{4-43}$$

$$\theta=\frac{c_{\mathrm{O}}(r_0,t)}{c_{\mathrm{R}}(r_0,t)}=\exp\left[\frac{nF}{RT}\left(E-E^0\right)\right] \tag{4-44}$$

I. Shain 和 K. J. Martin 求得在 $D_{\mathrm{R}}=D_{\mathrm{O}}=D$ 时电流的表达式为 [3]

$$i=\frac{nFADc_{\mathrm{O}}^*}{1+\theta}\left(\frac{1}{\sqrt{\pi Dt}}-\frac{1}{r_0}\right) \tag{4-45}$$

上式括号中第二项的负号说明电极内部产物的扩散是收敛性的。

3. 第三种类型

金属在球形电极溶出，汞齐电极就是第三种类型电极的特例。假定汞齐电极电解前球内部金属均匀分布，电解时汞齐电极表面金属 R 的浓度为零，此时，Fick 第二定律可表示为

$$\frac{\partial c_{\mathrm{R}}(r,t)}{\partial t}=D_{\mathrm{R}}\left[\frac{\partial^2 c_{\mathrm{R}}(r,t)}{\partial r^2}+\frac{2}{r}\frac{\partial c_{\mathrm{R}}(r,t)}{\partial r}\right] \tag{4-46}$$

初始条件为

$$t=0, c_{\mathrm{R}}(r,0)=c_{\mathrm{R}}^*\ (r_0\geqslant r\geqslant 0)\ ;\ c_{\mathrm{R}}(r,0)=0\ (r>r_0) \tag{4-47}$$

边界条件为

$$t>0, c_{\mathrm{R}}(r,t)=0\ (r=r_0) \tag{4-48}$$

$$\tau>t>0, c_{\mathrm{R}}(0,t)=c_{\mathrm{R}}^*\ (r=0) \tag{4-49}$$

式中，τ 为边界条件开始失效的时间间隔。由此，可求得极限扩散电流为

$$i=-nFAD_{\mathrm{R}}c_{\mathrm{R}}^*\left(\frac{1}{\sqrt{\pi D_{\mathrm{R}}t}}-\frac{1}{r_0}\right) \tag{4-50}$$

利用上式可测定金属在汞中的扩散系数。例如，绘制 i_1 与 $\frac{1}{\sqrt{t}}$ 的关系曲线，则由时间坐标上的截距即“时间截距” t_0，可得 $\frac{1}{\sqrt{\pi D_{\mathrm{R}}t_0}}=\frac{1}{r_0}$，于是 $D_{\mathrm{R}}=\frac{r_0^2}{\pi t_0}$。

利用与平面电极相类似的方法，得到球形电极瞬时扩散电流方程式为

$$i_t = nFAD_\mathrm{O}\left[c_\mathrm{O}^* - c_\mathrm{O}\left(r_0, t\right)\right]\left(\frac{1}{r_0} + \frac{1}{\sqrt{\pi D_\mathrm{O} t}}\right) \tag{4-51}$$

同理可得

$$i_t = -nFAD_\mathrm{R}\left[c_\mathrm{R}^* - c_\mathrm{R}\left(r_0, t\right)\right]\left(\frac{1}{r_0} + \frac{1}{\sqrt{\pi D_\mathrm{R} t}}\right) \tag{4-52}$$

当 $c_\mathrm{R}^* = 0$ 时，

$$i_t = nFAD_\mathrm{R} c_\mathrm{R}\left(r_0, t\right)\left(\frac{1}{r_0} + \frac{1}{\sqrt{\pi D_\mathrm{R} t}}\right) \tag{4-53}$$

于是

$$\theta = \frac{f_\mathrm{R}}{f_\mathrm{O}} \exp \frac{nF\left(E - E^0\right)}{RT} = \frac{c_\mathrm{O}\left(r_0, t\right)}{c_\mathrm{R}\left(r_0, t\right)} = \frac{i_1 - i}{i} \frac{D_\mathrm{R}\left(\frac{1}{r_0} + \frac{1}{\sqrt{\pi D_\mathrm{R} t}}\right)}{D_\mathrm{O}\left(\frac{1}{r_0} + \frac{1}{\sqrt{\pi D_\mathrm{O} t}}\right)} \tag{4-54}$$

得：

$$E = E^0 + \frac{RT}{nF} \ln \frac{f_\mathrm{O}}{f_\mathrm{R}} \frac{D_\mathrm{R}\left(\frac{1}{r_0} + \frac{1}{\sqrt{\pi D_\mathrm{R} t}}\right)}{D_\mathrm{O}\left(\frac{1}{r_0} + \frac{1}{\sqrt{\pi D_\mathrm{O} t}}\right)} + \frac{RT}{nF} \ln \frac{i_1 - i}{i} \tag{4-55}$$

当 $i = \frac{1}{2} i_1$ 时的电位为半波电位 $E_{1/2}$，于是：

$$E = E_{1/2} + \frac{RT}{nF} \ln \frac{i_1 - i}{i} \tag{4-56}$$

$$E_{1/2} = E^0 + \frac{RT}{nF} \ln \frac{f_\mathrm{O}}{f_\mathrm{R}} \frac{D_\mathrm{R}\left(\frac{1}{r_0} + \frac{1}{\sqrt{\pi D_\mathrm{R} t}}\right)}{D_\mathrm{O}\left(\frac{1}{r_0} + \frac{1}{\sqrt{\pi D_\mathrm{O} t}}\right)} \tag{4-57}$$

半波电位 $E_{1/2}$ 是一个与时间有关的函数。当 r_0 很小或时间很长时，它变得与时间无关。如果时间较短或 r_0 很大，式（4-57）可简化为式（4-25），这时的电流-电位关系与平面电极相近。

三、滴汞电极

滴汞电极（dropping mercury electrode，DME）最初是由海洛夫斯基（Heyrovsky）为了测量表面张力而发明的，后来应用于滴汞电极上氧化-还原反应的研究，发展了极谱法（polarography）。海洛夫斯基本人凭此成就获得了1959年诺贝尔化学奖。

图4-4是一个典型的滴汞电极装置的示意图，滴汞电极由内径为5×10^{-3}cm左右的毛细管外加一个储汞瓶组成，汞柱高度在20～100cm之间，汞流过毛细管时在毛细管口形成一个逐渐增大的近似球形的汞滴，直至表面张力无法支撑汞滴的重力，使得汞滴落下。汞滴的直径约1mm，每个汞滴的生长寿命2～6s。如果在汞滴生长时，表面有电化学反应发生，那么电流会发生变化，同时受到球形电极的扩大和电极表面的扩散（贫化效应）影响。在汞滴落下时，由于较大的汞滴尺寸，会搅拌溶液，大大消除溶液中的贫化效应。随着下一滴汞滴开始形成，又出现一个新鲜的电极表面发生电化学反应。

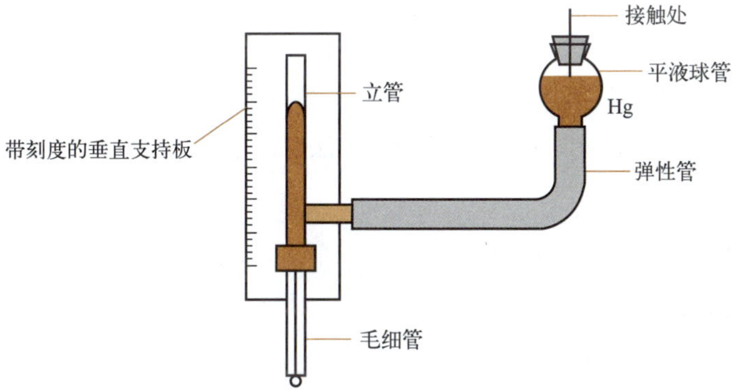

图4-4　滴汞电极装置示意图

滴汞电极的生成形式给予了滴汞电极独特的优势：由于电极不断更新，溶解在汞中的金属不会达到较高的浓度；吸附在电极表面的污染物累积不会超过每滴汞存在的周期；同时，汞电极上水还原为氢具有很高的超电势，使极谱还原电位可扩展到约−2.0V，使得很多金属离子都能应用于极谱分析。对于采样极谱，在增加电压的同一时刻，用机械敲击的方法可同步地使汞滴落下，所以每滴汞在其存在期间都处于同一电位。

但滴汞电极有两个明显的缺陷：①汞滴不断增长，电极面积不断变化，使得电极表面的扩散问题处理更为复杂；②实验的时间尺度受限于汞滴的寿命，一般在0.5～10s范围内，更快的电化学反应或是更缓慢的电化学过程很难使用滴汞电极进行研究。为弥补上述缺陷，发展了自动控制的静态滴汞电极。在汞滴生成时，快速打开电控阀门向毛细管内注入汞生成一个汞滴，随后阀门关闭，汞滴保持稳定，电极面积保持不变。因此，该电极也称为悬汞电极。测量结束后，可以触发汞滴敲落器，将汞滴敲落，实现悬汞电极的替换。

1. 滴汞电极表面的扩散与极限扩散电流

下面以一个简单金属离子的还原反应 $O + ne \rightleftharpoons R$ 为例，推导出滴汞电极表面的扩散与极限扩散电流：

在其寿命周期内，如果忽略毛细管屏蔽的影响，滴汞电极可看作是一个对称球面电极，从它在时间 t 时的质量可以求得它的半径：

$$r_0 = \left(\frac{3m}{4\pi d}\right)^{1/3} t^{1/3} \quad (4\text{-}58)$$

式中，m 为汞滴的质量；d 为汞的密度。

25℃时，$d = 13.534\text{g/cm}^3$。因而其面积为

$$A = 4\pi\left(\frac{3m}{4\pi d}\right)^{2/3} t^{2/3} = 0.8515 m^{2/3} t^{2/3} \quad (4\text{-}59)$$

滴汞电极上的物质传递需同时考虑扩散传质和由于汞滴不断生长产生的电极和溶液间相对的对流运动。1934 年，伊尔科维奇（Ilkovič）用近似的方法解决了滴汞电极上扩散电流的理论问题。

假定滴汞的半径为 r_0（图 4-5），贴近滴汞电极的溶液中有一个同心球面 S，其半径为 r'，则球面 S 和滴汞电极之间所含溶液体积 v' 为：

$$v' = \frac{4}{3}\pi r'^3 - \frac{4}{3}\pi r_0^3 \quad (4\text{-}60)$$

当 r_0 增大时，溶液被向外推动，但 v' 不变，所以球面 S 也必向外扩张，r' 相应增大。由于 r' 大于 r_0，因而 r_0 向外的推进速度大于 r' 向外增长的速度，球面 S 便相对向汞滴移动，因而便有了对流运动。

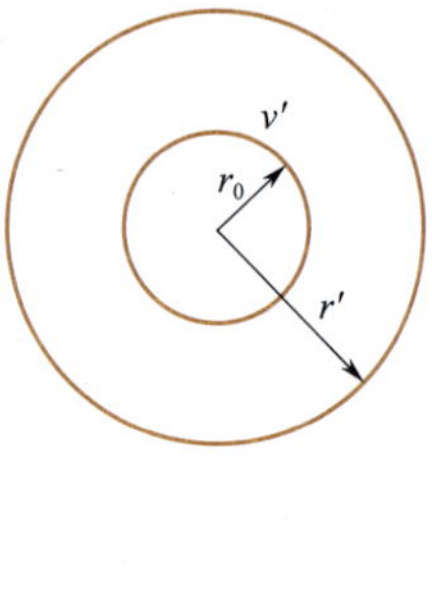

图 4-5 滴汞电极表面扩张引起的对流运动

假定球面 S 离汞表面距离为 x，它是时间 t 的函数。当 x 值很小时，v' 可近似表达为

$$v' = xA \tag{4-61}$$

式中，A 为时间 t 时的电极表面积，微分上式得

$$0 = x\frac{\mathrm{d}A}{\mathrm{d}t} + A\frac{\mathrm{d}x}{\mathrm{d}t} \tag{4-62}$$

结合式（4-59），可得

$$\frac{\mathrm{d}x}{\mathrm{d}t} = -\frac{2}{3}\frac{x}{t} \tag{4-63}$$

$\mathrm{d}x/\mathrm{d}t$ 代表球面 S 向电极表面的移动速度，于是，反应物的流量为

$$f_{总}(x,t) = f_{扩散}(x,t) + f_{对流}(x,t) = D\frac{\partial c_{\mathrm{O}}(x,t)}{\partial x} - \frac{\mathrm{d}x}{\mathrm{d}t}c_{\mathrm{O}}(x,t) \tag{4-64}$$

式中，D 表示物质的扩散系数。从

$$\frac{\partial c_{\mathrm{O}}(x,t)}{\partial t} = \frac{\partial f_{总}(x,t)}{\partial x} \tag{4-65}$$

可得滴汞电极上 Fick 第二定律为

$$\frac{\partial c_{\mathrm{O}}(x,t)}{\partial t} = D\frac{\partial^2 c_{\mathrm{O}}(x,t)}{\partial x^2} + \frac{2}{3}\frac{x}{t}\frac{\partial c_{\mathrm{O}}(x,t)}{\partial x} \tag{4-66}$$

式（4-64）只考虑了 x 方向，没有考虑滴汞电极的径向曲率，因而式（4-66）Fick 第二定律仅仅考虑了 x 方向的扩散贡献。在近似的推导中，它基本上是正确的，这是因为滴汞电极的滴下时间一般只有几秒，球面性质 $\frac{1}{r_0}$ 远小于 $\frac{1}{\sqrt{\pi Dt}}$，它引起的误差不是很大。

令 $Z = t^{2/3}x, P = \frac{3}{7}t^{7/3}$，于是

$$\frac{\partial c_{\mathrm{O}}(Z,P)}{\partial t} = Dt^{4/3}\frac{\partial^2 c_{\mathrm{O}}(Z,P)}{\partial Z^2} \tag{4-67}$$

结合方程式（4-66）可得

$$\frac{\partial c_{\mathrm{O}}(Z,P)}{\partial P} = D\frac{\partial^2 c_{\mathrm{O}}(Z,P)}{\partial Z^2} \tag{4-68}$$

初始及边界条件为

$$t = 0, x = 0\text{时}, Z = 0,\ c_{\mathrm{O}}(Z,P) = c_{\mathrm{O}}^* \tag{4-69}$$

在极限电流处：

$$t > 0, x = 0\text{时}，\ Z = 0,\ c_{\mathrm{O}}(Z, P) = 0 \tag{4-70}$$

解得

$$\left[\frac{\partial c_{\mathrm{O}}(x,t)}{\partial x}\right]_{x=0} = \frac{c_{\mathrm{O}}^{*}}{\sqrt{\frac{3}{7}\pi D_{\mathrm{O}} t}} \tag{4-71}$$

因此，极限扩散电流为

$$i_{1} = nFc_{\mathrm{O}}^{*} D_{\mathrm{O}} A \frac{c_{\mathrm{O}}^{*}}{\sqrt{\frac{3}{7}\pi D_{\mathrm{O}} t}} \tag{4-72}$$

与平面电极相比，它的电流要大$\sqrt{\frac{7}{3}}$倍。将有关常数代入式（4-72）可得

$$i_{1} = 706nc_{\mathrm{O}}^{*} D_{\mathrm{O}}^{1/2} m^{2/3} t^{1/6} \tag{4-73}$$

各参数的单位分别为：i_1，A；c_{O}^{*}，mol/mL；D_{O}，$\mathrm{cm^2/s}$；m，g/s；t，s。将一滴汞从开始形成至测定时间 t_1 内的电流进行积分可得滴汞电极的平均极限电流为

$$\bar{i}_{t} = \frac{1}{t}\int_{0}^{t_1} i\mathrm{d}t = \frac{6}{7} i_{\text{最大}} = 605nc_{\mathrm{O}}^{*} D_{\mathrm{O}}^{1/2} m^{2/3} t^{1/6} \tag{4-74}$$

式（4-73）与式（4-74）即为Ilkovič 方程式，在实际工作中，由该方程计算得到的 i_1 与 c_{O}^{*} 的线性关系偏差约为±1%，而它与 $m^{2/3}t^{1/6}$ 的线性关系偏差也只有±3%，因此，该方程具有较好的实用性。

但在精确分析中，需要对其进行修正。Lingane 和 Loveridge[4] 及 Strehlow 和 Stackdelberg[5] 在 DME 的电流-时间函数推导中考虑电极的球面性质，两组人均得出对于 DME 平均电流的同一形式的关系：

$$\bar{i}_{t} = 605nc_{\mathrm{O}}^{*} D_{\mathrm{O}}^{1/2} m^{2/3} t^{1/6}\left(1 + \frac{39 D_{\mathrm{O}}^{1/2} t^{1/6}}{m^{1/3}}\right) \tag{4-75}$$

但按式（4-75）计算的电流比按式（4-74）计算的值约高 10%，这是因为滴汞电极第二滴及以后各滴的电流量较第一滴略小的“贫乏效应”的缘故。

在滴汞电极上，Ilkovič 方程式的另一种偏差则是来源于汞滴表面的切向运动。Ilkovič 假定汞滴表面的增长是对称的，球面各点径向增长速度一致。然而，Levie 在 1965 年指出

汞滴的生长并不是对称地向外扩张，而是从毛细管末端球面上的一点开始的[6]。汞滴的增长既包括各个方向的径向增长，也包括汞滴重心的下移。在汞滴表面的每一个点，汞滴都以均匀的径向增长速度 v_r' 向外扩张，汞滴的重心的下降速度记作 v_L。v_r' 和 v_L 共同影响汞滴的径向增长总速度 v_r，如图 4-6 所示。对于汞滴表面与重力方向呈 θ 角度的位置，

$$v_r = v_r' + v_L \cos\theta \tag{4-76}$$

因此，式（4-63）应校正为

$$\frac{\mathrm{d}x}{\mathrm{d}t} = -\frac{2x}{3t}\left(1+\cos\theta\right) \tag{4-77}$$

Fick 第二定律被校正为

$$\frac{\partial c_\mathrm{O}\left(x,t\right)}{\partial t} = D\frac{\partial^2 c_\mathrm{O}\left(x,t\right)}{\partial x^2} + \frac{2x}{3t}\left(1+\cos\theta\right)\frac{\partial c_\mathrm{O}\left(x,t\right)}{\partial x} \tag{4-78}$$

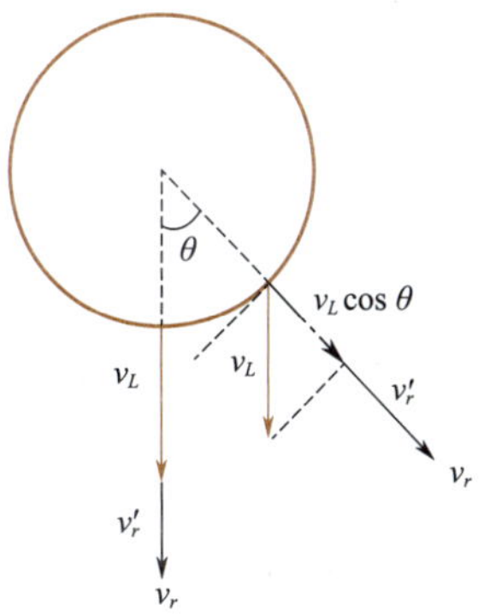

图 4-6　滴汞电极表面各点的径向增长速度

解得不同 θ 位置上的电流密度为

$$i\left(\theta\right) = nF\theta\left[\frac{\partial c_\mathrm{O}\left(x,t\right)}{\partial x}\right]_{x=0} = nF\sqrt{\frac{\left(7+4\cos\theta\right)D_\mathrm{O}}{3\pi t}}c_\mathrm{O}^* \tag{4-79}$$

式中，θ 为 0 ～ π 弧度。对其进行积分，可得 DME 上的总电流密度为

$$i_1 = 2\pi r_0^2 nFc_\mathrm{O}^*\sqrt{\frac{D_\mathrm{O}}{3\pi t}}\int_0^\pi (7+4\cos\theta)^{1/2}\sin\theta\mathrm{d}\theta = 1.505nFAc_\mathrm{O}^*\sqrt{\frac{D_\mathrm{O}}{\pi t}} \tag{4-80}$$

从而 Ilkovič 方程式可化为

$$i_1 = 1.528nFAc_\mathrm{O}^*\sqrt{\frac{D_\mathrm{O}}{\pi t}} \tag{4-81}$$

可见，滴汞电极表面上的非对称性扩张使得实际电流比 Ilkovič 方程式低 2.5%，同时，

式（4-79）显示在 DME 上各点的电流密度不同。在汞滴底部 $\theta=0$ 与汞滴顶部 $\theta=\pi$ 的位置，电流密度相差 1.915 倍，导致汞滴上存在不均匀的电位分布，球面各点表面张力发生改变，产生溪流运动。若生成物与反应物能在汞滴表面吸附，在极谱波生成区域，表面张力一般随电位变化而发生着变化，从而产生第一类极大。在电解液中加入明胶或表面活性剂，降低电极表面张力，可消除第一类极大。

2. 直流极谱法

Ilkovič 于 1934 年导出滴汞电极上的扩散电流方程式，奠定了直流极谱分析的理论基础。随着电子学的进步和仪器自身的发展，极谱分析得到了迅猛发展，并逐步提出了交流示波极谱、交流方波极谱、脉冲极谱和 20 世纪 70 年代的新极谱等，大大地提高了极谱分析的检测灵敏度，检测范围从 10^{-2} ～ 10^{-5}mol/L 扩展到 10^{-7} ～ 10^{-8}mol/L。而利用阳极或阴极溶出伏安法对金属离子的检测可达 10^{-8} ～ 10^{-10}mol/L，利用化学动力学反应的极谱催化波也使检测范围扩展到 10^{-7} ～ 10^{-10}mol/L。

（1）金属离子的可逆极谱波

可逆电极过程的极谱波方程式可以由 Nernst 方程和 Ilkovič 方程推导出来。对于简单金属离子的还原反应 $\mathrm{O}+n\mathrm{e} \rightleftharpoons \mathrm{R}$，假定 O 与 R 都溶解在溶液中。当 $t=0$ 时，$c_{\mathrm{O}}(x,t)=c_{\mathrm{O}}^{*}, c_{\mathrm{R}}(x,t)=c_{\mathrm{R}}^{*}$，那么在电位较正时：

$$i=-nFAD_{\mathrm{R}}\frac{1}{\sqrt{\frac{3}{7}\pi D_{\mathrm{R}}t}}\left[c_{\mathrm{R}}^{*}-c_{\mathrm{R}}(0,t)\right]=i_{\mathrm{l,a}}+nFAD_{\mathrm{R}}\frac{1}{\sqrt{\frac{3}{7}\pi D_{\mathrm{R}}t}}c_{\mathrm{R}}(0,t) \tag{4-82}$$

式中，$i_{\mathrm{l,a}}$ 表示溶液中只存在 R 时的极限扩散电流，即极限氧化扩散电流，或者被称为极限阳极扩散电流；D_{R} 表示 R 的扩散常数，于是

$$c_{\mathrm{R}}(0,t)=\frac{i-i_{\mathrm{l,a}}}{nFAD_{\mathrm{R}}^{1/2}}\sqrt{\frac{3}{7}\pi t} \tag{4-83}$$

当电位较负时，

$$i=nFAD_{\mathrm{O}}\frac{1}{\sqrt{\frac{3}{7}\pi D_{\mathrm{O}}t}}\left[c_{\mathrm{O}}^{*}-c_{\mathrm{O}}(0,t)\right]=i_{\mathrm{l,c}}+nFAD_{\mathrm{O}}\frac{1}{\sqrt{\frac{3}{7}\pi D_{\mathrm{O}}t}}c_{\mathrm{O}}(0,t) \tag{4-84}$$

$$c_{\mathrm{O}}(0,t)=\frac{i_{\mathrm{l,c}}-i}{nFAD_{\mathrm{O}}^{1/2}}\sqrt{\frac{3}{7}\pi t} \tag{4-85}$$

式中，$i_{l,c}$ 为极限还原扩散电流（或者被称为极限阴极扩散电流）；D_O 为 O 的扩散常数。

由 $\theta = \dfrac{f_R}{f_O}\exp\dfrac{nF}{RT}\left(E - E^0\right)$ 可得

$$E = E^0 + \frac{RT}{nF}\ln\frac{f_O D_R^{1/2}}{f_R D_O^{1/2}} + \frac{RT}{nF}\ln\frac{i_{l,c} - i}{i - i_{l,a}} \tag{4-86}$$

此即为溶液中既有 O 又有 R 存在时的综合波方程式，简化为

$$E = E_{1/2} + \frac{RT}{nF}\ln\frac{i_{l,c} - i}{i - i_{l,a}} \tag{4-87}$$

当溶液中仅含 c_O 时，$i_{l,a} = 0$，可得还原波方程

$$E = E_{1/2} + \frac{RT}{nF}\ln\frac{i_{l,c} - i}{i} \tag{4-88}$$

当溶液中仅含 c_R 时，$i_{l,c} = 0$，可得氧化波方程

$$E = E_{1/2} + \frac{RT}{nF}\ln\frac{i}{i - i_{l,a}} \tag{4-89}$$

式（4-87）～式（4-89）对应的极谱波如图 4-7 所示，可看出，方程式（4-87）～式（4-89）具有同样的 $E_{1/2}$。通过测定 E 与 $\ln\dfrac{i_{l,c} - i}{i}$ 或 $\ln\dfrac{i_{l,c} - i}{i - i_{l,a}}$ 之间的线性关系，以及斜率与其理论值的相关性，可判断电极反应的可逆性，进而求得电极反应的电子数 n，且对均相反应，可由 $E_{1/2}$ 求得氧化还原体系的标准电势 E^0。另外，由 $E_{1/4}$ 与 $E_{3/4}$ 的电位差可判断电极反应的可逆性。

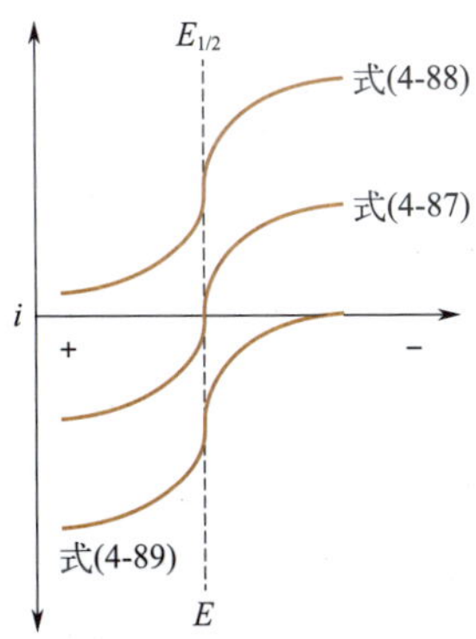

图 4-7　金属离子从一种状态到另一种溶解状态的极谱波

$E_{1/4}$ 与 $E_{3/4}$ 即电流为极限电流的 1/4 或 3/4 时的电位。25℃时，

$$E_{1/4}-E_{3/4}=\pm\frac{0.0591}{n}\left(\lg 3-\lg\frac{1}{3}\right)\text{V}=\pm\frac{0.0564}{n}\text{V} \tag{4-90}$$

如果溶解在溶液中的O还原后形成汞齐，那么，$D_O=D_{M^{n+}}$，$f_O=f_{M^{n+}}$，$D_R=D_M$，$f_R=f_M$（D_M与f_M分别为汞齐金属的扩散系数和活度系数），可得

$$E=E_{1/2}+\frac{RT}{nF}\ln\frac{i_{l,c}-i}{i} \tag{4-91}$$

$$E_{1/2}=E^0+\frac{RT}{nF}\ln\frac{f_{M^{n+}}}{f_M}\sqrt{\frac{D_M}{D_{M^{n+}}}} \tag{4-92}$$

（2）不可逆极谱波

不可逆极谱波是由于氧化态和还原态与电极电势间的平衡缓慢地建立，即慢电极反应而形成的。此时，电极反应的标准速率常数$k_0<3\times10^{-5}$cm/s，电极反应速率比扩散速率慢，交换电流密度i_0也较小。

对于电极反应

$$\text{O}+n\text{e}\longrightarrow\text{R}$$

O与R为高价和低价的简单金属离子。假定它们均溶于溶液中，则电极反应速率为

$$-\left[\frac{\mathrm{d}c_O(x,t)}{\mathrm{d}t}\right]_{x=0}=\left[\frac{\mathrm{d}c_R(x,t)}{\mathrm{d}t}\right]_{x=0}=k_f'c_O^0-k_b'c_R^0 \tag{4-93}$$

式中，k_f'，k_b'分别为正向和逆向反应速率常数；c_O^0，c_R^0分别为O和R的电极表面浓度。

当电极反应受扩散控制时

$$i=nFAD_O^{1/2}\frac{c_O^*-c_O^0}{\sqrt{\frac{3}{7}\pi t}}=-nFD_R^{1/2}A^{1/2}\frac{c_R^0}{\sqrt{\frac{3}{7}\pi t}} \tag{4-94}$$

于是：

$$c_O^0=\frac{(i_l-i)\sqrt{\frac{3}{7}\pi t}}{nFAD_O^{1/2}} \tag{4-95}$$

$$c_R^0=\frac{i\sqrt{\frac{3}{7}\pi t}}{nFAD_R^{1/2}} \tag{4-96}$$

可得

$$\frac{i_1 - i}{i} = \frac{D_{\mathrm{O}}^{1/2}}{D_{\mathrm{R}}^{1/2}} \frac{c_{\mathrm{O}}^0}{c_{\mathrm{R}}^0} = \xi \frac{c_{\mathrm{O}}^0}{c_{\mathrm{R}}^0} \tag{4-97}$$

从式（4-93）可得

$$\begin{aligned} i &= nFAk_0 \left[c_{\mathrm{O}}^0 \mathrm{e}^{-\alpha nF\left(E-E^0\right)/(RT)} - c_{\mathrm{R}}^0 \mathrm{e}^{(1-\alpha)nF\left(E-E^0\right)/(RT)} \right] \\ &= nFAk_0 \exp\left[\frac{-\alpha nF}{RT}\left(E-E^0\right)\right]\left\{c_{\mathrm{O}}^0 - c_{\mathrm{R}}^0 \exp\left[\frac{nF}{RT}\left(E-E^0\right)\right]\right\} \\ &= nFAk_{\mathrm{f}}'(c_{\mathrm{O}}^0 - c_{\mathrm{R}}^0\theta) \end{aligned} \tag{4-98}$$

其中 $\theta = \exp\left[\frac{nF}{RT}\left(E-E^0\right)\right]$。将式（4-95）及式（4-96）代入式（4-98）可得

$$i = \frac{i_1 - i}{D_{\mathrm{O}}^{1/2}} k_{\mathrm{f}}' \sqrt{\frac{3}{7}\pi t}\left(1 - \frac{i\theta\xi}{i_1 - i}\right) \tag{4-99}$$

于是：

$$\frac{i}{i_1 - i}\left[1 + \frac{k_{\mathrm{f}}'}{D_{\mathrm{O}}^{1/2}}\sqrt{\frac{3}{7}\pi t}\theta\xi\right] = \frac{k_{\mathrm{f}}'}{D_{\mathrm{O}}^{1/2}}\sqrt{\frac{3}{7}\pi t} \tag{4-100}$$

或

$$\frac{i_1 - i}{i} = \theta\xi + \frac{D_{\mathrm{O}}^{1/2}}{k_{\mathrm{f}}'\sqrt{\frac{3}{7}\pi t}} = \theta\xi + \frac{D_{\mathrm{O}}^{1/2}}{1.16k_{\mathrm{f}}'\sqrt{t}} \tag{4-101}$$

上式包含受扩散控制项 $\theta\xi$ 和电极反应速率控制项。当 k_{f}' 很大时，上式化为可逆电极过程的极谱波方程。如果 k_{f}' 很小，则第二项大于第一项，甚至第一项可忽略，于是求得

$$\frac{i_1 - i}{i} = \frac{D_{\mathrm{O}}^{1/2}}{1.16k_{\mathrm{f}}'\sqrt{t}} \tag{4-102}$$

即

$$E = E^0 + \frac{RT}{\alpha nF}\ln k_0 + \frac{RT}{\alpha nF}\ln 1.16\sqrt{\frac{t}{D_{\mathrm{O}}}} + \frac{RT}{\alpha nF}\ln\frac{i_1 - i}{i} \tag{4-103}$$

或写成

$$E = E_{1/2} + \frac{RT}{\alpha nF}\ln\frac{i_1 - i}{i} \tag{4-104}$$

式中

$$E_{1/2}=E^0+\frac{RT}{\alpha nF}\ln k_0+\frac{RT}{\alpha nF}\ln\sqrt{\frac{D_O}{\pi t}}=E^0+\frac{RT}{\alpha nF}\ln\frac{k_0\sqrt{\pi}}{\sqrt{D_O}}+\frac{RT}{\alpha nF}\ln\sqrt{t} \qquad (4\text{-}105)$$

由 $E\text{-}\ln\frac{i_l-i}{i}$ 直线关系的斜率可求得电极反应的 αn，如果 n 已知则可计算 α 值。同时，不可逆电极过程极谱波的半波电位与时间 t 有关，且与电极反应速率有关。

（3）准可逆极谱波

当电流同时受还原反应及扩散速率控制（准可逆电极过程）时，与可逆过程相比，它的极谱波波形比较倾斜，整个波向后延伸，其延伸程度取决于电极反应的速率常数（k_f' 或 k_0）的大小。由于 k_f' 是电位的函数，随着电位越来越负，还原反应的速率常数 k_f' 越来越大，所以在达到极限电流时电流还是受扩散控制的（图 4-8）。

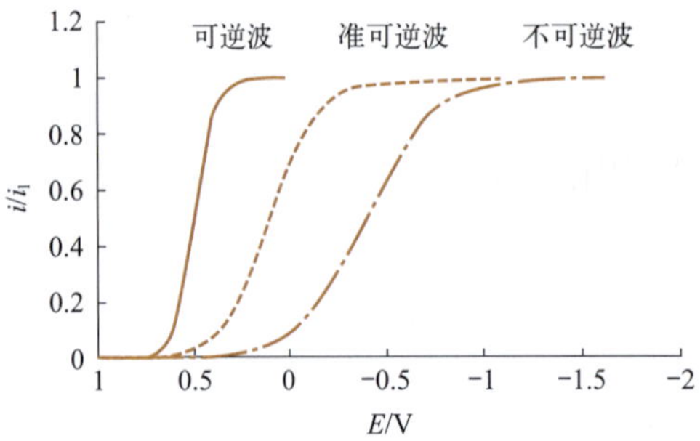

图 4-8　可逆、准可逆和不可逆极谱波示意图

第二节
电位扫描伏安法

电势阶跃法是将电极电势阶跃至一个恒定电位并记录电流的方法，而电位扫描伏安法是以一个恒定的扫描速度逐渐改变电极电势并记录电流变化的分析方法。在电位扫描伏安法中，电位的变化可以是线性的，包括线性扫描伏安法和循环伏安法；电位的变化也可以是交流的，或在线性变化的电位上再周期性地叠加方波或脉冲波形。这一系列电位控制方法可用于大多数电化学体系的基础研究，具有很强大的应用功能。

电位扫描伏安法所得电位-电流曲线的形状取决于研究体系中电化学活性组分的化学

活性，同时也依赖于电极表面的物质扩散。因此电极的几何结构、溶液搅拌等因素也会影响线性扫描的伏安曲线。本节将以一个静止溶液中的平面电极为例，讨论电化学活性组分的活性不同对于伏安曲线的影响。

一、线性扫描伏安法

线性扫描伏安法（linear sweep voltammetry，LSV）是最基本的电化学暂态方法，是研究电化学体系的首选方法。根据所研究体系的特性，选择一个初始电位，然后根据研究体系的氧化-还原或吸附-脱附性质，使用恒电位仪将电位值从初始电位向正或向负方向，以一定的扫描速度随时间线性改变，记录极化电流和电位的关系，这就是线性扫描伏安法。

1. 可逆体系

假设在一个静止溶液中，平面电极上发生 $O + ne \rightleftharpoons R$ 的可逆电极反应，O 与 R 都溶于溶液，扫描开始时溶液中只有氧化态物质 O，浓度为 c_O^*，设定的起始电位为 E_i，该电位下不发生电极反应。电解时，电极电位以扫描速度 v 线性改变，如下式：

$$E_{(t)} = E_i - vt \tag{4-106}$$

此时，电极上的扩散可以看成是线性扩散，扩散方程为：

$$\frac{\partial c_O(x,t)}{\partial t} = D_O \frac{\partial^2 c_O(x,t)}{\partial x^2} \tag{4-107}$$

对于可逆的电化学反应，电子转移速度很快，电极表面 O 与 R 的浓度比值遵循 Nernst 方程，即

$$\frac{c_O(0,t)}{c_R(0,t)} = \frac{f_R}{f_O}\exp\left[\frac{nF}{RT}\left(E_i - vt - E^0\right)\right] = \theta\exp(-\sigma t) \tag{4-108}$$

其中，$\sigma = \frac{nF}{RT}v$，$\theta = \exp\left[\frac{nF}{RT}\left(E_i - E^0\right)\right]$，并且在忽略物质 O 与 R 的扩散系数的差异后，反应的标准电极电势 E^0 与可逆半波电势 $E_{1/2}$ 相同，即 $E^0 = E_{1/2}$。可逆半波电势 $E_{1/2}$ 指的是在稳态传质的测量条件下（例如在旋转圆盘电极体系中），电极电流达到稳态电流一半时的电极电势，根据物质守恒，此时溶液中 O 与 R 的浓度相同，按照 Nernst 方程，此时的电势 $E_{1/2}$ 即等于标准电极电势 E^0，具体可见后续章节公式（4-165）处。

由此，O 与 R 在电极表面上的浓度不仅是初始电位 E_i 的函数，也是时间的函数，这

与前述电势阶跃方法有很大差别。Randles[7] 与 Ševčík[8] 用不同的方法求得：

$$i=\frac{n^{3/2}F^{3/2}}{R^{1/2}T^{1/2}}AD_{O}^{1/2}c_{O}^{*}v^{1/2}p\left(\frac{nF}{2RT}vt\right) \tag{4-109}$$

p为$\frac{nF}{2RT}vt$的函数，其最大值为 0.452s$^{1/2}$，对应的横坐标为 0.55。于是

$$i_{p}=0.452\frac{n^{3/2}F^{3/2}}{R^{1/2}T^{1/2}}AD_{O}^{1/2}c_{O}^{*}v^{1/2} \tag{4-110}$$

或

$$i_{p}=Kn^{3/2}AD_{O}^{1/2}c_{O}^{*}v^{1/2} \tag{4-111}$$

这就是 Randles 与 Ševčík 方程式。该公式表示电流（i）正比于反应物浓度 (c_{O}^{*}) 以及电势扫描速率的 1/2 次方 ($v^{1/2}$)。

Nicholson 和 Shain[9] 利用卷积定理进一步对此问题进行了求解，得到的基本方程为：

$$i=nFAc_{O}^{*}(\pi D_{O}\sigma)^{1/2}\chi(\sigma t) \tag{4-112}$$

不同电势 E 下具有相应的$\chi(\sigma t)$值。将数值$\pi^{1/2}\chi(\sigma t)$对 σt 作图，为了方便获得线性伏安曲线的形状，通常根据公式（4-108），将横坐标从 σt 转化为 $n(E-E_{1/2})$ 而作图，如图 4-9 所示。

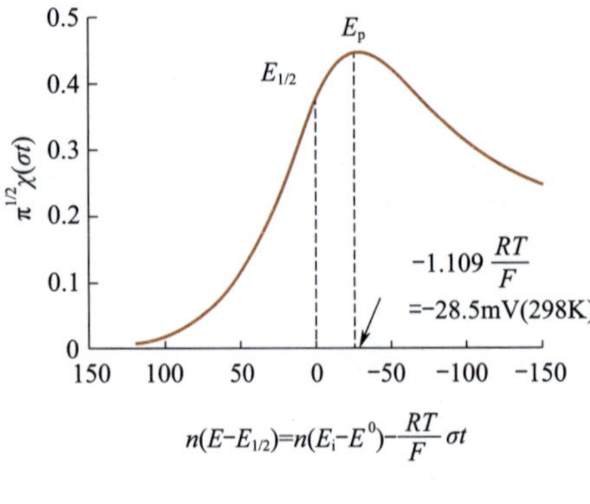

图 4-9　$\pi^{1/2}\chi(\sigma t)$对 $n(E-E_{1/2})$ 曲线
（电势坐标的数值按照 25℃计算获得）

在 $n(E-E_{1/2})=\frac{RT}{F}$ 处，i 将出现一个最大值，即峰电流，因此可得峰电势 E_p 的位置：

$$E_{p}-E_{1/2}=-\frac{RT}{nF} \tag{4-113}$$

在 25℃时，$E_{p}-E_{1/2}=-\frac{28.5}{n}$ mV。

2. C_d与R_u的影响

扫描速度是线性扫描伏安法最基本的实验参量，其取值范围在几毫伏每秒至十几伏每秒之间。如果扫描速度很小，可对应于稳态情况，将会影响检测灵敏度。如果扫描速度较大，存在双电层充电干扰，非法拉第电流和溶液电阻导致的电位降会显著地改变电流-电位曲线。因此，实验过程中需考虑这两个因素对电流-电位曲线的影响。

在电势阶跃实验中，溶液静止，电极面积恒定，充电电流在相当于时间常数R_uC_d数倍时间以后即趋向于0。对于电势扫描伏安实验，电势是连续线性变化的，充电电流i_c存在于整个扫描过程，其大小为

$$i_c=\frac{dq}{dt}=E\frac{dC_D}{dt}+C_D\frac{dE}{dt} \tag{4-114}$$

C_D为电极总电容。由于电极的面积近似不变，$\frac{dC_D}{dt}$可忽略。因而

$$i_c=C_D\frac{dE}{dt}=AC_dv \tag{4-115}$$

因此，当扫描速率增加时，i_c比i_p增加更快，如果氧化态扩散系数$D_O=10^{-5}cm^2/s$，电极比电容假定为$C_d=20\mu F/cm^2$，则充电电流与法拉第电流的比值为

$$\frac{i_c}{i_p}=\frac{C_dv^{1/2}10^{-5}}{2.69n^{3/2}{D_O}^{1/2}c_O^*}=\frac{2.4\times10^{-8}v^{1/2}}{n^{3/2}c_O^*} \tag{4-116}$$

如果要求信噪比$i_c/i_p=0.01$,当$v=0.1\ \ V/s$时，$c_O^*=8\times10^{-7}\ mol/L$。因此，线性扫描伏安法具有较低的检测限。在高扫描速率及低浓度时，线性扫描伏安曲线严重变形或歪曲，这限制了所用的最大扫描速率和检测灵敏度。通常在$v=0.25\ \ V/s$时，LSV可测至10^{-6}mol/L。如经过电容补偿，可测至10^{-7}mol/L。

如果溶液阻抗R_u足够大，i_pR_u会直接影响到测量的准确度。此时，电极上的电势为$E+iR_u$，较大的iR_u会使得扫描电位的变化是不完全线性的，使波形变平，还原峰移向更负电势。同时，由于$i_p\propto v^{1/2}$，因而扫速越大，这种偏离越大。这样，R_u的存在使E_p变成v的函数。因此，在实际工作中要加入大量的电解质，尽量降低溶液的阻抗。

3. 完全不可逆体系

对于平面电极上发生的完全不可逆电极反应，Nernst边界条件不成立，但存在有Fick定律：

$$\frac{i}{nFA}=D_{\mathrm{O}}\left[\frac{\partial c_{\mathrm{O}}(x,t)}{\partial x}\right]_{x=0}=k_{\mathrm{f}(t)}c_{\mathrm{O}}(0,t) \tag{4-117}$$

其中 $k_{\mathrm{f}(t)}$ 表示随时间 t 变化的电子转移速率常数。

$$\begin{aligned}k_{\mathrm{f}(t)}&=k_0\exp\left\{\frac{-\alpha nF}{RT}\left[E(t)-E^0\right]\right\}=k_0\exp\left[\frac{-\alpha nF}{RT}\left(E_{\mathrm{i}}-vt-E^0\right)\right]\\&=k_0\exp\left[\frac{-\alpha nF}{RT}\left(E_{\mathrm{i}}-E^0\right)\right]\exp\left(\frac{\alpha nF}{RT}vt\right)\\&=k_{\mathrm{f(i)}}\exp\left(\frac{\alpha nF}{RT}vt\right)\end{aligned} \tag{4-118}$$

其中 $k_{\mathrm{f(i)}}$ 表示在起始电位下的电子转移速率常数。利用数值方法，解得电流方程为

$$i=\sqrt{\pi}nFAc_{\mathrm{O}}^{*}\left(\frac{\alpha nF}{RT}\right)^{1/2}v^{1/2}D_{\mathrm{O}}^{\ 1/2}\chi\left(\frac{\alpha nF}{RT}vt\right) \tag{4-119}$$

$\chi\left(\frac{\alpha nF}{RT}vt\right)$是一函数，其峰值为 0.282。在波的任意一点，$i_{\mathrm{p}}$ 仍随 $v^{1/2}$和c_{O}^{*} 变化而变化。

$$i_{\mathrm{p}}=3.01\times10^{5}n^{3/2}Ac_{\mathrm{O}}^{*}\alpha^{1/2}v^{1/2}D_{\mathrm{O}}^{\ 1/2} \tag{4-120}$$

峰电位为

$$\begin{aligned}E_{\mathrm{p}}&=E_{\mathrm{i}}-\frac{RT}{\alpha nF}\left[0.78-\ln k_{\mathrm{f(i)}}\left(\frac{\alpha nFv}{RT}D_{\mathrm{O}}\right)^{-1/2}\right]\\&=E_{\mathrm{i}}-\frac{RT}{\alpha nF}\left[0.78-\ln\frac{k_{\mathrm{f(i)}}}{D_{\mathrm{O}}^{\ 1/2}}+\frac{1}{2}\ln\frac{\alpha nFv}{RT}\right]\end{aligned} \tag{4-121}$$

$$\left|E_{\mathrm{p}}-E_{\mathrm{p/2}}\right|=\frac{1.857RT}{\alpha nF}\quad \mathrm{mV} \tag{4-122}$$

因此，对完全不可逆体系，i_{p} 仍然与 c_{O}^{*}、$v^{1/2}$ 成正比，v 增大 10 倍，E_{p} 负移 $\frac{1.15RT}{\alpha nF}=\frac{30}{\alpha n}$ mV。且由于存在 k_0 的活化过电位，E_{p} 在 E^0 之后。

以上分析表明，线性扫描伏安法得到的可逆与不可逆波峰形相近。但可逆波峰形较窄，而不可逆波峰形扁平，且与 α、k_{f} 有关。k_{f} 越小，拉得越平。对于 k_{f} 很小（趋向于 0）的情况，可能得不到峰形。但无论可逆与不可逆波，其峰电流所包含的因素 n、v、c、A 都相同，因而分析测定时不需追究电极过程是否可逆。但可逆峰电流大于不可逆峰电流 $i_{\mathrm{p}}^{\mathrm{r}}>i_{\mathrm{p}}^{\mathrm{ir}}$。因此，随着不可逆程度的增加，$i_{\mathrm{p}}$ 越来越小，最后随着 k_{f} 趋向于 0 而变成 0。可逆波的峰电位与扫描速率无关，而不可逆波的 E_{p} 与 $\ln v$ 有线性关系。

准可逆波的峰电位介于二者之间，与 v 有关，v 的增加使 E_p 与 v 的关系明显。当 k_0 越大，或者 v 越小时，体系趋向于可逆；反之，当 k_0 越小，或者 v 越大时，体系趋向于不可逆性。在实验中，有可能出现在低的电位扫描速度下，体系呈现可逆状态，而在高的电位扫描速度下呈现不可逆的情况。

二、循环伏安法

线性扫描伏安法在实验过程中电位向一个方向（正或负）变化，因此，该方法又称为单扫描伏安法。如果在实验过程中电位在向一个方向扫描结束时立即向另一个方向回扫，扫描过程可以是单循环或多循环，这种方法即称为循环伏安法（cyclic voltammetry，CV）。正向和逆向扫描的速度可相等，通常情况是大小相等方向相反周期性变化的三角波，其典型的加压方式和相应的电流-电位响应示意图（又称为 i-E 曲线）如图 4-10 所示。其中，正向扫描从 E_i 开始至 E_f。在 E_f 处改变扫描方向，从 E_f 逆向扫描至 E_i。假定 $E_i > E_f$，则正向扫描电极电势越来越负，引发 O 在电极表面还原生成 R，形成还原电流或阴极电流。随着电位继续变负电流迅速增加，当电极表面的电化学反应达到传质控制，电流达到峰值而后衰减；逆向扫描时，电极表面生成的 R 又被氧化，回到氧化态，产生阳极电流。

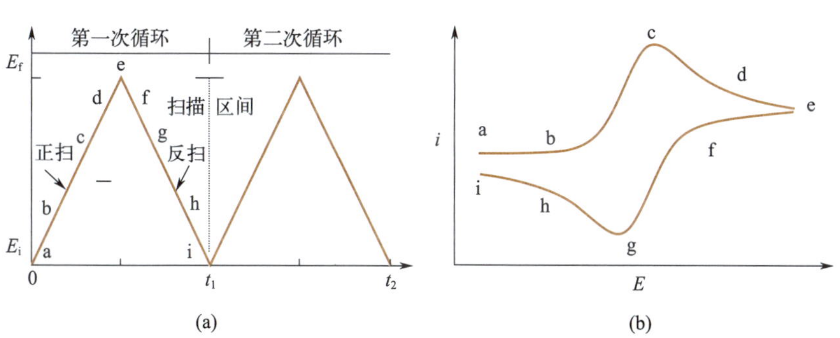

图 4-10 典型的循环伏安法加压方式（a）和相应的电流-电位响应示意图（b）

相比于单扫描伏安法，循环伏安曲线同时出现一对氧化-还原峰，由此，可提取电化学参数包括阳极峰电流 i_{pa}，阴极峰电流 i_{pc}，阳极峰电位 E_{pa} 和阴极峰电位 E_{pc}，以及峰电位差 ΔE_p 和峰电流之比等。

1. 可逆电极过程的循环伏安法

对于循环伏安曲线，正向与逆向扫描可以看作由两个线性伏安扫描组成。对于可逆电极过程，正向扫描中，反应物O的扩散可以由Fick定律描述，并且电极表面的边界条件可以由Nernst方程描述，因此可以得到：

$$E_{pc}=E_{1/2}-1.109\frac{RT}{nF} \tag{4-123}$$

$$i_{pa}=Kn^{3/2}AD_{O}^{1/2}c_{O}^{*}v^{1/2} \tag{4-124}$$

与之对应的，在反向扫描中，反应物R的扩散同样可由Fick定律描述，并且边界条件由Nernst方程描述，所以可得：

$$E_{pa}=E_{1/2}+1.109\frac{RT}{nF} \tag{4-125}$$

$$i_{pc}=Kn^{3/2}AD_{R}^{1/2}c_{R}^{*}v^{1/2} \tag{4-126}$$

结合公式（4-123）～式（4-126），可以看出，对于可逆电极过程，反向扫描可得到与正向扫描类似的曲线。峰电位差ΔE_p（mV）不随扫描速率而变化：

$$\Delta E_p=2.219\frac{RT}{nF}=\frac{57}{n}\ （25℃） \tag{4-127}$$

并且

$$E^0\approx E_{1/2}=\frac{E_{pa}+E_{pc}}{2} \tag{4-128}$$

因此，可方便地用循环伏安法测定可逆电极过程的标准电位E^0。

同时，峰电流之比$i_{pc}/i_{pa}=1$。作为扩散过程的另一特征，峰电流正比于$v^{1/2}$，对于i_{pa}和i_{pc}都同样存在。所有这些关系构成了Nernst（可逆）电极过程的重要判据。

2. 完全不可逆电极过程的循环伏安法

完全不可逆的电极过程通常有两种情况。第一种是电子转移反应动力学非常慢，以至于$R \longrightarrow O + ne$这一反应的电子转移在实验的电位窗口内可以认为近似于零。另一种情况是$O + ne \longrightarrow R$的产物因为化学反应的原因，无法转化为O。例如鲁米诺的电化学氧化过程，最终氧化产物会快速分解并释放氮气。由于氮气迅速脱离电极表面，使得这一步化学反应不可逆，也就使得整个电化学过程无法反向发生。另一个例子是多巴胺的电化学氧化，氧化产物会自我聚合形成聚多巴胺，并失去具有电化学活性的基团，因此多巴胺的电化学氧化过程也是不可逆过程。

对于一个完全不可逆的电极过程 $R \longrightarrow O + ne$，正向扫描时的伏安曲线与线性扫描伏安曲线相一致。在反向扫描开始时，电极表面富集了大量的 O，而 R 在正向扫描中已经耗尽，称为扩散控制的情况。由于 O 无法转化为 R，因此在反向扫描中，电极表面的电流信号没有还原反应 $O + ne \longrightarrow R$ 的贡献，而仅有 R 继续被氧化为 O 的扩散电流。因此，反向扫描中，不会出现峰电流。随着电位扫描，R 氧化为 O 的电流也迅速减小直至为零。而对于准可逆体系，其伏安行为介于可逆与完全不可逆之间。

3. 电位扫描伏安法的应用

电位扫描伏安法，在电化学研究中具有重要作用，可以获取反应的动力学和热力学性质。同时，对于电极上发生的化学反应和电子转移反应耦合复杂体系的反应机理可以使用循环伏安法进行分析。这些电极过程具体包括纯电子转移过程 (E)、前行化学反应 (CE)、催化过程 (ECE)、后行化学反应 (EC) 及吸附过程。利用峰电流 i_p 与 v 的关系、i_{pc}/i_{pa} 及 E_p 与 v 的关系可以判断电极反应的机制。各种电极过程的伏安参数与扫描速率 v 和反应物浓度间的关系如表 4-1 所示。根据此表的提示，可用循环伏安法判断电极过程的机制。

表4-1　各种电极过程的线性扫描和循环伏安法判据

电极过程	LSV			CV
	i_p-v	i_p-c	E_p-v	ΔE_p，i_{pc},i_{pa} 与 v 的关系
(Ⅰ) 可逆过程 $O + ne \rightleftharpoons R$	$i_p \propto v^{1/2}$	$i_p \propto c$	无关	$i_{pc}, i_{pa} \propto v^{1/2}$ $i_{pa}/i_{pc} = 1$, $\Delta E_p = 58/n$ mV
(Ⅱ) 不可逆过程 $O + ne \longrightarrow R$	$i_p \propto v^{1/2}$	$i_p \propto c$	随 v 增加，E_{pc} 负移	$i_{pc} \propto v^{1/2}$，$i_{pa} = 0$ $E_p = b + \dfrac{30}{\alpha n}\lg v$ mV
(Ⅲ) 准可逆过程	i_p 近似地与 $v^{1/2}$ 成正比	$i_p \propto c$	随 v 增加，E_{pc} 负移，E_{pa} 正移	$i_{pc}, i_{pa} \propto v^{1/2}$，$\alpha = 0.5$ 时， $i_{pa}/i_{pc} = 1$，$\Delta E_p > 58/n$ mV

续表

电极过程	LSV			CV
	i_p-v	i_p-c	E_p-v	ΔE_p，i_{pc},i_{pa}与 v 的关系
(Ⅳ) CE 过程 $Z \rightleftharpoons O$ $O + ne \rightleftharpoons R$	$i_p/v^{1/2}$ 与 v 曲线的斜率随 v 增加而减小	非线性 $\frac{i_p}{c}$ <（Ⅰ）	随 v 增加，E_{pc} 正移	随 v 增加，i_{pa}/i_{pc} 增大
(Ⅴ) EC 过程 $O + ne \rightleftharpoons R$ $R \rightleftharpoons C$	v 增加，i_p 变成与 $v^{1/2}$ 成正比	线性 $\frac{i_p}{c}$ >（Ⅰ）	E_p 比 (Ⅰ) 更正，随 v 增加负移	$i_{pc} > i_{pa}$，随 v 增加 $i_{pa}/i_{pc} \to 1$
(Ⅵ) EC 过程 $O + ne \rightleftharpoons R$ $R \longrightarrow C$	低 v 时 i_p 与 $v^{1/2}$ 成正比	线性 $\frac{i_p}{c}$ >（Ⅰ）	E_p 比 (Ⅰ) 更正，低 v 时 v 增加 10 倍 E_p 负移 $30/n$ mV	$i_{pc} > i_{pa}$，随 v 增加 $i_{pa}/i_{pc} \to 1$
(Ⅶ) 催化过程 $O + ne \rightleftharpoons R$ $R + Z \longrightarrow O$	v 增加，趋近于（Ⅰ），在低 v 时 $i_p/v^{1/2}$ 增加	非线性 $\frac{i_p}{c}$ >（Ⅰ）	随 v 增加 E_{pc} 正移，v 增加 10 倍 E_p 最大正移 $60/n$ mV	k_f 较小时，$i_{pa}/i_{pc} \approx 1$。k_f/v 增大时，CV 图趋向台阶形
(Ⅷ) 反应物吸附 $A \rightleftharpoons A_{吸附}$ $A_{吸附} + ne \rightleftharpoons R$	v 增加，$i_p/v^{1/2}$ 增加，趋向于 $i_p \propto v$	非线性	随 v 增加 E_p 负移	$i_{pa}/i_{pc} \leqslant 1$，在小 v 时 $i_{pa}/i_{pc} \to 1$
(Ⅸ) 产物吸附 $A + ne \rightleftharpoons B$ $B \rightleftharpoons B_{吸附}$	v 增加，$i_p/v^{1/2}$ 减少	非线性	随 v 增加 E_p 正移	$i_{pa}/i_{pc} \geqslant 1$，在小 v 时 $i_{pa}/i_{pc} \to 1$

第三节
方波和脉冲极谱法

为了提高电化学分析的灵敏度，G. C. Barker 于 1952 年和 1958 年相继提出了方波极谱和脉冲极谱两种方法。方波极谱法是在一个线性扫描的直流电压上叠加一个周期性变化的小振幅方波电压，并在充电电流最小时，即在方波电压方向改变前的一瞬间记录流经电解池的电流。所得到的电流-电位曲线与阶跃电势伏安法相近。脉冲极谱法是在一个线性变化的直流电压上，叠加一个方波脉冲电压，并在每一个脉冲后期即结束前的瞬间测定脉冲电流的方法。这种方法记录的是通过电解池的直流电流，根据所加脉冲电压方式的不同，它又分为常规脉冲和示差脉冲极谱法。

一、方波极谱法

1. 基本原理

通常，汞滴不断生长，电容电流不断变化，影响法拉第电流的测定。方波极谱法考虑到这些影响，在每滴汞生命周期的末端测量电流，由于此时汞滴面积几乎不变，因此，可消除电容电流。当极谱电流中没有充电电流时，可提高信噪比和检测灵敏度，测定的最低浓度可达 10^{-7}mol/L。

图 4-11 显示了电压、电容电流（i_c）和 Faraday 电流（i_f）随时间的变化关系。方波电压每一个周期换向为 2τ，周期内施加两段时长为 τ、数值不同的恒电压。在施加每一段恒电压时，由电容电流-时间关系 $i_c=\dfrac{\Delta E}{R}\exp(-\dfrac{t}{RC})$，可知电容电流随时间指数式衰减，因此，当 $\tau \gg RC$ 时间常数时，在某个时间点电容电流已下降为 0，这个时间记作 $\tau-\Delta t$。相反，Faraday 电流随 $t^{-1/2}$ 衰减，远远落后于电容电流的衰减。因此，在方波电压改变前 $\tau-\Delta t$ 至 τ 这一段时间内记录的极谱电流，就看作为纯的 Faraday 电流。

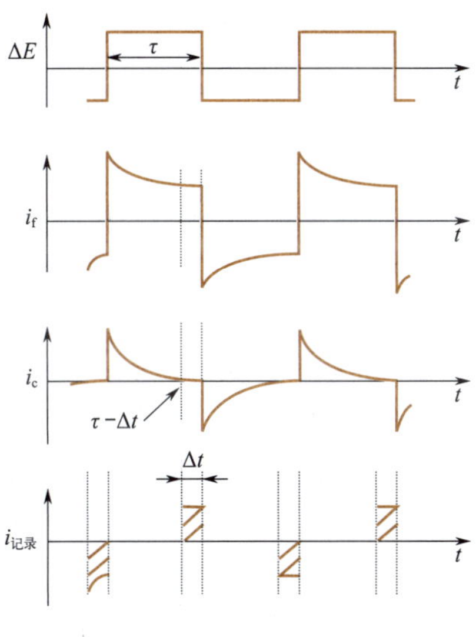

《 图 4-11　方波极谱中电压、电容电流（i_c）和 Faraday 电流（i_f）随时间的变化

在一个方波结束前的 Δt 时刻，i_c 衰减为 0，而 i_f 并未衰减为 0，因此 Δt 时间段以内记录的电流 $i_{记录}$即为 Faraday 电流

方波电压的频率一般为 225 ～ 250Hz，频率 ω 太高，电容电流没有足够的时间衰减，灵敏度降低。同时，由于滤波效率的要求和元件制作困难，ω 也不能太低，因而，最合适

的频率为 225 ～ 250Hz，并可避免电源频率及其谐波的干扰。如果电容电流降至初始电容电流的 1%，就认为已基本消除电容电流，则电容电流衰减时间约为 $5RC$，对于 $\omega=225$ Hz 的方波电压，$\tau=\dfrac{1}{450}$ s。

2. 可逆过程

对于可逆电极过程 O + ne $\rightleftharpoons$ R, O 与 R 均溶于溶液，且电解开始前溶液中只有 O 没有 R，即 $c_{\mathrm{O}}=c_{\mathrm{O}}^{*}, c_{\mathrm{R}}^{*}=0$，加上直流电压 E 后，电极的电流信号记为 i，电极表面 O 的浓度记为 c_{O}。如果假定 $D_{\mathrm{O}}=D_{\mathrm{R}}=D$，且方波电压的半周期 τ 很小，则滴汞电极上的扩散可看成是线性扩散，电极表面 O 的浓度在 c_1 和 c_2 之间变化，于是 t 时的瞬时电流为

$$\tilde{i}=nFAD\left(c_1-c_2\right)\sum_{n=1}^{\infty}\frac{1}{\sqrt{\pi D\left(t-n\tau\right)}}(-1)^n \tag{4-129}$$

对于一个可逆反应，伏安曲线遵循 Nernst 方程，即公式（4-24）

$$E=E_{1/2}+\frac{RT}{nF}\ln\frac{i_1-i}{i}$$

其中 i_1 表示电极表面仅存在 O 而不存在 R 时（即电极电势 E 足够负时）的极限扩散电流。在任意一个 E，根据物质守恒定律，电极表面 R 的浓度 c_{R}^{0} 与 O 的浓度 $c_{\mathrm{O}}{}^{0}$ 之和等于体相浓度 c_{O}^{*}，根据 Nernst 方程可推演出：

$$\tilde{i}=\frac{n^2F^2}{RT}\frac{P}{(1+P)^2}\Delta Ec_{\mathrm{O}}^{*}AD\sum_{n=1}^{\infty}\frac{1}{\sqrt{\pi D\left(t-n\tau\right)}}(-1)^n \tag{4-130}$$

式中，$P=\exp[\frac{nF}{RT}\left(E-E_{1/2}\right)]$，当 $P=1$ 或 $E=E_{1/2}$ 时，方波极谱的峰电流有最大值为

$$\tilde{i}_{\mathrm{p}}=\frac{n^2F^2}{4RT}\Delta Ec_{\mathrm{O}}^{*}AD^{1/2}\sum_{n=1}^{\infty}\frac{1}{\sqrt{\pi\left(t-n\tau\right)}}(-1)^n \tag{4-131}$$

这就是 Barker 方程式。令 $\beta=\dfrac{t}{\tau}$，则得

$$\tilde{i}_{\mathrm{p}}=\frac{n^2F^2}{4RT}\Delta Ec_{\mathrm{O}}^{*}A\sqrt{\frac{D}{\pi\tau}}\sum_{n=1}^{\infty}\frac{1}{\sqrt{\beta-n}}(-1)^n \tag{4-132}$$

这里 $\tau=\dfrac{\pi}{\omega}$，$\Delta E<\dfrac{0.5RT}{nF}$。在实际工作中，测定的是方波周期换向电压后期的瞬时电流。如果 $\tau=2.2\times10^{-3}$ s，β 值处在 0.915～1.00，则 $\sum\limits_{n=1}^{\infty}$ 的平均值为 0.623。于是

$$\tilde{i}_{\mathrm{p}}=5.52\times10^{6}n^{2}A\Delta Ec_{\mathrm{O}}^{*} \tag{4-133}$$

由式（4-132），方波极谱的峰电流与c_{O}^{*}、$\frac{1}{\sqrt{\tau}}$、ΔE成正比，对应的极谱波是对称的钟形峰，峰电位是极谱波的半波电位。在$i=\frac{i_{\mathrm{p}}}{2}$时，得$\frac{P}{(1+P)^{2}}=\frac{1}{8}$，半峰宽为$\frac{3.52RT}{nF}=\frac{90.4}{n}$ mV。

对于不可逆电极过程，极谱波具有较宽的半峰宽和较小的峰电流。

二、脉冲极谱法

1. 基本原理

方波极谱法具有很高的灵敏度，对可逆体系检测限可达10^{-7}mol/L。但由于技术上的限制，方波的频率不能太低，电容电流的衰减速度不能进一步加快。因此，要使i_{c}充分衰减必须使用高浓度的支持电解质以降低电解池阻抗，这有可能带来杂质的干扰。其次，方波极谱法毛细管噪声较大，且对各汞滴也有所不同，频率越高，噪声越大，降低了检测的灵敏度。另外，方波电压的频率比较高，对于不可逆体系，灵敏度低，限制了这一方法的使用。为了克服上述缺陷，Barker 于 1960 年发展了脉冲极谱法，方法的核心是在汞滴生长末期，施加一个宽度为 40 ～ 80ms 的电压脉冲，并在电压脉冲的后期测量电流，从而使充电电流得到有效衰减，提高了检测的灵敏度。由于脉冲持续时间长，能给充电电流足够的时间衰减，因此，无需非常高的时间常数或RC，因而支持电解质浓度也不需要方波极谱法那样高，避免了杂质干扰。

同时，脉冲极谱方法在一汞滴上只加一次脉冲，只测定一次电流，是直流电流。而方波极谱法在周期换向前分别测定上下阶跃的电流，且上阶跃与下阶跃测得的分别是氧化与还原电流，因而是交流电流。根据加压方式的不同，脉冲极谱技术有两种基本形式，即常规脉冲极谱和示差脉冲极谱，它们施加电压的方式如图 4-12 所示。

常规脉冲和示差脉冲伏安法的区别在于，常规脉冲施加的脉冲振幅是线性增加的，在脉冲间歇，电位回到起始电位，电流-电位曲线形状类似于阶跃电势法的曲线，但检测下限比阶跃电势法低很多，可达10^{-7}mol/L。而示差脉冲伏安法是在一个线性变化的扫描电压上叠加等振幅的脉冲电压，并在加脉冲前和脉冲即将结束的瞬间测定施加脉冲振幅前后的电流，计算两次测定的电流差Δi。Δi在未发生电极反应和极限电流处的最小，几乎等于 0，而在起波处较大，在某一电位下Δi达到最大，形成峰形波，检测下限可达10^{-8}mol/L。

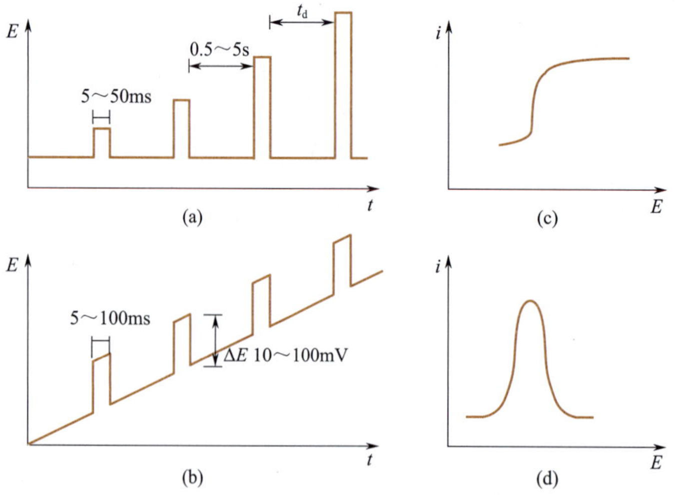

图 4-12　常规和示差脉冲伏安法的加压方式以及所得波形
(a)，(c) 常规脉冲；(b)，(d) 示差脉冲

2. 常规脉冲极谱的扩散电流

常规脉冲极谱在汞滴生长的后期施加一个脉冲电位，并在脉冲结束之前的瞬间记录电流。该过程时间极短，电流可用平面电极上 Cottrell 方程式来表示：

$$i = nFAD_{\mathrm{O}}^{1/2}c_{\mathrm{O}}^{*}\frac{1}{\sqrt{\pi t_{\mathrm{m}}}} \tag{4-134}$$

式中，t_{m} 为加脉冲到测量电流时的间隔，如图 4-13 所示。因此电流与 c_{O}^{*} 成正比，还随 $t_{\mathrm{m}}^{-1/2}$ 而下降。为放大信号，同时又能使电容电流充分衰减，t_{m} 不能太大或太小，通常为 20ms 左右。

常规脉冲电流与电位有关，其一般表达式为：

$$i = nFAD_{\mathrm{O}}^{1/2}c_{\mathrm{O}}^{*}\frac{1}{\sqrt{\pi t_{\mathrm{m}}}}\frac{1}{1+P} \tag{4-135}$$

式中，$P = \exp[\frac{nF}{RT}(E - E_{1/2})]$。

$$E = E_{\mathrm{i}} + \Delta E \tag{4-136}$$

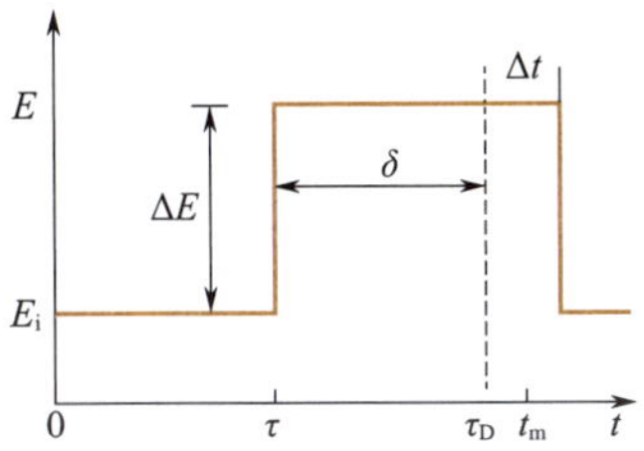

《 图 4-13　常规脉冲极谱的脉冲电位-时间关系

$t_m = \delta + \dfrac{\Delta t}{2}$，其中 Δt 为取样宽度。

3. 示差脉冲极谱的扩散电流

与常规脉冲相比，示差脉冲有以下几个特点：①在每一汞滴生长末期施加的电压不一样，并以小的增量不断变化着；② 脉冲振幅 10 ～ 100mV，且对于基底电位来说振幅保持恒定；③每个汞滴进行两次电流采样，即在施加脉冲前的瞬间 τ' 和脉冲结束前的瞬间 τ；④数据处理是计算电流差 $i(\tau)-i(\tau')$，并作电流差-电位伏安图。

示差脉冲方法的脉冲宽度约为 50ms，而等待汞滴生长的时间通常为 0.5 ～ 4s。由于预电解的时间 τ' 比脉冲持续时间 $\tau-\tau'$ 要大 60 倍左右，因此，预电解时可在电极表面建立一个很厚的扩散层，脉冲在电极表面的实际浓度 $c_O(0,t), c_R(0,t)$ 分布下进行，而 $c_O(0,t)$ 与 $c_R(0,t)$ 的比则由电位 E 来决定。预电解的作用是建立“表观本体浓度”，扫描在汞滴上逐滴进行，对于一个给定的汞滴，示差法拉第电流就是电位由 E 阶跃到 $E+\Delta E$ 之后，在时间 $\tau-\tau'$ 可能流过的电流，见图 4-14。

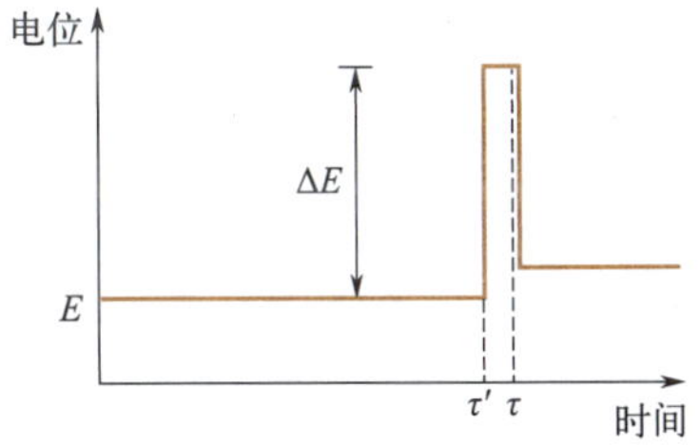

《 图 4-14　示差脉冲极谱的脉冲电位-时间关系

$$\Delta i_p = \frac{nFAD_O^{1/2}c_O^*}{\sqrt{\pi(\tau-\tau')}}\frac{1-\sigma}{1+\sigma} \tag{4-137}$$

式中，$\sigma = \exp\dfrac{nF\Delta E}{2RT}$；峰电位为

$$E_p = E^0 - \frac{\Delta E}{2} \tag{4-138}$$

如果ΔE很小，峰电位接近E^0。与常规脉冲法拉第电流相比，示差脉冲测出的电流值较低。然而，示差脉冲方法的灵敏度增高，这主要是由于两次电流采样都是在恒电位下进行，充电电流得到充分衰减，提高了信噪比。此时，示差脉冲极谱中电容基底几乎不变，因此可得到更好的峰形，灵敏度提高一个数量级以上，达10^{-8}mol/L。

脉冲极谱法具有以下几个特征，可以用来判断电极过程的可逆性。

① 常规脉冲方法得到的电流-电位曲线与阶跃电势法的相类似，当E与$\lg\frac{i_l - i}{i}$的线性斜率为$\frac{2.303RT}{nF}$时，电极过程可逆，$E_{1/2}$不随浓度而变化。

② 对于可逆过程$\frac{i_c}{i_a} \approx 1$。对于不可逆过程，反向扫描时还原产物不会再被氧化，其极限电流等于施加脉冲前的阴极电流，此时$\frac{i_c}{i_a} = \sqrt{\frac{3t_1}{7t_m}} \approx 7$。

③ 示差脉冲极谱图的半峰宽在较小ΔE时，$W_{1/2} = \frac{3.52RT}{nF}$ mV，则电极过程可逆。

④ 当电极过程受扩散控制时，示差脉冲极谱$i_p \propto \Delta E$。而当电极过程受吸附控制时，$i_p \propto \Delta E^2$。如果$i_p \propto \Delta E^{1\sim2}$，电极过程包含吸附和扩散两种过程。

三、固体电极上的方波与脉冲伏安法

基于滴汞电极，发展了方波极谱和脉冲极谱法的基本理论。而随着仪器科学的发展，在固体电极上使用相似的电位控制方式亦建立了方波伏安法和脉冲伏安法。方波伏安法和脉冲伏安法测量的法拉第电流信号与阶跃电势法中的电流信号相似，而相比于循环伏安法，它们能很好地抑制非法拉第电流，提高检测灵敏度。下面将简单介绍方波伏安法和脉冲伏安法的电位控制方式和技术特点。

1. 方波伏安法

方波伏安法（square wave voltammetry，SWV）是利用方波与一个阶梯波结合而施加到工作电极上，通过测定周期换向前一波的末期电流与后一波的末期电流之差，得到示差电流信号和形状对称的电流-电位曲线，电压波形和电流-电位曲线如图 4-15 所示。

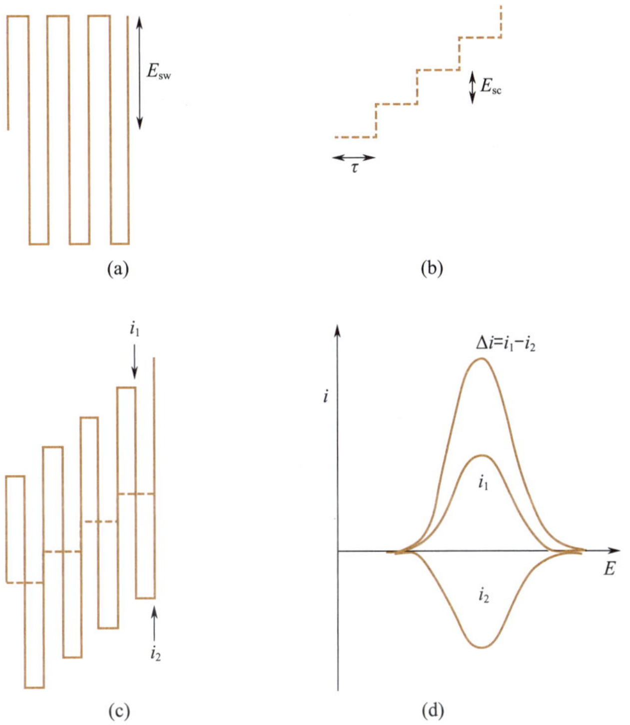

图 4-15　方波伏安法的电压波形和电流-电位曲线

施加的电压由一个方波 E_{sw}（a）和一个阶梯波 E_{sc}（b）叠加而成，波峰宽度为 τ。叠加后的波形为（c），实验中测量方波换向前的末期电流 i_1 和下一个方波的末期电流 i_2，并计算两者差值 Δi，得出电流-电位曲线（d）

阶梯波的波高 E_{sc} 通常为 10mV，而方波振幅 E_{sw} 为 $\frac{50}{n}$ mV。一个阶梯的周期 τ 常为 5 ～ 50ms，扫描速率可达 200mV/s ～ 2V/s，该方法可在较高的扫描速率下应用。

2. 脉冲伏安法

在固体电极上使用的脉冲技术称为脉冲伏安法，主要包括常规脉冲伏安法、示差脉冲伏安法和其他衍生的脉冲伏安法，下面对这些方法进行简单介绍。

（1）常规脉冲伏安法

对于反应 $O + ne \rightleftharpoons R$，当脉冲发生时，O 在电极上还原；在脉冲间歇期又回到起始电位，O 不再还原。如果体系的 k_0 足够大，那么在间歇期将发生 $R \longrightarrow O - ne$ 的逆向反应，从而将电极清洗干净，恢复脉冲前的状态，电极得以自动更新。因此，固体电极上常规脉冲伏安法具有很好的重现性，而不可逆体系则不然。

（2）示差脉冲伏安法（differential pulse voltammetry，DPV）

对于可逆反应，固体电极上的示差脉冲伏安法与滴汞电极大致相同。由于示差脉冲电压形式仍是直流，所以不具有常规脉冲方法显示出的优点。但由于固体电极面积大，面积不变，电容电流及法拉第电流的畸变可以消除，因而同样具有很高的灵敏度。

常规脉冲伏安法和示差脉冲伏安法的施加电压方式、对应的电流响应均与常规脉冲极谱法和示差脉冲极谱法相同，可参考图 4-12。

（3）其他衍生的脉冲伏安法

由于示差脉冲伏安法的高灵敏度，衍生出了多种脉冲伏安法，例如示差双脉冲伏安法、示差多脉冲伏安法、示差双脉冲常规伏安法、示差多脉冲常规伏安法、双脉冲方波伏安法等。这些不同的衍生方法的差别在于脉冲的持续时间，以及脉冲的大小、数目，Molina 等[10]总结了这些衍生出的脉冲伏安法的电压施加方式和电流信号，本书不做详细展开。

这里仅以示差双脉冲伏安法为例做简单介绍。在固体电极上，由于有些电化学活性物质可在电极上形成一层阻挡膜或其他干扰物质，阻止了正向反应的发生，因而限制了其应用。利用示差双脉冲伏安法可以像常规脉冲法一样起到清洗电极的作用，并得到峰形的响应。这一方法的施加电位方式如图 4-16 所示。

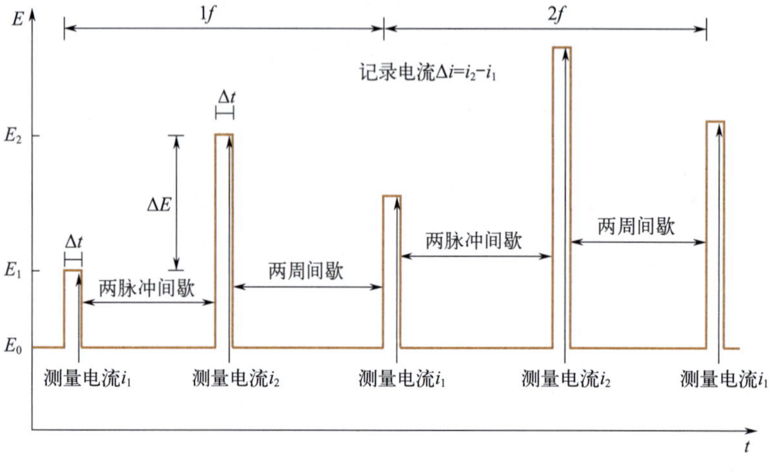

图 4-16　微分双脉冲伏安法的脉冲电位-时间关系

第四节
传质增强的伏安分析体系

对于一个电子转移反应 $O + ne \rightleftharpoons R$，当电极电势足够负时，O 的还原为扩散传质控制，出现极限扩散电流，即峰电流。电化学分析中，在不改变反应物浓度的情况下增大电流信号，可以提高分析检测的灵敏度。为此，提出了多种增强传质的电化学分析体系，如在溶液中施加电场以增强带电荷物质的传质；在溶液中加以搅拌如旋转圆盘电极，可以增强物质的对流传质。同时，相比于平面扩散，半无限球面扩散的传质更加有效，而超微电极就是利用电极尺寸缩小后，物质的扩散由平面扩散转变为球面扩散而达到更高的传质速度。本节将详细介绍旋转圆盘电极和超微电极这两种传质增强的电化学体系。

一、旋转圆盘电极

1. 旋转圆盘电极上的极限扩散电流

20 世纪 40 年代，为了提升传质过程的有效速率，发展了一系列旋转电极方法。这类方法利用电极旋转增强电极表面液体流动，从而增大传质速率，并用于研究电极表面快速化学反应的传质过程。其中 Levich 等的旋转圆盘电极的流体动力学理论分析方法，显著地推动了该电化学分析方法的发展。旋转圆盘电极可以通过电极旋转速度精确地控制电极表面的传质速度，且电极表面电流密度分布均匀，仅需极短的时间就能达到稳态。同时，随着精密加工技术和纳米技术的进步，旋转圆盘电极制作更为精巧，旋转速度已经可以提升至每秒上万转的量级。

在旋转圆盘电极的圆盘表面，电极旋转带动液体流动，并绕电极中心轴发生转动。电极下方的液体从圆盘中心处流向电极表面，并在离心力作用下向电极表面周边流动。因此，圆盘中心相当于搅拌起点，在距旋转圆盘中心愈远的电极表面上，相对切向液流速度增大，而在扩散层内部（$0 < x < \delta$处），传质过程仍然是扩散和对流两种作用的联合效果。在整个圆盘电极表面各点上扩散层的厚度均相同，因而扩散电流密度应该均匀。

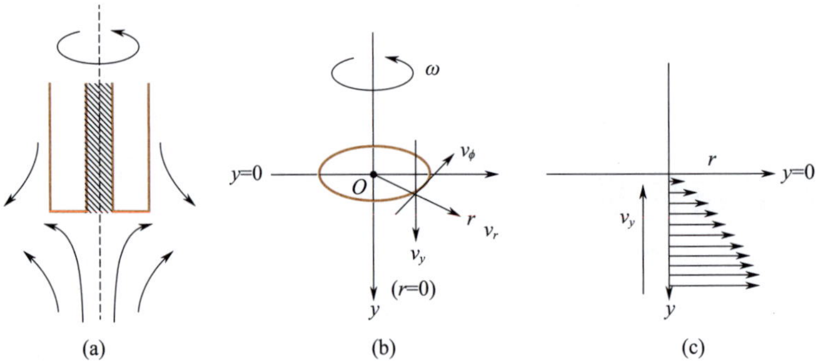

图 4-17 旋转圆盘电极及其所用柱坐标（y,r,ϕ）系

以一个电极过程 O + e $\rightleftharpoons$ R 为例，其中 O 与 R 均溶于溶液，对于包含对流的物质的扩散，对流-扩散方程可以写为

$$\frac{\partial c_O}{\partial t}=D_O\left(\frac{\partial^2}{\partial x^2}+\frac{\partial^2}{\partial y^2}+\frac{\partial^2}{\partial z^2}\right)c_O-\left(v_x\frac{\partial}{\partial x}+v_y\frac{\partial}{\partial y}+v_z\frac{\partial}{\partial z}\right)c_O \tag{4-139}$$

式中，c_O 是反应物质 O 的浓度；D_O 是反应物质 O 的扩散系数；v_x、v_y、v_z 分别是沿着 x、y、z 轴方向的对流系数。对于旋转圆盘电极，可使用如图 4-17 的圆柱坐标体系，此时上式可以改写为

$$D_O\left(\frac{\partial^2}{\partial y^2}+\frac{\partial^2}{\partial r^2}+\frac{1}{r}\frac{\partial}{\partial r}+\frac{1}{r^2}\frac{\partial^2}{\partial \phi^2}\right)c_O-\left(v_y\frac{\partial}{\partial y}+v_r\frac{\partial}{\partial r}+\frac{v_\phi}{\partial r}\frac{\partial}{\partial \phi}\right)c_O=0 \tag{4-140}$$

考虑到旋转圆盘电极周围的液体流动场具有旋转对称性，因此，可忽略与 ϕ 相关的偏微分项，得

$$D_O\left[\frac{\partial^2}{\partial y^2}+\frac{\partial^2}{\partial r^2}+\frac{1}{r}\frac{\partial}{\partial r}\right]c_O-\left(v_y\frac{\partial}{\partial y}+v_r\frac{\partial}{\partial r}\right)c_O=0 \tag{4-141}$$

进一步由于旋转圆盘电极上不同半径处扩散层的厚度和扩散电流密度相同，因此，可不考虑沿 r 方向的浓度变化，从而旋转圆盘电极表面的物质浓度分布主要考虑沿 y 轴的浓度分布，可简化上式为

$$D_O\frac{\partial^2 c_O}{\partial y^2}-v_y\frac{\partial c_O}{\partial y}=0 \tag{4-142}$$

为求解旋转圆盘电极上物质 O 的浓度分布，需要确定其流速 v_y。Van Karmen 等通过流体力学计算[11]，旋转圆盘电极表面的轴向流速 v_y、径向流速 v_r 以及切向流速 v_ϕ 分别为

$$v_y = (\omega\upsilon)^{1/2} H(\gamma) = (\omega\upsilon)^{1/2}\left(-a\gamma^2 + \frac{\gamma^3}{3} + \frac{4\gamma^4}{6} + \dots\right) \tag{4-143}$$

$$v_r = r\omega F(\gamma) = r\omega\left(a\gamma - \frac{\gamma^2}{2} - \frac{1}{3}b\gamma^3 + \dots\right) \tag{4-144}$$

$$v_\phi = r\omega G(\gamma) = r\omega\left(1 + b\gamma + \frac{1}{3}a\gamma^3 + \dots\right) \tag{4-145}$$

其中 a=0.51023；b=−0.6159； υ 表示溶液的动力黏度系数；ω 表示转速；γ 为一个无量纲的物理量，用于表示无穷级数形式的速度值，

$$\gamma = \left(\frac{\omega}{\upsilon}\right)^{1/2} y \tag{4-146}$$

考虑到旋转圆盘电极表面的对称性，流体流动速度可近似为

$$v_y = (\omega\upsilon)^{1/2}(-a\gamma^2) = -0.510\omega^{3/2}\upsilon^{-1/2}y^2 \tag{4-147}$$

$$v_r = \gamma\omega(a\gamma) = 0.510\omega^{3/2}\upsilon^{-1/2}ry \tag{4-148}$$

$$v_\phi = 0 \tag{4-149}$$

当施加的电极电位足够大时，电极过程为传质控制，电极表面任意位置均有 c_O=0，因此

$$\frac{\partial c_O}{\partial r} = 0\,(y = 0) \tag{4-150}$$

此外，轴向流速 v_y 与 r 无关，则垂直于电极表面 y 方向的对流-扩散方程为

$$D_O\frac{\partial^2 c_O}{\partial y^2} = v_y\frac{\partial c_O}{\partial y} = -0.510\omega^{3/2}\upsilon^{-1/2}y^2\frac{\partial c_O}{\partial y} \tag{4-151}$$

令

$$B = \frac{D_O\omega^{-3/2}\upsilon^{1/2}}{0.510} \tag{4-152}$$

则有

$$\frac{\partial^2 c_O}{\partial y^2} + \frac{y^2}{B}\frac{\partial c_O}{\partial y} = 0 \tag{4-153}$$

解得

$$c_{\mathrm{O}}^{*}=0.8934(3B)^{1/3}\left(\frac{\partial c_{\mathrm{O}}}{\partial y}\right)_{y=0} \tag{4-154}$$

由 Fick 第一定律，旋转圆盘电极表面物质 O 的流量为

$$J_{\mathrm{O}}(0,t)=D_{\mathrm{O}}\left(\frac{\partial c_{\mathrm{O}}}{\partial r}\right)_{y=0}+D_{\mathrm{O}}\left(\frac{\partial c_{\mathrm{O}}}{\partial y}\right)_{y=0} \tag{4-155}$$

代入式（4-150）得

$$J_{\mathrm{O}}(0,t)=D_{\mathrm{O}}\left(\frac{\partial c_{\mathrm{O}}}{\partial y}\right)_{y=0} \tag{4-156}$$

对应的极限电流为

$$i_{\mathrm{RDE}}=nFAD_{\mathrm{O}}\left(\frac{\partial c_{\mathrm{O}}}{\partial y}\right)_{y=0}=0.62nFAD_{\mathrm{O}}^{2/3}\omega^{1/2}\upsilon^{-1/6}c_{\mathrm{O}}^{*} \tag{4-157}$$

表明在旋转电极表面，电流与扩散系数、电极旋转速度 ω、电解质溶液动力黏度系数 υ 等有关。对于由液相传质速度控制的电化学反应，其电流密度与电极旋转速率的均方根成正比，这常用于判断电极反应的控制步骤以及所涉及电子转移反应的电子数。

2. 旋转圆盘电极上的伏安曲线

非极限电流条件下旋转圆盘电极上的电流方程表达式可写成

$$i=nFAD_{\mathrm{O}}\frac{c_{\mathrm{O}}^{*}-c_{\mathrm{O}}^{\mathrm{s}}}{\delta_{\mathrm{O}}}=0.62nFAD_{\mathrm{O}}^{2/3}\omega^{1/2}\upsilon^{-1/6}\left(c_{\mathrm{O}}^{*}-c_{\mathrm{O}}^{\mathrm{s}}\right) \tag{4-158}$$

式中，δ_{O} 为 RDE 上氧化态的扩散边界层厚度，$\delta_{\mathrm{O}}=0.62D_{\mathrm{O}}^{1/2}\omega^{1/2}\upsilon^{-1/6}$。

或

$$i=i_{\mathrm{l,c}}\frac{c_{\mathrm{O}}^{*}-c_{\mathrm{O}}^{\mathrm{s}}}{c_{\mathrm{O}}^{*}} \tag{4-159}$$

其中 $i_{\mathrm{l,c}}$ 表示上述还原反应的极限电流［式（4-157）］，与此同时，R 的氧化电流为

$$i=nFAD_{\mathrm{R}}\frac{c_{\mathrm{R}}^{*}-c_{\mathrm{R}}^{\mathrm{s}}}{\delta_{\mathrm{R}}}=0.62nFAD_{\mathrm{R}}^{2/3}\omega^{1/2}\upsilon^{-1/6}\left(c_{\mathrm{R}}^{*}-c_{\mathrm{R}}^{\mathrm{s}}\right) \tag{4-160}$$

极限电流为

$$i_{\mathrm{l,a}}=-0.62nFAD_{\mathrm{R}}^{2/3}\omega^{1/2}\upsilon^{-1/6}c_{\mathrm{R}}^{*} \tag{4-161}$$

且

$$i=i_{\mathrm{l,a}}\frac{c_{\mathrm{R}}^{*}-c_{\mathrm{R}}^{\mathrm{s}}}{c_{\mathrm{R}}^{*}} \tag{4-162}$$

如为可逆过程，则电极表面 O 与 R 的浓度 c_O^s、c_R^s 符合 Nernst 方程：

$$E = E^0 + \frac{RT}{nF}\ln\frac{c_R^s}{c_O^s} \tag{4-163}$$

结合公式（4-158）～式（4-162），可得

$$E = E_{1/2} + \frac{RT}{nF}\ln\frac{i_{l,c} - i}{i - i_{l,a}} \tag{4-164}$$

其中

$$E_{1/2} = E^0 + \frac{RT}{nF}\ln\left(\frac{D_R}{D_O}\right)^{2/3} \tag{4-165}$$

从公式可以看出，可逆体系的伏安曲线波形与 ω 无关。同时，由于 $i_{l,c}$ 和 $i_{l,a}$ 随 $\omega^{1/2}$ 变化，因此任意电位下的电流 i 也会随着 $\omega^{1/2}$ 变化，如图 4-18 所示。

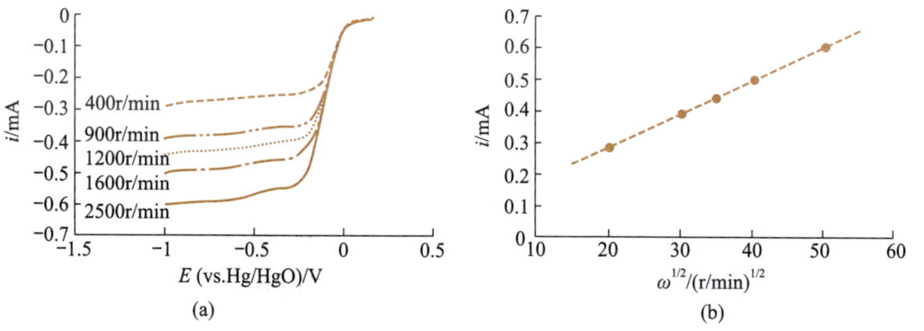

图 4-18 （a）水中溶解的 O_2 在旋转圆盘电极表面的还原反应伏安曲线，旋转速率 ω（r/min）为 400、900、1200、1600、2500，使用电极为 4mm 直径的玻碳旋转圆盘电极，电位扫描速率 10mV/s；（b）电流与 $\omega^{1/2}$ 的关系

对于一个完全不可逆体系 O + ne ⟶ R，其 i-$\omega^{1/2}$ 图将不再是一个通过原点的直线，根据 Butler-Volmer 模型，电位 E 时的电子转移速率常数为

$$k_f(E) = k_0\exp\left[\frac{-\alpha nF}{RT}(E - E^0)\right] \tag{4-166}$$

电极电流为

$$i = nFA\,k_f(E)c_O^{\ s} \tag{4-167}$$

结合公式（4-159），重排可得

$$i = nFAk_f(E)c_O^*\left(1-\frac{i}{i_{l,c}}\right) \tag{4-168}$$

定义

$$i_K = nFA\,k_f(E)\,c_O^* \tag{4-169}$$

可得到 Koutecky-Levich 方程

$$\frac{1}{i}=\frac{1}{i_K}+\frac{1}{i_{l,c}}=\frac{1}{i_K}+\frac{1}{0.620nFAD_O^{\frac{2}{3}}\omega^{\frac{1}{2}}\upsilon^{-\frac{1}{6}}c_O^*} \tag{4-170}$$

其中 i_K 表示无传质作用时的电流。通过改变转速 ω 并做出 i^{-1}-$\omega^{-1/2}$ 图（图 4-19），通过外推至 $\omega^{-1/2}$=0 处获得 $1/i_K$。并通过改变 E 值，分析 i_K 随 E 的变化确定动力学参数 k_0 和 α。

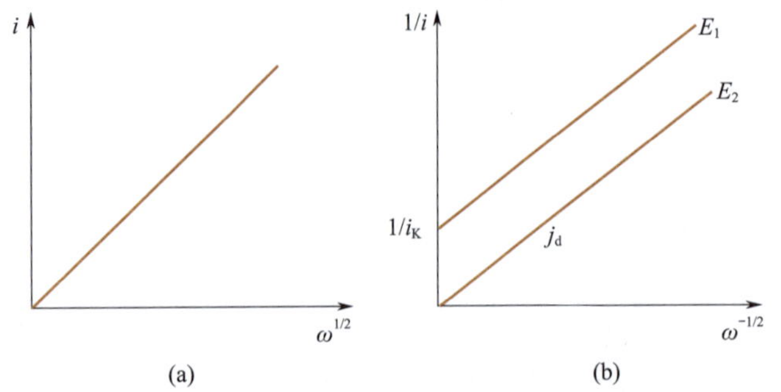

图 4-19 旋转圆盘电极的极限扩散电流与转速的平方根关系（a）；（b）混合控制区的电流倒数与电极转速平方根的倒数的关系

3. 旋转圆盘电极的适用范围

上述旋转圆盘电极的理论不适用于电极转速很小或很大的情况。当 ω 值较小时，电解质的流体力学边界层会较大。在其接近圆盘电极表面时，前述的近似处理不适用。通常按 Bard 的建议，其 ω 下限由 $r_1 > (\omega\upsilon)^{1/2}$ 确定，即 $\omega > 10\upsilon / r_1^2$，这里 υ 是溶液运动黏度，r_1 是圆盘电极半径。对于 $\upsilon = 0.01\text{cm}^2/\text{s}$ 和 $r_1 = 0.1\text{cm}$ 时，ω 应大于 10s^{-1}。在低 ω 值时，因推导中假定电极表面上达到稳态，$\frac{\partial C_O}{\partial r}=0$。这时要求电位扫速必须足够小。如果用较大的电位扫描速率，则会导致 i-E 曲线出现如同静止溶液中的电极线性扫描时出现峰形的情况，而不是在旋转圆盘电极上呈现 S 形。同时，也应注意在旋转圆盘电极转速的上限可能出现湍流，这时就不能用层流对流模型，扩散对流方程会变得更为复杂。在旋转圆盘电极上湍流在 Reynolds 数（Re）大约超过 2×10^5 时出现，所以非湍流的条件是

$$\omega<2\times10^5\upsilon/r_1^2$$

实际的实验中，在 ω 很高的情况下，有可能在电极附近出现溶液飞溅或者漩涡形成的现象，因此最大转数常用 $\omega=1000\text{s}^{-1}$。这样在旋转圆盘电极实验中，ω 取值范围在 $10\sim1000\text{s}^{-1}$。

另外，值得注意的是，如果圆盘电极的抛光效果不好时，表面出现凸起；或者如果旋转轴发生弯曲或偏心；又或者电极表面与电解池壁过于接近，这三种情况在较低 ω 情况下都有可能引起湍流。这些情况会导致数据收集和分析上的偏差或错误，因此在实验过程中需要格外注意。此外，也要注意圆盘电极的边缘对电流的贡献应在可忽略数量级，在圆盘半径足够大时边缘效应可以忽略，而当圆盘直径小到超微电极尺寸时，就不可忽略边缘效应了，下面会更加详细地讨论。

最后，旋转圆盘电极不能研究逆向反应，因为电极旋转运动，极易将电极表面生成的中间体或产物从表面移除。为了研究逆向反应，设计了更为复杂的旋转电极，如圆环电极、旋转环-盘电极、微电极阵列、扫描电化学显微镜等实验分析技术。这些电极体系可以研究两个电极之间的扩散，或一个超微电极探头和另一个电极基底之间的扩散。这些更为复杂的电化学方法不仅提高了空间分辨能力，而且往往在时间分辨上也有所提升。

二、超微电极

对于平面圆盘电极，溶液中的物质向电极表面的扩散一般被看作是一维平面扩散。但在圆盘电极的边缘，其扩散行为实际上更接近于一个球面扩散，它比平面扩散更为有效，这主要是因为随着扩散层的增大，球面的表面积也会持续增大，即会有更多的物质向着球面扩散。因此，这种因为处于电极边缘而获得的扩散增强效应也被称为边缘效应（edge effect）。

对于尺寸较大（例如几毫米直径）的圆盘电极，电极边缘球面扩散的通量相比于整个电极表面的平面扩散通量可忽略不计。但随着电极尺寸减小，尤其是当电极尺寸小于扩散层厚度时，整个电极表面的扩散都应看作是球面扩散，此时，电极的扩散得到了增强。

电化学研究中，一般把电极尺寸在 25μm 及以下的电极称为超微电极（ultramicroelectrode,

UME)。超微电极制备方法较为复杂，通常需将铂丝、金丝封装在毛细管内，并使用拉针仪拉制。或者将毛细管拉制成空心的针尖，然后在针尖内部用化学气相沉积法填充碳。目前，几微米至几百纳米直径的超微电极已经在电化学研究中得到广泛应用，尺寸在几纳米至几十纳米的超微电极也已经被成功制备和使用。

1. 球形或半球形超微电极

球形超微电极一般由金纳米颗粒制备，球形电极表面的极限扩散电流可用式（4-37）表示为

$$i_l = nFAD_O c_O^* \left(\frac{1}{r_0} + \frac{1}{\sqrt{\pi D_O t}} \right)$$

此式包括在长时间尺度，扩散层厚度大于 r_0 时的球面扩散为主导的第一项，以及短时间尺度内平面扩散为主导的第二项，时间尺度较小时，扩散层厚度相比于 r_0 比较小，可将第二项看作 Cottrell 电流。

对于球形超微电极，其表面扩散层厚度能在极短的时间内达到大于 r_0 的稳态。因此，对于超微电极，球面扩散占主导，得到的极限扩散电流也被称为稳态电流 i_{ss}［式（4-39）］。

$$i_{ss} = 4\pi nFD_O c_O^* r_0$$

2. 圆盘超微电极

圆盘超微电极是最为常见的超微电极，通过将金属丝封装在毛细管内并暴露电极末端获得。对于圆盘超微电极表面物质的扩散，对应的二维轴对称坐标系如图 4-20 所示。

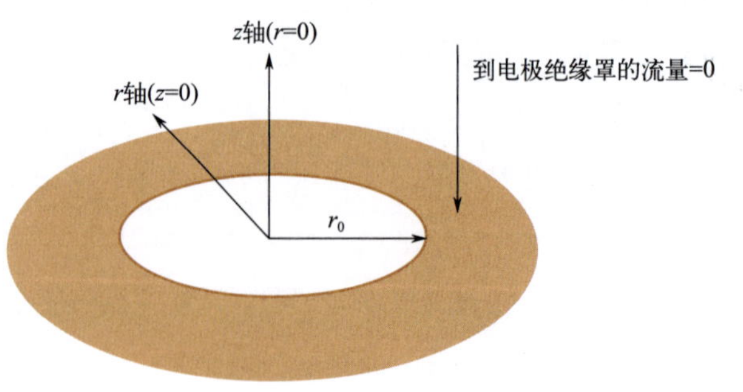

图 4-20　圆盘超微电极的二维轴对称坐标系

此时，物质 O 的扩散方程可写为

$$\frac{\partial c_{\mathrm{O}}(r,z,t)}{\partial t}=D_{\mathrm{O}}\left[\frac{\partial^2 c_{\mathrm{O}}(r,z,t)}{\partial r^2}+\frac{1}{r}\times\frac{\partial c_{\mathrm{O}}(r,z,t)}{\partial r}+\frac{\partial^2 c_{\mathrm{O}}(r,z,t)}{\partial z^2}\right] \tag{4-171}$$

其中 z 为法向坐标；r 为径向坐标；$z=0$ 和 $r=0$ 处分别为电极表面和圆盘的对称轴。

初始条件为

$$c_{\mathrm{O}}(r,z,0)=c_{\mathrm{O}}^* \tag{4-172}$$

半无限边界条件为

$$\lim_{r\to\infty} c_{\mathrm{O}}(r,z,t)=c_{\mathrm{O}}^* \tag{4-173}$$

$$\lim_{z\to\infty} c_{\mathrm{O}}(r,z,t)=c_{\mathrm{O}}^* \tag{4-174}$$

此外，在电极外的绝缘区域没有反应发生，

$$\frac{\partial c_{\mathrm{O}}(r,z,t)}{\partial t}\bigg|_{z=0}=0\ (r>r_0) \tag{4-175}$$

如果所施加的阶跃电势足够大，则电极表面的 O 迅速被消耗，O 的表面浓度为 0，即

$$c_{\mathrm{O}}(r,0,t)=0\ (r\leqslant r_0, t>0) \tag{4-176}$$

为求解这一扩散方程，Aoki 和 Osteryoung[12] 引入了无量纲参数 τ

$$\tau=4D_{\mathrm{O}}t/r_0^2 \tag{4-177}$$

得到的电流-时间方程为

$$i=\frac{4nFAD_{\mathrm{O}}c_{\mathrm{O}}^*}{\pi r_0}f(\tau) \tag{4-178}$$

在短时间区，即 $\tau<1$ 时

$$f(\tau)=0.88623\tau^{-1/2}+0.78540+0.094\tau^{1/2} \tag{4-179}$$

而在长时间区内，即 $\tau>1$ 时

$$f(\tau)=1+0.71835\tau^{-1/2}+0.05626\tau^{-3/2}-0.00646\tau^{-5/2} \tag{4-180}$$

短时间区对应的是公式（4-37）的第二项即 Cottrell 电流，而长时间区对应的是稳态极限扩散电流，代入圆盘电极的面积 $A=\pi r_0^2$ 可得

$$i_{\mathrm{ss}}=4nFD_{\mathrm{O}}c_{\mathrm{O}}^*r_0 \tag{4-181}$$

由此看出，圆盘电极表面的稳态电流与球形电极的稳态电流公式类似，但少了一个 $1/\pi$ 的系数，反映了两种电极表面浓度分布形状的不同。

第五节 控制电流分析法

前面各节讨论的是控制电位伏安法，包括恒电位和变电位两种方法。同样，通过控制流过电极上的电流，测定电极的电极电势可进行电化学和电分析的研究。通过电极上的电流可以是恒定的，也可以是变化的。前者称为计时电位法，后者又称交流示波极谱法或示波极谱法。它们可用于物质的定量测定，也可用于鉴别电极上的吸附现象和反应的可逆性。

与控制电位的方法相比，控制电流的电分析方法所需的仪器简单，线路由如图4-21所示的一个高压电源和一个大电阻组成。但是这一类方法受双电层充电的影响较大，对多组分体系和分步反应的数据处理更复杂，且所得到的 E-t 暂态波形往往不如电势扫描的 i-E 曲线清晰。

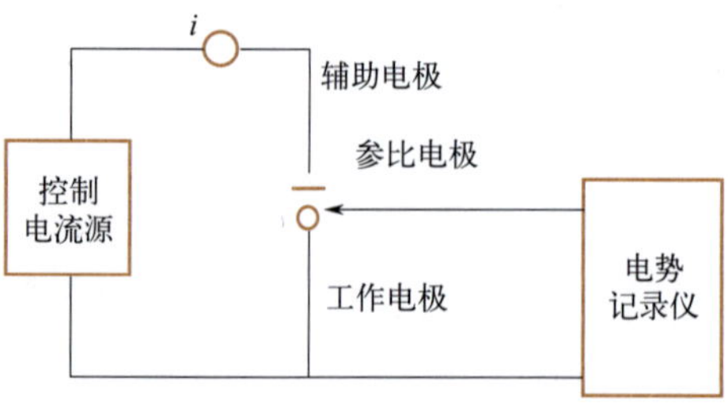

《 图4-21 控制电流分析法的测量原理简图

一、控制电流方法原理

对于电极反应 $\mathrm{O} + ne \longrightarrow \mathrm{R}$，假定溶液静止，且最初只有浓度为 c_O^* 的O，没有R，因而其扩散方程及其初始边界条件与前述一致。但外加电流 $i(t)$ 是已知定值，且与电子传递反应的速度无关，因而在任意时刻 t，电极表面上的流量为

$$D_\mathrm{O}\left[\frac{\partial c_\mathrm{O}(x,t)}{\partial x}\right]_{x=0}=\frac{i(t)}{nFA} \tag{4-182}$$

对扩散方程式进行Laplace变换并代入边界条件可得

$$c_{\mathrm{O}}(0,t)=c_{\mathrm{O}}^{*}-\frac{2i_0t^{1/2}}{nFA\sqrt{D_{\mathrm{O}}\pi}} \tag{4-183}$$

$$c_{\mathrm{R}}(0,t)=\frac{2i_0t^{1/2}}{nFA\sqrt{D_{\mathrm{R}}\pi}} \tag{4-184}$$

由于恒电流电解过程中电流保持恒定，因此，电极表面的$\left[\frac{\partial c_{\mathrm{O}}(x,t)}{\partial x}\right]_{x=0}$为一定值。而浓度$c_{\mathrm{O}}(0,t)$持续下降，$c_{\mathrm{R}}(0,t)$持续增加。当$c_{\mathrm{O}}(0,t)$变为0时，电极电势达到最大值，这一段时间称为过渡时间τ，此时式（4-183）转变为

$$\frac{i_0\tau^{1/2}}{c_{\mathrm{O}}^{*}}=\frac{nFA\sqrt{D_{\mathrm{O}}\pi}}{2}=85.5nD_{\mathrm{O}}^{1/2}A\left(\frac{\mathrm{mA\cdot s^{1/2}}}{\mathrm{mmol/L}}\right) \tag{4-185}$$

这就是1901年由Sand提出的控制电流方程，即Sand方程。

对于球面电极，由扩散方程：

$$\frac{\partial c_{\mathrm{O}}(r,t)}{\partial t}=D_{\mathrm{O}}\left[\frac{\partial^2 c_{\mathrm{O}}(r,t)}{\partial r^2}+\frac{2}{r}\frac{\partial c_{\mathrm{O}}(r,t)}{\partial r}\right] \tag{4-186}$$

可得

$$\frac{i_0\tau^{1/2}r_0}{c_{\mathrm{O}}^{*}nFD_{\mathrm{O}}}=\frac{1}{\frac{1}{\sqrt{\tau}}-\frac{r_0}{\tau\sqrt{\pi D_{\mathrm{O}}}}} \tag{4-187}$$

二、计时电位曲线

1. 可逆体系的计时电位曲线

将式（4-183）和式（4-184）得到的$c_{\mathrm{O}}(0,t)$和$c_{\mathrm{R}}(0,t)$代入Nernst方程

$$E=E^0+\frac{RT}{nF}\ln\frac{f_{\mathrm{O}}c_{\mathrm{O}}(0,t)}{f_{\mathrm{R}}c_{\mathrm{R}}(0,t)}=E^0+\frac{RT}{nF}\ln\frac{f_{\mathrm{O}}D_{\mathrm{R}}^{1/2}}{f_{\mathrm{R}}D_{\mathrm{O}}^{1/2}}+\frac{RT}{nF}\ln\frac{c_{\mathrm{O}}^{*}-pt^{1/2}}{pt^{1/2}} \tag{4-188}$$

式中$p=\frac{2i_0}{nFA\sqrt{D_{\mathrm{O}}\pi}}$，且$E_{1/2}=E^0+\frac{RT}{nF}\ln\frac{f_{\mathrm{O}}D_{\mathrm{R}}^{1/2}}{f_{\mathrm{R}}D_{\mathrm{O}}^{1/2}}$，于是

$$E=E_{1/2}+\frac{RT}{nF}\ln\frac{c_{\mathrm{O}}^{*}-pt^{1/2}}{pt^{1/2}}=E_{1/2}+\frac{RT}{nF}\ln\frac{\tau^{1/2}-t^{1/2}}{t^{1/2}} \tag{4-189}$$

由上式可看出，当 $t=\frac{\tau}{4}$ 时，$E=E_{1/2}$。因此，利用上式以及实验求得的 τ，可进行定量分析或 D_O 的测定。典型的计时电位 E-t 曲线如图 4-22 所示，进一步作 E-$\ln\frac{\tau^{1/2}-t^{1/2}}{t^{1/2}}$ 曲线，在环境温度 25℃时，斜率为 $\frac{0.059}{n}$ mV，$E_{\tau/4}-E_{3\tau/4}=\frac{47.9}{n}$ mV。

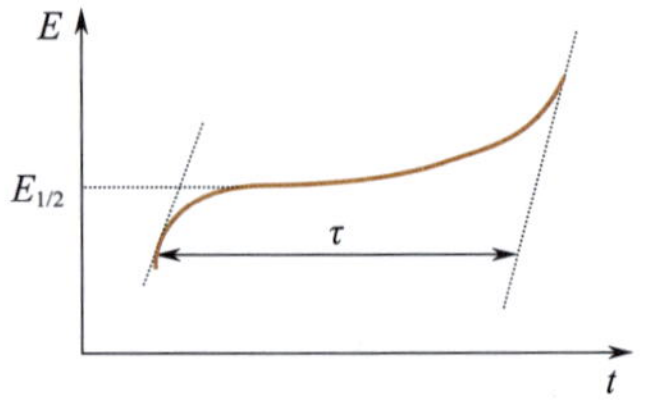

图 4-22 计时电位 E-t 曲线

2. 完全不可逆体系的计时电位曲线

对于完全不可逆体系的阴极反应，i-E 关系可由下式给出

$$\frac{i_0}{nFA}=k_0c_O(0,t)\exp\left[\frac{-\alpha nF\left(E-E^0\right)}{RT}\right] \tag{4-190}$$

将 $c_O(0,t)$ 代入上式得：

$$E=E^0+\frac{RT}{\alpha nF}\ln\frac{2k_0}{(\pi D_O)^{1/2}}+\frac{RT}{\alpha nF}\ln\left(\tau^{1/2}-t^{1/2}\right) \tag{4-191}$$

因而，随着 i_0 的增加，E-t 曲线向更负的电位方向移动，每增加 10 倍，将移动 $\frac{2.3RT}{\alpha nF}$（25℃时为 $\frac{59.2}{\alpha n}$ mV），且 $E_{\tau/4}-E_{3\tau/4}=\frac{33.8}{\alpha n}$ mV。将 E 对 $\ln\left(\tau^{1/2}-t^{1/2}\right)$ 作图，由斜率可得 αn，由截距可求出 k_0 值。

第六节 电子转移-催化过程耦合反应

前面各节中介绍了不同类型的伏安分析技术，并以（单）电子转移反应为例，推导了各种伏安分析法的极限扩散电流和伏安曲线。本节将以一个更为复杂的电化学反应过程——耦合了催化过程的电子转移反应为例，介绍不同伏安分析技术对这种复杂体系的处理。

电子转移-催化过程的反应途径如下所示：

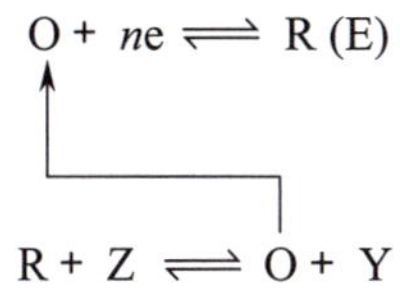

即，首先发生一个电子转移反应（E），随后第一步电化学反应的产物 R 与一个非电化学活性的物质 Z 发生化学反应并重新生成 O，生成的 O 改变了 O 的表面浓度，加速了电化学反应，因此，可以看作是一个催化反应（C′）。如果溶液中 Z 的浓度远高于 O，则第二步化学反应可近似认为是一个一级反应。当正向反应速率很快时，该反应的逆向反应就可以忽略，即认为第二步近似为一个不可逆的催化反应。

EC 反应的一个实际例子是当溶液中存在某些氧化性物质时，例如 Ti(Ⅳ) 和 Ti(Ⅲ) 的相互转化，常见的符合条件的氧化性物质有 NH_2OH 或者 ClO_3^-，反应途径可以表述为

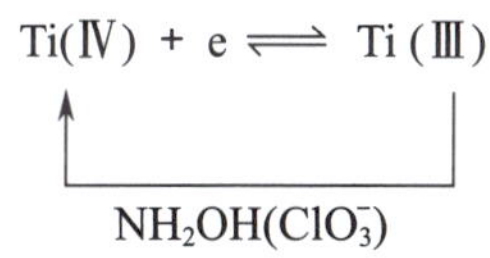

另一个例子是溶液中存在 H_2O_2 时的 Fe(Ⅲ) 和 Fe(Ⅱ) 相互转化：

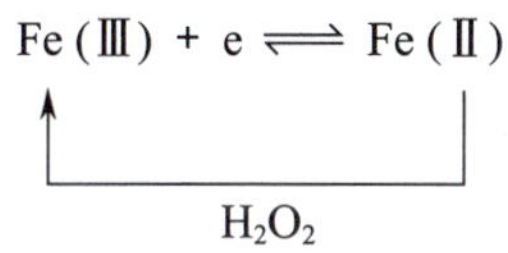

在上述典型的电子转移-催化过程中，假定反应开始前溶液中只有 O 和 Z，其体相浓度分别为 c_O^* 和 c_Z^*，且 $c_Z^* \gg c_O^*$。催化反应的正向和逆向速率常数分别为 k_f 和 k_b，且有 $k_f \gg k_b$。同时，一般假定各物质的扩散系数相同，即 $D_O = D_R = D_Z = D$。下面，将按照不同的伏安分析方法，对该体系的 *i-E* 方程进行求解。

一、直流极谱法

为求解电子转移-催化过程耦合反应体系的 *i-E* 方程，R. Brdička 和 K. Wiesner[13] 在 1947 年提出反应层的概念，认为催化反应仅发生在靠近电极表面厚度为 μ 的薄层溶液中，该层称为反应层。同时该薄层的厚度很小，其值取决于电活性物种的扩散系数和化学反应速率。J.Koutecký 和 R.Brdička[14] 认为反应层厚度 $\mu = \sqrt{D_R \tau}$，τ 为 R 的平均“寿命”，其值

为 $\tau = \dfrac{1}{k_f c_Z^*}$。在电极表面

$$c_R(x=0) = c_O(x=0) = c^* = \frac{i_d}{0.627nFD_O^{1/2}m^{2/3}t^{1/6}} \tag{4-192}$$

i_d 为 Z 不存在时的 O 的极限扩散电流（Ilkovič 方程）。而

$$i_1 = nF\bar{A}\mu k_f c_Z^* c_R(x=0) = \frac{nF\bar{A}\sqrt{\dfrac{D_R}{k_f c_Z^*}}c_Z^* i_d}{0.627nFD_O^{1/2}m^{2/3}t^{1/6}} \tag{4-193}$$

得

$$\frac{i_1}{i_d} = 0.813\sqrt{k_f c_Z^* t} \tag{4-194}$$

令 $D_O = D_R = D$，于是

$$i_1 = nF\bar{A}c_O^*\sqrt{Dk_f c_Z^*} \tag{4-195}$$

实验中测定 i_1、i_d、t 和已知 c_Z^*，便可求出 k_f。

二、线性扫描伏安法和循环伏安法

通常定义动力学参数 λ 来描述催化反应的速率常数 k_f 和电位扫描速度 v 的影响，即

$$\lambda = k_f c_Z^* t \tag{4-196}$$

或者

$$\lambda = \frac{k_f c_Z^*}{v}\frac{RT}{nF} \tag{4-197}$$

针对 EC 体系，在足够负的电位下，出现了一个与扫描速度 v 无关的极限电流 i_∞

$$i_\infty = nFAc_O^*\left(Dk_f c_Z^*\right)^{1/2} \tag{4-198}$$

出现该极限电流是因为电化学还原步骤中电极表面 O 的消耗能完全由催化反应步骤中生成的 O 补充，电极表面 O 的浓度 $c_O(x=0)$ 达到一个定值，与 v 无关。

如已知 c_O^*、c_Z^* 和 D，可由公式（4-198）计算 k_f。在 λ 较小时，伏安曲线与催化反应不存在的情况接近，会出现电流峰值。此时，对于可逆过程，在循环伏安法中，氧化峰值电流和还原峰值电流比值 i_{pa}/i_{pc} 恒定为 1，与 λ 无关。而当 λ 增大时，伏安曲线的还原峰

逐渐增强而氧化峰逐渐减小，最终呈现为 s 形曲线，此时的伏安曲线由下式描述：

$$i=\frac{nFAc_{\mathrm{O}}^{*}\left(Dk_{\mathrm{f}}c_{\mathrm{Z}}^{*}\right)^{1/2}}{1+\exp\left[\frac{nF}{RT}\left(E-E_{1/2}\right)\right]} \tag{4-199}$$

或者改写为

$$E=E_{1/2}+\frac{nF}{RT}\ln\frac{i_{\infty}-i}{i} \tag{4-200}$$

三、示差脉冲法

由于脉冲电压在电极表面小区域内变化，因此电极表面的流量方程可表示为

$$\frac{\partial c_{\mathrm{O}}(x,t)}{\partial t}=D\frac{\partial^{2}c_{\mathrm{O}}(x,t)}{\partial x^{2}}+k_{\mathrm{f}}c_{\mathrm{R}}(x,t)c_{\mathrm{Z}}^{*} \tag{4-201}$$

基于电极表面流量相等原则，得

$$c_{\mathrm{R}}(x,t)=\left(\frac{D_{\mathrm{O}}}{D_{\mathrm{R}}}\right)^{1/2}\left[c_{\mathrm{O}}^{*}-c_{\mathrm{O}}(x,t)\right] \tag{4-202}$$

当 $D_{\mathrm{O}}=D_{\mathrm{R}}$ 时

$$\frac{\partial c_{\mathrm{O}}(x,t)}{\partial t}=D\frac{\partial^{2}c_{\mathrm{O}}(x,t)}{\partial x^{2}}+k_{\mathrm{f}}c_{\mathrm{Z}}^{*}\left[c_{\mathrm{O}}^{*}-c_{\mathrm{O}}(x,t)\right] \tag{4-203}$$

示差脉冲法检测中，一个脉冲前后的电位变化如图 4-23 所示。

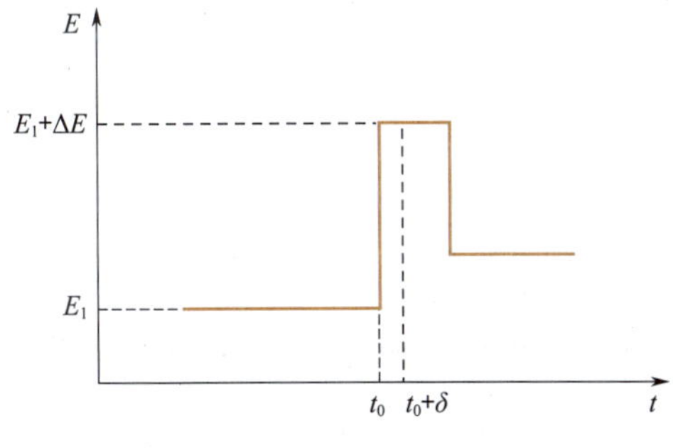

《 图 4-23　示差脉冲法检测中，一个脉冲前后的电位变化

脉冲前，即 $t\leqslant t_0$ 时，

$$\theta_1=\frac{c_{\mathrm{O}}(0,t)}{c_{\mathrm{R}}(0,t)}=\exp\left[\frac{nF}{RT}\left(E_1-E_{1/2}\right)\right] \tag{4-204}$$

在脉冲开始施加后，即 $t=t_0+\delta$ 时，

$$\theta_2=\frac{c_O(0,t)}{c_R(0,t)}=\exp\left[\frac{nF}{RT}\left(E_1-E_{1/2}+\Delta E\right)\right] \tag{4-205}$$

在 $E_1=E_{1/2}-\frac{\Delta E}{2}$，$\Delta E$ 较小，且 $k_f c_Z^* \delta>5$ 时，解得脉冲前后催化电流差值

$$\Delta i_{p,cat}=\frac{n^2F^2}{4RT}AD^{1/2}c_O^*\Delta E(k_f c_Z^*)^{1/2} \tag{4-206}$$

利用上式可以测定 k_f。

四、旋转圆盘电极上的伏安曲线

对于旋转圆盘电极，需要额外考虑由旋转控制的扩散层厚度 δ' 与反应层厚度 μ' 的相对大小，其中扩散层厚度 δ' 为

$$\delta'=1.61D^{1/3}\omega^{-1/2}\upsilon^{1/6} \tag{4-207}$$

而反应层厚度 μ' 的定义与 Koutecky 和 Brdicka 定义的 $\mu=\sqrt{D_R\tau}$ 略微不同，为

$$\mu'=\sqrt{D/k} \tag{4-208}$$

其中 $k=k_f+k_b\approx k_f$。

在 $\delta\gg\mu$ 的情况下，研究者求解出在旋转圆盘电极上 CE 的极限电流与转速 ω 无关[15]：

$$i_{RDE}=nFAc_O^*\left(Dk_f c_Z^*\right)^{1/2} \tag{4-209}$$

注意此公式与式（4-198）相同，这个公式仅在转速 ω 很小时成立。同样可以通过该公式求解 k_f。

参考文献

[1] Laitinen H A, Kolthoff I M. A study of diffusion processes by electrolysis with microelectrodes[J]. J Am Chem Soc, 1939, 61(12): 3344-3349.

[2] Laitinen H A. An electrolytic study of linear diffusion of silver salts[J]. Trans Electrochem Soc, 1942, 82(1): 289-296.

[3] 鞠熀先 . 电分析化学与生物传感技术 [M]. 北京：科学出版社 , 2006.

[4] Lingane J J, Loveridge B A. A new polarographic diffusion current equation[J]. J Am Chem Soc, 1950, 72(1): 438-441.

[5] Strehlow H, von Stackdelberg M. Zur theorie der polarographischen kurve[J]. Z Elektrochem, 1950, 54(1): 51-62.

[6] De Levie R. Uneven current distribution on the surface of a dropping mercury electrode and its

possible relation to maxima of the first kind[J]. J Electroanal Chem, 1965, 9(4): 311-320.
[7] Randles J E B. A cathode ray polarograph. Part Ⅱ. The current-voltage curves[J]. Trans Faraday Soc, 1948, 44: 327-338.
[8] Ševčík A. Oscillographic polarography with periodical triangular voltage[J]. Collect Czech Chem Commun, 1948, 13: 349-377.
[9] Nicholson R S, Shain I. Theory of stationary electrode polarography: Single scan and cyclic methods applied to reversible, irreversible, and kinetic systems[J]. Anal Chem, 1964, 36(4): 706-723.
[10] Molina A, Laborda E, Martínez-Ortiz F, et al. Comparison between double pulse and multipulse differential techniques[J]. J Electroanal Chem, 2011, 659(1): 12-24.
[11] Levich V G. Physicochemical Hydrodynamics[M]. NJ: Prentice-Hall, Englewood Cliffs, 1962.
[12] Aoki K, Osteryoung J. Formulation of the diffusion-controlled current at very small stationary disk electrodes[J]. J Electroanal Chem, 1984, 160(1/2): 335-339.
[13] Brdička R, Wiesner K. Polarographic determination of the rate of the reaction between ferrohem and hydrogen peroxide[J]. Collect Czech Chem Commun, 1947, 12: 39-63.
[14] Koutecký J, Brdička R. Fundamental equation for the electrolytic current when depending on the formation rate of the depolariser jointly with diffusion and its polarographic verification[J]. Collect Czech Chem Commun, 1947, 12: 337-355.
[15] Bard A J, Faulkner L R, White H S. Electrochemical Methods: Fundamentals and Applications[M]. Third Edition. New York: Wiley, 2020.

ELECTROCHEMICAL ANALYSIS

第五章 交流阻抗分析法

交流阻抗谱方法是电化学界面交流电信号测量的最基本方法，它在电化学界面研究中揭示复杂的电极反应和界面行为。它通过在直流电位基础上叠加小振幅正弦波的交流分量，同时测量电极上的交流阻抗或通过电解池的交流电流[1-8]，包含了电化学体系丰富的信息，如电极电势、极化电流、界面电阻、界面电容、电解质溶液浓度、电极表面吸附物浓度以及界面电子转移反应和各种化学反应等[9-13]。这些涉及界面过程和变化的电池参数，为研究电极界面结构、电学特性及化学反应动力学特征提供了重要的实验测量方法。

第一节 交流阻抗的测量原理

一、电路交流阻抗的物理定义

一个纯正弦交流电位可表示为

$$e = E\sin\omega t \tag{5-1}$$

式中，E 为小振幅电位幅值；ω 为电位随时间变化的角频率，$\omega=2\pi f$，其中 f 为频率，它可以看成是一个旋转矢量，其长度为 E，频率为 ω。对应的电流表示为

$$i = I\sin(\omega t+\theta) \tag{5-2}$$

I 为电流的幅值，电流 i 和电位相差一个相角 θ。

对于一个纯电阻电路，由于欧姆定律始终成立，电流 i 为：

$$i = e/R = E\sin\omega t/R \tag{5-3}$$

若以向量标记，$\dot{I}=\dot{E}/R$，$\dot{E}=\dot{I}R$，相角为 0。同时该电阻的阻抗为一实数，等于其电阻值。

若将该交流电信号加到一个电容值为 C 的纯电容电路，则电容器电量和电流值表示为

$$q = Ce \tag{5-4}$$

$$i = C\frac{\mathrm{d}e}{\mathrm{d}t} = \omega CE\cos\omega t = E\left(\sin\omega t+\frac{\pi}{2}\right)/\chi_C \tag{5-5}$$

定义容抗 $\chi_C = 1/(\omega C)$，$\dot{E}=-j\dot{I}\chi_C$，相角为 $\frac{\pi}{2}$，在相位上电流超前于电压。

对于一个电阻与电容构成的串联电路，并施加电压 $\dot{E}$，其值等于电阻和电容上的电压降之和。如果用复数 j 表示向量 $\dot{E}$ 或 $\dot{I}$，并规定虚部为纵坐标分量，实部为横坐标分量，则：

$$\dot{E} = \dot{E}_R+\dot{E}_C = \dot{I}(R-j\chi_C) = \dot{I}\dot{Z} \tag{5-6}$$

上式将电压和电流通过阻抗 $\dot{Z}=R-j\chi_C$ 联系在一起。$\dot{Z}$ 模值为 $\sqrt{R^2+\chi_C{}^2}$，相位角满足

关系 $\tan\theta = \dfrac{\chi_C}{R} = 1/(\omega RC)$，如图 5-1 所示。

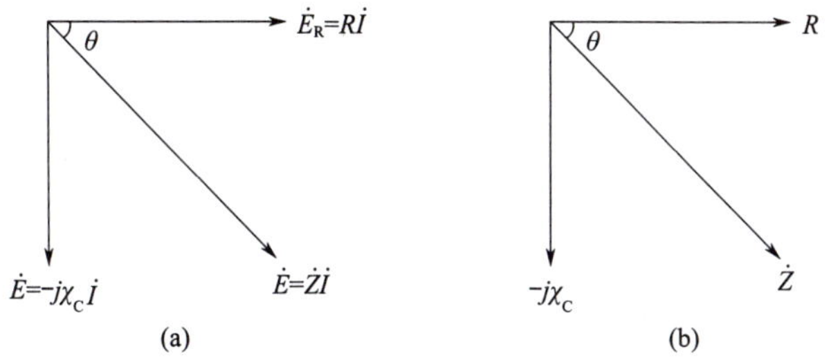

《 图 5-1　在复坐标系中电压和阻抗的表示

（a）电压；（b）阻抗

阻抗是电阻的一种通用表示形式，相角表示串联电路中电容和电阻分量之间的分配比。对更复杂的电路，可将电容转化为容抗，然后可应用类似有效电阻规则来进行阻抗分析（图 5-2）。

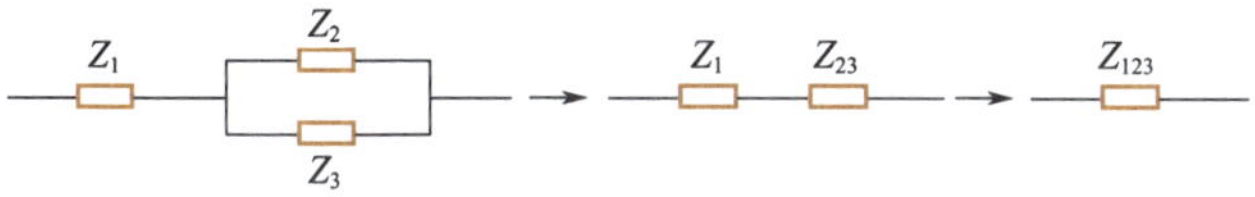

《 图 5-2　阻抗的电阻规则

$$Z_{23} = \frac{Z_2 Z_3}{Z_2 + Z_3} \qquad Z_{123} = Z_1 + \frac{Z_2 Z_3}{Z_2 + Z_3} \tag{5-7}$$

从广义上说，电化学电解池对于小振幅正弦激励就是一个阻抗，其可由电阻和电路相关元件的等效电路来表示它的电学性能。如图 5-3 所示 [4]。

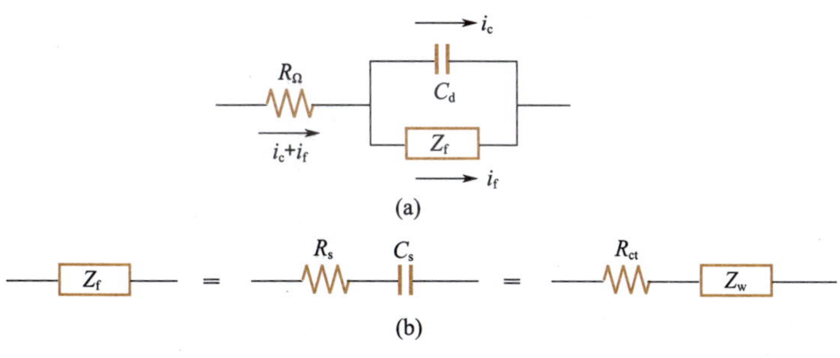

《 图 5-3　电池界面的等效电路

（a）电化学电极表面的等效电路；（b）把 Z_f 分成 R_s 和 C_s，或者 R_{ct} 和 Z_w

工作电极上总电流是法拉第电流 i_f 与双电层充电电流 i_c 之和。对于电极表面，可引入并联元件纯电容表示电极表面的双电层电容，用 C_d 表示。电极表面电荷转移反应的法拉

第阻抗用 Z_f 表示，R_Ω 为溶液电阻。其中法拉第阻抗 Z_f 可描述为由串联 R_s 和假电容 C_s 组成的电阻-电容组合。另外，也可以看作纯电荷传递电阻 R_{ct} 和表示与物质传递电阻有关的 Warburg（瓦尔堡）阻抗 Z_w［图 5-3（b）］。与理想电路元件 R_Ω 和 C_d 相反，法拉第阻抗中各分量随交流频率 ω 变化而变化。因此，给定的等效电路仅描述给定频率下的电解池性能。法拉第阻抗实际上主要反映 R_s 和 C_s 的频率关系，然后解析这些关系可探究电极界面的化学信息。

二、电荷转移阻抗

对一个电化学体系，在 $E=E_{1/2}$ 处施加一个小振幅交流电信号，其电化学极化为决速步骤，电流可用 Butler- Volmer 公式表示 [1-2]，

$$i=i_0\left\{\exp\left[\frac{(1-\alpha)nF\eta}{RT}\right]-\exp\left(-\frac{\alpha nF\eta}{RT}\right)\right\} \tag{5-8}$$

这里

$$i_0=nFk_0^{s}c_{O}^{1-\alpha}c_{R}^{\alpha} \tag{5-9}$$

式中，i_0 为交换电流密度；α 为阴极极化的电荷传递系数；（$1-\alpha$）为阳极极化的电荷传递系数；n 为电子转移数；k_0^s 为在平衡电位 E^0 时标准电子转移速率常数；c_O 和 c_R 分别为氧化物和还原物的浓度。对应的电化学阻抗可表示为

$$Z=\frac{\tilde{\eta}}{\tilde{I}}=\left(\frac{\mathrm{d}i}{\mathrm{d}\eta}\right)^{-1} \tag{5-10}$$

即电极阻抗由 $\left(\frac{\mathrm{d}i}{\mathrm{d}\eta}\right)^{-1}$ 确定，若忽略双电层中分散层对过电位 η 分布的影响，则 $\frac{\mathrm{d}i}{\mathrm{d}\eta}$ 可由 Butler- Volmer 公式求导表示为

$$\begin{aligned}\frac{\mathrm{d}i}{\mathrm{d}\eta}&=i_0\left\{\frac{(1-\alpha)nF}{RT}\exp\left[\frac{(1-\alpha)nF\eta}{RT}\right]+\frac{\alpha nF}{RT}\exp\left(-\frac{\alpha nF\eta}{RT}\right)\right\}\\&=\frac{nF}{RT}\left\{(1-\alpha)i_0\exp\left[\frac{(1-\alpha)nF\eta}{RT}\right]+\alpha i_0\exp\left(-\frac{\alpha nF\eta}{RT}\right)\right\}\\&=\frac{nF}{RT}\left[(1-\alpha)\vec{i}+\alpha\overleftarrow{i}\right]\end{aligned} \tag{5-11}$$

把上述$\dfrac{di}{d\eta}$代入方程（5-10），得

$$Z=\frac{RT}{nF}\frac{1}{(1-\alpha)\vec{i}+\alpha\overleftarrow{i}} \tag{5-12}$$

表明电化学活化步骤不会引起电流和电压之间的相位移，阻抗对应于电阻值。当阴极过电位很大时，还原过程电流远大于氧化过程电流，即$\overleftarrow{i}\gg\vec{i}$，并取$\overleftarrow{i}=i$，则

$$Z=\frac{RT}{\alpha nFi}=\frac{b}{2.3i} \tag{5-13}$$

其中b为Tafel方程的斜率，在给定电位相对于平衡电位偏离较大时，可直接由Tafel方程确定电荷转移电阻，进而利用等效电路图确定电极界面的阻抗。这对于酸性溶液中的析氢反应较为有用。

当超电位偏离平衡电位很小时，$\vec{i}=\left|\overleftarrow{i}\right|=i_0$，这时

$$R_{ct}=\frac{RT}{nFi_0} \tag{5-14}$$

上式是利用阻抗法测定交换电流密度的基本方法。

三、扩散阻抗

对于可逆电极反应

$$O+ne \rightleftharpoons R$$

其中氧化物（O）与还原物（R）均可溶解，且在$t=0$时只有O存在，浓度为c_O^*，在$E=E_{1/2}$处叠加一个小振幅的交流电压$e=E\sin\omega t$，它在法拉第阻抗上产生的交流电流为$i=I\sin\omega t$。假定：①Z可看成是C_s与R_s的串联；②不考虑谐波，则法拉第阻抗两端的电位差为[10-11]

$$E=E_{1/2}+iR_s+q/C_s \tag{5-15}$$

因此

$$\frac{dE}{dt}=R_s\frac{di}{dt}+\frac{i}{C_s}=\omega IR_s\cos\omega t+\frac{I}{C_s}\sin\omega t \tag{5-16}$$

同时，对于可逆电化学反应，在交流电位扰动下，其仍具有可逆性。依据Nernst方程，电位E是电流及氧化态和还原态在电极表面上浓度的函数，可以写出[10-11]

$$E=E\left[i,c_{\mathrm{R}}(0,t),c_{\mathrm{O}}(0,t)\right] \tag{5-17}$$

因此

$$\frac{\mathrm{d}E}{\mathrm{d}t}=\frac{\partial E}{\partial i}\frac{\mathrm{d}i}{\mathrm{d}t}+\frac{\partial E}{\partial c_{\mathrm{O}}(0,t)}\frac{\mathrm{d}c_{\mathrm{O}}(0,t)}{\mathrm{d}t}+\frac{\partial E}{\partial c_{\mathrm{R}}(0,t)}\frac{\mathrm{d}c_{\mathrm{R}}(0,t)}{\mathrm{d}t} \tag{5-18}$$

或

$$\frac{\mathrm{d}E}{\mathrm{d}t}=R_{\mathrm{ct}}\frac{\mathrm{d}i}{\mathrm{d}t}+\beta_{\mathrm{O}}\frac{\mathrm{d}c_{\mathrm{O}}(0,t)}{\mathrm{d}t}+\beta_{\mathrm{R}}\frac{\mathrm{d}c_{\mathrm{R}}(0,t)}{\mathrm{d}t} \tag{5-19}$$

上式包括 6 个不同的量，其中

$$R_{\mathrm{ct}}=\left(\frac{\partial E}{\partial i}\right)_{c_{\mathrm{O}}(0,t)c_{\mathrm{R}}(0,t)} \tag{5-20}$$

$$\beta_{\mathrm{O}}=\left[\frac{\partial E}{\partial c_{\mathrm{O}}(0,t)}\right]_{i,c_{\mathrm{R}}(0,t)},\quad \beta_{\mathrm{R}}=\left[\frac{\partial E}{\partial c_{\mathrm{R}}(0,t)}\right]_{i,c_{\mathrm{O}}(0,t)} \tag{5-21}$$

R_{ct}、β_{O}、β_{R} 这三个物理量与电极反应的动力学性质密切相关。而

$$\frac{\mathrm{d}i}{\mathrm{d}t}=\omega I\cos\omega t \tag{5-22}$$

其余两项则需要通过解 Fick 扩散方程来求得。

（1）求 $\frac{\mathrm{d}c_{\mathrm{O}}(0,t)}{\mathrm{d}t}$ 及 $\frac{\mathrm{d}c_{\mathrm{R}}(0,t)}{\mathrm{d}t}$

Reinmuth 定义了反应物种浓度与电流 i 之间的积分关系[14]：

$$c_{\mathrm{O}}(0,t)=c_{\mathrm{O}}^{*}+\frac{1}{nFAD_{\mathrm{O}}^{1/2}\pi^{1/2}}\int_{0}^{t}\frac{i(t-\tau)}{\tau^{1/2}}\mathrm{d}t \tag{5-23}$$

$$c_{\mathrm{R}}(0,t)=c_{\mathrm{R}}^{*}-\frac{1}{nFAD_{\mathrm{R}}^{1/2}\pi^{1/2}}\int_{0}^{t}\frac{i(t-\tau)}{\tau^{1/2}}\mathrm{d}t \tag{5-24}$$

由于 $i(t)=I\sin\omega t$，从三角恒等式可以得到：

$$i(t-\tau)=I\sin\omega(t-\tau)=I(\sin\omega t\cos\omega\tau-\cos\omega t\sin\omega\tau) \tag{5-25}$$

即

$$\int_{0}^{t}\frac{I\sin\omega(t-\tau)}{\tau^{1/2}}\mathrm{d}\tau=I\sin\omega t\int_{0}^{t}\frac{\cos\omega\tau}{\tau^{1/2}}\mathrm{d}\tau-I\cos\omega t\int_{0}^{t}\frac{\sin\omega\tau}{\tau^{1/2}}\mathrm{d}\tau \tag{5-26}$$

在电解池通过交流电流几次循环后，电极表面浓度达到稳态。此后的电流随交流周期变化而变化，因此每个积分都可达到稳态的恒定值。即当 $t \gg 1/\omega$ 时，可以将积分上限取

到无限大，于是

$$\int_0^t \frac{I\sin\omega(t-\tau)}{\tau^{1/2}}\mathrm{d}\tau = I\sin\omega t\int_0^\infty \frac{\cos\omega\tau}{\tau^{1/2}}\mathrm{d}\tau - I\cos\omega t\int_0^\infty \frac{\sin\omega\tau}{\tau^{1/2}}\mathrm{d}\tau \tag{5-27}$$

由

$$\int_0^\infty \frac{\sin x}{\sqrt{x}}\mathrm{d}x = \int_0^\infty \frac{\cos x}{\sqrt{x}}\mathrm{d}x = \sqrt{\pi/2} \tag{5-28}$$

可得

$$\int_0^\infty \frac{\cos\omega\tau}{\tau^{1/2}}\mathrm{d}\tau = \int_0^\infty \frac{\sin\omega\tau}{\tau^{1/2}}\mathrm{d}\tau = \sqrt{\pi/(2\omega)} \tag{5-29}$$

这样，由此过程确定电极表面处氧化物和还原物的浓度分别为

$$c_\mathrm{O}(0,t) = c_\mathrm{O}^* + \frac{I}{nFAD_\mathrm{O}^{1/2}\omega^{1/2}\sqrt{2}}(\sin\omega t - \cos\omega t) \tag{5-30}$$

$$c_\mathrm{R}(0,t) = c_\mathrm{R}^* - \frac{I}{nFAD_\mathrm{R}^{1/2}\omega^{1/2}\sqrt{2}}(\sin\omega t - \cos\omega t) \tag{5-31}$$

所以，在电极表面处氧化物和还原物的浓度对时间的导数分别为

$$\frac{\mathrm{d}c_\mathrm{O}(0,t)}{\mathrm{d}t} = \frac{I}{nFA}\left(\frac{\omega}{2D_\mathrm{O}}\right)^{1/2}(\sin\omega t + \cos\omega t) \tag{5-32}$$

$$\frac{\mathrm{d}c_\mathrm{R}(0,t)}{\mathrm{d}t} = -\frac{I}{nFA}\left(\frac{\omega}{2D_\mathrm{R}}\right)^{1/2}(\sin\omega t + \cos\omega t) \tag{5-33}$$

（2）R_s 和 C_s 的求解

将式（5-22）、式（5-32）及式（5-33）代入式（5-19），可得

$$\frac{\mathrm{d}E}{\mathrm{d}t} = \left(R_\mathrm{ct} + \frac{\sigma}{\omega^{1/2}}\right)I\omega\cos\omega t + I\sigma\omega^{1/2}\sin\omega t \tag{5-34}$$

式中

$$\sigma = \frac{1}{nFA\sqrt{2}}\left(\frac{\beta_\mathrm{O}}{D_\mathrm{O}^{1/2}} - \frac{\beta_\mathrm{R}}{D_\mathrm{R}^{1/2}}\right) \tag{5-35}$$

比较式（5-34）与式（5-16），可得

$$R_\mathrm{s} = R_\mathrm{ct} + \frac{\sigma}{\omega^{1/2}} \tag{5-36}$$

$$C_s = \frac{1}{\sigma\omega^{1/2}} \tag{5-37}$$

从上面可见，完全求出 R_s 和 C_s 取决于 R_{ct}、β_O和β_R 间的关系式。其中 R_{ct} 主要是由界面电荷传递动力学决定的，而 $\sigma/\omega^{1/2}$ 及 $1/\left(\sigma\omega^{1/2}\right)$ 则来自于物质传递效应。因而，法拉第阻抗可分解成 R_{ct} 和 Z_w。式（5-36）和式（5-37）表明 Z_w 可看成是一个与频率有关的电阻 $R_w = \sigma/\omega^{1/2}$ 和电容 $C_w = C_s = 1/\left(\sigma\omega^{1/2}\right)$ 的串联，即：$Z_w = R_w - j\dfrac{1}{\omega C_s}$。这样，总的法拉第阻抗 Z_f 可表达为

$$Z_f = R_{ct} + R_w - \frac{j}{\omega C_w} = R_{ct} + \left[\sigma\omega^{-1/2} - j\left(\sigma\omega^{-1/2}\right)\right] \tag{5-38}$$

（3）由阻抗测定确定的动力学参数

由于一般情况下正弦扰动幅值很小，因此可用线性化 i-η 的特性来描述偏离平衡的电化学响应，此时

$$i = nFAk_0\left\{c_R'\left(0,t\right)\exp\left[\frac{\left(1-\alpha\right)nF}{RT}\left(E-E^0\right)\right] - c_O'\left(0,t\right)\exp\left[-\frac{\alpha nF}{RT}\left(E-E^0\right)\right]\right\} \tag{5-39}$$

上式中 $c_O'\left(0,t\right)$与$c_R'\left(0,t\right)$ 分别为无交流电压时的电极表面 O 与 R 的浓度。于是

$$\frac{\mathrm{d}i}{\mathrm{d}E} = -\frac{nF}{RT}\left(\alpha i - i_a\right) \tag{5-40}$$

$$i_a = nFAk_0c_R\left(0,t\right)\exp\left[\frac{\left(1-\alpha\right)nF}{RT}\left(E-E^0\right)\right] \tag{5-41}$$

在半波电位处 $E = E^0, c_R'\left(0,t\right) = c_O'\left(0,t\right) = c, i = 0$。于是

$$R_{ct} = \frac{\partial E}{\partial t} = \frac{RT}{n^2F^2Ack_0} = \frac{RT}{nFi_0} \tag{5-42}$$

其中 $i_0 = nFAck_0$，由式（5-36）及式（5-37）得到的 R_s 和 C_s 可求得 R_{ct}，从而可计算出动力学参数速率常数 k_0 及交换电流密度 i_0 之值。

$$R_{ct} = R_s - \frac{1}{\omega C_s} = \frac{RT}{nFi_0} \tag{5-43}$$

在电极反应过程达到平衡态时，电极电势遵循 Nernst 方程 $E = E^0 + \dfrac{RT}{nF}\ln\dfrac{c_O'\left(0,t\right)}{c_R'\left(0,t\right)}$，由此可得

$$\beta_{\mathrm{O}}=\frac{\partial E}{\partial c_{\mathrm{O}}(0,t)}=\frac{RT}{nFc'_{\mathrm{O}}(0,t)} \tag{5-44}$$

$$\beta_{\mathrm{R}}=\frac{\partial E}{\partial c_{\mathrm{R}}(0,t)}=\frac{-RT}{nFc'_{\mathrm{R}}(0,t)} \tag{5-45}$$

代入式（5-35）可得

$$\sigma=\frac{RT}{n^2F^2A\sqrt{2}}\left[\frac{1}{D_{\mathrm{O}}{}^{1/2}c'_{\mathrm{O}(0,t)}}+\frac{1}{D_{\mathrm{R}}{}^{1/2}c'_{\mathrm{R}(0,t)}}\right] \tag{5-46}$$

若在直流电位E^0处，$c'_{\mathrm{O}(0,t)}=c'_{\mathrm{R}(0,t)}=c$，并假定它们的扩散系数相同，$D_{\mathrm{O}}=D_{\mathrm{R}}=D$，则

$$\sigma=\frac{\sqrt{2}RT}{n^2F^2Ac\sqrt{D}} \tag{5-47}$$

于是从式（5-36）和式（5-37）可以得到

$$R_{\mathrm{s}}=\frac{RT}{n^2F^2Ac}\left(\frac{1}{k_0}+\sqrt{\frac{2}{\omega D}}\right) \tag{5-48}$$

$$C_{\mathrm{s}}=\frac{1}{\sigma\omega^{1/2}}=\frac{n^2F^2Ac\sqrt{D}}{RT\sqrt{2\omega}} \tag{5-49}$$

对于可逆过程，当k_0很大时，$i_0\to\infty$，$R_{\mathrm{ct}}\to 0$，则$R_{\mathrm{s}}\to\sigma/\omega^{1/2}$，电阻与容抗准确相等，法拉第阻抗只是 Warburg 阻抗值$Z_{\mathrm{f}}=\sigma(2/\omega)^{1/2}$。于是$R_{\mathrm{s}}C_{\mathrm{s}}=1/\omega$或$R_{\mathrm{s}}C_{\mathrm{s}}\omega=1$，当控制电位在$E=E_{1/2}$处，可测出$R_{\mathrm{s}}$及$C_{\mathrm{s}}$，从而可进行各种电极过程的探讨。

当R_{s}和C_{s}串联时，其阻抗Z_{w}的相角可用式（5-6）计算：

$$\tan\theta=\frac{\chi_{\mathrm{C}}}{R_{\mathrm{s}}}=\frac{\frac{1}{\omega C_{\mathrm{s}}}}{R_{\mathrm{s}}} \tag{5-50}$$

对于可逆体系，$R_{\mathrm{ct}}=0$，因此$\theta=\dfrac{\pi}{4}$，而其幅值为$\sqrt{R_{\mathrm{s}}{}^2+\left(\dfrac{1}{\omega C_{\mathrm{s}}}\right)^2}=\dfrac{\sqrt{2}\sigma}{\omega^{1/2}}$。因此，在表面浓度$c=\dfrac{1}{2}c_{\mathrm{O}}^*[c'_{\mathrm{R}(0,t)}=c'_{\mathrm{O}(0,t)}=c]$，电压为$V$时，电流可表示为

$$I=\frac{V}{Z_{\mathrm{f}}}=\frac{n^2F^2}{4RT}A\omega^{1/2}D^{1/2}Vc_{\mathrm{O}}^* \tag{5-51}$$

对于准可逆体系，$R_{\mathrm{ct}}>0$，因此$\theta<\pi/4$。但θ总是大于 0，除非$R_{\mathrm{ct}}\to\infty$，此时，反应很迟缓，即使在常规阻抗测量中也总有小的交流电流流过。实际测量过程中得到的阻抗

数据是复杂的，通常需要构建新的模型和选择适合模拟观测结果的等效电路。当等效电路需太多可调参数时，需注意模型可能变得不合理。此时，考虑用不同因素的独立性实验数据测试模型合理性会变得更为重要。

四、电极过程完全受扩散步骤控制

若电极表面电化学反应速率很快，扩散传质过程变为界面控制步骤。在忽略双电层充电的影响下，考虑当正弦交流电通过电极时，电极表面反应物浓度随时间的变化主要通过求解 Fick 第二定律确定 [3,11]

$$\frac{\partial c_O(x,t)}{\partial t}=D_O\frac{\partial^2 c_O(x,t)}{\partial x^2} \tag{5-52}$$

初始条件：$c_O(x,t)=c_O^*$

边界条件：$x\to\infty$，$c_O(\infty,t)=c_O^*$，则电流值为

$$i=I\sin\omega t=nFAD_O\left[\frac{\partial c_O(x,t)}{\partial x}\right]_{x=0} \tag{5-53}$$

式中，$c_O(x,t)$ 和 D_O 分别为氧化物浓度和扩散系数。对上述方程求解得到 t 时刻距电极表面 x 处反应物浓度 $c_O(x,t)$。若将 $x=0$ 代入浓度表达式，就可以计算得到在完全浓度极化条件下电极表面的反应物浓度的扰动（$\Delta\widetilde{c_O^s}$）

$$\Delta\widetilde{c_O^s}=\frac{I}{nF\sqrt{\omega D_O}}\sin\left(\omega t-\frac{\pi}{4}\right) \tag{5-54}$$

上式表明，电极表面受交流电信号扰动，反应物浓度波动的相位正好比微扰正弦电流相位落后 π/4。

若电极反应完全可逆，且电极过程完全受扩散步骤控制，此时电化学反应仍服从 Nernst 方程。若不考虑反应物和产物的活度系数，则由 Nernst 方程有

$$\Delta\tilde{E}=\tilde{E}-E^0=\frac{RT}{nF}\ln\frac{\widetilde{c_O^s}}{c_O^*}=\frac{RT}{nF}\ln\left(1+\frac{\Delta\widetilde{c_O^s}}{c_O^*}\right) \tag{5-55}$$

即电极电位的扰动 $\Delta\tilde{E}$ 与反应物浓度的扰动 $\Delta\widetilde{c_O^s}$ 具有完全相同的相位。如果反应物浓度的扰动很小，即当 $\frac{\Delta\widetilde{c_O^s}}{c_O^*}\ll 1$ 时，

$$\begin{aligned}\Delta\tilde{E} &= \frac{RT}{nF}\ln\frac{\widetilde{c_{\mathrm{O}}^{\mathrm{s}}}}{c_{\mathrm{O}}^{*}} = \frac{IRT}{n^2F^2c_{\mathrm{O}}^{*}\sqrt{\omega D_{\mathrm{O}}}}\sin\left(\omega t-\frac{\pi}{4}\right)\\ &= \Delta E\sin\left(\omega t-\frac{\pi}{4}\right)\end{aligned} \tag{5-56}$$

其中 $\Delta E = \dfrac{IRT}{n^2F^2c_{\mathrm{O}}^{*}\sqrt{\omega D_{\mathrm{O}}}}$ 为电极电位波动振幅。这时可逆电极法拉第阻抗的模型为

$$|Z_{\mathrm{f}}| = \frac{\Delta E}{I} = \frac{RT}{n^2F^2c_{\mathrm{O}}^{*}\sqrt{\omega D_{\mathrm{O}}}} = |Z_{\mathrm{w}}| \tag{5-57}$$

这里 Z_{w} 是由 Warburg 提出，所以也称为 Warburg 阻抗。上式表明当电极过程完全由扩散控制时，其法拉第阻抗 Z_{f} 等于浓度扩散极化阻抗 Z_{w}。在不考虑溶液的欧姆电阻和双电层电容时，可逆电极体系的等效电路如图 5-4 所示。

图 5-4　Warburg 阻抗的等效电路元件

由于 $\Delta\tilde{E}$ 与 $\tilde{j}$ 的相位差 π/4，这样 Warburg 阻抗实部为

$$Z_r = R_{\mathrm{w}} = |Z_{\mathrm{w}}|\cos 45° = \frac{RT}{n^2F^2c_{\mathrm{O}}^{*}\sqrt{\omega D_{\mathrm{O}}}} = \frac{\sigma}{\sqrt{\omega}} \tag{5-58}$$

其虚部为

$$\begin{aligned}Z_i &= \frac{1}{\omega C_{\mathrm{w}}} = |Z_{\mathrm{w}}|\sin 45°\\ &= \frac{RT}{n^2F^2c_{\mathrm{O}}^{*}\sqrt{\omega D_{\mathrm{O}}}} = \frac{\sigma}{\sqrt{\omega}}\end{aligned} \tag{5-59}$$

同时，由上式可得 Warburg 电容为

$$C_{\mathrm{w}} = \frac{n^2F^2c_{\mathrm{O}}^{*}\sqrt{2D_{\mathrm{O}}}}{RT\sqrt{\omega}} = \frac{1}{\sigma\sqrt{\omega}} \tag{5-60}$$

其中 Warburg 阻抗系数 σ

$$\sigma = \frac{RT}{n^2F^2c_{\mathrm{O}}^{*}\sqrt{2D_{\mathrm{O}}}} \tag{5-61}$$

如果在反应过程中 R 的活度不保持恒定，如 O 和 R 均可溶，产物的活度不再是常数，此时

$$\sigma=\frac{RT}{\sqrt{2}n^2F^2}\left(\frac{1}{c_\mathrm{O}^*\sqrt{D_\mathrm{O}}}+\frac{1}{c_\mathrm{R}^*\sqrt{D_\mathrm{R}}}\right) \tag{5-62}$$

由此可得电极交流阻抗 Z_f 等于浓度极化阻抗 Z_w，如图 5-5 所示

$$Z_\mathrm{f}=Z_\mathrm{w}=R_\mathrm{w}-j\frac{1}{\omega C_\mathrm{w}}=Z_r-jZ_i \tag{5-63}$$

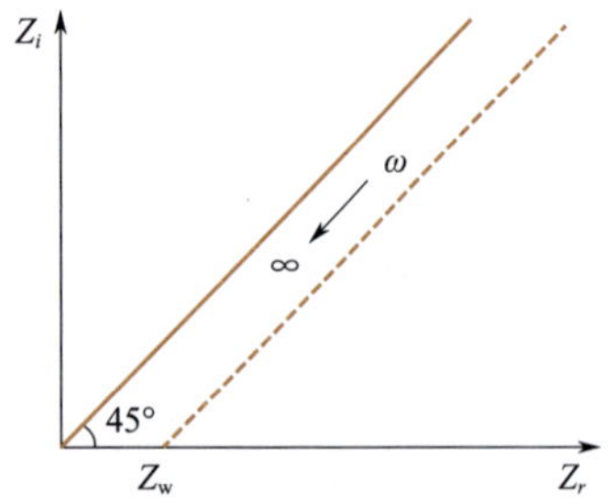

图 5-5　完全受扩散控制的可逆电极交流阻抗复数平面图

当溶液的欧姆电阻 R_Ω 不可忽略时，阻抗 $Z_\mathrm{w}(\omega)$ 为复平面上的虚线，其相对于忽略 R_Ω 时右移了欧姆电阻（如图 5-5）。若实验中测得 Warburg 系数 σ，就可以确定氧化物的扩散系数。

五、受电荷转移和扩散混合控制的电极体系

当小振幅正弦电流通过电极时，因受电极过电位影响，电极过程受电化学极化和浓度极化混合控制，其法拉第阻抗包括电化学反应电阻和 Warburg 阻抗。在正弦交流电流通过电极时，电极界面净电流为[5,11]

$$\tilde{i}=i_0\left\{\frac{\widetilde{c_\mathrm{R}^\mathrm{s}}}{c_\mathrm{R}^*}\exp\left[\frac{(1-\alpha)nF\tilde{\eta}}{RT}\right]-\frac{\widetilde{c_\mathrm{O}^\mathrm{s}}}{c_\mathrm{O}^*}\exp\left(\frac{-\alpha nF\tilde{\eta}}{RT}\right)\right\} \tag{5-64}$$

式中，$\tilde{i}$ 为交流极化电流；$\tilde{\eta}$ 为交流过电位；$\widetilde{c_\mathrm{O}^\mathrm{s}}$ 和 $\widetilde{c_\mathrm{R}^\mathrm{s}}$ 分别为电极在交流作用下的氧化态和还原态表面浓度的扰动。由于小振幅正弦电流信号，电极电位只在平衡电位附近扰动，即过电位 $\tilde{\eta}\to 0$，将上式对 $\tilde{\eta}$ 求导，电极的法拉第阻抗 Z_f 表示为

$$\begin{aligned}Z_\mathrm{f}&=\left(\frac{\partial\tilde{\eta}}{\partial\tilde{i}}\right)_{\eta=0}=\frac{RT}{nFi_0}+\frac{RT}{nFc_\mathrm{O}^*}\left(\frac{\partial\widetilde{c_\mathrm{O}^\mathrm{s}}}{\partial\tilde{i}}\right)_{\eta=0}+\frac{RT}{nFc_\mathrm{R}^*}\left(\frac{\partial\widetilde{c_\mathrm{R}^\mathrm{s}}}{\partial\tilde{i}}\right)_{\eta=0}\\&=R_\mathrm{ct}+Z_\mathrm{w}\end{aligned} \tag{5-65}$$

上式表示当电化学极化和浓度极化同时存在时，电极反应总阻抗是由电化学极化阻抗和浓度极化阻抗串联组成，其等效电路图如图 5-6 所示。

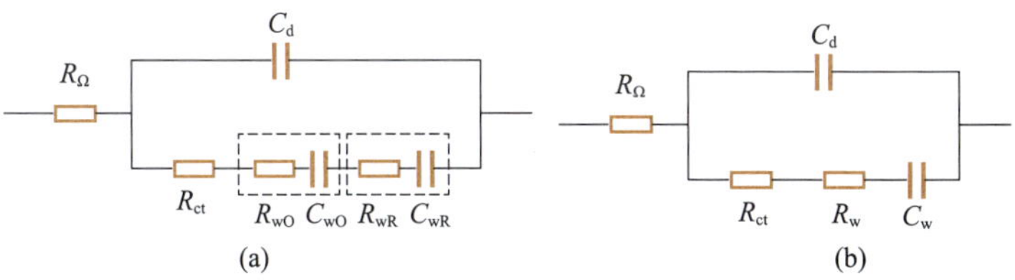

图 5-6 电极表面含氧化和还原过程 Warburg 阻抗（a）及其总的 Warburg 阻抗（b）的等效电路

进一步考虑到溶液欧姆电阻 R_Ω 和双电层电容 C_d 的存在，电极界面的总阻抗 Z 为 [10-11]

$$
\begin{aligned}
Z &= R_\Omega + \cfrac{1}{j\omega C_d + \cfrac{1}{R_{ct} + \sigma\omega^{-1/2} - j\sigma\omega^{-1/2}}} \\
&= R_\Omega + \frac{R_{ct} + \sigma\omega^{-1/2}}{\left(C_d\sigma\omega^{1/2}\right)^2 + \omega^2 C_d^2\left(R_{ct} + \sigma\omega^{-1/2}\right)^2} - \\
&\quad j\frac{\omega C_d\left(R_{ct} + \sigma\omega^{-1/2}\right)^2 + \sigma\omega^{-1/2}\left(C_d\sigma\omega^{1/2} + 1\right)}{\left(C_d\sigma\omega^{1/2} + 1\right)^2 + \omega^2 C_d^2\left(R_{ct} + \sigma\omega^{-1/2}\right)^2}
\end{aligned}
\tag{5-66}
$$

在频率足够低时，省去式中 $\omega^{1/2}$ 和 ω 的各项，总阻抗可简化为

$$Z = R_\Omega + R_{ct} + \sigma\omega^{-1/2} - j\left(\sigma\omega^{-1/2} + 2\sigma^2 C_d\right) \tag{5-67}$$

其相应的法拉第阻抗实部和虚部分别为

$$Z_r = \frac{RT}{nF}\frac{1}{i_0} + \frac{\sigma}{\sqrt{\omega}} = R_{ct} + \frac{\sigma}{\sqrt{\omega}} \tag{5-68}$$

$$Z_i = \frac{1}{\omega C_w} = \frac{\sigma}{\sqrt{\omega}} \tag{5-69}$$

消去频率变量，得

$$Z_i = Z_r + \left(R_\Omega + R_{ct}\right) - 2\sigma^2 C_d \tag{5-70}$$

若将法拉第阻抗的实部 Z_r 和虚部 Z_i 相对于 $\omega^{-1/2}$ 作图，可得两条互相平行的直线［图 5-7

(a)]。直线斜率为 σ，由此可以求得扩散系数 D_O。受浓度极化和双电层充电限制，一般交流阻抗方法存在测量上限，即反应速率常数 $k \ll 1\text{cm/s}$。其测量下限如果 $k \ll 10^{-3}\text{cm/s}$，R_{ct} 很大，与 $\dfrac{1}{\omega C_d}$ 相比，R_{ct} 相当于断路 $(R_{ct} \to \infty)$，这时不能用交流阻抗方法测量 R_{ct}。

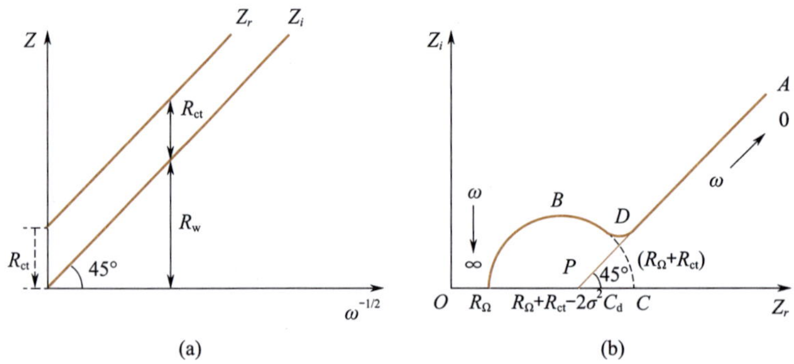

图 5-7　电极表面同时含有电荷转移电阻和 Warburg 阻抗的阻抗谱

若用电极交流阻抗复数平面图表示，则如图 5-7（b）。在频率较低的区域，复数平面图为一个半圆，而在高频区是一条与横轴夹角为 45°的直线。电极的可逆程度越高，半径越小，45°直线出现得更快 [2]。从高频区的半圆可以求得 R_Ω、R_{ct}、C_d 等电化学参量。若将低频区的 45°直线延长，与横轴交于 P 点，则 OP 为

$$OP = R_\Omega + R_{ct} - 2\sigma^2 C_d \tag{5-71}$$

实验测量 R_Ω、R_{ct}、C_d 和 OP，可求得 Warburg 阻抗系数 σ，然后可以计算出氧化还原物的扩散系数 D。

第二节
交流阻抗测量技术

准确测量电极交流阻抗谱可提供电极表面反应的重要动力学信息。有多种测量电极交流阻抗谱数据的技术方法，如交流电桥法、Lissajous 图法、选相检波法、相敏检测法等 [5,6,9-11]。这些方法都可以测量电极的交流阻抗谱。近年来，随着电子技术的发展，交流

阻抗测试方法已有较大的发展，如锁相放大器、频率响应分析器等，不仅能提高测量过程中抗干扰能力，而且能够快速响应，更为准确地完成电化学交流阻抗谱的测试。

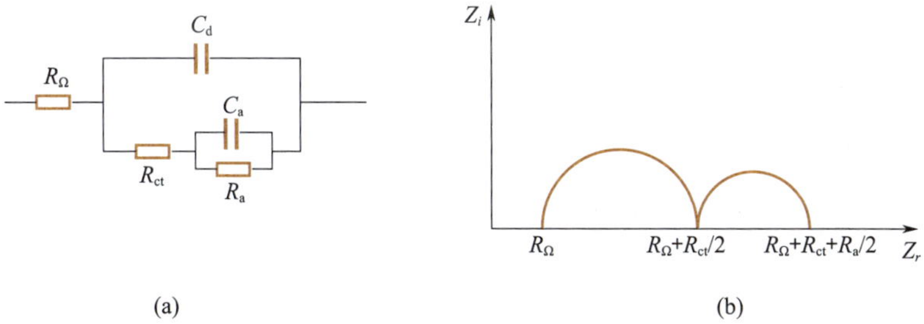

图 5-8　电极表面有吸附膜时的等效电路（a）和交流阻抗复数平面图（b）

在测量中，可以根据研究体系和实验条件，采用等效电路［如图 5-8（a)］进行简化研究的电池体系，并得到其交流阻抗图，如图 5-8（b)。其中图 5-8（a）中 R_a 和 C_a 是由吸附引起的电阻和电容部分。如可利用电子技术将溶液的欧姆电阻 $R_Ω$ 补偿，只剩下 R_{ct} 和 C_d 的并联电路，从而实验测得电极的阻抗，其实数部分是 R_{ct}，虚数部分为 $j\frac{1}{\omega C_d}$，从而测得电荷转移电阻 R_{ct} 和双电层电容 C_d。当正弦交流电的频率足够高时，$R_Ω$ 和 R_{ct} 远大于 $\frac{1}{\omega C_d}$，所以 C_d 可视为短路，电极的等效电路只剩下纯电阻，给测量溶液的欧姆电阻带来方便。当正弦交流电的频率低于上述频率时，但仍比较高，$\omega C_d \gg \frac{1}{R_{ct}}$，则 R_{ct} 可视为开路，电极的等效电路只需考虑 $R_Ω$ 和 C_d 的串联电路，实验测得阻抗实部为溶液欧姆电阻 $R_Ω$，阻抗的虚部可用于计算 C_d。若用很低的频率进行交流阻抗测量，因 C_d 可看作开路，而电极的等效电路只需考虑 $R_Ω$ 和 R_{ct} 串联，就可测得与频率无关的电阻 $(R_Ω+R_{ct})$。

一、交流阻抗及其测量方法

交流阻抗测量方法有两个基本限制条件：①直流分量应处在稳定状态，它们的数值随时间不发生任何变化，因此它们的平均值也不随时间变化；②为了保证电化学体系的线性响应性质，电极电位交流分量的振幅要足够小，一般在 5mV 左右，不应大于 25mV。这样可以认为电池体系的交流分量都是按指定正弦波变化的，只需考虑这些物理量的振幅和相位变化。

交流阻抗法主要测量法拉第阻抗（Z_f）以及与待测定物质的电化学性质之间的关系，通常有两种方法测定法拉第阻抗。一种是电流法，直接测量电极电位与交流电流之间的关系，揭示电池体系电化学特性与待测物质浓度的关联性，如图 5-9（a）所示。对于电流法，仪器装置线路图中除有直流电源外，需另引入一个幅值为 5 ～ 25mV 的交流电压，频率常为 50Hz，也可以按需要加以改变。通过电解池的交流电流 $\tilde{i}$ 在电阻 R_1 上产生电位降，经放大器 A 放大后用交流伏特计测量，电容 C 隔断直流电流成分，测量得到 $\tilde{i}$ 与电位 E 的关系。对于直流伏安曲线用虚线表示，用实线表示交流电流-电压曲线，其在半波电位处呈现峰值。

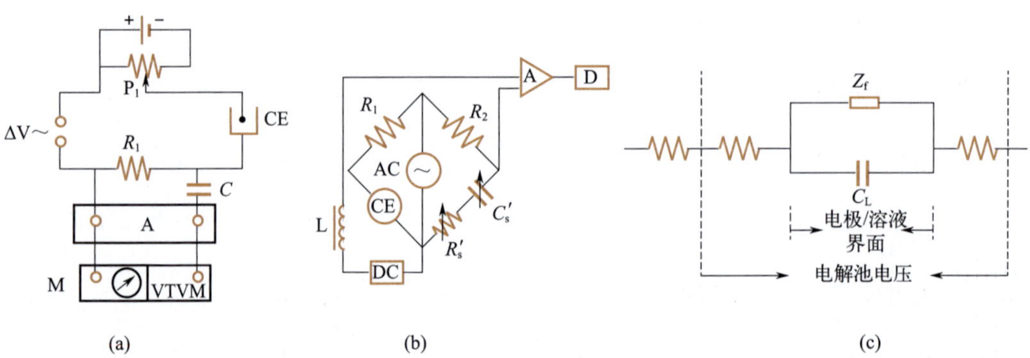

图 5-9　两种常见的阻抗测量方法原理示意图

（a）电流法电路图，其中 CE 为待测电池体系，R_1 为固定电阻，A 是放大器，C 是电容，P_1 为待测电池施加的交流电压，VTVM 表示真空管电压表，M 表示实验的测量装置，这里测量的是电压随交流电流的变化曲线；（b）电桥法电路图，其中 CE 为待测电池体系，R_1 和 R_2 是固定电阻，R'_s 和 C'_s 分别是可变电阻和可变电容，A 和 D 分别为放大器和示波器，AC 提供交流微小扰动源，DC 为直流电源，L 为直流隔离电感；（c）电解池溶液界面的等效电路，Z_f 为电极的法拉第阻抗，C_L 为电极 / 溶液界面的双电层电容

另一种是电桥法，如图 5-9（b）所示。电桥法是把极化电极上电化学过程等效于电容和阻抗所组成的等效电路。交流电压使电极上发生电化学反应产生交流电流，电极上的电化学行为，相当于一个阻抗所产生的影响。因此也称为法拉第阻抗，可以看作是由一个电阻 R_s 和一个电容 C_s 串联而成，通常将电阻 R_s 称为极化电阻，将电容 C_s 称为赝电容。在

交流电桥法测量中，当DC为直流电源，加于电解池的两个电极上，利用AC交流电源提供振幅约几至几十毫伏的交流电压，再利用放大器A和检测用示波器D检测电桥平衡点。当所用示波器指示零值即达到平衡点，读取电桥达到平衡点的R_s与C_s值。从电桥法实验中测量得到C_s'和R_s'，再用电池阻抗与电池电阻和电池电容的关系求出R_s、C_s及C_L，其中R_s和C_s值为电池体系中工作电极界面的法拉第阻抗值。

交流阻抗通常选择直流电极电位E_{dc}和频率ω的交流分量作为控制变量。在一定的E_{dc}下测量不同交流频率ω下阻抗的实部和虚部，并用下列三种图形处理数据[10,11,15]：①阻抗复数平面图（Nyquist图，Sluyters法）。在实部和虚部平面上，每一频率的电极阻抗是该平面上一个点，不同频率阻抗点的轨迹构成复数平面上的曲线。②阻抗频谱图（Randles法）。该法分别将法拉第阻抗实部Z_r和虚部Z_i作为纵轴，以$\frac{1}{\sqrt{\omega}}$作为横轴，建立阻抗与$\frac{1}{\sqrt{\omega}}$的曲线，得到阻抗频谱图。③阻抗Bode图。该法将阻抗数据展示在两张图上，其分别是阻抗模与$\lg\omega$关系和阻抗相位与$\lg\omega$关系。在电化学中常用前两种数据分析处理方法。阻抗复数平面偏向用于处理电极阻抗数据，而Randles法阻抗频谱图更适合用于法拉第阻抗数据。但有时也根据实际电池体系选择合适的方法，如复杂电极反应体系，采用阻抗频谱图更有效[15]。

电极等效电路是分析交流阻抗的有效方法。在电极界面测量的阻抗数据包含溶液欧姆电阻（R_Ω）和电极双电层电容（C_d）。因此在实验中可用高频数据测定补偿R_Ω和双电层电容C_s，或用方波电流确定R_Ω和小幅度三角波电位确定C_s。在已知R_Ω和双电层电容C_d情况下，从电极阻抗实验数据求得交流法拉第阻抗Z_f。

交流阻抗方法可通过测定微分电容曲线研究表面分子和离子在电极界面上的吸附，应用阻抗复数平面图研究简单电极反应的动力学。采用交流阻抗方法研究复杂电极表面行为，如复杂电池体系，在多孔电极中的电位和电流分布问题。同时，在不同的实验方法中，如通过施加各种正弦谐波、噪声或小振幅电位信号，结合傅里叶（Fourier）变换、Laplace变换或小波分析等理论处理方法，越来越方便地处理实验数据和测量阻抗谱数据，探索研究电池体系的稳态及非稳态特征。

二、微分电容曲线研究界面分子吸附

交流阻抗谱可用于研究电极表面吸附、成膜、点结晶和极化。在理想极化条件下，简单电极等效电路可看成未补偿溶液欧姆电阻（R_Ω）和电极双电层电容（C_d）的串联电路。

如电极电位以零电荷电位为参照点，电极双电层电容值可定义为电极表面电量与电极电位的比值。当电极表面电量对电极电位求导数时，则可得到微分电容曲线。当电解质溶液中含有中性物质时，在一定的电位区间若无法拉第反应，只存在吸附过程，则电极等效电路就不能简单再看成 R_Ω 和 C_d 的串联电路。在这种情况下，等效电路需考虑吸附层存在，这样除考虑 C_d 外，还需考虑由于吸附过程产生的结构变化。

1964 年 Frumkin 和 Damaskin 应用电毛细曲线和微分电容曲线研究了有机分子在电极表面上的吸附作用[16]。通常在微分电容曲线上出现的尖峰可看成活性物质的吸附峰，用脱附峰电位和范围定性地表征活性物质在电极上吸附的特征。有时这些特征吸附峰也可能来自吸附分子取向改变，因此在微分电容曲线上特征峰的分析可能提供界面结构等细致信息。在活性物质最大吸附电位，即微分电容曲线上极小值的电位，交流频率影响较小，此时可略去附加阻抗的影响，等效电路可看作由 R_Ω 和 C_d 串联构成，从而可用最大吸附电位的数据研究有机物吸附等温线。

不同正戊醇浓度和不同交流电频率时，正戊醇在汞电极上的吸附具有不同的动力学行为，导致其微分电容不同[16]。同时，由交流电频率引起附加阻抗等的影响规律也不相同[17]。在汞电极上正戊醇吸附的微分电容可用下式表示：

$$C_d = C_d^0(1-\theta) + C_d^s\theta \tag{5-72}$$

式中，C_d^0 为电位 E 时空白溶液微分电容曲线上对应的电容值。改变溶液中正戊醇浓度，微分电容曲线出现吸附峰，相应电位的电容值记为 C_d。随着溶液中正戊醇浓度增加，吸附峰高度增加，吸附、脱附峰电位差增大，电容值 C_d 减小。当浓度增加到一定程度，电容值达到最低，表面达到了饱和吸附状态。若用 C_d^s 表示在饱和吸附状态下微分电容曲线上的电容值。θ 为汞电极表面上正戊醇吸附的覆盖度，未发生吸附时为 0，饱和吸附时为 1。测定不同浓度下的微分电容曲线，可求得 C_d^s 和 θ。

不同正戊醇浓度下，电极表面覆盖度不同，相同温度下电极表面吸附物覆盖度和溶液中被吸附物质的浓度具有一定的函数关系，同时，覆盖度的大小也是电极电位的函数，即改变电极电位，直接改变吸附物与电极作用强度，从而影响吸附系数。根据 Frumkin 吸附等温式[1,7]

$$\frac{c}{c_{\theta=0.5}} = \frac{\theta}{1-\theta}e^{a(1-2\theta)} \tag{5-73}$$

或

$$\frac{\theta}{1-\theta} = \frac{c}{c_{\theta=0.5}}e^{-a(1-2\theta)} \tag{5-74}$$

式中，c 表示在溶液中吸附物质的浓度；$c_{\theta=0.5}$ 表示吸附物达到半覆盖时的浓度；a 表示电极表面吸附物质相互作用。当 $a>0$ 时表示吸附物质之间是相互吸引的；而当 $a<0$ 时，吸附物质之间是相互排斥的；当 $a=0$ 时，Frumkin 吸附等温方程转化为 Langmuir 等温方程。当 $\theta<0.5$ 时，由于吸附分子之间的排斥作用，吸附量低于 Langmuir 吸附等温方程计算的吸附量。当溶液中正戊醇的浓度增大且大于 $c_{\theta=0.5}$ 值时，表面覆盖度高于 Langmuir 模型的覆盖度，吸附曲线呈现 S 状。此时，若采用 Frumkin 吸附等温线对上述实验数据分析，具有较高的吻合度，说明在较高浓度出现的高表面覆盖度是由于随溶液中浓度增大而其活度减小导致的[6,16]。

对于固体电极表面 A^- 的吸附过程[11]：

$$A^- \rightleftharpoons A_{ads} + e$$

在 t 时刻，A 物种在电极表面的覆盖度为 θ，假定 A 在电极表面吸附服从 Langmuir 吸附等温式，吸附速率常数为 k_f，脱附速率常数为 k_b，在非稳态条件下电化学反应过程动力学对应的电流密度为

$$\frac{i}{nFA}=k_f c_A\left(1-\theta\right)-k_b\theta \tag{5-75}$$

其中 k_f 和 k_b 与电极电位的关系为

$$k_f=k_f^0 e^{aE} \tag{5-76}$$

$$k_b=k_b^0 e^{bE} \tag{5-77}$$

其中 a 和 b 分别表示电极表面吸附物质的相互作用随电位 E 的变化率。如果电极表面处于直流稳态，则依据 Langmuir 吸附等温式，分子 A 在电极表面的覆盖度和溶液中 A 的浓度有如下关系

$$\theta=\frac{k_f c_A}{k_f c_A+k_b} \tag{5-78}$$

由此可以得到因吸附而导致的法拉第交流阻抗

$$\begin{aligned}Z_f&=\frac{k_f c_A+k_b}{k_f k_b F c_A\left(a+b\right)}\times\left[1+\frac{F\left(k_f c_A+k_b\right)}{i\omega}\right]\\&=R_s+\frac{1}{i\omega C_s}\end{aligned} \tag{5-79}$$

上式表明 R_s 和 C_s 为等效电路的串联元件，其中

$$R_s=\frac{k_f c_A+k_b}{k_f k_b F c_A\left(a+b\right)} \tag{5-80}$$

$$C_{\mathrm{s}}=\frac{qk_{\mathrm{f}}k_{\mathrm{b}}c_{\mathrm{A}}\left(a+b\right)}{\left(k_{\mathrm{f}}c_{\mathrm{A}}+k_{\mathrm{b}}\right)^{2}} \tag{5-81}$$

式中，q 表示吸附达到满单层时相应电量，如果进一步考虑电极表面双电层电容 C_{d} 与法拉第阻抗并联，总交流阻抗重新表示为 [11]

$$Z=Z_{r}-iZ_{i} \tag{5-82}$$

其中交流阻抗的实部和虚部分别表示为

$$Z_{r}=\frac{R_{\mathrm{s}}C_{\mathrm{s}}^{2}}{\left(C_{\mathrm{s}}+C_{\mathrm{d}}\right)^{2}+\omega^{2}R_{\mathrm{s}}^{2}C_{\mathrm{s}}^{2}C_{\mathrm{d}}^{2}} \tag{5-83}$$

$$Z_{i}=\frac{C_{\mathrm{s}}+C_{\mathrm{d}}+\omega^{2}R_{\mathrm{s}}^{2}C_{\mathrm{s}}^{2}C_{\mathrm{d}}}{\omega\left[\left(C_{\mathrm{s}}+C_{\mathrm{d}}\right)^{2}+\omega^{2}R_{\mathrm{s}}^{2}C_{\mathrm{s}}^{2}C_{\mathrm{d}}^{2}\right]} \tag{5-84}$$

若 a 和 b 均为正，则 R_{s} 和 C_{s} 总大于零，因而阻抗的 Nyquist 图在第一象限。若反应很快，k_{f}、k_{b} 值很大，$R_{\mathrm{s}}\to 0$，总交流阻抗的实部和虚部分别退化为

$$Z_{r}=0 \tag{5-85}$$

$$Z_{i}=\frac{1}{\omega\left(C_{\mathrm{s}}+C_{\mathrm{d}}\right)} \tag{5-86}$$

在低频下，当 $\omega\to 0$ 时，则

$$Z_{r}=\frac{R_{\mathrm{s}}C_{\mathrm{s}}^{2}}{\left(C_{\mathrm{s}}+C_{\mathrm{d}}\right)^{2}} \tag{5-87}$$

$$Z_{i}=\infty \tag{5-88}$$

而在交流频率较高时，$\omega\gg\dfrac{\sqrt{\left(C_{\mathrm{s}}+C_{\mathrm{d}}\right)/C_{\mathrm{d}}}}{R_{\mathrm{s}}C_{\mathrm{s}}}$，则总阻抗的实部和虚部分别为

$$Z_{r}=\frac{R_{\mathrm{s}}C_{\mathrm{s}}^{2}}{\left(C_{\mathrm{s}}+C_{\mathrm{d}}\right)^{2}+\omega^{2}R_{\mathrm{s}}^{2}C_{\mathrm{s}}^{2}C_{\mathrm{d}}^{2}} \tag{5-89}$$

$$Z_{i}=\frac{R_{\mathrm{s}}^{2}C_{\mathrm{s}}^{2}C_{\mathrm{d}}\omega}{\left(C_{\mathrm{s}}+C_{\mathrm{d}}\right)^{2}+\omega^{2}R_{\mathrm{s}}^{2}C_{\mathrm{s}}^{2}C_{\mathrm{d}}^{2}} \tag{5-90}$$

实际在分析电极表面形成吸附层时，电极的阻抗不仅表现为电阻和电容的性质，有时还会出现电感的性质（图 5-10），如由溶液中浓差阻抗产生的附加阻抗贡献 [6]。这种结构变化将引起阻抗变化，等效电路如图 5-10 所示，包括吸附电阻 R_{a} 和吸附层电容 C_{a} 以及溶液中浓差阻抗 $\sigma/\left[\sqrt{\omega}\left(1-j\right)\right]$ 等。

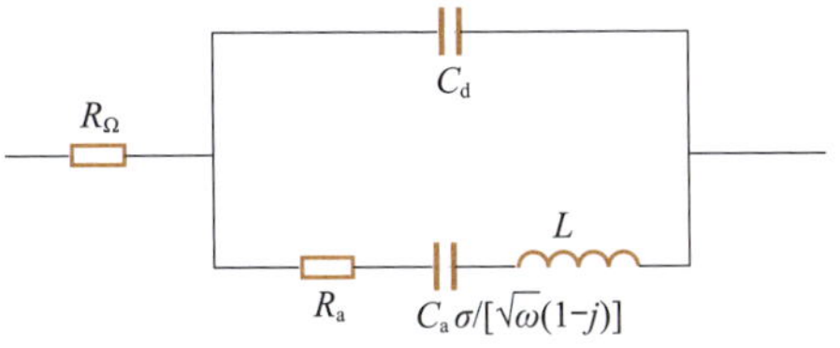

图 5-10 电极界面存在非法拉第吸附时的等效电路

在上述理论模型中主要考虑金属电极表面吸附层研究，对存在混合吸附层并含有电化学活性基团时的界面针孔结构和界面电化学过程分析具有极为重要的作用[18-19]。

三、存在表面吸附及覆盖层时的阻抗测量

电极表面形成覆盖层，电极的阻抗不仅表现为电阻和电容的性质，有时还会出现电感的性质。例如，在金属腐蚀过程中缓蚀剂覆盖层是较疏松的，则在低频区除出现电容的性质外，会出现电感的特性。在分析该电极的等效电路和交流阻抗谱时，就需要考虑电感的存在。图 5-11 为含电感元件的等效电路图和阻抗复数平面图。在高频区出现的半圆是在电极表面出现新的覆盖层产生的电阻和双电层电容形成，电感在高频区可忽略。在低频区于第四象限出现倒置的半圆，主要表现为电感特性，这时电容的贡献可以忽略。

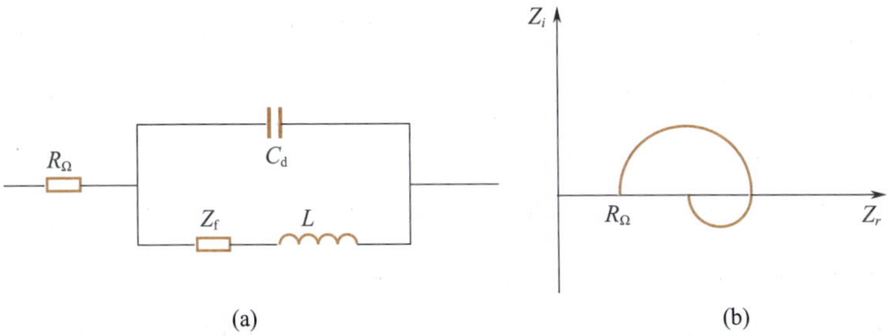

图 5-11 有缓蚀覆盖层电极的等效电路图（a）和交流阻抗复数平面图（b）

当电极表面形成新的吸附层后，有时会在阻抗图第一象限出现两个并排的半圆，第一个半圆由 R_{ct} 和 C_d 组成，而在低频区的第二个半圆则是由吸附电阻和吸附层电容组成。

第三节
实际体系应用分析

电化学阻抗谱已用于能源材料的分析，从实验测量的阻抗谱数据，可以为电化学界面结构、反应及反应过程提供重要信息，如电池界面吸附和界面膜结构、电池过程动力学参数、电极反应机理研究、电池材料性能和电池失效分析等。在实验测量数据分析中涉及建立电化学界面等效电路，构建电化学界面模型，并结合阻抗谱理论和实验测量结果拟合分析，确定界面结构、电学元件参数以及电极过程动力学参数，为评价电池界面性能提供重要信息。

一、锂离子电池正极的阻抗谱分析

锂离子电池的正负极界面结构不同，其充放电过程中电极材料组成、循环稳定性、充放电性能均是影响电池工作性能的重要因素。利用阻抗谱分析将提供锂离子在充放电过程中的嵌入和脱出过程的信息，涉及锂原子的氧化和还原、锂离子在电极界面不同组成区的扩散以及界面反应-扩散可逆性等重要过程信息，从而为研究电池容量变化和改善电池循环性能、倍率性能探索新思路。

传统锂离子电池以石墨作为锂的载体，在不同电解质浓度和锂原子嵌入量下，通过充放电曲线、交换电流密度和锂离子扩散系数的测量，可揭示交换电流密度、锂离子扩散与石墨负极中嵌入锂原子的量之间的关系[20]。如以石墨为正极，以金属锂为负极，采用含 1.0mol/L $LiClO_4$、体积比为 1∶1 的碳酸乙烯酯和碳酸丙烯酯为电解质，组装成锂电池体系[20]，用 PAR5210 相放大器和 PAR273 恒电位仪进行电化学测量。

从图 5-12（a）看出，电化学阻抗谱图由两部分组成，一部分为高频 (50kHz ～ 0.35MHz) 类半圆区，实际由两个半圆组成，其中较高频 (50kHz ～ 150Hz) 部分可归结为固体电解质界面 (SEI) 膜的形成，其对应于等效电路中的 $R_1=R_{SEI}$，而较低频 (0.5 ～ 0.145Hz) 源于锂离子嵌入石墨的电荷转移，即其对应等效电路图中 $R_2=R_{ct}$。另一部分低频区 (0.41 ～ 0.005Hz) 对应于一条斜线，该斜线是典型扩散控制过程。通过对该电化学阻抗谱拟合分析，得到电化学等效电路［图 5-12（b）］中电解质溶液电阻 R_s、$R_1(=R_{SEI})$、$R_2(=R_{ct})$ 以及 Q_1、Q_2 和 Q_3，其中 Q_1、Q_2 和 Q_3 分别为通过电化学工作站控制嵌入锂量，可获得一系列锂含量不同的石墨电极的电化学阻抗谱，从测试结果得到电荷转移阻抗与锂嵌入量有关，且可以通过电荷转移阻抗 (R_{ct}) 和交换电流密度 (i_0) 关系，计算出交换电流密度

$$i_0=\frac{RT}{nFR_{ct}} \tag{5-91}$$

式中，F 为 Faraday 常数；R 为气体常数；T 为实验温度；n 为电子转移数。

随嵌入锂量增大，电池体系的交换电流密度减小。

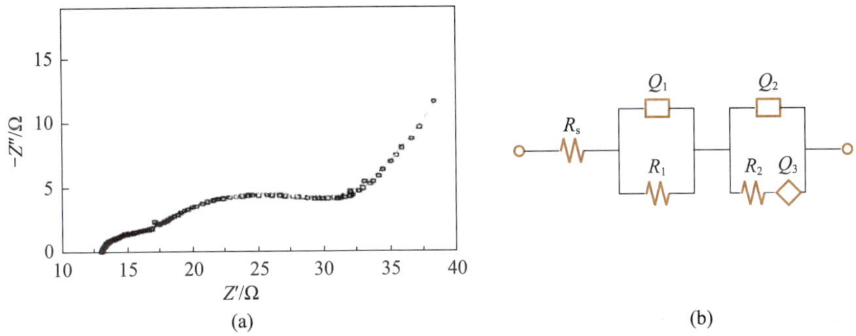

图 5-12　嵌入锂石墨电极的电化学阻抗谱（a）及其等效电路（b）[20]

在 0.2V 的开路电位下，测量不同电解质溶液下的电化学阻抗谱，通过等效电路和电化学阻抗谱拟合分析，同样可以得到不同电解质浓度下的相关参数，如 R_s、R_{SEI}、R_{ct} 等，利用 R_{ct} 确定交换电流密度 (i_0) 与嵌入锂量的关系

$$i_0=nFkc_{Li^+}^{1-\alpha}c_{Li}^{\alpha} \tag{5-92}$$

式中，α 为电荷传递系数；c_{Li} 为嵌入石墨中锂原子的浓度；c_{Li^+} 为嵌入石墨中锂离子的浓度。

对上式求对数，由 $\lg i_0$ 对 $\lg c_{Li^+}$ 作图，可以确定电极过程动力学重要参数 α。

二、锂离子扩散系数和活化能的阻抗谱分析

在锂电池中锂离子传质过程发生在电解质和电极材料之中，在工作电位区间，是影响电池电学性能的主要过程。用电化学阻抗谱测量锂离子的扩散相对于其他诸多方法有明

显优势。微纳多级 $LiFePO_4@C$ 电极材料是锂电池中一类重要电池材料[21]，将 $LiFePO_4@C$ 材料调浆涂布在铂电极上，以金属锂为负极，组装成扣式电池。待电池稳定后，在频率 0.01Hz ～ 1MHz 范围对电池施加微扰电压 5mV，测量一系列温度下电池的电化学阻抗谱，就可获得 Nyquist 图[21]。通过建立等效电路拟合获得电化学元件的电学参数，即 R_s、R_{SEI} 和 R_{ct}。由确定的 R_{ct} 随温度的变化，以 R_{ct} 与交换电流的关系，可以知道反应速率之间关系，利用 Arrhenius 方程，就可以建立 $\lg\frac{1}{R_{ct}}$ 与 $\frac{1}{T}$ 的线性关系，进而确定 C 包覆磷酸铁锂正极上锂离子扩散的表观活化能[21]。

若将该电池体系近似为平板电极半无限扩散体系，按照可逆反应进行处理，且氧化还原态产物均不涉及扩散过程，净过程是锂离子的嵌入和脱出，因此扩散系数可近似为 $D_{Li}=D_{Li^+}=D$。根据电化学阻抗谱中低频部分 Warberg 扩散区的阻抗实部 Z_r 对应角频率关系 $Z_r \propto \sigma\omega^{-1/2}$，以 $\omega^{-1/2}$ 为横坐标，阻抗实部 Z_r 为纵坐标作图，依据其线性关系可以得到 Warberg 因子 σ，这时利用扩散系数与 σ 关系确定锂离子扩散系数 D[21]，

$$D=\frac{R^2T^2}{2A^2n^4F^4C_{Li^+}^2\sigma^2} \tag{5-93}$$

式中，R 为气体常数；T 为温度，K；A 为电极的面积，cm^2；F 为 Faraday 常数；n 为氧化还原反应的电子数；c_{Li^+} 为锂离子浓度；σ 为 Warberg 因子。

离子电导率决定电池内阻和在不同充放电速率下的电化学行为，因而是电池体系的重要参数。对固体电解质而言，离子电导率也可用电化学阻抗谱进行测量。对于组装的对称阻塞电池，利用电化学阻抗谱测定离子电导率参数，其具体计算公式如下，

$$D=\frac{L}{R_bA} \tag{5-94}$$

式中，D 为离子电导率，S/cm；R_b 为由等效电路拟合电化学阻抗谱得到的固体电解质电阻，Ω；L 为电解质膜的厚度，cm；A 为惰性电极与固体电解质的接触面积，cm^2。

通常通过组装“三明治”结构的对称阻塞电池体系测定所制备电池体系的电阻。阻塞电极通常为金、铂或不锈钢等，中间夹着一定厚度的固体电解质。待电池稳定后，再加一定扰动交流电压（5mV，10mV 或 20mV），在一定的交流频率范围内测量其电化学阻抗谱，获得 Nyquist 图，再结合电池结构和等效电路图，通过拟合 Nyquist 图，就可获得该电池本体电阻 R_b，即高频部分与实轴的交点。为了测量得到质量较好的阻抗数据，高频部分一般达到兆赫级别以上，依据不同电解质，高频需要达到 5 ～ 30MHz。

三、锂电池领域电化学阻抗分析研究新进展

电化学阻抗已经广泛应用于锂离子电池特别是电池老化过程的研究[22]。孙世刚等[23]制备了锂离子电池的正极材料 $LiNi_{0.5}Co_{0.2}Mn_{0.3}O_2$，这种材料在高电压下（> 4.3V）具有很高的放电容量（> 200mA · h/g），但是其容量会在循环充放电过程中不断衰减。为了揭示这个容量衰减机制，多种协同的原位表征手段如 X 射线衍射、恒电位间歇滴定和电化学阻抗阐述了充电 / 放电过程中 $LiNi_{0.5}Co_{0.2}Mn_{0.3}O_2$ 电极界面电阻和电荷转移电阻随电压的变化趋势，以及不同电压下 Li^+ 的扩散系数等，发现在高电压充电时，材料表面出现了一个新的 $NiMn_2O_4$ 相，抑制了 Li^+ 的扩散并导致了 Li^+ 相关动力学减慢。

陈军等[24]发现正极材料 $LiCoO_2$ 在充电后，正极界面电解质层的化学组成会受到亥姆霍兹层内富余溶剂影响，形成有机物富余的界面，这对锂离子电池的稳定性是不利的。而使用尖晶石 $Li_4Mn_5O_{12}$ 涂层钝化 $LiCoO_2$ 正极材料，充电后，可形成一种稳定的 LiF 富余电解质界面。由充电过程的原位电化学阻抗 Nyquist 图发现，高压条件下 $LiCoO_2$（LCO）正极材料上 Li^+ 界面传输动力学很差［图 5-13（a）和（b）］，而尖晶石 $Li_4Mn_5O_{12}$ 涂层钝化 $LiCoO_2$（LMO-LCO）正极材料的界面具有更快的 Li^+ 传输动力学［图 5-13（c）］。此外，在 500℃的高温下，LiF 富余的界面可以保持机械完整性，而有机物富余的界面则会发生严重的热膨胀并在阴极内产生空洞和裂痕。这一工作为调控锂离子电池的高压稳定性提供了新的思路。

通常在双离子电池中，石墨负极的使用往往由于其不佳的电化学表现而受到限制，最近孙世刚等[25]制备了一种使用无锂碳纸负极的双离子电池。电解液中添加了双氟磺酰亚胺锂，获得了很好的电池性能，在电池充放电 500 次后依然保留有 96% 以上的电池容量和 98% 以上的库仑效率。使用原位电化学阻抗方法测量了电极和电解质界面的界面电阻和电荷转移电阻在充放电过程中的变化趋势，并结合 XRD、在线微分电化学质谱等表征技术，揭示了该添加剂在维持电池高效性能中起到的多重作用，包括促进锂离子的扩散过程，抑制电解质的分解和促进石墨层表面形成缺陷结构。

硫化镍是一种很有潜力的锂离子电池负极材料，但是在使用过程中材料的体积变化导致的电池容量下降限制了这类材料的实际使用。针对这一问题，麦立强等[26]制备了一种具有核-壳结构的硫化镍-碳材料，简称为 $NiS_x@C$，这种材料将电极活性材料限制在碳的内部空腔之中，很好地解决了充放电过程中硫化镍材料的体积变化问题，从而获得了良好的电池性能，包括电池寿命和快速的充放电速率。通过不同充放电程度下的原位电化学阻抗表征，证实了 $NiS_x@C$ 材料在充电 / 放电过程中可以维持稳定的结构。

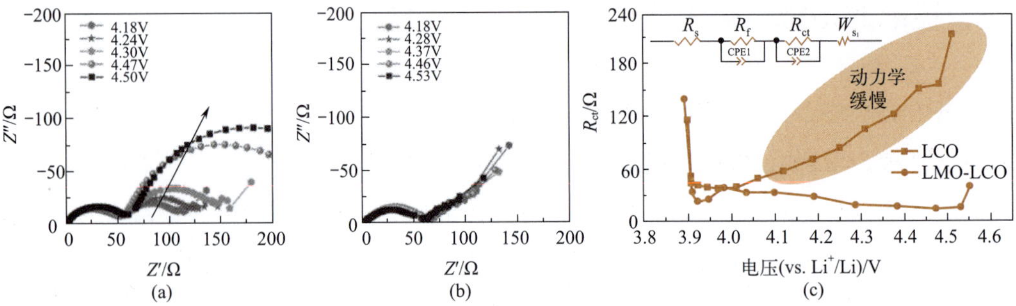

图 5-13　使用原位 EIS（电化学阻抗谱）表征 $LiCoO_2$（LCO）正极材料和使用尖晶石 $Li_4Mn_5O_{12}$ 涂层钝化 $LiCoO_2$（LMO-LCO）正极材料界面的电化学动力学[24]

（a）和（b）分别为 LCO 和 LMO-LCO 在不同电压下的 EIS 图；（c）为不同电压下 LCO 和 LMO-LCO 的电荷传输电阻对比

孙世刚等[27]也提出了一种增强固态高聚物电解质（solid polymer electrolytes, SPEs）内 Li^+ 传输的方法。使用 SPEs 可以增强锂离子电池的能量密度和安全性，但是聚环氧乙烯 [poly(ethylene oxide), PEO] 在室温下离子导电性不足，会影响锂离子电池的容量并导致电池寿命大幅缩短。为了改善这一问题，作者们合成了一种由 PEO、$Li_{6.4}La_3Zr_{1.4}Ta_{0.6}O_{12}$、氟碳酸盐和丁二腈组成的混合物（简称 PLFS），这种混合物很好地改善了 PEO 电解质内的 Li^+ 传输效能。作者使用 Li 作为电池的正极和负极，组装了 Li/Li 对称电池，并分别使用 PEO 和 PLFS 作为固态电解质，通过原位 EIS 表征两组电池的阻抗，发现使用 PEO 的电池阻抗随时间不断增大，而使用 PLFS 的电池展现出了更低的稳定的阻抗，如图 5-14 所示。这表明 PLFS 这种固态高聚物电解质和锂金属具有更好的接触和化学稳定性，并可以延长电池寿命。

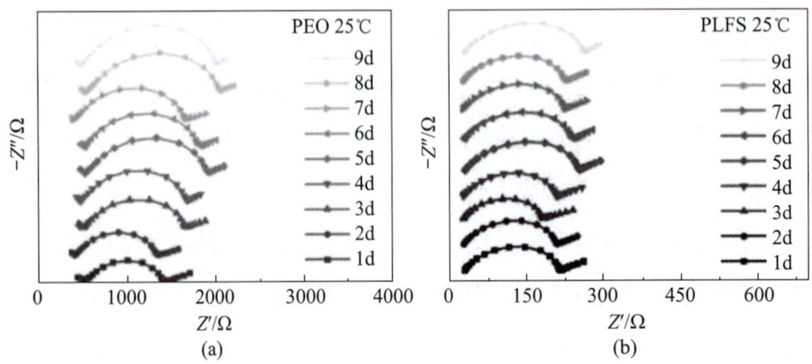

图 5-14　使用原位 EIS 表征 Li/Li 对称电池中，锂电极和 PEO 界面（a）、锂电极和 PLFS 界面（b）的稳定性[27]

分别在电池组装后 1 ～ 9d 内测量电池阻抗，使用 PEO 的电池阻抗随时间不断增大；使用 PLFS 的电池阻抗更低，也更稳定

参考文献

[1] Eliaz N, Gileadi E. Physical electrochemistry, fundamentals, techniques, and applications[M]. Second Edition. New York: Wiley-VCH, 2019.

[2] 田昭武 . 电化学研究方法 [M]. 北京：科学出版社 , 1984.

[3] 查全性 . 电极过程动力学导论 [M]. 3 版 . 北京：科学出版社 , 2002.

[4] 吴浩青 , 李永舫 . 电化学动力学 [M]. 北京：高等教育出版社 , 1998.

[5] 张组训 , 汪尔康 . 电化学原理和方法 [M]. 北京：科学出版社 , 2000.

[6] 陈体衔 . 实验电化学 [M]. 厦门：厦门大学出版社 , 1992.

[7] Bard A J, Faulkner L R, White H S. Electrochemical methods: Fundamentals and applications[M]. Third Edition. New York:Wiley, 2020.

[8] 郭鹤桐 , 姚素薇 . 基础电化学及其测量 [M]. 北京 : 化学工业出版社 , 2009.

[9] Newman J, Thomas-Alyea K E. Electrochemical systems[M]. Third Edition. New Jersey: Wiley-Interscience, 2004.

[10] 马克・欧瑞姆 , 伯纳德・特瑞博勒特 . 电化学阻抗谱 [M]. 雍兴跃 , 张学元 , 等译 . 北京 : 化学工业出版社 , 2016.

[11] 史美伦 . 电化学阻抗谱原理及应用 [M]. 北京 : 国防工业出版社 , 2001.

[12] 曹楚南 , 张鉴清 . 电化学阻抗谱导论 [M]. 北京：科学出版社 , 2016.

[13] 周绍民 . 金属电沉积——原理与研究方法 [M]. 上海 : 上海科学技术出版社 , 1987.

[14] Reinmuth W R. Theory of diffusion limited charge-transfer processes in electroanalytical techniques[J]. Anal Chem, 1962, 34(11): 1446-1454.

[15] 孙世刚 , 等 . 电化学测量原理和方法 [M]. 厦门 : 厦门大学出版社 , 2021.

[16] Frumkin A N, Dameskin B B. Adsorption of organic compounds[M]//Bockris JO'M, Conway B E. Modern aspects of electrochemistry. London: Batterworths, 1964.

[17] Delahay P. Double layer and Electrode Kinetic[M]. New York: John Wiley, 1965: 101-103.

[18] Epelboin I, Keddam M, Lestrade J C. Faradaic impedances and intermediates in electrochemical reactions[J]. Disc Faraday Chem Soc, 1973, 56: 264-275.

[19] Armstrong R D, Edmondson K. The impedance of cadmium in alkaline solution[J]. J Electroanal Chem, 1974, 53: 371-387.

[20] Piao T H, Park S M, Doh C H, et al. Intercalation of lithium ions into graphite electrodes studied by AC impedance measurements[J]. J Electrochem Soc, 1999, 146: 2794-2798.

[21] Fan J M, Chen J J, Chen Y X, et al. Hierarchical structure $LiFePO_4$@C synthesized by oleylamine-mediated method for low temperature applications[J]. J Mater Chem A, 2014, 2: 4870-4873.

[22] Hu W X, Peng Y F, Wei Y M, et al. Application of electrochemical impedance spectroscopy to degradation and aging research of lithium-ion batteries[J]. J Phys Chem C, 2023, 127: 4465-4495.

[23] Shen C H, Wang Q, Chen H J, et al. *In situ* multitechnical investigation into capacity fading of high-voltage $LiNi_{0.5}Co_{0.2}Mn_{0.3}O_2$[J]. ACS Appl Mater Interfaces, 2016, 8: 35323-35335.

[24] Liu J X, Wang J Q, Ni Y X, et al. Tuning interphase chemistry to stabilize high-voltage $LiCoO_2$ cathode material *via* spinel coating[J]. Angew Chem Int Ed, 2022, 61(35): e202207000.

[25] Wu L N, Wang Z R, Dai P, et al. A novel high-energy-density lithium-free anode dual-ion battery and *in situ* revealing the interface structure evolution[J]. Chem Sci, 2022, 13: 4058-4069.

[26] Li Q D, Li L, Wu P J, et al. Silica restricting the sulfur volatilization of nickel sulfide for high-performance lithium-ion batteries[J]. Adv Energy Mater, 2019, 9: 1901153.

[27] Song C, Li Z G, Peng J, et al. Enhancing Li ion transfer efficacy in PEO-based solid polymer electrolytes to promote cycling stability of Li-metal batteries[J]. J Mater Chem A, 2022, 10: 16087-16094.

ELECTROCHEMICAL ANALYSIS

第六章
电化学发光分析

电化学发光（electrochemiluminescence，ECL）技术，也称为电致化学发光技术，是利用电极表面电化学反应引发的化学发光现象对特定物质进行定性和定量分析的方法。电化学发光技术结合了电化学和化学发光两种分析方法的优点，不仅有优良的检测性能，而且有诸如灵敏度高、线性范围宽、操作简便、可控性强、分析快速简便等优势[1-2]。近年来，伴随着纳米技术和生物技术的快速进步，电化学发光技术取得了蓬勃的发展，已经广泛地应用于临床诊断、生命分析、环境监测、食品安全等众多科学研究领域。电化学发光材料正朝着高效、绿色、多功能的方向发展，而电化学发光分析技术也正朝着高灵敏度、高通量、高适用性等方向发展和完善。

第一节
电化学发光分析概述

一、电化学发光发展简史

电化学发光是电化学和化学发光（chemiluminescence，CL）相结合的产物，是指通过电极对含有化学发光物质的体系施加一定的电压触发电化学反应，随后电极产物之间或电极产物与体系中某些组分之间通过电子传递形成激发态，激发态返回到基态的过程中以发光的形式释放能量的现象[3-6]。ECL 分析技术通过光电倍增管或其他光学仪器收集 ECL 信号，利用光电转换对发光光谱和强度进行测定，根据待测物浓度与 ECL 信号之间的线性关系，实现对待测物质的定性和定量分析[1]。ECL 和 CL 都是发光现象，虽然 ECL 在一定程度上与 CL 相似，比如它们都是基于氧化还原反应，通过某种物质得失电子，发生化学反应来释放光子。但是，CL 中的光信号来源于试剂的混合并受其反应控制；而在 ECL 中，施加在电极上的电压是光信号产生的启动源头和控制源，这就提高了其反应的可控性。ECL 技术可以用于探索生物活性物质的化学发光与生物发光反应中电子转移的规律，有助于加强对化学发光与生物发光反应本质的认识。因此，ECL 现已发展成为一种强有力的分析工具，受到了分析化学工作者广泛的认可与关注。

ECL 的研究已经具有近百年的历史，最早的研究可追溯到 1927 年，Dufford 等[7]在有机溶剂醚中电解格氏试剂观察到发光的现象。类似地，1929 年 Harvey 等[8]在电解碱性鲁米诺（3-氨基苯二甲酰肼）水溶液时，发现在阴极及阳极上都有发光现象，由此揭开了电化学发光研究的序幕。然而，由于研究手段的限制，该方法发展相对较慢。对 ECL 现象的详细研究始于 20 世纪 60 年代，1963 年，Kuwana 和 Epstein[9]首次利用脉冲电压测试探索了鲁米诺（luminol）在铂电极上的电化学发光动力学和发光机制。Marcus[10]于 1965 年利用电子转移机理解释了电极上的 ECL 现象，标志着 ECL 理论的初步建立，也开启了有机物电化学发光材料研究的热潮。其中，红荧烯、芘类化合物、呋喃、吲哚类以及蒽及其衍生物等大量有机物均表现出 ECL 信号，其 ECL 机理也得到了进一步探究 [11-17]。例如，Bard 和 Faulkner[18] 在有机溶剂中研究了蒽及其衍生物的 ECL 机理和磁场对蒽电化学发光体系的影响。20 世纪 70 年代，随着电子技术水平的提高，电化学分析的研究范围越来越广。集成电路的广泛应用也极大推动了电化学仪器和电化学技术的发展，线性扫描、双阶跃脉冲等电化学扫描技术提高了 ECL 检测的灵敏度和信噪比。此外，电极系统也有所改进，旋转环盘电极等新型电极逐渐被应用于 ECL 研究领域 [19-20]。同时，科研工作者开展了新型电化学发光体系的研究，报道了许多新的电化学发光体系，如在 H_2SO_4 中，UO_2^{2+}、Tb^{3+}、Dy^{3+} 的电化学发光 [21-22]。1972 年，Bard 和 Tokel[23] 对钌联吡啶 [$Ru(bpy)_3^{2+}$] 在乙腈中的 ECL 现象开始了比较深入的研究。90 年代以后，随着电化学发光仪器装置、电极材料和光信号传导材料的发展，ECL 检测变得更为简便，并开始进行实际样品检测分析 [24-25]。因此，电化学发光分析进一步拓展延伸到核酸检测、免疫分析、药物检验、生物活体分析等领域。进入 21 世纪以后，新材料和新的电化学技术进一步推动了 ECL 的发展，电化学发光分析正处在一个快速发展的阶段，与其他技术和各种方法的结合将使电化学发光更具有实用性。同时，ECL 研究方法和机理研究的进一步发展和深入，应用领域也得到了不断的拓宽。

虽然许多化学试剂都可以产生 ECL 信号，但是目前的研究主要集中于部分发光试剂。当前，应用最广泛的 ECL 反应试剂是钌配合物，特别是作为第一个被发现的具有 ECL 性能的无机配合物钌联吡啶，它的应用和研究最为广泛和突出。$Ru(bpy)_3^{2+}$ 发光效率高、电化学可逆性好、适用范围宽和稳定性好，可以与胺类、醇类和氨基酸等物质发生共反应，因而是当下实现 ECL 检测的合适材料。另一种重要的有机 ECL 体系是鲁米诺体系，该体系对 H_2O_2 非常敏感，可以用于构建多酶检测传感器。随着纳米科学技术的发展，纳米材料在各个科学领域都有广泛的应用，自从 Bard 等 2002 年首次在 *Science* 上报道了半导体硅量子点具有 ECL 现象后，量子点的 ECL 研究得到广泛开展 [26]。总之，经过近几十年的发展，电化学发光的应用范围逐步拓宽，相关机理的研究也取得了突破性的进展；同时，电化学发光结合微阵列传感技术、微流控技术、发光成像技术、量子点技术等，更进一步拓展了其研究应用领域。目前，大量的研究报道推动着电化学发光技术朝着高适用性、高灵敏度和高特异性等方向发展和完善；同时，电化学发光检测设备也朝着微型化、智能化、高速检测的方向发展 [1, 6]。ECL 的发展史见图 6-1。

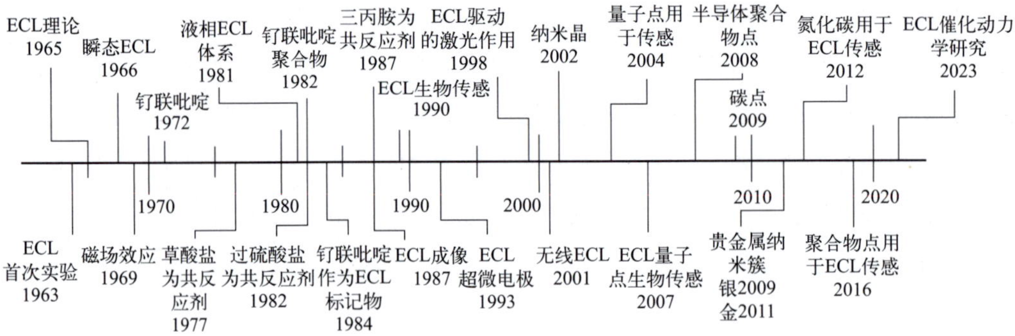

图 6-1　ECL 的发展史（在文献 [27] 基础上更新）

二、电化学发光的特点

ECL 兼备了电化学和化学发光的优点，与化学发光分析方法相比，克服了化学发光方法中所存在的一些不足，如一些化学发光试剂难以重复使用，化学发光试剂不易保存或者在特定条件下不稳定，难以实现时间和空间上的控制，以及溶液混合不均匀所带来的重现性相对较差等。概括起来，ECL 分析方法主要有以下几个方面的特点。

① 反应可控性和时空可控性好。与化学发光反应相比，电化学发光反应不是反应物之间简单的混合过程，而是在电化学激发信号作用下，在电极表面上进行的反应，可以通过改变施加电压的速度、时间和方式等来控制反应进行的方向、程度等。此外，ECL 可以通过改变电极电势实现对物质的选择性分析，比化学发光更方便。同时，优化电极材料、电极尺寸以及位置也可以实现对电化学发光的精确控制。

② 灵敏度高，线性范围宽。ECL 检测无需外部光源，不仅简化了实验装置，而且降低了背景信号，从而提高了灵敏度。在 ECL 反应中，发光反应是在电极表面附近的扩散层中进行的，在一定的电化学信号激发下，电极表面扩散层中发光物质的浓度很高，因此，电化学发光的灵敏度高于化学发光，可检测更低浓度的待测物，并且其线性范围可高达几个数量级。

③ 分析速度快。在 ECL 反应中，激发态发光体的寿命很短，在 $10^{-6} \sim 10^{-2}$s 之间，ECL 反应过程瞬间就可以完成。

④ 可以同时获得电化学和化学发光的信息。ECL 的检测通常采用的是多功能的电化学和化学发光分析系统，在检测 ECL 信号的同时记录了整个电化学反应的过程，实现了

ECL 信号与电化学信号的联合检测。这有利于研究电极过程机理、电极表面特性、参与反应的中间体类型、电极反应速率常数以及扩散系数等，为电化学和电化学发光反应机理的研究提供更多准确、可靠的信息。

⑤ 分析的应用范围很广。作为一种灵敏的检测技术，ECL 技术可与许多分析技术联用，如与色谱和电泳技术联用实现对复杂样品中特定组分的检测。目前，ECL 技术已广泛用于草酸、蛋白质、氨基酸、葡萄糖、核酸、有机胺和药物等物质的灵敏检测。

三、电化学发光的原理

ECL 反应一般经历两个过程：电化学反应和化学发光反应。电化学反应过程提供发生化学发光反应的中间体，而化学发光反应是这些中间体之间或者与其他组分之间发生化学反应，产生了物质的激发态，激发态返回基态的过程伴随着发光现象。虽然各种电化学发光体系都涉及激发态分子以光的形式释放能量回到基态的过程，但是其发光机理却不尽相同。总体来说，ECL 的产生途径主要有两种，即湮灭途径（湮灭型 ECL）和共反应途径（共反应型 ECL）。

1. 湮灭型ECL机理

当施加双阶跃正负脉冲电位时，物质 R1 和 R2 在相应电极表面分别被氧化和还原，并形成相应的氧化产物和还原产物，这两种产物之间产生电子转移从而引起发光。这种反应一般被称作“湮灭”反应[28-31]，机理如下：

$$R1 - e \longrightarrow R1^{+\cdot}\text{（阳极氧化）} \tag{6-1}$$

$$R2 + e \longrightarrow R2^{-\cdot}\text{（阴极还原）} \tag{6-2}$$

$$R1^{+\cdot} + R2^{-\cdot} \longrightarrow R1^{*} + R2\text{（形成激发态）} \tag{6-3}$$

$$R1^{*} \longrightarrow R1 + h\nu\text{（激发态回到基态发光）} \tag{6-4}$$

电极上的电压在两个值之间迅速切换产生氧化产物 $R1^{+\cdot}$ 和还原产物 $R2^{-\cdot}$［式（6-1）和式（6-2）］，这两种产物在电极表面附近反应形成激发态物质 $R1^{*}$［式（6-3）］，激发态物质释放能量返回基态过程中发出一定波长的光［式（6-4）］。湮灭电化学发光反应的典型例子是红荧烯（rubrene，RUB）体系[32]。通过对铂电极、金电极或玻碳电极施加双阶跃正负脉冲电位，RUB 在阳极氧化生成 $RUB^{+\cdot}$，在阴极还原生成 $RUB^{-\cdot}$，这两种电生产物在电极附近扩散层中发生湮灭反应，形成激发态的 RUB^{*}，RUB^{*} 返回基态并发出

540nm 的光。

另一个典型例子是 $Ru(bpy)_3^+$ 和 $Ru(bpy)_3^{3+}$ 电化学发光体系，通过阶跃脉冲电位法改变电极电位产生氧化态 $Ru(bpy)_3^{3+}$ 和还原态 $Ru(bpy)_3^+$，两者反应生成激发态 $Ru(bpy)_3^{2+*}$，在回到基态的过程中以光的形式释放能量，整个过程遵循单重态电化学发光路径[33]。

$$Ru(bpy)_3^{2+}+e \longrightarrow Ru(bpy)_3^+ \quad (6\text{-}5)$$

$$Ru(bpy)_3^{2+}-e \longrightarrow Ru(bpy)_3^{3+} \quad (6\text{-}6)$$

$$Ru(bpy)_3^+ + Ru(bpy)_3^{3+} \longrightarrow Ru(bpy)_3^{2+*} + Ru(bpy)_3^{2+} \quad (6\text{-}7)$$

$$Ru(bpy)_3^{2+*} \longrightarrow Ru(bpy)_3^{2+} + h\nu \quad (6\text{-}8)$$

2. 共反应型ECL机理

共反应型 ECL 机理与湮灭型 ECL 机理不同，它只需对电极施加单一方向的电位即可。共反应剂在氧化或还原时可以产生具有强还原性或者强氧化性中间体，产生的中间体能与电化学发光体系的发光体反应生成激发态分子。该反应通常发生在共反应剂化学键断裂形成强氧化物或强还原物时。

一个典型的共反应型发光体系是 $Ru(bpy)_3^{2+}$/ 三丙胺（TPrA）。$Ru(bpy)_3^{2+}$ 氧化还原电化学发光的机理主要有以下 3 种[34]。第一种：如图 6-2（a）所示，$Ru(bpy)_3^{2+}$ 在电极表面被氧化形成 $Ru(bpy)_3^{3+}$，同时 TPrA 在电极表面被氧化生成 $TPrA^{+\cdot}$，脱去质子形成强还原性的 $TPrA^\cdot$后，可将 $Ru(bpy)_3^{3+}$ 还原得到激发态 $Ru(bpy)_3^{2+*}$，产生 ECL。第二种：如图 6-2（b）所示，在上述过程中，具有强还原性的 $TPrA^\cdot$ 不仅可以还原 $Ru(bpy)_3^{3+}$，同时还可以还原溶液中的 $Ru(bpy)_3^{2+}$ 产生 $Ru(bpy)_3^+$，而 $Ru(bpy)_3^+$ 又可以和 $Ru(bpy)_3^{3+}$ 通过上述湮灭机理产生 ECL。然而，当 TPrA 浓度远大于 $Ru(bpy)_3^{2+}$ 浓度时，仅在 0.9V 的氧化电位下就可观察到 ECL，该电位远低于 $Ru(bpy)_3^{2+}$ 的 ECL 发光电位（1.14V），因此上述两种机理均无法解释该现象。第三种：Bard 等对这一现象提出的可能机理，如图 6-2（c）所示，首先，TPrA 在电极上失去一个电子形成具有一定氧化能力的 $TPrA^{+\cdot}$，$TPrA^{+\cdot}$ 一方面可通过上述第二种过程转变为 $TPrA^\cdot$ 并与 $Ru(bpy)_3^{2+}$ 反应生成 $Ru(bpy)_3^+$；另一方面又可充当氧化剂，将生成的 $Ru(bpy)_3^+$ 氧化为激发态的 $Ru(bpy)_3^{2+*}$，从而产生 ECL。值得注意的是，由于 TPrA 的氧化不可逆，因此在 ECL 测试时需大量添加，确保体系中存在足够的电活性物质用以生成激发态 $Ru(bpy)_3^{2+*}$ 产生高强度的 ECL 信号。

氮化碳（CN）是近年来兴起的一类聚合物型 ECL 试剂，CN 同时具有阳极和阴极 ECL 性质[35-36]。如图 6-2（d）所示，本书编著者团队研究发现，在共反应剂 $S_2O_8^{2-}$ 存在时，CN 产生的电化学发光是典型的阴极电化学发光行为。CN 的导带（CB）位于 −0.83V（vs. SHE），价带（VB）位于 1.83V（vs.SHE），对工作电极施加比 −0.83V 更负的电位时，电子从工作电极流入 CN 的导带生成 $CN^{-\cdot}$，随后溶液中的 $S_2O_8^{2-}$ 被电化学还原生成 $SO_4^{-\cdot}$（强氧化剂），然后强还原性的 $CN^{-\cdot}$ 和强氧化性的 $SO_4^{-\cdot}$ 反应获得高能的激发态。最后，CN^* 激发态电子跃迁回基态并伴随光的发射。其反应过程如下：

$$CN + e \longrightarrow CN^{-\cdot} \tag{6-9}$$

$$S_2O_8^{2-} + e \longrightarrow SO_4^{2-} + SO_4^{-\cdot} \tag{6-10}$$

$$CN^{-\cdot} + SO_4^{-\cdot} \longrightarrow CN^* + SO_4^{2-} \tag{6-11}$$

$$SO_4^{-\cdot} \longrightarrow SO_4^{2-} + h^+ \tag{6-12}$$

$$CN^* \longrightarrow CN + h\nu \tag{6-13}$$

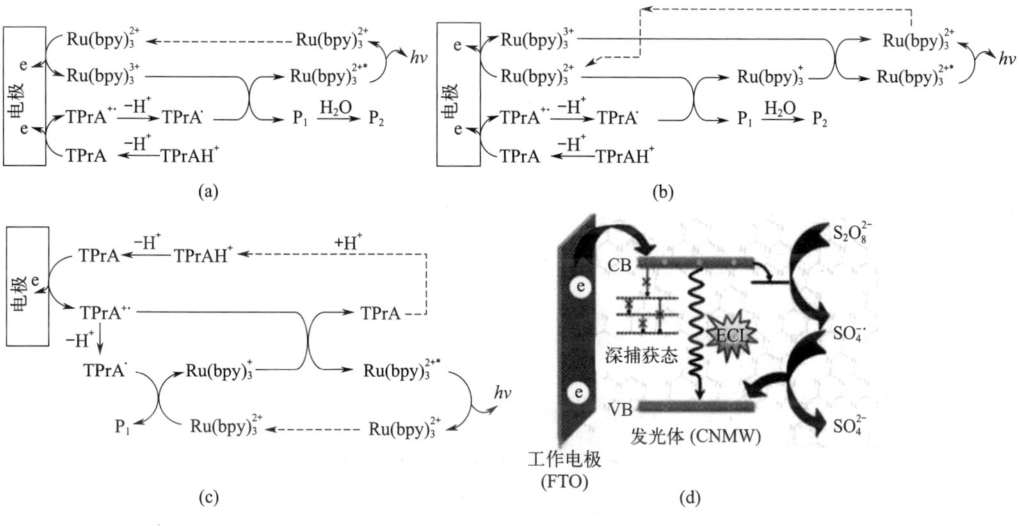

图 6-2 $Ru(bpy)_3^{2+}$-TPrA 氧化还原型电化学发光反应机理［（a）～（c）］[34] 和氮化碳的阴极电化学发光机理图（d）[35]（共反应剂：$K_2S_2O_8$）

3. 常见电化学发光试剂和发光效率

常见的电化学发光试剂有钌和铱配合物以及它们的衍生物[36-39]、氮化碳[36, 40]、量子点

（QDs）[41]、贵金属簇合物[42-43]、聚合物量子点[44]、石墨炔（GDY）[45]和金属有机骨架化合物等[46-47]。然而，大部分的ECL发光体（其中包括已经商业化的钌联吡啶）在水溶液中的ECL效率（Φ_{ECL}）较低，这阻碍了ECL的进一步应用与发展。为此发展了很多策略用来解决ECL发光体Φ_{ECL}低的问题。譬如，优先选用光致发光量子产率（PLQY）高的物质，并以此发掘可能的新型ECL发光体，通过增强发光体分子内的电荷转移、提高自由基的稳定性或者通过聚集诱导发光等方法来提高Φ_{ECL}。池毓务等[48]利用电化学方法制备了具有ECL活性的水溶性碳纳米晶体（CNC），其具有稳定性高、细胞毒性低、水溶性好、易于标记、环境友好等优点，预计能够取代$Ru(bpy)_3^{2+}$作为检测DNA和蛋白质的ECL试剂，在未来新型生物传感器和显示设备的开发中具有广阔的应用前景（图6-3）。卢小泉等[49]以1,1-二取代的2,3,4,5-四苯基噻咯（硅杂环戊二烯）作为发光体，过二硫酸钾为共反应剂，发现异质聚集诱导增强ECL的现象，ECL效率比经典的钌联吡啶体系提高34%[图6-4（a）]。苏彬等[41]通过调控发光体（CdSe/CdS/ZnS核/壳/壳结构）的界面结构，得到比$Ru(bpy)_3^{2+}$/$K_2S_2O_8$经典体系高约六个数量级的ECL效率［图6-4（b）]。鞠熀先等[44]利用共轭结构中分子内双电子转移增强的机理，设计了一种共反应剂内嵌的叔胺共轭聚合物量子点（TEA-Pdots），其ECL强度在无需外加共反应剂的情况下可达到$Ru(bpy)_3^{2+}$经典体系的132倍，从而实现了单个活细胞膜蛋白的ECL成像检测［图6-4（c)]。

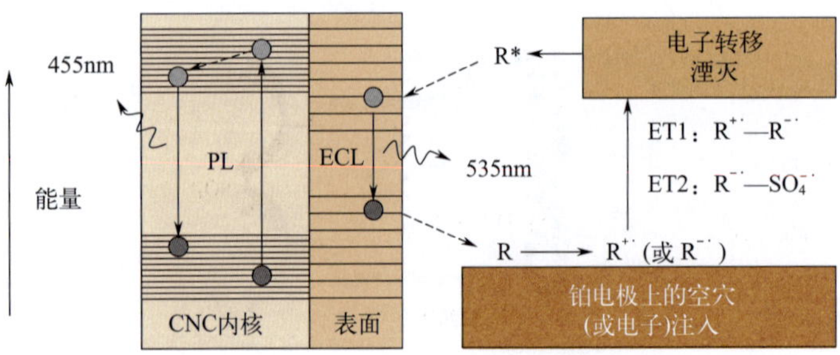

图6-3　CNC中ECL和PL（荧光）机制的示意图[20]

$R^{-\cdot}$,$R^{+\cdot}$,R^*分别代表带负电、带正电和激发态的CNC

2022年，毛兰群等[45]首次发现未经过任何功能化或处理的石墨炔（GDY）在以$K_2S_2O_8$为共反应剂的反应体系中表现出与其他碳同素异形体完全不同的ECL行为。GDY的发射光谱在近红外区域（705nm），机理研究表明该发射过程归属于表面态机制，与$Ru(bpy)_3^{2+}$/$K_2S_2O_8$相比，其ECL效率提高到424%［图6-5（a)]。该工作揭示了GDY的

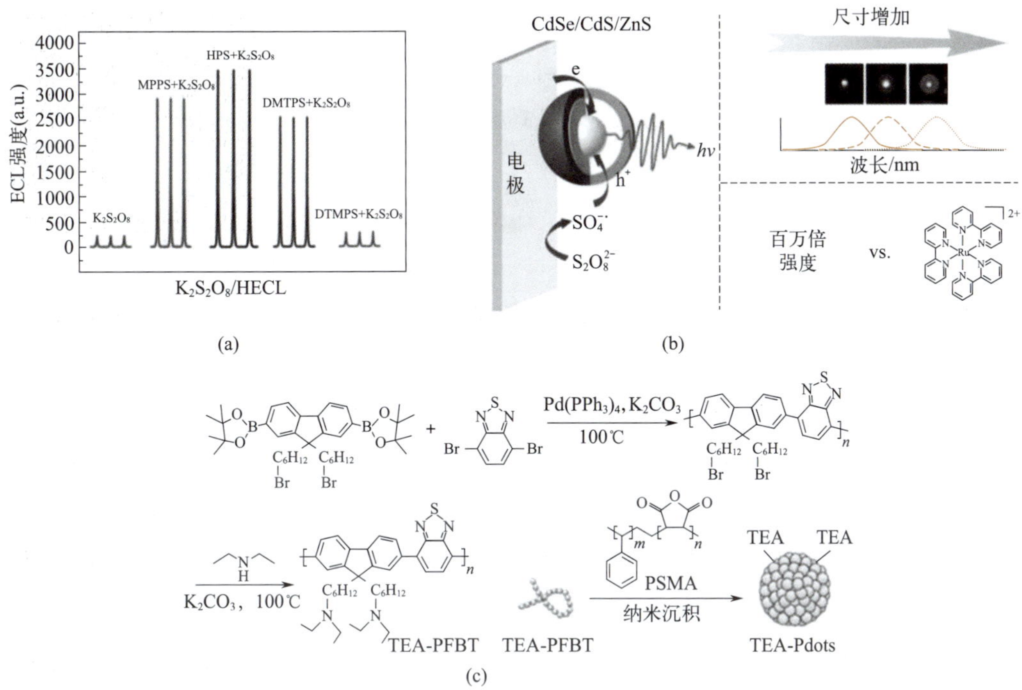

◇ 图 6-4　聚集诱导 ECL 对比图[49]（a）；基于 CdSe/CdS/ZnS 核 / 壳 / 壳量子点的多色 ECL[41]（b）；TEA-Pdots 合成过程以及用于单细胞表面人表皮生长因子受体 2（HER2）检测的 ECL 显微成像原理（c）[44]

HECL—非均相电化学发光；MPPS—1-甲基-1,2,3,4,5-五苯基噻咯；HPS—1,1,2,3,4,5-六苯基噻咯；DMTPS—1,1-二甲基-2,3,4,5-四苯基噻咯；DTMPS—1,1-二甲基-3,4,-二苯基-2,5-双 (三甲基硅基) 噻咯；TEA-PFBT—叔胺偶联聚 [(9,9-二辛基芴-2,7-二基)-交替-(2,1,3-苯并噻二唑-4,7-二基)] ；PSMA—苯乙烯-马来酸酐共聚物

ECL 新特性，并为 GDY 在成像和发光器件等新兴应用领域的发展奠定了基础。沈艳飞等[50] 开发了一种氧化钨（WO_{3-x}）纳米点共反应剂，其 ECL 效率与 $Ru(bpy)_3Cl_2$/TPrA 体系相近，但其动物毒性只有 TPrA 的 1/300［图 6-5（b）］。本书编著者团队采用微波辅助法制得氮化碳电极，极大消除了氮化碳与基底电极的颗粒边界效应，其发光效率比 $Ru(bpy)_3^{2+}$/$K_2S_2O_8$ 参照体系提高了 7 倍[35]。随后，利用轨道离域方法，本书编著者团队将氮化碳光电极的阴极 Φ_{ECL} 提高至参照体系的 170 倍[51]。并进一步通过单体两步结晶法制备了一种致密且高度透明的氮化碳薄膜 [tpCN，图 6-5（c）]，将其阴极效率提高到参照体系的 2200 倍[52]。机制研究表明氮化碳电化学发光效率的提高归因于三方面因素：①致密薄膜抑制了共反应剂直接在基底电极上的还原，提高了电子利用率；②氮化碳薄膜维持了更高轨道离域程度的七嗪环重复单位，改善了电化学发光动力学过程；③透明薄膜降低了电化学发光的自吸收，进一步提高了发光效率。

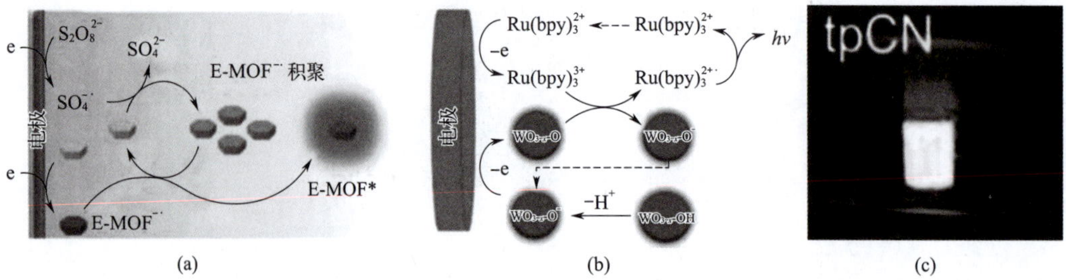

△ 图 6-5　石墨炔的 ECL 机理图（a）[45]；WO_{3-x} 的 ECL 机理图（b）[50]；氮化碳薄膜（tpCN）的 ECL 照片图（c）[52]

为了准确地了解 ECL 效率，测量绝对 ECL 效率是最直接有效的方法。类似绝对荧光量子产率，ECL 的绝对效率也可以通过严格测量绝对光子数和电子数的方法获得。丁志峰等[53-54]报道了一种利用光子计数器（photon-counting head，PCH）测定 $Ru(bpy)_3^{2+}$/TPrA 体系绝对 ECL 效率的方法与策略。这种绝对效率测定方法，弥补了传统相对效率测定过程中的弱标准性与不连贯性的问题。该策略对测定仪器和装置进行一系列的校正来准确地计算 ECL 过程中的光子数，其中包括 PCH 的校正、针对 $Ru(bpy)_3^{2+}$/TPrA 的仪器响应的校正、测定 ECL 接收校正以及溶液体系自吸收的校正。通过以上校正，实验过程中直接测得的 ECL 信号可转化为其总光子数。电子数的计算在 ECL 效率的计算过程中同样重要，综合分析空白实验得到非法拉第电流与 ECL 实验过程中产生的总电流，可计算得到用于 ECL 过程消耗的法拉第电流。采用上述方法，分别在循环伏安扫描与电位脉冲的条件下，计算出 $Ru(bpy)_3^{2+}$/TPrA 体系消耗的法拉第电子数，以及该体系发出的总光子数，从而得到不同实验条件下的绝对 ECL 效率。经过实验测得在 10Hz 电位脉冲的条件下其绝对 ECL 效率为 10.0%±1.1%，与湮灭过程相比提高了 3 倍。这种测定绝对 ECL 效率的方法，对进一步扩展 ECL 研究领域具有重要意义。

四、电化学发光分析法的定量基础及检测原理

1. 定量基础

电化学发光分析法的定量基础与化学发光分析法相同[55]。在化学发光体系中，化学发光所发出的光的强度依赖于发光体系电子激发态的形成，或者说依赖于反应动力学，而一切影响反应速率的因素都可以作为建立分析方法的依据。若某种分析物与过量试剂作用

而发光，则此时的化学发光强度与分析物浓度有如下关系：

$$I_{CL}(t)=\Phi_{CL}\frac{dc}{dt} \tag{6-14}$$

式中，$I_{CL}(t)$ 为 t 时刻的化学发光强度，光子 /s；dc/dt 是初始物质形成电子激发态的反应速率，分子 /s；t 为任一时间；Φ_{CL} 为与分析物相关的化学发光效率。发光效率可以定义为发射光子的数目（或速度）与参加反应的分子数（或速度）之比。对于特定的化学发光反应，在恒定的反应条件下，Φ 为常数，而一般情况下化学发光和电化学发光的 Φ 都小于 1%。

在发光试剂过量的情况下，其浓度值可以视为常数。因此，化学发光反应可以视为准一级动力学反应，t 时刻的化学发光强度与该时刻的分析物的浓度成正比。在化学发光分析中通常以峰高表示发光强度，利用峰高与分析物浓度成正比的关系即可进行定量分析。当然，根据类似的推理也可以对发光物质进行定量。

为了取得发光强度与浓度之间的直接联系，可以对强度-时间曲线在一时间间隔内进行积分，积分强度正比于浓度：

$$I_{CL}=\int I_{CL}(t)\,dt=\int \Phi_{CL}(dc/dt)\,dt \tag{6-15}$$

2. 检测原理

ECL 是电化学与 CL 技术相结合的产物，通过施加外部电位控制发光信号，因而其具有较强的可控性[56]，主要表现在：通过改变施加电位的大小和时长可以实现 ECL 在时间上的控制；通过改变电极的种类以及电极的空间位置可以实现 ECL 在空间上的控制。此外，ECL 技术通过施加电极电位来控制发光信号，不仅避免了外部激发光源潜在的背景干扰，还可以排除某些电位下干扰物质的发光。作为一个独立的分析技术，ECL 在众多领域得到了广泛的发展。在 400 ～ 750nm 的可见光区，电化学发光反应的自由能至少需要 299 ～ 159kJ，很多氧化反应都能够满足这个要求。因此，可以通过施加一定的电压进行电化学反应，并将能量转移给合适的受体（受体可以是反应试剂、反应产物、敏化剂等化合物），由此可以通过检测受体电化学发光反应的能量，对化合物进行直接或间接测定。

电化学发光检测法和荧光检测法有一定的相似之处，两者都是发光检测法。两者主要区别在于激发态中间体的产生方式不同，电化学发光检测法由电化学反应产生激发态中间体，而荧光检测法是通过对光源光能的吸收产生激发态中间体。许多荧光检测器可以用作电化学发光检测就是根据两者的相似之处，操作中不打开激发光源，不选择特定的发射波长，只要施加一定的电压即可。来自激发光源的背景噪声是影响荧光检测法获得高灵敏度的主要问题之一，而电化学发光检测器不需要激发光源，这使得电化学发光检测法的灵敏度比普通荧光法高 2 ～ 3 个数量级 [57]，甚至可以与激光诱导荧光检测法相媲美。因此，电化学发光检测法已成为目前最灵敏的检测方法之一，其检测限可达 10^{-21} ～ 10^{-15}mol/L。

第二节 电化学发光分析仪器

一、电化学发光检测仪的原理与结构

电化学发光检测法不需要外部光源，消除了杂散光和因光源发光不稳定而导致波动的缺点，从而降低了噪声，提高了信噪比。此外，由于灵敏的光电检测技术的引入使电化学发光检测法同时具有灵敏度高、线性范围宽、仪器简单等优点，所以该方法也适合于生物科学、医药学、临床和环境科学等组分复杂的、含量较低的检测。

典型的电化学发光检测系统主要包括两部分：电化学信号激发系统和光信号检测系统。不同型号的仪器检测技术不一样，但基本都是利用待测组分的浓度与体系的电化学发光强度呈线性关系这一原理。电化学发光强度随体系反应进行的速率变化而增强或衰弱，记录仪记录峰形，以峰高定量，也可以用峰面积定量。因电化学发光多为闪烁式发光（1 ～ 2s 左右），故进样与记录时差短，分析速度快。

ECL 典型的检测装置包括一个传感器平台（即暗箱），其内部放置电极和样品溶液，一个 ECL 信号检测器（如光电倍增管，PMT），一个用于控制电化学过程的恒电位仪以及一台计算机用于显示和处理获得的信号。在样品溶液中，ECL 探针选择性地与分析物反应，一般通过将探针从无 ECL 活性或弱 ECL 活性分子转变为强 ECL 活性产物来提高分析检测的精度 [58]。在施加适当的电位时，产物和共反应剂在电极表面发生电化学氧化还原反应产生自由基，自由基通过电子转移反应产生发光物质。

Igen 公司于 1994 年生产了第一台商用 ECL 仪器，相关技术后来被罗氏诊断公司收购。该仪器使用探针分子（如抗体或核酸）修饰的磁性微珠来捕获样品中的分析物和 $Ru(bpy)_3^{2+}$。在进行 ECL 测量之前，未结合的 $Ru(bpy)_3^{2+}$ 被清洗冲走，结合的 $Ru(bpy)_3^{2+}$ 在 TPrA 溶液中用于检测。目前，罗氏诊断公司逐渐发展出更多的 ECL 仪器，包括罗氏 Elecsys 2010、Roche Modular Analytics E170 系统、Cobas 6000 分析仪系列和 Cobas e411 分析仪，可实现 150 多种目标物的检测。

Mesoscale Discovery（MSD）公司开发的 ECL 仪器，使用多阵列和多点多孔板，并将碳电极集成在多孔板的底部。生物试剂可以通过吸附作用吸附到碳电极上，并保持高生物活性。MSD 电化学发光检测技术使用钌的衍生物（Sulfo-tag）作为标记物，在微孔板电极表面通电后，电化学作用激发 Sulfo-tag 标记物发光，通过点阵技术，在 96 孔石墨电极板里可实现每孔 10 个指标的检测。该技术还可在 24 孔板里定制实现每孔 100 个指标的筛选检测，满足了不同的实验需求。在 MSD 平台上，信号反应只发生在微孔板底部，只有结合在孔底的 Sulfo-tag 标记物才能被激发，从而实现了免洗的实验流程。目前，MSD 公司有四种型号的仪器，即 SECTOR Imager 6000、SECTOR Imager 2400、SECTOR PR 400 和 SECTOR PR 100。

中国科学院长春应用化学研究所开发了一种使用 PMT 作为检测器的商用 CE-ECL（毛细管电泳-电化学发光）系统，并由西安瑞迈分析仪器有限公司生产。该系统将 CE 分离、电化学发光和光收集同时进行，可用于临床检验以及生物医药、病毒、免疫等相关研究，提高了分析结果的准确性。目前，这种 CE-ECL 仪器已在中国很多大学和研究所使用。随后，他们又开发了 MPI-E 型电化学发光检测仪[59]，这是一款结合电化学分析与化学发光检测于一体的多测试界面、多分析参数、多控制部件系统集成仪器（如图 6-6）。该仪器由电化学分析仪、多功能化学发光检测仪以及多功能化学发光检测器等三个部分组成。数控电化学分析仪是整套测试系统的核心，仪器内部集成了与系统计算机通信的标准 RS232

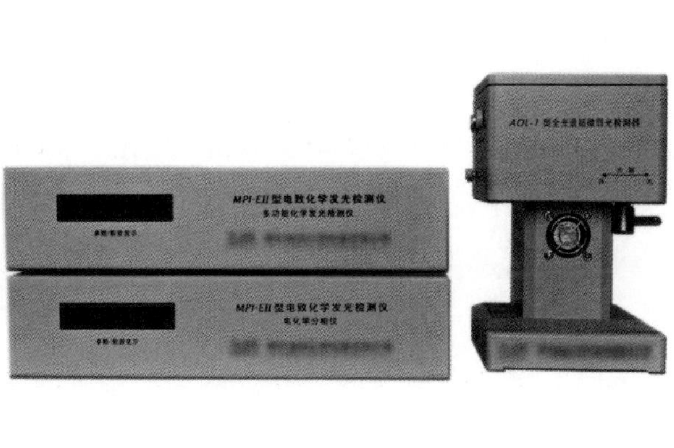

《 图 6-6　MPI-E 型电化学发光分析仪[59]

串行接口，可有效完成系统计算机与多通道数据采集分析仪及相应控制部件的数据传输。它可以对被测样品进行电化学发光检测，并同步显示化学发光和电化学分析信号。该仪器是基于 Windows 操作平台的高性能分析测试装置，可进行静态注射化学发光、化学发光和电化学发光等测量。

二、电化学发光光谱仪创制进展及成果应用

ECL 发光与电化学过程密切相关，由于其发光强度通常会随着电化学反应的进行而变化，导致难以采用波长扫描方式准确采集 ECL 光谱。这种光强型分析仪以点式光电转换元件（光电倍增管）为检测器，摒弃色散装置的构造设计，限制了 ECL 光谱学和多组分分析的发展。通过加装滤光片的方式可粗略地绘制 ECL 光谱信息。最近，池毓务等[60]、苏彬等[61]、张袁健等[62]将超高灵敏荧光光谱仪或光纤光谱仪与电化学恒电位仪联用，获得了更高分辨率，将 ECL 生化分析由传统“黑白型”总光强检测模式拓展为“彩色型”光谱检测模式。邹桂征等采用色散装置与面阵 / 线阵光电转换元件相结合方式构建了曝光成像摄谱型 ECL 检测装置，研制出适用于定量分析的科研级 ECL 光谱仪原型机，推动了 ECL 光谱学及其分析应用的研究。

该 ECL 光谱仪基于晶体管 -晶体管-逻辑电路（Transister-Transister-Logic，TTL）触发原理实现电化学分析仪与 CCD（电荷耦合检测器）光栅光谱仪的同步运行。以电极表面产生的 ECL 作为光源，利用色散装置与面阵 / 线阵光电转换元件相结合的方式构建精密光路，用暗盒有效隔绝外界电磁辐射与杂散光等干扰信号，并利用热电制冷超低温技术抑制 CCD 本底噪声，提高 ECL 发光收集效率、信噪比与光谱型 ECL 定量分析灵敏度［图 6-7（a)］。CCD 光栅光谱仪的检测原理是基于电荷耦合的原理，将待测辐射色散在 CCD 上曝光成像，并基于非波长扫描和同步识别不同波长处的光强信息，实现光谱检测。该 ECL 光谱仪由电化学工作站模块、色散模块、探测模块和外接光路模块组成［图 6-7（b)］。电化学工作站模块主要由电化学分析仪（1）、反应池（2）与三电极体系（6 ～ 8, 20）组成；探测模块为超低温制冷型 CCD（11）；色散模块为单色仪（12），主要由光学元件（M1、M2 与 M3）、光栅（G）与入射和出射狭缝组成；外接光路模块主要由可调节 ECL 反应池支架（9）、收集物镜（10）、光学接口（15）与暗盒（5）组成。色散模块与探测模块的组合即为 CCD 光栅光谱仪（3）。该原型机能够实现 CCD 光栅光谱仪和电化学分析仪的同步运行，既能基于 CCD 持续曝光成像的摄谱方式准确检测超弱 ECL 的总光谱，又能基于

CCD 瞬时曝光成像的摄谱方式采集即时 ECL 光谱，实现超弱 ECL 光谱的准确动态采集，光谱采集范围为 300 ～ 1000nm，曝光时间为 1ms ～ 1h，波长精度小于 1nm。

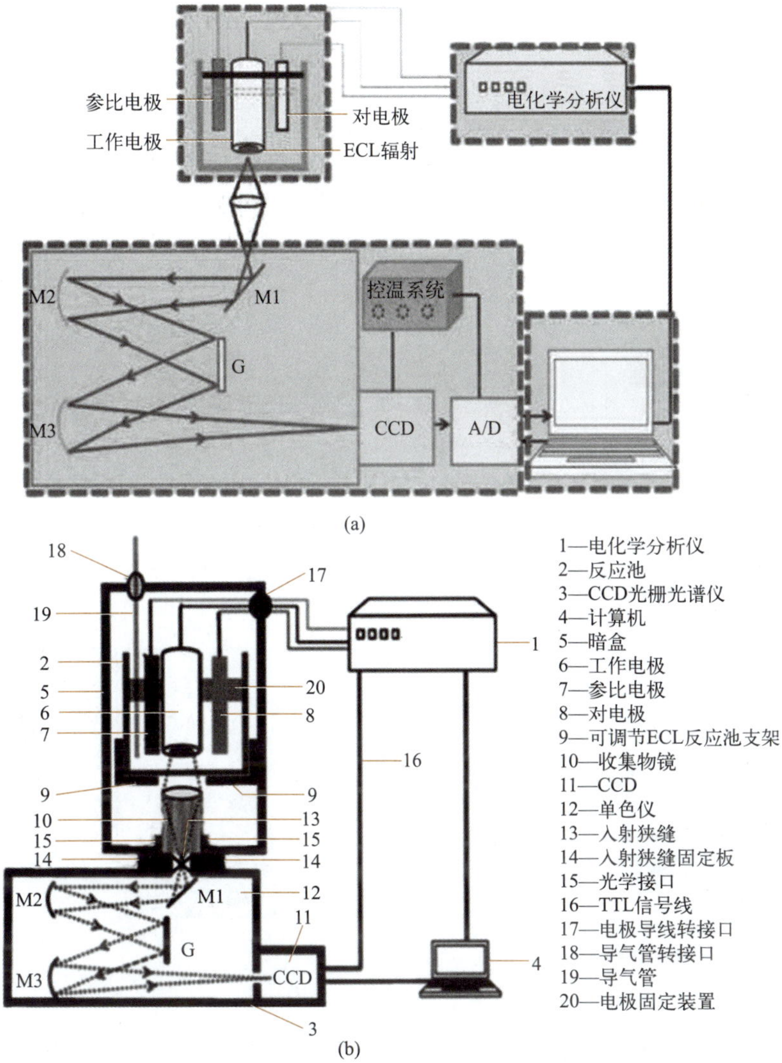

图 6-7　科研型 ECL 光谱仪研制原理图（a）；ECL 光谱仪原型机构造图（b）（邹桂征提供）

该 ECL 光谱仪能用于单个肿瘤标志物的定量分析。例如，通过将量子点与检测抗体偶联，结合夹心免疫技术，可检测到夹心免疫复合物中 CdSe 纳米晶（NCs）的绿光 ECL[63]、CdTe NCs 的红光 ECL[64]、Co^{2+}-CdTe NCs 的近红外 Ⅰ 区 ECL[65] 和 AuAg 合金纳米簇的近红外Ⅱ区 ECL 光谱[66]，建立了波长分辨型 ECL 免疫分析方法，实现了多种肿瘤标记物的单组分定量分析［图 6-8（a）］，其分析测试性能能够与罗氏公司的商业化钌联吡啶 / 三丙胺试剂盒相媲美。此外，该 ECL 光谱仪还能同步检测和在线区分多种 ECL 物质的光谱信息［图 6-8（b）～（d）］，实现双色二组分、三色三组分的光谱信号分辨和同时检测[67-69]。对于不同的电化学驱动模式，该原型机具有很好的伺服性能。例如，该 ECL 光谱仪既能在不同电化学驱动模式下（如阶跃脉冲伏安[70]、循环伏安[70-71]等）实现超弱 ECL 总光谱的准确采集，又能基于 CCD 瞬时曝光成像的摄谱方式采集瞬时 ECL 光谱。因此，光谱分辨型 ECL 仪器有望突破商业化光强型 ECL 在生化分析和临床诊断中只能开展单组分分析的局限性，推动商业化 ECL 生化分析的技术升级。

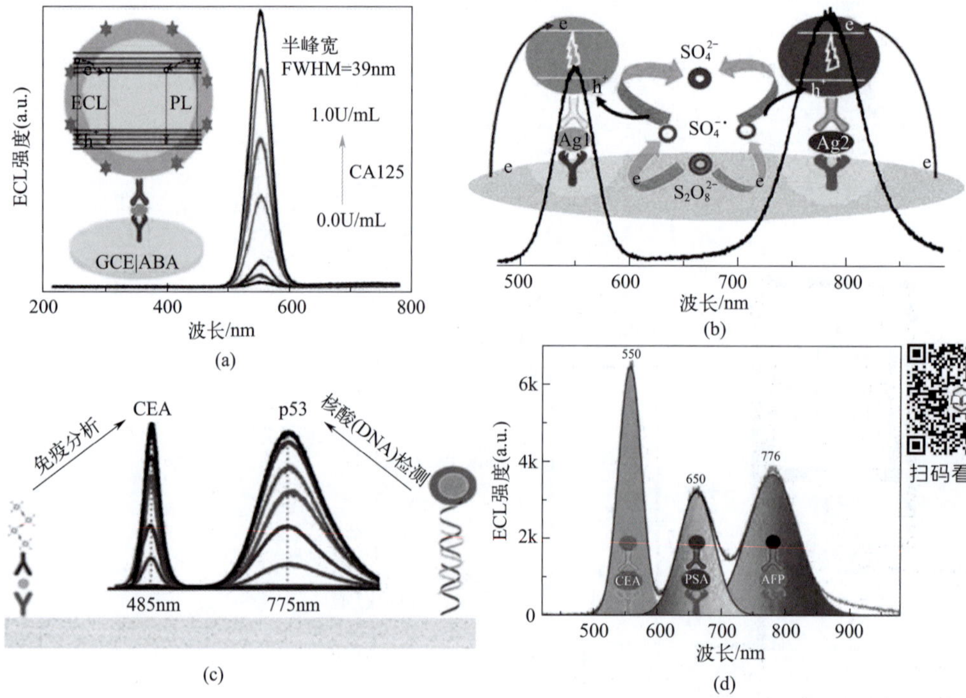

扫码看彩图

图 6-8 绿光区的单组分 ECL 免疫分析技术（a）[63]；双组分 ECL 免疫分析技术（b）[67]；免疫分析与核酸检测协同的双组分 ECL 检测技术（c）[68]；三组分 ECL 免疫分析技术（d）[69]

GCE—玻碳电极；CEA—癌胚抗原；AFP—甲胎蛋白；PSA—前列腺特异性抗原；PABA—对氨基苯甲酸

三、电化学发光成像装置

电化学发光成像技术在分析领域的应用始于 20 世纪 80 年代，为了研究在微观尺度上可视化电极的非均质性和表征电极过程动力学，Engstrom 等开展了 ECL 成像方面的先驱工作[72]。近十年来，电化学发光成像技术发展迅速，应用领域不断拓宽，在免疫分析、无机及生物分子的检测等领域得到了广泛应用[73-75]。20 世纪 90 年代，人们使用具有超微电极的扫描电化学显微镜（SECM）捕获 ECL 信号并成像，然而，高成本和复杂的样品制备限制了其更广泛的应用。而 CCD 相机的出现，不仅实现了即时图像构建和高通量分析的兼容性，而且 CCD 捕获光学图像的高分辨率特性非常适合于单个物种的细节可视化。然而，由于所需检测尺度的限制，CCD 灵敏度是获得高质量 ECL 图像的主要限制因素。随着电子倍增电荷耦合器件（EMCCD）的发展，其能够以 MHz 级像素读出速率对单光子进行计数。

近年来，EMCCD 已成为微纳尺度 ECL 成像中广泛使用的探测器。沈伟等[76]设计了一种纸基微流体 ECL 成像系统，用于烟酰胺、2-(二丁基氨基) 乙醇、烟酰胺腺嘌呤二核苷酸（NADH）的测定，并通过智能手机摄像头直观地显示检测结果（图 6-9）。手机摄像头作为读出工具的出现，使其具有成本效益，并适合在取证和现场快速检测（POCT）领域使用，由此可见 ECL 分析仪器具有广阔的发展空间。

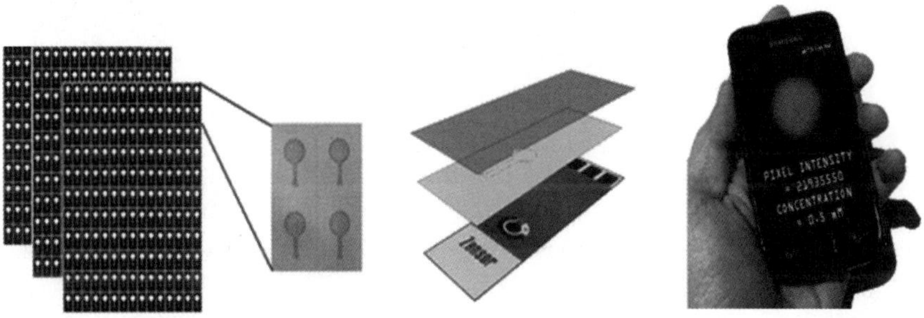

图 6-9 基于微流控纸芯片的 ECL 传感器的设计示意图[76]

朱俊杰等[77-79]通过优化物镜光路系统及倍率调节系统，增强微弱电化学发光信号的采集效率，采用高亮白光光源来减少纳米粒子散射光的背景干扰，搭建了一台电化学发光显微平台系统，用于细胞通信相关物种的含量及空间分布分析，并对细胞通信相关物种的时间分布及相关事件进行长期观察，获得受体与信号分子特异性识别后的空间构象变化等信息。该光电显微平台利用共轴双成像物镜，可通过上下两个物镜同时观察同一个细胞，获得该细胞的暗场散射成像和电化学发光成像。通过联用暗场单颗粒光谱，实现对细胞自噬过程中细胞内外活性氧浓度的动态追踪（图 6-10）。发现细胞自噬过程中，细胞内部活性氧浓度升高，致使多功能化金核银壳纳米棒探针散射光谱发生红移[77]。同时大量的活性氧诱发细胞氧化应激，部分活性氧被释放到细胞外环境，作为电化学发光共反应剂，导致电极表面电化学发光强度增强[78]。此外，该光电显微平台可对单细胞的凋亡过程进行分析[79]，有望为监测并阐明细胞通信和信号转导机理提供新的高效分析技术。

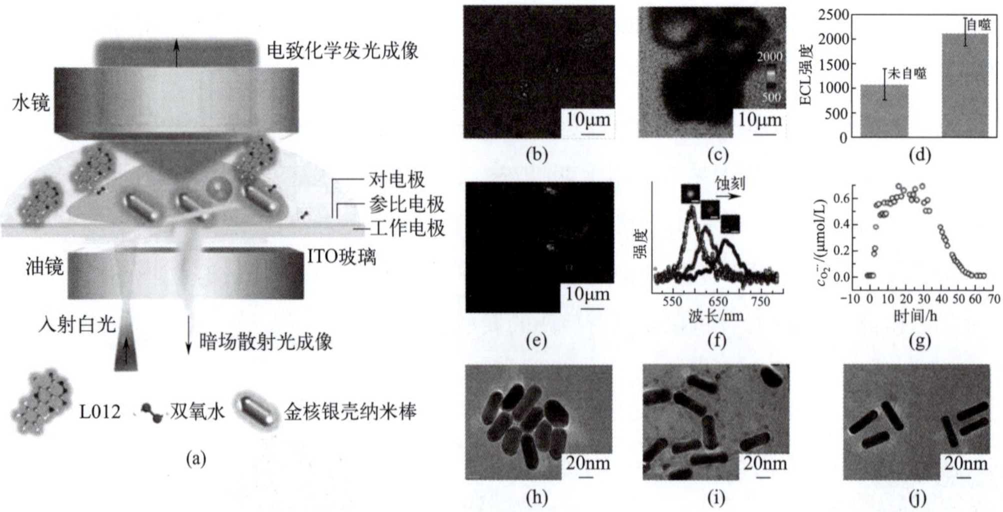

图 6-10　暗场单颗粒成像与电化学发光成像对细胞自噬过程的监测[77-78]

（a）仪器工作原理；（b）自噬 6h 细胞明场图像；（c）自噬 6h 细胞电化学发光图片；（d）自噬增强电化学发光强度；（e）自噬 6h 细胞暗场图片；（f）细胞内单个金核银壳纳米探针在细胞自噬不同时间的暗场散射光谱图；（g）饥饿细胞自噬过程中胞内超氧自由基浓度变化；（h）～（j）金核银壳纳米探针被活性氧刻蚀前（h）、刻蚀中（i）和刻蚀后（j）的透射电镜图

牛利等结合扫描探针显微技术的高空间分辨能力和电化学发光的光学成像及物种、位点分辨能力，研制了高分辨扫描电化学发光显微成像系统（图 6-11）。采用步进电机驱动精密丝杠构成大范围三维位移平台，并由压电晶体进行更精确的调节，实现 50mm×50mm×50mm 大移动范围探针的空间定位和扫描，定位精度可达 2nm。在常规扫描电化学显微镜的基础上，增加了光电倍增管作为电化学发光采集器，实现了电化学扫描探针电流 / 电压成像与电化学发光成像的同步检测，突破了电化学发光成像方式的光学衍射极限。此外，通过结合纳米探针，可实现纳米级的电化学发光成像分辨率，在化学和生物等多个学科领域具有广泛的应用前景。

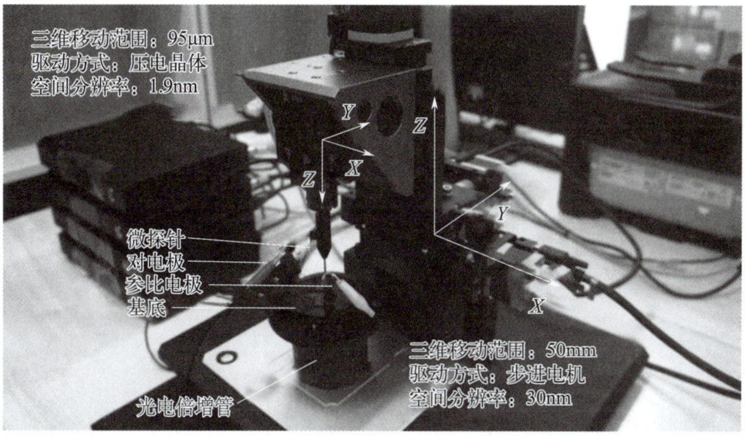

图 6-11　电化学发光显微成像系统的总体结构（牛利课题组提供）

第三节
电化学发光分析应用

ECL 分析是基于 ECL 信号与被分析物浓度定量关系的一种分析方法。以生物活性分子作为分子识别元素，ECL 试剂 / 材料作为信号物质，通过将生化相互作用转化为可量化的 ECL 信号，实现生物分子的灵敏检测。

一、核酸分析

高性能 ECL 核酸传感器促进了生物分析方法和技术的进步。周小明等[80]报道了一种纸基双极电极电化学发光（pBPE-ECL）装置用于病原菌基因的高灵敏检测。该系统以 $[Ru(phen)_2dppz]^{2+}$（phen 为 1,10-菲咯啉；dppz 为双吡啶吩嗪）作为 ECL 发光体，该分子的 ECL 信号在水溶液中能被质子化的酚醛所猝灭，而当体系中存在 dsDNA 时，信号则会增强［图 6-12（a）］，利用该装置能够检测到 10copies/μL 的单细胞李斯特菌的 DNA。鞠熀先等[81]合成了鲁米诺掺杂聚合物量子点（L-Pdots）和二乙胺偶联聚合物量子点（N-Pdots），对这两种聚合物量子点发光体分别进行生物标记，通过电压控制同时实现两种 miRNA 的可视化检测。提出的可视化分辨 ECL 策略、ECL 成像阵列在癌症临床诊断和预防方面展现出巨大的应用潜力［图 6-12（b）］。本书编著者团队研究发现，利用机械研磨的方式可以实现 CN 的剥离和修饰[82]，并进一步通过共价键结合生物分子制得具有优异 ECL 性能的探针分子，最终用于 tDNA 的高灵敏检测［图 6-12（c）］。相对于未修饰的 CNNS 利用物理吸附原理检测目标 DNA 的策略，基于功能化的氮化碳纳米片（m-CNNS）构建的 ECL 传感器，表现出显著提高的灵敏度。

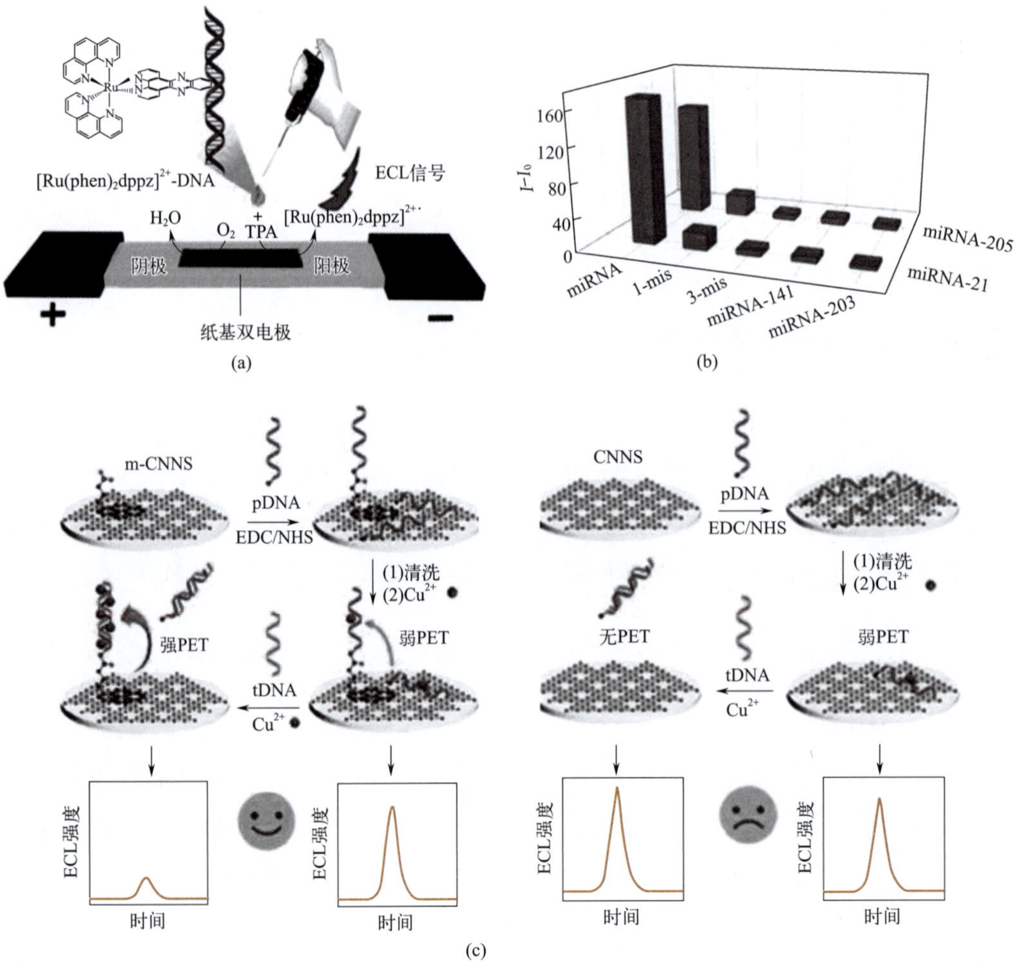

图 6-12　pBPE-ECL 分子开关系统的分析原理（a）[80]；用于 miRNA-21 和 miRNA-205 分析的机理图以及 ECL 成像阵列（b）[81]；在玻碳电极上用 m-CNNS 和 CNNS 作为发光体制备 ECL 生物传感器示意图（c）[82]

袁若等[83]将1-吡喃羧醛嵌入到介孔硅干凝胶结构中作为电化学发光体，以Ag纳米颗粒作为共反应加速剂，三维（3D）DNA纳米机器作为信号增强策略，构建了用于miRNA-126检测的ECL传感平台［图6-13（a）］。崔华等[84]设计了一种由*N*-（氨基丁基）-*N*-（乙基磺基）功能化的石墨碳氮化物（g-C_3N_4）ECL发光体，该发光体能够在H_2O_2/$K_2S_2O_8$存在下表现出激发电压分辨的两种ECL发射。利用Hg^{2+}能与g-C_3N_4结合形成g-C_3N_4 ABEI/Hg^{2+}纳米混合物并调节ECL信号的特性，发展了一种无标记传感策略，用于急性心肌梗死生物标志物miRNA-133a的灵敏检测。徐静娟等[85]开发了一种可视化双极电极-ECL（pBPE-ECL）传感平台［图6-13（b）］，基于颜色不同的鲁米诺（蓝色）和$Ru(bpy)_3^{2+}$（红色）的ECL实现对HL-60癌细胞的定量检测。与传统的三电极系统比较，两个BPE彼此电耦合有助于提高ECL检测灵敏度。通过添加H_2O_2和DNA酶，BPE2上$Ru(bpy)_3^{2+}$的红色ECL信号被关闭，BPE1上的蓝色鲁米诺信号被打开。通过直接观察可将癌细胞与正常细胞区分开来，实现肿瘤细胞精准识别和检测。

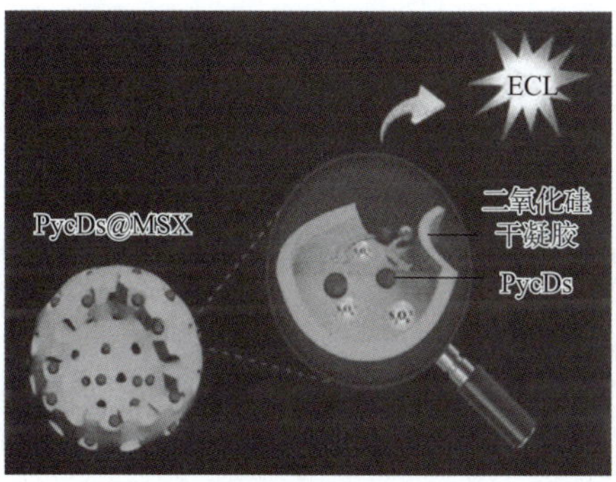

(a)

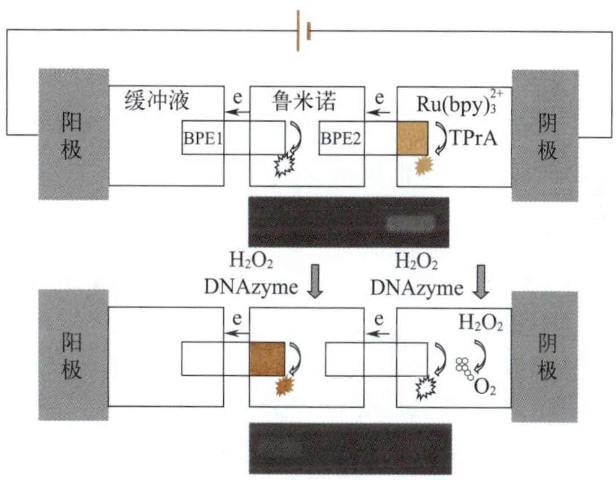

(b)

图6-13 目标物驱动的3D DNA纳米机器循环扩增（a）[83]；基于pBPE阵列芯片的可视化ECL传感平台（b）[85]

二、小分子的分析

ECL技术可应用于小分子的检测。李敬等[86]利用可调的配位环境和结构依赖的催化特性，设计制备了单原子催化剂，研究了氧还原反应（ORR）活性与ECL行为之间的关系。由于ORR产物促进鲁米诺的化学氧化，使得鲁米诺阴极ECL提高了70倍。随后利用该体系对抗坏血酸进行检测，抗坏血酸浓度在0.10nmol/L～100μmol/L范围内与ECL强度呈良好的线性关系。刘洋等[87]研究了Cu掺杂Cd-In-S超四面体硫族化物纳米簇的ECL行为，并阐明了空位处Cu掺杂对纳米簇ECL发射性能的影响。基于纳米簇材料的ECL特性，他们构建了一种简单、快速且无标记检测多巴胺的ECL传感器且具有较低的检测限（335nmol/L）。金永东等[88]通过激发二维Au@SiO_2纳米膜的等离子体，显著提高了铁单原子催化剂的ECL响应。基于该体系构建的ECL系统可用于多巴胺、血红素和Hg^{2+}的检测。漆红兰等[89]利用室温离子液体（RTILs）修饰金电极，建立了核黄素的高灵敏检测方法。核黄素显著增强了荧光素的ECL强度。Paramasivam[90]等依据阿脲酸在电化学氧化过程中形成阿脲酸自由基，构建了基于$Ru(bpy)_3^{2+}$的ECL阿脲酸传感器，在生理pH条件下的检测限和定量限分别为0.97nmol/L和1.45nmol/L。

三、金属离子和阴离子的测定

重金属离子对公众健康和环境具有严重危害，但是灵敏和准确地检测样品中重金属离子含量仍然存在挑战。Moghaddam等[91]建立了基于双极电化学发光的重金属离子检测方法，采用$Ir(ppy)_3$和$Ru(bpy)_3^{2+}$混合发光剂实现了Cd^{2+}和Cu^{2+}的同时检测。由于金属离子的不同，所以发射出的ECL光谱波长不同，根据波长的变化预测目标金属离子的浓度变化，从而获得高检测灵敏度［图6-14（a）］。王进义等[92]提出了一种基于石墨烯气凝胶（GA）和金属有机骨架（MOF）复合材料同时检测水中多种重金属离子的方法，用于同时检测河水及土壤和蔬菜浸出液中的Cd^{2+}、Pb^{2+}、Cu^{2+}和Hg^{2+}，具有较高的准确性和可靠性［图6-14（b）］。

目前，ECL分析通常基于单一电位激发下发射强度的变化。由于仪器或某些环境因素，假阳性或负值错误可能会干扰痕量分析物的检测。为减少甚至消除这些干扰，本书编著者团队发现具有不同化学结构和尺寸的氮化碳纳米片，在不同电位下对不同金属离子有不同的ECL响应［图6-14（c）］，同时，不同化学结构的氮化碳纳米片对不同金属离子有不同的ECL响应，实现阴极和阳极ECL信号的双重调控[93]。相比于传统的金属离子传感器，单一金属离子具有多个传感信号（“ECL指纹谱”）能够有效地避免检测中的假阳性，极大地提高了传感器的准确性。在进一步的猝灭机理研究中发现，内滤效应和诱导电子转移效应是导致猝灭的关键因素。

扫码看彩图

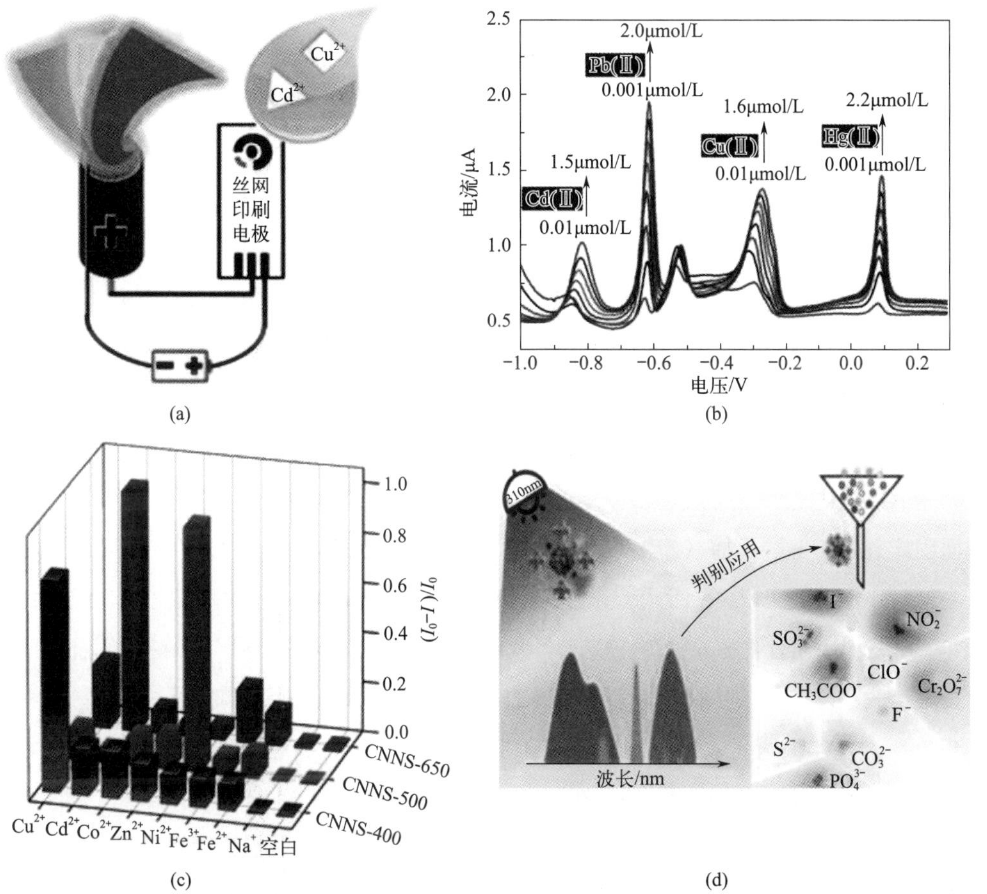

图 6-14　基于双极电化学发光的重金属离子检测（a）[91]；在 GA 基体上原位生长 UiO-66-NH_2 晶体合成 GA-UiO-66-NH_2 复合材料，并用修饰电极检测重金属离子示意图（b）[92]；不同金属离子对氮化碳纳米片阴极的 ECL 响应（c）[93]；在金属有机骨架中结合三种不同发光通道的单系统判别无机阴离子传感器（d）[94]

ECL 技术也可用于无机阴离子的测定。闫冰等[94]开发了具有蓝色发射中心（BDC-NH_2）、绿色发射中心（Tb@BDC-SO_3^-）和红色发射中心（罗丹明 B, RhB）的探针 RGB@TLU-2，如图 6-14（d），分别具有配体发射、LMET（纵断多层发射体层成像）发射、客体发射的发光机制，赋予了 RGB@TLU-2 高交叉反应性。当 RGB@TLU-2 浸泡在含有 12

种无机阴离子的溶液中时，可显示多种发光响应模式，采用主成分分析和层次聚类分析方法对分析物的发光响应进行处理，得到了 5 种响应模式，并将 12 种无机阴离子分为 6 类。其中，$Cr_2O_7^{2-}$、PO_4^{3-}、ClO^- 和 NO_2^- 的检出限分别为 2.895×10^{-8}mol/L、6.353×10^{-6}mol/L、1.134×10^{-5}mol/L 和 4.56×10^{-4}mol/L。RGB@TLU-2 除了能够从 12 种金属离子中区分出 4 种金属离子，即 Fe^{3+}、Fe^{2+}、Cu^{2+} 和 Cr^{3+}，还能够从 11 种氨基酸中区分出 3 种氨基酸，即色氨酸（Trp）、脯氨酸（Pro）和精氨酸（Arg）。

四、免疫与生化分析

电化学发光免疫分析（electrochemiluminescence immunoassay, ECLIA）是电化学发光（ECL）技术和免疫反应相结合的产物。ECLIA 以其卓越的灵敏度和高通量在过去的十年中受到了广泛的关注。

徐国宝等[95]利用碳墨丝网印刷电极（即单电极电化学系统，SEES）优异的吸附性能和生物亲和性，构建高通量 ECLIA。当血清中存在心肌肌钙蛋白 I（cTn I）时，将被电极表面固定化 cTn I 抗体捕获，溶液与电极之间的电子转移被抑制，导致鲁米诺-H_2O_2 系统的 ECL 强度降低［图 6-15（a）］。苏彬等[37]合成了几种新的钌（Ⅱ）和铱（Ⅲ）配合物，并研究了这些光敏化合物的光物理、电化学和 ECL 性质［图 6-15（b）］。将这些光敏化合物负载在聚合物小球上并与抗体偶联得到纳米探针，结合夹心免疫反应和电压控制的光谱双分辨 ECL 信号，实现癌胚抗原（CEA）、甲胎蛋白（AFP）和人绒毛膜促性腺激素（β-HCG）的同时检测。本书编著者团队[96]通过在氮化碳纳米片界面上组装 hemin/G-四联体复合物，开发了一种基于类酶催化反应和空间位阻效应两种竞争机制的仿生 ECL 生物传感器。该传感器成功应用于 DNA 氧化损伤生物标志物 8-羟基脱氧鸟苷（8-OHdG）的检测，与单机制驱动的传感器相比，具有更宽的检测浓度动态范围和更高的灵敏度［图 6-15（c）］。牛利等[97]以肽核酸为固定化分子识别元件，分别以 4-氰基-4-（硫代苯甲酰）戊酸和甲基丙烯酸二茂铁基甲酯作为自由基聚合单体，实现核酸检测的信号放大，并有效区分单碱基错配，检测下限为 0.58fmol/L［图 6-15（d）］。该电化学生物传感器具有操作简便、成本低廉、灵敏度高、选择性好等优良特性，且可用于血清样品中核酸的定量分析，因而在核酸的高灵敏度、高选择性检测中具有很好的应用前景。Hassan 等设计了一种超灵敏的 ECL 免疫传感框架，将 $Ru(bpy)_3^{2+}$ /TPrA 嵌入到壳聚糖（CS）聚合物中形成修饰电极，用于测定血清样品中的 HER-2 蛋白生物标记物。

扫码看彩图

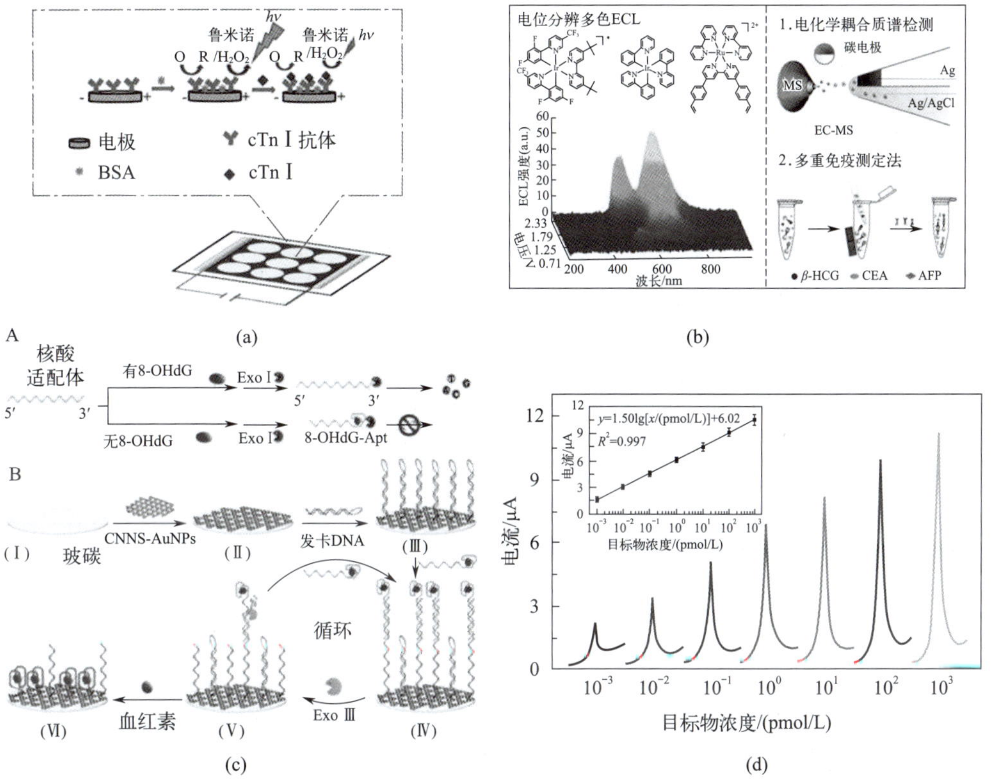

△ 图 6-15　基于碳墨 SEES 的 cTn Ⅰ无标签 ECL 免疫传感器组装策略（a）（BSA-牛血清白蛋白）[95]；电位分辨多色电化学发光用于同一样本中多种肿瘤标志物的同时检测（b）[37]；多竞争机制驱动的 ECL 生物传感器用于检测 8-OHdG 的组装过程示意图（c）[96]；目标物浓度与峰值电流的对应关系图（d）[97]

第四节
电化学发光成像

1987 年，Engstrom 等 [98] 利用 ECL 成像表征了电极过程动力学，并在微观尺度上观察到电极表面的非均质性。微电极阵列上的 ECL 成像能提供单根电极表面发生反应的信息，具有高时空分辨率和高灵敏度。这些突破为研究电极过程动力学和发展生物分子成像检测新方法提供了新思路和途径，并发展了电化学发光显微镜仪器和技术，仪器包含普通光学显微镜、恒电位仪和高灵敏度 CCD 相机。

一、电化学成像机理

在生物分析中应用较多的 ECL 成像技术主要为核反应物途径机制。$Ru(bpy)_3^{2+}$ 复合物与氨基核心反应物［如三丙胺（TPrA）或 2 -（二丁基氨基）乙醇］反应，是目前最广泛使用的 ECL 成像系统。由于 $Ru(bpy)_3^{2+}$ 复合物较容易与蛋白质连接，因此，该 ECL 成像系统主要用于免疫测定。另一个经典的 ECL 成像系统则是鲁米诺与过氧化氢反应，由于鲁米诺的 ECL 依赖于 H_2O_2 的量，该成像系统在涉及活性氧和氧化应激的生物分析中被广泛应用。此外，根据氧化酶能够在底物存在的情况下产生过氧化氢的特性，它还可以用于监测氧化酶的生理活动。

电极材料的类型、溶剂的性质、介质的 pH 值、表面活性剂、核心反应剂的浓度、发光体的浓度以及电极表面的疏水性是影响 ECL 机制的主要实验参数。根据 $Ru(bpy)_3^{2+}$ 复合物被氧化的途径，以 $Ru(bpy)_3^{2+}$/TPrA 为基础的 ECL 成像可以分为两种主要反应路径。第一种路径涉及 $Ru(bpy)_3^{2+}$ 被直接氧化以产生 ECL［图 6-16（a）］。第二种路径只涉及核心反应物 TPrA 在电极表面的直接氧化，产生的中间自由基 $TPrA^{\cdot}$ 和 $TPrA^{+\cdot}$ 扩散到溶液中与 $Ru(bpy)_3^{2+}$ 反应产生更高的能量并发出光子，该过程在生理 pH 值下进行，并且发光体能够原位再生［图 6-16（b）］。

根据氧化电位和实验条件，目前已经提出了鲁米诺/H_2O_2 系统的不同机制。碱性条件下鲁米诺去质子化，形成氧化的二氮杂蒽醌中间体，然后在激发状态下分解成 3-氨基邻苯二甲酸盐。后者弛豫到基态并在 425nm 处发出光子［图 6-16（c）］。在鲁米诺/H_2O_2 核心反应体系中，活性氧自由基，如超氧离子（O_2^-）、单线态氧（$^1O_2$）或羟基自由基（·OH），在电极上通过电化学方式产生，并产生激发态 3-氨基邻苯二甲酸盐，增强 ECL 信号。由于鲁米诺 ECL 系统需要一个比 $Ru(bpy)_3^{2+}$ 更低的阳极电位（约 0.4V），因此更适用于活细胞成像。

二、基于酶的检测

苏彬等[100] 基于鲁米诺和酶促反应产生的 H_2O_2 构建了一种 ECL 成像传感阵列，通过测量 ECL 图像的发光强度，实现了氯化胆碱、葡萄糖和乳酸的同时检测。进一步将电化

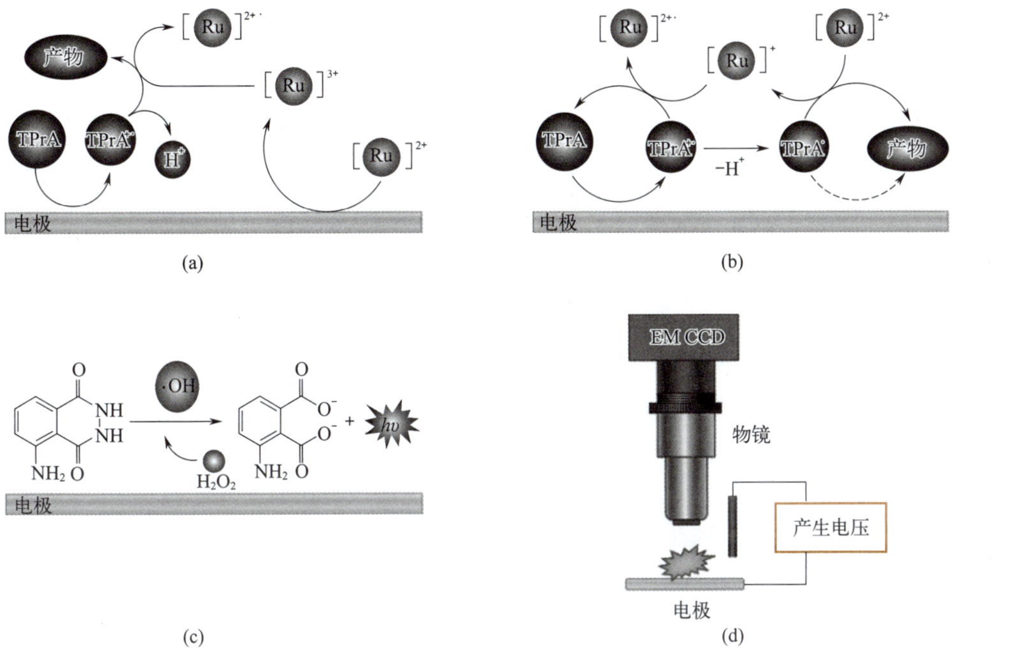

图 6-16　$Ru(bpy)_3^{2+}$/TPrA 和鲁米诺 / 过氧化氢系统的基本 ECL 原理路线[99]

（a）TPrA 和 $Ru(bpy)_3^{2+}$ 的第一种反应路径图；（b）第二种反应路径：ECL 发射仅由 TPrA 在电极表面的氧化产生，涉及钌发光体与 TPrA 自由基的反应；（c）碱性条件下鲁米诺 /H_2O_2 体系的反应原理图；（d）用于 ECL 成像的装置示意图

学发光成像与酶联免疫测定相结合，发展了用于指印样本蛋白质 / 多肽残基的高灵敏度检测方法，如图 6-17（a）所示，通过在金电极表面收集指印样本，利用目标分析物的特异性，在指印上偶联生物素化一抗，并根据分析物的丰度设计了两种免疫反应途径，即单 HRP（辣根过氧化物酶）和多 HRP 途径。在单 HRP 途径中，修饰后的金电极与 HRP 分子偶联的二抗共孵育；在多 HRP 途径中，电极、生物素化二抗和 HRP 标记的链霉亲和素依次孵育。最后，将上述组装电极浸于含有鲁米诺的缓冲液中，施加负电位将溶解氧电化学还原为 H_2O_2，从而诱导电极上固定化的 HRP 催化鲁米诺化学发光，实现指印的 ECL 成像。Marquette 等[101]设计了一种多功能生物传感芯片用于酶解 H_2O_2 产物的 ECL 检测，测定了葡萄糖、乳酸、胆碱、谷氨酸、赖氨酸和尿酸产生 H_2O_2 的能力，且无明显的交叉反应性［图 6-17（b）］。江德臣等[102]发现纳米电极尖端局部 ECL 增强的现象，即由于发光探针在尖端的传质比在尖端周围平面的传质增强，从而导致纳米电极尖端局部发光增强的现象。通过在电极表面修饰葡萄糖氧化酶，可以定量检测葡萄糖浓度，为开发高密度的电

化学阵列 ECL 传感器提供了新策略［图 6-17（c）］。

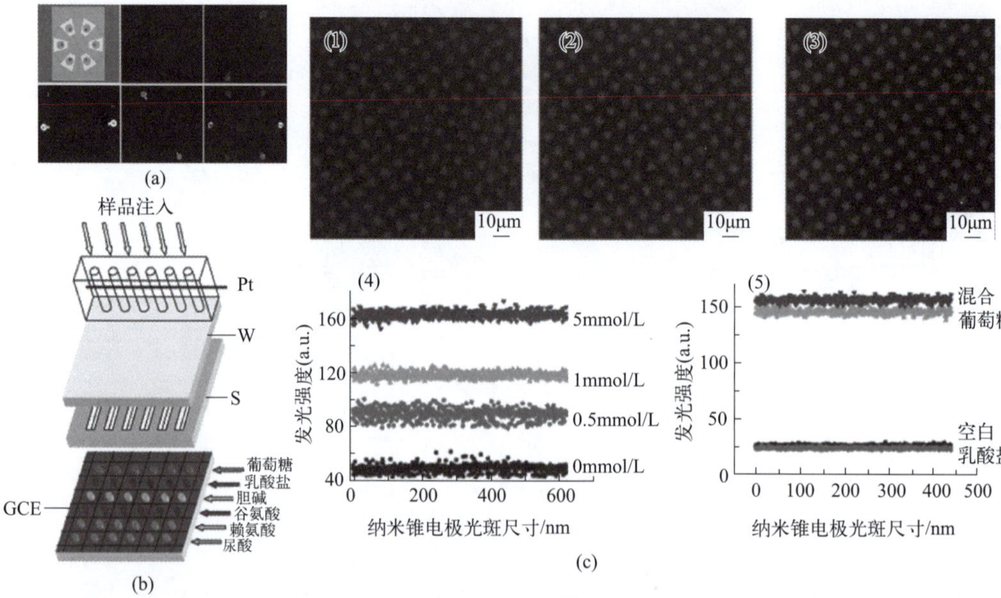

图 6-17 基于鲁米诺和酶促反应产生的 H_2O_2 检测氯化胆碱、葡萄糖和乳酸（a）[100]；ECL 多功能生物传感芯片的组织结构（b）[101]（GCE—玻碳电极；Pt—铂参比电极；S—聚硅氧烷间隔片；W—有机玻璃窗）；葡萄糖氧化酶修饰的电极检测葡萄糖的发光强度（c）[102]

三、免疫分析

鞠熀先等[103]将聚合物量子点的 ECL 性质与双 DNA 扩增相结合，构建了一种基于蛋白质的 ECL 成像免疫分析策略。该策略具有灵敏度高、选择性好和精确度高等优点，且可以通过 ECL 成像技术对生物标志物进行筛查［图 6-18（a）］。贵金属纳米颗粒的表面等离子体共振可以有效地增强 $Ru(bpy)_3^{2+}$ 的 ECL 强度，然而，基于光电倍增管检测的表面增强电化学发光一次只能检测一个目标，不适合多目标检测。为此，郭隆华等[104]将表面增强电化学发光与生物成像相结合，建立了基于表面增强电化学发光同时检测癌胚抗原（CEA）、神经元特异性烯醇化酶（NSE）和鳞状细胞癌抗原（SCC）的 ECL 成像方法［图 6-18（b）］，为生物标志物的多重免疫测定和临床诊断提供了高灵敏度、快速和高通量的分析平台。

扫码看彩图

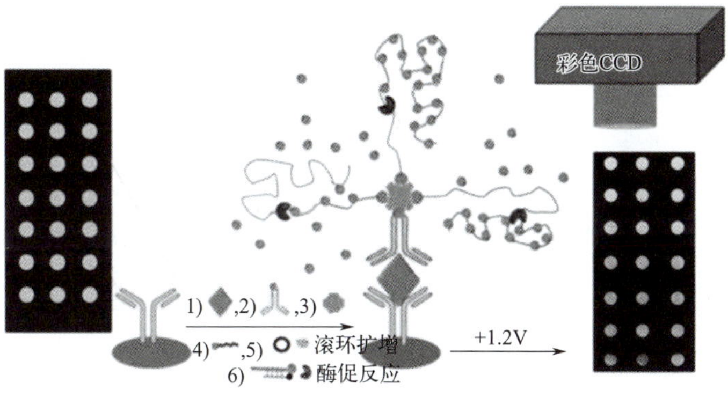

(a)

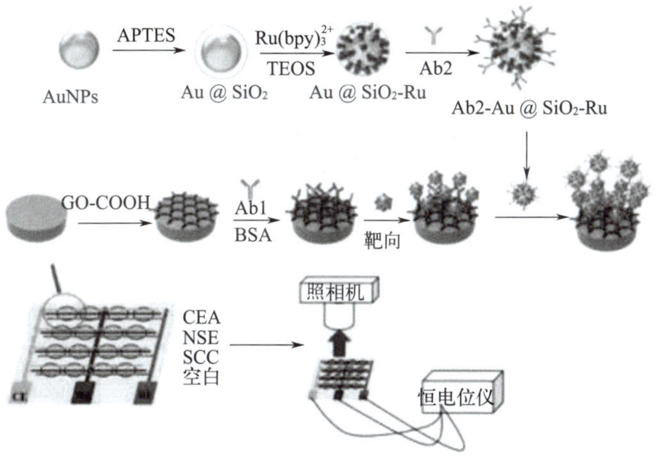

(b)

图 6-18 基于 Pdots 的真彩色 ECL 成像方法（a）[103]；夹心免疫测定法的实验示意图（b）[104]
APTES—3-氨丙基三乙氧基硅烷；TEOS—正硅酸四乙酯

第五节
小结与展望

电化学发光是物质在电化学氧化还原反应诱导下产生的发光现象。作为一项前沿技术，它具有信号背景低、灵敏度高、线性范围宽、设备简单、易操作等多个优点。自 20 世纪 20 年代首次观测到物质在电解过程中的发光现象以来，越来越多的科学家参与到这方面的研究中。近年来，随着ECL的广泛研究，已经被应用于检测各种分析物（如生物标志物、毒素和细菌等），成为了超灵敏检测和解决化学、生命科学基本问题的有力工具。值得一提的是，最近ECL分析的应用还被拓展到了能源催化领域，例如，本书编著者团队[105]利用时间依赖ECL曲线（图6-19），揭示氧还原电化学催化剂电子转移数、速率常数和中间产物的定量时空分布等动力学信息，相比于其他光谱和经典电化学方法，显示出其独特的优势，有望成为未来一个新的研究方向。

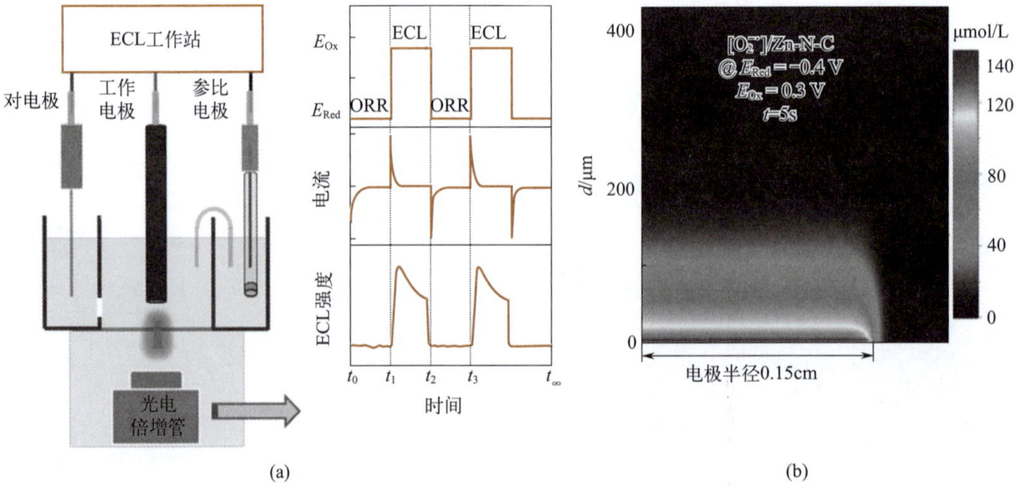

图6-19 时间依赖ECL揭示氧还原电化学催化剂动力学示意图（a）和双电层活性氧空间分布（b）[105]

参考文献

[1] Liu Z Y, Qi W J, Xu G B. Recent advances in electrochemiluminescence [J]. Chem Soc Rev, 2015, 44(10): 3117-3142.

[2] Qi H L, Zhang C X. Electrogenerated chemiluminescence biosensing [J]. Anal Chem, 2020, 92(1): 524-534.

[3] Santhanam K S V, Bard A J. Chemiluminescence of electrogenerated 9,10-diphenylanthracene anion radical [J]. J Am Chem Soc, 1965, 87(1): 139-140.

[4] Richter M M. Electrochemiluminescence (ECL) [J]. Chem Rev, 2004, 104(6): 3003-3036.

[5] Ding Z F, Quinn B M, Haram S K, et al. Electrochemistry and electrogenerated chemiluminescence from silicon nanocrystal quantum dots [J]. Science, 2002, 296(5571); 1293-1297.

[6] Miao W J. Electrogenerated Chemiluminescence and its biorelated applications [J]. Chem Rev, 2008, 108(7): 2506-2553.

[7] Dufford R T, Nightingale D, Gaddum L W. Luminescence of Grignard compounds in electric and magnetic fields, and related electrical phenomena [J]. J Am Chem Soc, 1927, 49(8): 1858-

1864.
[8] Harvey N. Luminescence during electrolysis [J]. J Phys Chem C, 1929, 33(10): 1456-1459.
[9] Epstein B, Kuwana T. Electrochemical generation of solution luminescence Ⅱ: Luminol and phthalhydrazide [J]. Photochem Photobiol, 1965, 4(6), 1157-1173.
[10] Marcus R A. On the theory of electron-transfer reactions. Ⅵ. Unified treatment for homogeneous and electrode reactions [J]. J Chem Phys, 1965, 43(2): 679-701.
[11] Feldberg S W. Theory of controlled potential electrogeneration of chemiluminescence [J]. J Am Chem Soc, 2002, 88(3): 390-393.
[12] Cruser S A, Bard A J. Electrogenerated chemiluminescence. Ⅲ. Intensity-time and concentration-intensity relation and the lifetime of radical cations of aromatic hydrocarbons in *N,N*-dimethylformamide solution [J]. J Am Chem Soc, 1969, 91(2): 267-275.
[13] Vinyard D J, Su S, Richter M M. Electrogenerated chemiluminescence of 9,10-diphenylanthracene, rubrene, and anthracene in fluorinated aromatic solvents [J]. J Phys Chem A, 2008, 112(37): 8529-8533.
[14] Irfanullah M, Iftikhar K. The correlation between f-f absorption and sensitized visible light emission of luminescent Pr (Ⅲ) complexes: Role of solvents and ancillary ligands on sensitivity [J]. J Fluoresc, 2011, 21: 673-686.
[15] Maricle D L, Maurer A. Pre-annihilation electrochemiluminescence of rubrene [J]. J Am Chem Soc, 1967, 89(1): 188-189.
[16] Hercules D M. Chemiluminescence resulting from electrochemically generated species [J]. Science, 1964, 145(3634): 808-809.
[17] Kazzkov V P, Bulgakov R G. Alternating-current electrochemiluminescence (ECL) of solutions of Tb^{3+} and Dy^{3+} in sulfuric acid. Anodic ECL at high temperatures [J]. Ehlektrokhimiya, 1978, 14: 246-250.
[18] Faulkner L R, Bard A J. Electrogenerated chemiluminescence. Ⅰ. Mechanism of anthracene chemiluminescence in *N,N*-dimethylformamide solution [J]. J Am Chem Soc, 1968, 90(23): 6284-6290.
[19] Maloy J T, Prater K B, Bard A J. Electrogenerated chemiluminescence. Ⅴ. Rotating-ring-disk electrode. Digital simulation and experimental evaluation [J]. J Am Chem Soc, 1971, 93(23): 5959-5968.
[20] Maloy J T, Bard A J. Electrogenerated chemiluminescence. Ⅵ. Efficiency and mechanisms of 9,10-diphenylanthracene, rubrene, and pyrene systems at a rotating-ring-disk electrode [J]. J Am Chem Soc, 1971, 93(23): 5968-5981.
[21] Kazakov V P. Chemiluminescence during the cathodic reduction of solutions of uranyl and ozone in 5 M H_2SO_4 [J]. High Energy Chem, 1973, 7(2): 160-161.
[22] Bulgakov R G, Kazakov V P, Parshin G S, et al. Electrochemiluminescence of uranyl solutions in perchloric acid [J]. Russ Chem Bull, 1974, 23(8): 1846.
[23] Tokel N E, Bard A J. Electrogenerated chemiluminescence. Ⅸ. Electrochemistry and emission from systems containing tris(2,2′-bipyridine)ruthenium(Ⅱ) dichloride [J]. J Am Chem Soc, 1972, 94(8): 2862-2863.
[24] Kuhn L S, Weber A, Weber S G. Microring electrode/optical waveguide: Electrochemical characterization and application to electrogenerated chemiluminescence [J]. Anal Chem, 1990, 62(15): 1631-1636.
[25] Collinson M M, Pastore P, Maness K M, et al. Electrochemiluminescence interferometry at microelectrodes [J]. J Am Chem Soc, 1994, 116(9): 4095-4096.
[26] Cao Z Y, Li C Y, Shu Y F, et al. Unraveling mechanisms of highly efficient yet stable

electrochemiluminescence from quantum dots [J]. J Am Chem Soc, 2023, 145(48): 26425-26434.

[27] Fereja T H, Du F X, Wang C, et al. Electrochemiluminescence imaging techniques for analysis and visualizing [J]. JAT, 2020, 4: 76-91.

[28] Knight A W, Greenway G M. Electrogenerated chemiluminescent determination of pyruvate using tris(2,2′-bipyridine)ruthenium(Ⅱ) [J]. Analyst, 1995, 120(10): 2543-2547.

[29] Fleet B, Keliher P N, Kirkbright G F, et al. Some observations on the analytical usefulness of electrochemiluminescence for the determination of microgram amounts of aromatic hydrocarbons [J]. Analyst, 1969, 94(1123): 847-854.

[30] Gross E M, Anderson J D, Slaterbeck A F, et al. Electrogenerated chemiluminescence from derivatives of aluminum quinolate and quinacridones: Cross-reactions with triarylamines lead to singlet emission through triplet–triplet annihilation pathways [J]. J Am Chem Soc, 2000, 122(20): 4972-4979.

[31] Fowry S P, Wightman R M. Electrogenerated chemiluminescence detection in reversed-phase liquid chromatography [J]. Anal Chem, 2002, 74(3): 528-532.

[32] Dick, J E, Renault C, Kim B K, et al. Electrogenerated chemiluminescence of common organic luminophores in water using an emulsion system [J]. J Am Chem Soc, 2014, 136(39): 13546-13549.

[33] Martin J E, Hart E J, Adamson A W, et al. Chemiluminescence from the reaction of the hydrated electron with tris(bipyridyl)ruthenium(Ⅲ) [J]. J Am Chem Soc, 1972, 94(26): 9238-9240.

[34] Miao W, Choi J P, Bard A J. Electrogenerated chemiluminescence 69: The tris(2,2′-bipyridine) ruthenium(Ⅱ), ($Ru(bpy)_3^{2+}$)/Tri-*n*-propylamine (TPrA) system revisited—A new route involving $TPrA^{•+}$ cation radicals [J]. J Am Chem Soc, 2002, 124(48): 14478-14485.

[35] Zhao T T, Zhou Q, Lv Y Q, et al. Ultrafast condensation of carbon nitride on electrodes with exceptional boosted photocurrent and electrochemiluminescence [J]. Angew Chem Int Ed, 2019, 59(3): 1139-1143.

[36] Cheng C M, Huang Y, Tian X Q, et al. Electrogenerated chemiluminescence behavior of graphite-like carbon nitride and its application in selective sensing Cu^{2+} [J]. Anal Chem, 2012, 84(11): 4754-4759.

[37] Guo W L, Ding H, Gu C Y, et al. Potential-resolved multicolor electrochemiluminescence for multiplex immunoassay in a single sample [J]. J Am Chem Soc, 2018, 140(46): 15904-15915.

[38] Doeven E H, Zammit E M, Barbante G J, et al. A potential-controlled switch on/off mechanism for selective excitation in mixed electrochemiluminescent systems [J]. Chem Sci, 2013, 4(3): 977-982.

[39] Voci S, Duwald R, Grass S, et al. Self-enhanced multicolor electrochemiluminescence by competitive electron-transfer processes [J]. Chem Sci, 2020, 11(17): 4508-4515.

[40] Chen L C, Huang D J, Ren S Y, et al. Preparation of graphite-like carbon nitride nanoflake film with strong fluorescent and electrochemiluminescent activity [J]. Nanoscale, 2013, 5(1): 225-230.

[41] Cao Z Y, Shu Y F, Qin H Y, et al. Quantum dots with highly efficient, stable, and multicolor electrochemiluminescence [J]. ACS Cent Sci, 2020, 6(7): 1129-1137.

[42] Bodappa N, Su M, Zhao Y, et al. Early stages of electrochemical oxidation of Cu(111) and polycrystalline Cu surfaces revealed by *in situ* Raman spectroscopy [J]. J Am Chem Soc, 2019, 141(31): 12192-12196.

[43] Peng H P, Huang Z N, Deng H H, et al. Dual enhancement of gold nanocluster

electrochemiluminescence: Electrocatalytic excitation and aggregation-induced emission [J]. Angew Chem Int Ed, 2020, 59(25): 9982-9985.

[44] Wang N N, Gao H, Li Y Z, et al. Dual intramolecular electron transfer for *in situ* coreactant-embedded electrochemiluminescence microimaging of membrane protein [J]. Angew Chem Int Ed, 2021, 60(1): 197-201.

[45] Gao N, Zeng H, Wang X F, et al. Graphdiyne: A new carbon allotrope for electrochemiluminescence [J]. Angew Chem Int Ed, 2022, 61(28): e202204485.

[46] Jin Z C, Zhu X R, Wang N N, et al. Electroactive metal-organic frameworks as emitters for self-enhanced electrochemiluminescence in aqueous medium [J]. Angew Chem Int Ed, 2020, 59(26): 10446-10450.

[47] Chen G, Dai W, Hu C, et al. Ratiometric electrochemiluminescence of zirconium metal-organic framework as a single Luminophore for sensitive detection of HPV-16 DNA [J]. Anal Chem, 2024, 96(1): 538-546.

[48] Zheng L Y, Chi Y W, Dong Y Q, et al. Electrochemiluminescence of water-soluble carbon nanocrystals released electrochemically from graphite [J]. J Am Chem Soc, 2009, 131(13): 4564-4565.

[49] Han Z G, Yang Z F, Sun H S, et al. Electrochemiluminescence platforms based on small water-insoluble organic molecules for ultrasensitive aqueous-phase detection [J]. Angew Chem Int Ed, 2019, 131(18): 5976-5980.

[50] Pan D, Fang Z Z, Yang E L, et al. Facile preparation of WO_{3-x} dots with remarkably low toxicity and uncompromised activity as co-reactants for clinical diagnosis by electrochemiluminescence [J]. Angew Chem Int Ed, 2020, 59(38): 16747-16754.

[51] Fang Y F, Hou Y H, Yang H, et al. Elucidating orbital delocalization effects on boosting electrochemiluminescence efficiency of carbon nitrides [J]. Adv Opt Mater, 2022, 10(18): 2201017.

[52] Hou Y H, Fang Y F, Zhou Z X, et al. Growth of robust carbon nitride films by double crystallization with exceptionally boosted electrochemiluminescence for visual DNA detection [J]. Adv Opt Mater, 2023, 11(6): 2202737.

[53] Chu K, Adsetts J R, Ma J, et al. Physical strategy to determine absolute electrochemiluminescence quantum efficiencies of coreactant systems using a photon-counting photomultiplier device [J]. J Phys Chem C, 2021, 125(40): 22274-22282.

[54] Adsetts J R, Chu K, Hesari M, et al. Absolute electrochemiluminescence efficiency quantification strategy exemplified with $Ru(bpy)_3^{2+}$ in the annihilation pathway [J]. Anal Chem, 2021, 93(33): 11626-11633.

[55] NaušJ, García-Campaña A M, Baeyens W R G. Chemiluminescence in analytical chemistry [J]. Photosynthetica, 2001, 39(2): 204.

[56] Li L, Chen Y, Zhu J J. Recent advances in electrochemiluminescence analysis [J]. Anal Chem, 2017, 89(1): 358-371.

[57] Chen X M, Su B Y, Song X H, et al. Recent advances in electrochemiluminescent enzyme biosensors [J]. Trends Analyt Chem, 2011, 30(5), 665-676.

[58] Truong C K P, Nguyen T D D, Shin I S. Electrochemiluminescent chemosensors for clinical applications: A review [J]. BioChip Journal, 2019, 13: 203-216.

[59] 启黎明，袁帆，徐国宝．电化学发光分析研究进展 [J]. 中国科学：化学，2018, 48(8): 914-925.

[60] Wang R N, Wu H S, Chen R, et al. Strong electrochemiluminescence emission from oxidized multiwalled carbon nanotubes [J]. Small, 2019, 15(48): 1901550.

[61] Guo W L, Ding H, Zhou P, et al. Electrochemiluminescence waveguide in single crystalline molecular wires [J]. Angew Chem Int Ed, 2020, 59(17): 6745-6749.

[62] Lv Y Q, Zhou Z X, Shen Y F, et al. Coupled fluorometer-potentiostat system and metal-free monochromatic luminophores for high-resolution wavelength-resolved electrochemiluminescent multiplex bioassay [J]. ACS Sens, 2018, 3(7): 1362-1367.

[63] Tan X, Zhang B, Zhou J, et al. Spectrum-based electrochemiluminescence immunoassay for selectively determining CA125 in greenish waveband [J]. ChemElectroChem, 2017, 4(7): 1714-1718.

[64] Zhou J, He Y P, Zhang B, et al. Spectrum-based and color-selective electrochemiluminescence immunoassay for determining human prostate specific antigen in near-infrared region [J]. Talanta, 2017, 165: 117-121.

[65] Gao X W, Fu K N, Fu L, et al. Red-shifted electrochemiluminescence of CdTe nanocrystals via Co^{2+}-Doping and its spectral sensing application in near-infrared region [J]. Biosens Bioelectron, 2020, 150: 111880.

[66] Fu L, Gao X W, Dong S T, et al. Surface-defect-induced and synergetic-effect-enhanced NIR-Ⅱ electrochemiluminescence of Au-Ag bimetallic nanoclusters and its spectral sensing [J]. Anal Chem, 2021, 93(11): 4909-4915.

[67] Zou G Z, Tan X, Long X Y, et al. Spectrum-resolved dual-color electrochemiluminescence immunoassay for simultaneous detection of two targets with nanocrystals as tags [J]. Anal Chem, 2017, 89(23): 13024-13029.

[68] Gao X W, Liu X, Zeng Y, et al. Spectrum-resolved electrochemiluminescence to multiplex the immunoassay and DNA probe assay [J]. Anal Chem, 2022, 94(45): 15801-15808.

[69] Zhou J, Nie L, Zhang B, et al. Spectrum-resolved triplex-color electrochemiluminescence multiplexing immunoassay with highly-passivated nanocrystals as tags [J]. Anal Chem, 2018, 90(21): 12361-12365.

[70] Tan X, Zhang B, Zou G Z. Electrochemistry and electrochemiluminescence of organometal halide perovskite nanocrystals in aqueous medium [J]. J Am Chem Soc, 2017, 139(25): 8772-8776.

[71] Gao X W, Jiang G C, Gao C Y, et al. Interparticle charge-transport-enhanced electrochemiluminescence of quantum-dot aerogels [J]. Angew Chem Int Ed, 2023, 62(2): e202214487.

[72] Ma C, Wang M X, Wei H F, et al. Catalytic route electrochemiluminescence microscopy of cell membranes with nitrogen-doped carbon dots as nano-coreactants [J]. Chem Commun, 2021, 57(17): 2168-2171.

[73] Engstrom R C, Pharr C M, Koppang M D. Visualization of the edge effect with electrogenerated chemiluminescence [J]. J Electroanal Chem Interfacial Electrochem, 1987, 221(1/2): 251-255.

[74] Bowling R J, McCreery R L, Pharr C M, et al. Observation of kinetic heterogeneity on highly ordered pyrolytic graphite using electrogenerated chemiluminescence [J]. Anal Chem, 2002, 61(24): 2763-2766.

[75] Pharr C M, Engstrom R C, Klancke J, et al. Determination of microscopic electrode kinetics with electrogenerated chemiluminescence imaging [J]. Electroanalysis, 1990, 2(3): 217-221.

[76] Delaney J L, Hogan C F, Tian J F, et al. Electrogenerated chemiluminescence detection in paper-based microfluidic sensors [J]. Anal Chem, 2011, 83(4): 1300-1306.

[77] Chen Z X, Li J J, Chen X Q, et al. Single gold@silver nanoprobes for real-time tracing the entire autophagy process at single-cell level [J]. J Am Chem Soc, 2015, 137(5): 1903-1908.

[78] Cui C, Chen Y, Jiang D, et al. Steady-state electrochemiluminescence at single semiconductive

titanium dioxide nanoparticles for local sensing of single cells [J]. Anal Chem, 2019, 91(1): 1121-1125.

[79] Wu S J, Ma C, Gao Y, et al. Dynamic detection of endogenous hydroxyl radicals at single-cell level with individual Ag-Au nanocages [J]. Anal Chem, 2020, 92(14): 9940-9947.

[80] Liu H X, Zhou X M, Liu W P, et al. Paper-based bipolar electrode electrochemiluminescence switch for label-free and sensitive genetic detection of pathogenic bacteria [J]. Anal Chem, 2016, 88(20): 10191-10197.

[81] Wang N N, Chen L Z, Chen W W, et al. Potential- and color-resolved electrochemiluminescence of polymer dots for array imaging of multiplex microRNAs [J]. Anal Chem, 2021, 93(12): 5327-5333.

[82] Ji J J, Wen J, Shen Y F, et al. Simultaneous noncovalent modification and exfoliation of 2D carbon nitride for enhanced electrochemiluminescent biosensing [J]. J Am Chem Soc, 2017, 139(34): 11698-11701.

[83] Tu T T, Lei Y M, Chai Y Q, et al. Organic dots embedded in mesostructured silica xerogel as high-performance ECL emitters: Preparation and application for microRNA-126 detection [J]. ACS Appl Mater Interfaces, 2019, 12(3): 3945-3952.

[84] Wang J, Haghighatbin M A, Shen W, et al. Metal ion-mediated potential-resolved ratiometric electrochemiluminescence bioassay for efficient determination of miR-133a in early diagnosis of acute myocardial infarction [J]. Anal Chem, 2020, 92(10): 7062-7070.

[85] Zhang H R, Wang Y Z, Zhao W, et al. Visual color-switch electrochemiluminescence biosensing of cancer cell based on multichannel bipolar electrode chip [J]. Anal Chem, 2016, 88(5): 2884-2890.

[86] Xia H Y, Zheng X L, Li J, et al. Identifying luminol electrochemiluminescence at the cathode via single-atom catalysts tuned oxygen reduction reaction [J]. J Am Chem Soc, 2022, 144(17): 7741-7749.

[87] Wang F, Lin J, Wang H Y, et al. Precise mono-Cu^{+} ion doping enhanced electrogenerated chemiluminescence from Cd-In-S supertetrahedral chalcogenide nanoclusters for dopamine detection [J]. Nanoscale, 2018, 10(34): 15932-15937.

[88] Bushira F A, Kitte S A, Xu C, et al. Two-dimensional-plasmon-boosted iron single-atom electrochemiluminescence for the ultrasensitive detection of dopamine, hemin, and mercury [J]. Anal Chem, 2021, 93(28): 9949-9957.

[89] Qi H L, Cao Z Z, Hou L N. Electrogenerated chemiluminesence method for the determination of riboflavin at an ionic liquid modified gold electrode [J]. Acta A Mol Biomol Spectrosc, 2011, 78(1): 211-215.

[90] Paramasivam S, Senthilkumar S. Unveiling the reaction mechanism of co-reactant electrochemiluminescence behavior of alloxan molecule using tris(2,2′-bipyridine) ruthenium(Ⅱ) as a luminophore and its potential of sensing application[J]. Electrochim Acta, 2022, 419(1): 140355-140365.

[91] Moghaddam M R, Carrara S, Hogan C F. Multi-colour bipolar electrochemiluminescence for heavy metal ion detection [J]. Chem Commun, 2019, 55(8): 1024-1027.

[92] Lu M X, Deng Y J, Luo Y, et al. Graphene aerogel-metal-organic framework-based electrochemical method for simultaneous detection of multiple heavy-metal ions [J]. Anal Chem, 2019, 91(1): 888-895.

[93] Zhou Z X, Shang Q W, Shen Y F, et al. Chemically modulated carbon nitride nanosheets for highly selective electrochemiluminescent detection of multiple metal-ions [J]. Anal Chem, 2016, 88(11): 6004-6010.

[94] Ma W P, Yan B. Monosystem discriminative sensor toward inorganic anions via incorporating

three different luminescent channels in metal-organic frameworks [J]. Anal Chem, 2022, 94(15): 5866-5874.

[95] Du F X, Dong Z Y, Guan Y R, et al. Single-electrode electrochemical system for the visual and high-throughput electrochemiluminescence immunoassay [J]. Anal Chem, 2022, 94(4): 2189-2194.

[96] Lv Y Q, Chen S Y, Shen Y F, et al. Competitive multiple-mechanism-driven electrochemiluminescent detection of 8-hydroxy-2′-deoxyguanosine [J]. J Am Chem Soc, 2018, 140(8): 2801-2804.

[97] Hu Q, Luo Y L, Cao X J, et al. Bioinspired electro-RAFT polymerization for electrochemical sensing of nucleic acids [J]. ACS Appl Mater Interfaces, 2021, 13(46)：54794-54800.

[98] Engstrom R C, Johnson K W, DesJarlais S. Characterization of electrode heterogeneity with electrogenerated chemiluminescence [J]. Anal Chem, 1981, 59(4): 670-673.

[99] Zhang J J, Arbault S, Sojic N, et al. Electrochemiluminescence imaging for bioanalysis [J]. Annu Rev Anal Chem, 2019, 12: 275-295.

[100] Zhou Z Y, Xu L R, Wu S Z, et al. A novel biosensor array with a wheel-like pattern for glucose, lactate and choline based on electrochemiluminescence imaging [J]. Analyst, 2014, 139(19): 4934-4939.

[101] Marquette C A, Degiuli A, Blum L J. Electrochemiluminescent biosensors array for the concomitant detection of choline, glucose, glutamate, lactate, lysine and urate [J]. Biosens Bioelectron, 2003, 19(5): 433-439.

[102] Zhang J J, Zhou J Y, Tian C X, et al. Localized electrochemiluminescence from nanoneedle electrodes for very-high-density electrochemical sensing [J]. Anal Chem, 2017, 89(21): 11399-11404.

[103] Wang N N, Feng Y Q, Wang Y W, et al. Electrochemiluminescent imaging for multi-immunoassay sensitized by dual DNA amplification of polymer dot signal [J]. Anal Chem, 2018, 90(12): 7708-7714.

[104] Ding L, Xu S H, Huang Y Y, et al. Surface-enhanced electrochemiluminescence imaging for multiplexed immunoassays of cancer markers in exhaled breath condensates [J]. Anal Chem, 2022, 94(21): 7492-7499.

[105] Wu K Q, Chen R, Zhou Z X, et al. Elucidating electrocatalytic oxygen reduction kinetics *via* intermediates by time-dependent electrochemiluminescence [J]. Angew Chem Int Ed, 2023, 62(12): e202217078.

ELECTROCHEMICAL ANALYSIS

ELECTROCHEMICAL ANALYSIS

第七章
电化学原位表征技术

科学家们总是致力于探寻物质的组成及其微观结构，电化学的发展也不例外。从经典的基于电流、电势的宏观电化学规律，到微观的电极 / 溶液界面结构，研究者们试图了解电化学过程的微观本质，但是电极 / 溶液界面的微观研究比固体表面的研究面临着更多的困难。一方面，覆盖在固体电极上的体相溶液限制了一些超高真空（ultrahigh vacuum，UHV）技术和电子显微技术的应用。另一方面，在电极上产生的物质或结构可能在脱离电化学环境后发生改变，因而原位（in situ）表征技术对于电化学的研究格外重要。电化学原位表征技术主要包括原位的谱学（spectroscopy）技术和原位的扫描探针显微术（scanning probe microscopy，SPM）[1]。

扫描探针显微术可以追溯到 1982 年，即 Gerd Binnig 和 Heinrich Rohrer 在 IBM 公司位于瑞士苏黎世的实验室研制的第一台扫描隧道显微镜（scanning tunneling microscope，STM），使人们首次真实、实时地观察到单个原子在物体表面的排列，探究其与表面电子行为有关的物理化学本质。STM 的问世不仅使得许多遗留的科学问题迎刃而解，也使这两位科学家获得了 1986 年的诺贝尔物理学奖。然而，STM 的信号是由针尖与样品之间的隧道电流变化读出的，也就意味着 STM 只适用于研究电子导体或半导体样品。为了克服 STM 的不足，Binnig 等在 1986 年发明了原子力显微镜（atomic force microscope，AFM），它通过探测探针与被测样品之间微弱的相互作用力（原子力）来获得物质表面形貌的结构及性质，分辨率可达原子级水平。

这两种技术很快扩展至电化学反应过程的界面研究，用于实时观察电极界面的变化，并发展了专门用于电化学研究的电化学扫描隧道显微镜（electrochemical scanning tunneling microscope，ECSTM）和电化学原子力显微镜（electrochemical atomic force microscope，ECAFM）。当其作用原理被进一步推广，即利用探针和基底之间的其他相互作用来成像时，发展了横向力显微镜（lateral force microscope，LFM）、磁力显微镜（magnetic force microscope，MFM）、静电力显微镜（electrostatic force microscope，EFM）、扫描热显微镜（scanning thermal microscope，SThM）、扫描电容显微镜（scanning capacitance microscope，SCM）以及利用探针和基底之间的电化学作用进行成像的扫描电化学显微镜（scanning electrochemical microscope，SECM）。通常，ECSTM、ECAFM 和 SECM 统称为电化学扫描探针显微术（electrochemical scanning probe microscopy，ECSPM）。

电化学扫描探针显微术为电极 / 溶液界面的研究提供了强有力的原位分析方法，甚至可以在控制电极电位的条件下获得电极表面高空间分辨率的表面结构信息，从而直接“看到”原子或分子级的电极 / 溶液界面的图像。同时，该技术能够与红外光谱、拉曼光谱、二次谐波光谱、和频光谱等具有高能量分辨率和时间分辨率的原位谱学技术形成优势互补，并能够在固 / 液界面以及固 / 气界面进行纳米加工[2]，证实许多由经典电化学研究方法或现代其他研究方法获得的有关电极 / 溶液界面的间接的、平均的、宏观的结果，揭示了许多其他方法难以揭示的电极 / 溶液界面现象、性能及变化规律。

第一节
扫描电化学显微镜

SECM 是一种电化学原位检测新技术，由 Bard 等[3]在 20 世纪 80 年代末提出和发展起来，并首次使用 SECM 及微米探针得到了高分辨图像。SECM 是通过探针的电化学反应及该反应在基底间的正、负反馈来测定基底的电化学形貌，其分辨率通常介于普通光学显微镜和 STM 之间，并直接依赖于探针的尺寸及其与样品之间的距离。SECM 具有“化学敏感性”，不仅能提供电极表面的几何形貌，而且能够提供微区电化学及相关信息，其分辨率约为几十纳米。

一、SECM 的基本装置与工作原理

一个典型的扫描电化学显微镜主要包括如图 7-1 所示的四个组成部分[4]。首先是双恒电位仪（≤ pA），用于对探头以及基底电流和电位的精确测量和控制。其次是具有高分辨率的三维（3D）位置控制仪，分别由步进控制仪和压电控制仪进行粗略的和精细的调整，

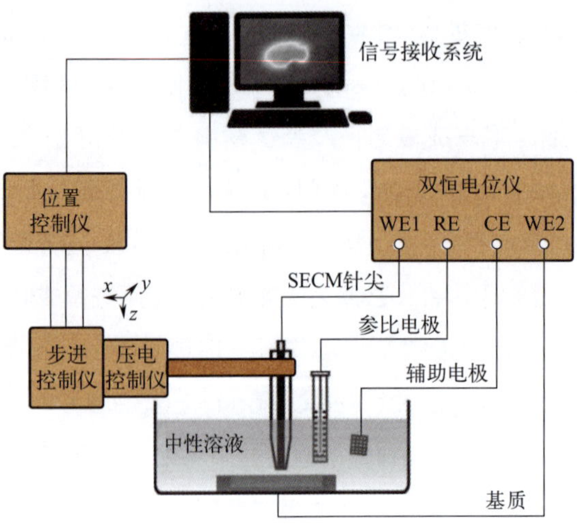

图 7-1　SECM 装置示意图[4]

控制探针在基底 x、y、z 三个方向上的精确移动。再次是一个尺寸在微米到纳米范围内的探头，也称为 SECM 针尖，其精度决定了 SECM 的测量分辨率。最后，需要一个信号接收系统（即计算机）来同步和协调每一个部件，以进行测量和数据处理。目前，根据不同的应用需求，可在 SECM 仪器上添加其他的部件，包括用于活细胞等生物测量的倒置光学显微镜、荧光检测系统或恒定距离装置等。

SECM 探针的设计和表面状态直接影响 SECM 的分辨率和实验的重现性。SECM 探针的形状包括圆锥形、半球形、环形等，而最常用的是超微圆盘电极（ultramicrodisk electrode，UMDE）。SECM 探针的尺寸大多在几十微米（≤ 25μm）到纳米级，由绝缘层（如玻璃）包裹电化学活性材料（常为贵金属或碳纤维）组成。绝缘层与活性中心的比例被定义为归一化屏蔽层尺寸 RG（$RG=r/a$，r 为探针尖端半径，a 为探针圆盘电极半径）。SECM 的分辨率主要取决于探针的尺寸、形状及探针基底间距 d。一个较小的 RG 值能够极大程度地减少实验过程中针尖碰撞的风险，以获得更稳定的探针电流响应，同时，在测量过程中应尽可能保持探针端面与基底的平行，以准确反映基底形貌信息。

SECM 是以电化学原理为基础的一种扫描探针新技术，它具有多种不同的操作模式（图 7-2）[5]。

1. 电流反馈（feedback）模式

在电流反馈模式中，SECM 的探头插入含有电活性物质（如还原型物质，R）的溶液中，样品固定在基底上，在探头上施加足够正的电位，则有如下反应发生：

$$R-ne \longrightarrow O \tag{7-1}$$

此反应的速率受 R 向探头的扩散控制。当探头离基底很远时，探头上的稳态扩散电流 i 可由下式计算：

$$i = 4nxFDca \tag{7-2}$$

式中，n 为转移的电子数；F 为法拉第常数；D 为 R 的扩散系数；c 为 R 的浓度；a 为探头的半径；x 为与 RG 相关的常数。当 RG 趋向正无穷时，x=1；RG 越小，x 值越大，在 RG 约等于 2 时，x 约为 1.2。当探头不断靠近基底时，探头上的电流 i 将随基底性质的不同而发生相应的改变，若基底是导体，则探头上的氧化产物 O 将在基底上被还原为 R，R 扩散至探头，使反应继续发生，探头电流增大，这种现象称为“正反馈”；反之，若基底是绝缘体，当探头与绝缘样品接近时，氧化还原介质向探头的扩散便会受阻，则 i 将随探头靠近基底而减小，这种现象称为“负反馈”。在正反馈的情况下，氧化性物质 O 在基底上被还原的速率决定了探头电流变化的程度。而需要特别注意的是，在负反馈情况下，O 不会在基底上还原。依据正反馈或负反馈时探头电流变化的程度，可以研究相关反应的动力学过程。

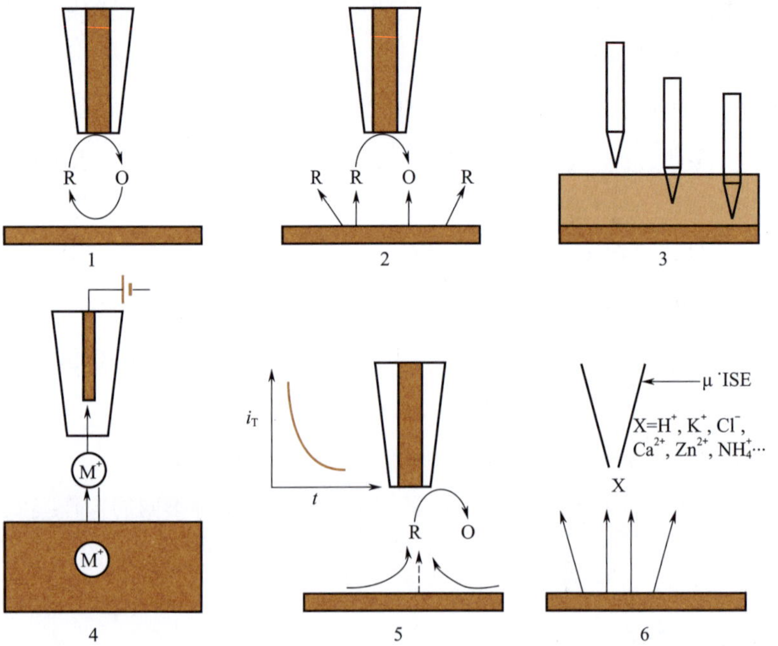

图 7-2 SECM 几种不同工作模式示意图[5]

1—电流反馈模式；2—产生 / 收集模式；3—穿透模式；4—离子转移反馈模式；5—平衡扰动模式；6—电位测定模式

2. 产生/收集（generation-collection）模式

在产生 / 收集模式中，探头和基底都可作为工作电极，其中一个电极发生反应，另一个电极对产物进行收集检测。而产生 / 收集模式又可以分为探头产生 / 基底收集（tip-generation/substrate-collection，TG/SC）和基底产生 / 探头收集（substrate-generation/tip-collection，SG/TC）两种模式。

SECM 测量过程中，总反应局限于探头和基底之间的薄层中。SG/TC 方式是用基底电极发生反应，生成的反应产物用探头来收集，此时，探头需放置在基底电极的扩散层内。这种方式被用来检测基底电极表面的酶反应、腐蚀等。当基底电极较大时，这种方式具有某些局限性：①大的基底电极不容易达到稳态；②基底电极的较大电流会造成较大的欧姆降（*IR* drop）；③收集效率（即探头电流与基底电流之比）较低。此时，常用 TG/SC 方式进行动力学测量，即以探头来发生电化学反应，用基底电极来收集反应物的方式。

3. 穿透（penetration）模式

穿透模式利用非常小的 SECM 探头穿透基底电极表面微结构，例如，用 SECM 探头穿透基底电极表面含有电活性中介体的几微米厚的高分子膜，依据探头电流随探头与膜之间距离的变化，获得膜内电化学物质浓度变化、动力学及热力学的相关信息的方法，与反馈模式极为相似。

4. 离子转移反馈（ion transfer feedback）模式

通过离子转移使探头上产生反馈电流，用来研究界面间的离子转移和界面图像。例如，将玻璃管电极用作 SECM 的尖端电极，其内部是水相，外部是有机相。通过观察离子经由界面反应或界面离子转移引起的针尖电流的变化，便可以揭示界面离子转移产生的电流与距离之间的关系。采用这种模式，可以用 SECM 研究许多非电活性物质。

5. 平衡扰动（equilibrium perturbation）模式

利用探头上的反应快速消耗溶液中的物质从而干扰基底电极上的平衡状态。平衡扰动模式中，探头电流对溶液平衡的变化非常敏感。因此，该方法可用于吸附/脱附体系及其他动态平衡体系的研究。此外，对于不能或不适于被穿透的微结构，也可用此模式来获得相应的信息。

6. 电位测定（potentiometric detection）模式

应用离子选择性超微电极作为 SECM 探头，可以测量探头和基底之间薄层溶液中各种离子的浓度变化，利用这种变化引起的电位改变获取动力学信息。例如，用 SECM 来研究酶促反应中产生的离子以及膜的渗透性，并可用于生物膜性能和生化反应过程的研究。

二、SECM 的应用

1. 液/液界面微观结构电化学分析

1995 年 Bard 等[6]采用尺寸为 25nm 的铂纳米电极作为 SECM 的探头，成功测量了 H_2O、高氯酸四乙基铵/硝基苯、二茂铁体系的界面厚度，并认为该非极化界面的厚度小于 4nm。这项工作开创了应用 SECM 研究液 / 液界面微观结构的先河。与此同时，人们尝试采用微米级或纳米级玻璃管电极代替经典 SECM 实验中的金属尖端电极，玻璃管电极上的电化学反应亦能提供相关界面区域的信息。因此，自 Bard 的先驱工作以来，玻璃管电极作为 SECM 探针的应用已经衍生出许多令人振奋的成绩。邵元华等[7]开发了 SECM 的离子转移反馈模式，其工作原理是将微米级或纳米级的玻璃管电极置于一个两相不相容的溶液中，如玻璃管内部是水相，而外部是有机相，将该玻璃管电极用作 SECM 的尖端电极，测定离子经由界面反应或界面上离子转移引起的针尖电流的变化，揭示界面离子转移产生的电流与距离之间的关系。如图 7-3（a）所示，探针尖端电流是由二苯并-18-冠醚-6（DB18C6）促进的钾离子从水相转移到 1,2-二氯乙烷（DCE）引起的。具体来说，当探针尖端内的 KCl 浓度远高于 DCE 中 DB18C6 的浓度，且尖端接近水 /DCE 的界面时，钾离子将从络合物中释放出来，并转移到水溶液中。作为介质的 DB18C6 通过界面解离机制再生，此时便可观察到正电流。相反，当探针尖端接近玻璃绝缘体时，将观察到负反馈。这项工作是第一个通过非氧化还原系统实现 SECM 正 / 负反馈的演示，对于液 / 液界面离子转移过程的研究，同时对高分辨率电化学成像的研究具有重要意义。

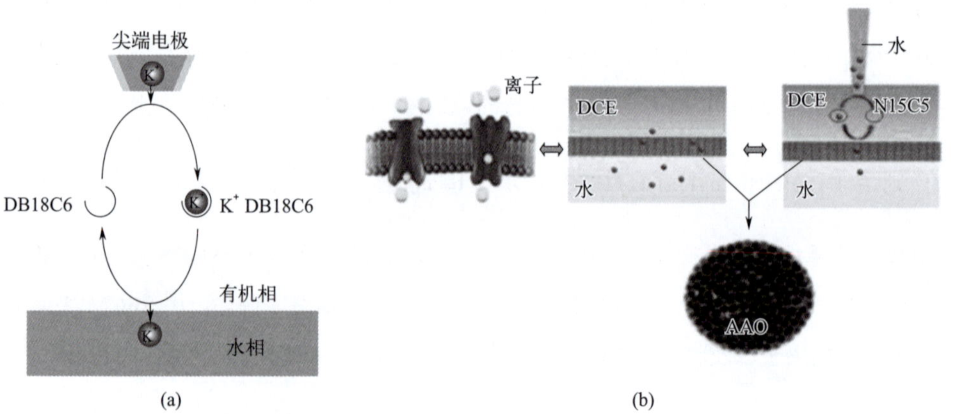

图 7-3 在 FIT 模式下运行的 SECM 的示意图（a）：钾离子通过与 DB18C6 的界面络合作用从尖端转移到 DCE 中，并通过界面解离作用从 DCE 转移到底部水层[7]；实际生物体细胞中离子通过离子通道，以氧化铝模板为离子通道，萘并十五冠五（N15C5）为离子载体模拟生物体内细胞中单个离子通过离子通道的简单模型，以三电极 SECM 模型研究离子通过氧化铝模板通道以及 AAO 的扫描电子显微镜照片（b）[9]

Bard 等[8]利用 SECM 研究了离子选择性微管电极对钾离子检测的适用性，通过

SECM 的反馈与产生 / 收集模式研究了钾离子在水平双层脂质膜（单油酸甘油酯）中的转移行为，将 SECM 对于液 / 液界面微观结构的电化学分析扩展至仿生界面上的离子转移研究方面。卢小泉等 [9] 研究了水 /1,2-二氯乙烷界面上改性高度有序多孔阳极氧化铝（AAO）纳米通道中的离子转移行为［图 7-3（b）]。离子通道中离子传递的半波电位与浓度之间的电荷关系与传统的液 / 液界面一致。由于电场和不同离子之间的静电作用不同，AAO 通道对低电负性的离子显示出良好的选择性。该方法构建的液 / 液-AAO 界面与生物膜有很高的相似度，有助于更好地理解通过天然离子通道的离子转移反应。

2. 局域电化学

SECM 通过测量探针-基底间电流、电位或阻抗等电化学反馈信号，获得基底的局域电化学或化学反应活性。因此，SECM 是一种具有时空分辨能力的电化学方法，在化学反应动力学和基底化学活性成像研究方面具有独特的优势。

SECM 与拉曼光谱的结合能够以精准控制的方式研究石墨烯的缺陷密度与电化学活性之间的相关性。如詹东平等 [10] 采用表面等离子体改性的方法严格控制单层石墨烯的表面 sp^2 缺陷密度，通过比对拉曼（Raman）成像表征和由 SECM 获取的基底活性［图 7-4(a)]，并结合密度泛函理论计算，定量揭示了单层石墨烯的表面缺陷密度与电子转移速率之间的构效关系，实现了单层石墨烯电子输运能力和界面电子转移能力之间的优化，为石墨烯在能源电化学体系中的应用提供了理论指导。

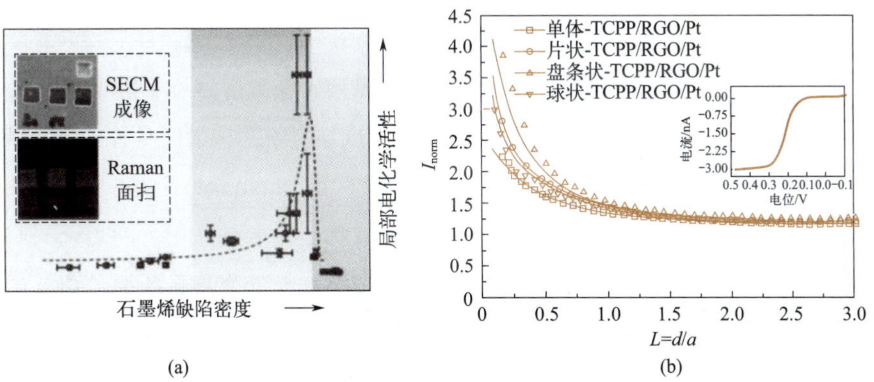

图 7-4　SECM 研究单层石墨烯缺陷密度和界面电子转移速率之间的构效关系（横坐标为由拉曼光谱测定的石墨烯缺陷密度，纵坐标为 SECM 测定的局部电化学活性）(a) [10]; 在 1mmol/L FcMeOH（二茂铁甲醇）溶液中及 UV-vis 光照下，不同的 ITO/TCPP/RGO/Pt 薄膜表面记录的归一化 SECM 反馈曲线（插图为 1mmol/L FcMeOH 氧化的稳态伏安图，扫速为 50mV/s）(b) [11]

卢小泉等[11]通过将SECM与紫外-可见（UV-vis）光谱结合，研究了表面形态结构对卟啉纳米复合物光催化效率的影响。他们采用还原氧化石墨烯（RGO）和Pt纳米颗粒合成羧基卟啉（TCPP）复合材料，并记录UV-vis照射下该卟啉纳米复合物的SECM曲线，以此拟合出异质电子转移率［图7-4（b）］。相比于较单一的光谱信息，SECM可以将表面形态对光催化活性的影响进行量化，从而更详细地讨论卟啉复合物中的光催化动力学。

3. 细胞形貌和化学信息表征

自20世纪90年代Bard等首次将SECM用于表征植物细胞的呼吸作用以来，用于细胞表征应用的SECM技术已得到30余年的发展，SECM具有原位无损的扫描特征和精准电化学信息的采集功能，可在稳态条件下实现对细胞界面快速氧化还原反应过程中产生的法拉第电流的检测，并通过探针得到的渐进曲线与界面反应模型拟合，获得细胞界面反应动力学常数等信息，进而可以探究细胞界面反应的机理等[12]。

例如，SECM可在细胞培养液中通过检测细胞周围的电活性物质实现对细胞形貌和化学信息等的非接触、实时、动态和精准表征。何品刚等[13]开发了一种可编程SECM（programmable-SECM）操作模式，可同时利用三种不同电对[FcMeOH、$Ru(NH_3)_6^{3+}$和O_2]对PC12细胞的形貌和生物活性进行成像分析［图7-5（a）］。在一次成像过程中可同时获得细胞高度、膜通透性和呼吸活性等多个参数的图像，因此，该可编程SECM可用于神经细胞复杂生命活动的监测研究。Shen等[14]设计了一种纳米电极，通过离子转移电流信号，在干扰物血清素、γ-氨基丁酸、多巴胺以及谷氨酸等存在条件下，实现非氧化还原活性分子神经递质——乙酰胆碱（ACh）的选择性检测［图7-5（b）］。进一步将这种纳米电极置于海参（海兔属，*Aplysia*）神经元细胞间形成的突触内，并对神经元细胞施加刺激，可以对突触内的乙酰胆碱的释放动力学和浓度进行研究，成功观察到突触内多种乙酰胆碱释放形式，分别对应于单个（singlet）、两个（doublet）和多个（multiplet）泡囊同时释放。

综上所述，扫描电化学显微术在电化学科学研究中发挥了重要的作用。随着新兴材料及电解液在能源储存和转换体系中的不断涌现，以及日益增长的生物系统原位研究的需求，电化学界面结构和性质的研究必将成为电化学领域需要解决的关键科学问题。同时，随着电化学界面研究的不断深入，传统的电化学理论和模型已经不完全适用。因此，发展能够满足更高要求的相关仪器和探测方法、探索不同体系的扫描探针显微原位研究技术、开发多功能探针制备和新的工作模式，对于推动电化学科学发展具有重要的意义。

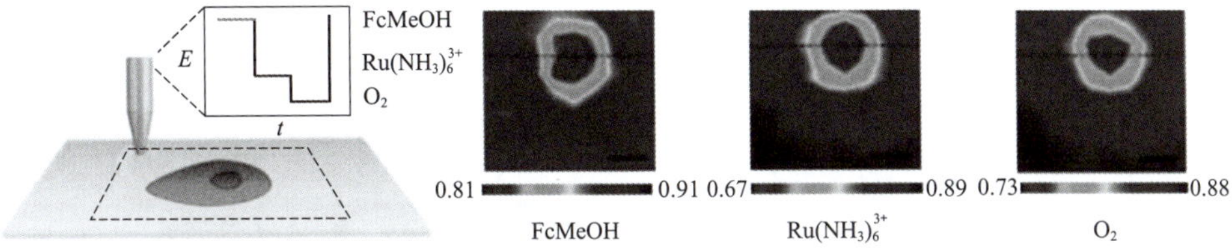

扫码看彩图

(a)

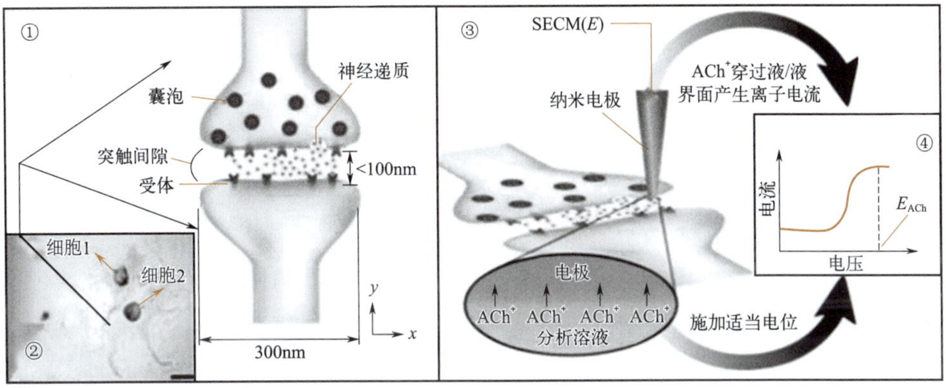

(b)

图 7-5 可编程 SECM 表征细胞原理示意图和对 PC12 细胞高度、膜通透性和呼吸活性三个参数的连续表征图像（a）[13]。应用纳米电极检测单突触神经递质的释放过程示意图（b）：①突触间隙尺寸的说明；②实验中培养使用的活体 *Aplysia* 足神经节神经元，其中细胞 1 的轴突（粉红色）与细胞 2 的主体形成突触连接（比例尺：200μm）；③一个纳米电极被放置在突触裂隙周围，通过 ACh 在电极界面上传输产生的离子电流，用安培法同时测量 ACh 的浓度和释放动力学；④ ACh 检测相对应的循环伏安图[14]

第二节
电化学-波谱联用

20 世纪 60 年代初，美国著名电化学家 Adams 在指导其学生 Kuwana 进行邻二苯胺衍生物电化学氧化实验时，观察到其发生电化学反应的同时伴随有颜色的变化，随后，Kuwana 等利用镀有 Sb 掺杂 SnO_2 薄层的玻璃片为电极，首次实现了电解过程中电活性物质的光吸收测量，由此建立了光谱电化学法（spectroelectrochemistry，SEC）[15-16]。波谱分析是化合物结构表征的重要手段，随着现代电化学分析方法的发展，波谱分析和电化学方法的联系也越来越紧密（图 7-6），不仅在实验样品的探索分析中发挥着至关重要的作用，而且在物理、化学和生物等学科中也有卓越贡献，如材料的转化、信息的传递以及能量的转换和储存等[16]。

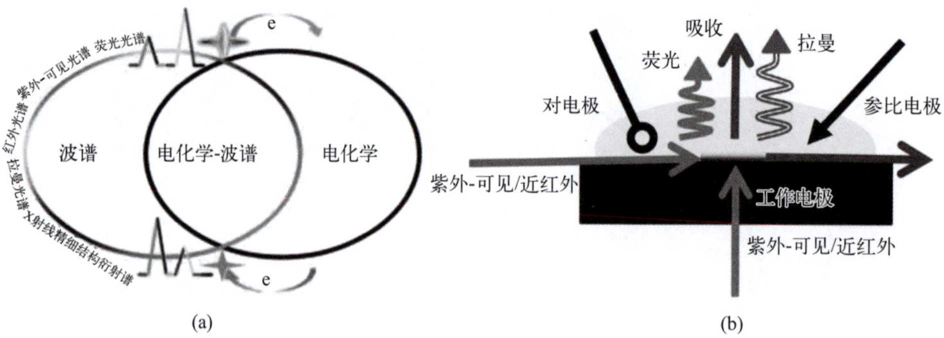

图 7-6 电化学-波谱关联图（a）[20]；不同电化学-波谱联用分析示意图（b）[22]

传统电化学在能源、材料、环境保护、生命科学等科学领域已经获得了广泛的应用，但单独使用电化学技术难以识别反应中间体，且无法获得物质的结构信息[17]。同样，传统的波谱分析虽然可以鉴别物质结构，但无法获得反应中电子转移的直接证据[18]。电化学-波谱联用可以在同一个电解池内同时获得电化学和光谱学的信息，从而成为研究电极过程机理、电极表面、反应中间体监测及电化学动力学和热力学的新手段，对于发展物理、化学等领域的相关基础理论、融合现代高新技术如计算机控制、超导、激光等具有重要的推动作用[19]。将波谱分析方法如紫外-可见（UV-vis）光谱、红外（IR）光谱、拉曼（Raman）光谱、荧光（PL）光谱以及 X 射线吸收光谱（XAS）等与电化学理论和技术结合，可以发展为对应的光谱电化学技术[20]。20 世纪 80 年代初期，董绍俊院士、田中群院士等率先开展了电化学-波谱联用分析的研究[21]，为阐述电化学界面、电极过程动力学等做出了卓越的贡献。下面将介绍部分电化学-波谱联用技术的发展，包括电化学-紫外-可见光谱法、电化学-红外光谱法、电化学-拉曼光谱法和其他电化学-波谱联用法的基本原理、装置构造和应用现状[22-23]。

一、电化学-紫外-可见光谱法

1. 电化学-紫外-可见光谱装置

电化学-紫外-可见光谱法以电化学为激发信号，并利用电化学和光谱方法同时测量体系的响应信号。电化学-紫外-可见光谱装置中有两种典型的光学配置（图 7-7），即常规配置（normal configuration）和平行配置（parallel configuration）[24]。

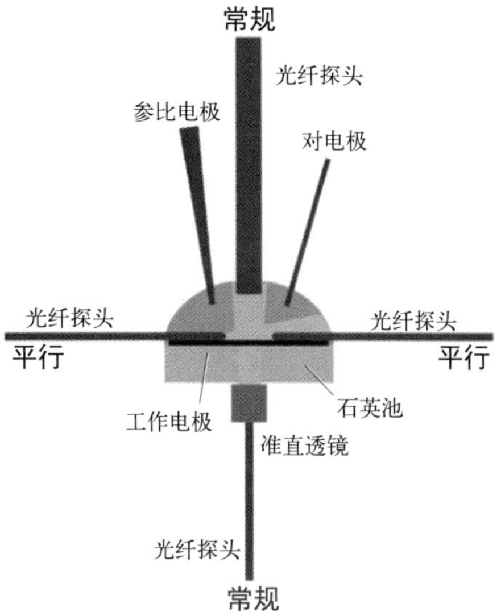

《 图 7-7 常规配置和平行配置下电化学-紫外-可见光谱实验装置示意图[24]

常规配置的电化学-紫外-可见光谱装置中电极与光路是垂直构造，电极材料通常采用具有高导电性和透明的光学材料。例如，氧化铟锡（ITO）玻璃，但 ITO 容易被还原，只能在相对小的电位范围内使用，并且 ITO 的导电能力会受形变弯曲所影响，这些劣势限制了 ITO 在电化学研究中的应用。虽然铂和金等贵金属电极具有优良的导电性，但这种类型的电极不容易清洗，不洁净的电极也会影响其电化学行为，所以电化学-紫外-可见光谱研究中很少使用金属网作为电极。此外，也有部分报道使用圆盘金属薄膜电极，这类电极具有良好的导电性和足够的透明度，同时还有大电位窗口，但由于金属薄膜电极厚度一般较大、透明度较低，所以检测信噪比较低。

平行配置的电化学-紫外-可见光谱装置中光路与电极平行，相比于常规配置，其对可溶性化合物的检测灵敏度有极大的改善。通常平行配置的电化学-紫外-可见光谱装置光路长度比扩散层大，其检测灵敏度受溶液扩散层厚度影响，如果溶液扩散层过厚，平行配置的装置检测灵敏度就会大大降低。因此，需调节溶液扩散层厚度与光路长度相匹配，使光束能穿透电极表面的薄层溶液。出于这个原因，光谱电化学池通常使用薄层电解池，在一定程度上限制了其应用。

近年来，有研究人员利用内部全反射元件开发了一种新的电化学-紫外-可见衰减全反射光谱装置。此装置使用光学透明电极，通过内部的全反射，实现光在元件中的传播。在该装置中，光会在光学透明电极表面几个波长范围内发生衰减，通过全反射光的逐步减弱检测该区域中存在的光吸收物质，进而分析检测物质之间的相互作用（图 7-8）[25]。基于这种衰减全反射装置原理，研究人员延伸元件长度，设计了超长的光纤检测装置，基于光纤内检测物对超长光路的吸收，显著提升了检测灵敏度。

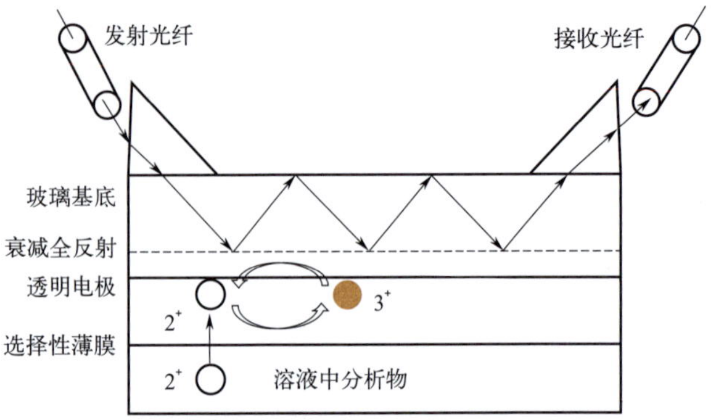

图 7-8　电化学-紫外-可见衰减全反射光谱装置横截面图[25]

2. 电化学-紫外-可见光谱的应用

电化学-紫外-可见光谱可用于复杂电化学反应机制的研究，而制备高质量的光学透明电极是其应用研究的重点。如图 7-9，Heras 等[26]利用丝网印刷电极，通过调控电极上施加的电位，测量多巴胺氧化过程中的光谱演变，阐述多巴胺氧化过程的电化学机制。结果表明，多巴胺氧化机制的差异性取决于其初始浓度，当多巴胺浓度低于 10^{-3}mol/L 时，会产生更高浓度的多巴胺色素及其衍生物，因此该光谱的中心波长为 305nm。当多巴胺浓度高于 10^{-3}mol/L 时，最大吸收值将转移至 395nm，表明形成了稳定的多巴胺醌。因此，电化学与紫外-可见光谱联用

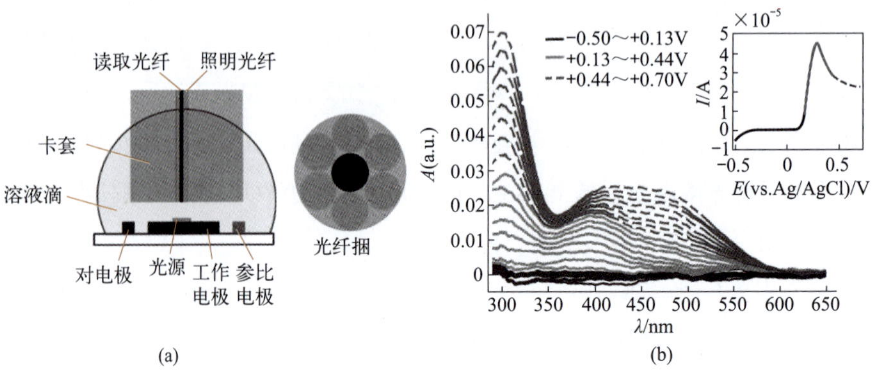

图 7-9　使用丝网印刷电极在紫外-可见光区域进行光谱电化学测量的装置图（a）；多巴胺电化学-紫外-可见光谱检测示意图（b）（插图为多巴胺氧化过程中的线性伏安图）[26]

技术从紫外光谱的角度提供了对电子转移过程的完整理解。此外，多巴胺浓度还可以从电化学数据中计算出来，其结果与从光谱数据中获得的结果一致。

二、电化学-红外光谱法

由于红外光谱信号较弱，且电极表面的电化学反应通常为水相反应体系，因此，电化学-红外光谱技术大多是调制红外光谱技术，并使用色散法来提高信噪比。进行电化学-红外光谱联用测试时，一般使用电化学薄层电解池，把带有电解质的样品放在一个电极上，然后将一个红外透明材料（如 CaF_2）覆盖在电极表面。通过设计已知薄层的厚度，即可以根据朗伯-比尔定律计算物质的吸光度。当红外光照射电极表面时，需同时用频率为 10Hz 的正弦波或方波调制电极电位，以提高电极表面的清洁度，优化实验重现性。

1. 电化学-红外光谱装置

当前电化学-红外光谱的测量模式主要包括透射式、反射式和衰减全反射式三种。对于透射式电化学-红外光谱，电化学池中的样品吸收了光源中部分红外辐射，利用检测器检测透过的红外光谱。透射式电化学-红外光谱常用网状电极[27]，即用一个网状的工作电极夹在两个透明的红外窗口（CaF_2）之间，形成一个薄层池，并使用聚四氟乙烯黏合在一起。由于工作电极特殊的网状结构能够避免光线被电极阻挡，因而，该方法能用于蛋白质的氧化、还原和折叠性能的研究。

反射式电化学-红外光谱是由光源发射出一束红外光，并通过一个红外透明窗射入电化学池击中电极，电极将光反射出电化学池并通过同一窗口进入检测器，产生红外光谱[28]。反射式电化学-红外光谱的工作电极在氟化钙（CaF_2）窗口的顶部，参比电极与电池隔开，对电极环绕着工作电极（图 7-10）。与透射式电化学-红外光谱相比，反射式的优点是光不会被电极材料阻挡。但反射式电化学-红外光谱需要引入额外的镜面，将入射光束聚焦到电极上，并将反射光束聚焦到检测器上，因此，镜面的吸收可能带来额外的光损失。而反射式电化学-红外光谱中的光纤反射装置能有效地减少光的损耗，提升检测灵敏度，在基本原理相似的情况下，反射式电化学-红外光谱更容易将光源与样品和电极对准，同时使装置更加小型化。

衰减全反射式红外光谱的原理是基于红外光束接触到样品时，衰减全反射（ATR）附件测量样品内部反射的红外光束发生的变化[29]。红外光束以某种角度定向射入具有高折射

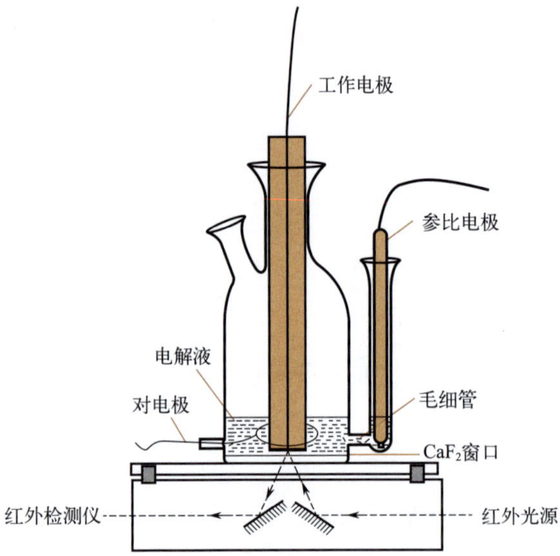

图 7-10　反射式电化学-红外光谱仪原理图 [28]

率的光学致密晶体，内部反射产生衰减波，衰减波穿出晶体表面进入晶体上附着的样品。在红外光谱区内，样品吸收能量，衰减波将减弱。已衰减的光束返回晶体，然后从晶体的另一端射出并被导入红外光谱仪的检测器中。检测器将衰减的红外光束记录为干涉图信号，然后使用该信号生成红外光谱（图 7-11）。材料穿透深度、可用性、硬度和惰性等是选择全反射材料的重要依据。大多数有机物的折射率都低于 1.5，根据折射定律，要获得衰减全反射光谱需要折射率大于 1.5 的红外 ATR 晶体，常用的 ATR 晶体材料有：金刚石、硒化锌（ZnSe）、锗（Ge）、氯化银（AgCl）、溴化银（AgBr）、硅（Si），尤其以金刚石应用最多。

缩小装置的尺寸会增加光在设备中的反弹次数，如图 7-11 所示，而如果将装置尺寸进一步减小，就会形成持续的波导。因此，由于连续的红外波导比反射式红外拥有更多的反射次数，所以其灵敏度显著高于上述其他装置，这类波导技术在未来也极有可能促进电化学-红外光谱以及相关领域的发展。

2. 电化学-红外光谱的应用

电化学-红外光谱在传统电化学基础上结合红外光谱的优势，可以从分子水平上提供反应中间物种和产物的结构信息，是研究反应过程、揭示反应机理的有力工具 [30]。夏兴华等[31]利用衰减全反射表面增强红外吸收光谱（ATR-SEIRAS）技术，实现了DNA杂交动力学的原位监测。其中，固定在半球形硅棱镜表面的金纳米膜上的DNA与带有红外活性探针4-巯基苯甲酸（MBA）和互补DNA（sDNA）共同修饰的金纳米粒子偶联，形成具有夹心结构的金膜红外增强基底。由于一个金纳米颗粒携带了大量的红外活性分子4-巯基苯甲酸，实现了红外活性探针的信号放大。这种协同增强的方法能够超灵敏、原位研究特定序列DNA杂交动力学（图7-12）。

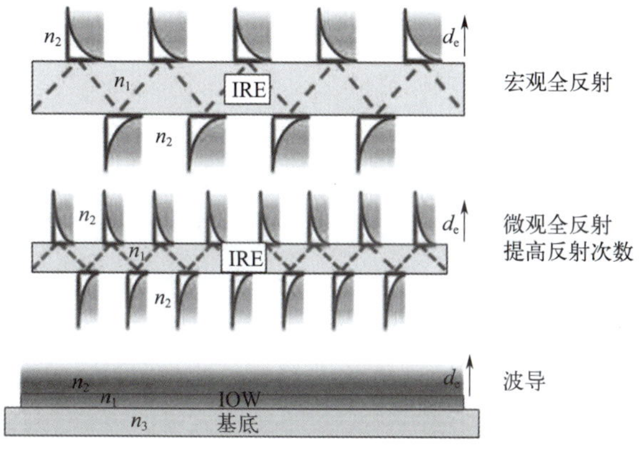

图7-11　红外光谱内部衰减全反射原件和波导示意图[29]

IRE—内反射元件；IOW—集成光波导

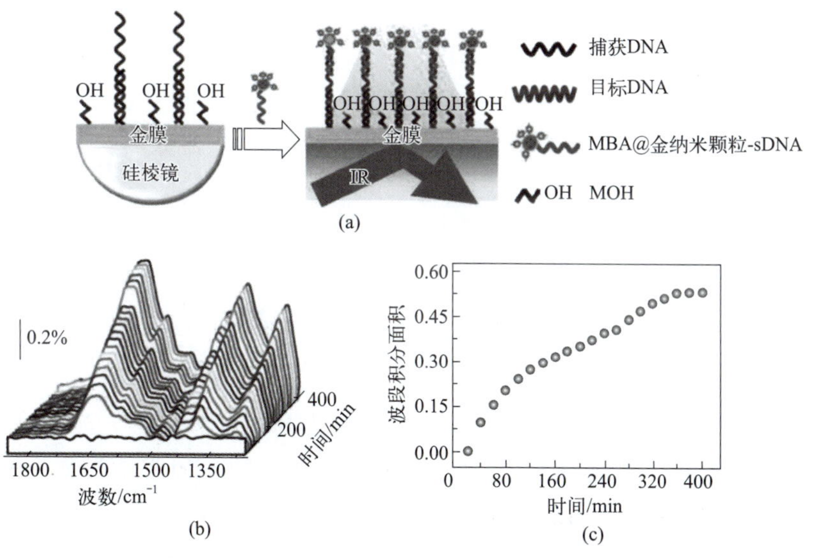

图7-12　DNA测定示意图和在半球形硅棱镜上进行ATR-SEIRAS的测量原理图（a）；DNA溶液的ATR-SEIRAS随杂交时间增加的光谱演变（b）；杂交时间波段的积分面积图（c）[31]

陈军等[32]设计合成了一种具有超高容量的环己六酮锂离子电池正极材料，利用电化学-红外光谱分析发现环酮材料的C═O振动位于约1651cm^{-1}处，放电过程后，C═O的强度变弱，在1.2V的截止电压下几乎消失，而在充电过程中，C═O的信号逐渐出现，这种充放电行为通过红外光谱表征证明了环己六酮的氧化还原活性中心为C═O基团（图7-13）。

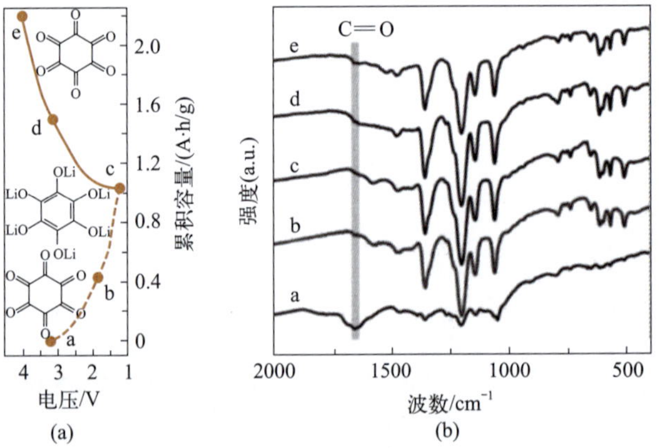

图7-13　环己六酮在对应电压下的分子结构（a）；氧化还原过程原位红外光谱示意图（b）[32]

三、电化学-拉曼光谱法

1. 电化学-拉曼光谱装置

拉曼光谱与分子的转动和振动状态有关，能够反映分子内部结构的变化，所以研究分子的拉曼光谱能得到有关分子结构的信息。与电化学-红外光谱装置相比，电化学-拉曼光谱装置在电化学池的设计上具有多样性。由于拉曼光谱法检测的是散射光谱，因此，不需要像透射式电化学-红外光谱那样使用透明电极，金属电极即可用于拉曼光谱的分析。同时，电极的调整可以使其更具有表面增强拉曼活性，且通常不会对电极产生负面影响。表面增强拉曼光谱与电化学联用已广泛应用于电化学界面的原位研究，并从分子水平上深入表征各种表面（或界面）的结构和过程，鉴别物种在表面的键合、构型和取向等。同时，电极材料的创新能够在获得良好电化学数据的同时，进一步增强拉曼光谱信号。田中群等[33]使用一种尺寸与聚焦激光光斑尺寸匹配的超微电极，同时记录热电子转移光电流和同一电极区域内分子反应的 SERS（表面增强拉曼散射）光谱，将热电子激活的表面反应与 SERS 光谱变化联系起来，揭示了电极反应的机制（图 7-14）。

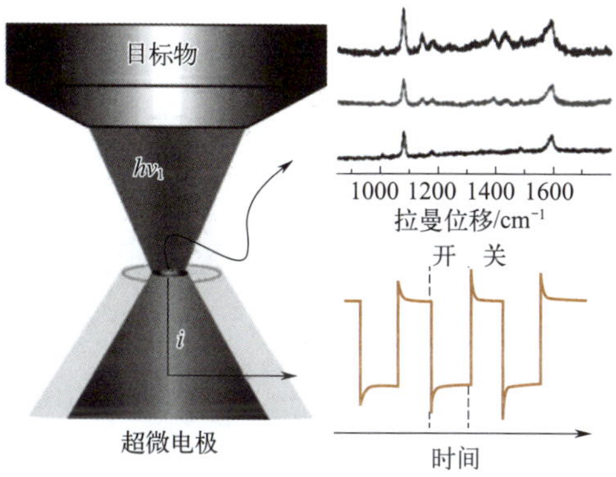

图 7-14　超微电极聚焦激光表面增强拉曼散射光谱示意图[33]

电化学-拉曼光谱的核心部件是光电化学池的设计，其中，电极一般有标准金属电极（如金电极）、固定电极、线性移动电极、旋转电极以及流动电极等。Carlen 等[34]将小体积微流体样品室（< 100μL）与传统的三电极体系相结合，用于原位表面增强拉曼光谱电化学。纳米结构的 Au 电极通过 SERS 增强，实现了高度灵敏的原位 SERS 光谱分析，消除了激光激发源与目标分子的电子吸收发生共振波长匹配的需求（图 7-15）。

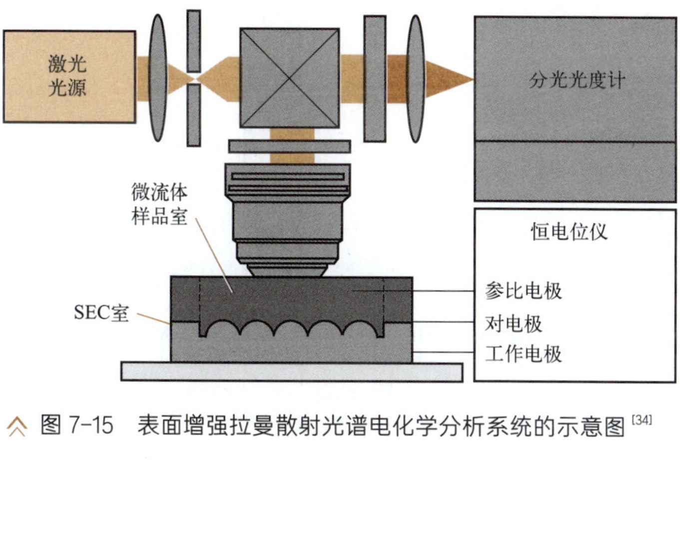

图 7-15　表面增强拉曼散射光谱电化学分析系统的示意图[34]

2. 电化学-拉曼光谱应用

电化学-拉曼光谱已被广泛应用于化学、生物、材料、制药、环境、食品等领域[35]。2010年，田中群等[36]提出了壳层分离纳米粒子增强拉曼光谱（SHINERS）技术，通过将金纳米颗粒用超薄二氧化硅或氧化铝壳包裹，解决了长期以来传统SERS基底和形貌普遍性差的局限性，实现对半导体硅表面物种、酵母细胞壁组分以及橘子皮中的残留农药等物质的高精度检测（图7-16）。利用SHINERS技术，李剑锋等[37]在原子级平滑的金单晶表面，原位监测了表面电氧化过程中反应中间物种AuOH/AuO的电化学过程，系统地研究了晶面取向、pH值以及阴离子效应对该过程以及中间物种的影响，为催化剂设计乃至能源材料创新提供了可靠的研究技术。

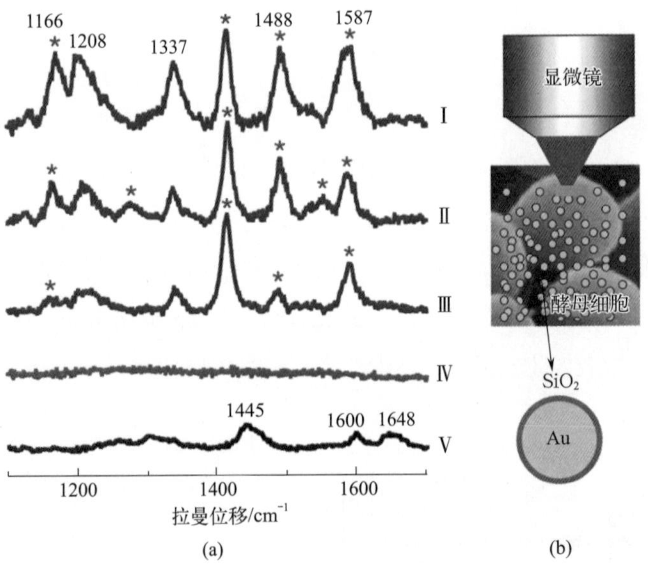

图7-16 壳层分离纳米粒子增强拉曼光谱检测酵母细胞壁的光谱图（a）；Au/SiO_2纳米粒子孵育实验示意图（b）[36]

电化学-拉曼光谱也用于储能领域中ORR过程的研究，李剑锋等[38]利用电化学-拉曼光谱技术，获得Pt(211)和Pt(311)两个高指数晶面上的ORR反应关键中间物种OOH和OH的直接证据（图7-17），并通过相应的氘以及氧18同位素取代实验确认谱峰，证明了由于OOH在Pt(311)表面的吸附能较高，导致OOH在Pt(311)晶面上的ORR活性弱于 Pt(211) 晶面上的，为设计高活性 ORR 催化剂提供指导。此外，通过电化学-拉曼光谱获得 Pt(111) 单晶表面 ORR 中间物种 HO_2^* 存在的证据，ORR 过程中的 HO_2^* 能够较稳定地吸附在 Pt(111) 表面，而在 Pt(110) 和 Pt(100) 表面，HO_2^* 则很容易裂解为一对吸附态的 OH^* 和 O^*，并且 Pt（*hkl*）单晶表面的 ORR 过程会经过形成 O_2^- 的步骤。由于反应中间体在不同晶面上的 Gibbs 自由能和活化能的不同，使得这些中间体的存在状态和进行下一步 ORR 反应的难易程度不同，导致在不同 Pt(*hkl*) 电极表面上的 ORR 活性有明显的差异。

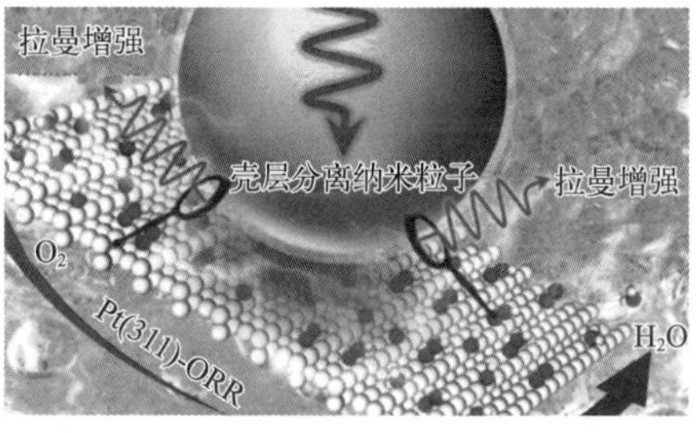

(a)

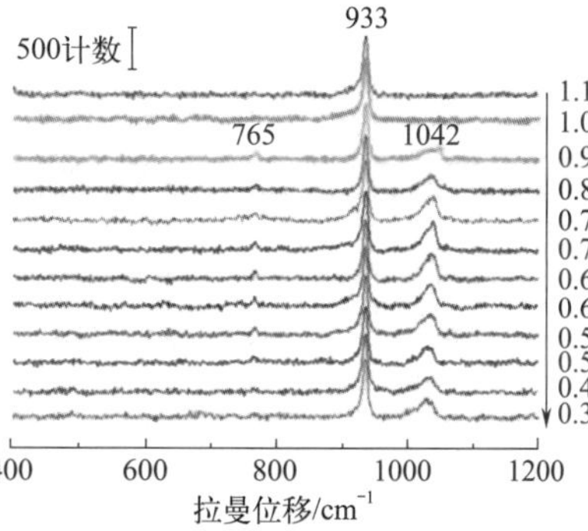

(b)

图 7-17　ORR 过程在 Pt(311) 表面的 SHINERS 示意图（a）；在 Pt（211）晶面的不同电位下的 SHINERS 谱图（b）[38]

电化学-拉曼光谱已被广泛应用于细胞表面与细胞内生物分子的检测和成像，如对聚糖、miRNA、蛋白质等分子的定量及结构分析与功能追踪等。鞠熀先等[39]发展了一系列基于拉曼信号分子标记的表面增强拉曼光谱成像策略，实现了细胞表面聚糖的原位定量和成像（图 7-18）。如通过凝集素与对应聚糖的识别作用实现细胞表面聚糖和二氧化硅微球表面聚糖对不同 AuNPs（金纳米颗粒）探针的竞争结合，然后用 SERS 技术测定微球表面结合的金探针量来精确反映细胞表面聚糖的量，以此为基础发展了细胞表面多组分聚糖的同时定量分析方法。该课题组[40]还构建了拉曼信号分子 5,5′-二硫代双 (2-硝基苯甲酸)（DTNB）和苯硼酸共同修饰的金纳米花探针以及 DTNB 和聚唾液酸共修饰的 AuNPs 探针。作为连接桥，金纳米花探针通过修饰在其表面的硼酸基团与细胞表面唾液酸实现特异性结合，形成金纳米粒子单核-多卫星复合结构，实现细胞表面唾液酸的 SERS 成像。

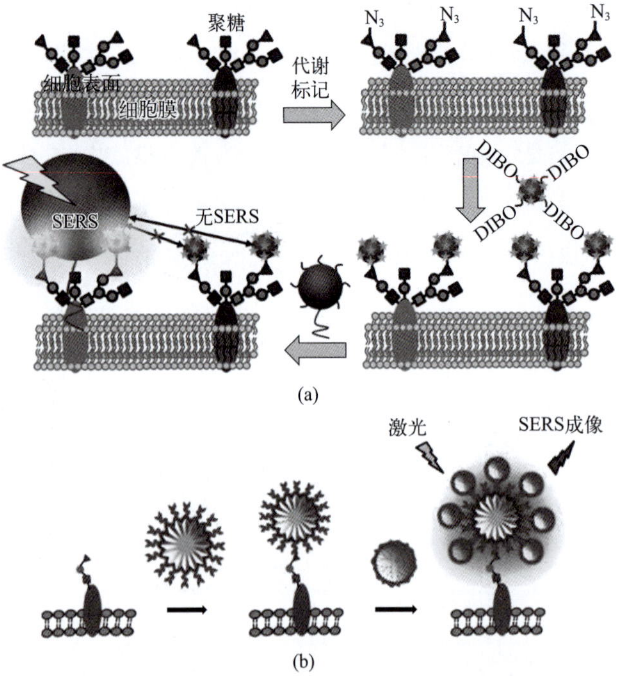

图 7-18　Au 纳米探针的合成及用于细胞表面上蛋白质特异性聚糖成像区域的可控 SERS 效应示意图（a）[39]；核心 Au 纳米花与卫星 Au 纳米粒子的等离子体耦合的细胞 SERS 成像（b）[40]
DIBO—环辛炔端基

在活体组织拉曼成像方面，叶坚等[41]制备了两种缝隙增强拉曼纳米探针，并以叶酸分子修饰增加对肿瘤细胞的靶向性，两种探针内嵌不同的拉曼信号分子，通过调整反应参数使两者具有相近的粒径、表面电位和拉曼信号强度，使得淋巴结对两种探针的非特异性摄取量保持一致［图 7-19（a)］，在诊断前哨淋巴结（SLN）转移方面优于现有的组织病理学评估，并有望指导未来的手术过程。肖泽宇等[42]构建了诊疗一体化缝隙增强拉曼纳米探针，该探针具有双层核壳金纳米结构，双层金内部缝隙连接处嵌入拉曼报告分子。这种纳米结构在采用 785nm 激光时可产生高灵敏度、高特异性的拉曼影像信号，实现微小肿瘤检测；并在切换 808nm 激光时产生光热消融的热疗效果，实现微小肿瘤清除。同时，基于该探针拉曼影像介导下的光热清除手术方案可防止术后肿瘤复发及转移并显著延长小鼠的生存期，拓展了拉曼影像用于诊疗一体化的活体生物医学应用。在细胞成像领域中，任斌等[43]将 4-巯基吡啶 (4-MPy) 分子修饰金纳米颗粒组装的固态 SERS 底物，用于在凋亡过程中原位细胞外 pH（pHe）传感。在添加转化生长因子-β（TGF-β）后原位研究了癌细胞 pHe 的时空演变。电化学-拉曼光谱表明，SERS 底物与原位细胞培养系统相结合非常适合在细胞动态过程中进行原位 pHe 传感，并将成为了解更多与 pHe 相关的生物学和病理学问题的有发展前景的技术［图 7-19（b）]。

扫码看彩图

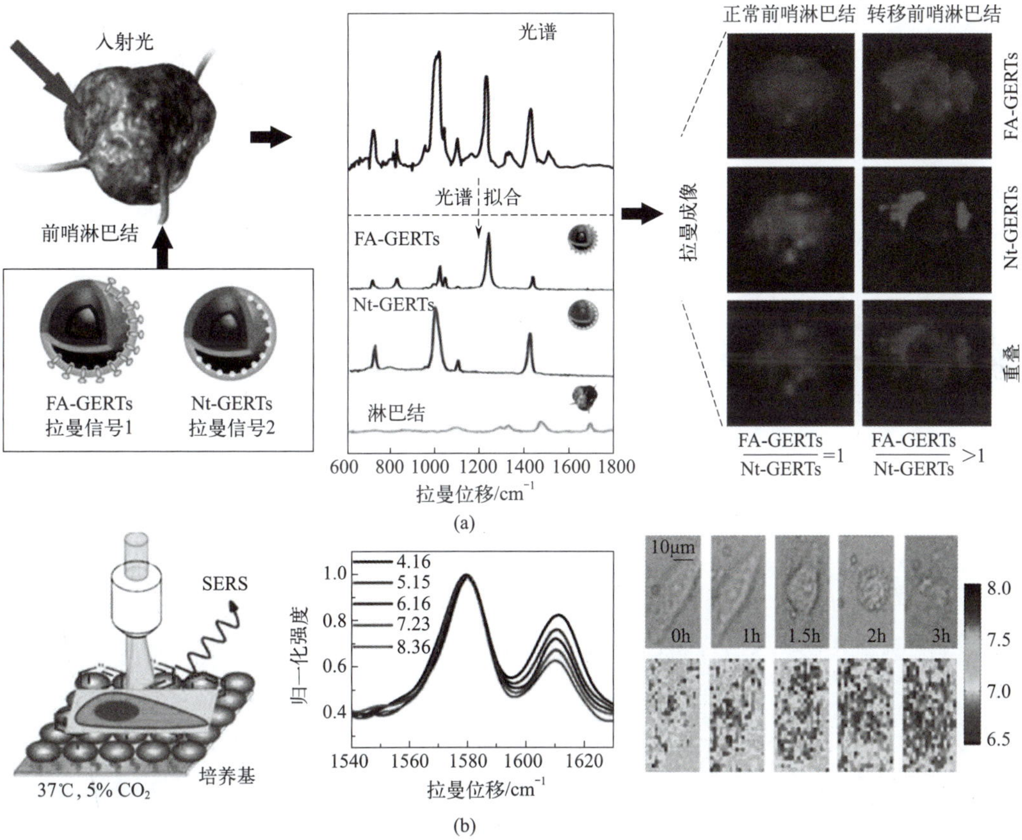

图 7-19　靶向性与非靶向性两种缝隙增强拉曼纳米探针用于术中诊断前哨淋巴结转移的检测示意图（a）[41]；4-MPy 分子修饰金纳米颗粒组装的固态 SERS 底物用于原位 pHe 传感及细胞凋亡过程中活细胞的 pHe 原位成像（b）[43]

四、其他电化学-波谱联用法

电化学-波谱联用还包括电化学-荧光光谱、电化学-X 射线吸收光谱、电化学-核磁共振光谱和电化学-质谱等。荧光光谱技术与电化学技术结合能保留荧光光谱的高灵敏优势，并反映电荷传递过程的信息。董绍俊等[44]在电化学-荧光光谱领域开展了卓越的研究工

扫码看彩图

作，他们发展了一种新型的混合膜系统（PMB/PSS/PDDA/QDs/PDDA），该系统首次在水溶液中实现了可逆电开关量子点（QDs）的发光。在使用电致变色材料聚亚甲蓝（PMB）的基础上，QDs发光可利用相应的发光猝灭效应在−0.4～0V的窄电势范围内有效切换（图7-20）。

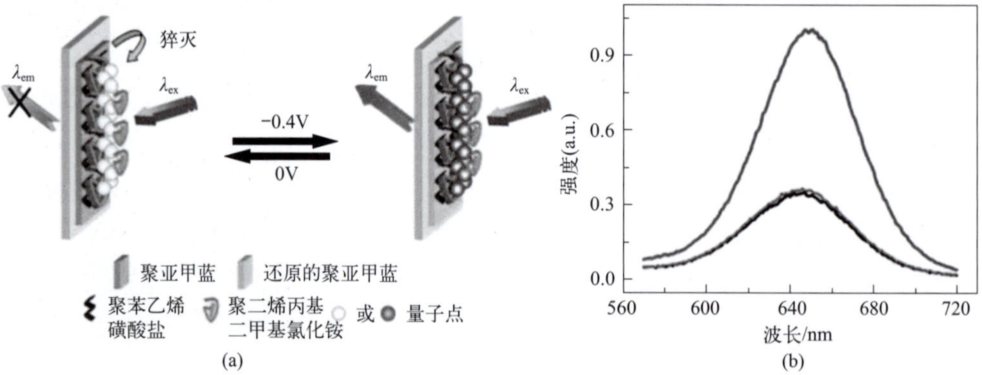

图7-20　混合膜系统在施加电势后实现可逆电开关量子点发光示意图（a）及对应光谱图（b）[44]

电化学-X射线吸收光谱一般用于研究材料结构、组成等，X射线透过样品后，其强度发生衰减且衰减程度与样品的结构、组成密切相关。近年来，电化学-X射线吸收光谱已用于催化剂的催化机理和活性位点分析，如金属有机骨架（MOF）材料衍生的Fe-N-C、聚FeN_xC、Fe-NCB和Fe-N/C，以及铂族金属催化剂。扩展X射线吸收精细结构（EXAFS）光谱和X射线吸收近边结构（XANES）光谱都是典型X射线吸收光谱的衍生光谱分析手段。Mukerjee等[45]利用ZIF-8分步合成Fe基金属催化剂，并用于催化氧还原。基于XANES特性的边缘偏移，以及傅里叶变换峰随着电势从0.3V增加到0.9V的增加趋势，电化学-X射线吸收近边结构光谱证明催化反应过程中形成了Fe的氧化态［图7-21（a）］。此外，该课题组[46]还利用XANES探究质子交换膜燃料电池阴极材料的活性，他们制备了四种$PtNi_3/C$催化剂，通过原位XANES研究了这些循环催化剂的结构演变，验证了铂类$PtNi_3/C$催化剂的优异耐久性的原因是由于Pt覆盖层很好地保护了芯中的镍，使其免受酸性预处理的侵蚀［图7-21（b）］，并在电池长期运行后仍然可以保留较高的镍含量。对于电化学-波谱发展而言，电化学-X射线吸收光谱也逐渐成为原位结构研究的有力工具。

电化学-核磁共振波谱是将核磁共振（NMR）波谱技术用于电化学反应中间产物的跟

踪检测与分析鉴定，具有重要的研究价值和应用前景。孙世刚等[47]借鉴光谱电化学研究中经典的薄层电解池，设计适用于原位电化学NMR研究的电解池装置，实现了循环伏安扫描过程中原位NMR氢谱的实时跟踪检测。提出的双室薄层电解池利用管状金属薄膜电极与核磁管间形成薄层空间，将参比电极与工作电极置于同一电解池内，并与对电极隔离，减少了极化电流对电位控制的影响，避免了工作电极产生的电解产物扩散对电极造成消耗（图7-22）。对苯醌在乙腈溶剂中的循环伏安图显示出两对氧化还原峰，经原位NMR氢谱表征，验证了苯醌的连续单电子得失过程。当体系中含有5mol/L水时，循环伏安谱图中只观察到一对氧化还原峰，结合原位NMR氢谱相应的变化，推断该过程涉及对苯醌的两电子转移。当减少体系中的水含量至1mol/L时，跟踪电化学还原过程的NMR氢谱显示，在对苯醌质子信号10Hz处出现新峰，证实该过程有对苯醌二聚体的形成。

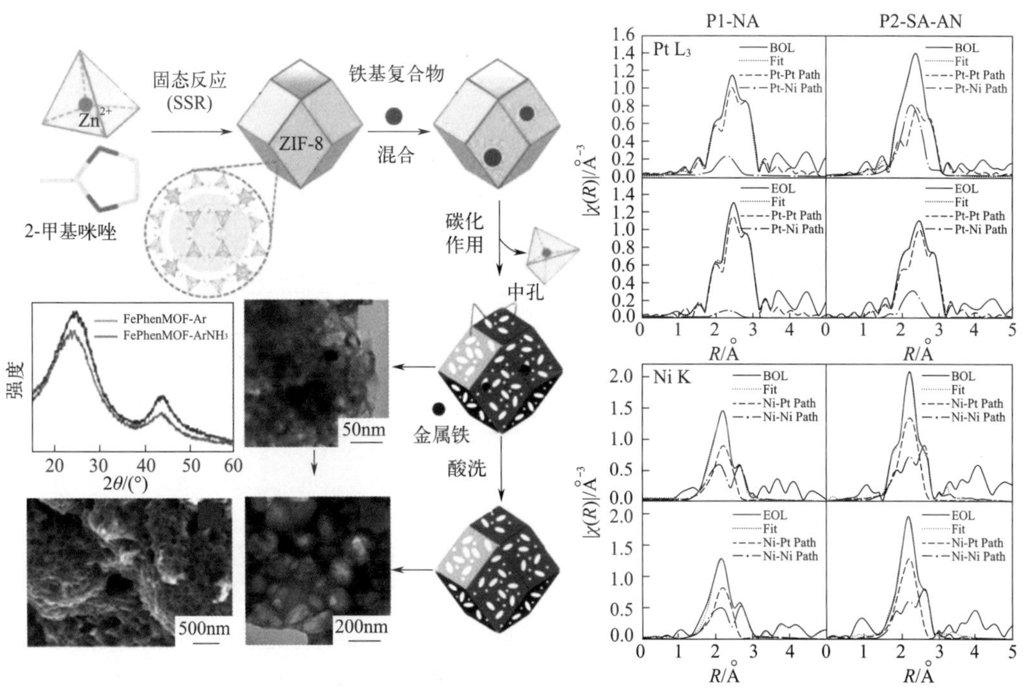

图7-21　FePhenMOF-ArNH$_3$催化剂的合成和表征示意图（a）[45]；Pt催化剂（上图）及Ni催化剂（下图）分别在硝酸（左图）和硫酸退火后处理（右图）的FT-EXAFS光谱图（b）[46]

P1-NA和P2-SA-AN—两种不同粒径的PtNi$_3$前体分别在硝酸及硫酸中进一步处理得到的复合物；BOL—电压循环200次的寿命初期阶段；EOL—电压循环30000次的寿命末期阶段；Fit—拟合曲线

1Å=10^{-10}m

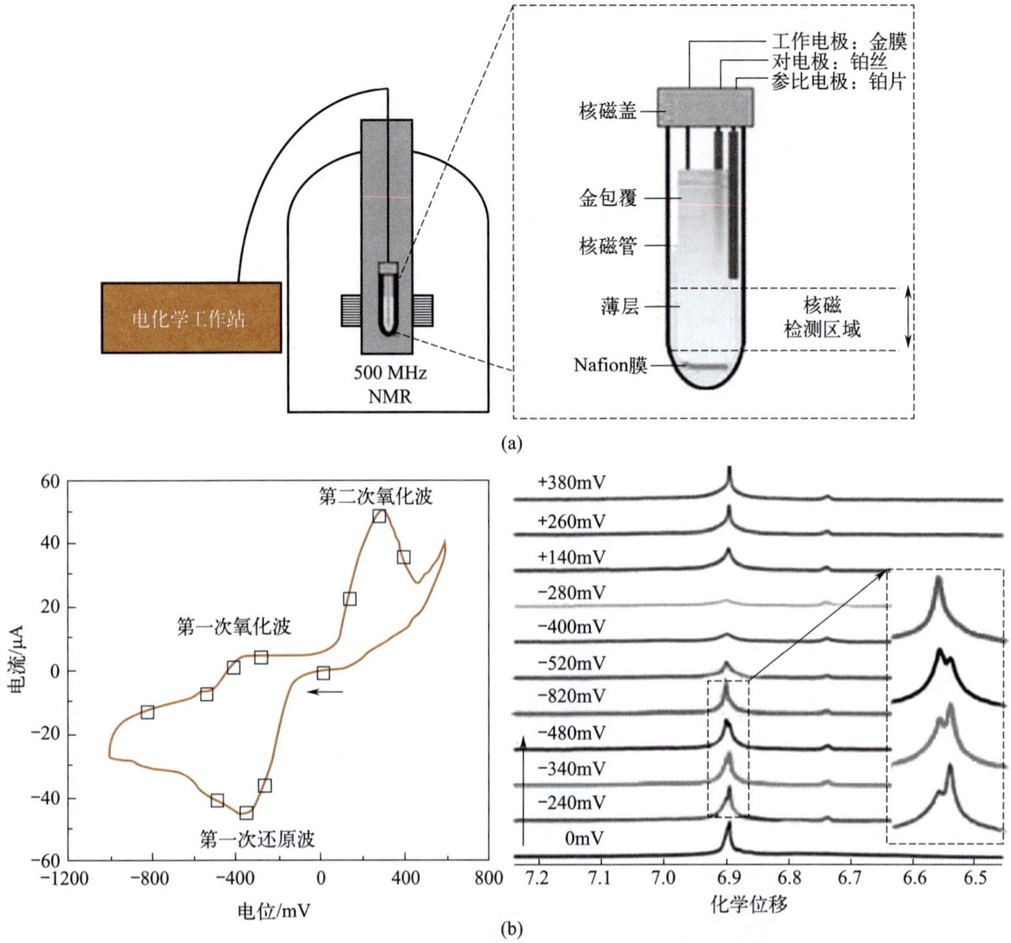

图 7-22 电化学原位 NMR 联用设计示意图（a）；对苯醌的循环伏安扫描图与对应的原位 NMR 谱图（b）[47]

五、小结与展望

几十年来，光谱电化学迅速发展，已经成为电化学领域中一个重要的分支学科，在各方面得到普遍认可。同时结合有多种波谱技术的多光谱电化学，也在各类文献中得到证实。光谱电化学的总趋势是从单一光谱电化学技术向各种电化学-波谱技术联用发展，随着 SEC 领域的发展，不同技术的结合数量也会增加，越来越多的技术将结合到多光谱电化学中[48]。但是当前仍需要开发各种电化学方法以确保电极电位控制的准确性和光谱方法的灵敏度。

同时，传统电化学基础理论正面临着基本理论框架的发展挑战，同时又面临着新型电化学能源体系的新机遇，如材料器件尺度缩小、高功率的非稳态、电荷转移与传输的一体化等。这些挑战与机遇亟需发展新型电化学体系，在此过程，波谱技术的联用表征对于电化学发展至关重要。总的来说，在未来电化学-波谱联用的发展将面临巨大的挑战和机遇。

第三节
电化学石英晶体微天平

石英晶体微天平（quartz crystal microbalance，QCM）是一种非常灵敏的质量检测仪器，其测量精度可达纳克级，比灵敏度在微克级的电子微天平高 1000 倍，理论上可以测到的质量变化相当于单分子层或原子层的几分之一。QCM 利用了石英晶体的压电效应，将石英晶体电极表面质量变化转化为石英晶体振荡电路输出电信号的频率变化，进而通过计算机等其他辅助设备获得高精度的质量数据。Bruckenstein 等将 QCM 引入电化学研究，将 QCM 技术与电化学技术联用组成电化学石英晶体微天平（EQCM）。由于 EQCM 能在获得电化学信息的同时又能得到电极表面质量变化的信息，因此 EQCM 迅速发展，引起了科学家的广泛研究。

一、电化学石英晶体微天平的基本原理与构造

QCM 的基本原理是利用石英晶体的压电效应，即石英晶体内部每个晶格在不受外力作用时呈正六边形，若在晶片的两侧施加机械压力，将使晶格的电荷中心发生偏移而极化，则在晶片相应的方向上将产生电场；反之，若在石英晶体的两个电极上施加电场，晶片就会产生机械变形，这种物理现象称为压电效应。通过将晶体材料的质量与密度联系起来，就有可能预测与传感器表面小质量增加（Δm）相关的谐振频率变化，如公式（7-3）所示：

$$\Delta f = -\frac{2f_0^2 \Delta mn}{\sqrt{\rho_q \mu_q}} = -C_f \Delta m \tag{7-3}$$

对于刚性吸附沉积，晶体振荡频率变化 Δf 正比于工作电极上沉积物的质量改变 Δm。其中，f_0 为芯片固有的振荡频率；n 为振荡的谐波数；ρ_q 和 μ_q 分别为石英晶体的密度和剪切系数；C_f 为灵敏度因子。以上即是 Sauerbrey 方程，它建立了共振频率与小质量增加之

间的线性关系，从而间接测量微小的质量变化。一般情况下，Sauerbrey 方程根据获得的总频率变化来评估吸附体的总质量，或者建立频率变化（信号）与质量的直接关系。当物质吸附在晶体表面时，频率降低。此外，由于频率变化受液体密度和黏度的影响较大，QCM 还会对缓冲液和注入样品黏度的差异以及温度引起的黏度变化做出响应[49-53]。

二、电化学石英晶体微天平的应用

1. 对血浆中的外泌体进行双模式和无标记检测

细胞外囊泡（如外泌体）的生物分子含量已被证明在细胞间通信和疾病传播中至关重要。因此，近些年来探索了新型生物传感平台，能够实现灵敏且特异地检测外泌体中的蛋白质和核酸等成分，在诊断检测中具有广阔的应用前景。由于 QCM 具有灵敏度高、免标记和可实时监测等优点，在生物传感检测中应用广泛，常用于基因、蛋白质、细胞、微生物等的检测和研究。在生物传感领域，通过将电化学测量与 QCM-D 相结合，统称为 EQCM-D，其中 QCM-D 代表耗散型石英晶体微天平，可以揭示生物传感中电极表面发生电子转移过程中的表面质量和结构变化信息。例如，Guldin 等[54]报道了使用电化学石英晶体微天平（EQCM-D）对血浆外泌体进行双模式和无标记检测的方法。该团队采用直接免疫传感方法，通过 CD63 的表面蛋白的表达来有效捕获外泌体。利用 QCM-D 与电化学阻抗谱（EIS）测量相结合的技术，揭示了每个功能层和分析物之间的质量、黏弹性和阻抗诱导特性之间的关系。该工作除了在 25%（体积分数）血清中将检测限降低至 6.71×10^7 个外泌体大小的颗粒（ESP）外，耗散和阻抗响应之间的协同作用引入了更灵敏的传感特异性，从而推动 EQCM-D 成为外泌体分析的重要技术（图 7-23）。

2. 电极表面吸附态分析

酶的电活性与酶在电极表面上的吸附状态密切相关，将氧化还原酶固定在电极上可以在体外改变氧化还原酶的电荷流向，实现高效的选择性电催化。因此，酶在电极表面的电子传递，是阐明电极上固定化酶的活性和反应动力学的关键。QCM 可以量化酶在电极上的负载，与电化学技术相结合，可探测不同负载条件下酶的活性及其电子传递规律。Reisner 等[55]采用 EQCM 探测了金电极表面自组装单层静电作用力和氢键作用力对酶的固定和导向的影响，指出酶-电极界面的氢键作用是电极上蛋白质稳定的关键因素（图 7-24）。

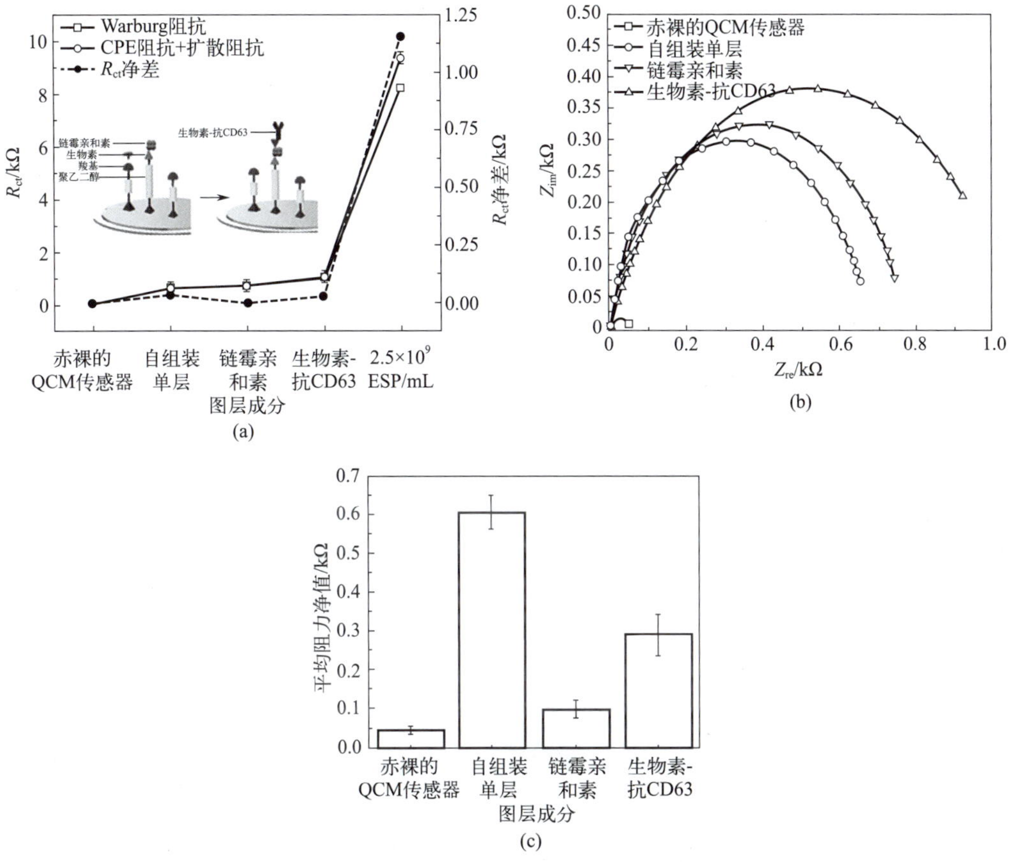

图 7-23　免疫传感器的 EIS 表征[54]

(a) 比较从两个细胞模型获得的每个传感层的 R_{ct} 净变化；(b) 使用含有 Warburg 模型拟合的每个传感层的 EIS 的 Nyquist 图；(c) 柱形图显示 (b) 中各传感层 R_{ct} 的平均净变化

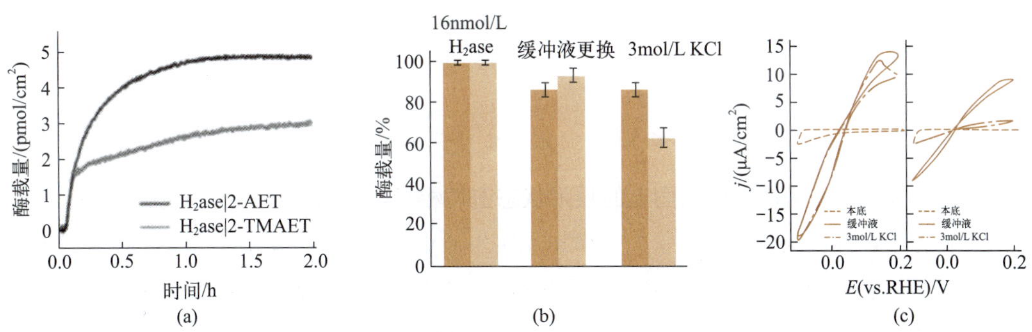

图 7-24　2-AET 和 2-TMAET 修饰的传感器上固定的 H_2ase 酶的 QCM 曲线 (a)；H_2ase 在自组装单层膜 (SAM) 修饰的传感器上的解吸曲线 (b)；H_2ase 在 SAM 修饰的传感器上的蛋白膜伏安法 (PFV) 曲线 (c)[55]

3. 用于细胞检测

QCM 在细胞检测中多用于细胞浓度的测定。姚守拙等[56]基于经典的“金标银染”信号放大方法构建了 QCM 细胞传感器，如图 7-25 所示，在人急性淋巴白血病细胞（CCRF-CEM）被修饰有氨基苯硼酸的金纳米颗粒 (APBA-AuNPs) 标记后，还原的银单质吸附聚集在 AuNPs 表面，从而增大芯片表面质量，对 CCRF-CEM 细胞的检出限为 1160cells/mL。基于石英晶体微量天平所构建的生物传感器能够以一种动态的、无标记、非侵入的方式监测细胞的吸附、脱附及构型变化等相互作用。

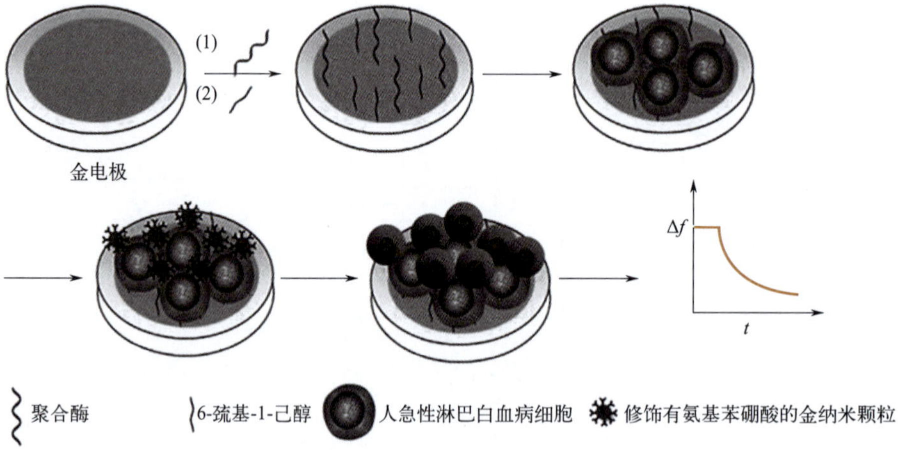

图 7-25 用于分析白血病细胞的 QCM 生物传感器的示意图[56]

三、小结与展望

本节简要地总结了近年来 EQCM 技术在电化学研究中取得的重要成果。EQCM 可以实时获取电化学、重量和超重量（例如阻抗和能量耗散）信息，是一种经济高效且无损的表征方法，样品制备流程简便，可模拟现实生活中的电极。与其他表征结构（如 XRD、电子显微镜、AFM 等）和化学成分（如 FTIR、拉曼、EELS 等）的技术相比，EQCM 具有其独特的优势，使其成为研究电化学现象和机理的有力工具。

到目前为止，它可以用于测量微量物质的质量变化，包括生物分子的吸附、脱附和反应等过程。EQCM 在生物学领域的应用包括：

① 生物分子相互作用研究：可以用于研究生物分子（如蛋白质、DNA、RNA 等）的相互作用，包括蛋白质与配体、受体与配体等的结合过程。

② 生物传感器开发：可以用于开发生物传感器，通过监测生物分子与传感器表面的相互作用，实现对生物分子的快速、灵敏和特异性检测。

③ 药物筛选和评价：可以用于评价药物与靶标蛋白的结合亲和力和动力学参数，从而用于药物筛选和评价。

④ 细胞行为研究：可被用于研究细胞的吸附、增殖、迁移等行为，以及细胞与生物材料表面的相互作用。

总之，EQCM 在生物学领域的应用范围广泛，可被用于研究生物分子相互作用、开发生物传感器、评价药物和研究细胞行为等方面。

第四节
电化学–质谱联用

电化学测量方法在定量分析方面具有显著优势，然而，其对于未知物质的定性能力较弱。质谱（mass spectrometry，MS）是一种通过将物质分子转化为离子，并检测离子的质荷比以实现物质定性及定量的分析技术。近年来，电化学与质谱联用技术已成为探究未知或复杂样品组成的有力工具。根据质谱离子化方式的不同，电化学-质谱联用技术主要分为微分电化学质谱法、电化学-电喷雾电离质谱法、电化学-常压质谱法和原位电化学-二次离子质谱法。

一、微分电化学质谱法

微分电化学质谱法（differential electrochemical mass spectrometry，DEMS）是一种结合电化学半电池实验和电子轰击（EI）质谱的分析技术，可实现电极表面产生的气态或可挥发物种的原位质谱检测。1971 年，Bruckenstein 和 Gadde[57] 首次利用疏水性多孔膜电极实现了气态电化学产物的原位质谱检测。1984 年，Wolter 和 Heitbaum[58-59] 对系统进行了改进并将这种方法命名为微分电化学质谱法，在原位质谱检测气态产物的基础上，“微分”

还包括两层含义：①该方法可以测量所产生物种数量的时间导数，即生成速率；②该方法采用两级真空泵产生压力差来输运气体产物[60]。微分电化学质谱系统主要包括三个部分：电化学池［图 7-26（a）］、多孔膜电极［图 7-26（b）］以及真空-质谱系统。

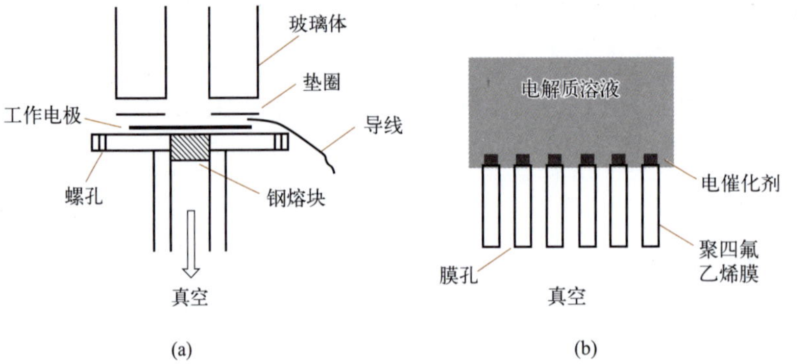

图 7-26　微分电化学质谱法电化学池结构（a）及多孔膜电极结构（b）示意图[61]

电化学池主体材料由玻璃或聚四氟乙烯构成，多孔膜工作电极由多孔钢熔块支撑，位于电解池和真空系统之间，工作电极上产生的气态或易挥发成分可由多孔膜进入真空并转入质谱进行检测。为了使气态或易挥发产物以较快速度由工作电极表面进入质谱，一般采用聚四氟乙烯多孔膜作为基底，以溅射的方式将金属电催化剂沉积在聚四氟乙烯膜表面，组成多孔膜工作电极，电极结构如图 7-26（b）所示。由于聚四氟乙烯膜具有疏水性，电解液（水相或部分有机相，如碳酸丙烯酯等）无法穿过薄膜，而气态或易挥发产物则较易穿过膜并进入真空。临界孔径取决于电解液的表面张力和电解液与聚四氟乙烯之间的接触角，对于水相电解液，临界孔半径为 0.8μm[58]。根据应用需求，电化学池的设计较为灵活，可设计为两电极或三电极体系，电催化剂材料及组成也可以根据需要进行调整。

气态或易挥发产物的生成速率可通过该产物的质谱信号强度确定：

$$I_i = K_1 J_i \tag{7-4}$$

式中，I_i为成分 i 的质谱信号强度；K_1 为包含质谱的参数设置及组分 i 离子化效率的参数；J_i为成分 i 的进气流速，$J_i = \dfrac{\mathrm{d}n}{\mathrm{d}t}$，mol/s。此外，$J_i$还可表示为：

$$J_i = \frac{N I_\mathrm{f}}{zF} \tag{7-5}$$

式中，I_f为法拉第电流，当电流效率不为 100% 时，I_f需乘以电流效率；z 为电子转移数；F 为法拉第常数；N 为组分的转移效率，即质谱检测到物质的量与电极产生物质的量的比例，$N<1$ 表明部分气态产物扩散到电解液中，未能进入真空。

由以上两式可得：

$$I_i = \frac{K_2 I_f}{z} \tag{7-6}$$

其中，$K_2 = \frac{K_1 N}{F}$，其值可通过使用已知电化学体系进行校准，例如：CO_2 的质谱信号通常由在阳极电位扫描过程中吸附在铂电极上的 CO 的氧化来校准。如此，即可获得 CO_2 质谱信号与法拉第电流之间的关系，进而获得产物的生成速率[60]。

传统微分电化学质谱系统采用聚四氟乙烯膜的进样方式虽然能够阻止液体电解质进入质谱，但气体的过膜及转移速率较为缓慢，使得气态产物生成到质谱响应的时间差在 10s 以上，难以实现电化学反应时间或电势与质谱信号的准确匹配；另外，气体的转移效率较低［即式（7-5）中的 N 值较小］，也给气体产物的定量带来了误差。为了增加气体转移效率，可使用旋转圆盘电极（RDE）作为微分电化学系统的入口。在确定的扩散条件下，根据 RDE 不同转速下气体析出的扩散控制法拉第电流与相应 I_i 值之间的关系，即可确定气体的转移效率（N 值）。通过调整 RDE 转速控制扩散层厚度，优化气体转移效率，即可提高定量准确性。为了将大电极整合到微分电化学质谱系统中，研究人员还开发了薄层电池及双薄层电池等进样方式，进一步拓展了微分电化学质谱系统的应用。然而，以上进样方式中聚四氟乙烯膜的使用从根本上限制了气体转移速率和传递效率的进一步提高，使得质谱响应时间和定量结果始终不能令人满意，限制了微分电化学质谱技术的发展。2007 年，Holzapfel 等设计了一种基于“顶空分析”技术和“载气吹扫”进样方式的电化学池用于锂离子电池中气态产物的微分电化学质谱检测。在该系统中，电化学反应气体产物通过毛细管从电化学池顶部连续泵出，进入四极杆质量分析仪并进行在线检测。此外，更少电解液用量以及更多电极活性物质的设计，使得检测信号相比于传统体系提高了 100 倍，可以实现痕量气体的检测。同时，载气吹送进样方式极大地提高了气体的转移速度，使得响应时间进一步缩短。在此基础上，McCloskey 等设计的 Swagelok 电化学池将电解液的用量减小到 40 ～ 60μL，顶部空间减小到 125μL，进一步将检测限提高到小于 1×10^{-6} 水平。然而，这两种“顶空分析”技术的电化学池设计，并不能完全保证电化学或化学反应所产生的气体完全进入质谱，仍会有少部分气相产物溶解在电解液中，对于定量研究存在一定的误差。为保证气体传输效率达到或接近 100%，彭章泉等设计允许螺旋式气体吹扫在电池内部产生压力梯度的质谱电化学池，Brekes 等设计载气流经电解液的质谱电化学池，这两种“动态”顶空进样方式使得电解液溶解的气体几乎全部进入质谱检测器，可实现对反应产生气体的准确定量[61]。目前，微分电化学质谱法已广泛应用于储能领域，特别是锂离子电池的稳定性分析等。

二、电化学–电喷雾电离质谱法

电喷雾电离质谱法（ESI-MS）是一种通过对液体施加高电压产生带电气溶胶，进而将分子转化为离子并进行质谱检测的方法，是一种常用的软电离质谱法，可用于液体样品中的分子检测。1995 年，Berkel 等首次报道了将电喷雾电离质谱与电化学池联用，用于电极表面液态产物的在线质谱检测[62]。此后，电化学池与质谱的在线联用技术得到了快速发展。对于较复杂电化学反应体系，需要在质谱分析前对混合组分进行预分离，分离方法主要包括高效液相色谱法（HPLC）和毛细管电泳法（CE）。根据分离方法的不同，电化学-电喷雾电离质谱法主要分为电化学-质谱直接联用法（EC-MS）、电化学-高效液相色谱-质谱法（EC-HPLC-MS）以及电化学-毛细管电泳-质谱法（EC-CE-MS）。

1. 电化学–质谱直接联用法

电化学-质谱直接联用法包含两种形式，一种是将电化学池与 ESI 质谱通过特别设计的接口进行连接，另一种是将 ESI 质谱的电离源同时作为电化学反应场所，即源内电化学质谱法。

电化学池-ESI 质谱联用分析中的关键问题是电化学池的结构设计。目前常用的电化学池包括库仑流通池和安培薄层流动池，两种电化学池均已实现商业化，其结构如

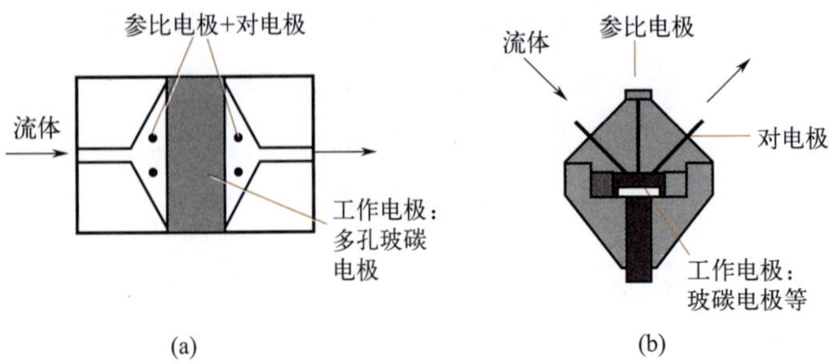

图 7-27　常用电化学池的结构示意图[62]
（a）库仑流通池；（b）安培薄层流动池

图 7-27 所示，均包含三电极体系和电解液流动通道。库仑流通池的工作电极为多孔玻碳电极，其多孔结构大大增加了电极表面积，反应效率高，因此，即使在较高电解液流速下（100μL/min），反应物也能被近似定量转化。库仑流通池的主要缺点是电极材料内置于电化学池池体中，不能进行手动清洗或维护。安培薄层流动池的电极则是通过插入的形式置于电化学池中，因此，当观察到电化学性能下降时，可对电极进行清洗或更换。

除了以上两种电化学池，近年来，多种新型微流控电化学池已被报道。微流控电化学池的主要优势在于其高集成度、高转化率以及较小的样品消耗量，可根据不同的应用需求对电池结构及电极材料进行设计。电化学分析方面，常用的方法是电位扫描法，通过将质谱信号与扫描电位进行匹配，可获得不同电位下电化学产物的直接分子证据。如图 7-28 所示，二茂铁甲醇置于薄层流动电化学池中，通过对工作电极施加线性电位扫描，可同时获得电流及质谱信号随时间或电位变化曲线，从而对电化学反应机理及动力学进行研究[63]。电位扫描-质谱分析的前提条件是物质从电化学池到质谱的转移时间足够短（即死时间足够小，通常要求小于 1s），否则无法将电位与质谱信号进行准确关联。通过恒电位分析法即可获得电化学产物从产生到发生质谱响应的死时间。此外，恒电流法和阳极溶出法也可用于电化学池-ESI 质谱联用分析。

纳升电喷雾离子源（NanoESI）是电喷雾离子源的一种，通常使用孔径小于 10μm 的玻璃毛细管喷针作为电离源，流速小于 100nL/min，可减小样品用量并提高灵敏度与信噪比。NanoESI 喷针可直接用作电化学池以实现快速电化学体系检测［图 7-29（a）］。在该体系中，由于反应电极存在于电离源中，与质量分析器距离短，电解产物从产生到进行质谱检测的死时间极短（低至微秒数量级），因此，可被用于电化学不稳定中间产物的检测，从而为电化学反应机理的研究提供了新的证据。在此基础上，徐静娟等[64]在 NanoESI 喷针尖端内壁设计了碳超微电极涂层，在两侧高电压形成的电场下，碳超微电极形成双极电极，引发电化学反应并进行质谱检测，成功检测到包括三丙胺自由基（寿命约为 200μs）在内的一系列不稳定电化学中间体，揭示了新的反应途径。另外，邵元华等[65]设计了一种“θ 形”双玻璃毛细管电离源［图 7-29（b）］，其中一侧玻璃管中填充银丝连接的碳超微电极，另一侧玻璃管中插入 Ag/AgCl 电极并注入电解液，以构成电化学回路。此外，为了避免 ESI 电离高电压对电极反应的影响，采用压电手枪的方式产生喷雾并进入质谱检测。该系统同样响应快速，可实现不稳定中间体的检测，且避免了高电压对电极反应的影响。

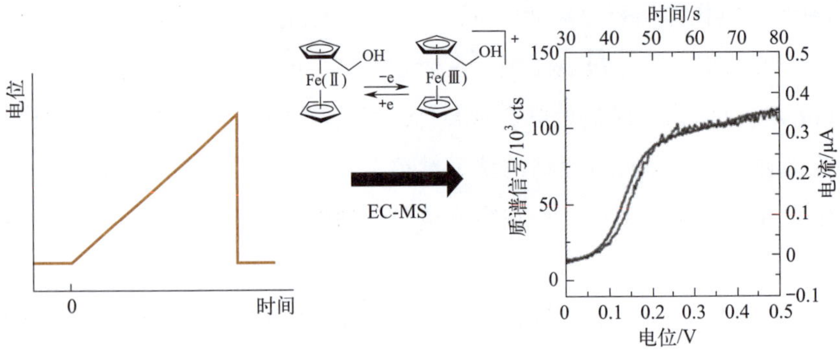

图 7-28 流体动力学伏安-质谱联用法分析二茂铁甲醇氧化示例[63]
图中质谱信号来源于氧化态二茂铁甲醇（*m/z* 216.06）

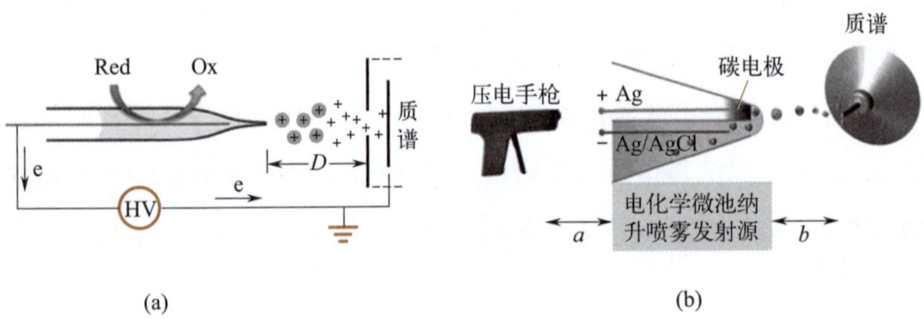

图 7-29 基于 NanoESI 电离源的实时电化学反应检测系统（a）；基于“θ 形”双玻璃毛细管电离源的实时电化学反应检测系统（b）[65]

2. 电化学-高效液相色谱-质谱法

电化学分析常用于一些复杂体系，如药物代谢过程研究。不同于传统药物代谢研究方法，使用电化学方法对药物代谢过程进行模拟可将模型大幅度简化并变得可控，样品制备的工作量和所需的分析时间也将大幅减少。基于电化学分析的药物代谢过程研究常常涉及多种代谢产物，对于此类复杂电化学反应体系的质谱联用分析，常需在电化学池与质谱之间连接高效液相色谱用于电化学代谢产物的预分离。高效液相色谱是以液体为流动相，基于流动相中的各组分与固定相发生作用的强弱不同以及在固定相中滞留时间不同的原理进行分离分析的方法。除了对代谢产物进行分离，通过对分析物在高效液相色谱中保留行为的评估，还可额外获得有关分析物极性的信息，并能避免因复杂组分引起的电离源中的离子抑制效应。

如图 7-30 所示[66]，电化学-高效液相色谱-质谱分析装置一般采用设计的电化学流动池，其中电极材料、电解液、电解条件、流速等根据需要进行调整，电化学池与色谱之间的连接需引入适当的真空泵和阀门。高效液相色谱的选择需与质谱匹配，一般来说，应用最广泛的反相高效液相色谱适合于分离非极性或极性较弱的分子，而质谱则适合检测极性较强的分子，亲水相互作用液相色谱（HILIC）的固定相为强极性，在分离极性较强分子时具有优势，因此，对于较强极性分析物，亲水相互作用液相色谱与质谱的匹配度更好。另外，后续的质谱检测方法可根据需要进行调整，例如：电喷雾质谱适合于有机分子的鉴定，电感耦合等离子体质谱（ICP-MS）适合于无机元素的定量，两者结合，即可获得更全面的代谢产物信息。与电化学-质谱直接联用法相比，分离装置的引入大大增加了色谱或质谱的响应时间（通常为若干分钟），因此，该方法仅适用于稳定电化学产物的分析。

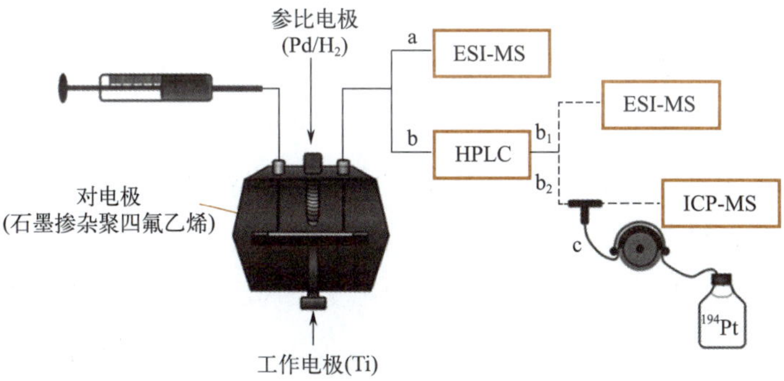

图 7-30　电化学-高效液相色谱-质谱分析装置示意图[66]

3. 电化学-毛细管电泳-质谱法

毛细管电泳是以石英毛细管为分离通道，以高压直流电场为驱动力，依据样品中各组分之间淌度和分配行为的差异而实现分离，是除高效液相色谱法外的另一种应用较广泛的分离分析方法，也常用于电化学产物质谱分析前的预分离。由于毛细管电泳的电荷依赖迁移行为，允许在离子之间进行区分，这些离子可以是由电化学过程产生，也可以是在质谱检测之前的电离过程中产生。与高效液相色谱法相反，在毛细管电泳分离中，可使用与电化学反应相同的电解液。由于未发生溶剂交换，分析物在毛细管电泳分离过程中保持了物质原有的电荷状态，使得分析更加准确。此外，也可在毛细管电泳分离步骤中模拟生理条件，而这在反相高效液相色谱分离中是无法实现的。另外，与高效液相色谱相比，毛细管电泳具有分离速度快、耗样量小，适合分析带电粒子等特点。因此，在电化学-毛细管电泳-质谱分析法中，电化学池除选择流动池外，还可设计为丝网印刷电极池。Palatzky 和 Matysik[67] 开发了一种基于一次性丝网印刷电极的全自动在线电化学-毛细管电泳-质谱分析设备。电化学池由丝网印刷三电极与直接放置在三电极上的电解液滴组成，一根毛细管直接插入电解液滴，放置在工作电极上方。工作电极上产生的物质即可通过毛细管进入电泳分离过程，与传统流动电化学池相比，该方法样品消耗量显著降低（约 50μL），电极更换方便，避免了耗时的清洗和抛光过程。

三、电化学–常压质谱法

常压质谱在电化学分析中的应用使得实验设计更加简单和灵活。传统的常压质谱法主要包括大气压化学电离质谱（APCI -MS ）和大气压光电离质谱（APPI -MS ）。然而，这些技术在进行质谱分析之前需要经过复杂的样品制备过程，限制了其在原位在线电化学监测方面的应用。2004 年，Cooks 等开发了解吸电喷雾电离质谱（DESI-MS），其工作原理是将带电的电喷雾液滴和溶剂离子引导到样品上，使样品表面分子发生解吸并产生气态离子，气态离子进入质量分析器进行检测。

2009 年，陈浩等 [68] 首次将薄层电化学流动池与解吸电喷雾电离质谱结合并用于生物体系的研究，例如多巴胺和硫醇氧化，肽和蛋白质二硫键还原以及肽和蛋白质的在线衍生化等。采用大气压直接采样的方式，解吸电喷雾电离质谱使得电化学池的设计、离子化模式以及溶剂的选择更灵活。然而，由于电化学流动池的使用，该方法的质谱响应时间较长，以多巴胺氧化为例，质谱响应时间约为 3.6s，不适用于不稳定电化学中间产物的检测。2015 年，Zare 等 [69] 设计了一种“水轮”状旋转电极，该电极部分浸没于电解液中，在电极旋转过程中，电极表面覆盖一层电解液膜（图 7-31）。将解吸电喷雾电离源置于旋转电极上方，将一束含有待测样品的微液滴喷射至旋转电极表面，发生氧化或还原过程，并形成极小的二次液滴，进入质量分析器进行检测。该方法的特点是电极表面反应发生后，直接形成微液滴进入质谱检测，传质时间短，因此，该方法具有极短的质谱响应时间（时间分辨率提高 4 ～ 5 个数量级），可用于不稳定电化学反应中间体的检测。利用该方法，可检测到 *N*, *N*-二甲基苯胺自由基阳离子（理论半衰期为 0.85 ～ 170μs）。

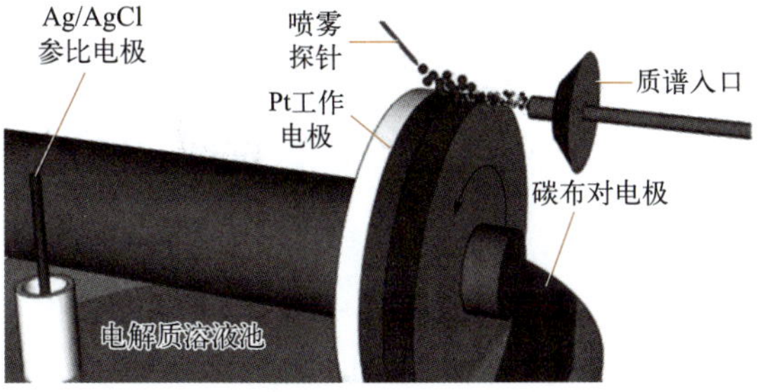

图 7-31 一种基于“水轮”状旋转电极的电化学-解吸电喷雾电离质谱法示意图[69]

四、原位电化学-二次离子质谱法

二次离子质谱（SIMS）使用一束聚焦离子束（一次离子束）溅射待测样品表面，使样品表面的原子或分子解吸及离子化，形成二次离子，并进入质量分析器进行检测。二次离子质谱可检测样品表面 1 ～ 2nm 厚度的薄层成分，具有极高的表面灵敏度（10^{-9}），有望应用于电化学反应中电极-电解质界面的原位分析。然而，二次离子质谱需在超高真空环境下进行分析，限制了其在电化学界面原位分析中的应用。2014 年，余晓英和朱梓华等[70]发展了一种基于真空相容微流控电化学池的二次离子质谱原位电极-电解质界面检测方法，即原位电化学-二次离子质谱法（In situ SIMS）。如图 7-32 所示，该方法使用 100nm 厚度氮化硅膜作为基底，通过磁控溅射法将金属膜修饰在氮化硅膜上作为工作电极，利用氧气等离子体将镀金属氮化硅膜与包含对电极的聚二甲基硅氧烷（PDMS）材质微流控池体进行不可逆键合，填充电解液并进行密封。将该微流控电化学池置于二次离子质谱超高真空腔中，利用一次离子束对氮化硅膜进行击穿，形成一个微孔（孔径约 2μm）。由于表面张力作用，液体将在微孔中形成一个动态稳定的液面，不仅避免了液体的快速逸出，更为重要的是，暴露出一个可供二次离子质谱检测的固-液界面。通过减小一次离子束束流，继续对该界面进行轰击，即可获得来源于电极-电解质界面的二次离子质谱信号。由于所形成的电极-电解质界面距离质量分析器较近（约 2mm），从物种形成到被检测时间极短，因此，原位电化学-二次离子质谱法同样适用于不稳定电化学反应中间体的检测。另外，二次离子质谱可获得二次离子强度随时间变化的信息，与电位扫描法偶联，即可将二次离子信号与电位进行匹配，获得物种随电位变化的直接分子证据。该方法已被应用于小分子代谢机理研究、锂离子电池充放电过程研究以及电催化反应活性位点甄定等。

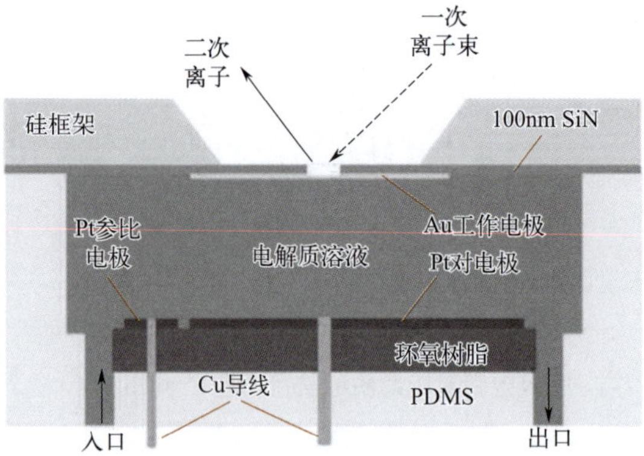

图 7-32　原位电化学-二次离子质谱法示意图[70]

第五节
小结与展望

在过去的几十年里，电化学原位表征技术取得了巨大进展。在各个领域中，从电化学原位显微技术不断放大的微观结构，到电化学石英晶体微天平的精细测量，再到电化学原位波谱联用技术的定性与定量研究，电化学原位表征技术正逐步成为材料、催化和能源前沿领域研究的先进手段[35]。这些电化学原位技术为研究物质的结构、形态和化学性质提供了强有力的研究方法。可以预见的是，电化学原位表征技术将开启原位表征的新时代，有望从众多表征技术中脱颖而出，并被广泛应用在更多科学领域的发展研究中。

参考文献

[1] 贾铮，戴长松，陈玲．电化学测量方法 [M]. 北京：化学工业出版社，2006.

[2] 颜佳伟，詹东平，毛秉伟．扫描探针显微术及其在电化学中的应用 [J]. 厦门大学学报（自然科学版），2020, 59(5): 756-766.

[3] Bard A J, Fan F R F, Kwak J, et al. Scanning electrochemical microscopy: Introduction and principles [J]. Anal Chem, 1989, 61(2): 132-138.

[4] Polcari D, Dauphin-Ducharme P, Mauzeroll J. Scanning electrochemical microscopy: A comprehensive review of experimental parameters from 1989 to 2015 [J]. Chem Rev, 2016, 116(22): 13234-13278.

[5] 卢小泉，王晓强，胡丽娜．扫描电化学显微镜及其在界面电化学研究中的应用 [J]. 化学通报，2004, 9: 673-678.

[6] Wei C, Bard A J, Mirkin M V. Scanning electrochemical microscopy. 31. Application of SECM to the study of charge transfer processes at the liquid/liquid interface [J]. J Phys Chem, 1995, 99(43): 16033-16042.

[7] Shao Y H, Mirkin M V. Scanning electrochemical microscopy (SECM) of facilitated ion transfer at the liquid/liquid interface [J]. J Electroanal Chem, 1997, 439(1): 137-143.

[8] Amemiya S, Bard A J. Scanning electrochemical microscopy. 40. Voltammetric ion-selective micropipet electrodes for probing ion transfer at bilayer lipid membranes [J]. Anal Chem, 2000, 72(20): 4940-4948.

[9] Xia H, Qin D D, Zhou X B, et al. Ion transport traversing bioinspired ion channels at bionic interface [J]. J Phys Chem C, 2013, 117(45): 23522-23528.

[10] Zhong J H, Zhang J, Jin X, et al. Quantitative correlation between defect density and heterogeneous electron transfer rate of single layer graphene [J]. J Am Chem Soc, 2014, 136(47): 16609-16617.

[11] Yao M, Meng Y, Mao X, et al. New insight into enhanced photocatalytic activity of morphology-dependent TCPP-AGG/RGO/Pt composites [J]. Electrochim, 2018, 282(20): 575-581.

[12] Li Y B, Ye Z Y, Liu Y L, et al. Research advances of scanning electrochemical microscopy in biomedical field [J]. Sci China-Chem, 2021, 51(3): 337-358.

[13] Ning X, Wu T, Xiong Q, et al. Identification of cell status via simultaneous multitarget imaging using programmable scanning electrochemical microscopy [J]. Anal Chem, 2020, 92(18): 12111-12115.

[14] Shen M, Qu Z Z, DesLaurier J, et al. Single synaptic observation of cholinergic neurotransmission on living neurons: Concentration and dynamics [J]. J Am Chem Soc, 2018, 140(25): 7764-7768.

[15] Zhang W, Lai W Z, Cao R. Energy-related small molecule activation reactions: Oxygen reduction and hydrogen and oxygen evolution reactions catalyzed by porphyrin-and corrole-based systems [J]. Chem Rev, 2017, 117 (4): 3717-3797.

[16] Rackus D G, Shamsi M H, Wheeler A R, et al. Electrochemistry, biosensors and microfluidics: A convergence of fields [J]. Chem Soc Rev, 2015, 44 (15): 5320-5340.

[17] Kaim W, Fiedler J. Spectroelectrochemistry: The best of two worlds [J]. Chem Soc Rev, 2009, 38(12): 3373-3382.

[18] Goswami S, Matula A J, Rath S P, et al. Robust resistive memory devices using solution-processable metal-coordinated azo aromatics [J]. Nat Mater, 2017, 16(12): 1216-1224.

[19] Lozeman J J A, Führer P, Olthuis W, et al. Spectroelectrochemistry, the future of visualizing electrode processes by hyphenating electrochemistry with spectroscopic techniques [J]. Analyst, 2020, 145(7): 2482-2509.

[20] Zhai Y L, Zhu Z J, Zhou S S, et al. Recent advances in spectroelectrochemistry [J]. Nanoscale, 2018, 10(7): 3089-3111.

[21] Dunsch L. Recent Advances in in situ multi-spectroelectrochemistry [J]. J Solid Stat Electrochem, 2011, 15(7): 1631-1646.

[22] Garoz-Ruiz J, Perales-Rondon J V, Heras A, et al. Spectroelectrochemical sensing: Current trends and challenges [J]. Electroanalysis, 2019, 31(7): 1254-1278.

[23] Gnaim S, Bauer A, Zhang H J, et al. Cobalt-electrocatalytic HAT for functionalization of unsaturated C–C bonds [J]. Nature, 2022, 605(7911): 687-695.

[24] Garoz-Ruiz J, Heras A, Palmero S, et al. Development of a novel bidimensional spectroelectrochemistry cell using transfer single-walled carbon nanotubes films as optically transparent electrodes [J]. Anal Chem, 2015, 87(12): 6233-6239.

[25] Abu E A, Bryan S A, Seliskar C J, et al. Assessing a spectroelectrochemical sensor's performance for detecting $[Ru(bpy)_3]^{2+}$ in natural and treated water [J]. Electroanalysis, 2012, 24(7): 1517-1523.

[26] González-Diéguez N, Colina A, López-Palacios J, et al. Spectroelectrochemistry at screen-printed electrodes: Determination of dopamine [J]. Anal Chem, 2012, 84(21): 9146-9153.

[27] Moss D, Nabedryk E, Breton J, et al. Redox-linked conformational changes in proteins detected by a combination of infrared spectroscopy and protein electrochemistry [J]. Eur J Biochem, 1990, 187(3): 565-572.

[28] Alwis L K H K, Mucalo M R, Ingham B. Anodically polarized Nickel electrodes in DMSO or DMF solutions of pseudohalide ions: IR spectroelectrochemical studies [J]. J Electrochem Soc, 2013, 160(11): H803-H812.

[29] Schädle T, Mizaikoff B. Mid-infrared waveguides: A perspective [J]. Appl Spectrosc, 2016, 70(10): 1625-1638.

[30] Wang G X, Zhou Y, Wang M, et al. Structure orientation of hemin self-assembly layer determining the direct electron transfer reaction [J]. Chem Commun, 2015, 51(4): 689-692.

[31] Xu J Y, Jin B, Zhao Y, et al. In situ monitoring of the DNA hybridization by attenuated total reflection surface-enhanced infrared absorption spectroscopy [J]. Chem Commun, 2012, 48(25): 3052-3054.

[32] Lu Y, Hou X S, Miao L C, et al. Cyclohexanehexone with ultrahigh capacity as cathode materials for lithium-ion batteries [J]. Angew Chem Int Ed, 2019, 58(21): 7020-7024.

[33] Huang Y F , Wang W, Guo H Y, et al. Microphotoelectrochemical surface-enhanced Raman spectroscopy: Toward bridging hot-electron transfer with a molecular reaction [J]. J Am Chem Soc, 2020, 142(18): 8483-8489.

[34] Yuan T, Le Thi Ngoc L, van Nieuwkasteele J, et al. *In situ* surface-enhanced Raman spectroelectrochemical analysis system with a hemin modified nanostructured gold surface [J]. Anal Chem, 2015, 87(5): 2588-2592.

[35] Zhan C, Chen X J, Huang Y F, et al. Plasmon-mediated chemical reactions on nanostructures unveiled by surface-enhanced Raman spectroscopy [J]. Acc Chem Res, 2019, 52(10): 2784-2792.

[36] Li J F, Huang Y F, Ding Y, et al. Shell-isolated nanoparticle-enhanced Raman spectroscopy [J]. Nature, 2010, 464(7287): 392-395.

[37] Li C Y, Dong J C, Jin X, et al. *In situ* monitoring of electrooxidation processes at gold single crystal surfaces using shell-isolated nanoparticle-enhanced Raman spectroscopy [J]. J Am Chem Soc, 2015, 13(24): 7648-7651.

[38] Dong J C, Su M, Briega-Martos V, et al. Direct *In situ* Raman spectroscopic evidence of oxygen reduction reaction intermediates at high-index Pt(*hkl*) surfaces [J]. J Am Chem Soc, 2020, 142(2): 715-719.

[39] Chen Y L, Ding L, Song W Y, et al. Protein-specific Raman imaging of glycosylation on single cells with zone-controllable SERS effect [J]. Chem Sci, 2016, 7(1): 569-574.

[40] Song W Y, Ding L, Chen Y L, et al. Plasmonic coupling of dual gold nanoprobes for SERS imaging of sialic acids on living cells [J]. Chem Commun, 2016, 52(70): 10640-10643.

[41] Bao Z Z, Deng B G, Zhang Y Q, et al. Ratiometric Raman nanotags enable intraoperative detection of metastatic sentinel lymph node [J]. Biomaterials, 2021, 276: 121070.

[42] Qiu Y Y, Zhang Y Q, Li M W, et al. Intraoperative detection and eradication of residual microtumors with gap-enhanced Raman tags [J]. ACS Nano, 2018, 12(8): 7974-7985.

[43] Xu M X, Ma X, Wei T, et al. *In situ* imaging of live-cell extracellular pH during cell apoptosis with surface-enhanced Raman spectroscopy [J]. Anal Chem, 2018, 90(23): 13922-13928.

[44] Jin L H, Fang Y X, Wen D, et al. Reversibly electroswitched quantum dot luminescence in aqueous solution [J]. ACS Nano, 2011, 5(6): 5249-5253.
[45] Li J K, Ghoshal S, Liang W T, et al. Structural and mechanistic basis for the high activity of iron-nitrogen-carbon electrocatalysts catalysts toward oxygen reduction [J]. Energy Environ Sci, 2016, 9(7): 2418-2432.
[46] Jia Q Y, Li J K, Caldwell K, et al. Circumventing metal dissolution induced degradation of Pt-alloy catalysts in proton exchange membrane fuel cells: Revealing the asymmetric volcano nature of redox catalysis [J]. ACS Catal, 2016, 6(2): 928-938.
[47] Cao S H, Ni Z R, Huang L, et al. *In situ* monitoring potential-dependent electrochemical process by liquid NMR spectroelectrochemical determination: A proof-of concept study [J]. Anal Chem, 2017, 89(7): 3810-3813.
[48] Sheng T, Xu Y F, Jiang Y X, et al. Structure design and performance tuning of nanomaterials for electrochemical energy conversion and storage [J]. Acc Chem Res, 2016, 49(11): 2569-2577.
[49] Zhang X L, Li G L, Wu D, et al. Recent advances in the construction of functionalized covalent organic frameworks and their applications to sensing [J]. Biosens. Bioelectron, 2019, 145: 111699.
[50] Huang X H, Chen Q, Pan W, et al. Advances in the mass sensitivity distribution of quartz crystal microbalances: A review [J]. Sensors, 2022, 22(14): 5112.
[51] Yan W Y, Zhang D Z, Liu X H, et al. Guar gum/ethyl cellulose-polyvinyl pyrrolidone composite-based quartz crystal microbalance humidity sensor for human respiration monitoring [J]. ACS Appl Mater Interfaces, 2022, 14(27): 31343-31353.
[52] Zafirah T N, Triqadafi A O, Kusuma F J, et al. Frequency response of quartz crystal microbalance under uniaxial force [J]. J Phys Conf Ser, 2021, 1951(1): 012041.
[53] Yılmaz M, Bakhshpour M, Göktürk I, et al. Quartz crystal microbalance (QCM) based biosensor functionalized by HER2/neu antibody for breast cancer cell detection [J]. Chemosensors, 2021, 9(4): 80.
[54] Suthar J, Prieto-Simon B, Williams G R, et al. Dual-mode and label-free detection of exosomes from plasma using an electrochemical quartz crystal microbalance with dissipation monitoring [J]. Anal Chem, 2022, 94(5): 2465-2475.
[55] Badiani V M, Cobb S J, Wagner A, et al. Elucidating film loss and the role of hydrogen bonding of adsorbed redox enzymes by electrochemical quartz crystal microbalance analysis [J]. ACS Catal, 2022, 12(3): 1886-1897.
[56] Shan W Q, Pan Y L, Fang H T et al. An aptamer-based quartz crystal microbalance biosensor for sensitive and selective detection of leukemia cells using silver-enhanced gold nanoparticle label [J]. Talanta, 2014, 126: 130-135.
[57] Bruckenstein S, Gadde R R. Use of a porous electrode for in situ mass spectrometric determination of volatile electrode reaction products [J]. J Am Chem Soc, 1971, 93(3): 793-794.
[58] Wolter O, Heitbaum J. Differential electrochemical mass spectroscopy (DEMS)—A new method for the study of electrode processes [J]. Z Phys Chem N F, 1984, 88(1): 2-6.
[59] Wolter O, Heitbaum J. The adsorption of CO on a porous Pt-electrode in sulfuric acid studied by DEMS [J]. Z Phys Chem N F, 1984, 88(1): 6-10.
[60] Baltruschat H. Differential electrochemical mass spectrometry [J]. J Am Soc Mass Spectr, 2004, 15(12): 1693-1706.
[61] 赵志伟，彭章泉．微分电化学质谱：研究锂离子电池的一项关键技术 [J]. 储能科学与技术，2019, 8(1): 1-13.

[62] Zhou F M, Van Berkel G J. Electrochemistry combined online with electrospray mass spectrometry [J]. Anal Chem, 1995, 67(20): 3643-3649.

[63] Herl T, Matysik F M. Recent developments in electrochemistry-mass spectrometry [J]. Chem Electro Chem, 2020, 7(12): 2498-2512.

[64] Hu J, Zhang N, Zhang P K, et al. Coupling a wireless bipolar ultramicroelectrode with nano-electrospray ionization mass spectrometry: Insights into the ultrafast initial step of electrochemical reactions [J]. Angew Chem Int Ed, 2020, 59(41): 18244-18248.

[65] Qiu R, Zhang X, Luo H, et al. Mass spectrometric snapshots for electrochemical reactions [J]. Chem Sci, 2016, 7(11): 6684-6688.

[66] Frensemeier L M, Mayr J, Koellensperger G, et al. Structure elucidation and quantification of the reduction products of anticancer Pt(Ⅳ) prodrugs by electrochemistry/mass spectrometry (EC-MS) [J]. Analyst, 2018, 143(9): 1997-2001.

[67] Palatzky P, Matysik F M. Development and characterization of a novel semiautomated arrangement for electrochemically assisted injection in combination with capillary electrophoresis time-of-flight mass spectrometry [J]. Electrophoresis, 2012, 33(17): 2689-2694.

[68] Li J, Dewald H D, Chen H. Online coupling of electrochemical reactions with liquid sample desorption electrospray ionization-mass spectrometry [J]. Anal Chem, 2009, 81(23): 9716-9722.

[69] Brown T A, Chen H, Zare R N. Detection of the short-lived radical cation intermediate in the electrooxidation of *N*, *N*-dimethylaniline by mass spectrometry [J]. Angew Chem Int Ed, 2015, 54(38): 11183-11185.

[70] Liu B W, Yu X Y, Zhu Z H. *In situ* chemical probing of the electrode-electrolyte interface by ToF-SIMS [J]. Lab Chip, 2014, 14(5): 855-859.

ELECTROCHEMICAL ANALYSIS

ELECTROCHEMICAL ANALYSIS

第八章
生物电化学分析

生物电化学分析是生物化学、分子生物学、电化学、分析化学等多学科交叉形成的学科方向，主要利用电化学的基本原理和实验方法，分析与监控生物体内的组成、结构单元及其相互作用的变化，实现分子识别和特征生物信息提取。

早在20世纪60年代，科学家们就提出了酶生物传感器的概念，将固定化酶作为特异性的识别元素，利用底物酶促反应产生的电活性物质在基体电极上的电信号响应，实现了对特定生物分子的电化学检测。经过60多年发展，酶生物传感器经历了从第一代以氧为中间体的电催化，到第二代介体型和第三代酶直接电子传递型生物传感器，酶生物传感器得到了快速的发展。21世纪以来，纳米材料和纳米技术的发展，使得具有特殊功能和形貌的纳米材料不断涌现。同时，由于纳米材料具有高比表面积和出色的物理、化学特性，使得其在生物电化学分析领域具有广泛的应用。例如，一些金属纳米材料和半导体纳米材料可以改善电极界面的电荷传输性能，提高生物电化学反应的效率；结构稳定的纳米模拟酶可以替代天然酶，实现对底物的高效特异性电催化。此外，纳米结构使得材料与生物分子（如抗体、核酸适配体、酶等）间的相互作用得以增强，也为基于新型信号传导机制的电化学生物分析策略和电化学传感分析方法的开发奠定了物质基础。

新型电化学体系的开发也是生物电化学分析的重要研究方向之一，其中，双极电极体系是该领域的研究热点。相较于传统的三电极电化学系统，双极电极体系不仅可以通过驱动电极施加可控的电场，实现氧化还原区域的空间分离，而且可以实现电极的无线控制，为生物电化学分析方法的开发提供新的电化学研究系统。

综上，本章将重点阐述基于酶和纳米材料修饰电极的电化学分析，并对双极电极电化学分析系统进行具体介绍。

第一节
酶电极电化学分析

可用于生物电化学分析的酶一般分为催化氧化反应的阳极酶和催化还原反应的阴极酶。其中阴极酶为多铜氧化酶（MCO），可分为三大类：①漆酶，其还原对象是有机基质；②金属氧化物酶，包括铜蓝蛋白酶和氧化亚铜氧化酶；③抗坏血酸氧化酶和胆红素氧化酶，可催化氧化单一底物（如抗坏血酸盐或胆红素）[1]。其中，应用最广泛的是胆红素氧化酶（BOD）和漆酶（Lac）[2-4]。BOD 和 Lac 的活性中心都由四个铜原子组成，在氧化底物的同时将 O_2 还原为水 [5-7]。如图 8-1 所示，在催化氧气还原的过程中，T1 活性位点接触氧化底物并接收来自底物的电子，通过分子内电子传输路径，快速传递给 T2、T3 活性位点，催化氧气还原为水 [8]。Lac 活性的最佳 pH 在 4 左右，活性易受 Cl^- 影响，因此在中性溶液近生理条件下的应用受限。与 Lac 相比，BOD 在中性溶液中催化氧气还原的活性更高，但其氧还原电位比 Lac 更负，因此催化氧还原过程中会产生更大的过电位，降低工作电极的工作效率。

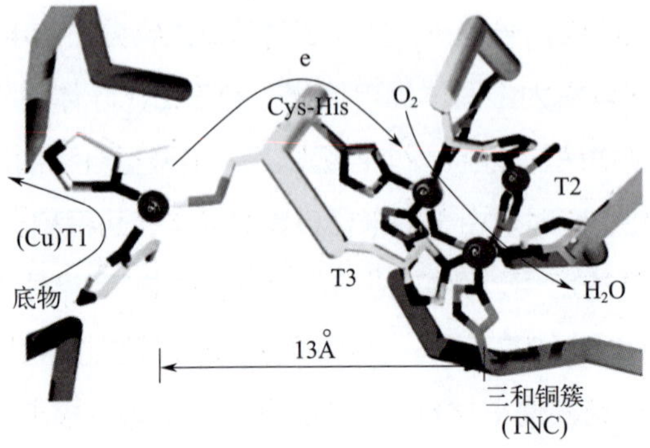

图 8-1　MCO 的活性位点结构图 [8]

2012 年，董绍俊等 [9] 报道了一种以 BOD 修饰碳纳米管-离子液体复合体的生物阴极。在无电子媒介体时，BOD 催化氧还原的初始电位为 0.55V，具有优于金属催化剂的电催化活性。Ramasamy 等 [10] 基于碳纳米片构建了一种高性能的漆酶生物阴极，在生理环境条件下显示出良好的氧化还原活性。该生物阴极催化氧气还原的初始电位为 0.02V，Tafel 斜率为 19mV/dec，表明碳纳米片与漆酶之间良好的电化学接触性，赋予了电极高效的氧还原电催化活性。

用于生物分析的阳极酶主要有葡萄糖氧化酶（GOD 或 GOx）、葡萄糖脱氢酶（GDH）、纤维二糖脱氢酶（CDH）、果糖脱氢酶、甲酸脱氢酶、乙醇脱氢酶和乳酸氧化酶等。这些酶按照辅酶的不同又可以分为以黄素腺嘌呤二核苷酸（FAD）为辅酶的氧化酶或脱氢酶，以烟酰胺腺嘌呤二核苷酸（NAD^+）为辅酶的脱氢酶，以吡咯并喹啉醌（PQQ）为辅酶的脱氢酶等。其中最常用的为葡萄糖氧化酶（GOD），主要原因是：① GOD 的底物（葡萄糖）是生命体内最为常见的燃料之一，更利于开发可原位检测体液中待测物的酶电极；② GOD 具有更低的葡萄糖氧化电位，更利于提高传感电极灵敏度；③ GOD 广泛分布于生物体内，可从不同来源的真菌中纯化，如黑曲霉、青霉等。

因为 GOD 活性中心 FAD 被深埋于绝缘的蛋白质壳内，导致其与电极之间的距离超过了电子能发生转移的最大距离，所以电子转移速率（ET）是限制 GOD 在电催化和电化学分析应用中的重要因素。为了提高 GOD 的电化学性能，可以通过提高电子转移速率来提高生物电极的电流响应。目前，已有多种策略用于促进酶与电极之间的电子转移。例如，引入二茂铁或锇聚合物等电子传递媒介体以促进电子转移；修饰电极表面使电极表面固定化酶保持合适的构象；利用酶工程技术使酶辅因子更接近电极表面，促进酶与电极之间的电子转移；引入导电纳米材料并利用纳米材料增强酶与电极表面电子传递等。牛利等[11]基于石墨烯与离子液体优异的生物相容性，制备了离子液体修饰的石墨烯-GOD 纳米复合物，实现了 GOD 与电极的直接电子传递，对葡萄糖有良好的电催化活性（图 8-2）。考虑到 GOD 在复杂环境中耐受性差的问题，Ensafiet[12] 等开发了配体锚定的银纳米颗粒（AgNPs）类酶催化传感器。选择易进行化学改性的二氧化硅作为 AgNPs 的载体，并将

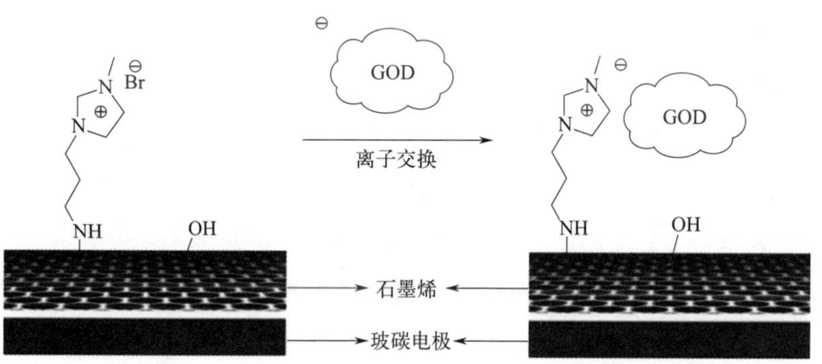

图 8-2　离子液体-石墨烯-GOD 纳米复合材料修饰玻碳电极的离子交换过程和结构示意图[11]

合成的 1,3,5-三嗪-3,5-二乙胺-6-胺配体修饰于二氧化硅载体上，随后利用配体上氨基锚定 AgNPs，制得具有类 GOD 活性的电化学传感器。锚定 AgNPs 的电极可在强碱性条件下高效地催化葡萄糖氧化，同时可对血清中葡萄糖进行原位、稳定、特异性监测。修饰后的电极与未被修饰的酶电极相比，对葡萄糖的响应电流增大，说明金属纳米粒子的引入可以提高生物酶电催化活性，同时金属纳米粒子可以作为酶的固定位点，提高酶的负载量。

一、基于酶修饰电极的生物电化学分析

直接电化学酶传感器是通过在酶修饰电极上外加电压，驱动酶的氧化还原活性中心与电极表面直接进行电子交换，同时测定电子交换过程中电极电流或电位的变化而发展起来的分析方法。以葡萄糖氧化酶（GOD）电极为例，其工作原理为：

酶层：$\text{GOD(Ox)} + \text{葡萄糖} \xrightarrow{O_2} \text{葡萄糖酸内酯} + \text{GOD (Red)}$

电极：$\text{GOD(Red)} \longrightarrow \text{GOD(Ox)} + n\text{e}$

氧化还原酶在电极表面的直接电子转移须满足两个条件：①固定过程中须保持酶的构象和活性；②酶的氧化还原活性中心处于电极表面足够近的区域以增强两者之间的电子转移。

直接电化学酶传感器可通过测定目标物在电极表面结合所引起的电流或阻抗的变化来实现，因此可分为安培型和阻抗型酶电极分析。当电活性分子吸附在电极表面时，引起电极催化电流发生变化，可以用安培法进行分析；当靶标结合后导致电极表面电荷转移速度改变，这种变化可以用电化学阻抗谱进行分析。

1. 安培型酶电极分析

安培型酶传感器是在恒定电位下测量底物存在时引起的酶直接电子传递电流变化，或由酶催化反应产物在电极上发生的氧化还原反应电流变化来指示底物的浓度变化。

辣根过氧化物酶（HRP）能够催化过氧化氢或相关化合物对多种底物的氧化，而被广泛地应用于电化学酶分析方法的开发中。然而，由于 HRP 中的电活性基团被深埋于蛋白质结构内部，导致其难以在裸电极表面进行高效的氧化还原反应。为了克服这一挑战，李景虹等 [13] 提出一系列功能材料修饰电极固定化 HRP 策略以促进其与电极之间的直接电子转移。首先，他们通过静电组装技术将 HRP 插入层状钛酸盐中得到电极，其独特的多孔层状结构保留了 HRP 的天然活性，避免了 HRP 的聚集，提高了 HRP 负载量，促进了反

应过程中的传质。固定化 HRP 具有优异的直接电子转移能力，对 H_2O_2 具有良好的电催化性能。进一步将 HRP 固定在 Sb 掺杂的 SnO_2 纳米线上，Sb 掺杂的 SnO_2 纳米线具有良好的生物相容性，Sb 的掺杂有效提高了 SnO_2 纳米线的电导率和载流子浓度，从而改善了 HRP 与电极表面之间的电子传递和 HRP 对 H_2O_2 还原的电催化活性[14]。石墨烯片因具有高导电性、生物相容性等优点而被广泛应用于生物传感领域，将 HRP 通过静电相互作用组装在石墨烯片上，得到的自组装石墨烯-酶层级纳米结构对 H_2O_2 的检测具有高灵敏度、宽线性范围、低检测限和快速电流响应[15]（图 8-3）。这种优异的电化学性能来源于石墨烯片良好的生物相容性和电子传输效率以及 HRP-石墨烯片复合材料的协同催化作用。除了 HRP 以外，该课题组还利用介孔泡沫硅酸盐和量子点（QDs）构建有序多组分复合材料对蛋白质进行固定，并用于生物传感。如通过将肌红蛋白（Mb）固定在 CdTe 量子点负载的介孔泡沫硅酸盐上，构建了蛋白质电极，这种有序多组分复合材料为蛋白质提供了温和的反应环境，使得该电极实现了快速的直接电子转移，在更宽的线性范围内表现出对 H_2O_2 的高灵敏响应[16]。

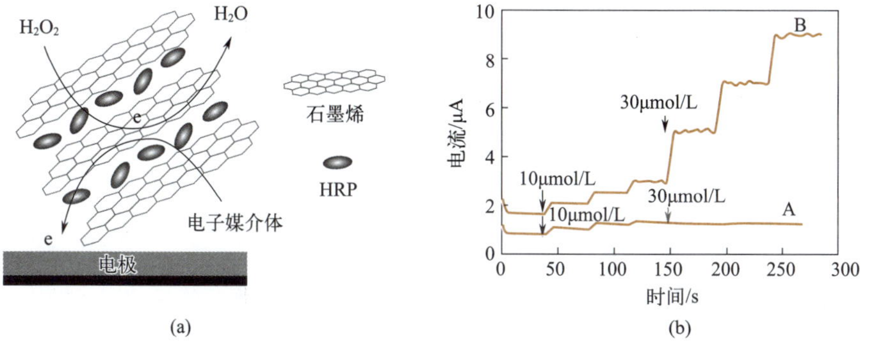

图 8-3　在玻碳电极上自组装 HRP-石墨烯片的示意图及电极表面的电子转移过程（a）；石墨烯片（A）和 HRP-石墨烯片（B）修饰电极对 H_2O_2 的动态安培响应（b）[15]

纳米模拟酶是用人工方法合成的具有酶性质的非生物催化剂，与天然酶相比，模拟酶具有结构简单、稳定性好、选择性高、成本低、易储存等优点[17-21]。CeO_2 纳米酶具有仿超氧化物歧化酶、仿氧化酶、仿磷酸酶活性等[22-23]。姚守拙等[24]通过在 CeO_2 表面原位生长 MnO_2，首次制备了 $CeO_2@MnO_2$ 核壳空心纳米球，具有光活性并可作为类葡萄糖氧化酶催化氧化葡萄糖。李鹏等[25]报道了一种基于双功能 CeO_2 纳米酶的甲基对氧磷电化学检测传感器，利用 CeO_2 纳米酶的仿磷酸酶活性将甲基对氧磷降解为对硝基苯酚，提高对硝基苯酚分析的敏感度，为农药检测提供了新思路。李峰等[26]基于 CeO_2 纳米酶构建了用于检测有机磷农药的安培型酶传感器，有效降低了假阳性信号产生的干扰，在农药残留检测领域具有极大的应用潜力。同时，李峰等[27]还基于 MnO_2 纳米酶开发了一种新型均相有机磷农药电化学传感器，即以具有氧化酶、过氧化物酶活性的纳米酶（二维 MnO_2 纳米片）作为催化剂，以溶解氧作为共反应剂。由于 MnO_2 纳米片（MnNS）具有大的表面积和独特的催化活性，使得大量四甲基联苯（TMB）被催化氧化，从而导致脉冲伏安电流下降（图 8-4），实现了食品中有机磷农药的高灵敏度分析。

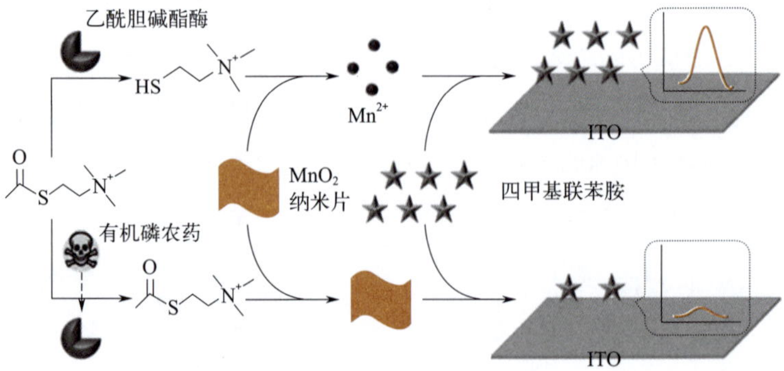

图 8-4　基于 MnNS 的均相电化学有机磷农药传感器的原理[27]

2. 阻抗型酶电极分析

在生物电化学分析中，电化学阻抗谱（EIS）常用来分析电极表面生物敏感膜的特性。酶的固定、酶催化氧化还原反应以及终产物的形成都会使电极表面的电化学性质发生改变，这可以使用 EIS 技术进行分析[28]。

胡宇芳等[29]建立了一种具有代表性的电化学阻抗逻辑门传感器，用于蔗糖酶和葡萄糖氧化酶活性的同时检测。合成具有类 H_2O_2 酶活性的谷胱甘肽-Ag[GSH-Ag(Ⅰ)] 复催化剂，GSH-Ag(Ⅰ) 可以催化 H_2O_2 分解产生自由基，将 3,3-二氨基联苯胺氧化形成不导电的沉淀物，使电极阻抗增大。由于蔗糖酶催化蔗糖转化为 D-葡萄糖，葡萄糖氧化酶催化葡萄糖氧化为葡萄糖酸，并产生 H_2O_2。基于上述级联催化作用机理，研究者通过监测 GSH-Ag(Ⅰ) 类酶电极的阻抗变化，分析体系中是否同时存在蔗糖酶和葡萄糖氧化酶，并实现两种酶活性的同时检测。

二、自驱动酶电极分析

1. 工作原理

生物燃料电池（BFC）按照催化剂种类的不同可分为微生物燃料电池（MFC）和酶生物燃料电池（EBFC）。EBFC 以生物质（自然界中广泛存在的醇类、糖类及胺类物质）为燃料，在生物酶催化作用下发生氧化还原反应，以超高的热力学转换效率直接将化学能转换成电能[30-31]。1964 年，Yahiro 等[32]首先提出了 EBFC 的概念，其工作原理如图 8-5 所示。阳极酶（如葡萄糖氧化酶、乙醇脱氢酶等）在生物阳极催化相应的生物小分子发生氧化反应，释放电子。同时，阴极酶（如胆红素氧化酶、漆酶等）催化 O_2 在阴极表面接受从阳极传递的电子，发生还原反应，阴阳极通过外电路连接，组成完整的 EBFC。由于催化剂和燃料都来自生物体系，EBFC 具有优异的生物相容性，可在生物体环境产生电能[33]，从而将这种生物体系称为自供能（自驱动）体系。2001 年，基于自供能体系的自驱动酶电极分析概念被首次提出。

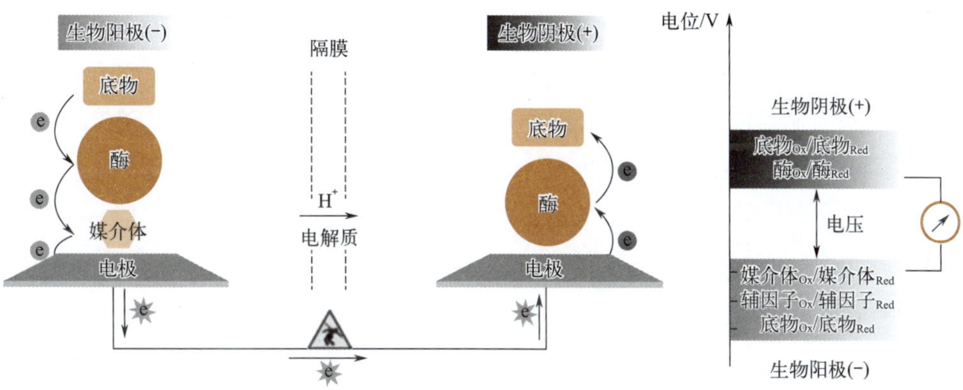

图 8-5　以介导型生物阳极和直接电子转移为基础的 EBFC 工作原理[32]

与传统生物传感器相比，基于 EBFC 的自供能生物传感器（EBFC-SPB）具有以下优势：①检测限低，有助于超灵敏痕量检测；②双电极体系，无需外加电源，易于微型化；③自供电能力适用于便携式在线监测。EBFC 的功率输出与分析物浓度以及阳极 / 阴极酶的负载量密切相关[34-40]，具体而言，主要包括底物效应[41-42]、抑制效应[43-44]、酶效应[45-47]

和位阻效应[48-49]四大类。

（1）底物效应

EBFC 的性能与燃料浓度呈依赖关系。EBFC 所使用的燃料分别为阴 / 阳极酶所对应的底物，因此电池输出功率和电流与底物浓度密切相关，可依据电池性能的变化测定底物的浓度。而通过对酶-底物对的选择与替换，可以进一步发展用于检测不同底物的 EBFC-SPB。

董绍俊等[50]分别以乙醇脱氢酶和胆红素氧化酶为阳极和阴极催化剂，发展了自供能乙醛传感器。其中，乙醇作为燃料，乙醇脱氢酶催化氧化乙醇产生乙醛并获得电子。当目标物乙醛存在时，阳极催化反应平衡向左移动，产生的电子减少，酶生物燃料电池性能降低。因此，酶生物燃料电池的性能与乙醛浓度之间存在依赖关系，可用于乙醛的定量分析。

（2）抑制效应

当被检测的目标物影响酶的活性时，会引发 EBFC 各性能参数的变化，这些参数的变化程度与目标物的浓度负相关。基于该效应制备的 EBFC-SPB 主要用于检测重金属离子、农药残留等。

Minteer 等[51]开发了一种可用于亚砷酸盐或砷酸盐检测的自供能生物传感器。该传感器以漆酶修饰电极作为生物阴极用于催化 O_2 还原，以 GDH 复合二甲基二茂铁修饰的线型聚乙烯亚胺作为生物阳极催化葡萄糖氧化。阴极催化氧还原的 Lac 活性受亚砷酸盐或砷酸盐抑制，这种抑制作用是可逆的。当目标物亚砷酸盐或砷酸盐存在时，EBFC 的功率输出降低，从而实现对砷酸盐或亚砷酸盐的灵敏检测。

（3）酶效应

酶效应本质上是指酶在电极表面的负载量和活性不同造成 EBFC 性能参数的变化。刘又年等[52]基于酶效应在塑料基板上开发了一种微型自供能生物传感器，用于卵巢癌标志物甲胎蛋白（AFP）的检测。该方法以硫堇 / 石墨烯 / 葡萄糖脱氢酶修饰电极作为生物阳极催化葡萄糖氧化，以目标物识别后形成的分子印迹聚合物 / 目标糖蛋白 / 负载胆红素氧化酶的氨基苯硼酸碳纳米管作为生物阴极界面催化氧还原。硼酸盐分子印迹聚合物可与目标糖蛋白进行特异性识别，负载胆红素氧化酶的氨基苯硼酸碳纳米管（APBA/CNT/BOD）可作为标签对捕获的糖蛋白进行标记，发挥电催化氧还原的作用。AFP 的含量与 APBA/CNT/BOD 标签的修饰量直接相关，因此直接决定了 EBFC 的功率输出大小。

（4）位阻效应

不同浓度的待测物在电极表面的特异性富集或解离会对电极与酶之间的电子传递产生不同的作用，导致在电极上的位阻升高或降低，进而直接影响 EBFC 的输出。

李峰等[53]基于位阻效应提出了无隔膜的EBFC-SPB用于检测抗生素氨苄青霉素 (AMP) 的残留。该传感平台以 AuNPs/GOx/ 适配体-DNA 作为生物阳极，以漆酶修饰电极作为生物阴极。在 AMP 不存在时，与适配体互补的 DNA 链修饰的二氧化硅（SiO_2@AuNPs-csDNA）可被阳极捕获，位阻效应使得葡萄糖向 GOx 活性位点的传递受阻，导致 EBFC 开路电压偏低。AMP 存在时，适配体构象发生变化，SiO_2@AuNPs-csDNA 从阳极表面脱落，位阻效应降低，EBFC 开路电压升高。利用这一原理，李峰等实现了牛奶样品中 AMP 的高灵敏检测，检出限可低至 3pmol/L。

2. 基于自驱动酶电极的环境污染物分析

汞离子（Hg^{2+}）是一种危害很大的环境污染物，董绍俊等[54]以乙醇脱氢酶作为阳极催化剂，胆红素氧化酶作为阴极催化剂，构建了一种基于单壁碳纳米角修饰碳纤维电极的乙醇 /O_2 小型 EBFC，用于水体环境中 Hg^{2+} 的检测。当溶液中 Hg^{2+} 与生物酶结合时，生物酶将失活，EBFC 电压输出降低。溶液中 Hg^{2+} 浓度越大，对蛋白质的抑制作用越强，EBFC 开路电压降低幅度越大，最终，根据 EBFC 电压输出的变化，可以实现 Hg^{2+} 的定量检测。

毒性爆炸物泄漏同样对人体和环境产生巨大危害。Minteer 等[51]基于目标物与抑制剂发生反应从而恢复 EBFC 功率输出这一抑制效应原理，设计了用于硝基芳香爆炸物的 EBFC-SPB。该传感器以线粒体功能化电极作为生物阳极用于丙酮酸氧化，铂电极作为阴极用于氧气还原，以能够阻碍线粒体中三磷酸腺苷（ATP）酶合成 ATP 的寡霉素分子作为抑制剂。硝基芳香爆炸物可以与寡霉素反应，从而作为去耦合剂使 EBFC 输出恢复，实现基于线粒体 /O_2 的 EBFC-SPB 的爆炸物检测。采用类似的原理，赵慧敏等[43]基于全氟辛烷磺酰基化合物对谷氨酸脱氢酶活性的抑制作用，开发了可用于检测有机污染物的 EBFC-SPB。

3. 基于自驱动酶电极的生物传感

李峰等[55]构建了一种超灵敏的 miRNA-21 自供能生物传感器。阳极为葡萄糖氧化酶修饰电极，可催化葡萄糖的氧化。阴极以 $Fe(CN)_6^{3-}$ 作为反应物，利用介孔二氧化硅纳米粒子

的孔道装载反应物 $Fe(CN)_6^{3-}$，然后利用与待测物 miRNA-21 完全互补的 DNA 进行包封孔道（图 8-6）。当 miRNA-21 存在时，能特异性结合封闭介孔二氧化硅孔道的 DNA 链，从而打开通道，造成 $Fe(CN)_6^{3-}$ 泄漏，引起 EBFC 开路电压（E_{OCV}）升高。通过建立 EBFC 的开路电压与 miRNA 浓度的关系曲线，实现目标物的定量检测，检测限可低至 2.7amol/L。为了实现多目标物的同时分析，朱俊杰等[56]构建了一种可以同时检测 miRNA-21 和 miRNA-141 的双通道 EBFC-SPB。该工作采用氮掺杂碳纳米球作为电极的基底材料，利用其较大的表面孔隙来提高酶的负载。针对目标物 miRNA-21 和 miRNA-141，在阳极表面设计并修饰对应的捕获 DNA 序列（Cap_{21} 和 Cap_{141}）。当两种目标物分别被 Cap_{21} 和 Cap_{141} 捕获后，可以暴露部分未互补的碱基序列。进一步引入 DNA 修饰的葡萄糖氧化酶与乙醇脱氢酶作为标签探针（Rep_{21}-GOD, Rep_{141}-ADH），利用目标 miRNA-21 和 miRNA-141 实现 Cap_{21}/Cap_{141} 与 Rep_{21}-GOD/Rep_{141}-ADH 的"桥接"，将标签探针特异性修饰到电极表面（图 8-7），催化葡萄糖和乙醇氧化。BOD/pNHCS/ 碳纸（CP）阴极接受由生物阳极氧化产生的电子，构成完整的双酶催化的 EBFC-SPB。EBFC-SPB 的输出功率随 miRNA-21 和 miRNA-141 表达水平的升高呈线性响应，可用于两种目标物的定量分析。该工作可为便携式、多路 EBFC-SPB 的开发提供研究思路。

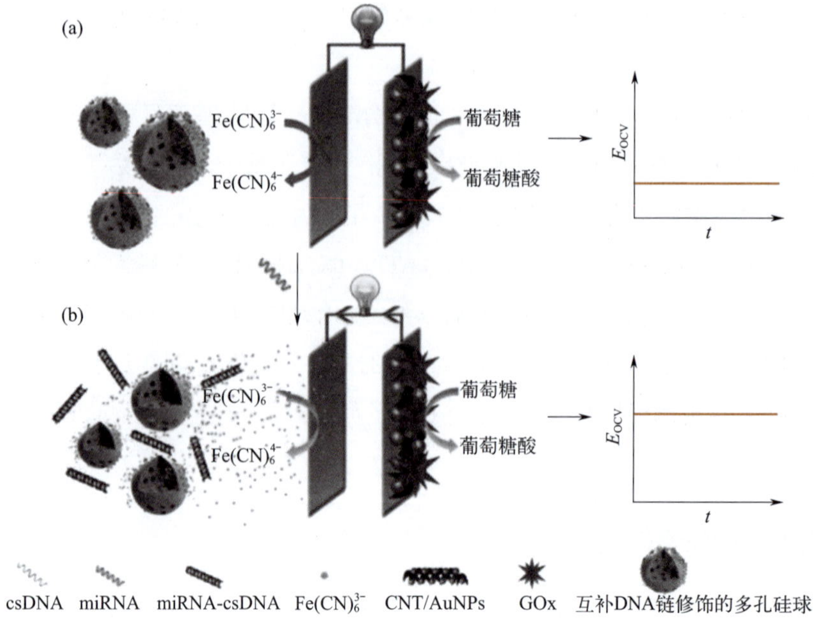

图 8-6 miRNA 存在（a）和不存在时（b）自供能生物传感器的原理[55]

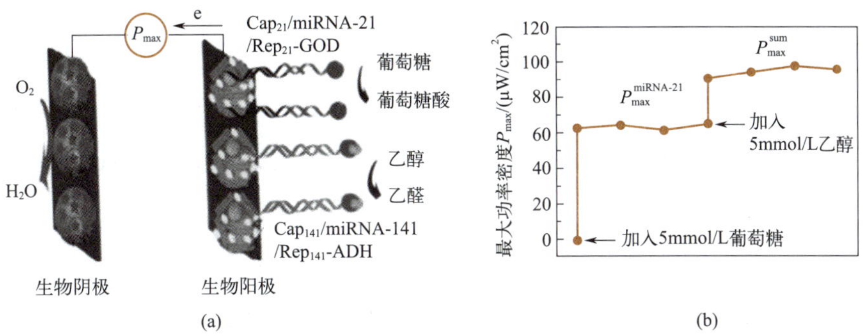

图 8-7　自供能 miRNA-21 和 miRNA-141 传感器的示意图[56]

邓留等[57]开发了一种基于免疫调节的葡萄糖 /O_2 微芯片，用于羧甲基赖氨酸（CML）的选择性检测。该芯片以一抗（Ab1）修饰的 BOD-CNT 为 ORR 催化剂和信号放大器，以 GDH 修饰的 CNT/ 硫堇 /AuNPs 电极作为生物阳极催化葡萄糖氧化。目标物（抗原）通过抗原-抗体相互作用被二抗（Ab2）修饰的阴极捕获后，一抗修饰的 BOD-CNT（Ab_1-BOD-CNT）生物偶联物通过待测物与一抗的相互作用被生物阴极捕获，导致 EBFC 的输出性能提高（图 8-8）。EBFC-SPB 的输出信号直接取决于阴极表面 Ab_1-BOD-CNT 生物偶联

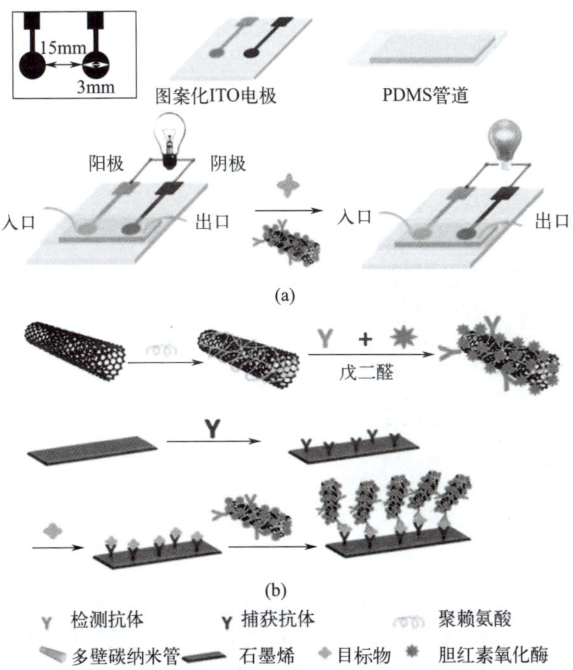

扫码看彩图

图 8-8　EBFC-SPB 的结构及其检测羧甲基赖氨酸的原理（a）；生物阴极的结构（b）[57]

物的捕获量，进而反映出待测抗原浓度，检测限可达 0.2nmol/L。于京华等[45]利用三维微流控折纸技术构建了癌胚抗原自供能免疫传感器，其核心部件为基于三维折纸结构的无隔膜无电子媒介体的葡萄糖 /O_2 EBFC。生物阳极表面固定癌胚抗原的抗体，阴极表面固定 BOD，当目标物存在时，固定化抗体特异性捕获癌胚抗原，然后孵育二抗标记的 GDH 共轭体，随目标物浓度增加，结合二抗的量增加，使电池的输出功率增加。

Mano 等[58]分别以葡萄糖氧化酶（GOx）和胆红素氧化酶（BOD）为阳极和阴极催化剂，设计了葡萄糖 /O_2 EBFC。首先，利用氧化还原聚合物加速酶与电极之间的电子传输。为了考察基底电极材料对 EBFC 性能的影响，作者制备了碳纳米管（CNT）纤维和碳纤维（CF）。结果证明，具有较高电子传输性能和更小管径的 CF 可显著缩短酶与电极之间的电子传输距离、提升电子传输速率，进而显著提升 EBFC 的输出性能（图 8-9）。Wang 等[41]首次将基于 EBFC 的葡萄糖传感器和微针阵列相结合，将四硫富瓦烯（TIF）电子媒

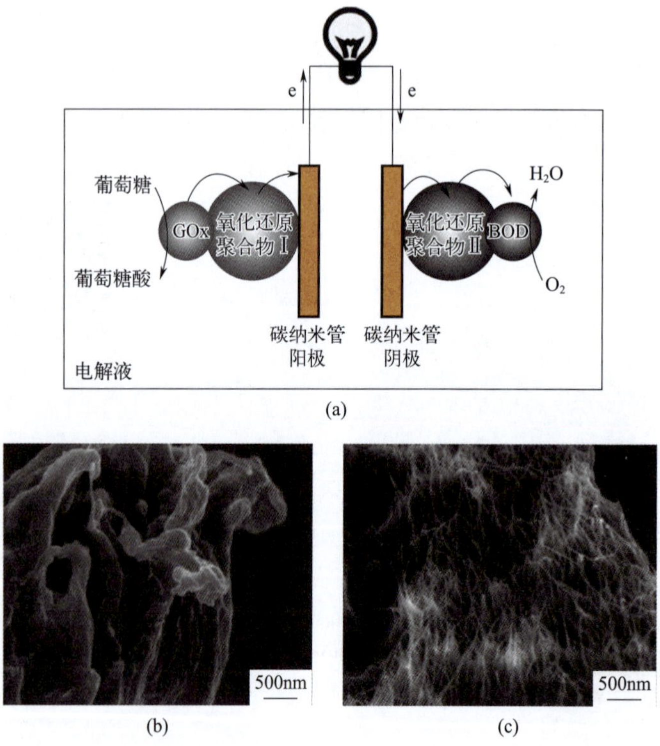

图 8-9 葡萄糖 /O_2 EBFC 原理图（a）[阳极：电子从葡萄糖转移到葡萄糖氧化酶（GOx），从 GOx 转移到氧化还原聚合物Ⅰ，从Ⅰ转移到碳纳米管纤维；阴极：电子从碳纳米管纤维转移到氧化还原聚合物Ⅱ，从Ⅱ转移到 BOD，从 BOD 转移到氧气]；去除聚乙烯醇前（b）和后（c）的 CNT 纤维的扫描电子显微图[58]

介体和葡萄糖氧化酶同时修饰在碳胶电极上作为生物阳极，铂黑修饰的碳胶电极作为生物阴极。在人工体液中，自供能传感器显示出开路电压对葡萄糖浓度的响应。为了进一步提升传感器在生理环境下的性能，Slaughter 和 Kulkarni[59] 将碳纳米管压缩成具有三维网络结构的自支撑电极，并以吡咯并喹啉醌-葡萄糖脱氢酶（PQQ-GDH）和漆酶分别作为阳极和阴极催化剂，制备了可在生理环境高效运行的 EBFC。该 EBFC 的稳定运行时间长达 63d，推进了 EBFC 的活体应用进程。

4. 基于自驱动酶电极的细胞传感

EBFC-SPB 具有生物相容性好、灵敏度高、背景低等优点，可以用于癌细胞的灵敏检测，实现癌症的早期筛查。例如，朱俊杰等 [60] 提出自供能细胞传感器的概念并将其用于癌细胞检测。该 EBFC-SPB 由循环肿瘤细胞特异性适配体修饰的生物阴极和葡萄糖氧化酶修饰的生物阳极组成（图 8-10）。由于适配体的特异性识别作用，阴极快速捕获循环肿瘤细胞，导致其空间位阻增大，同时静电排斥作用严重阻碍了探针和阴极界面的电子传递，使燃料电池的功率输出随细胞数增加显著下降。

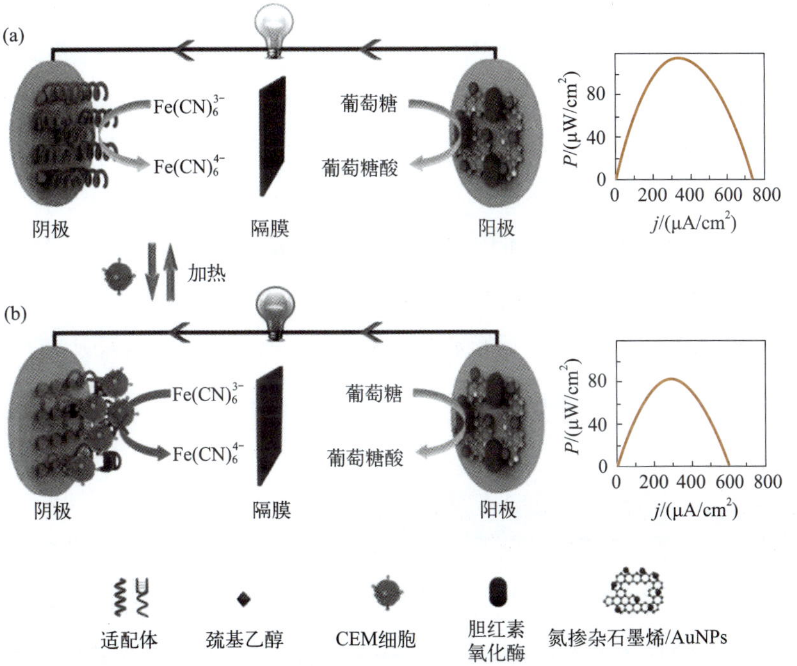

图 8-10　自供能细胞传感器电极界面及功率输出示意图 [60]

（a）无目标细胞条件下；（b）目标细胞存在条件下

但由于复杂的双腔结构和使用氧化还原媒介体不利于传感器的小型化和便携式发展。因此，朱俊杰等[61]进一步改进 EBFC-SPB 的设计策略，开发了一种基于葡萄糖 /O_2 EBFC 的单腔自供能 EBFC-SPB。该装置由 BOD-生物偶联物-适配体修饰的生物阴极和吡咯并喹啉醌依赖性葡萄糖脱氢酶（PQQ-GDH）修饰的生物阳极组成。癌细胞在生物阴极上的特异性结合可导致 BOD 催化剂从阴极脱落，最终导致传感器的开路电压（E_{OCV}）降低。E_{OCV} 的降低与癌细胞的数量成正比，实现了循环肿瘤细胞的灵敏检测。

外泌体（EXOs）是一种纳米级的细胞外囊泡（30 ～ 150nm），包含有来自母细胞的生物信息，参与细胞间通信和肿瘤微环境调节，介导肿瘤等疾病的发生和转移。因此，EXOs 逐渐成为疾病诊断的新型标志物。李峰等[62]基于双适配体识别体系，建立了直接捕获和监测肿瘤外泌体的 EBFC-SPB 平台。随后，他们构建了一种基于信号开关的外泌体 EBFC-SPB 分析方法[63]。外泌体被阴极上修饰的 CD63 抗体捕获，而纳米复合物 $Fe(CN)_6^{3-}$/UiO-66 可接受来自 GDH@ZIF-8 催化葡萄糖氧化产生的电子从而产生较高的开路电压。EBFC 的开路电压与外泌体浓度呈正相关，从而实现了对外泌体的高灵敏检测。朱俊杰等[64]以 HeLa 细胞外泌体为研究模型，设计了 EBFC-SPB 与流动膜分离技术的集成系统，用于 EXOs 和宿主细胞的无损、快速分离和持续监测。流动膜分离系统是由孔径为 350nm 的滤膜隔开的两室结构，通过蠕动泵将含有 EXOs 和宿主细胞的血清注入该系统，通过膜分离和流动液体产生的压力，可以在 5min 内从血清中分离出 EXOs（图 8-11）。与常用的超速离心方法相比，流动膜分离系统不仅很好保持了 EXOs 结构的完整性，同时节省了 99.3% 的时间成本。然后将 EXOs 和宿主细胞的适配体分别设计在 EBFC-SPB 的阳极和阴极，利用流动膜分离系统控制 EXOs 和宿主细胞流入 EBFC-SPB 的时间，实现 EXOs 和宿主细胞的同时检测，具有较高的灵敏度，同时实现了 EXOs 和宿主细胞监测的空间和时间独立性。因此，EBFC-SPB 集成平台可持续监测 EXOs 和 HeLa 细胞的生长过程，揭示二者之间的生长关系，为研究肿瘤生长状态提供指导。

5. 其他

近年来，电化学刺激的响应式药物递送系统引起了人们的广泛关注。利用能将生化信号转换为电化学信号的生物分子来触发电化学刺激的释放过程，开发了多种用于响应外部信号释放负载药物的 EBFC。例如，Zhou 等[65]基于 EBFC 设计了用于高乳酸血症的自供能治疗系统，通过逻辑门控制自我调节体系内乳酸的含量。当乳酸存在时，阳极（乳酸脱氢酶）催化释放的电子经由外电路转移到阴极（氧化还原聚合物），引发氧化还原聚合

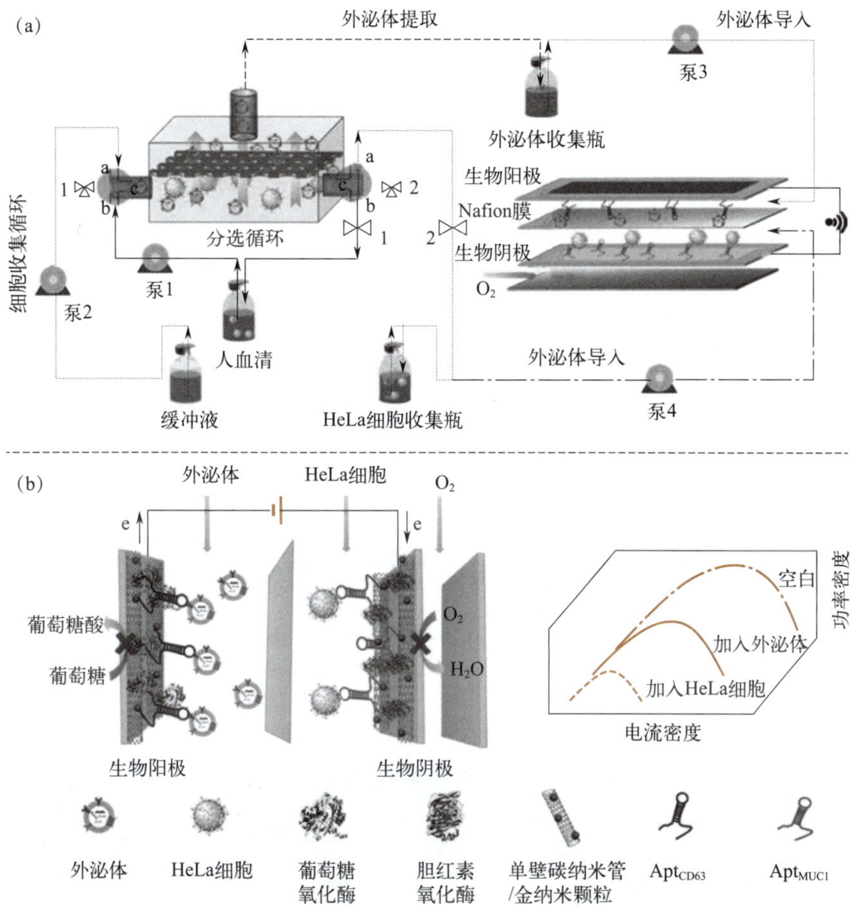

图 8-11　EBFC-SPB 与流动膜分离技术集成化的传感器设计结构图（a）；原位分析肿瘤细胞和外泌体的工作原理图（b）[64]

物的还原，从而导致药物释放，使得 EBFC 的输出增加，并与体系中乳酸表达水平正相关。随后，Katz 等 [66] 设计了两种基于 EBFC 的自发性抗菌药物释放系统。如以吡咯并喹啉醌和抗体修饰的石墨电极作为生物阳极，以交联抗菌药物的导电水凝胶覆盖的电极作为阴极。染菌条件下，由于阳极表面修饰了能特异性识别细菌的抗体，细菌被阳极特异性捕获，溶液中同样由细菌适配体修饰的 GDH-SiO_2 复合纳米催化剂通过与细菌接合而固定在阳极，催化葡萄糖氧化。葡萄糖氧化产生的电子经由外电路传递到阴极，将阴极水凝胶中的 Fe^{3+} 还原为 Fe^{2+}，使凝胶溶解，释放抗菌药物。同样地，PQQ-GDH 与 CNT 连接，用 SiO_2 纳米颗粒和细菌特异性抗体修饰生物阳极，含有抗菌药物分子的 Fe^{3+}-交联的海藻酸盐凝胶修饰生物阴极，检测细菌同时释放相应剂量的抗菌药物，抑制其生长。Katz 等 [67]

通过多步骤生物催化级联反应，触发电极表面的海藻酸盐水凝胶溶解并释放药物。生物催化反应发生在界面处逐层组装的聚合物层中，级联催化中存在四个连续的生物催化反应，由四种化学物质输入信号的组合激活，相当于“感知-行动-治疗”联动策略。Katz 等 [68] 在导电基底上采用电化学沉积 Fe^{3+} 交联的海藻酸盐薄膜，并在海藻酸盐薄膜中负载药物。在葡萄糖存在下产生电势和电流，溶解聚合物基质并释放药物模拟物质。

2018 年，朱俊杰等 [17] 设计了具有诊断、可控给药和预后评估三重功能的自供能诊疗系统（图 8-12）。该集成系统的电源部分是以中空介孔氮掺杂碳球（hmNCS）为阴极催化剂，多孔金纳米颗粒（pAuNB）为阳极催化剂的葡萄糖 / 氧气燃料电池。传感阴极修饰了能够特异性识别凋亡细胞的磷脂酰丝氨酸结合多肽，传感阳极修饰了部分互补的 DNA 双

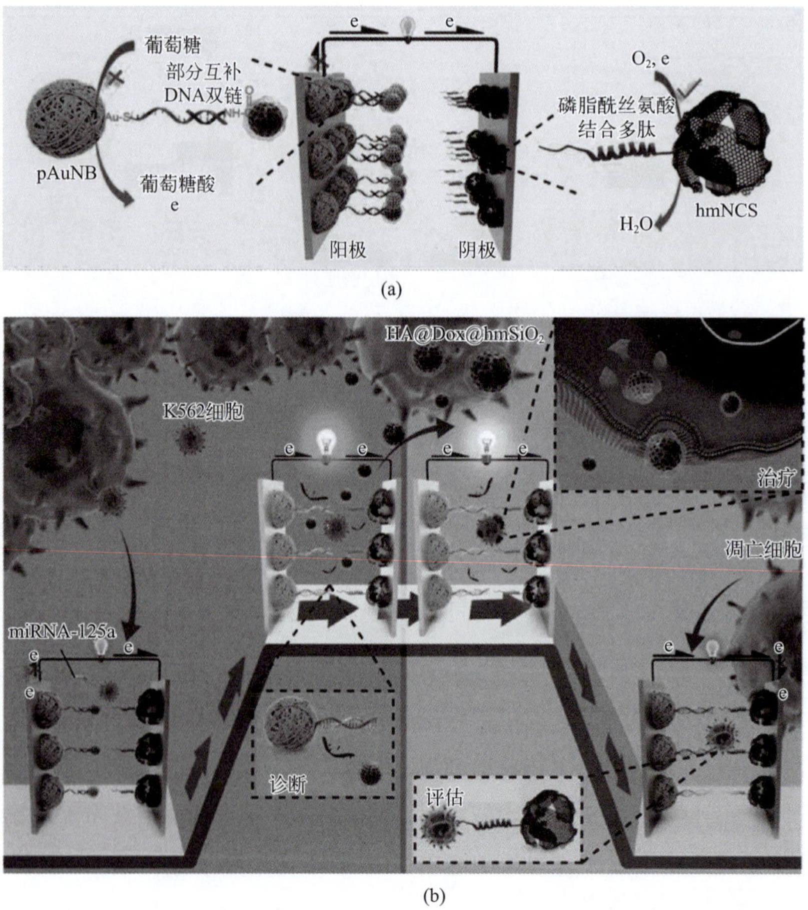

扫码看彩图

图 8-12 具有“诊断-治疗-评估”三重级联功能的自供能诊疗系统的结构（a）和工作原理示意图（b）[17]

HA—透明质酸；Dox—多柔比星；hmSiO$_2$—中空介孔 SiO$_2$

链和靶向载药系统。肿瘤标志物的出现促进了阳极药物释放，降低了阳极上的空间位阻，使电池的输出功率线性增加，实现了疾病诊断和药物智能释放的双重功能。随着时间的推移，释放的药物诱导细胞凋亡，凋亡的细胞被阴极捕获，在系统的阴极产生额外的位阻，阻碍传质和电子传输，导致电池输出降低，根据电池的输出功率随时间的变化，可以实时监测治疗效果。该工作进一步推动了自供能诊疗系统的发展。

第二节 基于纳米材料修饰电极的生物电化学分析

一、纳米修饰电极用于生物电化学分析

纳米材料具有独特的物理性质，如极小的三维空间结构和独特的光、热、电、磁性质等。同时，纳米材料具有特殊的表面性质，如具有较高的粗糙度、表面积、表面能和表面原子比例等，因此在能源、环境、生物、医学、计算机科学等领域得到广泛的应用。而将纳米材料运用于电极制备，可获得具有高选择性的超灵敏表面，提供多种可利用的势场，使待测物质进行有效的分离、富集，并通过控制电极电位，进一步提高选择性，具有广阔的应用前景。

由于纳米材料具有优良的光、电、磁等物理化学性质，因此被广泛用于设计电化学传感器，将纳米材料用于生物电化学分析具有以下两大作用：

① 作为电极表面修饰材料。借助纳米材料较大的比表面积，增加生物分子的固定量，改善电化学响应性能，加速电极表面电子传输的动力学，提高电子转移效率。

② 作为目标生物分子的电化学标签。利用纳米材料的信号放大作用，将痕量目标物的浓度、含量信息转化为电化学信号。

碳纳米材料具有优良的导电性、生物相容性和丰富的表面官能团，因此常被用于构筑电化学传感界面或作为信号报告单元。例如，碳纳米管作为一种重要的碳纳米材料，一方面可以直接传递电子，其表面缺陷能够产生较高的表面活性，有利于生物分子和碳纳米管之间的电子传递；另一方面碳纳米管独特的一维结构起到了“分子导线”的作用，可以将电子传递到生物分子的氧化还原中心。因此将纳米材料如碳纳米管等碳纳米材料修饰在电

极表面，可增强生物电化学传感信号 [69]。Wang 等 [70] 用碳纳米管修饰玻碳电极，明显地降低了烟酰胺腺嘌呤二核苷酸（nicotinamide adenine dinucleotide，NAD）的氧化过电位，表现出显著的电催化活性。除碳纳米管外，石墨烯类纳米材料也具有良好的导电性能，各类基于石墨烯修饰电极的生物传感器被广泛研究并应用于生物分析，目标分析物包括葡萄糖 [71]、谷胱甘肽 [72] 及还原型辅酶 [73] 等。

碳纳米材料除了用于生物分子检测以外，在电化学细胞传感领域也具有广泛的应用。李景虹等 [74] 利用还原氧化石墨烯与聚酰胺-胺树枝状大分子构建了一种修饰伴刀豆球蛋白 A（Con A）的石墨烯复合电极界面（rGO-DEN）。该界面不仅能够增强电子传递能力，还为 Con A 提供了一个多价识别平台，显著提高了细胞捕获效率和生物传感器对细胞表面糖基的灵敏度（图 8-13）。该课题组利用修饰了适配体与辣根过氧化物酶的金纳米颗粒（HRP-aptamer-AuNPs）作为电化学探针，实现了对急性淋巴细胞白血病细胞 CCRF-CEM 及其表面 *N*-聚糖的检测。该生物传感器可用于高度灵敏和高选择性细胞检测以及细胞表面 *N*-聚糖表达的动态评估，检测限低至 10 个细胞每毫升。鞠熀先等 [75] 设计了一种精氨酸-甘氨酸-天冬氨酸-丝氨酸（RGDS）四肽共价功能化单壁碳纳米管（SWNTs）复合材料，并将这种材料用于构建电化学细胞传感器。该纳米复合材料中的 RGDS 结构域能够特异性地识别细胞膜上的整合素受体，从而实现对人胃腺癌细胞（BGC 细胞）的有效捕获与高灵敏检测。孔继烈等 [76] 将羧基化碳纳米球修饰在电极的表面，随后将黏蛋白 1(MUC-1) 适配体通过酰胺反应修饰于羧基化碳纳米球表面，构建了具有靶向性和生物相容性良好的界面，通过细胞膜上过表达的 MUC-1 糖蛋白与适配体之间的高效识别，能够将细胞拉近到电极表面，引起电化学阻抗的增加，通过记录电化学阻抗的增加程度，来特异性检测 MUC-1 过表达的结肠癌（DLD-1）细胞。

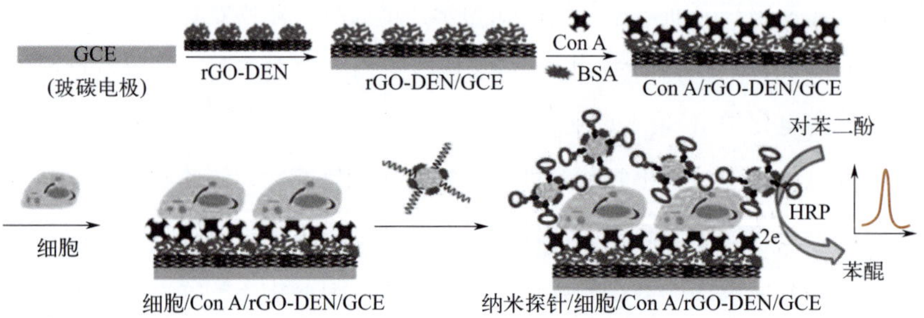

图 8-13 基于多价识别和双信号放大用于细胞表面 *N*-聚糖评估的电化学适配体生物传感器示意图 [74]
BSA—牛血清白蛋白

量子点（QDs）作为一种零维的半导体纳米材料，具有独特的电学与光学性质。此外，量子点材料作为电活性物质，具有电化学信号放大、表面易修饰等优良性质而被应用于生物传感器的构建。在量子点表面修饰生物分子识别单元（如抗体、DNA、核酸适配体等），即可赋予其目标物特异性识别能力。Malholra 等[77]用 Langmuir-Blodgett（LB）技术将三辛基氧膦包被的量子点固定在 ITO 导电玻璃上，随后利用三辛基氧膦和巯基在量子点表面的替换反应，将巯基修饰的 DNA 固定于量子点的表面，作为捕获探针与目标 DNA 序列进行杂交。最后加入亚甲基蓝，利用量子点和亚甲基蓝之间的电化学反应对 DNA 进行定量检测，检测限低至 10fmol/L。朱俊杰等[78]采用微波法合成了具有核壳结构的 CdSeTe/CdS 量子点，结合溶出伏安法，利用其所含 Cd 金属元素的电化学信号，建立了量子点电化学信号放大的生物传感系统。此外，将滚环扩增技术与量子点溶出伏安信号放大策略结合，借助分子信标的特异性识别能力，对 miRNA-16 实施超灵敏检测。

细胞是生命体结构与功能的最小单位，因此基于量子点的细胞电化学分析具有重要的研究意义。朱俊杰等[79]将氮掺杂碳纳米管和金纳米颗粒通过层层组装的方式构建三维电极基底结构（图 8-14），在三维结构表面修饰膜联蛋白用于特异性识别凋亡细胞表面外翻的磷脂酰丝氨酸，从而捕获凋亡细胞。随后用 CdTe QDs 修饰二氧化硅纳米球表面构建纳米标签，再通过非共价组装 Con A 构建新型的凝集素功能化纳米探针，该探针既具备了细胞表面甘露糖特异性识别能力，其承载的 QDs 又具有电化学信号放大功能。以 SiO_2@QDs-Con A 为细胞标记探针，构建了一种用于检测凋亡细胞的夹心型细胞传感器，实现了对凋亡细胞的超灵敏检测，在肿瘤疗效评估方面表现出巨大潜力。李根喜等[80]基于 CdS 纳米颗粒提出了一种新的细胞检测方法，在该策略中，乳腺癌细胞 MCF-7 表面的 MUC-1 首先与固定在金电极表面上的寡核苷酸发生特异性相互作用，随后细胞表面的另一种肿瘤标志物癌胚抗原（CEA）被修饰有 CEA 抗体的 CdS 纳米颗粒标记。最终，利用 CdS 的电化学信号实现乳腺癌细胞 MCF-7 的特异性检测。该策略通过同时识别乳腺癌细胞表面的两种肿瘤标志物来筛选和检测乳腺癌细胞。

金纳米粒子作为一种具有良好生物相容性与导电性的纳米材料，也非常适用于细胞电化学传感器的电极界面构建。朱俊杰等[81]利用明胶作为还原剂和稳定剂，制备了明胶稳定的金纳米颗粒，并将其和羧基化的单壁碳纳米管相结合，超声组装得到碳纳米管 / 金纳米颗粒 / 明胶纳米复合物。该复合物膜为电极表面 HL60 细胞的固定和电化学传感提供了一个生物相容性的界面，固定的细胞呈现不可逆的氧化电流信号和良好的细胞活性，利用电化学阻抗技术，成功实现了人白血病细胞 HL60 的体外固定和高灵敏的电化学检测。此

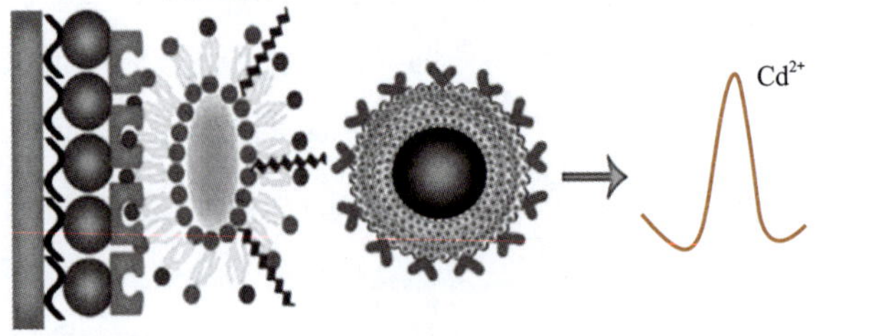

图 8-14 以膜联蛋白修饰的氮掺杂碳纳米管和金纳米颗粒三维电极为基底，以 SiO_2@QDs-Con A 为细胞标记探针的夹心型细胞传感器用于凋亡细胞检测 [79]

外，朱俊杰等 [82] 利用基于聚二甲基硅氧烷（PDMS）的微流控芯片设计了细胞电化学传感的微型化检测装置，该装置由 PDMS 基底、金膜工作电极、微流控通道、细胞培养室、金膜对电极和银参比电极组成，能够用于 HeLa 细胞增殖和药物诱导凋亡过程的电化学传感监控。

二、纳米修饰电极用于光电化学生物分析

光电化学技术是利用光电活性材料在光照条件下吸收光子，使电子被激发产生电荷分离与传递，从而实现光能向电能的转化 [83]，完成能量转换、能源利用、分析检测等目的的技术手段。光电活性材料吸收光能后，电子被激发并从材料的价带跃迁至导带，从而形成了电子-空穴对 [84]。当电极的基底光电活性材料为 n 型半导体时，材料导带的光生电子将会向电极定向转移，从而产生阳极光电流响应，与此同时，价带的光生空穴（h^+）将定向转移至半导体材料表面被来自溶液中的电子所捕获［图 8-15（a)］。当电极的基底材料为 p 型半导体时，材料导带的电子将会向溶液定向转移，从而产生阴极光电流响应，与此同时，价带的光生空穴将定向转移至半导体材料表面被来自电极中的电子所捕获［图 8-15（b)］。因此，为了产生稳定持续的光电流响应，有效电子供体或电子受体的加入能够抑制半导体光生电子-空穴对的复合。当生物识别探针修饰于光电活性材料上时，生物识别反应会导致检测系统光电压或光电流的信号变化，从而实现对目标分析物的检测。

光电活性材料是光电生物传感的核心部件，因此如何构筑光电极纳米材料活性界面决定着传感器的检测性能。目前光电极纳米材料界面主要有三种构筑策略：①将光电活性纳米材料修饰在电极界面，在其表面修饰特异性的识别基团来捕获目标生物分子，利用生物

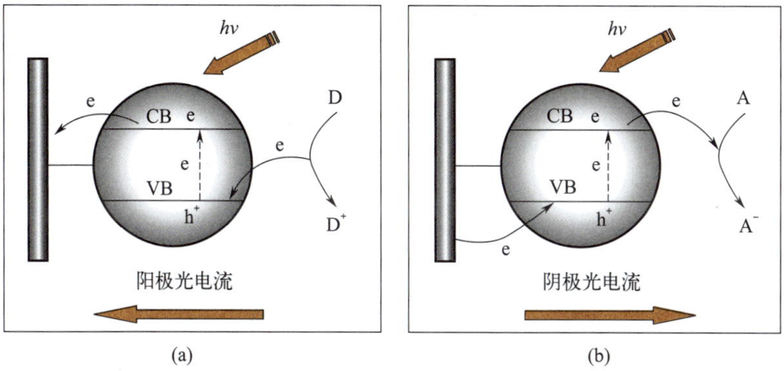

图 8-15 阳极光电极（a）和阴极光电极（b）的光电流产生和传递机理[84]

分子的空间位阻效应降低光电流；②利用生物特异性识别将半导体材料修饰在光电极表面，通过材料的光电性能或催化特性产生电子供体，引发光电传感系统检测信号的提升；③通过目标物调控半导体光生电子-空穴对的流向，从而实现对分析物的检测。

第一种界面构筑策略是利用生物分子识别事件产生的位阻效应阻碍光电流的产生和传导，基于此建立的信号下降型传感策略在光电化学生物分析中最为常见。徐静娟等[85]利用层层组装的方法在 ITO 电极上修饰了多层 CdS QDs，并利用碳酰二亚胺（EDC）偶联反应将小鼠免疫球蛋白（IgG）抗体固定在光电化学电极表面。当待测液中含有对应的抗原时，生成的免疫复合物形成显著的空间位阻效应，使光电流响应降低，实现小鼠 IgG 抗原浓度的灵敏检测。Cosnier 等[86]以钌联吡啶配合物为光电活性材料，通过吡咯的电聚合作用将生物素化的钌联吡啶配合物固定在电极表面。随后，利用生物素-亲和素的特殊作用，将标记有亲和素的霍乱毒素修饰到光电化学电极表面。当传感电极孵育霍乱毒素抗体后，由于免疫复合物显著的空间位阻效应，阻碍了溶液中电子供体与电极表面钌联吡啶配合物的电子交换，导致光电流响应降低，由此实现了对于霍乱毒素抗体的灵敏检测。朱俊杰等[87]通过一步法制备了还原石墨烯 /CdS 纳米复合物，并将其修饰于 ITO 电极上。通过与还原石墨烯的 π-π 堆叠作用将酞菁染料（CoTAPc）修饰到电极上，然后，通过 EDC 偶联反应将前列腺特异性抗体固定于电极表面，通过抗原抗体结合导致空间位阻增加，构建了一种高灵敏特异性检测前列腺特异性抗原（PSA）的光电化学免疫传感器。

除了生物分子直接带来的电化学阻抗以外，也可以通过酶催化信号放大来增加阻抗的信号。由于酶催化反应在电极表面产生不溶物，形成空间位阻效应，从而阻碍溶液中的电子供体与光电活性材料进行电子交换，引发光传感系统检测信号的降低。例如，徐静娟等[88]

通过将 TiO_2 和 CdS 纳米颗粒先后修饰于 ITO 电极表面形成 ITO/TiO_2/CdS 光电极，ITO/TiO_2/CdS 电极表面修饰的 HRP 酶能够催化氧化 H_2O_2，使同时存在的 4-氯-α-萘酚分解为苯基-4-氯己二烯。由于产物苯基-4-氯己二烯为不溶物，形成空间位阻效应，从而阻碍溶液中的电子供体与光电活性材料进行电子交换，引发光传感系统检测信号的降低，并反映 H_2O_2 的浓度。

由于细胞整体的绝缘性，当细胞靠近光电极表面，细胞产生的空间位阻效应就会引起光电流的下降，从而发展了光电化学细胞分析方法。李雪梅等[89]利用层层组装的方法在 ITO 电极上修饰 CdSe 量子点，并将 Ramos 细胞特异性 DNA 适配体共价连接至光电极表面，实现 Ramos 细胞的灵敏检测。徐静娟等[90]采用电化学沉积将 CdS/ 聚酰胺-胺（PAMAM）纳米复合物修饰在 ITO 电极表面，然后利用戊二醛分子将伴刀豆球蛋白 A（Con A）连接至光电极表面，通过伴刀豆球蛋白与细胞表面甘露糖基的特异识别作用实现 SMMC-7721 人肝癌细胞的灵敏检测（图 8-16）。

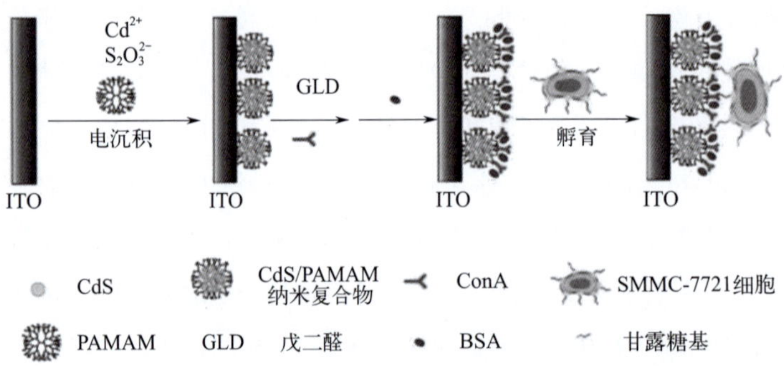

图 8-16 基于 Con A 和甘露糖基特异性识别的 SMMC-7721 细胞的光电生物传感器[90]

第二种界面构筑策略主要利用具有光电性能或催化特性的材料作为目标生物分子的识别标签，将目标物识别事件转化为增强的光电流信号。李景虹等[91]合成了具有大表面积、良好均匀性和一致性及高孔隙率的光活性二氧化钛纳米管，并将 HRP 固定在其表面，用于可见光照射下的 H_2O_2 光电化学生物传感。实验结果表明，由于 HRP 对 H_2O_2 的催化作用，400nm 可见光激发的光电流信号显著增强，且光电流强度随着 H_2O_2 浓度的增加而增加，在 $5.0\times10^{-7}\sim3.5\times10^{-5}$mol/L 范围内显示出良好的线性关系，检测限低至 1.8×10^{-7}mol/L。朱俊杰等[92]在 ITO 电极表面构建了一个 TiO_2/CdS 双重纳米复合光电基底，通过在其上修饰白细胞介素抗体来特异性识别白细胞介素。为了提高光电信号强度，将 CdSe 修饰的白细胞介素作为信号探针，通过抗原抗体的识别作用，来提高光电信号。第一，这种 TiO_2/CdS/CdSe 共敏化结构能够将吸收光的波长拓展到可见光区，能够更加高效利用自然光。第二，通过合理匹配三元纳米材料的导带和价带的能级结构，能够促进光生电子在材料表面的迁移，从而降低电子传递势垒。第三，CdSe 的引入能够有效阻止 CdS 光生电子和空穴的重组，从而进一步提高光电流。所以这种光电界面构筑策略实现了对白细胞介素的高灵敏检测。在利用材料催化增强光电流方面，张文等 [93] 在 TiO_2 阵列管上沉积金纳米颗粒形成光电化学电极，然后将突触核蛋白（α-SYN）一抗（Ab_1）固定在电极上，通过夹心免疫反应将葡萄糖氧化酶包裹的金纳米粒子（Ab_2-Au-GOx）连接至电极表面。由于葡萄糖氧化酶能够催化氧化葡萄糖分解产生 H_2O_2，H_2O_2 作为电子供体使传感系统光电流明显上升，从而实现对目标抗原 α-SYN 的灵敏检测（图 8-17）。

第三种界面构筑策略主要利用目标物识别事件调控电子-空穴对的流向，进而引发光电流信号的变化。徐静娟等 [94-95] 发展了一种基于激子-等离子体相互作用策略构筑的“turn-off”型光电传感器。利用层层静电吸附组装的方法将 CdS QDs 修饰于 ITO 电极表面 [95]（图 8-18），随后通过共价键将探针 DNA 与 CdS QDs 连接，当标记有银纳米粒子的目标 DNA 链与电极表面的探针 DNA 链杂交，使得银纳米粒子（能量受体）与电极表面的 CdS QDs（能量供体）产生共振能量转移。由于能量转移的发生能够使 CdS QDs 产生的光生电子快速地与空穴发生复合，因此光电流强度明显减小，从而实现对目标 DNA 的检测。Willner 等 [96] 将标记有 CdS 纳米颗粒的探针 DNA 连接至金电极的表面，当电极与目标 DNA 共孵育后，探针 DNA 与目标 DNA 杂交形成双链 DNA。由于 CdS 纳米颗粒与电极表面相距较远，CdS 纳米颗粒的敏化效应被抑制。当加入电子媒介体后，电子媒介体将嵌入双链 DNA 中，使得 CdS 中光生电子顺利向电极传递，即 CdS 纳米颗粒的敏化效应被激发，光电流响应产生，基于此实现对目标 DNA 的检测。

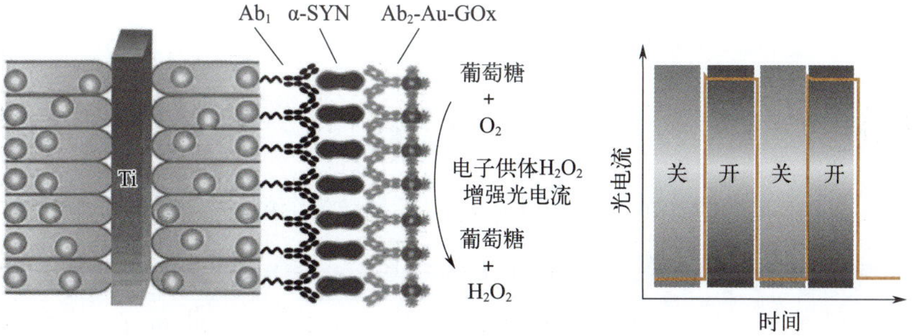

图 8-17　基于 GOx 酶促反应的光电电化学免疫传感器用于 α-SYN 检测 [93]

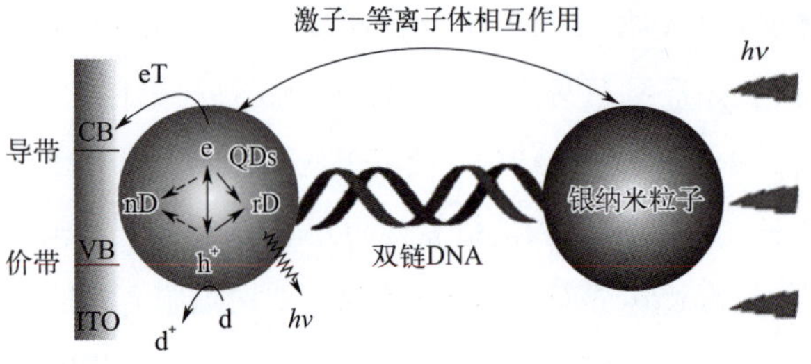

图 8-18 基于 SPR 调控的 DNA“turn-off”型光电传感器的构筑原理[95]
nD—非辐射衰变；rD—辐射衰变；d—电子供体

第三节
基于双极电极的生物电化学分析

一、双极电极原理

双极电极（bipolar electrode，BPE）体系是在外加驱动电压下，溶液中的导体或半导体（具有一定的长径比）两端产生电势差，并引起电活性物质在（半）导体的两端区域分别发生氧化反应或还原反应，这样的体系即为双极电极体系，（半）导体的两端区域可以分别构成阳极和阴极。BPE 体系具有以下特点：①无线控制，驱动电极通过施加电场启动 BPE；②可控的界面电势差，BPE 的界面电势差由溶液中的电场决定，并呈现非对称的梯度分布；③空间可分离性，BPE 可实现氧化还原区域的空间分离；④结构的可集成性，多个 BPE 可形成阵列结构，在同一外加电源下同时工作。

1. 双极电极和驱动电极

BPE 的两极极性总是和同侧驱动电极的极性相反，这是理解 BPE 体系电化学原理的关键点之一。Manz 等[97]将一根铂丝置于 pH 指示剂溶液中，在外加电压驱动下，铂丝一端的溶液 pH 值降低，呈橙色，而另一端溶液的 pH 值升高，呈蓝色；与此同时，驱动电极阳极端附近的溶液呈蓝色，而驱动电极阴极端附近的溶液呈橙色。指示剂在同侧驱动电极和 BPE 之间相反的颜色变化表明，尽管未发生直接电接触，BPE 的两极依然发生了电化学反应，且与驱动电极两极的极性相反。

2. 双极电极的电势

驱动电极通过施加电压（E_{tot}）赋予电解质溶液电场，当导体置于该电场中时，一方面，导体作为等势体，其表面电势处处相等，为某一平衡电势（E_{elec}）；另一方面，溶液的电势随电场线方向下降。因此，溶液和导体之间存在着沿导体长度方向而梯度变化的电势差，其绝对值在导体两端处最大，在平衡位置 x_0 处为零。当界面电势差足够大时，就可以驱动电活性物质的氧化或还原反应。不均匀分布的界面电势差导致了非均匀的电化学反应，并且电化学反应在导体的两极最容易发生。需要注意的是，对于不同的 BPE 体系而言，其 x_0 的位置是不固定的，x_0 的实际位置取决于具体的法拉第过程，不一定在电极的中心处。王伟等[98]利用表面等离子体共振成像技术研究了微型 BPE 的表面电势分布，表明电子的消耗和积累同时发生在 BPE 的两端，测得的最大电位降和 x_0 的位置与 COMSOL 理论模拟结果一致。

BPE 体系通常可分为开放式（open BPE）和封闭式（closed BPE）两种类型，二者不同的电解池构造导致了迥异的电化学性质和潜在应用，如图 8-19 所示，开放式 BPE 体系

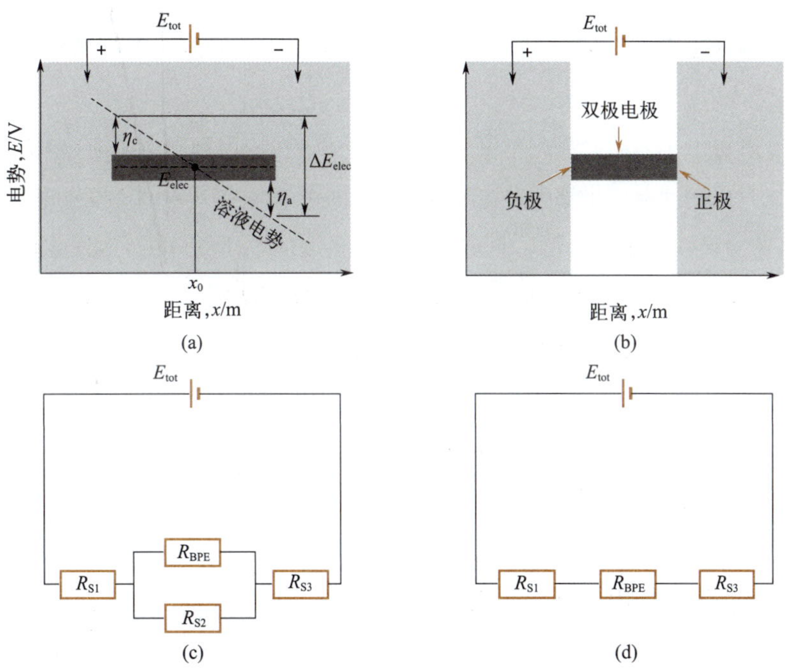

图 8-19　开放式和封闭式 BPE 的装置示意图 [(a), (b)] 和等效电路图 [(c), (d)]

的构造更加简单，但在封闭式BPE体系中，阴阳两极被物理分隔，这使得对于目标分析物的检测可以与信号输出相对独立地进行，免受发光试剂、电致变色试剂等非相关物质的干扰，从而为电化学分析提供了更加稳定的检测环境。

对于开放式BPE，电路中的总电流i是溶液中离子迁移电流i_S和BPE上的法拉第电流i_{BPE}之和，它们之间的分配取决于溶液电阻R_{S2}和BPE的电阻R_{BPE}：

$$\frac{i_{BPE}}{i}=\frac{R_{S2}}{R_{S2}+R_{BPE}}$$

当R_{BPE}远大于R_{S2}时，BPE的置入对溶液中离子电流的影响可以忽略不计，可将溶液电场视为均匀电场。此时，在一段长度为L_0、驱动电压为E_{tot}的电解池中，电场强度ε可表示为

$$\varepsilon=\frac{E_{tot}}{L_0}$$

因此对于电极上某一点x处，其表面电势差η（也即电极上平衡位点x_0处的电势与x处的溶液电势的差）可表示为

$$\eta=\varepsilon(x-x_0)=\frac{E_{tot}}{L_0}(x-x_0)$$

对于大于x_0的x，η具有正极性，该处具有氧化电势；对于小于x_0的x，η具有负极性，该处具有还原电势。

从以上推导过程可以得出，表面电势差不仅受外加电场的调控，而且与电解池和BPE的长度有关。理论上，只要驱动电压足够大，电活性物质就能够在电势差驱动下发生电化学反应，但当BPE自身的尺寸过于微小时，例如对于微纳尺度的电化学分析应用，则需要施加额外的高压或将BPE置于具有空间限域作用的微孔中才能驱动反应。

封闭式BPE体系中x处表面电势差的推导过程与开放式体系相似，但关于驱动电压E_{tot}的分配，对开放式体系而言，BPE的电阻与溶液电阻R_{S2}之间为并联关系：

$$E_{tot}=iR_{S1}+iR+iR_{S3}$$

$$\frac{1}{R}=\frac{1}{R_{S2}}+\frac{1}{R_{BPE}}$$

对封闭式体系而言，BPE的电阻与溶液电阻之间为串联：

$$E_{tot}=iR_{S1}+iR_{BPE}+iR_{S3}$$

并联电路的总电阻小于其支路电阻，因此，在外加电压相同、导体电阻和溶液电阻

均匀且分别相等的情况下，开放式体系中的总电流更高，而封闭式体系中 BPE 的分压（iR_{BPE}）更高。

3. 双极电极的特点

BPE 的结构特点决定了其在电化学分析领域的独特应用。总结说来，BPE 体系具有无线驱动、表面电势差梯度分布、两极反应不对称且易物理分隔、流经两极的法拉第电流相等的特点。无线驱动简化了电化学装置的基本构造，允许基于 BPE 的分析策略向即时、便携的传感方向发展[99-100]。由于避免了冗杂的导线连接，多个 BPE 可以轻易地集成于同一外加电场中，同时发生电化学反应，展示了 BPE 用于阵列化、高通量电化学分析检测的可能性[101-105]；表面电势差的梯度分布是 BPE 体系相较于经典电化学体系的另一突出亮点，电化学反应总是倾向于在电势差最高的边缘处发生，电势分布的一般规律可以用来预估分析物的反应活性，实现对目标物的物理或化学反应的空间分辨检测[106]；非对称的反应性能够推动带电物质甚至电极本身在电场内的定向运动[107-108]，两极反应物理分隔的特点开启了独特的分析模式，即传感反应和报告反应相互耦合又彼此分离，这对于提高分析性能具有重要意义[109-110]；目前，BPE 已被报道与各类传感技术相结合，以一极易于采集的信号（通常是光信号）反映另一极的电化学反应，流经两极的法拉第电流相等是这种间接检测得以实现的基础。综上所述，BPE 的结构设计以及电极界面的特殊修饰，结合更多分析手段，BPE 得以广泛应用于分析化学的各个领域，表现出优异的发展潜力。

二、双极电极体系的设计与构建

1. 双极电极材料

常用的 BPE 材料主要包括铂、碳、金、氧化铟锡（ITO）玻璃等。在特定的电压范围内，电极材料不能具有电活性，以免对电极造成腐蚀或对目标物的电化学反应造成干扰，但也可以利用铜、银等反应活性较高的金属，通过外加电压引起金属的阳极溶出，从而改变电极形貌以达到特殊的分析目的。例如，Bradley 等[111]在水中平行放置了两个铜颗粒并施加外加电场，使得铜颗粒各自构成 BPE。在外加电场的电场线方向上，一个铜颗粒的阳极溶出铜离子，并迁移到另一个铜颗粒的阴极附近逐渐沉积，最后观察到两个原本物理分离的铜颗粒之间形成了相互连接的枝状晶体。该技术被称为空间耦合双极电化学（spatially coupled bipolar electrochemistry, SCBE）。如果在此过程中改变电场的方向，则可能控制枝状晶体的形成路径，获得更加复杂的接触结构。

BPE 的尺寸和几何形状对其性能和应用具有影响。Oja 等 [112] 以置于 $Ru(bpy)_3^{2+}$ -三正丙胺（TPrA）溶液中的阳极作为信号报告极，并保持阴极溶液中分析物 $Fe(CN)_6^{3-}$ 的浓度恒定，观察到该 BPE 体系中阳极尺寸的改变不会导致稳态电流强度的变化，但 ECL 信号随阳极尺寸的增大（从 25μm 到 127μm）而显著下降。这是由于较大的电极界面允许相同大小的氧化电流以较低电位通过，未能引发 $Ru(bpy)_3^{2+}$ 的氧化发光，也即“不发光电流”的比例增加，从而导致 ECL 信号的降低。同时，由于传质的限制，更小的报告极带来更高信噪比和更小线性范围。因此利用这种尺寸效应，可以将 BPE 调整到适用于不同的分析物浓度范围的尺寸，提高分析结果的可靠性。此外，一些特殊形状的BPE可以实现独特的电分析应用。例如，三角形BPE被应用于快照伏安法（snapshot voltammetry），以增强阳极ECL信号、获得更加稳定的表面电势差分布。Crooks 等 [113] 使用三角形的微型 BPE 置于 $Ru(bpy)_3^{2+}$ -TPrA 溶液中，三角电极的尖端作为 ECL 发射的阳极，类似于经典电极体系中的工作电极，其对边作为阴极，类似于对电极。由于阴极的表面积比阳极大很多，这种独特的几何形状保证了阳极 ECL 反应的速率不会受到阴极还原反应的限制，为了弥补表面积的差距，三角形 BPE 的 x_0 更加靠近阴极，这导致了更高的阳极过电位，可以激发更强的 ECL 信号。当外加电压发生变化时，相同条件下的矩形 BPE 的平衡位置 x_0 随电压变化而变化，而三角形 BPE 的 x_0 则没有明显改变。这些特殊性质均有利于在单张显微图像中扫描并记录电极表面的 ECL 信号分布，并换算出基本电化学参数，得到与常规伏安法一致的结果。Crooks 等 [114] 设计了一种基于两个正交微流体通道的二维 BPE，BPE 位于两通道的交叉点。当在通道末端分别施加不同的驱动电压时，BPE 所处的电场将是两个电场的矢量和，这导致电化学反应可以被定位在电极上的特定位置。若以各通道的外加电压作为输入，电化学反应作为输出，通过电路集成构建 AND、OR、NAND、NOR 等逻辑门，这种设计策略在未来芯片技术领域具有很大潜力 [115-116]。此外，由一对微型带状 BPE 构成的逻辑门结构还可以用于模拟神经元突触行为 [117]，为生命分析领域的研究提供新的方法，加深了人们对于神经学的认识。

2. 双极电极的修饰

在电化学分析领域，对于电极的修饰方法不胜枚举，例如涂层包覆、组装探针、整合具有催化活性的物质等，从而增强电极表面的反应活性，提高对于目标分析物的检测水平。理论上，这些传统的、均一的电极修饰方法对于 BPE 体系仍是适用的，在此不做赘述。值得特别指出的是，BPE 体系允许在电极的不同部位发生不同的反应，这种独特的电化学性质使更精准可控的修饰成为可能。例如不对称的微米或纳米粒子、具有梯度物质浓度或混合组分的表面、功能化微孔等结构的合成，对于经典的电化学合成而言是十分困难的，但在 BPE 体系中却可以通过更加精准的电势差分布获得，并且为后续应用提供了独特的电极界面。

BPE 的两端分别发生阴极还原和阳极氧化反应，这种反应的不对称性使发生在单侧的局部电化学修饰成为可能，尤其是当发生在微米乃至纳米级材料上时，这种不对称修饰将具有重要的意义。Bradley 和 Ma[118] 利用双极电化学方法在微米级颗粒表面进行改性，即将吸附有直径约 1 ～ 2μm 的石墨微粒的纤维素纸垂直置于外加电场中，此时，石墨微粒作为 BPE 并在其阴极一端电沉积钯催化剂。催化活性研究结果表明，当沉积过程由较高的外加电场驱动时，微粒表现出更好的催化性能。考虑到纳米尺寸 BPE 上的电沉积需要极高的驱动电压，当该过程在水相介质中进行时，过高的电压将引起水的电解，由此产生的气泡对流会扰动置于电场中的纳米粒子，使其发生翻转，从而影响单侧电化学沉积的选择性。鉴于此，Kuhn 等 [119] 提出将毛细管电泳与 BPE 结合的技术，即毛细管辅助双极电沉积技术。如将碳纳米管作为 BPE 置于毛细管内的 $HAuCl_4$ 水溶液中，在外加电场驱动下随电渗流从阳极入口向阴极室移动。该过程中，碳纳米管始终平行于电场方向排列，水在阳极被氧化，金离子在阴极被还原，最终透射电子显微镜显示了金在碳纳米管一端的不对称沉积，沉积物尺寸约 10nm。

BPE 的表面电势差总是在外边缘处最大，向内逐渐减小，直到平衡位置 x_0 处为零。基于此，通过调控外加电压，可以制备具有梯度浓度或组分的修饰层。如 Björefors 等 [120] 应用该技术在金 BPE 表面上受控沉积硫醇的自组装单分子层，表面覆盖有硫醇自组装单分子层的金 BPE 置于氢氧化钾的乙醇溶液中，由于硫醇可以在阴极或阳极电势差的作用下发生电化学解吸，依赖于电极界面电势差的梯度分布，自组装单分子层的厚度呈现出梯度特征。Inagi 等 [121] 利用在 BPE 表面二价铜离子被还原为一价铜离子时的梯度反应性，并以还原产物一价铜离子催化点击化学，实现了对 BPE 表面聚合物薄膜的梯度修饰。具体而言，末端连接了叠氮基团的单体在 ITO 电极表面发生聚合，覆盖有聚合物薄膜的 ITO 电极作为 BPE 置于含有硫酸铜和全氟烷基炔烃的电解液中。在外加电场驱动下，只有阴极表面的二价铜离子能够被还原为对点击化学具有催化活性的一价铜离子，从而催化叠氮基团和炔基之间的反应，引起全氟烷基对聚合物薄膜的表面修饰。由于表面电势差的梯度分布，可以观察到从阴极向阳极方向上含氟比例的下降，以及电极表面亲疏水性的梯度变化，表明了全氟烷基的梯度修饰的发生。该研究以具有催化活性的电化学反应产物介导功能化修饰过程，拓宽了表面梯度修饰的应用范围。

当两种或多种具有不同标准电位的电活性材料同时存在于溶液中时，则可以通过 BPE 进行不同组分的梯度修饰。在此过程中，具有最低过电势的材料可以被沉积在靠近 x_0 处，而具有最高过电势的材料仅在电极末端发生沉积，这表明不同材料的沉积位点是可预测的。Shannon 等[122] 将金 BPE 置于包含 Cd^{2+} 和 $S_2O_3^{2-}$ 的电解液中，在外加电场的驱动下，Cd、CdS 和 S 由于反应电位不同而在沿 BPE 长度方向上形成三个具有不同组分的区域，实现了具有不同电化学反应活性物质的同时、空间位置可预测的电沉积。

三、双极电极的生物电化学分析应用

BPE 技术由于其所独有的无线控制、梯度的界面电位差、空间可分离性、结构的可集成性等特点，被广泛应用于检测生物标志物和筛选电催化剂等。BPE 可以调节局部的电场实现单细胞的可控操作，以及富集和分离电分析物。同时，借助于 BPE 的电位极性和界面的电位梯度，可以进行不对称或非均相的材料合成，这些材料可用于传感器和微流控等领域。此外，BPE 特别适用于多路复用、高通量、即时检测的分析需求，通过简单的设备即可控制大型的 BPE 阵列，产生系统的定量信息。

1. 双极电极-裸眼传感

金属阳极溶出是电解体系最常见的现象。在 BPE 体系中，金属的溶出总是优先发生于阳极的边缘，随反应进程向 x_0 方向发展，因此以肉眼观察阳极电极形貌（如长度等）的变化，可以间接读取阴极的电化学传感过程。此类方法是建立在 BPE 的阴阳两极反应速率相等的理论基础上，其优势是避免了对特殊光学检测仪器的需要，并且降低了对溶液组分的要求。例如，Crooks 等[110] 构建了一种金属 BPE，在其阴极修饰 DNA 捕获探针用于电化学传感，并在其阳极沉积金属银作为报告位点。当辣根过氧化物酶（HPR）标记的目标 DNA 被捕获到电极表面时，HRP 激活了四甲基联苯胺（TMB）的氧化，而氧化态的 TMB 随后在阴极表面被电化学还原，并触发了阳极银的溶出。银的损失可以通过肉眼和放大镜观察，并且电极长度的减少与阴极的 DNA 结合过程密切相关。Shayan 等[109] 通过类似的传感思路，利用具有银反射层的数字多功能光盘作为BPE，阳极处可测量的银反射层溶解长度可以反映阴极的催化剂活性及分析物浓度，从而实现了对电催化剂的快速筛选及对分析物的低成本可视化检测。

裸眼传感的另一种策略是颜色变化，其中最常用的试剂是具有电致变色性能的普鲁士蓝（PB）。例如，Hemmateenejad 等[123]利用激光打印技术在疏水纸张上制备了封闭式BPE用于葡萄糖传感，传感池中葡萄糖氧化酶（GOD）氧化葡萄糖产生H_2O_2，H_2O_2在双极电极上被还原，并通过BPE将电子传递给报告池阳极，使得$K_4Fe(CN)_6$被氧化，形成裸眼或数码相机可识别的蓝色PB颗粒。汪尔康等[124]将癌胚抗原（CEA）适配体修饰在BPE的阳极上，肿瘤标志物CEA的结合会增大阳极的空间位阻，导致流经电极的法拉第电流下降，影响普鲁士蓝在阴极的沉积。由于普鲁士蓝的沉积量取决于CEA浓度，即可以通过裸眼观察快速区分癌症患者和正常人。随后，汪尔康等[125]设计用三个含有不同反应溶液的通道将两组BPE隔开，构成封闭式可视化逻辑传感阵列。如图8-20所示，驱动电压的方向以K^+、H_2O_2和谷胱甘肽在不同反应溶液中的存在与否被定义为输入。在不同的输入组合下，普鲁士蓝（无变色/变蓝）和另一种变色物质2,2′-联氮双（3-乙基苯并噻唑啉-6-磺酸）（ABTS）（无变色/变绿）将产生肉眼可见的颜色响应，被定义为输出。由此构建的基于BPE的双电致变色逻辑平台有望用于操控各种可视化高阶逻辑门。此外，pH指示剂同样可以作为颜色变化的可视化传感媒介。汪尔康等[126]将封闭型ITO BPE置于含有通用pH指示剂的硫酸钾电解液中。在外加电压驱动下，BPE的阳极和阴极分别发生水的氧化和还原，从而导致电解液中pH的降低和升高。持续施加电压5min后，pH指示剂呈现肉眼可见的颜色变化（图8-21）。以上均证明了可视化传感的可行性。

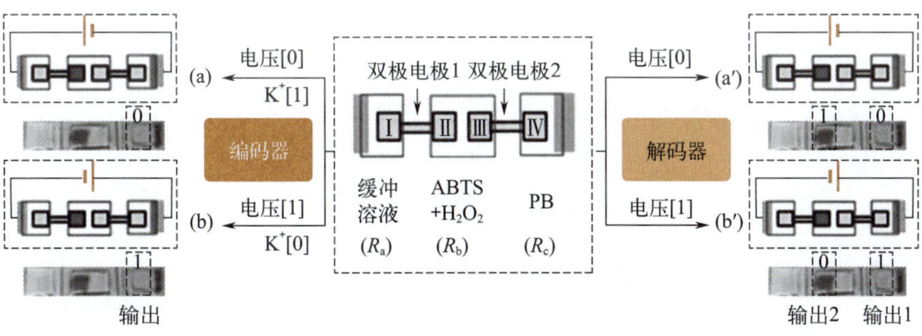

图8-20 基于PB和ABTS的双色BPE用于构建可视化逻辑传感平台的示意图[125]

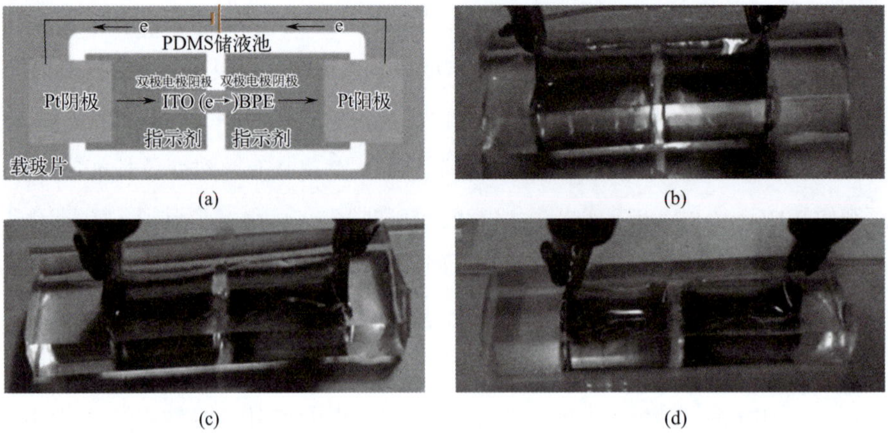

图 8-21 集成双极电极的双储液池芯片器件示意图（a）；无双极电极的芯片器件在驱动电压 5V 下工作 5min（b）；集成双极电极的芯片器件在驱动电压 5V 下工作 30s（c）和 5min（d）的实物图 [126]

除了使用化学指示剂，将具有发光性能的物理设备整合到 BPE 中，也可以实现裸眼观察。汪尔康等 [99] 通过将发光二极管（LED）整合到封闭式 BPE 中，制备了一种便携式可视化电化学传感器。如图 8-22 所示，LED 置于分体 BPE 之间，其发光可以被两极的电化学触发，并且发光强度与反应速率存在定量关系。该结构中，封闭式 BPE 高达 100% 的电流效率提高了发光信号的强度，LED 的电致发光性能提高了信号的稳定性。为了展示该传感器用于对多种电活性物质进行裸眼快速检测的能力，分别选取 H_2O_2、抗坏血酸、葡萄糖和血糖作为四种模型待测物。具体而言，不同浓度的 H_2O_2 分别加入到 BPE 阴极池中（当具有强还原性的抗坏血酸作为待测物时，则加入 BPE 阳极池中），BPE 另一极置于磷酸盐缓冲液中，LED 作为信号输出。在外加电压驱动下，更高浓度的电活性待测物带来更大的氧化还原电流，导致肉眼可识别的更强的 LED 发

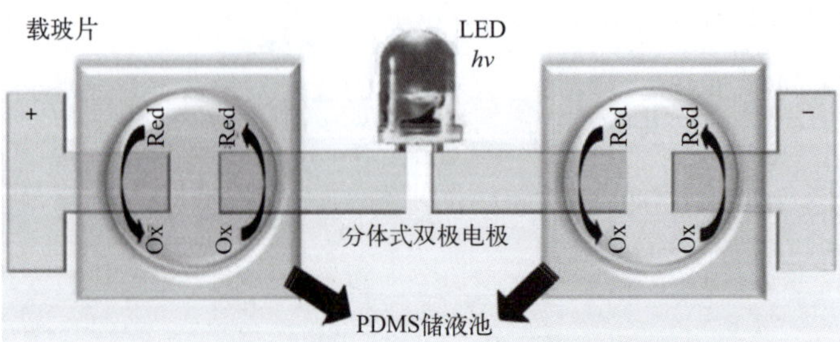

图 8-22 基于 LED-BPE 的裸眼可视化传感平台的示意图 [99]

光。对于葡萄糖和血糖的选择性分析，是通过引入葡萄糖氧化酶实现的，不同浓度的待测物经过一定时间孵育后产生相应浓度的 H_2O_2，利用上述方法间接指示待测物的水平。

电化学反应产物或反应过程中产生的分子发光同样可以作为可视化传感信号。由于 BPE 体系中存在过电位，可用于电激发产生化学发光，即 ECL 现象。对于人眼而言，多色变化比单色的强度变化更易被感知，因此可以通过调控施加的电位，选择性激发具有不同光谱性能的 ECL 分子来构建多色 ECL 系统。例如，徐静娟等[100]利用两种 ECL 发光分子构建了一个封闭式 BPE-多色 ECL 传感器，实现了前列腺特异性抗原（PSA）的快速筛查。分析物 PSA 通过诱导银颗粒的阴极沉积，提高 BPE 的电导率，从而调制阳极的激发电位，使 ECL 信号发生了肉眼可见的颜色变化。需要说明的是，裸眼可视化传感只是 BPE 应用于 ECL 的小部分。由于 ECL 技术和双电极体系的良好互补性，二者联用的电化学分析是当前的应用主流，将在下面展开更详尽的介绍。

2. 双极电极–荧光传感

BPE 体系可利用其电化学反应过程中涉及的荧光物质，将其与荧光传感相结合，设计具有更高信噪比的分析方法。张波等[127]通过在纳米孔中沉积铂纳米颗粒用于分隔管内和均相溶液，试卤灵荧光分子可以在管内的铂颗粒表面生成，并通过光学检测和计数，实现对另一侧均相溶液中的单个氧化还原事件的分析。Maksymiuk 等[128]利用自供能级联 BPE 策略检测抗坏血酸，该装置无需外部电场来诱导 BPE 的极化，而是以一个可以自发氧化还原的 BPE 作为极化源，驱动另一个 BPE 发生电荷转移，使得传感电极上的涂层聚合物和分析物可以在自身电位差不足的情况下发生自发反应而形成荧光活性中间体，并且荧光强度与体系内抗坏血酸的浓度呈现良好的线性关系。汪尔康等[129]基于 BPE 制备了一种荧光信号开关可逆的普鲁士蓝 / 金纳米团簇纳米复合膜。以 ITO 玻璃作为 BPE，将普鲁士蓝和金纳米团簇依次沉积在 BPE 的一极表面。由于金纳米团簇的荧光光谱和普鲁士蓝的吸收光谱之间存在重叠，因此金纳米团簇的荧光发射被普鲁士蓝猝灭。当还原电压被施加在沉积有复合膜的一极时，普鲁士蓝被还原为普鲁士白，其吸光度降低，荧光信号“开启”；通过反转驱动电压的极性，当氧化电压被施加在沉积有复合膜的一极时，普鲁士白可逆地氧化为普鲁士蓝，荧光信号又恢复到最初的“关闭”状态。这种电刺激荧光信号的开关具有良好的重现性和可逆性，证明 BPE 在便携式光电传感器件的开发中具有巨大潜力。

3. 双极电极-ECL传感

BPE与ECL结合，可以形成优势互补的传感策略。一方面，由于BPE与外部电路之间无导线连接，因此，BPE上的法拉第电流无法精确测量。但ECL发光与电化学反应直接相关，从而使电流信号被转换为更易检测的光信号，并消除背景电流的干扰。另一方面，由于激发态物质的寿命极短，原位产生的发光物质通常只能在很短的距离内扩散，这导致ECL被限域在电极表面，而BPE微型化、阵列化、高通量的优势可以规避这一限制，推动ECL过程由2D平面化向3D立体化的转变，并且封闭式BPE还能物理分隔分析池和报告池，减少了杂质对ECL信号的影响。基于此，通过BPE结构和传感策略的设计，BPE-ECL传感器被用于生命分析领域，实现了电活性或非电活性生物分子的高灵敏检测。

徐静娟等[100, 130-132]设计了多种BPE-ECL传感器用于特异性抗原蛋白、信使RNA（mRNA）、肿瘤细胞、小分子叶酸等生物物质的检测。以mRNA检测为例，首先利用反义DNA（Antisense DNA）/报告DNA（Reporter DNA）修饰的CdSe@ZnS量子点转染肿瘤细胞，特异性地结合细胞内部的目标mRNA，并释放报告DNA。随后，通过BPE-ECL装置检测了细胞裂解液中的报告DNA，即通过将末端标记了$Ru(bpy)_3^{2+}$掺杂二氧化硅纳米颗粒的反义DNA修饰到BPE的阳极上，当有报告DNA存在时，杂交反应后形成刚性双链，使ECL发光标记远离电极表面，导致了ECL信号强度的降低，从而实现mRNA的间接定量。此外，徐静娟等还提出了一种基于鲁米诺-过氧化氢、$Ru(bpy)_3^{2+}$-三正丙胺双发光BPE的传感芯片，实现对HL-60肿瘤细胞高通量、可视化ECL定量检出。

多通道并行或多路复用的集成化BPE-ECL体系对于多指标高通量检测具有重要的意义。图8-23展示了由同一电源驱动下的1000个BPE微阵列，它们产生均匀的ECL信号，表明每个BPE上的电势差是相同的，验证了高通量BPE-ECL传感的可行性。Sojic等[101]利用多壁碳纳米管的悬浮液实现了3D维度上的BPE-ECL，每个碳纳米管都充当了一个独立的ECL发光体，宏观上呈现出溶液整体发光的现象，此探索有利于将受扩散限制的非均相传感转换为具有更高动力学速率和分析性能的均相传感。Anand等[102]利用BPE阵列与驱动电极的相互交叉实现氧化还原的连续循环，允许数百个电子通过一个可逆的氧化还原活性分子与电极交换，从而放大报告端产出的ECL信号，放大程度主要由电极之间的距离决定。汪尔康等[104]提出一种通用制作工艺，用于制作多通道封闭式BPE阵列。该工艺通过NaOH刻蚀聚对苯二甲酸乙二醇酯膜形成多纳米通道阵列，该通道直径和阵列密度均可控，并在通道内部修饰金纳米纤维形成BPE阵列。利用ECL输出信号，可以对体系中的氧化剂、共反应试剂、猝灭剂、生物标志物等目标物进行灵敏检测，展示了其在多组分分析中的巨大潜力。

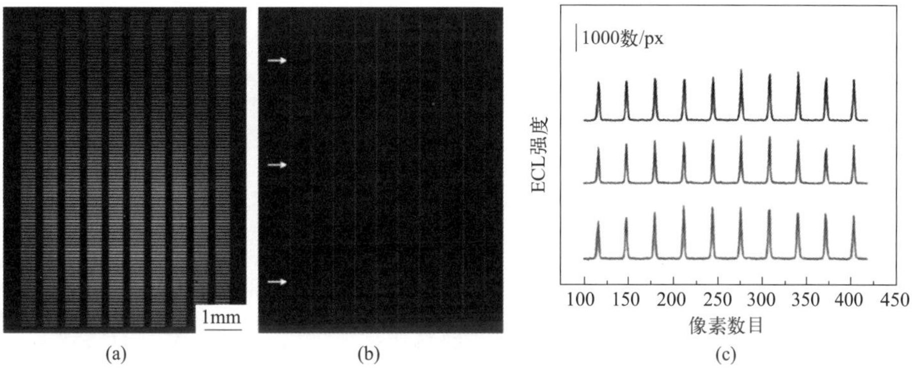

图 8-23　同一电源驱动下的 BPE 微阵列的光学显微照片（a）、ECL 信号（b）以及 ECL 信号强度的均匀性（c）[105]

Ino 等[103]制备的封闭式 BPE 阵列可以将细胞聚集体附近的溶解氧还原电流转换为 ECL 信号，通过 32 个并行的 BPE，高通量地检测到单个 MCF-7 细胞聚集体的呼吸作用，这是首例将 BPE 应用于芯片上的细胞活动研究。徐静娟等[133]建立了一种基于 BPE 阳极 ECL 信号恢复时间的癌细胞超灵敏检测方法。以 ITO 玻璃作为 BPE，阴极用作捕获癌细胞的传感极，填充有磷酸盐缓冲液；阳极作为 ECL 信号猝灭和恢复的报告极，填充有鲁米诺-过氧化氢电解液。以金纳米颗粒作为 ECL 反应的催化剂并用双链 DNA 连接在阳极，向金颗粒表面沉积银，共振能量转移导致了 Ag@Au 对鲁米诺阳极 ECL 信号的猝灭。随后，在外加电场的驱动下，银在阳极溶解，ECL 信号得以恢复，记录 ECL 信号恢复所需的时间为检测信号。目标分析物癌细胞在阴极的捕获会降低电子转移速率，减缓银的溶解，延长恢复时间。这种电化学溶解和 ECL 信号结合的策略显著提高了检测的灵敏度，恢复时间与细胞个数呈良好的线性关系，从而实现了对极少量活细胞的灵敏检出。

当双极电化学现象发生于微孔时，由于空间限域效应导致局部极化增强，微孔中的极化电位较经典的BPE 体系要低很多。Chung 等[134]提出了一种基于纳米多孔氧化铟锡（ITO）的 BPE-ECL 传感体系，以阳极 $Ru(bpy)_3^{2+}$ -TPrA 的 ECL 发射反映在阴极处发生还原的过氧化氢的浓度。与平面 ITO 相比，多孔结构允许在温和的工作电压下实现过氧化氢的检测。由多孔结构导致的极化电位的降低程度与孔长度相关，当使用较厚的 ITO 电极时，由于空间限制作用更强，分析物过氧化氢获得更高的还原活性，ECL 信号得到更好的放大。江德臣等 [135] 将这种空间限域效应应用于 BPE-ECL 的单细胞检测，当一个预填充有 L012（一种具有高 ECL 效率的鲁米诺类似物）的纳米移液器尖端作为开放式 BPE 的载体被插入细胞时，在极低的电压下（比传统的极化电压低两个数量级），沉积在尖端内壁的多孔 Pt 被极化，阴极处发生与胞内葡萄糖或磷脂酶等分析物有关的还原反应，分析物浓度或酶活性影响还原反应速率，进一步影响阳极 ECL 信号的强度。通过对 ECL 信号的灵敏捕获，最终实现了单个细胞内含物的电化学分析。

此外，BPE 阵列可以精确地定位每个电极的位置，并同时捕获所有电极的 ECL 信号，因此可以将 BPE-ECL 体系输出的光学图像用于表征电极界面物质的电化学反应活性分布。例如，Schuhmann 等 [136] 提出了扫描双极电化学显微镜（SBECM）的概念，以微型铂电极构建封闭式 BPE，将 BPE 阳极置于含有 $Ru(bpy)_3^{2+}$ 的电解液中作为信号报告极，将空间方向上可控移动的 BPE 阴极置于待测液中作为传感极，阳极 ECL 信号能够反映阴极处的氧还原电流的大小，并可以对低至 20pA 的电流变化做出快速响应。因此，被用来监测光诱导水氧化过程中半导体催化剂表面的局部氧气浓度，并探究催化剂表面的活性分布。Anand 等 [106] 利用 BPE 阵列监测 $Fe(CN)_6^{3-}$ 的还原反应，如图 8-24 所示，呈梯度分布的 ITO 电极置于两个相互分离的微通道内，每个 BPE 阳极的 ECL 信号反映了各自阴极处的还原电流。由于 BPE 在电场中的梯度分布，每个 BPE 对应着不同的电势，因此在最终获得的 ECL 光学图像中，可以读出每个 BPE 对应电势下的电流大小，进而可以绘制出与线性扫描伏安图类似的电化学图谱，这种方法又被称为可视化伏安法。

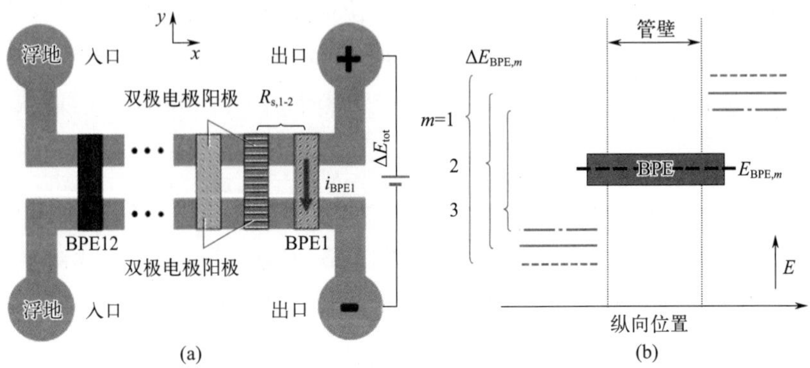

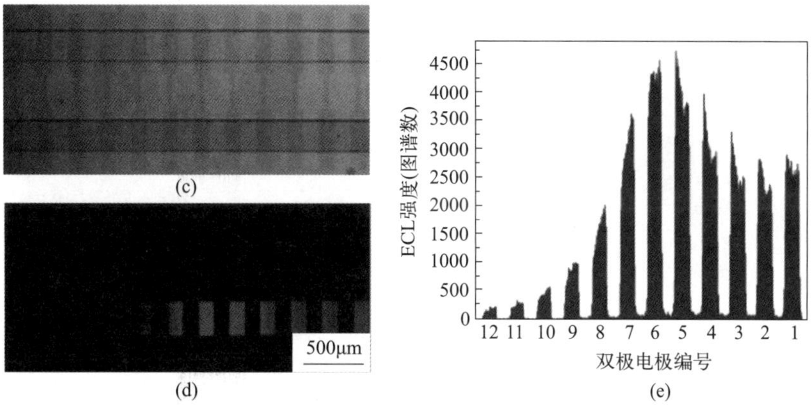

图 8-24 阶梯 BPE 阵列的示意图（a）、溶液电位图（b）、明场（c）和暗场（d）成像；ECL 强度沿阵列轴线位置的变化图（e）[106]

4. 其他

徐静娟等[137]开创性地提出了 BPE 和质谱的联用技术，在微秒尺度上对瞬态物质或其反应进行质谱分析。BPE 是通过在纳米移液器的尖端内壁沉积导电物质而构建的，BPE 的电势不对称性使得边缘处存在最高的电势差，产生最大的法拉第电流，这有利于缩短瞬态物质从电极-电解质界面转移到气相中的距离。该技术直接利用电喷雾装置的高电场来诱发双极极化，氧化还原反应在碳 BPE 两端分别被诱导发生，从而实现了电喷雾电离和法拉第反应的同步激活。微秒级别寿命的中间体自由基在电极表面生成后快速转移到气相中，最终被成功识别。随后，徐静娟等[138]又构建了与纳米电喷雾质谱结合的基于“θ”形毛细管的双通道碳沉积层 BPE。高压激活下该反应器原位生成的中间体快速转移到带电微粒中，并在飞向质谱入口的过程中与来自另一个通道的带电微滴混合碰撞，从而实现了有机电合成中非均相电化学过程与活性物种间的均相化学反应过程的分离，达到超快检测反应中间体的目的（图 8-25）。

除了作为传感体系的组成部分外，BPE 还可以依靠局部电场梯度预富集带电分析物，从而间接提高检测体系的灵敏度。与传统的分离浓缩技术相比，基于 BPE 体系的富集流程更加简单。该方法由 Yeung 等[108]首先提出，以插入石英毛细管中的 Pt 线为 BPE，在外加电场的极化作用下，质子浓度梯度在其阳极附近产生，氢氧化物浓度梯度在其阴极附近产生。当带电分析物处于这种梯度电荷环境中时，其电泳迁移率将会受到强烈影响，从而导致带电分析物的积累。

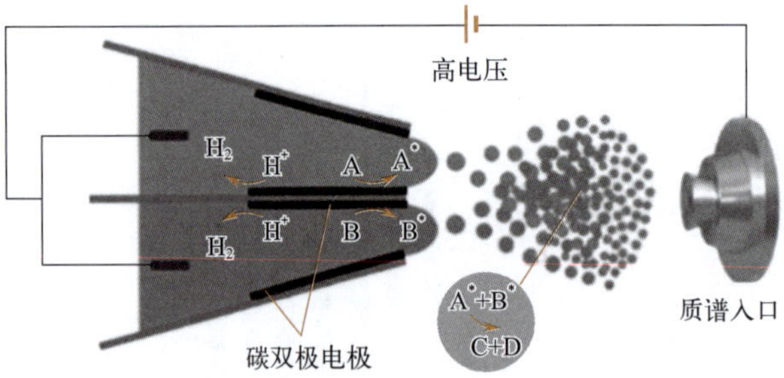

图 8-25 基于质谱探测电生中间体超快反应的双极电极微反应器示意图[138]

将 BPE 与纳米移液器结合，可研究单个纳米粒子的碰撞、纳米气泡的形成等离散事件。例如，在利用纳米孔实时监测 MoS_2 对析氢反应催化作用的研究中[139-140]，位于尖端电场内的银纳米颗粒充当单个纳米 BPE，一端发生由 MoS_2 催化的析氢反应，另一端发生银的氧化，可通过离子电流的升降评估催化反应的效率。该研究不仅为能源催化领域的催化剂性能评估提供了一种新颖的手段，而且启发了 BPE 在单颗粒分析方面的应用。

第四节 微流控芯片上的生物电化学分析

微流控分析系统，也称为“芯片实验室”或“微型全分析系统”，是采用微细加工技术，在大小为数平方厘米的基片上，制作出有各种功能单元的微通道网络结构（如微阀、微泵、微储液器、微检测窗口等），实现化学和生物学等研究领域中的样品制备、反应、分离、检测和细胞培养、分选等基本功能于一体的快速、高效、低耗的微型分析实验室装置[141]。电化学检测在微流控分析系统微型化和集成化方面有其特有的优势，如易制作、灵敏度高、选择性好等[142-144]。因此，将微流控芯片与电化学检测技术相结合构建微流控电化学芯片，实现生物分子的灵敏检测，将有望成为便携、低成本、能用于医疗诊断的即时分析平台。

一、微流控芯片的制备方法

微流控芯片常用的制作材料包括无机材料、高弹体、塑料、水凝胶和纸等，人们可以根据自身的需要使用不同的材料[145]。微流控芯片的模具制作方法现在最常用的多为蚀刻法或者光刻法[146-148]。蚀刻法主要是利用光刻胶保护需要保存的部位，再利用激光或者腐蚀剂在未保护的部位刻蚀出所需要的通道，最后使用溶剂去掉保护层的方法。光刻法主要利用紫外敏感的光刻胶在硅片表面形成一层涂层，再借助紫外线、特定形状的掩膜和显影液，从而对硅片进行微细加工。光刻胶主要包括正光刻胶和负光刻胶，其中正光刻胶在紫外照射下产生分解，分解后的物质能够非常容易地溶于显影液中；而负光刻胶则相反，其在紫外照射下会进行聚合，聚合后的物质变得不溶于显影液，从而得到相应的模具。具体流程可以参考图 8-26。首先将硅片浸泡在食人鱼洗液（piranha 溶液），微沸清洗 1 ～ 2h，然后洗净吹干；接着将光刻胶旋涂在硅片上，通过查询所用的光刻胶黏度与厚度的关系图选择合适的旋涂速度；再将特定形状的掩膜覆盖在硅片上进行紫外曝光；然后则是利用显影液来除去不需要的部分，得到凸起的微小模块；最后也可以利用硅烷化试剂在真空环境中进行疏水处理。得到微流控芯片模具后，再利用 PDMS 与引发剂的一定比例下（通常为 10∶1）的混合物进行浇铸，待放入烘箱加热固化后，就可以从模具中揭下，得到所需要的模型。所得的 PDMS 经过打孔后可以与玻璃或者其他底片进行等离子键合，得到完整微流控芯片。

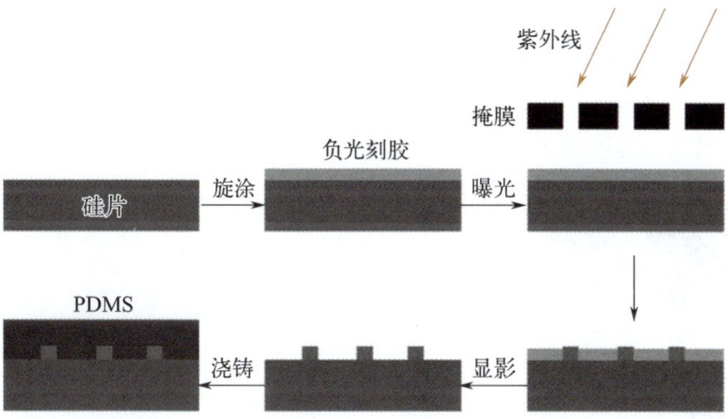

图 8-26　利用光刻法制备微流控芯片负光刻胶模具示意图

在微流控芯片常用的材料中，玻璃由于良好的透光性适用于多种荧光或者发光检测，但是难以应用到涉及有关电的检测中，如电化学或者电致化学发光。针对此情况，近些年来，氧化铟锡（indium tin oxide, ITO）玻璃由于同时具有良好的透光性和导电性受到研究者的青睐[149-151]。而为了在 ITO 玻璃上得到想要的图案并与有通道的 PDMS 键合成为芯片，人们利用光刻胶来保护需要的部分，而用强酸来蚀刻掉不需要的部分，从而得到特定的图案。具体过程可以参见图 8-27。主要思路是利用光刻胶来保护所需要的图案能够免受酸的刻蚀，再将光刻胶玻璃除去即可。而通常所用的酸为盐酸、硝酸和水的混合物（体积比 5∶4∶5）。最后，具有特定图案的 ITO 玻璃可以与 PDMS 键合，那么就能够按照要求获得能够导电的芯片，大大拓展了该方法的应用。

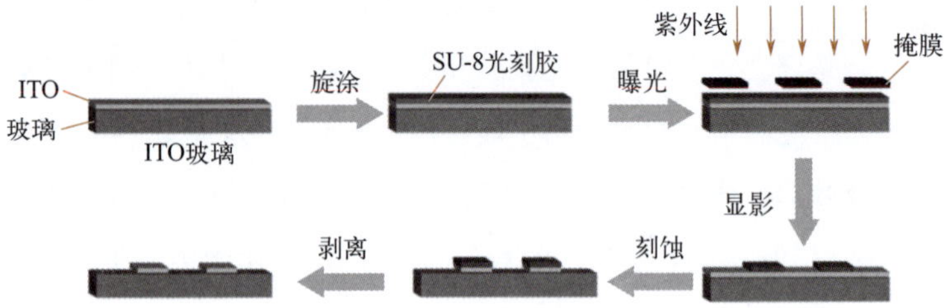

图 8-27　利用光刻法在 ITO 玻璃上得到特定图案

纸基芯片由于成本低、商业前景远大，因此越来越受到人们的重视。而纸基芯片的制作方式多种多样，常用的包括在其表面构建亲疏水区域，或者在纸上覆盖特定的导电图案等[152-154]。在这里主要介绍利用光刻法来制作含有特定反应区域的芯片和利用碳墨的导电性来方便简单地在纸基上添加导电图案（图 8-28）。

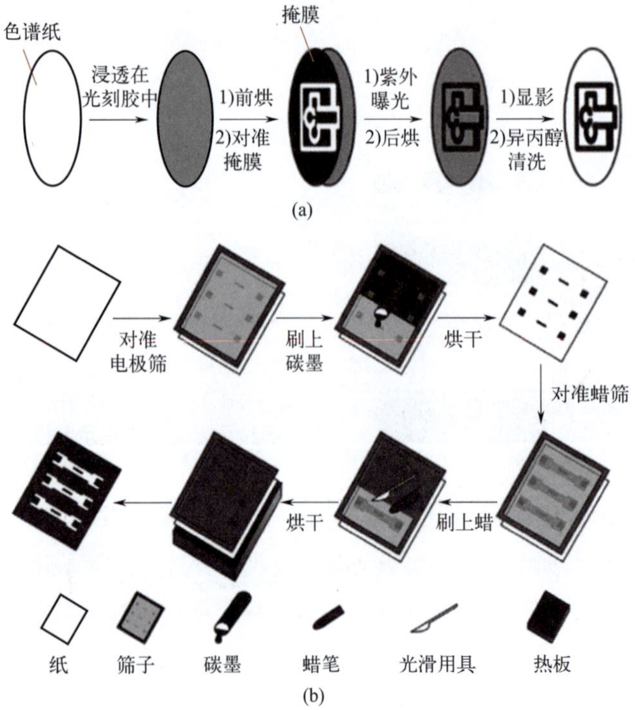

图 8-28　纸基芯片的制作方法

（a）利用光刻法在纸基表面形成不同的亲疏水区域[155]；（b）使用碳墨在纸上构建出不同的导电图案和利用蜡得到不同的亲疏水区域[156]

芯片材料的演变反映了微流控技术两大发展趋势：强大的微观研究平台和低成本便携式分析。当用于实验室研究时，选择材料通常为了更高的性能和更优异的结果，而在商业化过程中，主要关注的是低成本的生产及实用性和可靠性。这种差异导致芯片制作的不同偏好。

在第一种方法中，方法与之前一样，只是将其中的硅片或者 ITO 玻璃换成所使用的特定纸，如色谱纸，然后利用掩膜和紫外曝光使得特定图案的光刻胶保留在纸上而得到不同的亲疏水区域[155]。而在第二种方法中，与之前的方法略有不同[156]。首先，将纸裁切成合适的尺寸，将碳墨通过电极筛均匀地涂抹在纸上，然后在 100℃的烘箱烘烤 8min，再将其冷却至室温。其次，将含有电极的纸放置在含有通道的筛子下面，使固体蜡均匀地擦过。而为了在纸上得到更稳固的蜡，可以利用光滑的勺状金属器皿来进一步涂抹表面。最后，将其放置在热板上，并在 90℃下加热约 5s 以将蜡熔融到纸中形成疏水性屏障。这样，既使得表面存在着导电图案，也使得其含有亲疏水区域。

二、微流控芯片的表面修饰

在实验室中利用微流控芯片进行生物分析时，第一步往往是对其表面进行修饰，以达到连接抗体、连接 DNA 或者减少非特异性吸附等功能[157]。而当微流控芯片面向商业化的时候，同样会涉及一系列的后端操作，如表面修饰及功能元件的集成、装配和包装等，但是后面几项操作往往可以使用现存的商用步骤和技术来进行，而精确控制表面修饰才是实现技术功能以及创造价值的关键步骤之一。而现如今微流控芯片的表面修饰主要有以下几种：

（1）表面活化

作为微流控技术中最常用的材料，PDMS 在生物分析中存在着一个重大的缺陷，那就是它具有较强的疏水性，并且即便经过表面亲水处理后也会快速地恢复到疏水状态，这就使得其表面难以进行生物连接和造成严重的非特异性蛋白或者小的疏水分子（如许多治疗用药物）吸附，严重影响了其功能。表面活化步骤通常用于清洁或氧化 PDMS 表面以使表面亲水，从而促进水溶液填充进微通道中或者促进 PDMS 与基底键合构成芯片。更重要的是，表面活化能够活化硅烷醇官能团并可用于随后的表面功能化。氧等离子体法[158]、紫外 / 臭氧法[159]、电晕放电法[160]和溶胶-凝胶法[161]是常用的几种方法。氧等离子体处理是迄今为止最常用于基于 PDMS 微流控装置的表面改性的技术，主要依赖于使用离子化气体来使外表面功能化。氧等离子体攻击硅氧烷主链，产生活性物质形成硅烷醇基团（Si—OH），使 PDMS 表面亲水[162-163]。等离子体氧化的主要缺点是由于存在的低分子量物质（低聚物）从内部重新定向到表面导致疏水性恢复。该方法同样可以用于硅、玻璃等材料的表面亲水性处理[164]。值得注意的是，经过研究发现，如果 PDMS 在等离子体中（300mT，20W）暴露 10 ～ 30s，其表面变得更光滑，但是延长暴露时间（120s）后，表面上会形成许多的直裂纹。同时氧等离子体处理还能够改变 PDMS 的弹性，暴露时间越长，PDMS 也就变得越硬。紫外 / 臭氧法原理和氧等离子体法很类似，是通过将芯片表面暴露在紫外或者紫外和臭氧的环境中产生活性物质，进而生成硅羟基。该方法更为温和，但是所需要的时间较长，这妨碍了它们在实验室和工业中的使用。同样的，处理后的表面在暴露于空气中几个小时后也会恢复其疏水性。电晕放电法是利用带电细线或尖端形成的高能电磁场在所需要活化的部位产生等离子体区域，进而改善表面特性。电晕放电法也能够实现亲水活化和促进 PDMS 与基底键合等功能[165]。溶胶-凝胶法则是通过调整 PDMS 的物理特性，原位水解或者缩合烷氧基化合物得到纳米尺寸的二氧化硅[166]。比如说，在制造过程中先将固化后的 PDMS 微流控芯片浸入溶胶-凝胶前体原硅酸四乙酯（TEOS）中，然后浸泡在乙胺溶液中。随后，将芯片放入 95 ℃烘箱中进行反应就可以在表面形成纳米粒子，增加表面的亲水性和减少非特异性吸附，有效减少药物或者蛋白贴附在通道壁上[167]。

（2）物理吸附

通过物理吸附来进行表面活化，简单、方便并且效果好，因此受到广泛的使用[168]。比如最常用的是在芯片通道表面修饰蛋白质以减少非特异性吸附，常用的蛋白质有牛血清白蛋白（BSA）和牛乳蛋白等[169]。非离子型表面活性剂也能够被有效吸附在疏水性表面，使得表面呈现亲水性和非离子性，从而阻止蛋白质与表面之间的相互作用。比如常用的非离子型表面活性剂聚氧乙烯十二烷醇被用来进行芯片表面修饰以减少吸附[170]。其他的还有吐温-20、正十二烷基-D-麦芽糖苷（DDM）、泊洛沙姆类等表面活性剂[171]。除此以外，物理吸附还包括核电聚合物吸附、分层沉积等方法。然而，物理吸附也存在一些缺陷，那就是随着时间会很快变性、难以在复杂的环境中长时间起作用并且缺乏有用的官能团等，这些限制了该方法的进一步应用[172]。

（3）化学共价修饰

化学修饰可以保持长期稳定，能够克服物理吸附一些固有的困难，得以实现更好的表面稳固性。在利用微流控芯片进行生物分析之前，往往需要对目标物进行特异性的捕获，而这个时候通常在芯片表面修饰上相应的抗体或者适配体。表面硅烷化可以在各种表面含有羟基的基底上进行。烷氧基硅烷能够与表面硅羟基反应形成共价 Si—O—Si 键从而修饰在基底上，以此为契机可以对表面进行进一步修饰[173]。在表面氧化后，通过使用氨基、巯基或羧基封端的烷氧基硅烷，可以将各种官能团引入到表面上。由于醛基能够有效地与氨基生成席夫碱，因此表面醛基修饰是一种常用的方式[174]。通过前面所描述的表面活化方法，使得 PDMS、玻璃或硅片等基底上含有大量的硅羟基，再加入三乙氧基硅烷改性硅烷化表面，并使得表面具有氨基。然后加入戊二醛对其交联改性，使得表面亲水性增强、形貌改变和更容易固定蛋白质和氨基修饰的 DNA。除此以外，这种共价表面改性可以为稳定的细胞黏附提供更好的生物相容性平台[175]。还有一种常用的方法就是利用在 EDC/NHS（*N*-羟基琥珀酰亚胺）的作用下，氨基和羧基能够快速稳固地结合。这种方法可以根据蛋白质或者 DNA 上的基团决定基底上修饰的基团，拓宽了应用的范围[176]。

三、基于微流控芯片的生物电化学分析

1. 电化学检测

电化学伏安分析是一种准确的标准测试方法，可以对生物分析物进行原位识别。据报道，通过将其与具有不同组成和结构的新型纳米材料相结合，可以制造多种高性能生物传感器。Min 等[177]构建了由多功能 DNA 结构组成的无标记电化学生物传感器，并将金微电极与印刷电路板芯片相结合用于检测肌钙蛋白Ⅰ（cTnⅠ），采用循环伏安法在缓冲液和 20% 稀释的人血清中均能检测到 cTnⅠ，检测限为 1.0pmol/L。Sundaram Gunasekaran 等[178]基于透明的氧化铟锡（ITO）构建了一种微流体免疫传感器。AuNPs 被半胱胺封端并与特定抗体共价结合以靶向前列腺特异性膜抗原（PSMA）。通过测量与 $Fe(CN)_6^{3-}$ / $Fe(CN)_6^{4-}$ 相关的差分脉冲伏安法（DPV）信号，可以高灵敏地检测 PSMA。Yang Sung 等[179]开发的微流控芯片通过集成 DNA 预浓缩单元，首次实现了 DNA 甲基化水平的电化学检测。该芯片能在 10min 内将甲基化 DNA 预浓缩近 100 倍，使得电化学检测阈值大幅提高到 fmol/L 水平。在临床应用中，通过电化学方法检测人体尿液中谷胱甘肽-S 转移酶-P1（GSTP1）和含 EGF 的类球蛋白细胞外基质蛋白 1（EFEMP1）的甲基化水平和浓度，这些基因与前列腺癌的诊断密切相关。结果显示 GSTP1 的检测限（LOD）为 7.9pmol/L，EFEMP1 的 LOD 为 11.8pmol/L，能够检测 10% ～ 100% 宽范围内的甲基化水平，浓度变化范围为 50pmol/L ～ 500nmol/L。

Gerald Urban 等[180]提出了一个微流控平台，利用电化学技术同时读出多达 8 个目标物的酶联检测信号。为了证明该平台在抗生素监控方面的适用性，同时检测四环素和链霉素这两种常用抗生素。结果显示，四环素和链霉素的检测限（LOD）分别为 6.33ng/mL 和 9.22ng/mL。通过同时检测加标人体血浆中的两种抗生素，证明了在复杂介质中进行多分析物测量的可行性，所需的时间小于 15min。余绍宁等[181]开发了一种新型过滤电化学微流控芯片（FEMC），可以直接检测全血中的乳腺癌（BC）标志物并对其进行分类，而无需采用大量纯化操作（图 8-29）。在该系统中，通过双重过滤系统进行外泌体富集，并将其引导到四个丝网印刷电极（SPE）上。外泌体被抗体捕获，同时，封装有大量亚甲基蓝（MB）分子（MB@UiO-66）的 Zr-MOF 由于对磷酸基团的高亲和力而被吸附在外泌体表面。这个过程会放大电信号。该方法证明，利用 BC 外泌体相关肿瘤生物标志物（即 PMSA、EGFR、CD81 和 CEA）可以对各种 BC 小鼠模型样本和临床 BC 样本进行分类。整个 FEMC 测定在 1h 内完成，检测限为 1×10^4 颗粒 /mL。

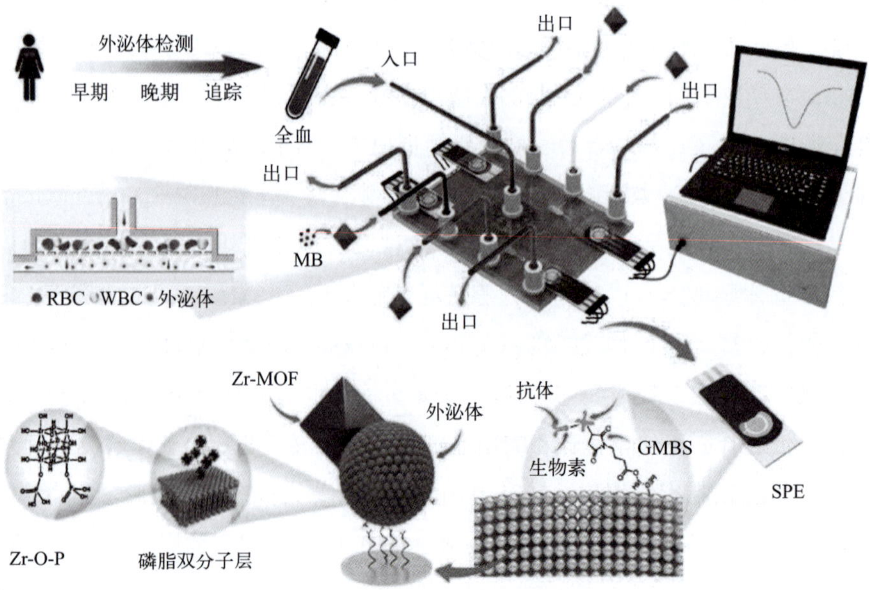

图 8-29　新型过滤电化学微流控芯片用于检测全血中的乳腺癌（BC）标志物并对其进行分类[181]

RBC—红细胞；WBC—白细胞；GMBS—异双功能交联剂

电化学阻抗谱方法是一种以小振幅的正弦波电位（或电流）为扰动信号的电化学测量方法，它以测量得到的频率范围很宽的阻抗谱来研究电极系统，因而能比其他常规的电化学方法得到更多的动力学信息及电极界面结构的信息。Jessica E Koehne 等[182]提出了一种利用碳纤维 (CNF) 纳米电极阵列检测心肌肌钙蛋白-Ⅰ(cTnⅠ) 的无标记生物传感器，用于心肌梗死的早期诊断（图 8-30）。利用电化学阻抗谱和循环伏安技术对 CNF 上抗肌钙蛋白抗体的固定化和人肌钙蛋白的检测进行了研究。对改性过程的每一步进行了监测，结果表明，由于 Ab-Ag 相互作用的特异性吸附，电极的电容或电荷转移电阻发生了变化。该免疫传感器对人类 cTnⅠ分析物具有良好的选择性和高灵敏度，能够检测低至 0.2ng/mL 的 cTnⅠ浓度，只有传统方法的 1/25。

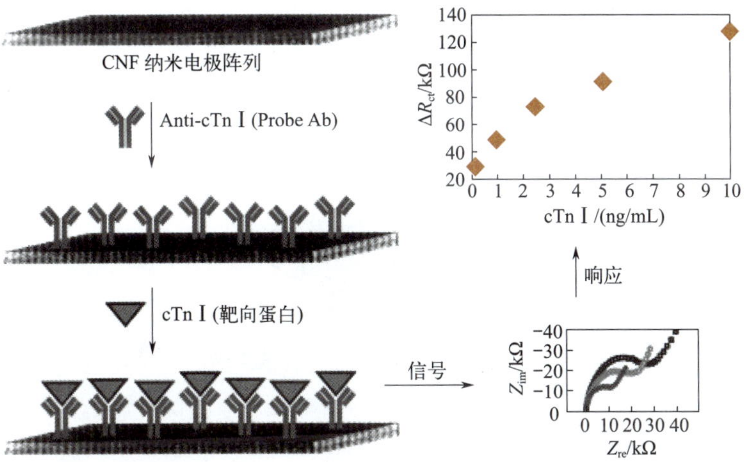

图 8-30　使用基于碳纳米纤维的纳米电极阵列对心肌肌钙蛋白-Ⅰ的无标记检测[182]

电位法检测技术与微流控纸基电化学装置的结合也引起了很大的关注。Cánovas 等[183]开发了一种集成、灵敏的纸基电位型传感装置，用于准确监测血液中的葡萄糖。该装置主要由电位计纸芯片、无线电位计和商用血糖仪组成。该纸芯片的工作电极采用 Nafion 膜结合葡萄糖氧化酶后修饰的镀铂滤纸，参比电极采用聚乙烯基丁醛薄膜覆盖的导电纸。装置的灵敏度在 0.3 ～ 3mmol/L 范围。

光致电化学检测具有仪器简单、成本低、灵敏度高、选择性好等特点，是快速、高通量检测的理想方法。于京华等[184]研发了一种基于 CdS 量子点致敏 ZnO 纳米棒（ZNRs）和葡萄糖氧化酶功能化纳米多孔银的三维折纸光电化学免疫分析装置，用于灵敏检测肿瘤标志物（图 8-31）。采用原位生长法在多孔的 Au@Pt 核壳纳米颗粒修饰的纸工作电极上生长 ZnO 纳米棒。CdS 量子点与工作电极的耦合提高了激发和光电转换效率，原位加载在纳米多孔银上的葡萄糖氧化酶催化葡萄糖底物产生大量的 H_2O_2，放大了光电流信号。Au@Pt 核壳纳米颗粒修饰的纸工作电极具有良好的生物相容性，保证了夹心型免疫测定的稳定性。最终对癌胚抗原和甲胎蛋白检测的线性范围超出四个数量级，检出限分别达到 0.3pg/mL 和 0.5pg/mL。

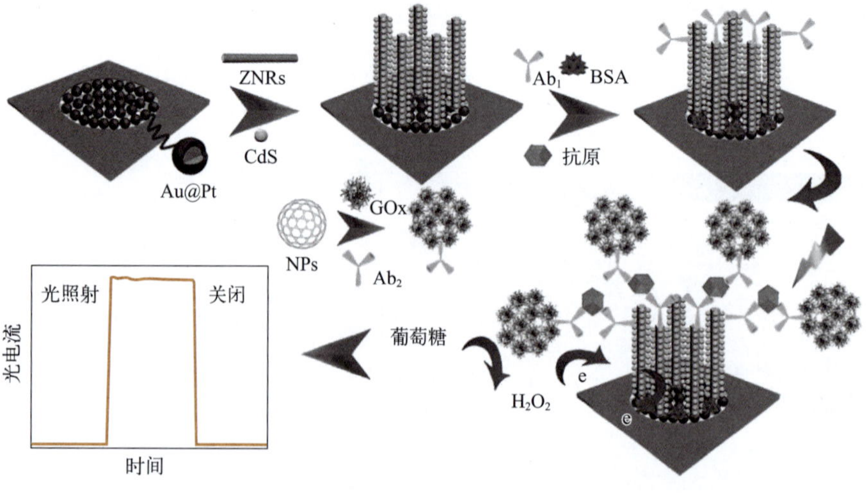

图 8-31　三维折纸光电化学免疫分析装置工作电极的修饰和检测过程示意图 [184]

2. 电化学发光分析法

电化学发光技术是由化学发光衍生而来，其中的发射光是由电化学反应产生的。与化学发光的检测方法在应用相关试剂后启动光信号发出的特点相比，电化学发光的检测在时间上对光信号的控制更为精准，可以通过人为控制电信号的开关轻松实现，因此电化学发光分析法应用于生物标志物分析平台极具吸引力。相关研究有利用双极电极实现基于微流控芯片的电化学发光检测，双极电极不需要直接连接外部电源，因此非常适合于检测设备的小型化和多路检测的实现。徐静娟等 [185] 设计了一种用于癌细胞梯度培养和条件筛选的微流控 BPE 阵列芯片，利用维生素 C 刺激细胞产生的过氧化氢与 $Ru(bpy)_3^{2+}$ /TPrA 组成氧化还原对，检测了抗坏血酸对 MCF-7 的梯度预氧化作用，以及阿霉素对预氧化的协同作用。该方法通过 BPE 阵列实现了高分析效率，同时简化了细胞培养方法所需的繁琐程序。

此外该课题组[186]还制作了一种用于肿瘤生物标志物多重检测的微流控 BPE 阵列芯片，利用特殊的流道结构和不同尺寸流道的流阻差异，成功地控制了液体的流向。该 ECL-BPE 阵列芯片利用夹心免疫的方法将葡萄糖氧化酶引入双极电极阴极，在葡萄糖氧化酶的作用下，葡萄糖氧化产生过氧化氢，$Ru(bpy)_3^{2+}$ /TPrA 组成氧化还原对，实现了多个前列腺癌生物标志物，包括前列腺特异性抗原（PSA）、白介素 6（IL-6）和前列腺特异性膜抗原（PSMA）的免疫传感与灵敏检测。刘元建等[187]报道了一种基于生物催化还原氧气的功能性双极电极-电化学发光（BPE-ECL）平台，用于活性细菌的电化学检测。他们利用微流控技术将细菌静电吸附在双极电极阴极，利用活细菌能催化氧气的电化学还原来降低双极电极的驱动电势，阳极的 $Ru(bpy)_3^{2+}$ /TPrA 产生 ECL 信号，从而实现了对于电活性菌的灵敏检测，检测下限低至 30CFU 并实现死活细菌的区分（图 8-32）。

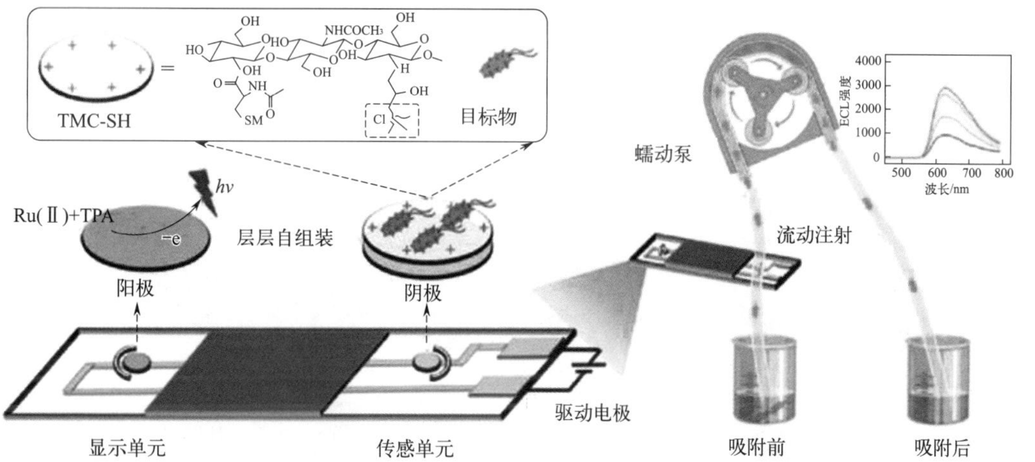

图 8-32　一种基于生物催化还原氧气的功能性双极电极-电化学发光（BPE-ECL）平台，用于活性细菌的电化学检测[187]

除了双极电极-电化学发光体系，微流控在传统三电极电化学发光体系中也广泛应用。Neso Sojic 等[188]报道了一种利用电致化学发光信号输出来同时检测多个抗原的传感微阵列。利用夹心免疫的方法，将电化学发光试剂 $Ru(bpy)_3^{2+}$ 衍生物修饰在捕获特定目标物的微珠上，并将微珠捕获在工作电极的孔道上，从而实现目标物的成像分析。该方法能够进行多路分析，阵列中的所有单独传感微珠都能被同时成像。刘宝红等[189]将细胞限域装置和分析技术结合，设计了一种电化学发光传感平台用于在高度受限的微环境中细胞分泌的乳酸的原位监测。他们通过微加工制造了一种 3μm 限制器，并用微流体技术捕获细胞，之后细胞分泌的乳酸在乳酸氧化酶的催化下产生过氧化氢，利用鲁米诺-过氧化氢体系进行采集。研究表明在高度受限的细胞中有更活跃的代谢。魏琴等[190]设计了一种便携式电化学发光传感器芯片，用于环境水中痕量去甲雄三烯醇酮的检测。将3,4,9,10-苝四羧酸作为发光体，过硫酸盐为共反应物，中空结构的Cu_2MoS_4作为共反应促进剂，利用去甲雄三烯醇酮与发光体的竞争反应，导致ECL信号的减弱来实现去甲雄三烯醇酮的检测，线性范围10fg/mL～100ng/mL，检测下限为3.32fg/mL。朱丹华等[191]开发了一种微流控芯片集成的电化学发光装置，用于心肌型脂肪酸结合蛋白（H-FABP）的检测（图8-33）。以负载$Ru(bpy)_3^{2+}$的介孔二氧化硅纳米颗粒为ECL探针，采用夹心式ECL免疫分析方法检测心肌型脂肪酸结合蛋白，并将其集成在一个装置中。该装置无需任何前处理即可直接检测人血清中的心肌型脂肪酸结合蛋白，线性范围为1～100ng/mL，检测下限为0.72ng/mL。Aaron R. Wheeler等[192]首次将ECL技术与数字微流控技术结合，利用Ru(Ⅱ)化合物与寡核苷酸杂交链的亲和作用，在共反应剂TPrA存在的情况下，产生ECL信号，从而实现对于含有miRNA-143液滴的连续检测，检测限为1.5fmol/L。

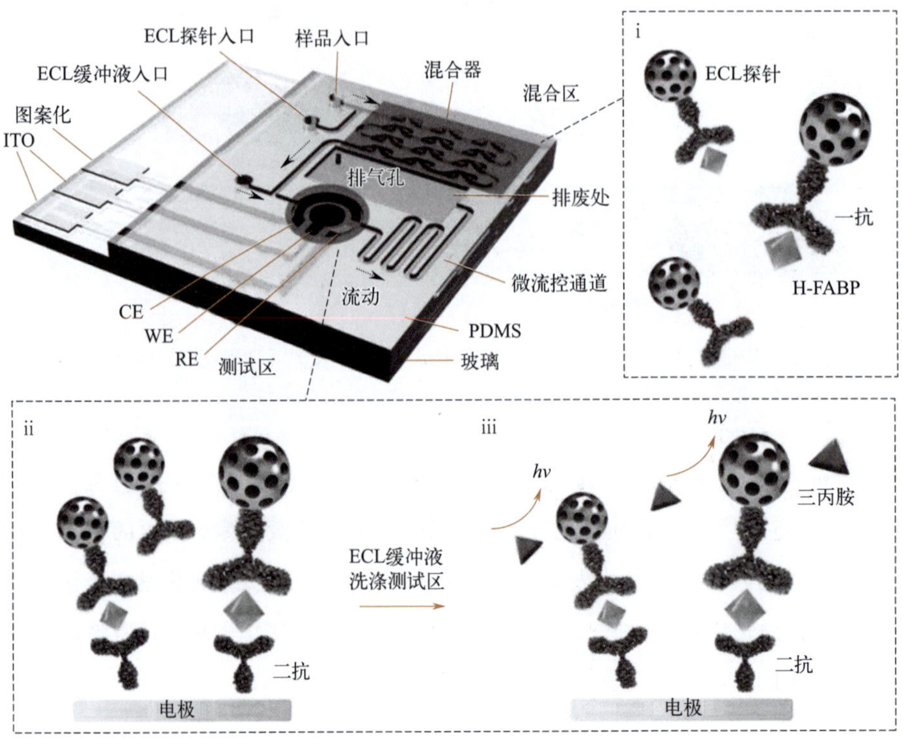

图8-33　一种用于心肌型脂肪酸结合蛋白检测的微流控芯片集成的电化学发光装置[191]

3. 电致荧光分析法

电致荧光变色（electrofluorochromism，EFC）作为电致变色的一种，主要是由于发光材料在外加电压的驱动下发生氧化还原反应而导致其发光颜色可逆变化，其同时伴随着电化学性质和光物理性质的变化，从而被广泛应用到信息显示、存储传感器等多功能器件和智能设备中[193-194]。常见的电致荧光变色材料主要包括荧光团、双官能团分子和聚合物等。张波等[195]使用电化学显微镜和微米级别的碳纤维闭合双极电极阵列研究成像瞬态和异质电化学过程。使用双极电极机制将常规氧化反应（例如二茂铁的氧化）与特殊的荧光还原反应（刃天青的还原）直接偶联。阴极上产生荧光产物可以用光学显微镜直接监测阳极的电化学过程。超微电极阵列的使用以实现空间和时间分辨的电化学成像。该方法可用于对瞬态电化学事件进行成像，例如单个神经元上的快速胞吐事件，以及并行、高通量筛选新的电催化剂。Joohoon Kim 等[196]报告了一种可以用于过氧化氢检测的自驱动双极电极芯片。利用双极电极上过氧化氢的还原与10-乙酰基-3,8-二羟基吩噁嗪的氧化耦合，通过还原产物试卤灵的荧光强度，实现了对于过氧化氢浓度的分析，线性范围为 50 ～ 2000μmol/L，并可用于过氧化氢催化剂的筛选。

本书编著者团队[197]设计了一个集成的微流控芯片，包括单细胞捕获系统、双极电极（BPE）阵列及电致荧光变色（EFC）成像腔室（图 8-34）。温和的酶氧化技术实现了半乳糖氧化酶选择性地氧化半乳糖基上 C6 位置的羟基为醛基，然后苯胺催化醛基与生物素化酰肼反应生成腙配合物，以亲和素作为连接，修饰有二茂铁-DNA 及生物素-DNA 的双功能的 Au 纳米探针被引入，实现了位点特异性地标记细胞表面聚糖。细胞被序列标记后，单个细胞被捕获在阳极微流控陷阱中，施加一定的外加电压，阳极上的二茂铁（Fc）被氧化，阴极无荧光的刃天青转变为具有荧光的试卤灵。BPE 和 EFC 的结合实现了电信号到可视化的高分辨荧光信号的转化，可以区分肝癌细胞与正常细胞，并且在外加抑制剂的情况下可以动态地监测细胞表面聚糖变化。该课题组进一步发展了基于双极金纳米电极阵列的电致荧光成像技术，实现了 K^+ 刺激下活细胞分泌的多巴胺（DA）的高灵敏检测及动态监控（图 8-35）[198]。在金纳米电极表面电化学聚合电致荧光聚合物 PTCz6，实现了单根纳米电极的高空间分辨成像及在氧化还原电位之间的可逆荧光切换。基于电荷平衡原理，在一定的电位下，阳极端 K^+ 刺激 PC12 细胞分泌的 DA 被氧化（DQ），阴极端非荧光氧化态的 $PTCz6_{ox}$ 将相应地被还原为具有荧光的 $PTCz6_{red}$，通过共聚焦显微镜采集阴极端的荧光信号，从而反映阳极端 DA 的表达水平。受益于金纳米电极阵列及 EFC 分子在电极表面的固定，该策略实现了溶液中 DA 的高灵敏检测，检测限低至 0.45nmol/L。并

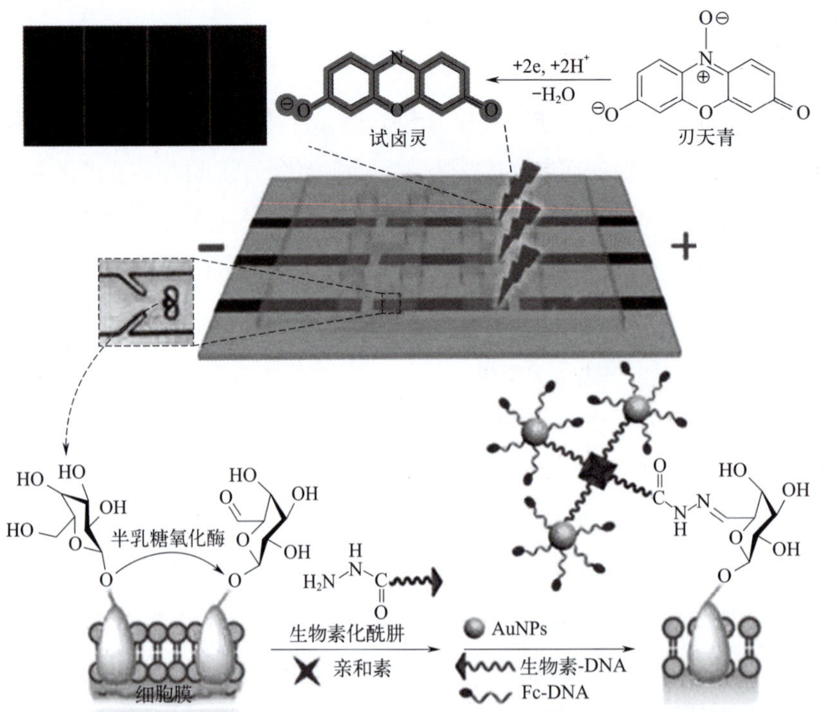

图 8-34　微流控芯片与电致荧光分析法相结合用于单细胞表面聚糖原位成像分析 [197]

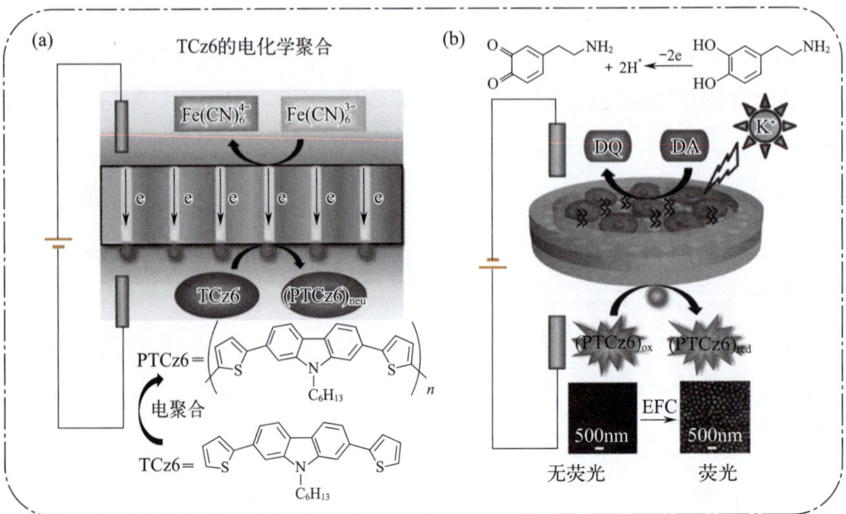

图 8-35　金纳米电极阵列表面电化学聚合 EFC 分子（a）及电致荧光成像分析活 PC12 细胞分泌的 DA 的原理图（b）[198]

通过计算得出，单个细胞分泌的 DA 的量为 0.13pmol/L。并考察了多巴胺药物 L-Dopa 和利血平（reserpine）对 K^+ 刺激下细胞分泌 DA 水平的影响，实现了细胞分泌的 DA 的动态监控，在相关精神疾病的体外药物筛选领域将具有很好的应用潜力。

第五节
基于微电极阵列的生物分析

微电极（microelectrode，ME）是指电极的特征尺寸小于稳态扩散层厚度的一类电极，具有传质速率快、电流密度大和信噪比高等优良电化学性能，以及批量生产一致性好、所需样品量少等优点[199]。由多支微电极并列组成的微电极阵列（microelectrode array，MEA）保留了单根微电极的优良性能，同时有效增大响应电流，其具有体积小、空间分辨率高、易于制备成各种形式等优点，并具备多通道检测的能力[200]，因此在神经细胞检测、细胞工程、生物传感、药物筛选等领域发挥重要作用[201]。1972 年，Thomas 等首次采用微电极阵列技术检测离体鸡胚胎心肌细胞的胞外信号，这种平行、无损地记录体外培养细胞群的方法为之后的研究奠定了坚实的基础[202]。随着半导体刻蚀技术的发展，1991 年，P. K. Campbell 等[203]在单个硅晶片上实现了同时制备 100 个导电三维微电极阵列，并将其植入皮层内释放电刺激信号，帮助有感知缺陷的人群恢复感知。2019 年，Neuralink 和 Musk[204]公布了他们新设计的脑机接口（BMI），在一个阵列中将 3072 个超微电极分布在 96 个线程中，并封装进一个可植入芯片中，为患者感知和运动能力恢复与神经系统疾病治疗带来新的希望。MEA 技术为人类疾病的诊断和治疗提供了全新的解决方案。

一、微电极阵列的制备

相比于单根微电极，微电极阵列具有诸多优势。但是由于微电极阵列基底体积小，单根微电极的电极尺寸通常需要达到微米甚至纳米级精度，因此想要实现微电极几何尺寸和分布的精确控制，对制备工艺提出了极高的要求。为了克服这一挑战，随着现代加工技术的进步，已经通过特定的“微加工”工艺成功制备微电极阵列。微加工，即在微米或亚微米尺度上精准制造基底，以设计适用于不同应用场景的小型化图案、物体或设备[205]。微电极阵列的制备常用技术包括光刻、丝网印刷、互补金属氧化物半导体（CMOS）技术等。

1. 光刻

光刻是最流行的微加工技术之一[206]，它利用紫外线曝光光敏聚合物以形成图案。光刻有四个基本步骤［图 8-36（a）］：首先，在基板上涂覆光刻胶层；接着，将光刻胶层暴露在紫外线下，然后在适当的溶剂中进行显影；最后，通过蚀刻或剥离来实现图案转移。Cai 等[207]使用 PSS 修饰的 Pt-MEA 检测失眠大鼠的神经元放电模式。MEA 是使用光刻步骤在 SOI（绝缘衬底上的硅）晶圆上制造的［图 8-36（b）］。

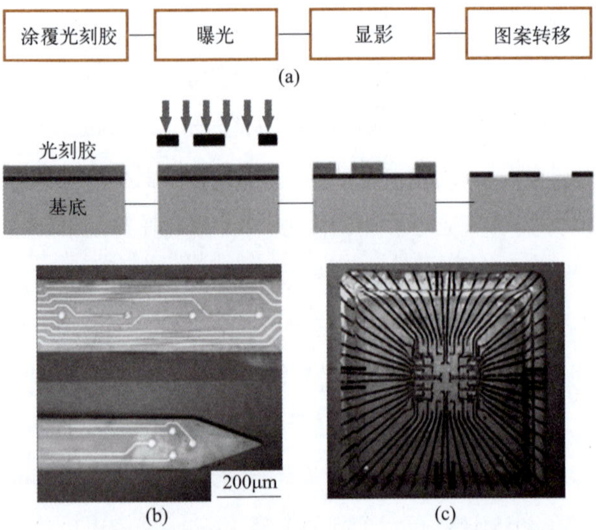

图 8-36　光刻的基本步骤（a）[206]；在 SOI 晶圆上制作的 MEA 记录点（b）[207]；丝网印刷制备的软碳 MEA（c）[209]

2. 丝网印刷

丝网印刷是制备 MEA 的另一种技术，不需要像光刻那样复杂的步骤，微电极可以直接印刷在电路板上，成本更为经济。这项技术使用了丝网印刷机，其组成包括丝网（模板）掩膜、刮刀、压床和基材[208]。将用于微电极印刷的糊状物或油墨倒在基材上方的丝网上，然后将糊状物挤在模板上，图案通过模板转移到基材上。Yael Hanein 等[209]将导电碳墨水涂在网状模板上，然后在 130℃下固化 10min, 将软碳 MEA［图 8-36（c）］印刷在聚氨酯薄膜上，用于记录和刺激雏鸡视网膜的神经活动。然而，丝网印刷工艺的缺点是：

对于所需的图案，分辨率较低，不适合制备高密度 MEA。

3. 互补金属氧化物半导体（CMOS）技术

在集成电路和微芯片开发中广泛使用的互补金属氧化物半导体（CMOS）技术也可用于制造膜电极，该技术已被用于生成许多高密度 MEA。Jeffrey Abbott 等[210]报道了 CMOS-MEA 上细胞培养物和组织的功能成像。为了制造该 MEA，首先制作了定制设计的 CMOS 集成芯片 (IC)。在此基础上，将 Pt 电极加工至基底上，最后，将 IC 连接到芯片载体上进行制备。CMOS 可以制造高密度 MEA，因此基于 CMOS 制备的 MEA 更适用于研究神经网络和神经通信。

二、超微电极阵列在疾病诊断中的应用

鞠熀先等[211]开发了一种可以多目标物同时检测的免疫传感器阵列，并用于肿瘤标记物的分析。胶体金颗粒和被标记的抗体被固定于该传感器阵列上，在无需添加额外试剂的条件下，通过监测抗体捕捉目标抗原后引起的电信号变化，实现对肿瘤标记物的分析。Ali Javey 等[212]研发了一种柔性、可穿戴的微电极传感器阵列（图 8-37）。在 Au 和 Bi 微电极阵列上使用方波阳极溶出伏安法（SWASV）同时检测人体体液中 Zn^{2+}、Cd^{2+}、Pb^{2+}、Cu^{2+} 和 Hg^{2+} 重金属离子，并结合皮肤温度传感器数据对这些金属离子的氧化峰进行校准和补偿来获得准确的离子浓度水平。该阵列可以采集人体汗液和尿液进行分析，实时监测人体内重金属离子水平，具有高选择性、重复性和灵活性等优点。

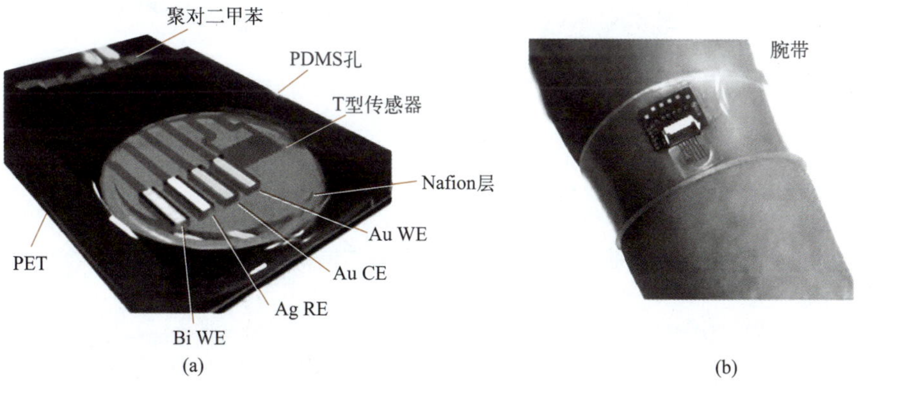

图 8-37　微电极传感器阵列组成示意图（a）；封装在透明腕带中的微传感器阵列图像（b）[212]

根据世卫组织的数据，包括冠状病毒感染引起的中东呼吸综合征（MERS）、严重急性呼吸综合征（SARS）和新型冠状病毒肺炎（COVID-19），以及埃博拉出血热、禽流感、寨卡病毒病等在内的近 40 种传染病被确定为高优先级疾病。由于这些疾病可以通过人员出行或接触野生动物迅速传播，所以如何高效、快速监测这些高传染性疾病成为卫生界的一大难题。目前用于新冠病毒感染诊断的方法需要将拭子样本运送到实验室去检测，不仅依赖昂贵的设备和试剂，而且会导致测试结果延迟，增加医疗保健系统的负担。为了同时检测不同的冠状病毒，Layqah 和 Eissa[213] 开发了碳电极阵列。该阵列包含八个电极，在其表面分别沉积 AuNPs 后，将半胱胺和戊二醛共价键合在电极表面，并在其中的两根电极上偶联人类冠状病毒（HCoV），另外四根电极上偶联中东呼吸综合征冠状病毒（MERS-CoV）抗原，进一步孵育牛血清白蛋白（BSA）以阻断非特异性识别位点。利用竞争免疫方法，即利用固定化抗原与（游离病毒 + 固定浓度抗体）的间接竞争免疫反应，以亚铁氰化物 / 铁氰化物为探针，测量不同目标分子存在时的电流响应。该碳电极阵列对 HCoV 和 MERS-CoV 的检出限分别为 0.4pg/mL 和 1.0pg/mL，检测时间为 20min，并可用于鼻腔样本中 HCoV 和 MERS-CoV 的检测，具有较好的准确性（图 8-38）。

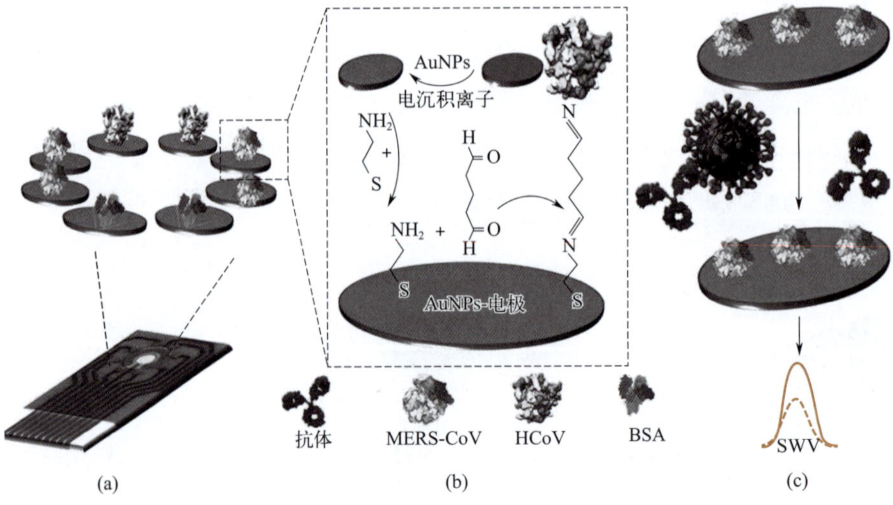

图 8-38　冠状病毒免疫传感器阵列芯片（a）；免疫传感器制作步骤（b）；竞争性免疫传感器对病毒的检测过程（c）[213]

在新冠病毒感染的早期阶段，可在呼出气体中检测挥发性有机化合物（VOCs）进行诊断筛查。Shan 等 [214] 开发了基于纳米材料的多路复用传感器阵列，用于检测呼出气体中

VOCs 所包含的 COVID-19（图 8-39）。该传感阵列由与有机配体相连的不同金纳米颗粒组成，形成一个传感层，当暴露于 VOCs 时，该层会膨胀或收缩，从而导致电阻发生变化。使用基于此微电极阵列研制的便携式手持分析仪，对 49 名确诊的新冠病毒感染患者、58 名健康对照人员和 33 名非 COVID 肺部感染对照人员进行了测试，区分患者和对照组方面分别显示出 94% 和 76% 的准确率，在区分新冠病毒感染患者和其他肺部感染患者方面分别达到 90% 和 95% 的准确率。由于其简单性和高灵敏度，该检测方法有助于大量人群的快速筛查，并可进一步用作筛查 COVID-19 的有力排除工具或作为分诊过程的一部分。

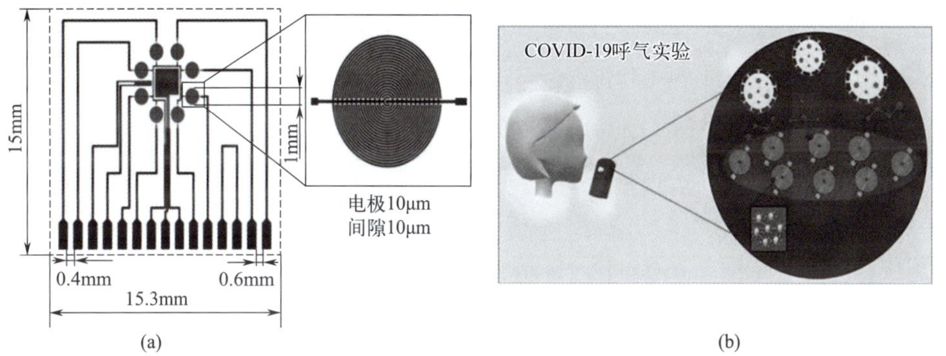

图 8-39　多路复用纳米材料基传感器阵列示意图（a）；用开发的手持式呼吸分析仪系统采样（b）[214]

三、超微电极阵列在生物医学研究中的应用

MEA 具有高通量、多通道等优点，可用于神经电生理方面的研究，但检测信号较弱，易被生物体自身的噪声或外界的电磁干扰所淹没。针对这一技术难点，林楠森等 [215] 集成微弱信号放大、电磁屏蔽和数字信号处理等技术，在系统硬件和软件设计上保证微弱信号的高信噪比检测和提取。其中硬件结构［图 8-40（a)］包括微电极阵列接口模块、多通道信号放大模块、数据采集模块，可以实现多通道的神经电生理信号同步检测，并将数据通过 USB 接口传往计算机进行数据的实时处理。其微电极阵列［图 8-40（b)］是采用微机电系统（MEMS）工艺加工的器件，尺寸十分微小，难以直接和检测系统相连，因此通过电极接口模块［图 8-40（c)］实现微电极和检测系统的相连。改进后的检测系统分辨率可达 0.6μV，各项参数能够满足神经电生理信号的检测需求，并可同时检测几十甚至上百个通道的电生理信号，实现了对神经网络的高空间分辨率的检测。进一步利用电化学沉积法在 MEA 电极

表面修饰纳米铂黑颗粒，可有效改善电极性能，提高神经电生理信号检测的信噪比[200]。

目前，用于体外神经网络电生理检测的MEA及多通道电生理检测系统多数来自国外厂家，如德国MCS公司、日本MED公司等。王常勇等[216]研制成功一套低成本MEA及相关检测系统［图8-40（d)］，该MEA尺寸为49mm×49mm，共包含59个记录电极和一个地电极；其培养腔内径为25mm、外径为28mm以及高度为16mm；加工基底和电极引线材料为ITO厚度5000Å的玻璃；MEA绝缘层是聚酰亚胺；玻璃盖子内径为30mm；电极表面使用铂黑进行电学性能修饰。其导电层和绝缘层均使用透明材料，可以在信号记录的过程中光学观察微电极阵列上的细胞形态，进而判断细胞的状态。该系统用于不同类型神经细胞组成的神经网络的自发放电检测，能够在体外培养的神经网络中检测到5μV的神经信号，并且在神经网络发育14d内检测到密集的同步簇发动作电位。该微电极阵列及多通道电生理检测系统具有良好的性能，已被用于不同类型神经细胞的神经网络微弱信号检测和神经网络发育研究。

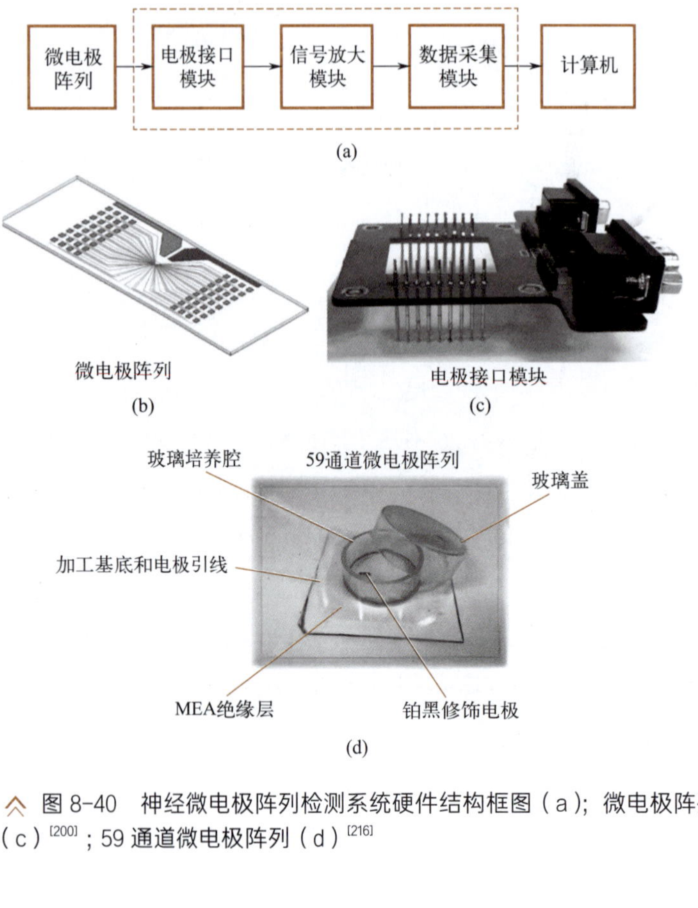

图8-40　神经微电极阵列检测系统硬件结构框图（a）；微电极阵列（b）；微电极阵列接口模块（c）[200]；59通道微电极阵列（d）[216]

癌症是目前人类难以攻克的疾病，其主要特点是癌症的发展速度快，癌细胞会在人体扩散和转移，即便切除肿瘤，复发率依然很高。致癌因子的筛查是研究癌症的发生、发展和预后的关键。刘璐等[217]设计了基于微电极阵列的细胞感测芯片［图 8-41（a)］。该芯片以玻璃为基板，利用黄光微影技术在玻璃上方制作光阻的电阻负片图形。接着使用热阻式蒸镀机来进行金属沉积，在制备金电极阵列中，使用铬作为金和玻璃的结合层。最后通过软刻技术将 PDMS 加工制成微流道，完成芯片制备。在监测癌细胞迁移时，将 BM1 骨癌细胞用注射泵注入微流道中，通过阻抗分析仪实时观察微电极阵列上阻抗值的变化，由此来反映 BM1 细胞的迁移能力［图 8-41（b)］。传统的 Wound-Healing 法在检测细胞迁移时需要连续拍摄细胞爬行影像，通过量测细胞爬行距离来计算细胞爬行速度。相比传统的 Wound-Healing 法，使用细胞感测芯片监测更加方便、客观、精确。

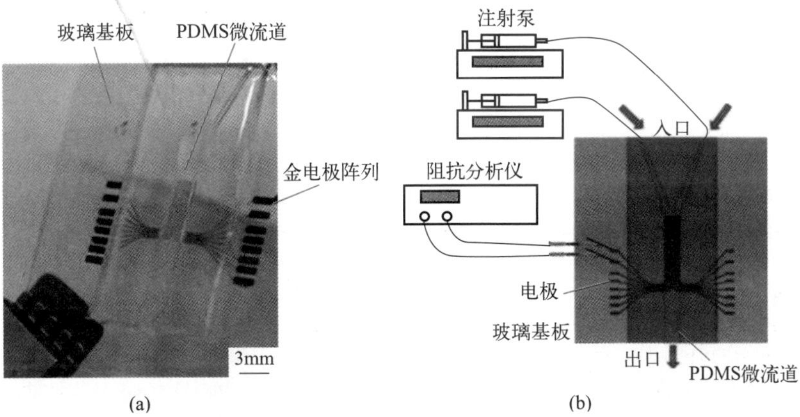

图 8-41　细胞感测芯片示意图（a）；监测癌细胞迁移的微流控系统示意图（b）[217]

参考文献

[1] Solomon E I, Chen P, Metz M, et al. Oxygen binding, activation, and reduction to water by copper proteins[J]. Angew Chem Int Ed, 2001, 40(24): 4570-4590.

[2] Holzinger M, Le Goff A, Cosnier S. Carbon nanotube/enzyme biofuel cells[J]. Electrochim Acta, 2012, 82(1): 179-190.

[3] Mano N. Features and applications of bilirubin oxidases[J]. Appl Microbiol Biotechnol, 2012, 96(2): 301-307.

[4] Falk M, Blum Z, Shleev S. Direct electron transfer based enzymatic fuel cells[J]. Electrochim Acta, 2012, 82: 191-202.

[5] Komori H, Higuchi Y. Structural insights into the O_2 reduction mechanism of multicopper oxidase[J]. J Biochem, 2015, 158(4): 293-298.

[6] Wherland S, Farver O, Pecht I. Multicopper oxidases: Intramolecular electron transfer and O_2 reduction[J]. J Biol Inorg Chem, 2014, 19(4): 541-554.

[7] Solomon E I, Augustine A J, Yoon J. O_2 Reduction to H_2O by the multicopper oxidases[J]. Dalton Trans, 2008, 14(30): 3921-3932.

[8] Cosnier S, Gross A J, Le Goff A, et al. Recent advances on enzymatic glucose/oxygen and hydrogen/oxygen biofuel cells: Achievements and limitations[J]. J Power Sources, 2016, 325: 252-263.

[9] Han L, Bai L, Zhu C Z, et al. Improving the performance of a membraneless and mediatorless glucose-air biofuel cell with a TiO_2 nanotube photoanode[J]. Chem Comm, 2012, 48: 6103-6105.

[10] Umasankar Y, Brooks D B, Brown B, et al. Three dimensional carbon nanosheets as a novel catalyst support for enzymatic bioelectrodes[J]. Adv Energy Mater, 2014, 4(6): 1301306.

[11] Jiang Y Y, Zhang Q X, Li F H, et al. Glucose oxidase and graphene bionanocomposite bridged by ionic liquid unit for glucose biosensing application[J]. Sens Actuators B: Chem, 2012, 161(1): 728-733.

[12] Ghiaci M, Tghizadeh M, Ensafi A A, et al. Silver nanoparticles decorated anchored type ligands as new electrochemical sensors for glucose detection[J]. J Taiwan Inst Chem Eng, 2016, 63: 39-45.

[13] Zhang L, Zhang Q, Lu X B, et al. Direct electrochemistry and electrocatalysis based on film of horseradish peroxidase intercalated into layered titanate nano-sheets[J]. Biosens Bioelectron, 2007, 23 (1): 102-106.

[14] Li L M, Huang J, Wang T H, et al. An excellent enzyme biosensor based on Sb-doped SnO_2 nanowires[J]. Biosens Bioelectron, 2010, 25 (11): 2436-2441.

[15] Zeng Q, Cheng J S, Tang L H, et al. Self-assembled grapheme-enzyme hierarchical nanostructures for electrochemical biosensing[J]. Adv Funct Mater, 2010, 20 (19): 3366-3372.

[16] Zhang Q, Zhang L, Liu B, et al. Assembly of quantum dots-mesoporous silicate hybrid material for protein immobilization and direct electrochemistry[J]. Biosens Bioelectron, 2007, 23 (5): 695-700.

[17] Wang L L, Shao H H, Lu X Z, et al. A glucose/O_2 fuel cell-based self-powered biosensor for probing a drug delivery model with self-diagnosis and self-evaluation[J]. Chem Sci, 2018, 9(45): 8482-8491.

[18] Wang Z Y, Gui M X, Asif M, et al. A faciel modular approach to the 2D oriented assembly MOF electrode for non-enzymatic sweat biosensors[J]. Nanoscale, 2018, 10(14): 6629-6638.

[19] Gu C C, Kong X K, Yan S H, et al. Glucose dehydrogenase-like nanozyme based on black phosphorus nanosheets for high-performance biofuel cells[J]. ACS Sustain Chem Eng, 2020, 8(44): 16549-16554.

[20] Gao C M, Wang Y H, Su M, et al. A dual functional analytical device for self-powered point of care testing and electric energy storage[J]. Chem Comm, 2015, 51(46): 9527-9530.

[21] Jiao K L, Kang Z P, Wang B, et al. Applying Co_3O_4@nanoporous carbon to nonenzymatic glucose biofuel cell and biosensor[J]. Electroanalysis, 2018, 30(3): 525-532.

[22] Hirst S M, Karakoti A S, Tyler R D, et al. Anti-inflammatory properties of cerium oxide nanoparticles[J]. Small, 2009, 5(24): 2848-2856.

[23] Dhall A, Self W. Cerium oxide Nanoparticles: A brief review of their synthesis methods and biomedical applications[J]. Antioxidants. 2018, 7(8): 97.

[24] Wang H Y, Yang W P, Wang X X, et al. A CeO_2@MnO_2 core–shell hollow heterojunction as glucose oxidase-like photoenzyme for photoelectrochemical sensing of glucose[J]. Sens Actuators B: Chem, 2020, 304: 127389.

[25] Sun Y Z, Wei J C, Zou J, et al. Electrochemical detection of methyl-paraoxon based on

bifunctional cerium oxide nanozyme with catalytic activity and signal amplification effect[J]. J Pharm Anal, 2021, 11(5): 653-660.

[26] 盖盼盼，李峰，宋盼盼，等．CeO_2 仿有机磷水解酶和仿氧化物酶活性的比率传感检测方法：CN113281289A[P]. 2021-08-20.

[27] Wu J H, Yang Q T, Li Q, et al. Two-dimensional MnO_2 nanozyme-mediated homogeneous electrochemical detection of organophosphate pesticides without the interference of H_2O_2 and color[J]. Anal Chem, 2021, 93(8): 4084-4091.

[28] Zayats M, Katz E, Willner I. Electrical contacting of flavoenzymes and $NAD(P)^+$-dependent enzymes by reconstitution and affinity interactions on phenylboronic acid monolayers associated with Au-electrodes[J]. J Am Chem Soc, 2002, 124(49): 14724-14735.

[29] 张青青，胡宇芳，詹甜玉．一种检测蔗糖酶和葡萄糖氧化酶的电化学阻抗传感器及其逻辑门应用：CN111879830A[P]. 2020-11-03.

[30] Minteer S D, Atanassov P, Luckarift H R, et al. New materials for biological fuel cells[J]. Mater Today, 2012, 15(4): 166-173.

[31] Zhou M. Recent progress on the development of biofuel cells for self-powered electrochemical biosensing and logic biosensing: A review[J]. Electroanalysis, 2015, 27(8): 1786-1810.

[32] Yahiro A T, Lee S M, Kimble D O. Eezyme utilizing bio-fuel cell studies[J]. Biochimica Biophysica Acta, 1964, 88(2): 375-383.

[33] Rasmussen M, Abdellaoui S, Minteer S D. Enzymatic biofuel cells: 30 years of critical advancements[J]. Biosens Bioelectron, 2016, 76: 91-102.

[34] Asghary M, Raoof J B, Rahimnejad M, et al. Microbial fuel cell-based self-powered biosensing platform for determination of ketamine as an anesthesia drug in clinical serum samples[J]. J Iran Chem Soc, 2018, 15(2): 445-453.

[35] Walseng E, Köksal H, Sektioglu I M. A TCR-based chimeric antigen receptor[J]. Sci Rep, 2017, 7(1): 10713.

[36] Ruff A, Pinyou P, Nolten M, et al. A self-powered ethanol biosensor[J]. ChemElectroChem, 2017, 4(4): 890-897.

[37] Gamella M, Guz N, Mailloux S, et al. Activation of a biocatalytic electrode by removing glucose oxidase from the surface: Application to signal triggered drug release[J]. ACS Appl Mater Interfaces, 2014, 6(16): 13349-13354.

[38] Falk M, Andoralov V, Silow M, et al. Miniature biofuel cell as a potential power source for glucoses-sensing contact lenses[J]. Anal Chem, 2013, 85(13): 6342-6348.

[39] Zhang L L, Zhou M, Dong S J. A self-powered acetaldehyde sensor based on biofuel cell[J]. Anal Chem, 2012, 84(23): 10345-10349.

[40] Liu Z H, Cho B, Ouyang T M, et al. Miniature amperometric self-powered continuous glucose sensor with linear response[J]. Anal Chem, 2012, 84(7): 3403-3409.

[41] Valdés-Ramírez G, Li Y, Kim J, et al. Microneedle-based self-powered glucose sensor[J]. Electrochem Commun, 2014, 47: 58-62.

[42] Falk M, Alcalde M, Bartlett P N, et al. Self-powered wireless carbohydrate/oxygen sensitive biodevice based on radio signal transmission[J]. PLoS One, 2014, 9(10): e109104.

[43] Zhang T T, Zhao H M, Lei A r, et al. Electrochemical biosensor for detection of perfluorooctane sulfonate based on inhibition biocatalysis of enzymatic fuel cell[J]. Electrochemistry, 2014, 82(2): 94-99.

[44] Hou C T, Fan S Q, Lang Q L, et al. Biofuel cell based self-powered sensing platform for L-cysteine detection[J]. Anal Chem, 2015, 87(6): 3382-3387.

[45] Wang Y H, Ge L, Wang P P, et al. A three-dimensional origami-based immuno-biofuel cell for

self-powered, low-cost, and sensitive point-of-care testing[J]. Chem Commun, 2014, 50(16): 1947-1949.
[46] Wang Y H, Ge L, Ma C, et al. Self-powered and sensitive DNA detection in a three-dimensional origami-based biofuel cell based on a porous Pt-paper cathode[J]. Eur J Chem, 2014, 20(39): 12453-12462.
[47] Liu H, Xiang Y, Lu Y, et al. Aptamer-based origami paper analytical device for electrochemical detection of adenosine[J]. Angew Chem Int Ed, 2012, 51(28): 6925-6928.
[48] Zhou M, Du Y, Chen C G, et al. Aptamer-controlled biofuel cells in logic systems and used as self-powered and intelligent logic aptasensors[J]. J Am Chem Soc, 2010, 132(7): 2172-2174.
[49] Zhou M, Chen C G, Du Y, et al. An IMP-Reset gate-based reusable and self-powered "smart" logic aptasensor on a microfluidic biofuel cell[J]. Lab Chip, 2010, 10(21): 2932-2936.
[50] Zhou M, Wang F A, Dong S J, et al. Boolean logic gates based on oxygen-controlled biofuel cell in "one pot" [J]. Electrochim Acta, 2011, 56(11): 4112-4118.
[51] Wang T, Milton R D, Abdellaoui S, et al. Laccase inhibition by arsenite/arsenate: Determination of inhibition mechanism and preliminary application to a self-powered biosensor[J]. Anal Chem, 2016, 88(6): 3243-3248.
[52] Ouyang J, Liu Z J, Han Y J, et al. Fabrication of surface protein-imprinted biofuel cell for sensitive self-powered glycoprotein detection[J]. ACS Appl Mater Interfaces, 2016, 8(51): 35004-35011.
[53] Gai P P, Gu C C, Hou T, et al. Ultrasensitive self-powered aptasensor based on enzyme biofuel cell and DNA bioconjugate: A facile and powerful tool for antibiotic residue detection[J]. Anal Chem, 2017, 89(3): 2163-2169.
[54] Wen D, Deng L, Guo S J, et al. Self-powered sensor for trace Hg^{2+} detection[J]. Anal Chem, 2011, 83(10): 3968-3972.
[55] Gai P P, Gu C C, Hou T, et al. Integration of biofuel cell-based self-powered biosensing and homogeneous electrochemical strategy for ultrasensitive and easy-to-use bioassays of microRNA[J]. ACS Appl Mater Interfaces, 2018, 10(11): 9325-9331.
[56] Wang L L, Shao H H, Wang W J, et al. Nitrogen-doped hollow carbon nanospheres for high-energy-density biofuel cells and self-powered sensing of microRNA-21 and microRNA-141[J]. Nano Energy, 2018, 44: 95-102.
[57] Cheng J S, Han Y J, Deng L, et al. Carbon nanotube-bilirubin oxidase bioconjugate as a new biofuel cell label for self-powered immunosensor[J]. Anal Chem, 2014, 86(23): 11782-11788.
[58] Gao F, Viry L, Maugey M, et al. Engineering hybrid nanotube wires for high-power biofuel cells[J]. Nat Commun, 2010, 1: 2.
[59] Slaughter G, Kulkarni T. A self-powered glucose biosensing system[J]. Biosens Bioelectron, 2016, 15(78): 45-50.
[60] Gai P P, Ji Y S, Wang W J, et al. Ultrasensitive self-powered cytosensor[J]. Nano Energy, 2016, 19: 541-549.
[61] Gai P P, Song R B, Zhu C, et al. Ultrasensitive self-powered cytosensors based on exogenous redox-free enzyme biofuel cells as point-of-care tools for early cancer diagnosis[J]. Chem Comm, 2015, 51(94): 16763-16766.
[62] Yang L M, Yin X H, An B, et al. Precise capture and direct quantification of tumor exosomes via a highly efficient dual-aptamer recognition-assisted ratiometric immobilization-free electrochemical strategy[J]. Anal Chem, 2021, 93(3): 1709-1716.
[63] Gu C C, Bai L P, Pu L, et al. Highly sensitive and stable self-powered biosensing for exosomes based on dual metal-organic frameworks nanocarriers[J]. Biosens Bioelectron, 2021, 176: 112907.
[64] Yimamumaimaiti T, Su Q, Song R B, et al. Damage-free and time-saving platform integrated

by a flow membrane separation device and a dual-target biofuel cell-based biosensor for continuous sorting and detection of exosomes and host cells in human serum[J]. Anal Chem, 2022, 94(21): 7722-7730.

[65] Zhou M, Zhou N D, Kuralay F, et al. A self-powered "sense-act-treat" system that is based on a biofuel cell and controlled by boolean logic[J]. Angew Chem, 2012, 124(11): 2686-2689.

[66] Gamella M, Guz N, Mailloux S, et al. Antibacterial drug release electrochemically stimulated by the presence of bacterial cells- theranostic approach[J]. Electroanalysis, 2014, 26(12): 2552-2557.

[67] Okhokhonin A V, Domanskyi S, Filipov Y, et al. Biomolecular release from alginate-modified electrode triggered by chemical inputs processed through a biocatalytic cascade-integration of biomolecular computing and actuation[J]. Electroanalysis, 2018, 30(3): 426-435.

[68] Mailloux S, Halámek J, Halámková L, et al. Biomolecular release triggered by glucose input-bioelectronic coupling of sensing and actuating systems[J]. Chem Comm, 2013, 49(42): 4755-4757.

[69] Zhao Y D, Zhang W D, Chen H, et al. Direct electrochemistry of horseradish peroxidase at carbon nanotube powder microelectrode[J]. Sens Actuators B: Chem, 2002, 87(1): 168-172.

[70] Musameh M, Wang J, Merkoci A, et al. Low-potential stable NADH detection at carbon-nanotube-modified glassy carbon electrodes[J]. Electrochem Commun, 2002, 4(10): 743-746.

[71] Shan C S, Yang H F, Han D X, et al. Graphene/AuNPs/chitosan nanocomposites film for glucose biosensing[J]. Biosens Bioelectron, 2010, 25(5): 1070-1074.

[72] Wang Y, Lu J, Tang L H, et al. Graphene oxide amplified electrogenerated chemiluminescence of quantum dots and its selective sensing for glutathione from thiol-containing compounds[J]. Anal Chem, 2009, 81(23): 9710-9715.

[73] Shan C S, Yang H F, Han D X, et al. Electrochemical determination of NADH and ethanol based on ionic liquid-functionalized graphene[J]. Biosens Bioelectron, 2010, 25(6): 1504-1508.

[74] Chen X J, Wang Y Z, Zhang Y Y, et al. Sensitive electrochemical aptamer biosensor for dynamic cell surface *N*-glycan evaluation featuring multivalent recognition and signal amplification on a dendrimer-graphene electrode interface[J]. Anal Chem, 2014, 86 (9): 4278-4286.

[75] Cheng W, Ding L, Lei J P, et al. Effective cell capture with tetrapeptide-functionalized carbon nanotubes and dual signal amplification for cytosensing and evaluation of cell surface carbohydrate[J]. Anal Chem, 2008, 80(10): 3867-3872.

[76] Cao H M, Ye D X, Zhao Q Q, et al. A novel aptasensor based on MUC-1 conjugated CNSs for ultrasensitive detection of tumor cells[J]. Analyst, 2014, 139(19): 4917-4923.

[77] Sharma A, Pandey C M, Matharu Z, et al. Nanopatterned cadmium selenide Langmuir-Blodgett platform for leukemia detection[J]. Anal Chem, 2012, 84(7): 3082-3089.

[78] Wang D C, Hu L H, Zhou H M, et al. Molecular beacon structure mediated rolling circle amplification for ultrasensitive electrochemical detection of microRNA based on quantum dots tagging[J]. Electrochem Commun, 2013, 33: 80-83.

[79] Zhang J J, Zheng T T, Cheng F F, et al. Toward the early evaluation of therapeutic effects: An electrochemical platform for ultrasensitive detection of apoptotic cells[J]. Anal Chem, 2011, 83(20): 7902-7909.

[80] Li T, Fan Q, Liu T, et al. Detection of breast cancer cells specially and accurately by an electrochemical method[J]. Biosens Bioelectron, 2010, 25(12): 2686-2689.

[81] Zhang J J, Gu M M, Zheng T T, et al. Synthesis of gelatin-stabilized gold nanoparticles and assembly of carboxylic single-walled carbon nanotubes/Au composites for cytosensing and drug uptake[J]. Anal Chem, 2009, 81(16): 6641-6648.

[82] Cao J T, Zhu Y D, Rana R K, et al. Microfluidic chip integrated with flexible PDMS-based

electrochemical cytosensor for dynamic analysis of drug-induced apoptosis on HeLa cells[J]. Biosens Bioelectron, 2014, 51: 97-102.

[83] Peter L M. Dynamic aspects of semiconductor photoelectrochemistry[J]. Chem Rev, 1990, 90(5): 753-769.

[84] Liang M M, Liu S L, Wei M Y, et al. Photoelectrochemical oxidation of DNA by ruthenium tris(bipyridine) on a tin oxide nanoparticle electrode[J]. Anal Chem, 2006, 78(2): 621-623.

[85] Wang G L, Yu P P, Xu J J, et al. A label-free photoelectrochemical immunosensor based on water-soluble CdS quantum dots[J]. J Phys Chem C, 2009, 113(25): 11142-11148.

[86] Haddour N, Cosnier S, Gondran C. Electrogeneration of a biotinylated poly(pyrrole-ruthenium(Ⅱ)) film for the construction of photoelectrochemical immunosensor[J]. Chem Comm, 2004(21): 2472-2473.

[87] Li Y J, Ma M J, Yin G, et al. Phthalocyanine-sensitized graphene-CdS nanocomposites: An enhanced photoelectrochemical immunosensing platform[J]. Chemistry, 2013, 19(14): 4496-4505.

[88] Zhao W W, Yu P P, Xu J J, et al. Ultrasensitive photoelectrochemical biosensing based on biocatalytic deposition[J]. Electrochem Commun, 2011, 13(5): 495-497.

[89] Zhang X R, Li S G, Jin X, et al. Aptamer based photoelectrochemical cytosensor with layer-by-layer assembly of CdSe semiconductor nanoparticles as photoelectrochemically active species[J]. Biosens Bioelectron, 2011, 26(8): 3674-3678.

[90] Qian Z, Bai H J, Wang G L, et al. A photoelectrochemical sensor based on CdS-polyamidoamine nano-composite film for cell capture and detection[J]. Biosens Bioelectron, 2010, 25(9): 2045-2050.

[91] Chen D, Zhang H, Li X, et al. Biofunctional titania nanotubes for visible-light-activated photoelectrochemical biosensing[J]. Anal Chem, 2010, 82(6): 2253-2261.

[92] Fan G C, Ren X L, Zhu C, et al. A new signal amplification strategy of photoelectrochemical immunoassay for highly sensitive interleukin-6 detection based on TiO_2/CdS/CdSe dual co-sensitized structure[J]. Biosens Bioelectron, 2014, 59: 45-53.

[93] An Y R, Tang L L, Jiang X L, et al. A photoelectrochemical immunosensor based on Au-doped TiO_2 nanotube arrays for the detection of α-synuclein[J]. Chem Eur J, 2010, 16(48): 14439-14446.

[94] Zhao W W, Wang J, Xu J J, et al. Energy transfer between CdS quantum dots and Au nanoparticles in photoelectrochemical detection[J]. Chem Commun, 2011, 47(39): 10990-10992.

[95] Zhao W W, Yu P P, Shan Y, et al. Exciton-plasmon interactions between CdS quantum dots and Ag nanoparticles in photoelectrochemical system and its biosensing application[J]. Anal Chem, 2012, 84(14): 5892-5897.

[96] Gill R, Patolsky F, Katz E, et al. Electrochemical control of the photocurrent direction in intercalated DNA/CdS nanoparticle systems[J]. Angew Chem Int Ed, 2005, 44(29): 4554-4557.

[97] Arora A, Eijkel J C, Morf W E, et al. A wireless electrochemiluminescence detector applied to direct and indirect detection for electrophoresis on a microfabricated glass device[J]. Anal Chem, 2001, 73(14): 3282-3288.

[98] Hasheminejad M, Fang Y M, Li M, et al. Plasmonic imaging of the interfacial potential distribution on bipolar electrodes[J]. Angew Chem Int Ed, 2017, 56(6): 1629-1633.

[99] Zhang X W, Chen C G, Yin J Y, et al. Portable and visual electrochemical sensor based on the bipolar light emitting diode electrode[J]. Anal Chem, 2015, 87(9): 4612-4616.

[100] Wang Y Z, Xu C H, Zhao W, et al. Bipolar electrode based multicolor electrochemiluminescence biosensor[J]. Anal Chem, 2017, 89(15): 8050-8056.

[101] Sentic M, Arbault S, Bouffier L, et al. 3D electrogenerated chemiluminescence: From surface-

confined reactions to bulk emission[J]. Chem Sci, 2015, 6(8): 4433-4437.
[102] Borchers J S, Campbell C R, Van Scoy S B, et al. Redox cycling at an array of interdigitated bipolar electrodes for enhanced sensitivity in biosensing[J]. ChemElectroChem, 2021, 8(18): 3482-3491.
[103] Ino K, Yaegaki R, Hiramoto K, et al. Closed bipolar electrode array for on-chip analysis of cellular respiration by cell aggregates[J]. ACS Sens, 2020, 5(3): 740-745.
[104] Zhai Q F, Zhang X W, Han Y C, et al. A nanoscale multichannel closed bipolar electrode array for electrochemiluminescence sensing platform[J]. Anal Chem, 2016, 88(1): 945-951.
[105] Chow K F, Mavré F, Crooks J A, et al. A large-scale, wireless electrochemical bipolar electrode microarray[J]. J Am Chem Soc, 2009, 131(24): 8364-8365.
[106] Borchers J S, Riusech O, Rasmussen E, et al. Visual voltammogram at an array of closed bipolar electrodes in a ladder confguration[J]. J Anal Test, 2019, 3(2): 150-159.
[107] Dhopeshwarkar R, Hlushkou D, Nguyen M, et al. Electrokinetics in microfluidic channels containing a floating electrode[J]. J Am Chem Soc, 2008, 130(32): 10480-10481.
[108] Wei G, Xue G, Yeung E S. One-step concentration of analytes based on dynamic change in pH in capillary zone electrophoresis[J]. Anal Chem, 2002, 74(5): 934-940.
[109] Shayan M, Kiani A. Digital versatile disc bipolar electrode: A fast and low-cost approach for visual sensing of analytes and electrocatalysts screening[J]. Anal Chim Acta, 2015, 888: 52-58.
[110] Chow K F, Chang B Y, Zaccheo B A,et al. A sensing platform based on electrodissolution of a Ag bipolar electrode[J]. J Am Chem Soc, 2010, 132(27): 9228-9229.
[111] Bradley J C, Chen H M, Crawford J, et al. Creating electrical contacts between metal particles using directed electrochemical growth[J]. Nature, 1997, 389(6648): 268-271.
[112] Oja S M, Zhang B. Electrogenerated chemiluminescence reporting on closed bipolar microelectrodes and the influence of electrode size[J]. ChemElectroChem, 2016, 3(3): 457-464.
[113] Chang B Y, Mavré F, Chow K F, et al. Snapshot voltammetry using a triangular bipolar microelectrode[J]. Anal Chem, 2010, 82(12): 5317-5322.
[114] Fosdick S E, Crooks J A, Chang B, et al. Two-dimensional bipolar electrochemistry[J]. J Am Chem Soc, 2010, 132(27): 9226-9227.
[115] Mavré F, Anand R K, Laws D R, et al. Bipolar electrodes: A useful tool for concentration, separation, and detection of analytes in microelectrochemical systems[J]. Anal Chem, 2010, 82(21): 8766-8774.
[116] Zhan W, Crooks R M. Microelectrochemical logic circuits[J]. J Am Chem Soc, 2003, 125(33): 9934-9935.
[117] Amatore C, Brown A R, Thouin L, et al. Mimicking neuronal synaptic behavior: Processing of information with ‘AND’ or ‘OR’ Boolean logic via paired-band microelectrode assemblies[J]. C R Acad Sci, 1998, 1(8): 509-515.
[118] Bradley J C, Ma Z. Contactless electrodeposition of palladium catalysts[J]. Angew Chem Int Ed, 1999, 38(11): 1663-1666.
[119] Warakulwit C, Nguyen T, Majimel J, et al. Dissymmetric carbon nanotubes by bipolar electrochemistry[J]. Nano Lett, 2008, 8(2): 500-504.
[120] Ulrich C, Andersson O, Nyholm L, et al. Formation of molecular gradients on bipolar electrodes[J]. Angew Chem Int Ed, 2008, 47(16): 3034-3036.
[121] Shida N, Ishiguro Y, Atobe M, et al. Electro-click modification of conducting polymer surface using Cu(Ⅰ) species generated on a bipolar electrode in a gradient manner[J]. ACS Macro Lett, 2012, 1(6): 656-659.
[122] Ramakrishnan S, Shannon C. Display of solid-state materials using bipolar electrochemistry[J].

Langmuir, 2010, 26(7): 4602-4606.

[123] Rafatmah E, Hemmateenejad B. Colorimetric and visual determination of hydrogen peroxide and glucose by applying paper-based closed bipolar electrochemistry[J]. Mikrochim Acta, 2019, 186(11): 684.

[124] Zhai Q F, Zhang X W, Xia Y, et al. Correction: Electrochromic sensing platform based on steric hindrance effects for CEA detection[J]. Analyst, 2016, 141(14): 4518.

[125] Zhai Q F, Fan D Q, Zhang X W, et al. Dual-electrochromic bipolar electrode-based universal platform for the construction of various visual advanced logic devices[J]. NPG Asia Mater, 2017, 9(8): 421-425.

[126] Zhang X W, Chen C G, Li J, et al. New insight into a microfluidic-based bipolar system for an electrochemiluminescence sensing platform[J]. Anal Chem, 2013, 85(11): 5335-5339.

[127] Fan Y S, Hao R, Han C, et al. Counting single redox molecules in a nanoscale electrochemical cell[J]. Anal Chem, 2018, 90(23): 13837-13841.

[128] Jaworska E, Michalska A, Maksymiuk K. Self-powered cascade bipolar electrodes with fluorimetric readout[J]. Anal Chem, 2019, 91(24): 15525-15531.

[129] Xing H H, Zhang X W, Zhai Q F, et al. Bipolar electrode based reversible fluorescence switch using Prussian blue/Au nanoclusters nanocomposite film[J]. Anal Chem, 2017, 89(7): 3867-3872.

[130] Zhang H R, Wang Y Z, Zhao W, et al. Visual color-switch electrochemiluminescence biosensing of cancer cell based on multichannel bipolar electrode chip[J]. Anal Chem, 2016, 88(5): 2884-2890.

[131] Wu M S, Qian G S, Xu J J, et al. Sensitive electrochemiluminescence detection of c-Myc mRNA in breast cancer cells on a wireless bipolar electrode[J]. Anal Chem, 2012, 84(12): 5407-5414.

[132] Wu M S, Xu B Y, Shi H W, et al. Electrochemiluminescence analysis of folate receptors on cell membrane with on-chip bipolar electrode[J]. Lab Chip, 2011, 11(16): 2720-2724.

[133] Shi H W, Zhao W, Liu Z, et al. Temporal sensing platform based on bipolar electrode for the ultrasensitive detection of cancer cells[J]. Anal Chem, 2016, 88(17): 8795-8801.

[134] Seo M, Yeon S Y, Yun J, et al. Nanoporous ITO implemented bipolar electrode sensor for enhanced electrochemiluminescence[J]. Electrochim Acta, 2019, 314: 89-95.

[135] Wang Y L, Jin R, Sojic N, et al. Intracellular wireless analysis of single cells by bipolar electrochemiluminescence confined in a nanopipette[J]. Angew Chem Int Ed, 2020, 59(26): 10416-10420.

[136] Santos C S, Conzuelo F, Emann V, et al. Enhanced sensitivity of scanning bipolar electrochemical microscopy for O_2 detection[J]. Anal Chem, 2019, 1087: 36-43.

[137] Hu J, Zhang N, Zhang P K, et al. Coupling a wireless bipolar ultramicroelectrode with nano-electrospray ionization mass spectrometry: insights into the ultrafast initial step of electrochemical reactions[J]. Angew Chem Int Ed, 2020, 59(41): 18244-18248.

[138] Hu J, Wang T, Zhang W J, et al. Dissecting the flash chemistry of electrogenerated reactive intermediates by microdroplet fusion mass spectrometry[J]. Angew Chem Int Ed, 2021, 60(34): 18494-18498.

[139] Gao R, Ying Y L, Li Y J, et al. A 30 nm nanopore electrode: Facile fabrication and direct insights into the intrinsic feature of single nanoparticle collisions[J]. Angew Chem Int Ed, 2018, 57(4): 1011-1015.

[140] Lu S M, Li Y J, Zhang L F, et al. Monitoring hydrogen evolution reaction catalyzed by MoS_2 quantum dots on a single nanoparticle electrode[J]. Anal Chem, 2019, 91(16): 10361-10365.

[141] Cunningham J C, DeGregory P R, Crooks R M, et al. New functionalities for paper-based

sensors lead to simplified user operation, lower limits of detection, and new applications[J]. Annu Rev Anal Chem, 2016, 9(1): 183-202.
[142] Xiao W, Wang D H. The electrochemical reduction processes of solid compounds in high temperature molten salts[J]. Chem Soc Rev, 2014, 43(10): 3215-3228.
[143] Mayer M T, Lin Y J, Yuan G B, et al. Forming heterojunctions at the nanoscale for improved photoelectrochemical water splitting by semiconductor materials: Case studies on hematite[J]. Acc Chem Res, 2013, 46(7): 1558-1566.
[144] Xiang Y, Lu S F, Jiang S P, et al. Layer-by-layer self-assembly in the development of electrochemical energy conversion and storage devices from fuel cells to supercapacitors[J]. Chem Soc Rev, 2012, 41(21): 7291-7321.
[145] Ren K N, Zhou J H, Wu H K. Materials for microfluidic chip fabrication[J]. Acc Chem Res, 2013, 46(11): 2396-2406.
[146] Chen Y, Zhang L Y, Chen G. Fabrication, modification, and application of poly(methyl methacrylate) microfluidic chips[J]. Electrophoresis, 2008, 29(9): 1801-1814.
[147] Liu Y W, Wang S Y, Wang Y H. Patterned fibers embedded microfluidic chips based on PLA and PDMS for Ag nanoparticle safety testing[J]. Polymers, 2016, 8(11): 402-417.
[148] Xu B B, Zhang Y L, Xia H, et al. Fabrication and multifunction integration of microfluidic chips by femtosecond laser direct writing[J]. Lab Chip, 2013, 13(9): 1677-1690.
[149] Zhang J D, Yu T, Li J Y, et al. An ITO bipolar array for electrochemiluminescence imaging of H_2O_2[J]. Electrochem Commun, 2014, 49: 75-78.
[150] Sofi A H, Shah M A, Asokan K. Structural, optical and electrical properties of ITO thin films[J]. J Electron Mater, 2018, 47(2): 1344-1352.
[151] Wu S Z, Zhou Z Y, Xu L R, et al. Integrating bipolar electrochemistry and electrochemiluminescence imaging with microdroplets for chemical analysis[J]. Biosens Bioelectron, 2014, 53: 148-153.
[152] Martinez A W, Phillips S T, Wiley B J, et al. FLASH: A rapid method for prototyping paper-based microfluidic devices[J]. Lab Chip, 2008, 8(12): 2146-2150.
[153] Nie Z H, Nijhuis C A, Gong J L, et al. Electrochemical sensing in paper-based microfluidic devices[J]. Lab on a Chip, 2010, 10(4): 477-483.
[154] Yang Y, Noviana E, Nguyen M P, et al. Paper-based microfluidic devices: Emerging themes and applications[J]. Anal Chem, 2017, 89(1): 71-91.
[155] Martinez A W, Phillips S T, Butte M J, et al. Patterned paper as a platform for inexpensive, low-volume, portable bioassays[J]. Angew Chem Int Ed, 2007, 46(8): 1318-1320.
[156] Liu R, Zhang C S, Liu M. Open bipolar electrode-electrochemiluminescence imaging sensing using paper-based microfluidics[J]. Sensor Actuat B: Chem, 2015, 216: 255-262.
[157] Wong I, Ho C M. Surface molecular property modifications for poly(dimethylsiloxane) (PDMS) based microfluidic devices[J]. Microfluid Nanofluid, 2009, 7(3): 291-306.
[158] Chen L, Yin Z F, Zou H L, et al. A thermal bonding method based on O_2 plasma and water treatment for fabrication of PET planar nanofluidic device[J]. Microsyst Technol, 2017, 23(5): 1-7.
[159] Tsao C W, Hromada L, Liu J, et al. Low temperature bonding of PMMA and COC microfluidic substrates using UV/ozone surface treatment[J]. Lab Chip, 2007, 7(4): 499-505.
[160] Zhou H, Liu J F, Song Y X, et al. Corona discharge detection method for the airborne particulate on the microfluidic chip. [J]. Technol, 2015, 52: 251-255.
[161] Abate A R, Lee D, Do T, et al. Glass coating for PDMS microfluidic channels by sol-gel

methods[J]. Lab Chip, 2008, 8(4): 516-518.

[162] Qin K W, Lv X F, Xing Q R, et al. A BSA coated NOA81 PCR chip for gene amplification[J]. Anal Methods, 2016, 8(12): 2584-2591.

[163] Xu Y, Wang C X, Li L X, et al. Bonding of glass nanofluidic chips at room temperature by a one-step surface activation using an O_2/CF_4 plasma treatment[J]. Lab Chip, 2013, 13(6): 1048-1052.

[164] Peng H Y, Devarajan M, Lee T T, et al. Investigation of oxygen followed by argon plasma treatment on LED chip bond pad for wire bond application[J]. Soldering Surf Mount Technol, 2015, 27(4): 129-136.

[165] Davies R T, Kim D, Park J. Formation of liposomes using a 3D flow focusing microfluidic device with spatially patterned wettability by corona discharge[J]. J Micromec Microeng, 2012, 22(5): 55003-55010.

[166] Lee H G, Ahn W J, Kim S K, et al. Preparation of nanosized TiO_2 powder from spent titanium chip by sol-gel method[J]. J Nanosci Nanotechnol, 2015, 15(7): 5466-5470.

[167] Gomez-Sjoberg R, Leyrat A A, Houseman B T, et al. Biocompatibility and reduced drug absorption of sol-gel-treated poly(dimethyl siloxane) for microfluidic cell culture applications[J]. Anal Chem, 2010, 82(21): 8954-8960.

[168] Zhou J, Khodakov D A, Ellis A V, et al. Surface modification for PDMS-based microfluidic devices[J]. Electrophoresis, 2012, 33(1): 89-104.

[169] Garcia-Cordero J L, Maerkl S J. A 1024-sample serum analyzer chip for cancer diagnostics[J]. Lab Chip, 2014, 14(15): 2642-2650.

[170] Al Lawati H A J, Kadavilpparampu A M, Suliman F O. Combination of capillary micellar liquid chromatography with on-chip microfluidic chemiluminescence detection for direct analysis of buspirone in human plasma[J]. Talanta, 2014, 127: 230-238.

[171] Wu Z, Hjort K. Surface modification of PDMS by gradient-induced migration of embedded Pluronic[J]. Lab Chip, 2009, 9(11): 1500-1503.

[172] Kitsara M, Ducrée J. Integration of functional materials and surface modification for polymeric microfluidic systems[J]. J Micromec Microeng, 2013, 23(3): 033001.

[173] Zhou J, Ellis A V, Voelcker N H. Recent developments in PDMS surface modification for microfluidic devices[J]. Electrophoresis, 2010, 31(1): 2-16.

[174] Cozzi P G. Metal-Salen Schiff base complexes in catalysis: Practical aspects[J]. Chem Soc Rev, 2004, 33(7): 410-421.

[175] Chuah Y J, Kuddannaya S, Lee M H, et al. The effects of poly(dimethylsiloxane) surface silanization on the mesenchymal stem cell fate[J]. Biomater Sci, 2015, 3(2): 383-390.

[176] Welch N G, Scoble J A, Muir B W, et al. Orientation and characterization of immobilized antibodies for improved immunoassays (Review) [J]. Biointerphases, 2017, 12(2): 1-13.

[177] Lee T, Lee Y, Park S Y, et al. Fabrication of electrochemical biosensor composed of multi-functional DNA structure/Au nanospike on micro-gap/PCB system for detecting troponin I in human serum[J]. Colloid Surface B, 2019, 175: 343-350.

[178] Seenivasan R, Singh C K, Warrick J W, et al. Microfluidic-integrated patterned ITO immunosensor for rapid detection of prostate-specific membrane antigen biomarker in prostate cancer[J]. Biosens Bioelectron, 2017, 95: 160-167.

[179] Hong S A, Kim Y J, Kim S J, et al. Electrochemical detection of methylated DNA on a microfluidic chip with nanoelectrokinetic pre-concentration[J]. Biosens Bioelectron, 2018, 107: 103-110.

[180] Kling A, Chatelle C, Armbrecht L, et al. Multianalyte antibiotic detection on an electrochemical

microfluidic platform[J]. Anal Chem, 2016, 88(20): 10036-10043.

[181] Wang Y L, Gao W J, Sun M, et al. A filter-electrochemical microfluidic chip for multiple surface protein analysis of exosomes to detect and classify breast cancer[J]. Biosens. Bioelectron, 2023, 239: 115590.

[182] Periyakaruppan A, Koehne J E,Gandhiraman R P, et al. Label-free detection of cardiac troponin-Ⅰ using carbon nanofiber based nanoelectrode arrays[J]. Anal Chem, 2013, 85(8): 3858-3863.

[183] Cánovas R, Parrilla M, Blondeau P, et al. A novel wireless paper-based potentiometric platform for monitoring glucose in blood[J]. Lab Chip, 2017, 17(14): 2500-2507.

[184] Ge S G, Li W P, Yan M, et al. Photoelectrochemical detection of tumor markers based on a CdS quantum dot/ZnO nanorod/Au@Pt-paper electrode 3D origami immunodevice[J]. J Mater Chem B, 2015, 3(12): 2426-2432.

[185] Liu Y, Cheng Q Y, Gao H, et al. Microfluidic gradient culture arrays for cell pro-oxidation analysis using bipolar electrochemiluminescence[J]. Anal Chem, 2023, 95(21): 8376-8383.

[186] Liu Y, Zhang N, Pan J B, et al. Bipolar electrode array for multiplexed detection of prostate cancer biomarkers[J]. Anal Chem, 2022, 94(6): 3005-3012.

[187] Fei Y J, Tang N, Chen Y, et al. Rapid screening of electrochemically active bacteria based on a biocathode-functional bipolar electrode-electrochemiluminescence platform[J]. Food Chem, 2023, 429: 136919.

[188] Deiss F, LaFratta C N, Symer M, et al. Multiplexed sandwich immunoassays using electrochemiluminescence imaging resolved at the single bead level[J]. J Am Chem Soc, 2009, 131(17): 6088-6089.

[189] Liu Y X, Yao Y Y, Yang B B, et al. *In-situ* monitoring of cell-secreted lactate by electrochemiluminescence sensing under biomimetic microfluidic confinement[J]. Chinese Chem Lett, 2022, 33(5): 2705-2707.

[190] Song X Z, Ren X, Zhao W, et al. A portable microfluidic-based electrochemiluminescence sensor for trace detection of trenbolone in natural water[J]. Anal Chem, 2022, 94(36): 12531-12537.

[191] Zhu L H, Fu W X, Zhu B Y, et al. An integrated microfluidic electrochemiluminescence device for point-of-care testing of acute myocardial infarction[J]. Talanta, 2023, 262: 124626.

[192] Shamsi M H, Choi K, Ng A H C, et al. Electrochemiluminescence on digital microfluidics for microRNA analysis[J]. Biosens Bioelectron, 2016, 77: 845-852.

[193] Li Z H, Cheng H J, Shao S Q, et al. Surface immobilization of redox-labile fluorescent probes: Enabling single-cell co-profiling of aerobic glycolysis and oncogenic protein signaling activities[J]. Angew Chem Int Ed, 2018, 57(36): 11554-11558.

[194] Wang L, Zhang J Y, Kim B, et al. Boronic acid: A bio-inspired strategy to increase the sensitivity and selectivity of fluorescent NADH probe[J]. J Am Chem Soc, 2016, 138(33): 10394-10397.

[195] Guerrette J P, Percival S J, Zhang B. Fluorescence coupling for direct imaging of electrocatalytic heterogeneity[J]. J Am Chem Soc, 2013, 135(2): 855-861.

[196] Lee H, Kim J, Hwang M, et al. Galvanic bipolar electrode arrays with self-driven optical readouts[J]. ACS Sens, 2023, 8(11): 4374-4383.

[197] Tian Z Y, Wu Y F, Shao F Y, et al. Electrofluorochromic imaging analysis of glycan expression on living single cell with bipolar electrode arrays[J]. Anal Chem, 2021, 93(12): 5114-5122.

[198] Tian Z Y, Qin X, Shao F Y, et al. Electrofluorochromic imaging analysis of dopamine release from living PC12 cells with bipolar nanoelectrodes array[J]. Chinese Chem Lett, 2023, 34(1):

107656.
[199] 张其美，赵晓娟，陈海光，等 . 微电极阵列在食品分析等领域的应用研究进展 [J]. 食品工业，2014, 35 (7): 195-197.
[200] 宋轶琳，林楠森，姜红 . 纳米铂黑修饰微电极阵列在神经电生理检测中的应用研究 [J]. 东南大学学报，2011, 30(1): 29-32.
[201] Xu L Q, Hu C X, Huang Q, et al. Trends and recent development of the microelectrode arrays (MEAs) [J]. Biosens Bioelectron, 2021, 175: 112854.
[202] 潘海仙，吕晓迎，王志功，等 . 神经元集群电信号探测用微电极阵列 [J]. 东南大学学报，2009(3): 468-472.
[203] Campbell P K, Jones K E, Huber R J, et al. A silicon-based, three-dimensional neural interface: Manufacturing processes for an intracortical electrode array[J]. IEEE Trans Biomed Eng, 1991, 38(8): 758-768.
[204] Musk E, Neuralink J. An Integrated brain-machine interface platform with thousands of channels[J]. Medical Internet Res, 2019, 21(10): e16194.
[205] Tanwar A, Gandhi H A, Kushwaha D, et al. A review on microelectrode array fabrication techniques and their applications[J]. Mater Today Chem, 2022, 26: 101153.
[206] Zaouk R, Park B Y, Madou M J. Introduction to microfabrication techniques[J]. Methods Mol Biol, 2006, 321: 5-15.
[207] Wang Y, Wang M X, Dai Y, et al. PtNPs/Short MWCNT-PEDOT: PSS-modified microelectrode array to detect neuronal firing patterns in the dorsal raphe nucleus and hippocampus of insomnia rats[J]. Micromachines, 2022,13(3): 488.
[208] Khan S, Lorenzelli L, Dahiya R S. Technologies for printing sensors and electronics over large flexible substrates: a review[J]. IEEE Sensor J, 2015, 15(6): 3164-3185.
[209] Vébraité I, David-Pur M, Rand D, et al. Electrophysiological investigation of intact retina with soft printed organic neural interface[J]. J Neural Eng, 2021, 18(6): 066017.
[210] Abbott J, Mukherjee A, Wu W X, et al. Multi-parametric functional imaging of cell cultures and tissues with a CMOS microelectrode array[J]. Lab Chip, 2022, 22(7): 1286-1296.
[211] Wu J, Yan F, Zhang XQ, et al. Disposable reagentless electrochemical immunosensor array based on a biopolymer/sol-gel membrane for simultaneous measurement of several tumor markers[J]. Clin Chem, 2008, 54(9): 1481-1488.
[212] Gao W, Nyein H Y Y, Shahpar Z, et al. Wearable microsensor array for multiplexed heavy metal monitoring of body fluids[J]. ACS Sensors, 2016, 1(7): 866-874.
[213] Ali Layqah L, Eissa S. An electrochemical immunosensor for the corona virus associated with the Middle East respiratory syndrome using an array of gold nanoparticle-modified carbon electrodes[J]. Microchim Acta, 2019, 186(4): 224.
[214] Shan B, Broza Y Y, Li W, et al. Multiplexed nanomaterial-based sensor array for detection of COVID-19 in exhaled breath[J]. ACS Nano, 2020, 14(9): 12125-12132.
[215] 林楠森，宋轶琳，刘春秀，等 . 神经电生理微电极阵列检测系统研制 [J]. 电子与信息学报，2011, 33(8): 2029-2032.
[216] 韩尧，汤戎昱，周瑾，等 . 基于微电极阵列的多通道电生理检测系统的研制 [J]. 生物医学工程研究，2012, 31(4): 214-219.
[217] Liu L, Xiao X, Lei K F, et al. Quantitative impedimetric monitoring of cell migration under the stimulation of cytokine or anti-cancer drug in a microfluidic chip[J]. Biomicrofluidics, 2015, 9(3): 034109.

ELECTROCHEMICAL ANALYSIS

ELECTROCHEMICAL ANALYSIS

第九章
单细胞及活体电化学分析

细胞是生命活动的基本单元。解析细胞内的物质组成，理解细胞内生命活动的基本规律，是生物学的中心目标之一。经典生物学原理包括细胞理论、基因理论、进化与稳态以及物质与能量交换等。这些理论是在假定某一特定类型细胞在任何方面都相同的前提下，基于细胞群的测量结果建立起来的。但是，经过近四十年的探索，细胞异质性已被确认为细胞群体的基本属性，同时也是决定细胞命运的关键因素。例如，肿瘤内细胞的异质性是癌症治疗的主要障碍；在细胞生长周期过程中，细胞变异、细胞生长或者局部环境的变化等都可能导致细胞个体之间出现异质性[1]。在生物体水平上，研究者认为这种异质性对胚胎发育、免疫应答、化学疗法的有效性和进化适应性等过程具有重大影响[2]。在对单细胞进行研究的过程中，研究人员发现同一类型的单个细胞之间除了病变以外，还存在其他显著的差异；而这种单细胞异质性在生命行为中的作用是未知的[3-4]。最新的研究结果表明，对单个细胞进行分析将会获得更精确的细胞信息，而对细胞群进行分析所得到的平均结果会忽视掉这些信息，模糊了细胞异质性的特征[5-7]。例如，Mathies 课题组[8]的研究结果显示：用 siRNA 转染 GAPDH 基因表达，细胞发生两种不同的现象。一种是部分转染（约 50%），另一种是完全转染。因此，单细胞分析对于表征细胞异质性和阐明细胞信号通路至关重要。目前，迫切需要构建可用于单细胞分析的新方法，来补充完善经典生物学原理，最终可以更好地诊断和治疗疾病。

脑科学是国际前沿科技的研究热点之一，对脑功能的研究有助于理解人类认知、情感等复杂生理过程的本质，以及神经系统疾病的形成和发展规律。脑神经元的通信主要是通过胞外释放的神经递质进入突触以及周围的细胞外液而进行。这些化学信号分子以不同的方式调节突触后细胞的活动，并依赖于被招募的神经递质和受体的身份。神经传递的下游作用奠定了广泛的生理和行为过程，其调节失控可导致如帕金森病、阿尔茨海默病、抑郁症等疾病以及药物成瘾[9-12]。因此，对神经元内外神经递质的检测是脑科学研究的重要内容之一。在 20 世纪 70 年代以前，放射免疫分析是检测神经递质释放唯一可用的技术，具有一定的灵敏度。但是，放射免疫检测操作复杂，难以原位、简便地检测神经递质。而电化学分析方法通常具有灵敏度高、选择性好、时空分辨率高等优点，且检测电极易于微型化，非常适用于活体脑内不同化学物质基础水平及其在一系列生理、病理过程中浓度变化的监测，从而揭示活体环境和药物刺激下的生理行为，具有重要的科学意义。

第一节
单细胞电化学分析概述

单细胞分析能够获取细胞间异质性的信息，可革新传统的以细胞群体为研究对象的生物学认知，为理解疾病的发生和发展过程开辟了新的途径。但是，单细胞分析具有挑战性。首先，单细胞尺寸小，直径一般在微米级，体积仅有数皮升，分析方法应具有高的空间分辨率。其次，目标分子的含量低，且细胞内物种复杂，分析方法需具有高选择性。此外，活细胞处于动态变化中，分析方法应具有足够的时间分辨率，且不影响细胞活性[13]。因此，测量方法需要解决检测灵敏度、特异性以及时空分辨率等问题[14]。

基于微电极的单细胞电化学分析方法是对单个细胞进行精准测量的一项重要技术。在电化学分析过程中，活细胞被逐一附着在生物相容性较好的材料表面，维持细胞活性。细胞内生物分子在电极表面发生电化学反应或物理相互作用，可以产生能够被电极检测到的电信号（如电流、电荷量或电势等）。微/纳米电极表面质量扩散传输效率极高，能够快速分析单个细胞中的生物分子[15]。同时，该技术无需对细胞进行标记，对细胞活性影响较小[16]。固定微电极与单个细胞之间的距离为微米或亚微米时，还可以检测细胞外排的生物分子[17]。例如在细胞的胞吐过程中，细胞质中的囊泡与质膜相融合，随后将囊泡内的化学信使释放到细胞外[18]。利用电化学检测释放到细胞外的化学分子，可以提供其在细胞内的活性信息。

单细胞电化学分析早期聚焦于离子通道电流和电位的测量。该技术是在 1976 年由德国马普生物物理研究所 Neher 和 Sakmann 教授创建，通常被称为膜片钳技术[19]。这种以记录通过离子通道的离子电流来反映细胞膜单一的或多个离子通道分子活动的技术，和基因克隆技术并驾齐驱，给生命科学研究带来了巨大的前进动力。这一伟大的贡献，使 Neher 和 Sakmann 教授获得 1991 年度的诺贝尔生理学与医学奖。Adams 教授在 1976 年进行了另外一场开创性工作，首次将微电极用于单细胞电化学电流分析[20]。1990 年，Wightman 教授等[21]将微电极置于单个细胞表面，电化学监测含有化学信使的单个胞吐囊泡。之后，使用安培法和伏安法在单细胞水平上检测到各种神经递质和化学信使[16-17, 22]。该方法首先在刺激细胞之前收集背景信号，然后，对连续的单个胞吐过程中的神经递质进行定量检测[23-24]。与荧光成像技术相比，该方法不需要荧光探针来标记目标分子，从而可以减少对细胞活性的扰动。同时，由于电化学信号主要是取决于待测物质的浓度，因此电化学方法不需要以牺牲时间分辨率为代价来获得较高空间分辨率。因此，该方法可以提供具有较高空间和时间分辨能力的信号。基于这些优势，已经在单个细胞上获得了活性氧/氮物质（ROS/RNS）富集的重要信息，该信息有助于阐明氧化应激机制以及神经元活性信息[17, 22]。将扫描电化学显微镜（SECM）技术引入扫描单元，可以对单个细胞中电活性化学信使的形态变化和释放过程进行同时检测[25-27]。与安培法和伏安法相比，SECM 技术具有高空间分辨率。但是，SECM 技术的扫描性质决定了该技术是一种相对较慢的检测方法。

但是，对于单细胞分析而言，微电极检测只能反映整个细胞或细胞部分区域的胞外特征，无法区分每个释放位点的特性，也无法探测到与神经传递机制相关的纳米级突触间隙[28]。纳米电极具有更高的空间分辨率，可以在单个细胞中获取有价值的时空信息，并探究其与各种病理条件，如氧化应激、糖尿病和癌症等的相关性[29-32]。目前，已开发出多种纳米电极用于检测如葡萄糖、过氧化氢（H_2O_2）和 DNA 等生物分子[33-35]。与微电极相比，纳米电极的灵敏度、重复性和选择性都得到了很大的提高[36-37]。因此，纳米电极为检测单个细胞中的多种化学信使提供了更强有力的工具。

我国学者在微纳米电极电化学细胞分析中也做出了卓越的工作，早在20世纪90年代，南京大学陈洪渊院士就提出了超微电极及其阵列的理论模型，解决了一系列偶联化学反应多级电极过程复杂体系中稳态电流的求解问题[38]，求得电极扩散层重叠对阵列总电流的影响及计算公式[39]，有关成果已被写入由国际纯粹与应用化学联合会（IUPAC）电分析化学委员会的技术报告中[40]。随后，我国科学家利用微电极对单个细胞中各种生物分子进行了高灵敏和时空分辨的检测[41-47]，大力推进了该领域的发展。

第二节
单细胞电化学分析

一、单细胞电化学分析装置

单细胞电化学分析装置一般包含功能化微/纳电极、光学显微镜、三维（3D）微操作系统以及电化学工作站。随着单细胞分析的需求日益增长，单细胞电化学分析装置也在不断地更新迭代。主要集中在功能化微 / 纳电极开发、融合具有高时间分辨率的膜片钳 200B/700B 技术和其他光学技术。本书编著者团队[48]提出“纳米试剂盒”概念，通过功能化纳米电极实现单个活细胞内以及活细胞内单个细胞器中非电活性生物分子的定量分析。该技术将试剂盒组分预先灌入空心纳米毛细管内，并固定在 3D 微操作台上（图 9-1）。将含有单个贴壁细胞的培养皿置于显微镜视窗下，利用 3D 操作将纳米毛细管针尖扎入单个活细胞中，并调整其在细胞内的位置。通过对毛细管内 Ag/AgCl 电极和溶液中的 Ag/AgCl 电极施加正电压，从而在毛细管内建立电势差，产生的电渗流将管内的试剂盒组分精准输运至细胞内，输运的体积仅为细胞体积的千分之一，减小了对细胞活性的干扰。输运至细胞内的组分与胞内的目标分子发生反应，产生 H_2O_2。最后，对毛细管针尖的环形电极施加 0.6V 电压，利用该电极以及溶液中的 Ag/AgCl 参比电极和 Pt 对电极组成的电化学检测电路实现产物 H_2O_2 的检测，从而定量活细胞内目标蛋白酶的活性。根据目标酶不同，可选择对应的商品化试剂盒，完成对多种酶分子活性的分析。该技术为细胞中生物分子分析提供了一种简单而通用的定量分析方法。

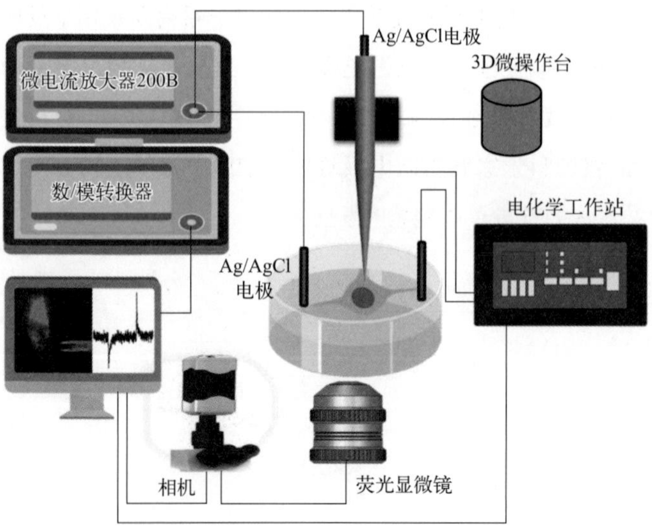

图 9-1　单细胞电化学分析装置

为了在细胞微区开展更加精细的研究，本书编著者团队[49]利用溶酶体荧光染料 Lyso Tracker 标记单个活细胞中的溶酶体。随后，在荧光显微镜的辅助下，调整纳米电极针尖尽可能地接近溶酶体。相似地，通过对毛细管内 Ag/AgCl 电极和溶液中的 Ag/AgCl 电极施加负电压，在毛细管内建立逆向电渗流，从而抽取单个溶酶体到毛细管中。然后利用微操系统将纳米电极移出细胞，并于空气中静置 5min。在此期间，毛细管内抽取的溶酶体释放 β-葡萄糖苷酶，释放的酶与管内的相应试剂盒组分发生反应产生 H_2O_2。最后，利用毛细管针尖内部的电化学检测器、毛细管内的 Ag/AgCl 电极组成的电化学检测电路实现产物 H_2O_2 的检测，从而获得活细胞内单个细胞器中蛋白酶的活性信息。该技术利用纳米毛细管电渗流方向的可控性，实现同一个细胞多个微区（细胞器）生物分子的分析，空间捕获能力提升至单细胞器水平。

为了能够对进入毛细管内的细胞器进行连续的示踪，将具有高时间分辨率的膜片钳技术引入到单细胞电化学分析装置 [50]。以碳纳米电极针尖的 Pt 颗粒为工作电极界面，溶液中的 Ag/AgCl 电极为参比电极组成电化学检测电路，利用细胞器流经管口引起的电流瞬间下降来示数进入毛细管内的细胞器。被识别的细胞器会碰撞到工作电极界面释放其内的生物分子，进一步被电化学氧化后引起电流上升，从而定量测定该细胞器内的生物分子，实现活细胞内多个细胞器的连续识别及其生物分子的定量分析。通过施加不同的氧化电压，实现对细胞器中四种活性氧氮组分分子数的定量测量。

二、基于微 / 纳电极的单细胞电化学分析

1. 微/纳电极的发展

纳米电极制备技术以及纳米电化学理论的快速发展显著提高了电化学分析方法的检测限、特异性和分辨率 [51-53]，为单细胞及亚细胞区域高时空分辨研究提供了方法和途径。纳米电极具有很多优势，如较小的电路时间（RC）常数、更高的质量传输速率和更小的溶液电阻效应等 [54]，使得纳米电极能够进行微秒甚至纳秒级的电化学测量。因此，该技术有望探测到生物电子的快速转移过程 [55]。同时，电极尺寸越小，单细胞分析的空间分辨率越高，获得的信息越丰富。

Lewis 等 [32] 利用玻璃封装的方法制备纳米电极，针尖半径小于 100nm 的电极数目占总电极数目的 50%，大约 10%（超过 200 根电极）的纳米电极的半径在 1 ～ 10nm 范围内。为了提高电极制备的重复性，科学家们相继开发了微米毛细管拉制 [56]、碳纳米管构建 [57] 和电化学蚀刻 [58] 等纳米电极制备技术。张波等 [59] 改进了激光辅助拉制工艺，获得针尖半径为 1 ～ 3nm 的纳米电极。制备过程如图 9-2 所示，与传统的微米毛细管拉制方法相似，

首先对一根 Pt 金属丝进行电化学蚀刻，获得小于 5μm 的尖端。然后将整个金属丝插入硼硅酸盐玻璃管中，并施加两步加热过程，从而产生纳米级的尖端。第一步加热条件比较温和，可以将 Pt 金属线完全地密封在玻璃毛细管中，同时不会熔化 Pt 金属丝。第二步加热过程施加的热量更高，拉制速度更快，可以将第一步得到的含 Pt 金属丝的毛细管变成两根含 Pt 纳米尖端的毛细管电极，针尖的半径为 1 ～ 3nm。

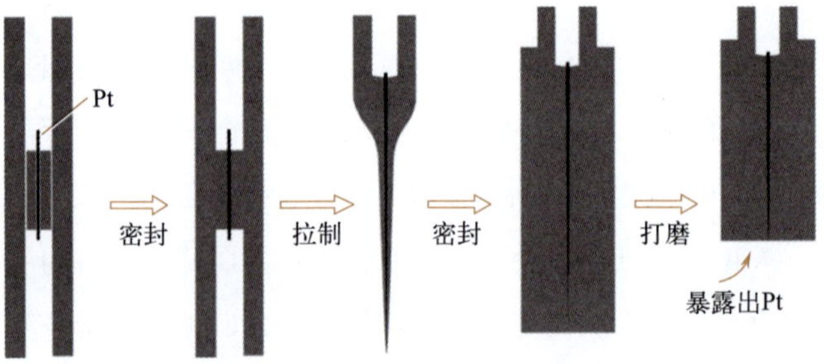

图 9-2　利用激光辅助拉制工艺制备 Pt 纳米电极的过程示意图 [55]

最近，本书编著者团队 [48] 开发了一种纳米环状电极。如图 9-3 所示，利用激光辅助拉制仪对一根玻璃毛细管施加特定程序的加热，获得直径约 130nm 开口的纳米毛细管。然后，在其表面溅射一层约 70nm 厚的 Pt 膜，再用蜡对纳米毛细管外表面进行绝缘处理，制得针尖纳米环电极。将该纳米环电极置于亚铁氰化钾溶液中进行伏安扫描，结合 Comsol 软件对伏安扫描过程进行模拟，结果表明在毛细管针尖的侧面存在一段约 1μm 长的 Pt 区域。进一步缩小纳米毛细管的开口直径有望降低纳米环电极的尺寸。例如，邵元华等 [60] 制备出开口约 7nm 的毛细管，使用该毛细管可实现更高空间分辨率的单细胞电化学检测。

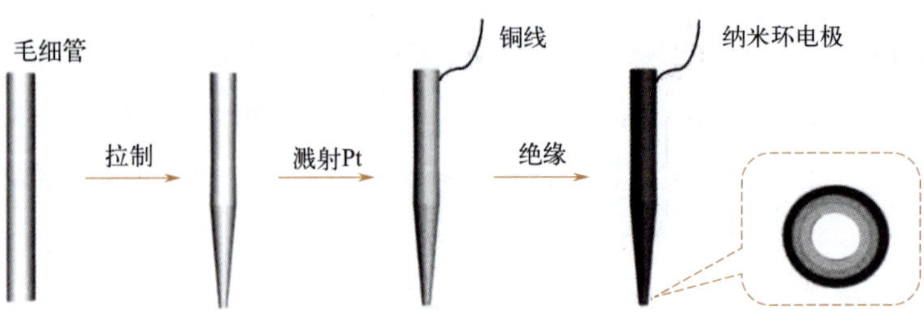

图 9-3　纳米尖端具有 Pt 环电极的毛细管电极制备过程 [44]

虽然激光辅助拉制技术在制备纳米电极方面表现出优势，但玻璃材料十分脆弱，不适合用于临床研究。邵元华等[61]以聚酰亚胺为绝缘材料，对 Pt 纳米电极针尖进行绝缘处理，制得聚酰亚胺绝缘层封装的 Pt 纳米电极。该方法首先将经过电化学蚀刻的 Pt 纳米针尖浸入由 1,2,4,5-苯四甲酸酐和 4,4′-二氨基二苯醚组成的涂层溶液中。然后，将热源施加在毛细管尖端，热量可以通过玻璃管传递到尖端，使得尖端周围的溶液温度远高于远离尖端的溶液温度，引起尖端周围形成聚酰亚胺绝缘层，实现 Pt 纳米电极的封装。该纳米电极在水溶液或有机溶液中均具有很好的电化学性能，并可用作 SECM 的纳米探针。

碳纤维微电极是微电极家族的重要成员，特别适合于研究大脑中神经递质的作用。Ewing 和 Strein[62] 利用环氧树脂将碳纤维密封在玻璃毛细管中，使用火焰蚀刻法制备碳纳米电极。但是在进行刻蚀之前，添加这种环氧树脂会增加刻蚀的难度。此外，经过刻蚀的电极表面不够光滑，会影响其电化学性能。程介克、黄卫华等[63]介绍了一种简易的制备低噪声碳纤维纳米电极的方法。他们发现将碳纤维放置在火焰上以后，在较短时间内（< 0.5s）碳纤维并不会被烧掉；然而，毛细管会被熔化，牢牢地覆在碳纤维上。这个过程避免了使用环氧树脂，使得整个制备过程更简单、方便。由于火焰内部的温度不高（约 350℃），因此碳纤维的蚀刻速度很慢，同时玻璃尖端也不会被熔化。这种方法制备出的碳纤维纳米电极的尖端直径在 100 ～ 300nm 范围内，该数值小于 Ewing 早期工作中报道的纳米电极直径。

为了进一步改善电极材料，黄卫华等[64]制备出独特的碳化硅核壳（SiC@C）圆柱形纳米线电极，用于定量检测活的巨噬细胞内单个吞噬溶酶体中的 ROS / RNS 分子。如图 9-4 所示，将具有可控纳米横截面的商用半导体碳化硅（SiC）纳米线置于石英纳米毛细管针尖，并利用化学气相沉积（CVD）方法在纳米线表面沉积一层碳，即得到 SiC@C 纳米线。然后，将 SiC@C 纳米线转移到新的纳米毛细管中；使用导电液灌入毛细管内，固定 SiC@C 纳米线，同时便于电极与检测装置连接，利用石蜡对针尖处 SiC@C 纳米线进行绝缘处理。为了能够对 ROS / RNS 分子进行定量分析，使用电化学方法在纳米线针尖修饰 Pt 颗粒（Pt-SiC@C）。纳米线表面的修饰材料可以根据检测目的进行调整，满足各种检测的需要。同时，SiC 纳米线具有出色的机械韧性，超薄的碳壳具有优异的电化学性能。这种在毛细管尖端修饰纳米线的策略将纳米线和纳米电极的优点结合在一起，发展出一种新型纳米电化学传感器，为制备单细胞分析用纳米电极带来一种新思路。

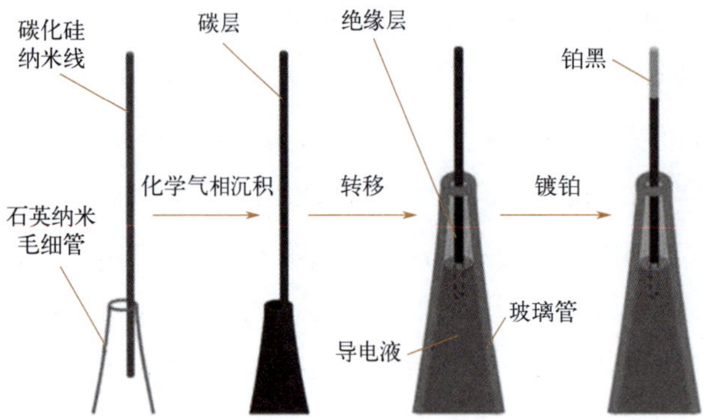

《 图 9-4　Pt-SiC@C 纳米线电极制备过程示意图 [64]

2. 基于纳米电极的单细胞电化学分析

为了获得单个细胞的内部信息，促进单细胞电化学分析在生物学研究中的应用，需要开发出可用于单个活细胞检测的电化学分析方法。纳米电极具有较高的径向扩散质量传输速率，因此可以显著提高单细胞分析的灵敏度 [64-66]。在电极表面修饰新型传感材料，能够促进待分析物与纳米电极之间的电子转移速度，进一步提高检测灵敏度和选择性 [67-70]。同时，由于可在微秒尺度进行高时间分辨率检测，因此可用于研究神经元特定区域（例如突触）中神经递质的快速释放过程。

黄卫华等首次应用 100nm 电极研究单个 PC12 细胞中单个囊泡的释放 [28]，当电极距离细胞 0.5μm 时，检测到来自纳米电极下方单个囊泡释放的神经递质的单一电流尖峰。随后，他们通过在玻璃毛细管内密封火焰蚀刻的碳纤维，制造了锥形碳纤维纳米电极（CFNE），并将该电极纳米尖端置于两个神经元膜之间，实时监测单个突触内的单个胞吐事件，检测过程如图 9-5 所示 [69-70]。在突触内和两个神经元细胞膜之间检测到不同的胞吐过程，呈现出不同的囊泡融合模式。这是他们首次实现对神经突触内的囊泡释放机制的关键特征进行直接原位电化学测量。

利用纳米电极对单个活细胞内生物分子进行原位和实时检测对于细胞生物学机理研究具有重要的推动作用。Mirkin 等将纳米电极与 SECM 技术结合 [71]，使用 42nm 抛光的 Pt 电极扎入贴壁的人乳腺细胞，在纳米电极上观察到循环伏安响应，并用于检测细胞内的氧化还原物质和跨膜电荷的传输速率。他们的研究结果证明，针尖半径是细胞 1/1000 的纳米电极可以穿过细胞膜进入细胞质中，对细胞膜没有明显损伤，表明利用纳米电极可进行细胞内的电化学分析，从而开创了在单个细胞中进行高空间分辨电化学检测的先河。随后，将 Pt 纳米颗粒电沉积在刻蚀的纳米毛细管空腔内，可获得大的电化学检测面积。将

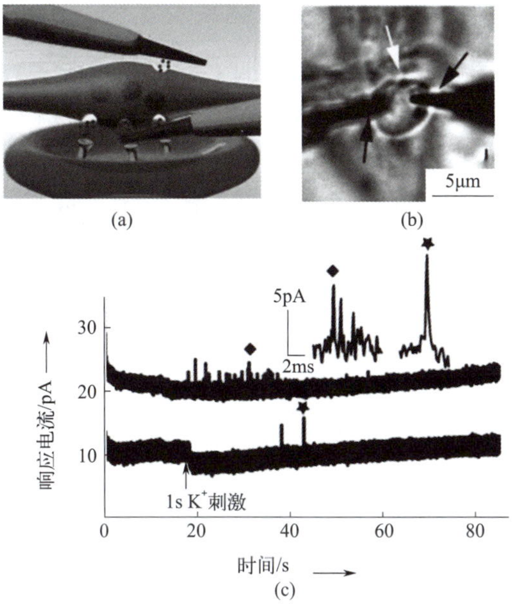

《 图 9-5　两根碳纤维纳米电极（CFNE）同时监测“半人工突触”和“内突触”囊泡胞吐过程[69-70]

（a）检测过程示意图；（b）检测过程显微照片；（c）电流信号曲线（上是电极在突触内记录的电流曲线，下是在突触顶部记录的电流曲线）

该纳米电极扎入单个细胞中，可检测到细胞质中微弱且短暂的 ROS/RNS 电化学信号。通过改变施加在纳米电极上的电压，进一步定量获得细胞质中四种 ROS/RNS 物质的浓度，进而探究这四种物质产生的动力学过程（图 9-6）。因此，该纳米电极电化学分析技术可用于单个活细胞内氧化应激过程的研究[72-73]。

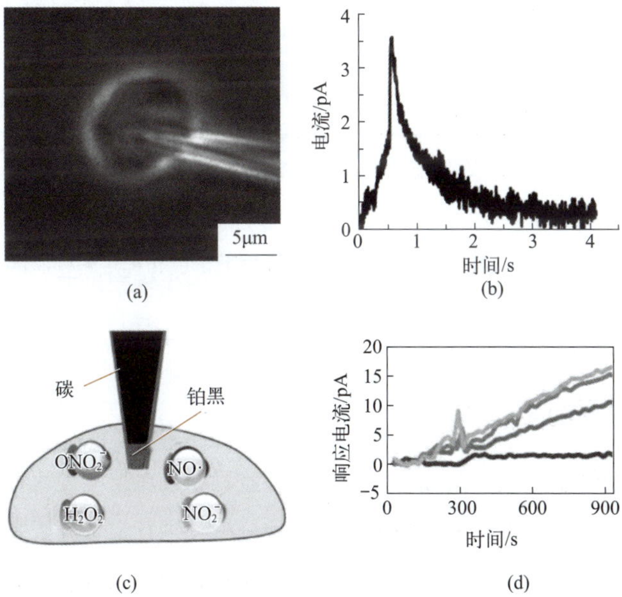

《 图 9-6　利用纳米电极对 RAW 264.7 巨噬细胞内 ROS / RNS 分子进行检测[72-73]

2016 年，本书编著者团队利用纳米毛细管内电渗流现象所形成的电化学泵，将飞升量级试剂盒组分推入单个活细胞后，与神经鞘磷脂酶（SMase）发生反应，产生 H_2O_2。毛细管尖端的纳米环形电极对产生的 H_2O_2 进行电化学检测，如图 9-7 所示。通过检测单个 J774 细胞和 HeLa 细胞在 Zn^{2+} 刺激前后的 SMase 活性，发现单个细胞内的酶活性具有高度细胞异质性。该检测利用商用试剂盒，无需制备检测试剂，可将生物响应和检测器集成在一个纳米毛细管电极中，为表征单个细胞中生物分子的活性和浓度提供了一种通用的方法。

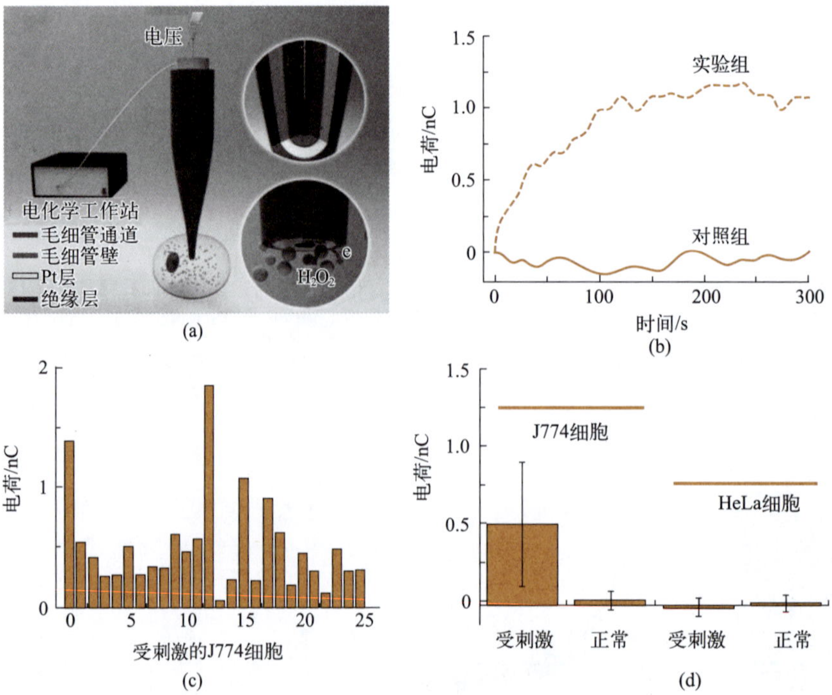

图 9-7　利用纳米毛细管制备出“纳米试剂盒”用于检测单个细胞内葡萄糖浓度和神经鞘磷脂酶（SMase）的活性[48]

3. 基于纳米电极的单细胞器电化学分析

许多基本的生物学过程发生在亚细胞区域以及细胞器内，实时监测和量化这些过程很有必要。对单个细胞器和生物囊泡（如突触小泡和溶酶体）中各种分析物进行定量分析是生物分析领域的一项重要挑战。黄卫华等使用干扰素-γ 和脂多糖（IFN-γ/LPS）刺激 RAW

264.7 细胞，利用 SiC@C 核壳纳米线电极对该细胞内单个吞噬体中 ROS / RNS 四种物质（即 H_2O_2、$ONOO^-$、NO_2^- 和 NO·）进行定量分析[60]。当吞噬体与 Pt 纳米线电极发生碰撞时，包含的 ROS / RNS 分子会被释放出来，在电极表面发生电化学氧化，依据电流信号可估算单个吞噬体内 ROS / RNS 分子的总量（图 9-8）。

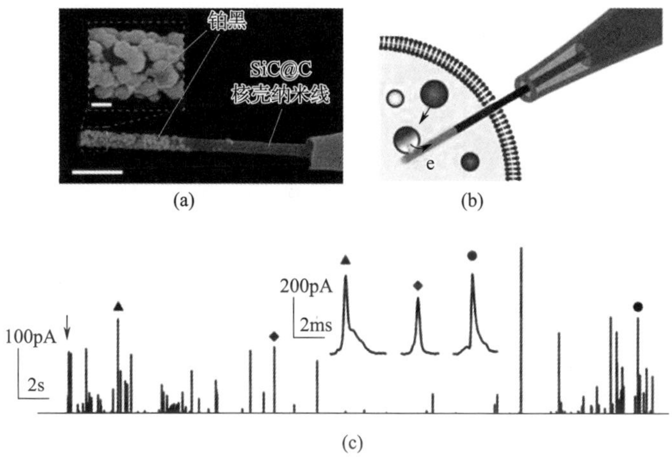

图 9-8　利用 SiC@C 核壳纳米线电极实现对活细胞内单个吞噬体中 ROS / RNS 分子的定量检测[64]

Mirkin 等[70] 使用 IFN-γ/LPS 刺激 RAW 264.7 巨噬细胞，随后，利用铂碳纳米电极和四步计时安培法，监测单个吞噬体中 ROS / RNS 四种分子随时间的浓度变化（图 9-9），实现对细胞内单个吞噬体中四种分子生成速率的原位检测和定量分析。阐述四种分子产生速率的差异性，以及这种内在的差异性与吞噬过程的相关性。

经典单细胞电化学分析技术专注于开发新的电极结构，用于检测培养的单个细胞。尽管已经有大量文献报道了单细胞的胞吐过程和分子分布，但是很少有工作研究单细胞信息和动物行为之间的关系。因此，需要将以上建立的电极及其检测方法用于对生物体系中单个细胞进行分析。Ewing 等[71] 建立了基于纳米电极的细胞内囊泡成分的电化学分析技术，并对果蝇神经元囊泡内包含的和神经肌肉接头处释放的章鱼胺进行定量分析，观察到一系列不同类型的囊泡释放行为，揭示了胞吐过程中闪烁的融合孔（图 9-10）。同时，证实果蝇幼虫神经元内囊泡释放章鱼胺的过程是部分释放，且果蝇体内神经元细胞中的囊泡比人工培养细胞（如 PC12 细胞）中的囊泡更小，测得的分子数更多。该技术可用于生物体系（如果蝇幼虫）中单个细胞囊泡内物质的定量分析，对于电化学分析和电生理学领域发展十分重要。

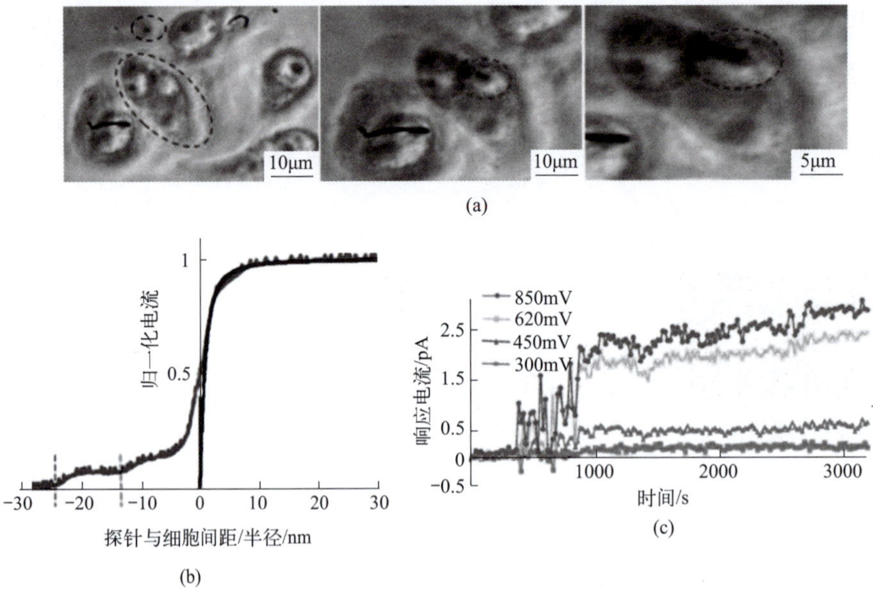

扫码看彩图

图 9-9 利用 SECM 技术将单个铂纳米电极扎入 RAW 264.7 细胞内的单个吞噬体中 [(a), (b)], 并对该吞噬体内的四种 ROS / RNS 物质进行定量检测 (c)[74]

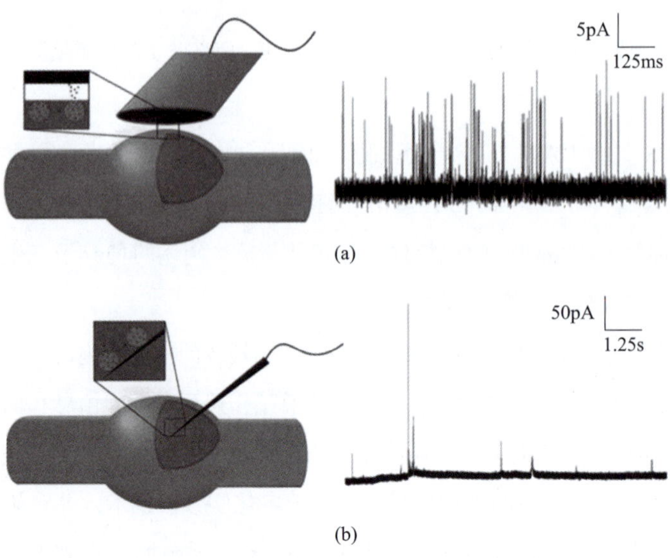

图 9-10 使用单细胞电流法 (SCA) 对神经肌肉接头处释放的章鱼胺进行检测 (a); 使用细胞内囊泡电化学细胞术 (IVIEC) 对神经元细胞内囊泡中的章鱼胺进行定量检测 (b)[75]

综上所述，基于纳米毛细管的纳米电极，可用于单个活细胞以及单个细胞器的分析，并开发出性能优异、具有较高灵敏度和选择性的电化学检测装置。然而，该方法和技术对于单细胞内更多非电活性物质（如蛋白和酶等）的测量无能为力，因此，需要将该方法与超分辨荧光显微技术等高时空分辨率方法相结合，实现高时空分辨单细胞分析。

三、基于微 / 纳电极阵列的单细胞电化学分析

1. 微/纳电极阵列的制备

微电极阵列是包含多个微电极的装备，最初用于作为神经接口，将神经元连接到电子电路。20 世纪 50 年代，Strumwasser 开发了第一个植入式阵列，记录清醒的、有行为的动物活动 [76]。随着光刻技术的应用，微电极阵列的制备和研究得到迅猛发展 [77-79]，并逐步发展到纳米电极阵列。但由于光学衍射极限的存在，光刻技术不能用于制作尺寸特别小的纳米级阵列。而电子束刻蚀技术，即以发射电子束创建尺寸为几十纳米的小图案的技术 [80-82]，可以用来制作纳米电极阵列，但该方法制造的速度较慢，限制了这项技术的规模化应用。

使用纳米线或纳米管等新型纳米材料，可简化纳米电极及其阵列的制备方法。Ren 等 [83] 通过电化学方法在硅表面沉积镍纳米颗粒，进而原位生长直径为 100nm 的碳纳米管。然后，在表面上分别涂覆 SiO_2 和 M-Bond 610（环氧酚醛黏合剂）薄层作为纳米管的绝缘层和支撑层，对从树脂中伸出的纳米管进行抛光，使纳米管的尖端露出制得碳纳米管纳米电极阵列。Lieber 等 [84] 使用直径为 20nm 的硅纳米线作为纳米电极，利用 Langmuir-Blodgett 技术将纳米线按一定距离排列在硅表面；随后，利用光刻和金属沉积技术组装了纳米线的源漏接点。在剥离绝缘层之前，通过沉积 Si_3N_4 钝化接点。这些工作为低成本制备数百万个纳米电极组成的阵列提供了方法，但面对其在化学和工程领域的应用仍然具有挑战性。

2. 微/纳电极阵列用于单细胞分析

微 / 纳电极阵列可用于单细胞的局部检测 [85-89]，而纳米电极阵列能用于高空间分辨的单细胞分析。Lindau 等 [90] 利用微 / 纳电极阵列对单个神经元的融合孔开口进行成像。该技术在包含四个电极的阵列上操纵一个神经元，细胞中单独释放的含有儿茶酚胺囊泡的位置由单个电极记录的儿茶酚胺分数确定。在 211 个囊泡的胞吐中，总共有 154 个囊泡仅在一个或两个电极上显示出可检测到的电流尖峰，剩下的胞吐过程在三个或者四个电极上显示出可检测到的电流尖峰，表明电极阵列能够实现细胞表面单个融合开口的空间定位及检测。

崔便晓等[91]使用经典的纳米制造策略制得垂直纳米柱电极阵列，如图9-11（a）所示。由于高电场在细胞膜上诱导形成纳米大小的孔，因此纳米电极可在相对较高的电压下进入单个细胞。通过纳米级电穿孔和再密封过程，可以实现在细胞外和细胞内的切换记录，从而准确测量细胞膜上的动作电位。同时，纳米电极阵列具有高通量以及对细胞损伤可忽略不计的优点，可以在连续几天内对多个细胞并行重复记录。近期，他们用氧化铱纳米管电极取代固体纳米电极，可以增强细胞-电极之间的耦合[92]。相比于固体纳米电极，纳米管电极能够获得更强的信号，且可以在一次检测中稳定记录长达1h的信号，以及进行连续8d以上的每日记录。最重要的是，这种新型纳米电极结构具有更好的性能，表明可以通过优化电极几何结构，进而提高纳米电极的性能。随后，Widdershoven和Selmi开发了一种大规模、高密度的纳米电极阵列，该阵列与互补金属氧化物半导体（CMOS）电子器件集成在一块芯片上，可作为高频阻抗显微镜的平台[93]。利用阻抗指纹技术，实现亚微米分辨率下实时观察BEAS、THP1和MCF-7癌细胞系在生长介质中的动态附着和微动。

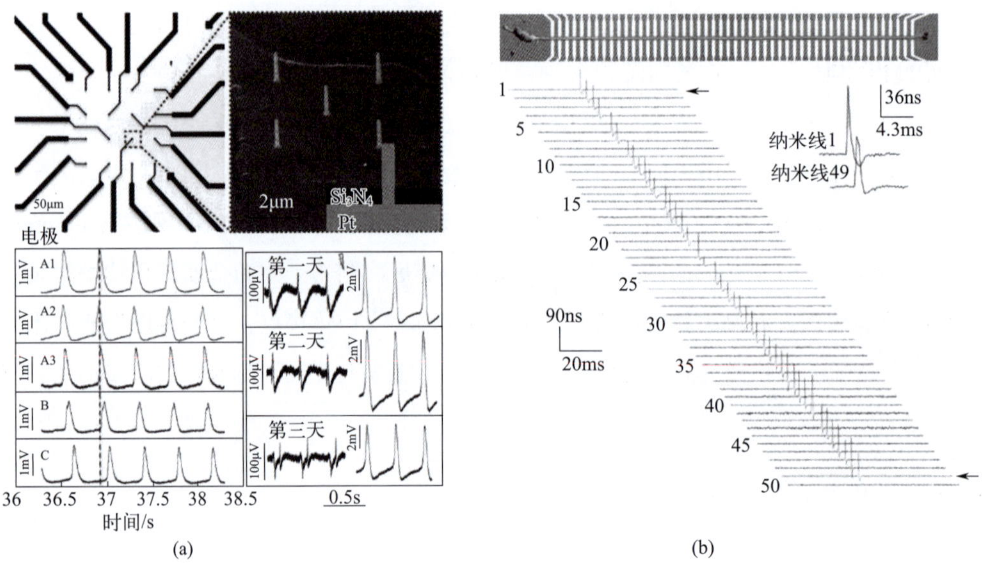

图9-11　在同一培养皿中用五个不同的纳米柱电极阵列对HL-1细胞进行细胞内、外记录以及连续几天监测单个细胞的动作电位变化（a）[91]；高度集成的纳米电极阵列分析装置用于细胞分析（b）[94]

纳米线是一种新型的纳米电极，可组装成电极阵列，以获得更高的空间分辨率。Lieber等[94]在这方面做了里程碑式的工作，他们沿着单个细胞将50根接触长度为20nm的纳米线组装成纳米电极阵列，这种电极阵列设计指定一个或多个电极作为局部输入端，激发轴突产生动作电位尖峰，而不是整个细胞都产生动作电位尖峰［图 9-11（b)］。这种新颖性使得在同时映射具有高空间和时间分辨率信号流的同时，实现多样化和可控的多站点输入。使用该阵列检测约 500μm 长轴突，刺激胞体中的动作电位产生了 43 个电信号图谱。这项实验的成功使研究人员能够研究神经网络中树突和轴突的信号流图，并抑制与特定路径相关的轴突连接活动。

总体来说，随着纳米电极和微 / 纳电极阵列等电化学体系结构的发展，具有高时空分辨能力的单细胞电化学分析技术在生物和化学研究中受到越来越多的关注。在进一步发展过程中，仍然需要简化电极的制备，增加自动化和检测通量，从而可以研究多个单细胞，以实现统计学分析。此外，必须考虑在电化学测量过程中保持单个细胞处于自然状态，这意味着应仔细研究细胞与微电极之间的相互作用，以尽量减少细胞活动中断。

四、基于电阻脉冲传感技术的单细胞电化学分析

1. 电阻脉冲传感技术检测原理

电阻脉冲传感技术是对流经生物 / 固态纳米孔或者纳米毛细管口的离子电流进行检测而发展起来的分析方法 [95-99]。当一个纳米粒子（NP）[100]、囊泡 [101-103] 或者大分子 [104] 穿过纳米孔时，会影响管口的电导，导致离子电流瞬间下降，从而在电流-时间曲线上观察到常规电阻脉冲信号峰。在纳米毛细管的内壁修饰一层薄薄的导电材料，如 Au[105-106]、Pt[49]、C[107-108]、Ag[109] 或者导电聚合物 [110]，可使得纳米孔表面电荷量和电势可调 [111]，从而提高检测的选择性和灵敏度。电阻脉冲传感技术的核心元件是纳米毛细管，可利用加热的方式软化石英 / 硅酸盐毛细管，制备出圆锥形纳米针尖，该制备方法灵活、可重复性高、稳定且尺寸易调 [112]。由于针尖孔径较小（如＜ 10nm[113-114]），因此，可用于个体单元分析。目前，基于电阻脉冲的传感技术已广泛应用于 DNA 测序 [115-116] 和单分子 [117-118]、单个纳米粒子 [119]、蛋白质 [120-121]、病毒 [122] 及修饰在纳米粒子上的分子 [123-124] 的检测。

在电阻脉冲传感试验中，预先向纳米毛细管内注满电解质溶液，然后将其置于与管内溶液相同的电解质溶液中。如图 9-12 所示，在毛细管内外电极之间施加一定的电压，收集流过毛细管孔径的离子电流 [99]，该电流可作为背景电流（i_0）。向管外溶液加入待测的纳米粒子（NP），当溶液中的 NP 穿过孔口进入毛细管时，会阻断部分离子电流，并在电流-时间曲线上观察到一个尖形电阻脉冲峰。如果预先将 NP 注入纳米毛细管内，在两个电

极之间施加一定的电压，可以将这些 NP 输送到管外主体溶液中。每当一个 NP 从管内迁移到毛细管外时，都会出现一个电阻脉冲峰，从而精确测量输送 NP 的数量。因此，可以将纳米毛细管作为扫描离子电导显微镜（SICM）的探针，实现单个 NP 或生物分子局部输运的原位测量[125]。

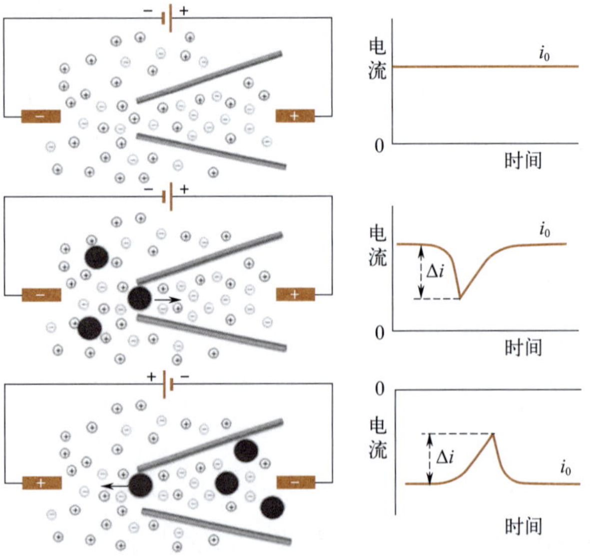

图 9-12　基于纳米毛细管的电阻脉冲传感技术的原理图[99]

能够被电阻脉冲传感检测到的 NP 尺寸与毛细管管口大小相关，直径必须小于毛细管管口直径，使得纳米粒子能通过管口进行管内外搬运。其次，纳米粒子应尽可能大，以便能够在电流-时间曲线上看到离子电流的变化（Δi）。单个 NP 阻塞针尖孔道的时间分辨率是 ms 或亚 ms 级，因此需要使用膜片钳放大器等精密仪器进行记录。通过分析电阻脉冲峰的频率和振幅，可以获得待检测 NP 的浓度和大小等信息。

NP 在圆锥形 / 圆柱形纳米孔中进行粒子迁移的数学模型和数值模拟已有大量文献报道[110]，而关于锥形孔中粒子迁移的近似数学模型[117, 126]可用于描述一个 NP 穿过纳米毛细管的过程，并由此算出粒子迁移过程产生的电阻脉冲峰形状和振幅[123]。电阻脉冲峰的形状为非对称，刚开始电流快速下降，随后缓慢回到基线（拖尾）。该结果表明，当 NP 到达孔口时，毛细管电阻急剧增加。随后，NP 进入管内，电阻缓慢下降。

电阻脉冲信号峰的振幅取决于 NP 的半径（r_p）、毛细管锥角（θ）和毛细管针尖孔口半径（a）。当 r_p 小于 a 时，r_p / a 的比值越大，毛细管电阻变化越大，从而 $\Delta i / i_0$ 的数值就越大。当 r_p/a 数值一定时，θ 越大，电阻脉冲峰的信号越高。当 a 一定时，θ 越大，毛细管电阻越小，使得电阻变化值越大，从而导致电阻脉冲峰的信号越高。当给定 NP 样品时，根据这些规律可以选择出合适几何结构的纳米毛细管，从而获得高信噪比的电阻脉冲信号。

2. 电阻脉冲传感技术用于单细胞分析

电阻脉冲传感技术可用于单细胞分析。Zhe 等 [127] 基于磁珠偶联靶细胞表面抗体，开发了定量细胞个数的微流体计数器。该装置有两个计数位点（每个位点都有两根 Ag/AgCl 电极），在第二个计数位点周围放置一个永磁铁，可延缓靶细胞（HUVEC）的运动，从而延长其迁移时间［图 9-13（a）］。标记细胞和非标记细胞按不同比例混合后进行电阻脉冲穿孔，通过测量和比较它们在两个计数位点的迁移时间，估算出该试验靶细胞占比的检测

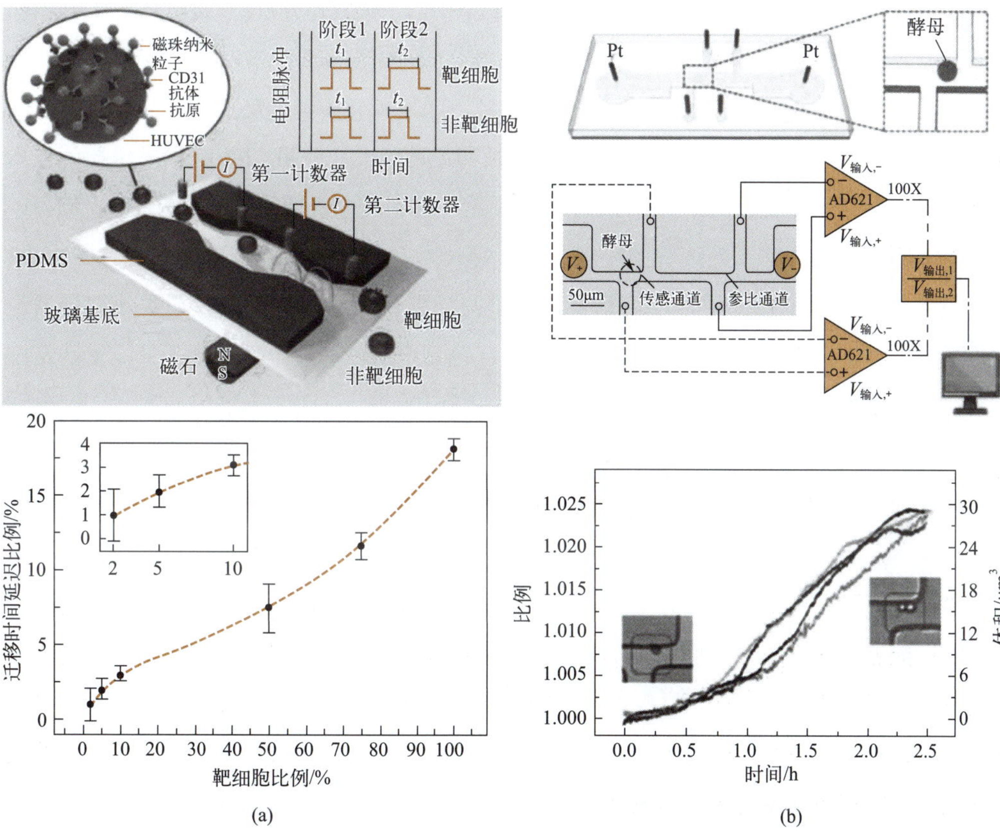

图 9-13　对磁珠修饰的细胞进行电阻脉冲传感实验（a）[127]；微流控装置用于分析传感通道内的酵母细胞（b）[128]

限（LOD）为 5.6%。Li 等[128]提出了一种电阻脉冲传感的微流控装置用于长期实时监测单个出芽酵母细胞的生长过程。如图 9-13（b）所示，该装置能够对直接附着在传感区基底上的单个出芽酵母细胞体积变化进行精确测量。使用聚苯乙烯微球（4.84μm）对响应信号进行初始校准，用于将测量得到的信号比转换成体积（伏特转换为飞升）。通过 2.5h 的长时间检测，获得的结果计算出单个酵母细胞的绝对体积增量为 27.2 ～ 29.4fL。

除了用于分析一个完整的细胞，该技术还可以对细胞内 / 外的囊泡进行分析。Mirkin 和本书编著者团队提出使用一根石英纳米毛细管 / 碳纳米毛细管（CNP）在贴壁的活细胞内进行常规电阻脉冲实验[63]，当巨噬细胞 RAW 264.7 内的囊泡穿过纳米孔口时，会阻塞孔口，导致流经毛细管孔口的离子电流瞬时下降，产生电阻脉冲信号。同时，将电阻脉冲传感检测与单个囊泡内的氧化还原物质电分析两种技术相结合，利用一根导电的镀铂碳纳米电极（Pt-CNP）扎入到单个 RAW 264.7 细胞内并施加一定的电压，记录电流。发现电流曲线上出现方向向下和向上两种尖峰。向下的峰是由于细胞内的囊泡迁移进入毛细管内而产生的电流下降峰。当囊泡与电极表面发生碰撞时，该囊泡内的 ROS / RNS 分子会在 Pt 颗粒表面发生电化学氧化，故而产生向上的电流峰。通过改变施加的电压，从而可以对取出来的单个囊泡内的四种 ROS / RNS 分子进行定性和定量分析。近期，Mirkin 等[129]将该技术进一步用于原位检测特定细胞释放的单个胞外囊泡，并实时分析这些囊泡中的 ROS / RNS。

综上所述，基于纳米毛细管的电阻脉冲传感技术在单细胞领域表现出了独特的优势。将该技术与其他检测技术结合，可开发具有不同功能和用途的检测装置，实现细胞器计数、运动过程动力学研究以及细胞器内的分子（包括电活性和非电活性分子）定量和定性分析，为探索生命科学的奥秘提供科学依据。

五、扫描电化学显微镜用于单细胞成像分析

鉴于单细胞表面生物分子分布的复杂性以及胞吐过程与细胞膜表面微区异质性的相关性，发展能够对细胞膜中生物分子及胞吐过程进行高时空分辨的电化学成像方法及装置是单细胞电化学分析领域的热点之一。SECM 是一种经典的电化学显微技术，利用超微电极作为工作探针浸入电解质溶液中，并对基底样本进行三维方向扫描，通过分析探针上的电流变化来反映相应样本的形貌和电化学性质。

SECM 技术能够将微 / 纳电极尖端精确定位在单个细胞表面，获得空间分辨的电化学信号[130-133]。Schulte 等[134]将定制的倒置光学显微镜耦合到恒距模式的 SECM 系统中。该

系统具有光学和基于剪切力的反馈机制，能够在整个扫描过程中使针尖尖端和样品之间的距离保持恒定。高度精确的距离控制使得碳纤维微电极具有适当的振动特性，可用于对成纤维细胞或肾上腺嗜铬细胞的形貌进行表征和电化学测量。光学显微镜可在视觉上辅助识别合适的细胞，并手动将电极尖端预定位于目标细胞的周围。根据 SECM 扫描获得的细胞形貌信息，将针尖精确定位于单个活细胞正上方，并通过安培法检测到激活状态下单个嗜铬细胞胞外囊泡中儿茶酚胺的释放。

使用纳米电极可提高 SECM 成像的空间分辨率。但由于纳米电极检测到的分子数量极少，因此获得单个细胞表面蛋白质的分布或局部神经递质释放的高质量信号仍然是一个挑战。Matsue 等[135]在 SECM 中引入电压切换模式，利用碱性磷酸酶（ALP）偶联抗体与单细胞表面的目标蛋白质分子的特异性结合，以及底物对氨基苯基磷酸盐单钠盐（PAPP）被酶催化形成具有电化学活性的对氨基酚（PAP），利用纳米电极检测该电化学活性物质，从而实现对细胞表面蛋白质分子的灵敏检测［图 9-14（a）］。通过切换施加的电压，可将法拉第电流从受阻扩散反馈信号（用于控制距离和形貌成像）切换为电化学通量测量，大幅度提高检测的灵敏度。随后，利用一根 6.5nm 的纳米电极在 20ms 的时间内收集电极上的稳态电流，从而实现 A431 细胞上的膜蛋白和 PC12 细胞释放的神经递质的灵敏检测［图 9-14（b）］。

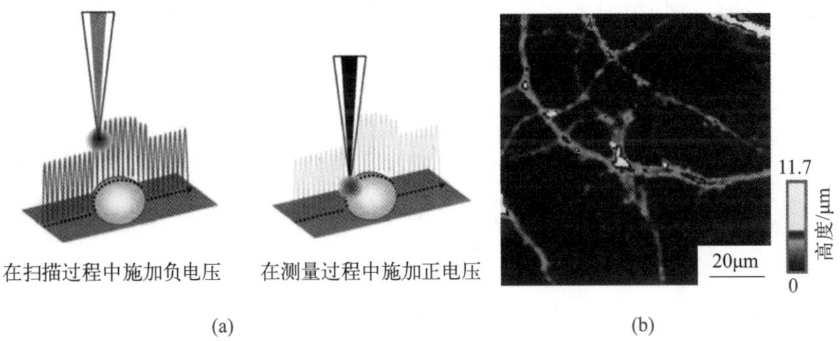

◇ 图 9-14　基于电压切换模式的单细胞 SECM 示意图（a）；恒流模式下海马神经元细胞的 SECM 形貌图（b）[135]

为了进一步实现对单细胞呼吸和形貌信息的同时成像，Baur 等[136]将快速扫描循环伏安法（FSCV）与交流扫描电化学显微镜技术（AC-SECM）相结合，对一根碳纤维电极进行伏安法测定的同时，加入高频低振幅的正弦波，从而同时获取基底的化学和形貌信息。因此，该技术可以在不添加氧化还原物质的情况下，对细胞呼吸过程和细胞形貌进行成像，并对细胞生长和变性过程进行长时间的形貌和化学检测。目前，单细胞 SECM 成像的空间分辨率仍然需要提高，需要进一步优化电路、降低噪声和优化数据处理过程，从而可以提高电极表面的信号强度，实现更高空间分辨率的单细胞分子特征及形貌成像。

SECM 所采集的信号为生物分子在电极表面发生氧化还原反应所产生的法拉第电流，该值与生物分子的含量直接相关。在单细胞成像过程中，纳米区间内的生物分子含量很低，所产生的法拉第电流值很小，难以检测。因此，该技术所获得的单细胞图像空间分辨率有限。为了获得高空间分辨率的单细胞电化学成像图片，开发了一种基于纳米毛细管管口离子电流作为信号源的电化学成像新技术，即扫描离子电导显微镜（SICM）技术。该技术采用一根灌有电解液的纳米毛细管扫描单个活细胞表面，当对电解液施加电压时，电解液离子会流过纳米毛细管尖端开口，所产生的离子电流取决于探针和样品表面的距离与状态。通过反馈控制毛细管尖端位置以使离子电流恒定，可以获得样品表面形状图像 [137-138]。由于离子电流可高达纳安级，因此无需使用高灵敏的电化学仪器，便可以确定待测物的表面形貌。例如，Korchev 等 [139] 利用一根针尖孔口直径为 13nm 的纳米毛细管对球形芽孢杆菌的 S 层蛋白进行成像，可以获得 3 ～ 6nm 的空间分辨率。目前，SICM 已被广泛应用于生物学研究，如形态学表征、生理活性评估和亚细胞结构的动态观察。与 SECM 获取的信息相比，SICM 图像中没有化学信息，这也给 SICM 继续创新和进一步发展的机会，以获得单细胞水平的化学和形貌信息。为此，设计出新型的 SICM 技术，可以对细胞同时进行表面电荷测量和形貌成像 [140-143]。在该方法中，纳米毛细管表面扩散层与其表面发生相互作用，形成了一个永久选择区域，从而产生极性依赖性的离子电流，如图 9-15（a）所示。通过改变对纳米毛细管施加的电压，还可以诱导出整流效应。因此，可以通过探测细胞界面双电层的性质，获得表面电荷量。结合电荷量和形貌信息，可用于揭示人类脂肪细胞表面不同的电荷量分布，如图 9-15（b）所示 [142]。

与 SECM 相比，SICM 图像中没有包含单细胞表面的分子信息，通过制备多功能、双通道纳米毛细管扫描探针，同时进行 SICM 和 SECM 测量，就可以同时获取活细胞表面的形貌和分子信息 [125, 144-146]。例如，Unwin 等开发了一个双通道探针，将其中一个通道注满含有目标分子的电解质溶液并置于主体溶液中，基于 SICM 原理获取形貌反馈信息，同时还能向细胞局部位置输送目标分子。另一个通道中的固体碳电极可以依据 SECM 原理检测局部浓度以及所输送分子的通量。利用“跳跃模式”，在每个像素点处校准碳电极的响应信号，以便与表面的测量结果进行比较。该技术可以在纳米级分辨率下，对单个细胞的多个区域进行逐一检测，从而可以获得不同区域的分子摄取率 [144]。

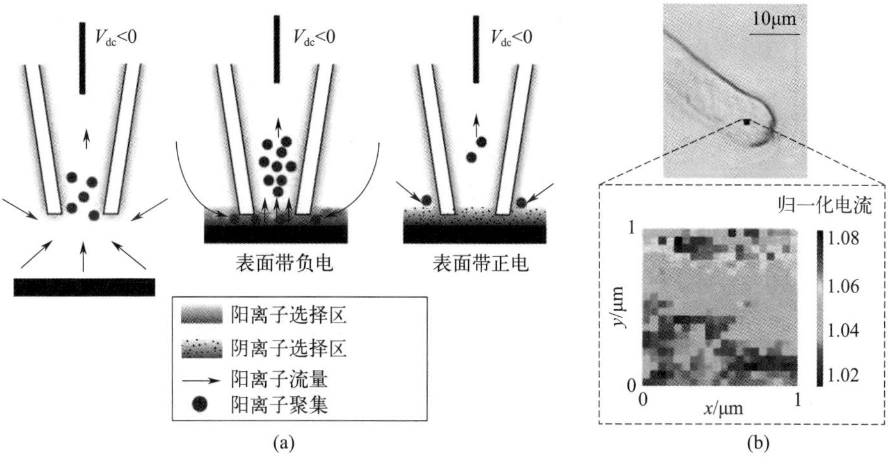

扫码看彩图

图 9-15 一根带负电的纳米毛细管远离材料表面、靠近带负电的材料表面以及靠近带正电的材料表面时的周围电荷量分布（a）；根毛尖端的高分辨率表面电荷量分布图（b）[142]

虽然 SECM 可进行高空间分辨的单细胞分析，但是是以牺牲时间分辨率为代价获得高空间分辨率，因此存在分析通量低的技术局限性。为此，陶农建等[147-148]开发了等离子体电化学显微镜，可以同时以亚微米的空间分辨率和亚毫秒级的时间分辨率对来自平面电极电化学信号的界面分布进行宽场成像。检测的基本原理是基于表面等离子体共振（SPR）对金膜电极表面电荷密度的敏感依赖性，金膜电极的表面电荷密度随着施加的电压的变化而变化。由于可以根据与调制电流相关的局部表面电荷量获得电化学阻抗，因此等离子体信号可用于局部电化学阻抗成像[149]。如图 9-16（a）所示，使用这种基于 SPR 的等离子体电化学阻抗显微（P-EIM）技术，可以研究细胞的各种动态过程，包括单个活细胞的凋亡和电穿孔[150]。通过同时记录明场光学图像和 P-EIM 图像，可以获取细胞中心最初的快速电穿孔，以及之后持续数十秒的较慢恢复过程。在他们另一项工作中，将具有亚细胞和毫秒时空分辨率的 P-EIM 技术用于研究活 HeLa 细胞的内源性 G 蛋白偶联受体（GPCR）刺激过程，如图 9-16（b）所示[151]。尽管该技术具有许多独特的功能，但是在分子尺度过程中的呈现，特别是在细胞中，需要进一步研究。因此，将 P-EIM 与荧光显微镜以及其他成像技术相结合，将有助于对 P-EIM 成像的细胞进行分子尺度的理解。

细胞信号转导具有复杂的通路网络，蛋白质、受体和小分子之间的相互作用可调节某些细胞功能，实现细胞间的通信。通过标记或过表达操纵多个目标，可研究细胞信号转导过程。例如，李景虹院士利用 P-EIM 技术研究 GPCR 刺激细胞引起的钙离子动态和瞬态活动信号，表明细胞亚群对激动剂刺激更敏感，以及单个 HeLa 细胞中激动剂激活的钙离

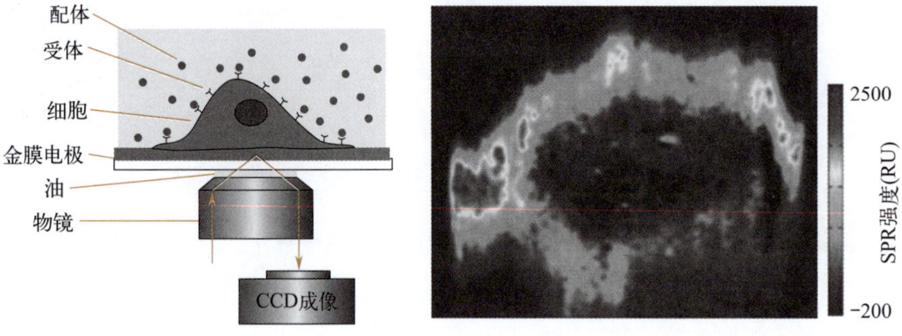

扫码看彩图

图 9-16　P-EIM 装置示意图（a）；通过麦胚凝集素结合后使 SPR 信号增强来定量检测含 *N*-乙酰氨基葡糖蛋白的分布（b）[150-151]

子通道分布和瞬时活性的异质性[152]，为研究不同时域内与钙离子相关的细胞活动奠定了研究基础，从而能够更好地理解单细胞内随机行为的复杂性。随后，利用 P-EIM 解析单个细胞的 GPCR 响应，研究了组胺介导的 GPCR 激活，揭示了细胞下游反应的时空异质性。结果表明，在组胺刺激后，单个 HeLa 细胞观察到三相反应，在不到 10s 的时间内快速达到 P1 峰，这归因于 GPCR 触发了钙离子释放。蛋白激酶 C（PKC）激活后，1min 内出现倒置的 P2 峰，归因于细胞-基质黏附的改变。组胺处理后 3～6min 出现主峰（P3 峰），这是因为动态的质量再分布，且表现出剂量依赖性。在单个细胞中观察到 P3 异质性，特别是在高组胺浓度下，表明组胺 H1 受体在细胞中的表达水平不同[153]。该工作证明 P-EIM 是研究 GPCR 激活过程，进而理解组胺触发的细胞通透性调节的有用工具，将有助于开发新的炎症疗法和抗组胺药物。

第三节
电化学发光技术用于单细胞分析

一、基于鲁米诺电化学发光体系与酶促反应耦合的单细胞分析

鉴于鲁米诺电化学发光体系通常与酶促反应耦合，本书编著者团队发展了单个细胞

的电化学发光分析方法。如图 9-17（a）所示，将细胞孵育在导电玻璃（ITO 玻璃）表面，电极底部与光电倍增管（PMT）窗口间放置直径 100μm 针孔避光薄膜。通过调整细胞密度，使得只有单个细胞暴露于 PMT。溶液中的胆固醇氧化酶可与细胞膜上的活性胆固醇反应，生成 H_2O_2，增强鲁米诺的 ECL 信号，通过比较引入胆固醇氧化酶前后电化学发光信号的差异，可以获得细胞膜活性胆固醇含量的信息 [154]。将细胞膜上活性胆固醇去除后，激活细胞内非活性胆固醇（胆固醇酯）的释放，可实现非活性胆固醇的测定 [155]。该工作解析了单细胞水平细胞膜上游离胆固醇 / 结合态胆固醇的含量，同时为理解细胞内胆固醇转运路径提供了新的方法。此外，在溶液中依次加入多种其他氧化酶，可以实现细胞膜表面不同底物的连续测定。李景虹院士以多肽为细胞捕获单元，借助凝集素与聚糖间的亲和作用，将修饰有伴刀豆球蛋白的金纳米颗粒结合至细胞表面，海藻酸钠 / 葡萄糖氧化酶复合物又可进一步结合至金纳米颗粒表面。在溶液中加入底物葡萄糖，酶促反应生成的过氧化氢可显著增强鲁米诺的电化学发光信号，实现细胞定量分析。海藻酸钠分子长链上可修饰多个酶分子，保证了检测的灵敏度。由于 MCF-7 等肿瘤细胞表面的聚糖过表达，该传感器可用于癌细胞的识别及细胞表面聚糖含量的评估 [156]。鉴于该 ECL 生物传感器具有良好的灵敏度、稳定性和生物相容性，其在癌症和其他疾病的糖基相关生物标志物的诊断中具有广阔的应用前景。

对于细胞膜上非酶活性分子，可以组合使用多种生物酶，实现目标物检测。例如，方丹君等 [157] 联合使用磷脂酶 D 与 L-氨基酸氧化酶，前者催化细胞膜上的磷脂酰丝氨酸水解为磷脂酸与丝氨酸，后者催化丝氨酸氧化，生成 H_2O_2，增强电化学发光。该方法简单快速，成本低，适用性强。只要有合适的氧化酶或酶组合，催化底物氧化产生 H_2O_2，就可以实现相应生物分子的测定 [158-159]。

为提高细胞测量通量，本书编著者团队 [160] 制备了由八个电极组成的微电极阵列。如图 9-17（b）所示，单个微电极的面积与细胞尺寸相当，使用多通路电化学工作站，将电压依次施加至单个微电极，PMT 同时记录发光强度，可在 22s 内实现 8 个细胞的同时电化学发光测定。不过，微加工方法制备的微电极阵列中电极数量仍较为有限，检测通量难以大幅提高。

成像测量体系可提高检测通量和空间分辨率，因此，在单细胞分析中具有很好的应用前景。方丹君等 [161] 发展了用于单细胞平行测量的 ECL 成像方法。如图 9-17（c）所示，ECL 显微镜的基本设置包括电化学池、电化学工作站和配备电子倍增电感耦合器件（EMCCD）的显微镜。拍摄电化学发光图像时，关闭外部光源，并在电极上施加

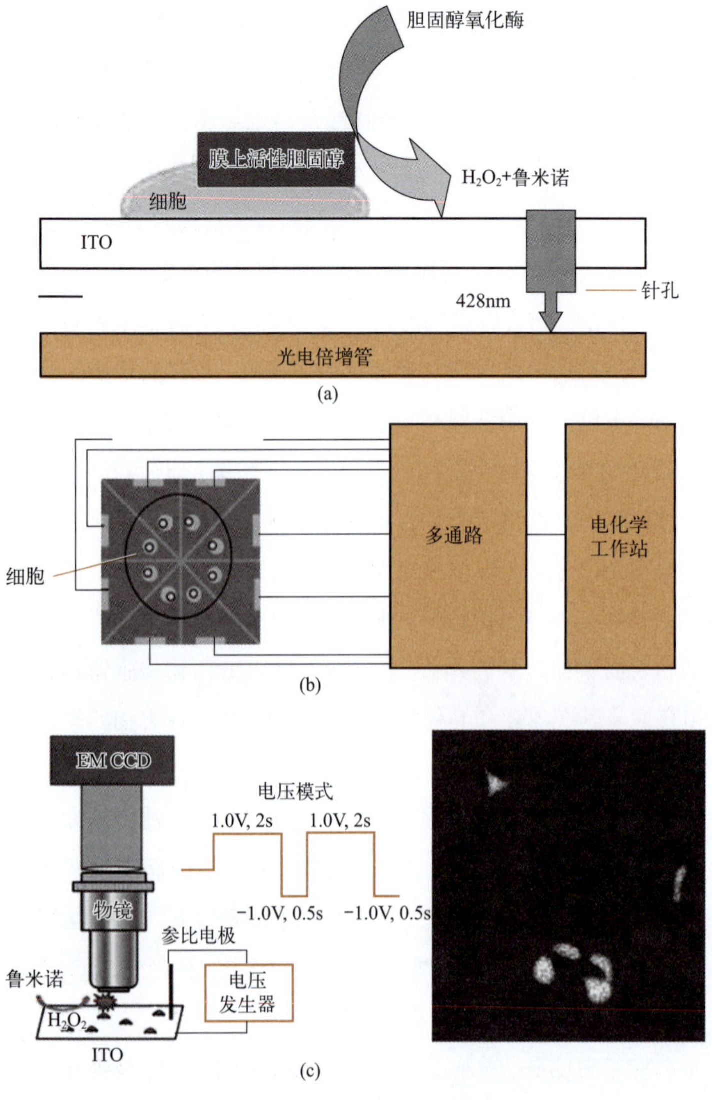

图 9-17 细胞膜表面胆固醇含量分析[154, 160-161]
（a）单孔模式；（b）微电极阵列；（c）电化学发光成像

合适电位触发电化学发光反应。由于细胞黏附在电极表面，L012{8-amino-5-chloro-7-phenylpyrido[3,4-*d*]-pyridazine-1,4(2*H*,3*H*)-dione，鲁米诺类似物}扩散受阻，因此细胞在ECL图像中呈现为黑色。将胆固醇氧化酶引入前后的ECL图像进行对比，得到的差减图像中ECL强度的差异揭示了细胞膜胆固醇含量的异质性。但鲁米诺、H_2O_2和ECL中间产物的扩散可能会使发光位点远离酶促反应位点。为了解决这一问题，本书编著者团队在

ITO 电极上制备了二氧化硅纳米通道薄膜，其垂直于电极的纳米通道限制了反应物的横向扩散，减少了邻近微区间反应的互相干扰，从而提高了成像分析的空间分辨率[162]。与微电极阵列相比，ECL 成像避免了复杂的电极制备过程，同时具备时空分辨率高、通量高等优势。

上述工作中，细胞阻碍反应中间体的扩散，在电化学发光图像中呈现为暗斑，是一种反相成像模式。朱俊杰等[163]以壳聚糖修饰电极增加底部细胞膜和基底电极之间的距离，同时，壳聚糖层的多孔结构能够容纳更多的发光试剂，使得细胞释放 H_2O_2 后可获得正相的电化学发光图像。进一步使用微纳结构，可以实现单细胞局部分析。例如，以金微管电极为工作电极，可对细胞局部 H_2O_2 进行成像，并揭示其亚细胞水平的异质性[164]。L012 在二氧化钛纳米颗粒上的电化学发光信号稳定性较强，因此可对单个细胞进行连续和时间分辨的 ECL 分析[165]。$LiFePO_4$ 纳米颗粒上 L012 的发光电位低至 0.5V，能够有效降低电压对活细胞的电学扰动[166]。

除细胞膜表面或细胞释放的分子外，电化学发光测量也可实现细胞内物质的测定。本书编著者团队[167]制备了微孔阵列用于分析细胞内葡萄糖，单个微孔仅能装载单个细胞。在溶液中同时加入 L012、Triton X-100 和葡萄糖氧化酶，Triton X-100 破坏细胞膜并释放葡萄糖，后者与氧化酶反应生成 H_2O_2。微孔结构能够有效减弱 H_2O_2 扩散，避免微孔间反应互相干扰[168]。单个 ECL 图像中可同时获得 64 个微孔的 ECL 信号，相较细胞随机分布的测试，该阵列的检测通量大大提高。张书圣等[169]设计了功能化纳米探针用于细胞内的 miRNA 测量。该纳米探针能够进入细胞，识别 miRNA，并释放刺激细胞产生 H_2O_2 的药物。因此，含有目标 miRNA 的细胞在电化学发光图像中变亮。类似的策略也可用于细胞内核仁素的测定[170]。除细胞释放的 H_2O_2 外，溶液中的溶解氧也可被电化学还原为 H_2O_2。这样，L012 的电化学发光强度与 O_2 的浓度呈正相关。细胞的 O_2 消耗量越大，发光强度越低。基于该原理可实现细胞 O_2 消耗量的定性分析[171]。

将微 / 纳米毛细管刺入细胞，也可实现细胞内活性物质的分析。将内部灌注有壳聚糖和鲁米诺的中空微电极插入细胞中，可实现细胞内的 H_2O_2 的探测[172]。在纳米管尖端沉积多孔铂并用作双极电极，在该纳米管内灌入 L012 和氧化酶，并插入细胞，胞内的目标物可扩散通过多孔铂进入纳米管内部，与管内的氧化酶反应生成 H_2O_2，增强双极电极上 L012 的 ECL 信号（图 9-18），用于胞内生化分子（如 H_2O_2、葡萄糖和酶）活性的测量[173]。由于纳米管内电压降主要集中于毛细管尖端，该双极电极可在极低的驱动电压下实现双极电化学发光测试。

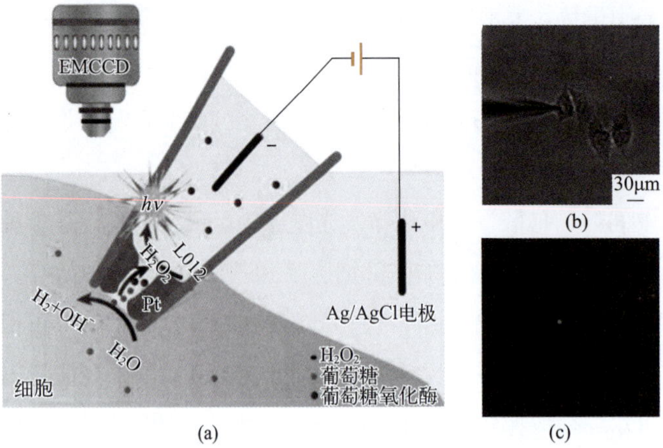

图 9-18　基于纳米管的双极电极电化学发光细胞分析装置（a），以及对应的明场（b）和电化学发光图像（c）[173]

本书编著者团队[174]构建了基于 ECL 的电容显微镜，用以分析细胞膜上的抗原。当抗体与细胞表面的癌胚抗原（CEA）结合时，局部电容降低，双电层上的电位降（V_{dl}）相对升高。由于 L012 的 ECL 强度与 V_{dl} 正相关，电化学发光图像中结合抗体的位置发光增强。这项工作不仅实现了细胞表面抗原的免标记成像，也为低丰度生物标志物的测量提供了新的原理。

二、基于 $Ru(bpy)_3^{2+}$ 的单细胞成像

与鲁米诺 ECL 体系不同，大多数 $Ru(bpy)_3^{2+}$ 的生化分析应用都基于免疫标记策略。改变 $Ru(bpy)_3^{2+}$ 的有机配体，可灵活地将其修饰于蛋白质或核酸等生物大分子。例如，Sojic 等[175]借助生物素-链霉亲和素作用将 $Ru(bpy)_3^{2+}$ 标记于聚苯乙烯微球，并实现了单个微球的 ECL 成像，阐明单细胞电化学发光高灵敏成像的可能性。同样，将钌配合物标记至生物素修饰的细胞表面，可实现单细胞高空间分辨 ECL 成像[176]。如图 9-19 所示，荧光图像表明发光探针结合在细胞膜表面，且 ECL 信号仅局限于细胞边缘，该结果与标记模式下 ECL 的产生机理有关。由于电子跃迁的距离仅有几纳米，大多数标记在细胞膜上的钌配合物不能被直接氧化。低氧化电位路径（LOP）是该体系 ECL 产生的主要路径，LOP 关键中间体 $TPrA^{+\bullet}$ 的寿命有限，其扩散距离仅为数微米，无法扩散至细胞顶部。因此，只能在细胞边缘观察到发光信号。这项工作证明了 ECL 显微镜的表面限域性质，对理解

ECL 机制及 ECL 细胞成像条件具有重要意义。使用该体系连续拍摄细胞电化学发光图像时，发光强度随拍摄次数增加而逐渐降低。该现象与电化学氧化步骤有关，对电极的再生处理可以有效避免该现象[177]。

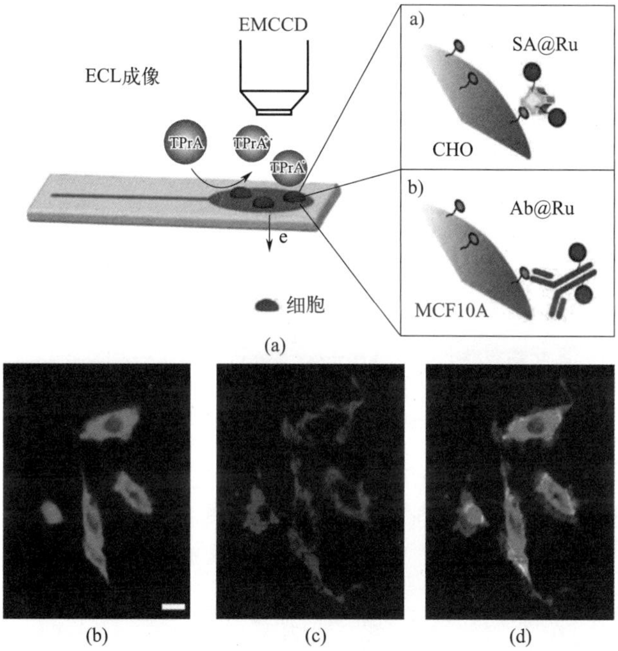

图 9-19　电化学发光显微成像装置与细胞标记方法（a）[176]，单细胞的荧光（b）、ECL（c）和二者的叠加图（d）

为进一步研究 ECL 成像的垂直分辨率[178]，Sojic 等将细胞膜去除后，拍摄电化学发光图像。此时共反应剂 TPrA 可扩散至整个细胞底部，电化学发光图像中细胞底部均有信号。比较此时细胞 ECL 成像的焦面与荧光成像焦面，前者较后者低约 1.2μm，再次验证 LOP 中发光层的表面限域性质，该性质与全内反射荧光成像类似。借助相同的体系，研究了 ECL 中的光漂白现象[179]。使用不同功率的激光漂白细胞膜表面修饰的钌配合物后，进行电化学发光成像。ECL 强度与荧光强度线性相关，表明光致发光与 ECL 具有相同的激发态。荧光漂白常用于分析细胞膜内分子的动力学过程，该工作表明电化学发光也可进行类似研究。

张友玉、刘洋等设计了基于碱性磷酸酶的电化学发光传感器，用于癌细胞的高灵敏检测。即在还原氧化石墨烯表面修饰聚酰胺-胺（PAMAM）树枝状大分子，并在其上结合能识别聚糖结构的适配体，捕获目标癌细胞。同时在金纳米颗粒表面修饰凝集素和碱性磷酸酶，前者介导金纳米颗粒与癌细胞结合，后者催化底物磷酸苯二钠去磷酸化生成苯酚。由于酚类化合物能够猝灭还原氧化石墨烯表面 $Ru(bpy)_3^{2+}$ /TPrA 体系的电化学发光，当癌细胞结合至传感界面时，电化学发光强度降低。基于此原理，实现细胞表面聚糖的快速和高灵敏的电化学分析 [180]，该方法在临床诊断和药物筛选方面具有广阔的应用前景。

发展 ECL 信号增强策略，可实现低丰度生物分子的可视化分析。刘彦明等 [181] 以 $Ru(bpy)_3^{2+}$ 掺杂的二氧化硅 / 金纳米颗粒为发光探针，实现了单细胞表面前列腺特异性抗原（PSA）的成像分析。刘宝红等制备了负载 $Ru(bpy)_3^{2+}$ 的二氧化硅 / 金纳米颗粒，单个粒子中负载的活性 $Ru(bpy)_3^{2+}$ 的数量高达 3.6×10^4。利用该纳米颗粒，可实现细胞膜上单个蛋白分子的电化学发光成像分析 [182]。

除了 TPrA 等传统共反应剂外，一些细胞内分子也可以作为共反应剂。朱俊杰等 [183] 以 $Ru(bpy)_3^{2+}$ 为发光体，以胞内 DNA 或 RNA 中的鸟嘌呤为共反应剂，实现了单细胞 ECL 成像分析。由于仅有 $Ru(bpy)_3^{2+}$ 在电极表面被氧化，此时催化路径主导发光过程。如图 9-20 所示，细胞中的 ECL 信号反映了细胞内 DNA 和 RNA 的空间分布。核仁、细胞核和内质网等细胞结构中 DNA 和 RNA 的含量不同，电化学发光强度也不同，因此可通过 ECL 图像推测这些亚细胞结构。由于催化路径中的关键中间体 $Ru(bpy)_3^{3+}$ 较为稳定，其在电极表面产生后，能够在溶液中扩散较远距离。因此，将共反应剂标记于细胞膜表面，而 $Ru(bpy)_3^{2+}$ 分散在溶液中，可实现对整个细胞而非基底细胞膜的成像分析 [184]。本书编著者团队 [185] 将富含鸟嘌呤的单链 DNA 修饰在金纳米颗粒表面，并使用该颗粒标记 CEA。在溶液中加入 $Ru(bpy)_3^{2+}$ 后，实现了对整个细胞膜表面 CEA 的电化学发光成像。

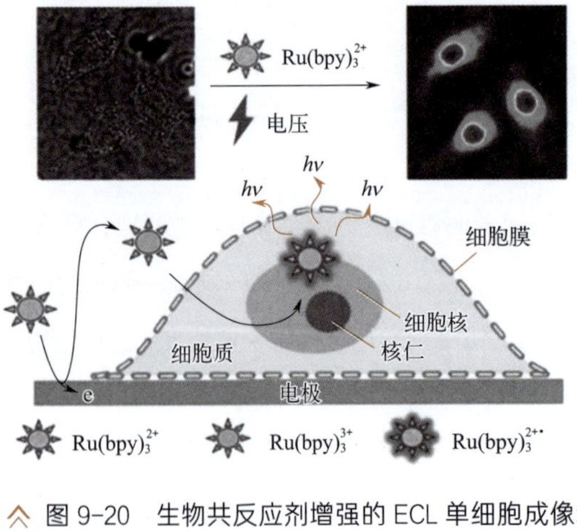

图 9-20　生物共反应剂增强的 ECL 单细胞成像示意图 [183]

在上述工作中，发光分子或共反应剂被标记于细胞表面特定结构，无法在溶液中自由扩散并在电极表面发生氧化还原反应，该形式的电化学发光产生模式称为非均相 ECL。非均相 ECL 的产生依赖单一反应物在电极表面的氧化和扩散；标记过程中也常需要对细胞进行固定和破膜。与之对应，在均相 ECL 中，发光体和共反应剂均在溶液中自由扩散，免标记成像操作更加简便。苏彬等利用均相 ECL 技术分析了细胞集体迁移中细胞-基质黏着的动态变化过程。将 $Ru(bpy)_3^{2+}$ 与共反应剂分散在溶液中，在二氧化硅纳米孔薄膜修饰的 ITO 基底上施加电位，触发电化学发光。无黏着处发光反应正常发生，在电化学发光图像中表现为明亮区域；细胞在基质上的黏着抑制了溶液中发光分子扩散至该处，从而抑制该区域的局域电化学发光反应，因此，在 ECL 图像中细胞黏着处呈现为暗斑 [186]。电化学发光的表面限域性质和纳米孔薄膜对发光的增强作用在细胞-基质黏着成像中起关键作用。这一策略原理上类似苏彬等发展的 ECL 潜在指纹反相成像策略 [187]，即借助油潜指纹对电极表面的封闭作用和对电化学发光的抑制作用，实现指纹反相成像。该方法无需标记，特别适合活细胞分析。

基于类似的反相成像策略，漆红兰、张成孝等分析了电刺激和化学刺激下单细胞的形态和状态变化特征 [188]。Ino 和 Shiku 对血管形成过程中不同状态的内皮细胞进行成像，强调了内皮细胞的细胞-基质黏着在这一过程中发生的变化 [189]。该策略不仅可以用于单细胞成像，也可用于细胞器 ECL 分析。基于线粒体对发光分子和共反应剂扩散的阻碍作用，Sojic 等实现了单线粒体电化学发光成像 [190]。分析线粒体的 ECL 强度，发现其与线粒体活性相关。借助双极电极体系，夏兴华教授课题组实现了细胞黏着的正相成像。以金纳米电极阵列为双极电极，将细胞孵育在一侧，另一侧溶液中加入发光分子与共反应剂。施加阶跃电位，限域在细胞底部的氧气可被还原，增强阳极侧的 ECL 强度，实现黏附在电极上的细胞的正相成像 [191]。该方法有望用于单细胞氧化还原活性的成像分析。

改变发光体和 / 或共反应物的浓度，可以调控 ECL 反应路径，实现 ECL 发光层空间位置的调控 [192]。如图 9-21 所示，当 $Ru(bpy)_3^{2+}$ 浓度较低时，ECL 发光层限域于电极表面，仅能对发光薄层内的结构进行成像，实现细胞-基质黏着的成像分析。当 $Ru(bpy)_3^{2+}$ 浓度较高时，降低共反应剂的浓度，电化学发光层厚度显著增加，此时可调控发光层位置与细胞-细胞间连接对应，实现细胞-细胞间连接的成像。该研究结果不仅加深了对 ECL 反应过程的理解，也为 ECL 空间选择性显微成像提供了可能。

大多数工作以 ECL 信号指示目标分子或结构。最近，徐静娟等使用 ECL 成像单细胞，同时将其作为光动力疗法（PDT）的光源，用于杀伤癌细胞 [193]。将光敏剂 Ce6 与细胞共

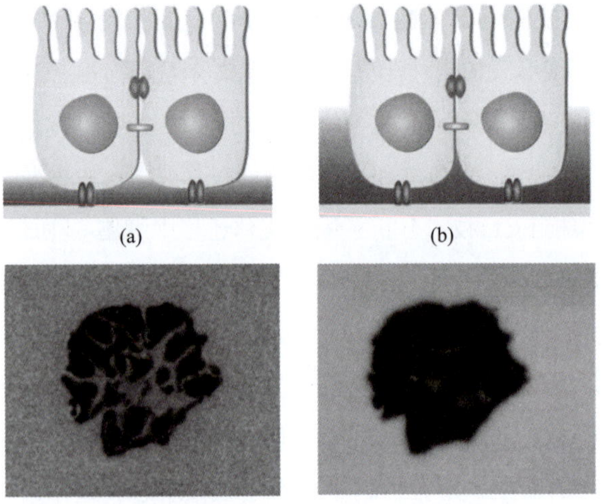

(a) (b) (c) (d)

图 9-21 改变 ECL 发光层厚度，对细胞-基质黏着（a）和细胞-细胞间连接（b）进行成像的示意图；细胞-基质黏着（c）和细胞-细胞间连接（d）的电化学发光成像[192]

孵育，使 Ce6 进入细胞。胞内的 Ce6 可以吸收电极表面产生的 ECL 光信号，敏化氧气分子，产生活性氧物种，杀死细胞。与此同时，ECL 成像可对 ECL-PDT 期间的细胞形态、细胞-基质黏着及细胞膜的通透性进行表征。

在过去十年中，ECL 单细胞分析取得了重要进展。借助不同的 ECL 体系，研究者实现了不同目标物，包括细胞内和细胞外小分子及多肽、蛋白质、DNA、RNA 等大分子，以及细胞结构等的分析，为解析细胞成分与结构提供了重要的信息。不过，这一领域仍然存在许多挑战。首先，ECL 分析的空间分辨率需要进一步提升。当发光探针溶解于溶液中时，反应中间体的扩散可能使空间分辨率降低。而在标记策略中，与普通光学显微镜类似，其空间分辨率受光学衍射极限限制，约为亚微米级。其次，活细胞 ECL 成像方法仍比较有限。由于 ECL 是一种弱光发射过程，现有用于单细胞成像的曝光时间通常在秒级，限制了高时空分辨地研究细胞的状态和行为。此外，尚未有成熟的单细胞 ECL 多靶标同时分析方法。细胞的生命活动通常与多种物质同时相关，多参数同时分析技术在揭示细胞生物学机制方面具有独特的优势。细胞外环境与细胞内生命过程通常都十分复杂，将 ECL 与不同的方法相结合用于细胞分析，可能获得更加全面的信息。与最常用的荧光方法相比，ECL 单细胞分析技术才刚刚起步。新原理、新方法和新技术的开发，将为 ECL 单细胞分析提供新的可能[194-196]。而新的 ECL 单细胞测量技术，必将推动单细胞的时空分辨和高通量分析，助力研究者更深入地了解细胞行为和功能。

第四节
活体电化学分析

活体电化学分析可追溯到20世纪50年代，Clark等[197]利用玻璃封装的铂丝作为研究电极，对脑内氧气浓度变化进行实时电化学监测。Adams等[198]探究了生物胺的电化学氧化过程，随后，将一根微型碳糊电极植入一只麻醉的大鼠的大脑进行活体电化学研究，获得了活体脑内的第一张循环伏安图，证明了传统的伏安法可以成功地应用于生物组织内生理活性物质的检测。同时，该工作表明神经递质可以逃离突触间隙的狭窄空间，并扩散到电极表面。这一工作引起了神经生理学家的高度关注，标志着活体原位脑神经电化学分析的诞生。早期的活体电化学检测由于儿茶酚胺代谢物和抗坏血酸的干扰，选择性较差[199]。然而，在过去的40年里，随着分析科学、化学、电子科学、神经科学等多学科的快速发展和交叉融合，活体原位电化学分析也不断发展完善，不仅提高了活体电化学检测的选择性，而且可在亚秒的时间尺度上进行检测，形成了一套成熟的活体电化学分析技术。该技术已被无数神经科学和心理学实验室用于研究神经递质的快速释放、吸收和信号动力学，为相关生理、病理过程研究提供了重要的实验方法，进一步推动了分析化学与脑神经科学的实质性交叉与融合。

一、活体电化学分析的微传感器

安培法、电位脉冲法和循环伏安法等电化学技术常被用来监测活体组织中神经递质的波动[199-201]，基本原理是利用活体内与电极接触区域的目标神经递质分子扩散到电极表面，并在电极表面进行氧化或还原反应，从而产生电流或电位的变化。目标分子仅限于那些具有电活性的分子，包括生物胺（多巴胺、去甲肾上腺素和血清素）、代谢物和抗坏血酸。检测到的电流或电位变化反映了神经递质的动态波动，与药理学、生理学和疾病病理学等相关。

活体电化学分析需要使用与组织植入兼容的微型电极，更小的工作电极可以产生最小的组织损伤，高空间分辨地探测离散的大脑区域。同时，利用其更小的 *RC* 特性（时间常

数 $\tau=RC$）而获得更高的采样效率。碳材料具有成本低、电化学性能好、生物相容性好等优点，是电极材料的最佳选择。Pujol 等将直径 5 ～ 35μm 的碳纤维密封在玻璃中，切割突出的纤维形成圆柱形电极。或用环氧树脂密封处理，并抛光尖端形成椭圆形表面，制得碳纤维微电极，推进了活体电化学领域的发展 [202-203]。进一步地，通过表面修饰技术，可提高碳纤维微电极的选择性、灵敏度和动力学性能，提高微电极在活体分析中的适用性能。常用的活体电化学传感器包括：

1. 碳纳米管微电极

由于其机械强度、高展弦比和良好的导电性，碳纳米管（CNT）修饰电极可用于活体电化学分析 [204-205]。研究表明，CNT 修饰碳纤维微电极上神经递质的电子转移动力学和受吸附控制的分子（如多巴胺）的敏感性有所提高，同时，该电极不易受常见的生物污染剂（如 5-羟基吲哚乙酸）的污染。CNT 修饰碳纤维微电极的制备可分为三个阶段。最早是通过在 CNT-Nafion 悬浮液中浸渍涂层碳纤维，实现 CNT 在碳纤维微电极上的固定 [206]。但该方法重复性较差。其次，通过化学自组装技术将单壁 CNT 组装在碳纤维圆盘电极上形成均匀排列的 CNT 层 [207]，制备的 CNT 修饰电极在不缩短响应时间的情况下，多巴胺的检测灵敏度提高了 36 倍。

为了进一步简化 CNT 修饰电极的制备，毛兰群等利用电泳沉积技术开发了一种可控且重现性极高的单壁 CNT 修饰电极制备方法，在电场作用下，将经酸化处理的单壁 CNT 沉积到碳纤维电极表面，制得的电极对抗坏血酸的电化学氧化表现出良好的催化作用［图 9-22（a）］[208]。尤为重要的是，CNT 修饰的碳纤维电极比电化学处理的碳纤维电极具有更好的稳定性，因此有利于长时间监控脑科学或者病理过程中相关分子的动态变化。利用该电极测定了鼠脑皮层因电刺激引发的扩散性去极化过程中抗坏血酸浓度的动态变化 [209]。如图 9-22（b）和（c）所示，利用局部注射抗坏血酸氧化酶和改变施加电位的方式，动态监测胞外抗坏血酸浓度变化。通过湿法和干法纺丝技术，CNT 可以形成连续的纤维或纱线。通过调整纳米管的尺寸和纺丝角度，可以制备出微米级直径的纱线。由多壁 CNT 纱线制备的圆盘微电极（直径 5 ～ 30μm）具有许多优良的电化学性能，包括更低的背景电流和更快的表观电子转移动力学，从而增强了化学分辨能力 [210]。田阳等 [211-212] 结合比率型电分析策略，将 CNT 纺成碳纤维丝，制得 CNT 纤维电极，实现了活体内比率型抗坏血酸的分析检测。利用该技术观察到阿尔茨海默病大鼠皮层、纹状体和海马 3 个脑区的抗坏血酸含量明显低于正常大鼠。

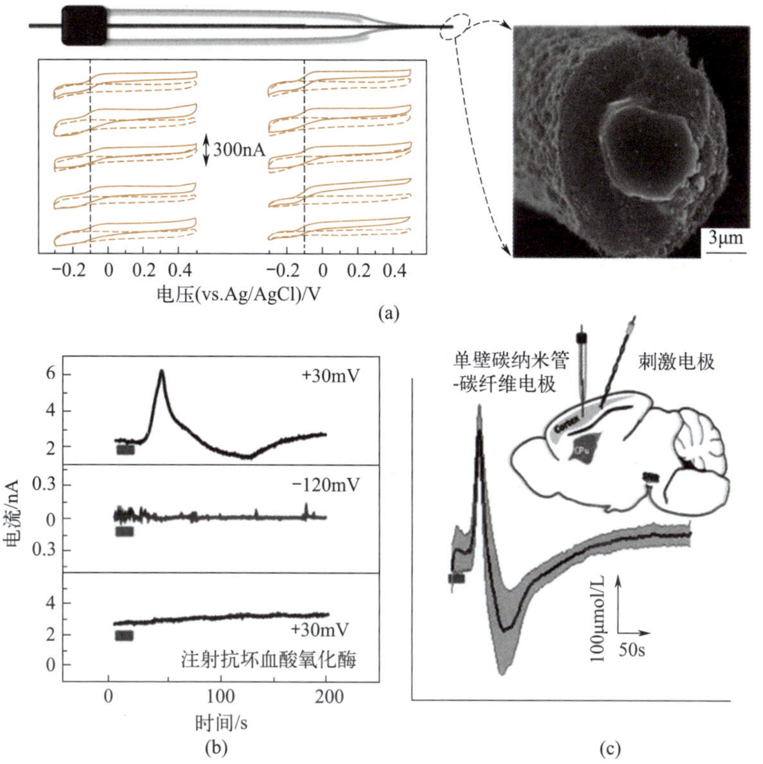

图 9-22　含电沉积单壁碳纳米管的碳纤维电极对抗坏血酸的电化学氧化结果（a）[208]；局部注射抗坏血酸氧化酶和对电极施加不同电压（b），记录到的大鼠皮层局部电刺激的电流信号（c）[209]

2. 熔融石英碳纤维微电极

碳纤维微电极是将碳纤维封装在绝缘硼硅酸盐玻璃毛细管内制得。虽然易于制造，但玻璃密封微电极较为脆弱，经常在常规实验过程中破裂。使用熔融石英毛细管使得电极更加坚固 [209-211]，并采用环氧液滴使得碳纤维连接处形成密封。由于熔融石英不易破损，因此可以使用直径更小（100μm 和 600μm）的电极，从而减少植入过程中的组织损伤。

Horne 等 [216] 发现在体内植入几个月后的聚酰胺涂层熔融石英电极仍然可以检测自然诱发的多巴胺释放。连续 25d 的测量结果显示，虽然在响应时间上有明显的下降，但是灵敏度没有明显的下降。考虑到大脑微环境的异质性，能够在多天内对相同的终端人群进行 FSCV 测量是疾病和行为学习研究的一个令人兴奋的进步。同时，较小尺寸的电极设计，可避免免疫反应。虽然结果显示慢性植入电极后灵敏度没有变化，但尚不清楚在体内使用几天后检测性能是否保持稳定。甚至，一些无法预见的问题（如新的组织损伤或碳纤维的降解）可能会影响电极的持续使用。在这种情况下，不能确定信号减少是与生物学的变化相关，还是仅仅是电极灵敏度的变化。这些问题需要进一步探究。

3. 微电极阵列

神经递质的释放不仅在大脑离散的亚结构中有所不同[217]，而且在单个细胞中也有所不同[218]。这促进了微电极阵列的发展，可将其用于各种体外和体内神经化学测量。考虑到碳与 FSCV 的相容性，大多数用于体内神经化学应用的 MEA 都是基于碳电极而开发的。微电极阵列将多个感应元件整合到一个器件上，使神经化学动力学的空间分辨研究成为可能；并通过优化每个电极的电位来同时检测不同的分析物，已被用于探测跨多个大脑区域和大脑微环境中神经递质的异质性[219]。为了获得亚细胞水平分析，MEA 尺寸和电极间距必须小于单个神经元细胞（10 ～ 20μm）。对于单细胞测量，将多根碳纤维或通过热解将碳沉积融合到石英毛细管中，分别形成多达 7 个和 15 个电极的 MEA[127, 219]；还可采用各种微加工方法来创建具有单细胞和细胞群应用的 MEA 器件[220-222]。最近，Ewing 等[223-224]开发了用胶原涂层修饰镀铂的 MEA 检测器，以促进细胞黏附和生长。他们最新设计的检测器是在一个 40μm × 40μm 的微孔内构建出 36 个微电极，将培养的 PC12 细胞直接置于检测器表面上方。

二、活体电化学分析技术的应用

1. 活体中生物分子的检测

将酶、核酸适配体等生物识别元件修饰在电极界面，形成高选择性和高灵敏度电化学生物传感器，可将高时空分辨率的活体电化学检测对象扩展到更难电解的目标分子。同时，通过调整外加电压范围，可更灵敏地提取这些生物分子的电化学信号，并实现原位、实时监测。下面将更详细地讨论这些策略。

（1）酶修饰电极

通过将对待测分析物具有催化活性的酶利用共价键合成物理涂层的方式固定在电极表面，制得酶修饰电极，可实现生物组织中非电活性物种的检测。其中，酶的活性、稳定性和选择性是电极传感器性能的关键影响因素[225]。例如，通过修饰谷氨酸氧化酶，将谷氨酸转化为 α-酮戊二酸和 H_2O_2，从而实现神经递质谷氨酸的检测[226]。基于酶修饰的安培传感器已被用于许多非电活性神经递质的分析，包括谷氨酸[226]、乙酰胆碱[227]以及腺苷[228]等。

近年来，将氧化酶和电子媒介体共同固定在电极表面的方法得到了很好的发展。毛兰群教授课题组[229]将葡萄糖氧化酶、二茂铁（电子传递媒介体）及氧化石墨烯均匀地分散在聚马来酸酐苯乙烯和聚苯乙烯中，利用聚苯乙烯易成膜的特性成功地将生物传感膜修饰于电极的表面，很好地保持了酶的结构和活性。该传感器对葡萄糖具有良好的生物电催化性能，当与活体微透析技术联用时，可用于活体在线电化学分析。与氧化酶型生物传感器相比，脱氢酶型生物传感器不依赖于氧气，且能够在较低的氧化电位下工作，因此具有较强的抗干扰能力。毛兰群教授课题组进一步建立了基于脱氢酶的活体在线电化学分析原理和方法。将亚甲基绿分子通过与 CNT 间的相互作用而稳定地固定在电极表面，并将其作为 NADH 的电氧化催化剂。随后，利用脱氢酶（如葡萄糖脱氢酶和乳酸脱氢酶），可实现不依赖 O_2 和 pH 值的葡萄糖和乳酸的同时检测[230-231]。针对中枢神经系统中生理浓度较低的神经化学分子，通常采用多酶信号放大的策略制备相应的传感器，实现底物的循环，提高检测灵敏度，以满足检测需求。毛兰群教授课题组[232]将谷氨酸脱氢酶作为识别元件，在进行活体电化学分析时，在体系中加入丙氨酸启动谷丙转氨酶的酶促反应，实现谷氨酸测定信号的循环放大，进而成功实现了脑透析液中谷氨酸的在线活体电化学分析。

另一类生物识别元件适配体在电化学生物传感领域也具有很好的优势，如化学稳定性、高特异性和高亲和力等。常见的基于适配体的传感器多用于 ATP 检测。毛兰群教授课题组[233]开发了一种具有双识别单元的高灵敏、高选择的 ATP 传感器。该传感器巧妙地利用了适配体对碱基 A 的识别能力，以及咪唑阳离子聚合物对三磷酸根的强结合能力的特性，有效提高了传感器对 ATP 识别的特异性，实现了脑透析液中 ATP 的高选择性活体分析。

（2）波形调整策略

许多神经递质分子具有电活性，但在传统多巴胺测量的伏安扫描参数下（−0.4 ～ +1.3V, 400V/s）检测到其中的一些分子无法被氧化。通过调整电位扫描的阳极极限来促进电子转移，可以实现对部分此类分子的检测。例如，由 ATP 降解形成的腺苷，是一种嘌呤信号分子，调节脑血流、代谢和不同神经递质的活性[234]。腺苷的检测是通过增加传统多巴胺波形的阳极极限到 +1.5V 来完成[235]。在阳极开关电位处产生了一个初始氧化峰，正向扫描时在 +1.0V 处产生了第二个氧化峰，后者产生于初始电化学产物的连续氧化。这两个氧化过程都是不可逆的，因此不出现还原峰。自该方法建立以来，这种改进的波形已被用于监测多种组织中的腺苷动态变化，包括小鼠脊髓板[236-237]、脑切片[238-239]和麻醉大鼠的纹状体[240]。初步结果发现，腺苷释放是由机械刺激引起的[241]，并与完整组织中的局部 O_2 波动相关。最近，研究人员开发了一种“锯架”波形，在阳极扫描期间在 1.35V 保持 1ms[242]。锯架波形可区分腺苷和两种具有类似氧化电压的干扰物（H_2O_2 和 ATP），并证明可用于体内实验。在平行研究中，Haydon 教授课题组使用酶修饰电极来探测腺苷及其前体的动力学过程。

波形调整策略也被用于研究各种肽神经递质。Moenter 教授课题组[243]在小鼠脑切片中检测到了促性腺激素释放激素（GnRH）的释放。GnRH 在生育过程中起着重要作用[244]，并可能作为一种神经调节剂[245]。因为它含有电活性氨基酸的色氨酸，因此可以被电化学检测到。虽然色氨酸的氧化会污染电极，但使用从 0.5 ～ 1.45V 的三角波形（400V/s）扫描可获得与 GnRH 关联的稳定氧化电流。在这个波形中，GnRH 的氧化峰出现在约 1.25V，可以与色氨酸和另一种含色氨酸的肽 kisspeptin-10 区分。脑切片测量显示正中隆起和视前区 GnRH 释放可能是化学诱发的；而从转基因的小鼠中没有检测到 GnRH 信号，支持该激素可在野生型动物中检测到。

FSCV 还被用于检测小阿片类肽，如蛋氨酸脑啡肽（M-ENK）[246]。M-ENK 和其他阿片肽参与许多生理和行为过程，包括药物成瘾和疼痛感知[247]。M-ENK 中的电活性部分是酪氨酸，与色氨酸类似，容易引起电极污染。Sombers 教授课题组[246]证明了 M-ENK 可以通过改变阳极扫描速度的锯架式波形进行重复性和选择性的检测。优化后的波形在 100V/s 扫描速度下，扫描范围为 −0.2 ～ +0.6V；然后，在 400V/s 扫描速度下，扫描范围为 −0.2 ～ +1.2V。在以 100V/s 的扫速扫描回到 −0.2V 之前，阳极极限电流维持了 3ms。M-ENK 的氧化峰出现在该波形的 +1.0V 处，表现出对其他含酪氨酸肽的选择性。由于儿茶酚胺氧化峰发生在更负的电位，该波形可用于同时监测从大鼠肾上腺组织提取的去甲肾上腺素和 M-ENK 释放。

2. 非啮齿动物模型中的神经递质检测

大多数体内电化学研究都是在大鼠、小鼠和小范围的豚鼠中进行。这项工作可提供关于纹状体中多巴胺调节的大量知识，但是这一信息能否翻译到其他物种，尤其是人类，还处于试探性阶段。这种局限性促使研究者尝试将电化学技术扩展到非啮齿动物物种。

（1）果蝇

黑腹果蝇（*Drosophila melanogaster*），俗称果蝇，是一种很有价值的模型生物。它的寿命短，繁殖周期快，而且它的基因组成容易被操纵，这使得研究人员可以在几个月内产生和筛选基因突变的果蝇[248]。相比之下，类似的操作在老鼠身上需要数年时间。虽然果蝇的神经系统只有10万个神经元[249]，但它表现出了与脊椎动物显著的基因同源性，并支持学习和记忆[250]。此外，果蝇中许多单胺类神经递质，包括多巴胺和血清素，与脊椎动物中的类似[251]。果蝇的简单性和遗传灵活性使其成为研究神经递质遗传基础的理想平台。

果蝇中枢神经系统的尺寸（直径约100μm）比传统的微透析探针小，一直是研究神经递质释放的主要障碍。虽然微电极非常适合探测生物微环境，但实现果蝇神经递质的伏安法检测仍然存在很大的挑战。例如，过小的组织导致很难利用微电极去瞄准中枢神经系统这一离散结构。同时，当果蝇的神经系统比商业上可用的刺激电极小时，选择性诱导神经递质释放也存在难点。由于这些问题的存在，在果蝇中进行的FSCV测量多考虑应用外源性多巴胺，进而研究多巴胺转运体的功能[252-254]。在实验中，一只活果蝇被固定在生理缓冲液中，并被解剖以暴露其中枢神经系统。绿色荧光蛋白转染多巴胺神经元后产生的荧光信号指引电极的放置。通过微电极旁毛细管的压力注入多巴胺，信号衰减与多巴胺转运体的移除率有关。研究结果证明在果蝇和哺乳动物中，从细胞外摄取多巴胺是有类似的机制。通过光遗传刺激策略，研究了果蝇内源性单胺的释放。Venton教授课题组[255-258]在果蝇中转染了选定的单胺神经元，以表达视紫红质蛋白（ChR2）。ChR2是一种蓝光敏感离子通道，蓝光照射产生的离子流量只在有ChR2表达的细胞中引起电激发，因此可以作为选择性神经元激活的一种手段。初步的FSCV研究已经证明，蓝光刺激果蝇幼虫，使得表达ChR2的多巴胺神经元释放可测量的血清素。这些单胺系统具有与大鼠大脑类似的调节和频率响应特性。

（2）非人灵长类动物

鉴于非人灵长类动物与人类的基因相似，同时具有复杂的认知能力，该动物是最具临床相关性的动物模型。虽然啮齿类动物研究可帮助研究者去理解人类行为和疾病机理，但仍然难以全面理解灵长类动物神经化学的复杂性。例如，灵长类动物中存在纹状体，这是一个多巴胺密集的大脑区域，在解剖学上被分为尾状核和壳核，与啮齿动物相比，灵长类动物更容易出现类似帕金森的疾病[259-260]，且主要由纹状体区域的多巴胺信号介导。鉴于这些解剖和生理上的差异，灵长类动物脑切片中的FSCV记录表明多巴胺的释放和调节更复杂。利用绒猴纹状体切片，Cragg教授课题组[261-263]观察到由于神经密度的差异，多巴胺溢出浓度和组织含量比啮齿类动物高2～3倍。此外，多巴胺释放的幅度和它的摄取速率在纹状体各亚区之间差异显著，这一特征在啮齿类动物纹状体中不明显。更为重要的是，多巴胺摄取率在背外侧壳核最高，这是纹状体受帕金森病影响最大的区域。该区域的摄取速度也比啮齿类动物的摄取速度快 2 倍，这表明多巴胺转运蛋白可能导致灵长类动物易患帕金森病。

与脑切片研究相比，电化学技术应用于完整的灵长类大脑测量进展相对缓慢。虽然一些使用安培法测量的研究记录了通过局部化学刺激、多巴胺轴突的电刺激和自然奖励预测在猴子纹状体中增加的氧化信号 [264-266]，但是由于安培法提供的化学信息非常少，没有任何研究能够证实信号是来源于多巴胺。直至 1998 年，Oertel 教授课题组 [267] 利用电化学测量了麻醉灵长类动物纹状体中多巴胺的释放。他们在传统的碳纤维微电极上，使用 FSCV 测量了未经处理和 1-甲基-4-苯基-1,2,3,6-四氢吡啶（MPTP）处理的狨猴纹状体中受到电刺激的多巴胺释放。MPTP 是一种神经毒素，可产生多巴胺神经元的帕金森样退化。与啮齿类动物一样，猴子纹状体中的多巴胺释放依赖于刺激频率，并由其自身受体和转运体调节。此外，研究发现 MPTP 处理的狨猴的多巴胺释放对转运蛋白抑制没有反应，这与 Cragg 后来提出的它与帕金森病有关的工作一致。

然而，绒猴是研究中使用的最小灵长类动物之一，与大鼠相似，成年后体重仅为 400g[268]。而恒河猴在成年时达到 5000g 以上 [269]，与人类的大脑更相关。为了探测恒河猴的纹状体，电极必须足够长，以到达厘米级的目标区域，而非毫米级。过长的电极设计就产生了关于电极的纤维电阻问题，要求导线与电极尖端的碳纤维连接；同时，在较大的动物体内，细胞分布更加分散，增加了实验难度。因此，在恒河猴纹状体多巴胺末端附近定位微电极成为一个更大的挑战。为此，Wightman 教授团队 [270] 开展了 FSCV 研究，记录到一只清醒的恒河猴大脑中释放的极少量多巴胺。在这些动物接受巴甫洛夫任务的训练中，视觉线索预示着甜液体的可用性，这种行为涉及多巴胺神经传递。在行为过程中，电化学检测到细胞外氧和 pH 波动，这是神经元活动的血流动力学和代谢标志 [271-272]。在一些记录位置也检测到类多巴胺循环伏安信号，但它们很难从较大的氧和 pH 信号中分辨出来。

美国国立卫生研究院 Averbeck 教授课题组利用 FSCV 技术记录到清醒的猴脑纹状体因电刺激而释放的多巴胺信号 [273]。在中脑黑质致密部 / 腹侧被盖区（SNc/VTA）利用电刺激多巴胺神经元的方法应用于啮齿类动物研究，以辅助电极定位和研究多巴胺溢出的调节。然而，该方法并非是引起猴脑纹状体释放多巴胺的有效手段，因为传统尺寸的刺激电极激活的区域只覆盖 SNc/VTA 内部分神经元。增加电流试图覆盖更多的神经元，结果导致了不良的反应，从而干扰了记录。采用局部末端刺激技术（在脑切片研究中经常使用的技术），在 14 次尝试中有 10 次引发了多巴胺的释放，并有意外的果汁奖励中促进了多巴胺释放的记录。由此，Averbeck 等认为与啮齿类动物相比，灵长类动物大脑中的多巴胺释放更难以检测。

（3）人

迄今为止，将 FSCV 应用于人类大脑的研究与脑深部电刺激术（DBS）治疗并行。深部脑刺激是一种可以改善帕金森病和其他神经系统疾病症状的功能性脑外科手术[274-276]。虽然包括多巴胺、血清素和腺苷在内的一系列神经递质与 DBS 的效果有关，但 DBS 疗效背后的神经元机制仍在很大程度上是未知的[277-278]。因此，在 DBS 手术中对这些分子的电化学检测可能会为开发新的和更有效的治疗方法提供宝贵的信息。

人类大脑的伏安记录使用了单一的融合硅基微电极组件（图 9-23），包含参比电极和工作电极，以减轻植入过程中产生的损伤[279]。在实验中，这些探针被放置在 DBS 刺激目标附近，以消除额外手术的需要。在 2011 年，使用了位于纹状体内的微电极组件第一次成功地从人类身上记录下信号。在此过程中，患者被要求执行一个涉及货币投资的决策任务，然后 FSCV 成功地记录了多巴胺的波动。此后，梅奥诊所创建了一种名为 WINCS（无线瞬时神经递质传感）的电化学遥测系统，与 FSCV 测量兼容[280]。利用 WINCS 系统，在治疗原发性震颤期间，于人类丘脑中记录到与腺苷释放一致的循环伏安图[281]。值得注意的是，两份报告均未发现 DBS 对患者健康或疗效有不良影响。电化学记录的安全性为

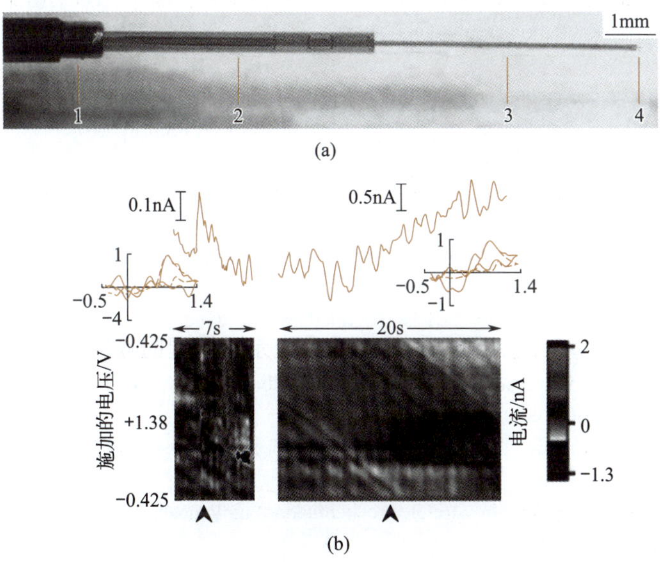

图 9-23　应用于人的碳纤维微电极结构（a）和将电极植入患者尾状核后测量的伏安信号（b）[279]

未来的临床研究提供了一个重要的先例。

总体来说，自 Adam 教授约 60 年前的开创性工作以来，体内电化学领域经历了大发展和标准化。现在，高速和高空间分辨神经化学测量在脑科学研究中已广为使用，提供了大量重要的生物学信息。不断创新的传感器设计和实验方法将为神经科学中的电化学测量提供令人兴奋的新途径，从而为行为和疾病的神经化学基础提供前所未有的见解。

参考文献

[1] Davey H M, Kell D B. Flow cytometry and cell sorting of heterogeneous microbial populations: The importance of single-cell analyses[J]. Microbiol Rev, 1996, 60(4): 641-696.

[2] Kovarik M L, Allbritton N L. Measuring enzyme activity in single cells[J]. Trends Biotechnol, 2011, 29(5): 222-230.

[3] Altschuler S J, Wu L F. Cellular heterogeneity: Do differences make a difference? [J]. Cell, 2010, 141(4): 559-563.

[4] Spiller D G, Wood C D, Rand D A, et al. Measurement of single-cell dynamics[J]. Nature, 2010, 465: 736-745.

[5] Colman-Lerner A, Gordon A, Serra E, et al. Regulated cell-to-cell variation in a cell-fate decision system[J]. Nature, 2005, 437: 699-706.

[6] Ferrell J E Jr, Machleder E M. The biochemical basis of an all-or-none cell fate switch in *Xenopus oocytes*[J]. Science, 1998, 280(5365): 895-898.

[7] Oh-hora M. Calcium signaling in the development and function of T-lineage cells[J]. Immunol Rev, 2009, 231(1): 210-224.

[8] Toriello N M, Douglas E S, Thaitrong N, et al. Integrated microfluidic bioprocessor for single-cell gene expression analysis[J]. Proc Natl Acad Sci USA, 2008, 105(51): 20173-20178.

[9] Janezic S, Threlfell S, Dodson P D, et al. Deficits in dopaminergic transmission precede neuron loss and dysfunction in a new Parkinson model[J]. Proc Natl Acad Sci USA, 2013, 110(42): E4016-E4025.

[10] Koob G F. Addiction is a reward deficit and stress surfeit disorder[J]. Front Psychiatry, 2013, 4: 72.

[11] Weinshenker D. Functional consequences of locus coeruleus degeneration in Alzheimer's disease[J]. Curr Alzheimer Res, 2008, 5(3): 342-345.

[12] Jacobsen J P, Medvedev I O, Caron M G. The 5-HT deficiency theory of depression: Perspectives from a naturalistic 5-HT deficiency model, the tryptophan hydroxylase 2Arg439His knockin mouse[J]. Philos Trans R Soc Lond B Biol Sci, 2012, 367(1601): 2444-2459.

[13] Junker J P, van Oudenaarden A. Every cell is special: Genome-wide studies add a new dimension to single-cell biology[J]. Cell, 2014, 157(1): 8-11.

[14] Rubakhin S S, Romanova E V, Nemes P, et al. Profiling metabolites and peptides in single cells[J]. Nat Methods, 2011, 8(4): S20-S29.

[15] Forster R J. Microelectrodes: New dimensions in electrochemistry[J]. Chem Soc Rev, 1994, 23(4): 289.

[16] Adams K L, Puchades M, Ewing A G. In vitro electrochemistry of biological systems[J]. Annu Rev Anal Chem, 2008, 1: 329.

[17] Amatore C, Arbault S, Guille M, et al. Electrochemical monitoring of single cell secretion:

Vesicular exocytosis and oxidative stress[J]. Chem Rev, 2008, 108(7): 2585-2621.
[18] Sulzer D, Pothos E N. Regulation of quantal size by presynaptic mechanisms[J]. Rev Neurosci, 2000, 11(2/3): 159-212.
[19] Neher E, Sakmann B. The patch clamp technique[J]. Sci Am, 1992, 266(3): 44-51.
[20] Adams R N. Probing brain chemistry with electroanalytical techniques[J]. Anal Chem, 1976, 48(14): 1126A-1138A.
[21] Leszczyszyn D J, Jankowski J A, Viveros O H, et al. Nicotinic receptor-mediated catecholamine secretion from individual chromaffin cells. Chemical evidence for exocytosis[J]. J Biol Chem, 1990, 265(25): 14736-14737.
[22] Wightman R M. Probing cellular chemistry in biological systems with microelectrodes[J]. Science, 2006, 311(5767): 1570-1574.
[23] Amemiya S, Bard A J, Fan F R F, et al. Scanning electrochemical microscopy[J]. Annu Rev Anal Chem, 2008, 1(1): 95-131.
[24] Ewing A G, Bigelow J C, Wightman R M. Direct *in vivo* monitoring of dopamine released from two striatal compartments in the rat[J]. Science, 1983, 221(4606): 169-171.
[25] Kawagoe K T, Jankowski J A, Wightman R M. Etched carbon-fiber electrodes as amperometric detectors of catecholamine secretion from isolated biological cells[J]. Anal Chem, 1991, 63(15): 1589-1594.
[26] Bard A J, Li X, Zhan W. Chemically imaging living cells by scanning electrochemical microscopy[J]. Biosens Bioelectron, 2006, 22(4): 461-472.
[27] Schulte A, Nebel M, Schuhmann W. Scanning electrochemical microscopy in neuroscience[J]. Annu Rev Anal Chem, 2010, 3: 299-318.
[28] Wu W Z, Huang W H, Wang W, et al. Monitoring dopamine release from single living vesicles with nanoelectrodes[J]. J Am Chem Soc, 2005, 127(25): 8914-8915.
[29] Finkel T. Oxidant signals and oxidative stress[J]. Curr Opin Cell Biol, 2003, 15(2): 247-254.
[30] Houstis N, Rosen E D, Lander E S. Reactive oxygen species have a causal role in multiple forms of insulin resistance[J]. Nature, 2006, 440(7086): 944-948.
[31] Adler V, Yin Z, Tew K D, et al. Role of redox potential and reactive oxygen species in stress signaling[J]. Oncogene, 1999, 18(45): 6104-6111.
[32] Penner R M, Heben M J, Longin T L, et al. Fabrication and use of nanometer-sized electrodes in electrochemistry[J]. Science, 1990, 250(4984): 1118-1121.
[33] Zhang X J, Wang J, Ogorevc B, et al. Glucose nanosensor based on Prussian-blue modified carbon-fiber cone nanoelectrode and an integrated reference electrode[J]. Electroanalysis, 1999, 11(13): 945-949.
[34] Lapierre-Devlin M A, Asher C L, Taft B J, et al. Amplified electrocatalysis at DNA-modified nanowires[J]. Nano Lett, 2005, 5(6): 1051-1055.
[35] Delvaux M, Demoustier-Champagne S, Walcarius A. Flow injection amperometric detection at enzyme-modified gold nanoelectrodes[J]. Electroanalysis, 2004, 16(3): 190-198.
[36] Ma C X, Contento N M, Gibson L R, et al. Redox cycling in nanoscale-recessed ring-disk electrode arrays for enhanced electrochemical sensitivity[J]. ACS Nano, 2013, 7(6): 5483-5490.
[37] Zhuang L, Zuo H, Wu Z, et al. Enhanced electrochemical nanoring electrode for analysis of cytosol in single cells[J]. Anal Chem, 2014, 86(23): 11517-11522.
[38] Zhuang Q K, Chen H Y. The application of the concept of the steady-state reaction: Diffusion layer to a study of the electrode processes with multistep reactions at microelectrodes under steady-state conditions[J]. J Electroanal Chem, 1993, 346(1/2): 29-51.

[39] Ju H X, Chen H Y, Hong G. Investigation on microelectrodes: Part XVI. Study of the shielding effect at a microband-array electrode[J]. J Electroanal Chem, 1992, 341: 35-46.

[40] Stulík K, Amatore C, Holub K, et al. Microelectrodes. Definitions, characterization, and applications[J]. Pure Appl Chem, 2000, 72(8): 1483-1492.

[41] Song P, Gao H, Gao Z S, et al. Heat transfer and thermoregulation within single cells revealed by transient plasmonic imaging[J]. Chem, 2021, 7(6): 1569-1587.

[42] Chen L Z, Wu J, Yan F, et al. A facile strategy for quantitative sensing of glycans on cell surface using organic electrochemical transistors[J]. Biosens Bioelectron, 2021, 175: 112878.

[43] Wang H Y, Ruan Y F, Zhu L B, et al. An integrated electrochemical nanodevice for intracellular RNA collection and detection in single living cell[J]. Angew Chem Int Ed, 2021, 60(24): 13244-13250.

[44] Pan R R, Wang D C, Liu K, et al. Electrochemical molecule trap-based sensing of low-abundance enzymes in one living cell[J]. J Am Chem Soc, 2022, 144(38): 17558-17566.

[45] Ying Y L, Hu Y X, Gao R, et al. Asymmetric nanopore electrode-based amplification for electron transfer imaging in live cells[J]. J Am Chem Soc, 2018, 140(16): 5385-5392.

[46] Zhang Q W, Ouyang J, Wang Y, et al. Specific cell capture and noninvasive release *via* moderate electrochemical oxidation of boronic ester linkage[J]. Biosens Bioelectron, 2019, 138: 111316.

[47] Qi Y T, Jiang H, Wu W T, et al. Homeostasis inside single activated phagolysosomes: Quantitative and selective measurements of submillisecond dynamics of reactive oxygen and nitrogen species production with a nanoelectrochemical sensor[J]. J Am Chem Soc, 2022, 144(22): 9723-9733.

[48] Pan R R, Xu M C, Jiang D C, et al. Nanokit for single-cell electrochemical analyses[J]. Proc Natl Acad Sci USA, 2016, 113(41): 11436-11440.

[49] Pan R R, Xu M C, Burgess J D, et al. Direct electrochemical observation of glucosidase activity in isolated single lysosomes from a living cell[J]. Proc Natl Acad Sci USA, 2018, 115(16): 4087-4092.

[50] Pan R R, Hu K, Jia R, et al. Resistive-Pulse Sensing Inside Single Living Cells[J]. J Am Chem Soc, 2020, 142(46): 5778-5784.

[51] Ying Y L, Ding Z F, Zhan D P, et al. Advanced electroanalytical chemistry at nanoelectrodes[J]. Chem Sci, 2017, 8(5): 3338-3348.

[52] Wang Y X, Shan X N, Tao N J. Emerging tools for studying single entity electrochemistry[J]. Faraday Discuss, 2016, 193: 9-39.

[53] Fan Y S, Han C, Zhang B. Recent advances in the development and application of nanoelectrodes[J]. Analyst, 2016, 141(19): 5474-5487.

[54] Murray R W. Nanoelectrochemistry: Metal nanoparticles, nanoelectrodes, and nanopores[J]. Chem Rev, 2008, 108(7): 2688-2720.

[55] Bard A J. Toward single enzyme molecule electrochemistry[J]. ACS Nano, 2008, 2(12): 2437-2440.

[56] Shao Y H, Mirkin M V, Fish G, et al. Nanometer-sized electrochemical sensors[J]. Anal Chem, 1997, 69(8): 1627-1634.

[57] Campbell J K, Sun L, Crooks R M. Electrochemistry using single carbon nanotubes[J]. J Am Chem Soc, 1999, 121(15): 3779-3780.

[58] Bach C E, Nichols R J, Beckmann W, et al. Effective insulation of scanning tunneling microscopy tips for electrochemical studies using an electropainting method[J]. J Electrochem Soc, 1993, 140(5): 1281-1284.

[59] Li Y X, Bergman D, Zhang B. Preparation and electrochemical response of 1-3 nm Pt disk electrodes[J]. Anal Chem, 2009, 81(13): 5496-5502.

[60] Ji T R, Liang Z W, Zhu X Y, et al. Probing the structure of a water/nitrobenzene interface by scanning ion conductance microscopy[J]. Chem Sci, 2011, 2(8): 1523-1529.

[61] Sun P, Zhang Z Q, Guo J D, et al. Fabrication of nanometer-sized electrodes and tips for scanning electrochemical microscopy[J]. Anal Chem, 2001, 73(21): 5346-5351.

[62] Strein T G, Ewing A G. Characterization of submicron-sized carbon electrodes insulated with a phenol-allylphenol copolymer[J]. Anal Chem, 1992, 64(13): 1368-1373.

[63] Huang W H, Pang D W, Tong H, et al. A method for the fabrication of low-noise carbon fiber nanoelectrodes[J]. Anal Chem, 2001, 73(5): 1048-1052.

[64] Zhang X W, Qiu Q F, Jiang H, et al. Real-time intracellular measurements of ROS and RNS in living cells with single core-shell nanowire electrodes[J]. Angew Chem Int Ed, 2017, 56(42): 12997-13000.

[65] Dawson K, O'Riordan A. Electroanalysis at the nanoscale[J]. Annu Rev Anal Chem, 2014, 7: 163-181.

[66] Yeh J I, Shi H. Nanoelectrodes for biological measurements[J]. Wiley Interdiscip Rev Nanomed Nanobiotechnol, 2010, 2(2): 176-188.

[67] Liu Y Z, Li M N, Zhang F, et al. Development of Au disk nanoelectrode down to 3 nm in radius for detection of dopamine release from a single cell[J]. Anal Chem, 2015, 87(11): 5531-5538.

[68] Singhal R, Orynbayeva Z, Kalyana Sundaram R V, et al. Multifunctional carbon-nanotube cellular endoscopes[J]. Nat Nanotechnol, 2011, 6(1): 57-64.

[69] Li Y T, Zhang S H, Wang L, et al. Nanoelectrode for amperometric monitoring of individual vesicular exocytosis inside single synapses[J]. Angew Chem Int Ed, 2014, 53(46): 12456-12460.

[70] Li Y T, Zhang S H, Wang X Y, et al. Real-time monitoring of discrete synaptic release events and excitatory potentials within self-reconstructed neuromuscular junctions[J]. Angew Chem Int Ed, 2015, 54(32): 9313-9318.

[71] Sun P, Laforge F O, Abeyweera T P, et al. Nanoelectrochemistry of mammalian cells[J]. Proc Natl Acad Sci USA, 2008, 105(2): 443-448.

[72] Wang Y, Noël J M, Velmurugan J, et al. Nanoelectrodes for determination of reactive oxygen and nitrogen species inside murine macrophages[J]. Proc Natl Acad Sci USA, 2012, 109(29): 11534-11539.

[73] Li Y, Hu K, Yu Y, et al. Direct electrochemical measurements of reactive oxygen and nitrogen species in nontransformed and metastatic human breast cells[J]. J Am Chem Soc, 2017, 139(37): 13055-13062.

[74] Hu K K, Li Y, Rotenberg S A, et al. Electrochemical measurements of reactive oxygen and nitrogen species inside single phagolysosomes of living macrophages[J]. J Am Chem Soc, 2019, 141(11): 4564-4568.

[75] Larsson A, Majdi S, Oleinick A, et al. Intracellular electrochemical nanomeasurements reveal that exocytosis of molecules at living neurons is subquantal and complex[J]. Angew Chem Int Ed, 2020, 59(17): 6711-6714.

[76] Strumwasser F. Long-term recording from single neurons in brain of unrestrained mammals[J]. Science, 1958, 127(3296): 469-470.

[77] Baudry M, Taketani M, Krause M. Applications of multi-electrode array system in drug discovery using acute and cultured hippocampal slices[M]//Taketani M, Baudry M, eds. Advances in Network Electrophysiology: Using Multi-Electrode Arrays. New York: Springer, 2006: 355-376.

[78] Ito T, Okazaki S. Pushing the limits of lithography[J]. Nature, 2000, 406(6799): 1027-1031.
[79] Huang X J, O'Mahony A M, Compton R G. Microelectrode arrays for electrochemistry: Approaches to fabrication[J]. Small, 2009, 5(7): 776-788.
[80] Sandison M E, Cooper J M. Nanofabrication of electrode arrays by electron-beam and nanoimprint lithographies[J]. Lab Chip, 2006, 6(8): 1020-1025.
[81] Jiang X, Hu J, Fitzgerald L A, et al. Probing electron transfer mechanisms in Shewanella oneidensis MR-1 using a nanoelectrode platform and single-cell imaging[J]. Proc Natl Acad Sci USA, 2010, 107(39): 16806-16810.
[82] Qiu W L, Xu M Z, Li R X, et al. Renewable and ultralong nanoelectrochemical sensor: Nanoskiving fabrication and application for monitoring cell release[J]. Anal Chem, 2016, 88(2): 1117-1122.
[83] Tu Y, Lin Y H, Ren Z F. Nanoelectrode arrays based on low site density aligned carbon nanotubes[J]. Nano Lett, 2003, 3(1): 107-109.
[84] Patolsky F, Zheng G F, Lieber C M. Nanowire-based biosensors[J]. Anal Chem, 2006, 78(13): 4260-4269.
[85] Liu X, Barizuddin S, Shin W, et al. Microwell device for targeting single cells to electrochemical microelectrodes for high-throughput amperometric detection of quantal exocytosis[J]. Anal Chem, 2011, 83(7): 2445-2451.
[86] Rettig J R, Folch A. Large-scale single-cell trapping and imaging using microwell arrays[J]. Anal Chem, 2005, 77(17): 5628-5634.
[87] Xu Y C, Yao H F, Wang L, et al. The construction of an individually addressable cell array for selective patterning and electroporation[J]. Lab Chip, 2011, 11(14): 2417-2423.
[88] Lin Z Y, Takahashi Y, Kitagawa Y, et al. An addressable microelectrode array for electrochemical detection[J]. Anal Chem, 2008, 80(17): 6830-6833.
[89] Lin Z Y, Takahashi Y, Murata T, et al. Electrochemical gene-function analysis for single cells with addressable microelectrode/microwell arrays[J]. Angew Chem Int Ed, 2009, 48(11): 2044-2046.
[90] Hafez I, Kisler K, Berberian K, et al. Electrochemical imaging of fusion pore openings by electrochemical detector arrays[J]. Proc Nati Acad Sci USA, 2005, 102(39): 13879-13884.
[91] Xie C, Lin Z L, Hanson L, et al. Intracellular recording of action potentials by nanopillar electroporation[J]. Nat Nanotechnol, 2012, 7(3): 185-190.
[92] Lin Z C, Xie C, Osakada Y, et al. Iridium oxide nanotube electrodes for sensitive and prolonged intracellular measurement of action potentials[J]. Nat Commun, 2014, 5: 3206.
[93] Laborde C, Pittino F, Verhoeven H A, et al. Real-time imaging of microparticles and living cells with CMOS nanocapacitor arrays[J]. Nat Nanotechnol, 2015, 10: 791-795.
[94] Patolsky F, Timko B P, Yu G, et al. Detection, stimulation, and inhibition of neuronal signals with high-density nanowire transistor arrays[J]. Science, 2006, 313(5790): 1100-1104.
[95] Bayley H, Martin C R. Resistive-pulse sensing from microbes to molecules[J]. Chem Rev, 2000, 100(7): 2575-2594.
[96] Venkatesan B M, Bashir R. Nanopore sensors for nucleic acid analysis[J]. Nat Nanotechnol, 2011, 6(10): 615-624.
[97] Stoloff D H, Wanunu M. Recent trends in nanopores for biotechnology[J]. Curr Opin Biotechnol, 2013, 24(4): 699-704.
[98] Shi W Q, Friedman A K, Baker L A. Nanopore sensing[J]. Anal Chem, 2017, 89(1): 157-188.
[99] Wang Y, Wang D, Mirkin M V. Resistive-pulse and rectification sensing with glass and carbon nanopipettes[J]. Proc Math Phys Eng Sci, 2017, 473(2199): 20160931.

[100] Luo L, German S R, Lan W J, et al. Resistive-pulse analysis of nanoparticles[J]. Annu Rev Anal Chem, 2014, 7(1): 513-535.

[101] Rudzevich Y, Lin Y Q, Wearne A, et al. Characterization of liposomes and silica nanoparticles using resistive pulse method[J]. Colloids Surf A: Physicochem Eng Asp, 2014, 448(20): 9-15.

[102] Chen L Z, He H L, Jin Y D. Counting and dynamic studies of the small unilamellar phospholipid vesicle translocation with single conical glass nanopores[J]. Anal Chem, 2015, 87(1): 522-529.

[103] Liu Y, Xu C, Chen X W, et al. Voltage-driven counting of phospholipid vesicles with nanopipettes by resistive-pulse principle[J]. Electrochem Commun, 2018, 89: 38-42.

[104] Howorka S, Siwy Z. Nanopore analytics: Sensing of single molecules[J]. Chem Soc Rev, 2009, 38(8): 2360-2384.

[105] Freedman K J, Otto L M, Ivanov A P, et al. Nanopore sensing at ultra-low concentrations using single-molecule dielectrophoretic trapping[J]. Nat Commun, 2016, 7: 10217.

[106] Yang C, Hinkle P, Menestrina J, et al. Polarization of gold in nanopores leads to ion current rectification[J]. J Phys Chem Lett, 2016, 7(20): 4152-4158.

[107] Singhal R, Bhattacharyya S, Orynbayeva Z, et al. Small diameter carbon nanopipettes[J]. Nanotechnology, 2010, 21(1): 015304.

[108] Hu K K, Wang Y X, Cai H J, et al. Open carbon nanopipettes as resistive-pulse sensors, rectification sensors, and electrochemical nanoprobes[J]. Anal Chem, 2014, 86(18): 8897-8901.

[109] Gao R, Ying Y L, Hu Y X, et al. Wireless bipolar nanopore electrode for single small molecule detection[J]. Anal Chem, 2017, 89(14): 7382-7387.

[110] Pérez-Mitta G, Marmisollé W A, Trautmann C, et al. Nanofluidic diodes with dynamic rectification properties stemming from reversible electrochemical conversions in conducting polymers[J]. J Am Chem Soc, 2015, 137(49): 15382-15385.

[111] Yu R J, Ying Y L, Gao R, et al. Confined nanopipette sensing: from single molecules, single nanoparticles, to single cells[J]. Angew Chem Int Ed, 2019, 58(12): 3706-3714.

[112] Perry D, Momotenko D, Lazenby R A, et al. Characterization of nanopipettes[J]. Anal Chem, 2016, 88(10): 5523-5530.

[113] Shao Y H, Mirkin M V. Fast kinetic measurements with nanometer-sized pipets. Transfer of potassium ion from water into dichloroethane facilitated by dibenzo-18-crown-6[J]. J Am Chem Soc, 1997, 119(34): 8103-8104.

[114] Li Q, Xie S B, Liang Z W, et al. Fast ion-transfer processes at nanoscopic liquid/liquid interfaces[J]. Angew Chem Int Ed, 2009, 48(43): 8010-8013.

[115] Branton D, Deamer D W, Marziali A, et al. The potential and challenges of nanopore sequencing[J]. Nat Biotechnol, 2008, 26(10): 1146-1153.

[116] Banerjee S, Shim J, Rivera J, et al. Electrochemistry at the edge of a single graphene layer in a nanopore[J]. ACS Nano, 2013, 7(1): 834-843.

[117] Heins E A, Siwy Z S, Baker L A, et al. Detecting single porphyrin molecules in a conically shaped synthetic nanopore[J]. Nano Lett, 2005, 5(9): 1824-1829.

[118] Miles B N, Ivanov A P, Wilson K A, et al. Single molecule sensing with solid-state nanopores: Novel materials, methods, and applications[J]. Chem Soc Rev, 2013, 42(1): 15-28.

[119] Tsutsui M, Hongo S, He Y, et al. Single-nanoparticle detection using a low-aspect-ratio pore[J]. ACS Nano, 2012, 6(4): 3499-3505.

[120] Siwy Z, Trofin L, Kohli P, et al. Protein biosensors based on biofunctionalized conical gold nanotubes[J]. J Am Chem Soc, 2005, 127(14): 5000-5001.

[121] Rutkowska A, Freedman K, Skalkowska J, et al. Electrodeposition and bipolar effects in metallized nanopores and their use in the detection of insulin[J]. Anal Chem, 2015, 87(4): 2337-2344.
[122] Terejánszky P, Makra I, Fürjes P, et al. Calibration-less sizing and quantitation of polymeric nanoparticles and viruses with quartz nanopipets[J]. Anal Chem, 2014, 86(10): 4688-4697.
[123] Wang Y, Kececi K, Mirkin M V, et al. Resistive-pulse measurements with nanopipettes: Detection of Au nanoparticles and nanoparticle-bound anti-peanut IgY[J]. Chem Sci, 2013, 4(2): 655-663.
[124] Lin X, Ivanov A P, Edel J B. Selective single molecule nanopore sensing of proteins using DNA aptamer-functionalised gold nanoparticles[J]. Chem Sci, 2017, 8(5): 3905-3912.
[125] Page A, Perry D, Unwin P R. Multifunctional scanning ion conductance microscopy[J]. Proc Math Phys Eng Sci, 2017, 473(2200): 20160889.
[126] Willmott G R, Parry B E T. Resistive pulse asymmetry for nanospheres passing through tunable submicron pores[J]. J Appl Phys, 2011, 109(9): 094307.
[127] Liu F, Kc P, Zhang G, et al. Microfluidic magnetic bead assay for cell detection[J]. Anal Chem, 2016, 88(1): 711-717.
[128] Sun J S, Yang J K, Gao Y D, et al. Reference channel-based microfluidic resistance sensing for single yeast cell volume growth measurement[J]. Microfluid Nanofluidics, 2017, 21(3): 33.
[129] Jia R, Rotenberg S A, Mirkin M V. Electrochemical resistive-pulse sensing of extracellular vesicles[J]. Anal Chem, 2022, 94(37): 12614-12620.
[130] Bard A J, Fan F R F, Kwak J, et al. Scanning electrochemical microscopy. Introduction and principles[J]. Anal Chem, 1989, 61(2): 132-138.
[131] Lin Y, Trouillon R, Svensson M I, et al. Carbon-ring microelectrode arrays for electrochemical imaging of single cell exocytosis: Fabrication and characterization[J]. Anal Chem, 2012, 84(6): 2949-2954.
[132] Zhang M N, Ding Z F, Long Y T. Sensing cisplatin-induced permeation of single live human bladder cancer cells by scanning electrochemical microscopy[J]. Analyst, 2015, 140(17): 6054-6060.
[133] Zhang M M N, Long Y T, Ding Z F. Cisplatin effects on evolution of reactive oxygen species from single human bladder cancer cells investigated by scanning electrochemical microscopy[J]. J Inorg Biochem, 2012, 108: 115-122.
[134] Pitta Bauermann L, Schuhmann W, Schulte A. An advanced biological scanning electrochemical microscope (Bio-SECM) for studying individual living cells[J]. Phys Chem Chem Phys, 2004, 6(15): 4003-4008.
[135] Takahashi Y, Shevchuk A I, Novak P, et al. Topographical and electrochemical nanoscale imaging of living cells using voltage-switching mode scanning electrochemical microscopy[J]. Proc Natl Acad Sci USA, 2012, 109(29): 11540-11545.
[136] Koch J A, Baur M B, Woodall E L, et al. Alternating current scanning electrochemical microscopy with simultaneous fast-scan cyclic voltammetry[J]. Anal Chem, 2012, 84(21): 9537-9543.
[137] Hansma P K, Drake B, Marti O, et al. The scanning ion-conductance microscope[J]. Science, 1989, 243(4891): 641-643.
[138] Korchev Y E, Bashford C L, Milovanovic M, et al. Scanning ion conductance microscopy of living cells[J]. Biophys J, 1997, 73(2): 653-658.
[139] Shevchuk A I, Hobson P, Lab M J, et al. Imaging single virus particles on the surface of cell membranes by high-resolution scanning surface confocal microscopy[J]. Biophys J, 2008,

94(10): 4089-4094.
[140] Chen C C, Zhou Y, Baker L A. Scanning ion conductance microscopy[J]. Annu Rev Anal Chem, 2012, 5(1): 207-228.
[141] McKelvey K, Kinnear S L, Perry D, et al. Surface charge mapping with a nanopipette[J]. J Am Chem Soc, 2014, 136(39): 13735-13744.
[142] Perry D, Paulose Nadappuram B, Momotenko D, et al. Surface charge visualization at viable living cells[J]. J Am Chem Soc, 2016, 138(9): 3152-3160.
[143] Page A, Perry D, Young P, et al. Fast nanoscale surface charge mapping with pulsed-potential scanning ion conductance microscopy[J]. Anal Chem, 2016, 88(22): 10854-10859.
[144] Page A, Kang M, Armitstead A, et al. Quantitative visualization of molecular delivery and uptake at living cells with self-referencing scanning ion conductance microscopy-scanning electrochemical microscopy[J]. Anal Chem, 2017, 89(5): 3021-3028.
[145] Sen M, Takahashi Y, Matsumae Y, et al. Improving the electrochemical imaging sensitivity of scanning electrochemical microscopy-scanning ion conductance microscopy by using electrochemical Pt deposition[J]. Anal Chem, 2015, 87(6): 3484-3489.
[146] Takahashi Y, Shevchuk A I, Novak P, et al. Simultaneous noncontact topography and electrochemical imaging by SECM/SICM featuring ion current feedback regulation[J]. J Am Chem Soc, 2010, 132(29): 10118-10126.
[147] Shan X N, Patel U, Wang S P, et al. Imaging local electrochemical current via surface plasmon resonance[J]. Science, 2010, 327(5971): 1363-1366.
[148] Shan X N, Díez-Pérez I, Wang L J, et al. Imaging the electrocatalytic activity of single nanoparticles[J]. Nat Nanotechnol, 2012, 7(10): 668-672.
[149] Yuan L, Tao N J, Wang W. Plasmonic imaging of electrochemical impedance[J]. Annu Rev Anal Chem, 2017, 10(1): 183-200.
[150] Wang W, Wang S P, Liu Q, et al. Mapping single-cell–substrate interactions by surface plasmon resonance microscopy[J]. Langmuir, 2012, 28(37): 13373-13379.
[151] Wang W, Yang Y Z, Wang S P, et al. Label-free measuring and mapping of binding kinetics of membrane proteins in single living cells[J]. Nat Chem, 2012, 4(10): 846-853.
[152] Lu J, Li J H. Label-free imaging of dynamic and transient calcium signaling in single cells[J]. Angew Chem Int Ed, 2015, 54(46): 13576-13580.
[153] Lu J, Yang Y Z, Wang W, et al. Label-free imaging of histamine mediated G protein-coupled receptors activation in live cells[J]. Anal Chem, 2016, 88(23): 11498-11503.
[154] Ma G Z, Zhou J Y, Tian C X, et al. Luminol electrochemiluminescence for the analysis of active cholesterol at the plasma membrane in single mammalian cells[J]. Anal Chem, 2013, 85(8): 3912-3917.
[155] Zuo H Z, Wang R, Jiang D C, et al. Determining the composition of active cholesterol in the plasma membrane of single cells by using Electrochemiluminescence[J]. ChemElectroChem, 2017, 4(7): 1677-1680.
[156] Zhang L, Wang Y Z, Tian Q Q, et al. Multienzyme decorated polysaccharide amplified electrogenerated chemiluminescence biosensor for cytosensing and cell surface carbohydrate profiling[J]. Biosens Bioelectron, 2017, 89(2): 1013-1019.
[157] Wang R, Fang D J. Detection of phosphatidylserine in the plasma membrane of single apoptotic cells using electrochemiluminescence[J]. RSC Adv, 2017, 7(21): 12969-12972.
[158] Huang S H, Liu K, Jiang D C, et al. Codetermination of sphingomyelin and cholesterol in cellular plasma membrane in sphingomyelin-depletion-induced cholesterol efflux[J]. Anal Chem, 2019, 91(2): 1501-1506.

[159] Chen Y T, Liu Y N, Xia J, et al. Analysis of sphingomyelin in plasma membrane at single cells using luminol electrochemiluminescence[J]. RSC Adv, 2016, 6(12): 9518-9521.
[160] Tian C X, Zhou J Y, Wu Z Q, et al. Fast serial analysis of active cholesterol at the plasma membrane in single cells[J]. Anal Chem, 2014, 86(1): 678-684.
[161] Zhou J Y, Ma G Z, Chen Y, et al. Electrochemiluminescence imaging for parallel single-cell analysis of active membrane cholesterol[J]. Anal Chem, 2015, 87(16): 8138-8143.
[162] Zhang J J, Ding H, Zhao S Y, et al. Confined electrochemiluminescence in vertically ordered silica mesochannels for the imaging of hydrogen peroxide released from single cells[J]. Electrochem Commun, 2019, 98: 38-42.
[163] Liu G, Ma C, Jin B K, et al. Direct electrochemiluminescence imaging of a single cell on a chitosan film modified electrode[J]. Anal Chem, 2018, 90(7): 4801-4806.
[164] Ding H, Guo W L, Ding L R, et al. Confined electrochemiluminescence at microtube electrode ensembles for local sensing of single cells[J]. Chinese J Chem, 2021, 39(10): 2911-2916.
[165] Cui C, Chen Y, Jiang D C, et al. Steady-state electrochemiluminescence at single semiconductive titanium dioxide nanoparticles for local sensing of single cells[J]. Anal Chem, 2019, 91(1): 1121-1125.
[166] Zhang J J, Jin R, Chen Y, et al. Enhanced electrochemiluminescence at single lithium iron phosphate nanoparticles for the local sensing of hydrogen peroxide efflux from single living cell under a low voltage[J]. Sens Actuators B: Chem, 2021, 329: 129208.
[167] Xu J J, Huang P Y, Qin Y, et al. Analysis of intracellular glucose at single cells using electrochemiluminescence imaging[J]. Anal Chem, 2016, 88(9): 4609-4612.
[168] Xia J, Zhou J Y, Zhang R G, et al. Gold-coated polydimethylsiloxane microwells for high-throughput electrochemiluminescence analysis of intracellular glucose at single cells[J]. Anal Bioanal Chem, 2018, 410(20): 4787-4792.
[169] Zhang H R, Gao W X, Liu Y, et al. Electrochemiluminescence-microscopy for microRNA imaging in single cancer cell combined with chemotherapy-photothermal therapy[J]. Anal Chem, 2019, 91(19): 12581-12586.
[170] Gao W X, Liu Y, Zhang H R, et al. Electrochemiluminescence biosensor for nucleolin imaging in a single tumor cell combined with synergetic therapy of tumor[J]. ACS Sens, 2020, 5(4): 1216-1222.
[171] Hiramoto K, Ino K, Komatsu K, et al. Electrochemiluminescence imaging of respiratory activity of cellular spheroids using sequential potential steps[J]. Biosens Bioelectron, 2021, 181: 113123.
[172] He R Q, Tang H F, Jiang D C, et al. Electrochemical visualization of intracellular hydrogen peroxide at single cells[J]. Anal Chem, 2016, 88(4): 2006-2009.
[173] Wang Y L, Jin R, Sojic N, et al. Intracellular wireless analysis of single cells by bipolar electrochemiluminescence confined in a nanopipette[J]. Angew Chem Int Ed, 2020, 59(26): 10416-10420.
[174] Zhang J J, Jin R, Jiang D C, et al. Electrochemiluminescence-based capacitance microscopy for label-free imaging of antigens on the cellular plasma membrane[J]. J Am Chem Soc, 2019, 141(26): 10294-10299.
[175] Dolci L S, Zanarini S, Della Ciana L, et al. Development of a new device for ultrasensitive electrochemiluminescence microscopy imaging[J]. Anal Chem, 2009, 81(15): 6234-6241.
[176] Valenti G, Scarabino S, Goudeau B, et al. Single cell electrochemiluminescence imaging: From the proof-of-concept to disposable device-based analysis[J]. J Am Chem Soc, 2017, 139(46): 16830-16837.

[177] Han D N, Goudeau B, Jiang D C, et al. Electrochemiluminescence microscopy of cells: Essential role of surface regeneration[J]. Anal Chem, 2021, 93(3): 1652-1657.
[178] Voci S, Goudeau B, Valenti G, et al. Surface-confined electrochemiluminescence microscopy of cell membranes[J]. J Am Chem Soc, 2018, 140(44): 14753-14760.
[179] Han D, Goudeau B, Manojlovic D, et al. Electrochemiluminescence loss in photobleaching[J]. Angew Chem Int Ed, 2021, 60(14): 7686-7690.
[180] Chen X J, He Y, Zhang Y Y, et al. Ultrasensitive detection of cancer cells and glycan expression profiling based on a multivalent recognition and alkaline phosphatase-responsive electrogenerated chemiluminescence biosensor[J]. Nanoscale, 2014, 6(19): 11196-11203.
[181] Cao J, Wang Y L, Zhang J J, et al. Immuno-electrochemiluminescent imaging of a single cell based on functional nanoprobes of heterogeneous $Ru(bpy)_3^{2+}$@SiO_2/Au nanoparticles[J]. Anal Chem, 2018, 90(17): 10334-10339.
[182] Liu Y J, Zhang H D, Li B X, et al. Single biomolecule imaging by electrochemiluminescence[J]. J Am Chem Soc, 2021, 143(43): 17910-17914.
[183] Ma C, Wu S J, Zhou Y, et al. Bio-coreactant-enhanced electrochemiluminescence microscopy of intracellular structure and transport[J]. Angew Chem Int Ed, 2021, 60(9): 4907-4914.
[184] Ma C, Wang M X, Wei H F, et al. Catalytic route electrochemiluminescence microscopy of cell membranes with nitrogen-doped carbon dots as nano-coreactants[J]. ChemComm, 2021, 57(17): 2168-2171.
[185] Chen Y, Gou X D, Ma C, et al. A synergistic coreactant for single-cell electrochemiluminescence imaging: Guanine-rich ssDNA-loaded high-index faceted gold nanoflowers[J]. Anal Chem, 2021, 93(21): 7682-7689.
[186] Ding H, Guo W L, Su B. Imaging cell-matrix adhesions and collective migration of living cells by electrochemiluminescence microscopy[J]. Angew Chem Int Ed, 2020, 59(1): 449-456.
[187] Xu L R, Li Y, Wu S Z et al. Imaging latent fingerprints by electrochemiluminescence[J]. Angew Chem Int Ed, 2012, 51(32): 8068-8072.
[188] Gao H, Han W, Qi H, et al. Electrochemiluminescence imaging for the morphological and quantitative analysis of living cells under external stimulation[J]. Anal Chem, 2020, 92(12): 8278-8284.
[189] Ino K, Komatsu K, Hiramoto K, et al. Electrochemiluminescence imaging of cellular adhesion in vascular endothelial cells during tube formation on hydrogel scaffolds[J]. Electrochim Acta, 2022, 415(20): 140240.
[190] Descamps J, Colin C, Tessier G, et al. Ultrasensitive imaging of cells and sub-cellular entities by electrochemiluminescence[J]. Angew Chem Int Ed, 2023, 62(16): e202218574.
[191] Qin X, Jin H J, Li X X, et al. Label-free electrochemiluminescence imaging of single-cell adhesions by using bipolar nanoelectrode array[J]. Chem-Eur J, 2022, 28(3): e202103964.
[192] Ding H, Zhou P, Fu W X, et al. Spatially selective imaging of cell-matrix and cell-cell junctions by electrochemiluminescence[J]. Angew Chem Int Ed, 2021, 60(21): 11769-11773.
[193] Chen M M, Xu C H, Zhao W, et al. Single cell imaging of electrochemiluminescence-driven photodynamic therapy[J]. Angew Chem Int Ed, 2022, 134(16): e202117401.
[194] Guo W L, Ding H, Zhou P, et al. Electrochemiluminescence waveguide in single crystalline molecular wires[J]. Angew Chem Int Ed, 2020, 59(17): 6745-6749.
[195] Dong J R, Lu Y X, Xu Y, et al. Direct imaging of single-molecule electrochemical reactions in solution[J]. Nature, 2021, 596(7871): 244-249.
[196] Gao N, Zeng H, Wang X F, et al. Graphdiyne: A new carbon allotrope for electrochemiluminescence[J].

Angew Chem Int Ed, 2022, 61(28): e202204485.
[197] Clark L C J R, Misrahy G, Fox R P. Chronically implanted polarographic electrodes[J]. J Appl Physiol, 1958, 13(1): 85-91.
[198] Kissinger P T, Hart J B, Adams R N. Voltammetry in brain tissue: A new neurophysiological measurement[J]. Brain Res, 1973, 55(1): 209-213.
[199] Justice J B. Voltammetry in the Neurosciences: Principles, methods, and applications[M]. Clifton New Jersey: Humana Press, 1987.
[200] Kawagoe K T, Garris P A, Wiedemann D J, et al. Regulation of transient dopamine concentration gradients in the microenvironment surrounding nerve terminals in the rat striatum[J]. Neuroscience, 1992, 51(1): 55-64.
[201] Robinson D L, Hermans A, Seipel A T, et al. Monitoring rapid chemical communication in the brain[J]. Chem Rev, 2008, 108(7): 2554-2584.
[202] Ponchon J L, Cespuglio R, Gonon F, et al. Normal pulse polarography with carbon fiber electrodes for in vitro and in vivo determination of catecholamines[J]. Anal Chem, 1979, 51(9): 1483-1486.
[203] Huffman M L, Venton B J. Carbon-fiber microelectrodes for in vivo applications[J]. Analyst, 2009, 134(1): 18-24.
[204] Putzbach W, Ronkainen N J. Immobilization techniques in the fabrication of nanomaterial-based electrochemical biosensors: A review[J]. Sensors (Basel), 2013, 13(4): 4811-4840.
[205] Jacobs C B, Peairs M J, Venton B J. Review: Carbon nanotube based electrochemical sensors for biomolecules[J]. Anal Chim Acta, 2010, 662(2): 105-127.
[206] Swamy B E, Venton B J. Carbon nanotube-modified microelectrodes for simultaneous detection of dopamine and serotonin in vivo[J]. Analyst, 2007, 132(9): 876-884.
[207] Xiao N, Venton B J. Rapid, sensitive detection of neurotransmitters at microelectrodes modified with self-assembled SWCNT forests[J]. Anal Chem, 2012, 84(18): 7816-7822.
[208] Xiao T F, Jiang Y N, Ji W L, et al. Controllable and reproducible sheath of carbon fibers with single-walled carbon nanotubes through electrophoretic deposition for in vivo electrochemical measurements[J]. Anal Chem, 2018, 90(7): 4840-4846.
[209] Xiao T F, Wang Y X, Wei H, et al. Electrochemical monitoring of propagative fluctuation of ascorbate in the live rat brain during spreading depolarization[J]. Angew Chem Int Ed, 2019, 58(20): 6616-6619.
[210] Schmidt A C, Wang X, Zhu Y, et al. Carbon nanotube yarn electrodes for enhanced detection of neurotransmitter dynamics in live brain tissue[J]. ACS Nano, 2013, 7(9): 7864-7873.
[211] Zhang L M, Liu F L, Sun X M, et al. Engineering carbon nanotube fiber for real-time quantification of ascorbic acid levels in a live rat model of Alzheimer's disease[J]. Anal Chem, 2017, 89(3): 1831-1837.
[212] Chai X L, Zhou X G, Zhu A W, et al. A two-channel ratiometric electrochemical biosensor for *in vivo* monitoring of copper ions in a rat brain using gold truncated octahedral microcages[J]. Angew Chem Int Ed, 2013, 52(31): 8129-8133.
[213] Swiergiel A H, Palamarchouk V S, Dunn A J. A new design of carbon fiber microelectrode for *in vivo* voltammetry using fused silica[J]. J Neurosci Methods, 1997, 73(1): 29-33.
[214] Gerhardt G A, Ksir C, Pivik C, et al. Methodology for coupling local application of dopamine and other chemicals with rapid in vivo electrochemical recordings in freely-moving rats[J]. J Neurosci Methods, 1999, 87(1): 67-76.
[215] Plotsky P M. Probing pathways of neuroendocrine regulation with voltammetric microelectrodes[M]//Joseph B Justice. Voltammetry in the Neurosciences. NJ Clifton:

Humana Press, 1987:273-309.

[216] Clark J J, Sandberg S G, Wanat M J, et al. Chronic microsensors for longitudinal, subsecond dopamine detection in behaving animals[J]. Nat Methods, 2010, 7(2): 126-129.

[217] Wightman R M, Heien M L, Wassum K M, et al. Dopamine release is heterogeneous within microenvironments of the rat nucleus accumbens[J]. Eur J Neurosci, 2007, 26(7): 2046-2054.

[218] Schroeder T J, Jankowski J A, Senyshyn J, et al. Zones of exocytotic release on bovine adrenal medullary cells in culture[J]. J Biol Chem, 1994, 269(25): 17215-17220.

[219] Zhang B, Heien M L, Santillo M F, et al. Temporal resolution in electrochemical imaging on single PC12 cells using amperometry and voltammetry at microelectrode arrays[J]. Anal Chem, 2011, 83(2): 571-577.

[220] Cui H F, Ye J S, Chen Y, et al. Microelectrode array biochip: Tool for *in vitro* drug screening based on the detection of a drug effect on dopamine release from PC12 cells[J]. Anal Chem, 2006, 78(18): 6347-6355.

[221] Berberian K, Kisler K, Fang Q, et al. Improved surface-patterned platinum microelectrodes for the study of exocytotic events[J]. Anal Chem, 2009, 81(21): 8734-8740.

[222] Carabelli V, Gosso S, Marcantoni A, et al. Nanocrystalline diamond microelectrode arrays fabricated on sapphire technology for high-time resolution of quantal catecholamine secretion from chromaffin cells[J]. Biosens Bioelectron, 2010, 26(1): 92-98.

[223] Wang J, Trouillon R, Dunevall J, et al. Spatial resolution of single-cell exocytosis by microwell-based individually addressable thin film ultramicroelectrode arrays[J]. Anal Chem, 2014, 86(9): 4515-4520.

[224] Wang J, Trouillon R, Lin Y Q, et al. Individually addressable thin-film ultramicroelectrode array for spatial measurements of single vesicle release[J]. Anal Chem, 2013, 85(11): 5600-5608.

[225] Wilson G S, Johnson M A. *In-vivo* electrochemistry: What can we learn about living systems? [J]. Chem Rev, 2008, 108(7): 2462-2481.

[226] Kiyatkin E A, Wakabayashi K T, Lenoir M. Physiological fluctuations in brain temperature as a factor affecting electrochemical evaluations of extracellular glutamate and glucose in behavioral experiments[J]. ACS Chem Neurosci, 2013, 4(5): 652-665.

[227] Sarter M, Parikh V, Howe W M. Phasic acetylcholine release and the volume transmission hypothesis: Time to move on[J]. Nat Rev Neurosci, 2009, 10(5): 383-390.

[228] Schmitt L I, Sims R E, Dale N, et al. Wakefulness affects synaptic and network activity by increasing extracellular astrocyte-derived adenosine[J]. J Neurosci, 2012, 32(13): 4417-4425.

[229] Wang X Y, Li Q, Xu J J, et al. Rational design of bioelectrochemically multifunctional film with oxidase, ferrocene, and graphene oxide for development of *in vivo* electrochemical biosensors[J]. Anal Chem, 2016, 88(11): 5885-5891.

[230] Lin Y Q, Zhu N N, Yu P, et al. Physiologically relevant online electrochemical method for continuous and simultaneous monitoring of striatum glucose and lactate following global cerebral ischemia/reperfusion[J]. Anal Chem, 2009, 81(6): 2067-2074.

[231] Lin Y Q, Yu P, Hao J, et al. Continuous and simultaneous electrochemical measurements of glucose, lactate, and ascorbate in rat brain following brain ischemia[J]. Anal Chem, 2014, 86(8): 3895-3901.

[232] Zhang Z P, Xiao T F, Hao J, et al. An online electrochemical system for continuous measurement of glutamate with signal amplification by enzymatic substrate cycling[J]. Electroanalysis, 2015, 27(10): 2406-2411.

[233] Xiang L, Lin Y Q, Yu P, et al. Laccase-catalyzed oxidation and intramolecular cyclization

of dopamine: A new method for selective determination of dopamine with laccase/carbon nanotube-based electrochemical biosensors[J]. Electrochim Acta, 2007, 52(12): 4144-4152.

[234] Cunha R A. Adenosine as a neuromodulator and as a homeostatic regulator in the nervous system: Different roles, different sources and different receptors[J]. Neurochem Int, 2001, 38(2): 107-125.

[235] Swamy B E, Venton B J. Subsecond detection of physiological adenosine concentrations using fast-scan cyclic voltammetry[J]. Anal Chem, 2007, 79(2): 744-750.

[236] Street S E, Walsh P L, Sowa N A, et al. PAP and NT5E inhibit nociceptive neurotransmission by rapidly hydrolyzing nucleotides to adenosine[J]. Mol Pain, 2011, 7: 80.

[237] Street S E, Kramer N J, Walsh P L, et al. Tissue-nonspecific alkaline phosphatase acts redundantly with PAP and NT5E to generate adenosine in the dorsal spinal cord[J]. J Neurosci, 2013, 33(27): 11314-11322.

[238] Pajski M L, Venton B J. The mechanism of electrically stimulated adenosine release varies by brain region[J]. Purinergic Signal, 2013, 9(2): 167-174.

[239] Pajski M L, Venton B J. Adenosine release evoked by short electrical stimulations in striatal brain slices is primarily activity dependent[J]. ACS Chem Neurosci, 2010, 1(12): 775-787.

[240] Cechova S, Venton B J. Transient adenosine efflux in the rat caudate-putamen[J]. J Neurochem, 2008, 105(4): 1253-1263.

[241] Ross A E, Nguyen M D, Privman E, et al. Mechanical stimulation evokes rapid increases in extracellular adenosine concentration in the prefrontal cortex[J]. J Neurochem, 2014, 130(1): 50-60.

[242] Ross A E, Venton B J. Sawhorse waveform voltammetry for selective detection of adenosine, ATP, and hydrogen peroxide[J]. Anal Chem, 2014, 86(15): 7486-7493.

[243] Glanowska K M, Venton B J, Moenter S M. Fast scan cyclic voltammetry as a novel method for detection of real-time gonadotropin-releasing hormone release in mouse brain slices[J]. J Neurosci, 2012, 32(42): 14664-14669.

[244] Belchetz P E, Plant T M, Nakai Y, et al. Hypophysial responses to continuous and intermittent delivery of hypothalamic gonadotropin-releasing hormone[J]. Science, 1978, 202(4368): 631-633.

[245] Chen P, Moenter S M. GABAergic transmission to gonadotropin-releasing hormone (GnRH) neurons is regulated by GnRH in a concentration-dependent manner engaging multiple signaling pathways[J]. J Neurosci, 2009, 29(31): 9809-9818.

[246] Schmidt A C, Dunaway L E, Roberts J G, et al. Multiple scan rate voltammetry for selective quantification of real-time enkephalin dynamics[J]. Anal Chem, 2014, 86(15): 7806-7812.

[247] Bodnar R J. Endogenous opiates and behavior: 2012[J]. Peptides, 2013, 50: 55-95.

[248] Sang J H. *Drosophila melanogaster*: The fruit fly[M]//Reeve ECR. Encyclopedia of genetics. London: Fitzroy Dearborn, 2001: 157-162.

[249] Ito M, Masuda N, Shinomiya K, et al. Systematic analysis of neural projections reveals clonal composition of the *Drosophila* brain[J]. Curr Biol, 2013, 23(8): 644-655.

[250] Sokolowski M B. *Drosophila*: Genetics meets behaviour[J]. Nat Rev Genet, 2001, 2(11): 879-890.

[251] Monastirioti M. Biogenic amine systems in the fruit fly *Drosophila melanogaster*[J]. Microsc Res Tech, 1999, 45(2): 106-121.

[252] Berglund E C, Makos M A, Keighron J D, et al. Oral administration of methylphenidate blocks the effect of cocaine on uptake at the *Drosophila* dopamine transporter[J]. ACS Chem Neurosci, 2013, 4(4): 566-574.

[253] Makos M A, Han K A, Heien M L, et al. Using *in vivo* electrochemistry to study the

physiological effects of cocaine and other stimulants on the *Drosophila melanogaster* dopamine transporter[J]. ACS Chem Neurosci, 2010, 1(1): 74-83.
[254] Makos M A, Kim Y C, Han K A, et al. *In vivo* electrochemical measurements of exogenously applied dopamine in *Drosophila melanogaster*[J]. Anal Chem, 2009, 81(5): 1848-1854.
[255] Xiao N, Privman E, Venton B J. Optogenetic control of serotonin and dopamine release in *Drosophila* larvae[J]. ACS Chem Neurosci, 2014, 5(8): 666-673.
[256] Vickrey T L, Condron B, Venton B J. Detection of endogenous dopamine changes in *Drosophila melanogaster* using fast-scan cyclic voltammetry[J]. Anal Chem, 2009, 81(22): 9306-9313.
[257] Borue X, Cooper S, Hirsh J, et al. Quantitative evaluation of serotonin release and clearance in *Drosophila*[J]. J Neurosci Methods, 2009, 179(2): 300-308.
[258] Vickrey T L, Venton B J. Drosophila Dopamine2-like receptors function as autoreceptors[J]. ACS Chem Neurosci, 2011, 2(12): 723-729.
[259] Johannessen J N, Chiueh C C, Burns R S, et al. Ⅳ. Differences in the metabolism of MPTP in the rodent and primate parallel differences in sensitivity to its neurotoxic effects[J]. Life Sci, 1985, 36(3): 219-224.
[260] Schober A. Classic toxin-induced animal models of Parkinson's disease: 6-OHDA and MPTP[J]. Cell Tissue Res, 2004, 318(1): 215-224.
[261] Cragg S J, Hille C J, Greenfield S A. Dopamine release and uptake dynamics within nonhuman primate striatum *in vitro*[J]. J Neurosci, 2000, 20(21): 8209-8217.
[262] Cragg S J, Hille C J, Greenfield S A. Functional domains in dorsal striatum of the nonhuman primate are defined by the dynamic behavior of dopamine[J]. J Neurosci, 2002, 22(13): 5705-5712.
[263] Cragg S J. Variable dopamine release probability and short-term plasticity between functional domains of the primate striatum[J]. J Neurosci, 2003, 23(10): 4378-4385.
[264] Lindsay W S, Herndon J G, Blakely R D, et al. Voltammetric recording from neostriatum of behaving rhesus monkey[J]. Brain Res, 1981, 220(2): 391-396.
[265] Gerhardt G A, Cass W A, Hudson J, et al. *In vivo* electrochemical studies of dopamine overflow and clearance in the striatum of normal and MPTP-treated rhesus monkeys[J]. J Neurochem, 1996, 66(2): 579-588.
[266] Yoshimi K, Naya Y, Mitani N, et al. Phasic reward responses in the monkey striatum as detected by voltammetry with diamond microelectrodes[J]. Neurosci Res, 2011, 71(1): 49-62.
[267] Earl C D, Sautter J, Xie J X, et al. Pharmacological characterisation of dopamine overflow in the striatum of the normal and MPTP-treated common marmoset, studied *in vivo* using fast cyclic voltammetry, nomifensine and sulpiride[J]. J Neurosci Methods, 1998, 85(2): 201-209.
[268] Hearn J P. Reproduction in new world primates: New models in medical[M]. Lancaster: MTP Press Limited, 1983: 181-215.
[269] Grand T I. Body weight: Its relation to tissue composition, segment distribution, and motor function Ⅱ. Development of *Macaca mulatta*[J]. Am J Phys Anthropol, 1977, 47(2): 241-248.
[270] Ariansen J L, Heien M L, Hermans A, et al. Monitoring extracellular pH, oxygen, and dopamine during reward delivery in the striatum of Primates[J]. Front Behav Neurosci, 2012, 6: 36.
[271] Venton B J, Michael D J, Wightman R M. Correlation of local changes in extracellular oxygen and pH that accompany dopaminergic terminal activity in the rat caudate-putamen[J]. J Neurochem, 2003, 84(2): 373-381.
[272] Heales D S. pH and brain function[J]. Brain, 1999, 122(9): 1794-1796.

[273] Schluter E W, Mitz A R, Cheer J F, et al. Real-time dopamine measurement in awake monkeys[J]. PLoS One, 2014, 9(6): e98692.

[274] Stefurak T, Mikulis D, Mayberg H, et al. Deep brain stimulation for Parkinson's disease dissociates mood and motor circuits: A functional MRI case study[J]. Mov Disord, 2003, 18(12): 1508-1516.

[275] Sachdev P S, Mohan A, Cannon E, et al. Deep brain stimulation of the antero-medial globus pallidus interna for Tourette syndrome[J]. PLoS One, 2014, 9(8): e104926.

[276] Laxpati N G, Kasoff W S, Gross R E. Deep brain stimulation for the treatment of epilepsy: Circuits, targets, and trials[J]. Neurotherapeutics, 2014, 11(3): 508-526.

[277] Figee M, de Koning P, Klaassen S, et al. Deep brain stimulation induces striatal dopamine release in obsessive-compulsive disorder[J]. Biol Psychiatry, 2014, 75(8): 647-652.

[278] van Dijk A, Klompmakers A A, Feenstra M G, et al. Deep brain stimulation of the accumbens increases dopamine, serotonin, and noradrenaline in the prefrontal cortex[J]. J Neurochem, 2012, 123(6): 897-903.

[279] Kishida K T, Sandberg S G, Lohrenz T, et al. Sub-second dopamine detection in human striatum[J]. PLoS One, 2011, 6(8): e23291.

[280] Kasasbeh A, Lee K, Bieber A, et al. Wireless neurochemical monitoring in humans[J]. Stereotact Funct Neurosurg, 2013, 91(3): 141-147.

[281] Chang S Y, Kim I, Marsh M P, et al. Wireless fast-scan cyclic voltammetry to monitor adenosine in patients with essential tremor during deep brain stimulation[J]. Mayo Clin Proc, 2012, 87(8): 760-765.

ELECTROCHEMICAL ANALYSIS

ELECTROCHEMICAL ANALYSIS

第十章
单颗粒与单分子电化学分析

经典的电化学研究将电极视作空间上处处均匀的界面，聚焦于电化学界面整体的电子转移规律与传质扩散过程，测量结果反映的是一定时间尺度内、大量分子在电极界面上的平均行为。一方面，实际的电极界面往往呈现出不同程度的空间异质性，均相测量的结果难以在空间上分辨电极局部电子转移行为的差异；另一方面，电极局部的电流信号通常会被掩蔽在背景电流（如电极的充放电电流、极化电流）中，导致电子转移过程的细节难以被解读。因此，必须在测试系统中降低背景电流的干扰、提高电学信号的灵敏度，或是引入空间分辨的能力，才能更好地研究电极反应界面的电子转移行为。

20 世纪 70 年代以来，超微电极制造技术的发展推动了纳米电化学研究的进步。随着电极尺寸锐减至微米级以下，背景电流得到很好的抑制，极大提高了电化学检测的灵敏度。另外，微区扫描电化学技术和光谱、光学成像技术的发展，使得电化学测量中可以引入相应的空间分辨能力，从而揭示在单个体水平上电子转移事件的细节。

在这一研究背景下，作为电活性材料的最小功能单元，特别是在介观尺度下受到量子隧穿效应和尺寸限域效应的影响，单个纳米颗粒或单分子往往表现出一些独特的、容易被宏观平均测量所掩盖的电化学行为。研究单个纳米颗粒或单分子的本征电化学行为，有利于自下而上地建立结构–活性关系，指导纳米电催化剂的筛选、电化学传感体系的优化以及电极材料的设计与合成等。其次，与传统电化学反应界面的分子反应机制不同，单颗粒–电极界面、单分子–电极界面的异相电子转移机制目前还未得到很好的理解。解析单颗粒–电极界面动态的电位分布、电活性位点演化以及单分子特定的电子耦合事件，对于揭示纳米电化学的反应机制、提高电子转移效率、发展高效储能器件至关重要。

本章将深入讨论测量单个纳米颗粒与单个分子电化学响应的几种策略，包括单颗粒–纳米电极组装的单颗粒电化学分析、单颗粒碰撞电化学分析、耦合光学成像技术的单颗粒电化学分析、基于扫描探针显微镜的单分子电化学分析四个方面。

第一节 纳米电极上的单颗粒电化学分析

要获取单个纳米颗粒本征的电化学响应，就必须抑制背景电流的干扰。为了实现这一点，最简单的做法是将单个纳米颗粒固定在单个纳米电极上进行测量。当电极尺寸锐减至几十纳米时，纳米电极的尺寸与颗粒尺寸相当，此时纳米电极上只有一个单颗粒，背景电流基本可以忽略不计，即认为所测得的电流响应全部来自电活性的纳米颗粒。本节将简要介绍两种常见的“单颗粒-纳米电极”结构的构筑策略，并对其应用的优势与局限性进行简要说明。

一、基于界面作用力的单颗粒-纳米电极构建方法

微纳尺度界面的相互作用，如范德华力、静电相互作用、氢键作用、共价键作用等，为操纵单颗粒的转移及其在基底表面的固定提供了可能。张波等[1]首次利用静电吸附的方法将单个 9 ～ 30nm 的金纳米颗粒固定在 10nm 的铂电极上，包括以下三个步骤：第一，通过密封与抛光工艺，将铂纳米线尖端暴露，制成铂盘纳米电极，通过测量扩散限制的稳态电流，计算出铂纳米电极的尺寸；第二，用 $Cl(CH_3)_2Si(CH_2)_3CN$ 对二氧化硅表面保护，进行钝化处理；第三，将 $(CH_3O)_3Si(CH_2)_3NH_2$ (APTMS) 修饰在铂纳米电极上，作为特异性识别金颗粒的分子连接器，最后金颗粒通过该分子连接器稳定地与铂纳米电极连接在一起，形成“金单颗粒-铂纳米电极”组装体（图 10-1）。随后，对该单颗粒-纳米电极（single-nanoparticle electrode, SNPE）上的氧还原反应及其构效关系进行了研究，发现单个金纳米颗粒的存在可以极大地增强铂向氧化还原分子的电子转移，电极的伏安响应取决于固定化金纳米粒子的大小，而不是铂纳米电极的大小（图 10-1）。

Schuhmann 等[2]发展了一种机械微悬臂系统，对单颗粒进行操控，成功将单个纳米颗粒以不同的空间取向转移到纳米电极上，并比较了单个四氧化三钴颗粒不同晶面的电催化活性（图 10-2）。该方法首先通过电化学处理，在碳纳米电极（CNE）上修饰一层电活性

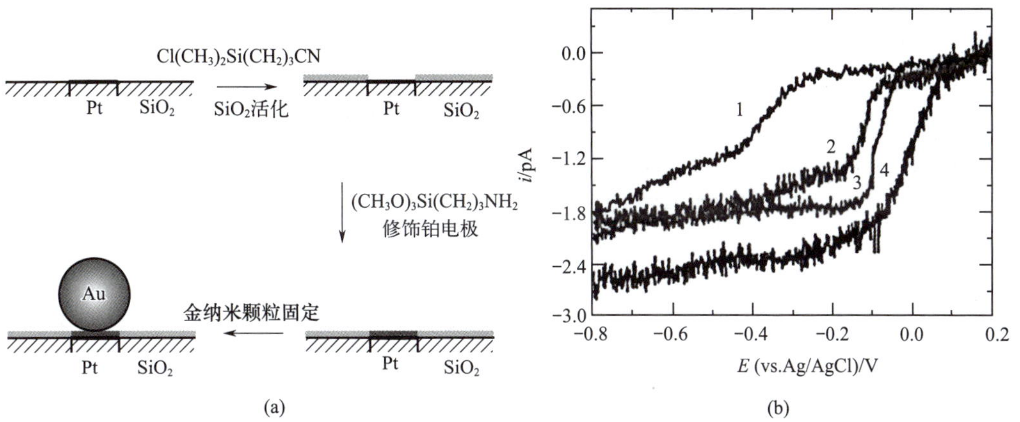

图 10-1 （a）“金单颗粒-铂纳米电极”组装体的构建方法[1]；（b）不同电极结构在氧饱和的 0.1mol/L KOH 溶液中的伏安曲线[1]

图中曲线代表的电极结构：1—直径 7nm 的铂纳米电极；2—14nm Au-SNPE；3—18nm Au-SNPE；4—24nm Au-SNPE。扫描速率为 10mV/s

分子 *N*-叔丁氧羰基乙二胺（*N*-boc-ethylenediamine），以减少电子转移过程中的库仑阻塞效应。随后，机械微悬臂操控系统的针尖在扫描电镜腔体中通过静电吸附作用拾取单个四氧化三钴纳米颗粒，并将其放置在碳纳米电极上，实现“单颗粒-纳米电极”的组装。该方法与扫描电镜联用，可以对单颗粒转移到单纳米电极的过程进行可视化操作，并且能以不同的空间取向将纳米颗粒放置在单纳米电极上。随后，该作者测量了不同颗粒水氧化反应的本征催化电流及其催化活性（图 10-2）。

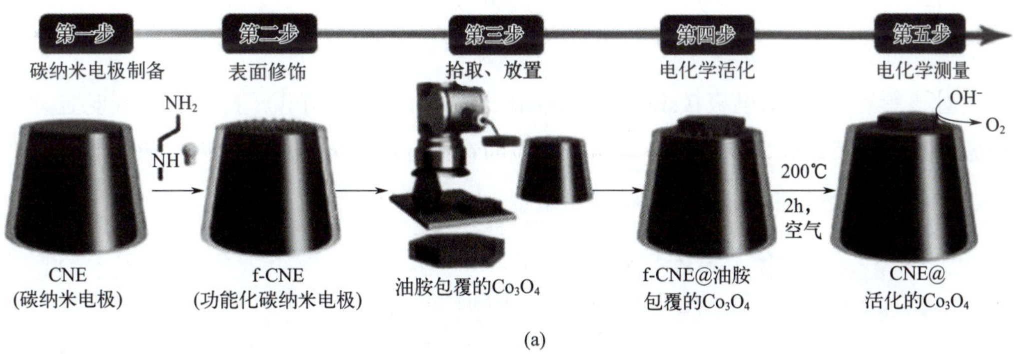

图 10-2

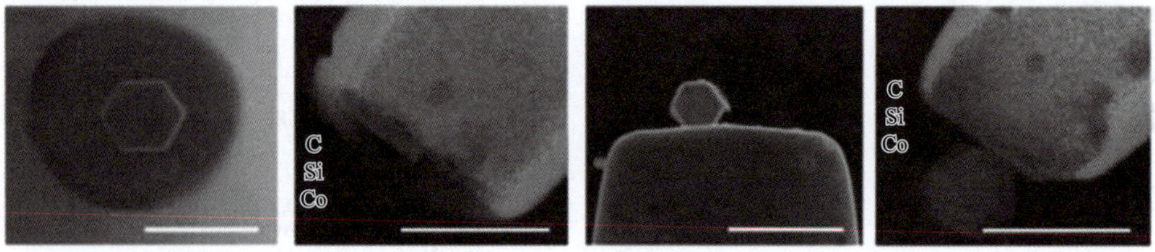

(b)

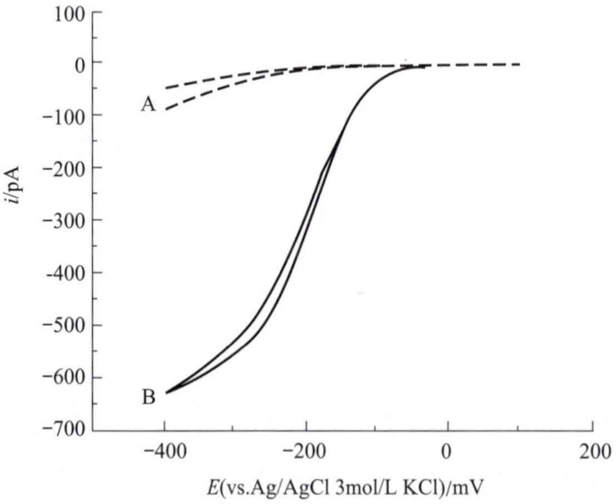

(c)

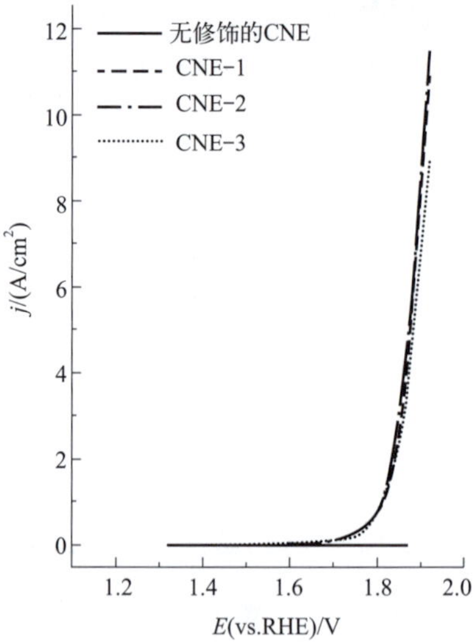

(d)

图 10-2 通过机械微悬臂构建单颗粒-纳米电极结构 [2]

（a）单个四氧化三钴颗粒向纳米电极转移及电化学测量的示意图；（b）单颗粒以不同空间取向组装在单个纳米电极上；（c）电极修饰前（A）与电极修饰后（B）的伏安响应；（d）不同“单个 Co_3O_4 NP-CNE”结构的电催化产氧电流

二、原位合成构建单颗粒-纳米电极

通过在纳米电极表面直接原位合成纳米颗粒，如电沉积 [3]、电化学还原原位构建共价金属键 [4] 等方式，可构建单颗粒-纳米电极。Schuhmann 等 [3] 开发了一种在碳纳米电极上电沉积-原位合成钴基单金属有机骨架（MOF）纳米颗粒的方法。

首先在碳纳米电极上进行重氮盐的电化学还原反应，在电极基底表面沉积一层含有羧基识别位点的单分子层；随后在 1mmol/L KOH 溶液中活化单分子自组装层电极，用来增强 Co^{2+} 与羧基的相互作用；最后浸泡在甲醇溶液中进行成核生长，就自然产生了单个 ZIF-67 颗粒和功能化碳纳米电极的组装体（ZIF-67@f-CNE）。获取这一电极结构后，作者研究了该纳米颗粒进行热裂解产生钴基活性位点，然后在碱性条件下的析氧反应。单个纳米颗粒具备良好的几何形状，有助于表征 Co 基催化位点的数量和分布（图 10-3）。

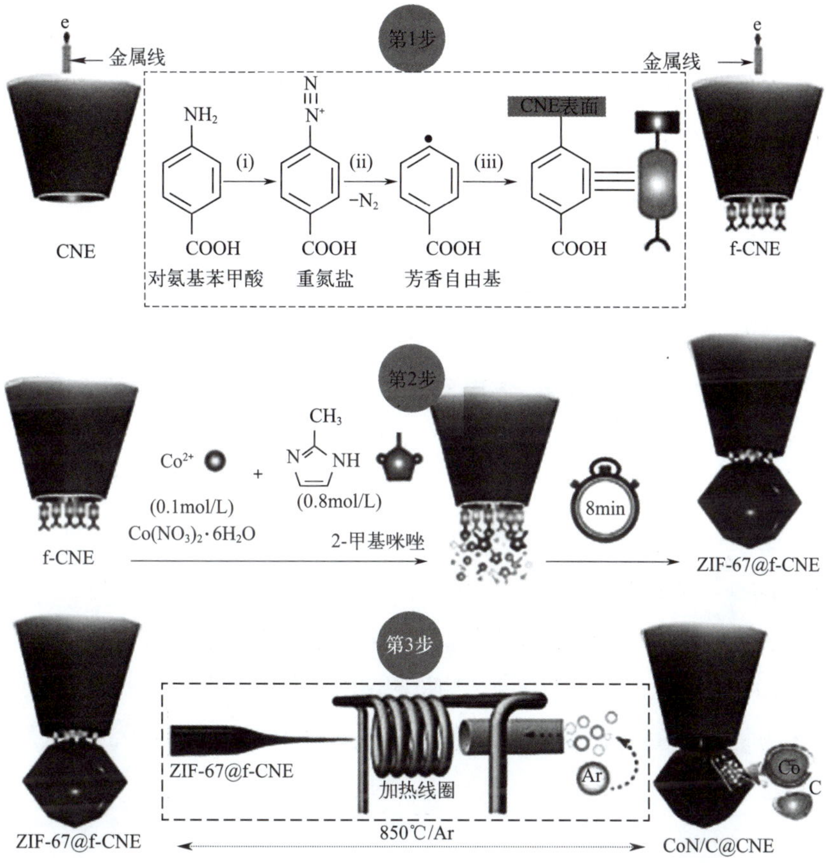

图 10-3　电沉积-原位成核生长构建单颗粒-纳米电极结构的示意图[3]

第二节
单颗粒碰撞电化学分析

纳米颗粒碰撞电化学的研究最早可以追溯到 1956 年[5]，捷克科学家 Micka 使用汞电极研究悬浮在水中的不溶性 HgS 颗粒时，发现溶液在搅拌时阻尼极谱图中会产生阴极峰，说明搅拌条件下多个 HgS 颗粒碰撞发生了还原反应。Heyrovsky 等[6]使用 TiO_2 颗粒进行极谱实验，观察到碰撞的颗粒催化 H^+ 还原而引起整体电流响应。但这些观察都是微米级的纳米颗粒聚集体的电化学行为，没有单个纳米颗粒碰撞的直接证据。直到 2004 年，Lemay 等[7]首次检测到了单个纳米颗粒碰撞事件。发现单个乳胶微球碰撞在 Au 超微电极（ultramicroelectrode, UME）表面后，阻碍了溶液中电活性物质在电极表面发生电化学反应，导致电流曲线上出现了阶梯状下降的信号。虽然此方法实现了单颗粒碰撞的实时分辨检测，但其研究的是不具有电催化或电化学活性的纳米颗粒的电化学阻塞效应。2007 年，Bard 等[8]将单颗粒碰撞理念用于电催化反应体系的研究。他们将碳纤维 UME 浸入到含有铂纳米颗粒（Pt nanoparticles，PtNPs）的酸性溶液中，在 UME 上施加一恒电位。溶液中的 H^+ 在碳纤维电极上的过电势很高，不发生电化学反应。但当 PtNPs 碰撞到 UME 后，颗粒就会催化 H^+ 的电化学还原反应，产生较大的电流信号，实现了单个 PtNPs 电催化活性的检测。因为该方法能够在单颗粒水平上研究纳米材料的电催化活性，所以在纳米电化学领域引起了广泛的关注。自此，单颗粒碰撞技术便开始飞速发展。2011 年，针对自身具有电化学活性的纳米颗粒，Compton 课题组[9]提出了直接电化学反应方法来研究单个纳米颗粒的电活性。银纳米颗粒（Ag nanoparticles，AgNPs）与玻碳 UME 碰撞后，在电极表面会直接发生电氧化，产生电流突变。通过分析电流信号，可以对纳米颗粒的大小进行表征。基于以上三种方法（扩散阻塞、电催化和直接电化学），单颗粒碰撞的检测范围逐渐扩大。近年来，许多课题组将单颗粒碰撞技术与其他技术联用，弥补了传统单颗粒碰撞技术空间信息缺失的不足。

一、基本原理与分类

根据颗粒与微电极碰撞产生响应信号原理的不同，单颗粒碰撞可以分为三大类：电催化放大型、直接电化学反应型、扩散阻塞反应型。

1. 电催化放大型

该方法 2007 年由 Bard 课题组首次提出，具体原理如图 10-4 所示[8]。将 UME 浸入到含有电活性物质和纳米颗粒的溶液中，控制 UME 处于某一电位。在此电位下，电活性物质过电势较高，在电极表面上不发生氧化还原反应，电流信号较小。但当纳米颗粒随机碰撞并吸附到 UME 表面时，纳米颗粒就会催化溶液中的电活性物质发生氧化还原反应，产生较大的电流信号。因此，纳米颗粒碰撞到电极表面后就会产生离散的电流响应，可根据电流响应判断颗粒的活性，实现单个纳米颗粒电催化活性的检测。

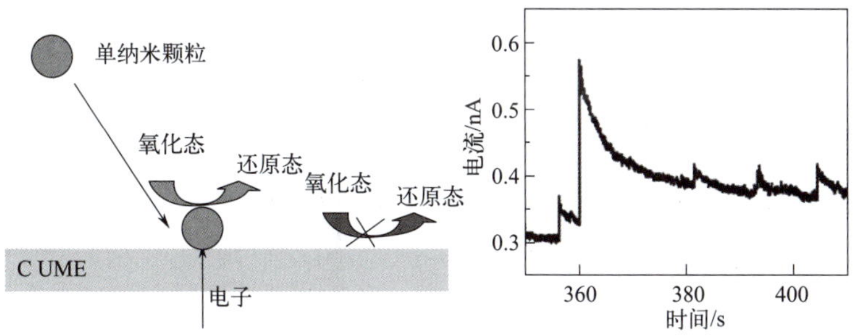

图 10-4　电催化放大型单颗粒碰撞的原理示意图[8]
（产生尖峰状电流信号，表明瞬态催化事件发生）

根据纳米颗粒与电极之间相互作用的不同，产生的离散电流主要有两种（图 10-5）。一种是由于纳米颗粒与电极表面不可逆地吸附而导致的阶梯状（staircase）电流[9]。另一种是由于纳米颗粒与电极接触后从电极表面离开或者接触后颗粒失活形成的尖峰状（blip）电流[10]。单颗粒碰撞的特征电流响应模式为研究电催化反应机理、颗粒-电极相互作用等提供了新颖的手段。

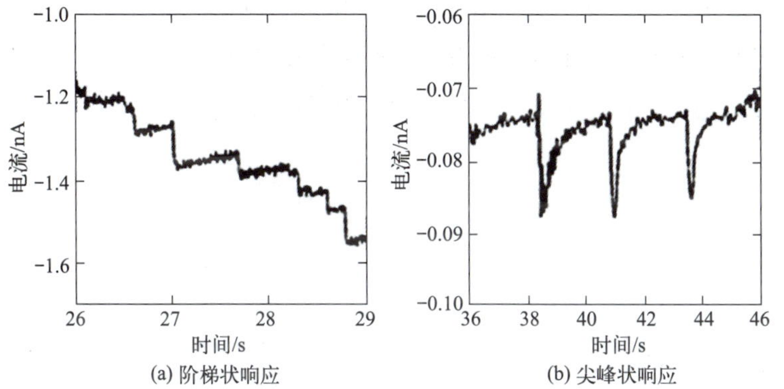

图 10-5　PtNPs 碰撞在 Au UME 上催化 N_2H_4 氧化产生的阶梯状响应（a）[9]；氧化铱纳米颗粒在 Pt UME 上催化水氧化产生的尖峰状响应（b）[10]

在单颗粒碰撞电化学研究中，可以从碰撞的频率、响应电流的大小和形状获得纳米颗粒的许多信息，例如尺寸分布、浓度和扩散系数等。假设颗粒碰撞到电极表面是由扩散控制的，即颗粒在电极附近存在浓度梯度，则颗粒的碰撞频率 f_{dif} 可以由下式给出[11]：

$$f_{\text{dif}} = 4D_{\text{NP}}c_{\text{NP}}\alpha N_{\text{A}} \tag{10-1}$$

式中，D_{NP} 为颗粒的扩散系数；c_{NP} 为颗粒的浓度；α 为 UME 的半径；N_{A} 为阿伏伽德罗常数。

D_{NP} 可以从 Stokes-Einstein 方程进行估算：

$$D_{\text{NP}} = \frac{k_{\text{B}}T}{6\pi\eta r_{\text{NP}}} \tag{10-2}$$

式中，η 为溶液的黏度（对于稀释水溶液 $\eta \approx 8.90\times10^{-4}\text{Pa}\cdot\text{s}$）；$r_{\text{NP}}$ 为颗粒的半径；k_{B} 为玻尔兹曼常数（$k_{\text{B}}=1.381\times10^{-23}\text{J/K}$）；$T$ 为温度。

结合上述两公式可以估算出颗粒的浓度。

而稳态扩散电流 i_{ss} 的大小满足下式：

$$i_{\text{ss}} = 4\pi(\ln 2)nFD_{\text{H}}c_{\text{H}}r_{\text{NP}} \tag{10-3}$$

式中，D_{H} 为反应物 H 的扩散系数；c_{H} 为 H 的浓度；r_{NP} 为颗粒的半径；n 为电子转移数；F 为法拉第常数。

利用该公式可以获得已知扩散系数和反应物浓度的纳米颗粒的尺寸信息。

2. 直接电化学反应型

2011 年 Compton 等 [9] 提出了直接电化学反应原理（如图 10-6 所示）。自身具有电化学活性的颗粒碰撞到 UME 后，颗粒会在电极表面发生直接氧化还原反应（某些情况下可能会溶解），产生电流突变。通过分析电流信号，实现对纳米颗粒的浓度、尺寸分布以及团聚状态的检测。

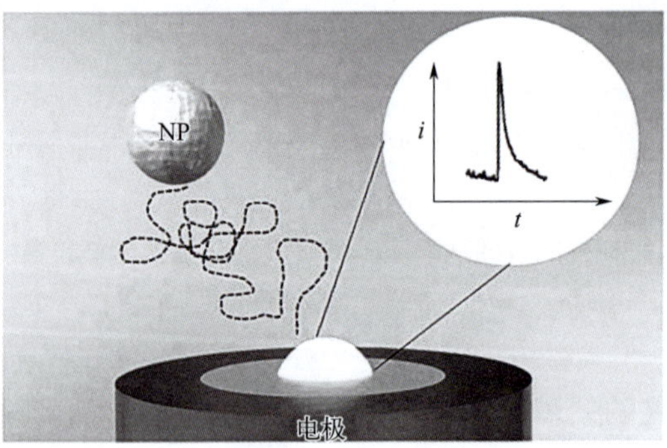

图 10-6　直接电化学反应型检测单颗粒碰撞的原理示意图 [9]
颗粒碰撞后由于电子转移而溶解在电极上，插图显示了其产生尖峰状的电流响应

在颗粒完全氧化（或还原）的条件下，根据电流积分得到转移的电荷量，就可以计算颗粒的大小。假设纳米颗粒为球形且材料的密度没有显著变化，则可以利用下式估算颗粒的大小：

$$r_{NP} = \sqrt[3]{\frac{3MQ}{4\pi Fn\rho}} \tag{10-4}$$

式中，r_{NP} 为颗粒的半径；M 为摩尔质量；F 为法拉第常数；Q 为电荷量（电流的积分）；n 为颗粒中每个原子转移的电子数；ρ 为颗粒的密度。

根据该公式确定颗粒的尺寸可以判断颗粒的团聚状态。

3. 扩散阻塞反应型

2004 年，Lemay 等[7] 报道了单个乳胶微球在 UME 上离散的碰撞事件。这类单颗粒碰撞的检测原理是：一定的电位下，溶液中电活性物质在电极表面发生扩散控制的电化学反应，产生稳态电流。一旦不具有电活性的纳米颗粒碰撞到电极表面后，就会阻碍电活性物质向电极表面扩散，从而导致稳态电流呈阶梯状下降。由于颗粒碰撞后对电极活性位点的阻塞，因此这种检测单颗粒碰撞的方法叫作扩散阻塞反应型。

根据扩散理论，扩散控制的碰撞频率只与颗粒浓度和电极半径有关，与电解质浓度无关。但研究发现实验中碰撞事件发生的频率很大程度依赖于溶液的盐浓度（图 10-7），这说明颗粒到达电极表面不是受扩散控制，而是可能受电迁移作用。因为电活性物质在电极表面产生氧化电流，所以在电解质溶液中形成电场，进而驱使表面带电的颗粒向电极表面运动。这种情况下，颗粒的到达率 J_{mig}（碰撞事件之间的平均时间间隔 Δt 的倒数）可以通过下式进行估算：

$$J_{mig} = \frac{1}{\Delta t} \approx \frac{ic_{NP}}{ec_{salt}} \left(\frac{u_{NP}}{u_a + u_{ca}} \right) \tag{10-5}$$

式中，i 为圆盘电极的阳极电流响应；e 为电荷单位；c 为浓度；u 为迁移率。

下标 a 和 ca 分别表示阴离子和阳离子。值得注意的是如果此类方法应用的体系是扩散控制的，则颗粒的碰撞频率仍可用公式进行估算。

对于这类方法，依旧可以根据电流阶跃的大小来估算纳米颗粒的尺寸。Bard 等[8] 建立了颗粒半径和电流阶跃大小与 UME 的总稳态电流之间的关系。在忽略了圆盘 UME 在阻塞实验中的边缘效应、颗粒的形状和氧化还原分子对电极的渗透性等因素后，提供了估算 r_{NP} 的简化方程：

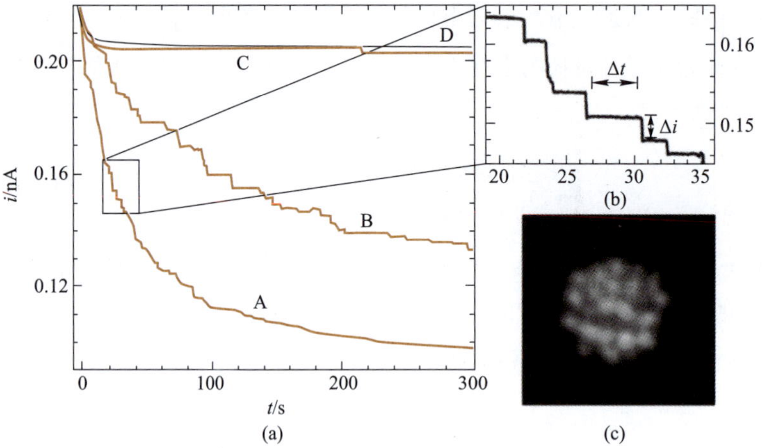

图 10-7 乳胶小球在 0.5mmol/L（A）、5mmol/L（B）和 50mmol/L（C）KCl 电解质溶液中碰撞到 Au UME 上导致二茂铁甲醇（D）扩散受限的电流-时间（*i–t*）曲线图（a）；图（a）中画框区域的放大（b）；*i–t* 测量后非原位光学显微镜明场图（c），表示电极表面全部被小球覆盖[7]

$$r_{NP} = \alpha\sqrt{\frac{\Delta i}{i}} \tag{10-6}$$

式中，Δi 为电流阶跃大小；i 为颗粒碰撞前的稳态电流；α 为 UME 的半径。

二、实验装置

为了控制背景电流，提高检测的灵敏度，单颗粒碰撞电化学的测量对电极体系的设置提出了更高的要求，下面将探讨电极、电解质、恒电位仪对单颗粒碰撞电流信号检测的影响。

1. 电极的选择

系统的噪声不仅与仪器有关，还与工作电极的尺寸、材料和制造等因素有关。对于尺寸小的电极，电流波动的大小随电极电容的平方根呈线性变化。一般情况下，选择电容更小的电极，可以改善信噪比，更好地分辨单颗粒碰撞事件。电极电容除了与电极面积有关，还要考虑杂散电容和电极密封状况等因素的影响。要注意的是，随着电极尺寸的降低，观察到的碰撞概率也随之降低，所以使用尺寸小的电极时要适当增加颗粒的浓度以保证有效的碰撞频率。与金属电极材料（如 Au）相比，碳纤维微电极作为工作电极会让电化学噪声相对较低。

2. 电解质的影响

使用高浓度支持电解质的主要优点是降低了溶液电阻，但这有可能会影响悬浮颗粒的行为，比如因降低颗粒间的排斥而引起的团聚，这就导致所观察的碰撞事件可能不是单个颗粒引起的。更重要的是，团聚会降低体系中颗粒物的数量浓度，造成碰撞频率降低进而观察不到电化学响应信号。因此，选取的电解质浓度要避免颗粒团聚的发生。有时电解质的种类也会影响电流噪声，其主要是影响参比电极。比如常使用 Ag/AgCl 作为参比电极，如果此时选用含 SCN^- 这种具有络合作用的电解质，SCN^- 就会替换掉电极上的 Cl^-，造成电极电位不稳定，进而引入噪声。这种情况，需要选用没有强络合作用的电解质或使用 Ag/AgSCN 作为参比电极。

3. 恒电位仪

单个纳米颗粒产生的电流很小，一般为 pA 级，通常与系统噪声相当。电极的噪声与面积、电解质浓度和电势等因素有关。当实验条件相同时，噪声则很大程度上受恒电位仪和测量电路的影响。因此，想要成功地观察到单颗粒碰撞事件，恒电位仪的选择是十分重要的。目前，单颗粒碰撞实验使用最多的恒电位仪是常规的电化学工作站和膜片钳放大器。前者一般在低采样率（1 ～ 10Hz）的条件下使用，而后者能达到更高的采样率（50kHz）且保持较低的噪声水平，还可以与数模转换装置联用。要注意的是，在使用这些商业恒电位仪时连接电化学池与仪器的导线往往是没有屏蔽的，这会导致系统噪声变大且易受外界干扰，可以将连接导线和电化学池放入法拉第笼（需要接地）中来解决该问题。对于施加电位的系统，可以使用接地良好、高度稳定的加法电位器来实现对工作电极电位的控制。主要是确保电极电位尽可能地稳定，因为即使施加电位发生较小的变化也可能导致系统噪声明显地增加。用于测量电极电流的电流-电压转换器是另一个主要的电压噪声来源。放大器自身带有低通滤波器，可以在信号数字化之前对放大器的输出信号进行滤波。值得注意的是滤波器的使用会影响电子转移动力学信息的真实性，但通常不会影响电流积分。滤波器频率设置也不能过低，否则会使电流峰形状发生畸变，一般低通滤波器的频率不能低于采样率的 1/5。

三、应用

近年来，基于单颗粒碰撞电化学的原理，单颗粒碰撞技术的检测范围逐渐扩大。除了可以检测贵金属、金属氧化物、金属硫化物（如 MoS_2）以及碳材料之类的“硬性颗粒”，还能检测液滴、胶束、生物颗粒（如病毒、细胞、囊泡和脂质体等）以及生物大分子（如DNA、RNA、蛋白质和酶等）“软性颗粒”，说明了单颗粒碰撞技术的巨大潜力。

1. 单个银纳米颗粒碰撞电化学的定量检测与离散多重峰行为

早期的单颗粒碰撞技术广泛应用于测量金属纳米颗粒及金属氧化物的物理和化学性质，如尺寸、浓度、聚集状态和与纳米颗粒相关的电子转移过程。基于电化学直接反应的原理，即根据纳米颗粒与电极碰撞后产生的电流信息可研究纳米颗粒的电子转移动力学。Bard 和张波等[12-13]研究单个 AgNPs 碰撞后的电子转移过程，发现其产生的电流峰不是单一连续的，而是由一系列快速、离散的电流尖峰组成，彼此间隔约 1ms，且第一个尖峰的幅度通常比后面的峰值大。从碰撞后转移的电荷总量分析，银颗粒没有完全氧化，因此，单个 AgNPs 与 Au UME 碰撞后的电化学氧化是一个快速、复杂的动力学过程。综合分析电极电位、电解质浓度、pH 值和溶液黏度等对单个 AgNPs 多次碰撞和氧化最终部分溶解这一行为的影响，提出了解释该行为的随机游走模型（图 10-8)。AgNPs 的多次氧化行为主要是电极与颗粒之间的静电作用引起，表面带负电的 AgNPs 与处于正电位（+0.6V）的电极之间的静电相互作用驱使 AgNPs 颗粒碰撞到电极表面，颗粒表面迅速处于与电极相同的静电位，表面的 Ag 原子被氧化，导致电流增加。但是由于颗粒和电极之间的静电作用从强吸引力迅速变为强排斥力，颗粒开始远离电极表面，导致氧化电流迅速降低。对于第一次碰撞，颗粒与电极可能是直接的电接触，使得电子自由流动，产生第一个大的电流

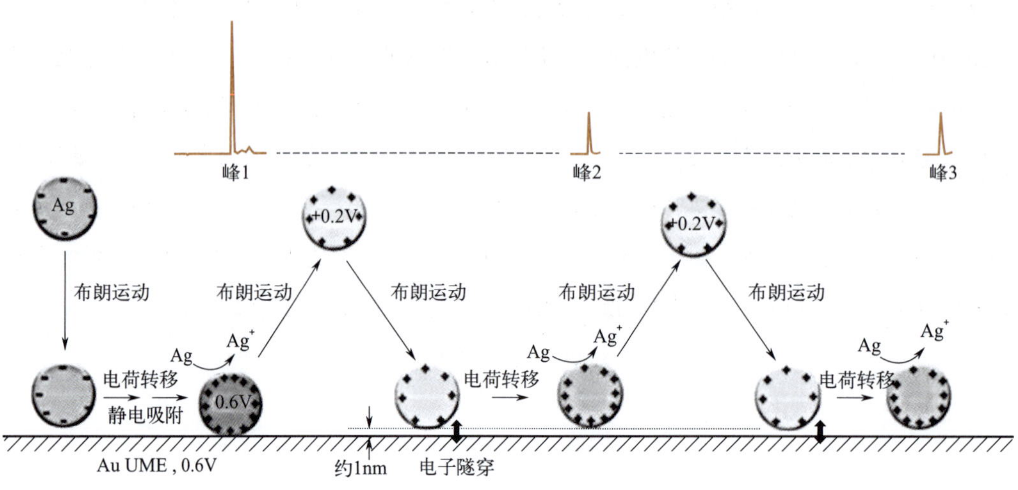

图 10-8 单个银纳米颗粒多次碰撞氧化行为的解释模型[12]
受到布朗运动和近壁扩散阻碍效应的影响，银纳米颗粒多次与电极发生碰撞发生氧化反应，产生尖峰状电流信号

峰。然后颗粒带有与电极相同的电势离开，AgNPs 会进一步溶解成 Ag^+ 而抵消掉一些正电荷，直到颗粒上的静电势（+0.2V）不足以驱动 AgNPs 的进一步氧化。当颗粒通过布朗运动再次碰撞到电极表面时，颗粒的表面仍带正电，颗粒与电极就会产生排斥作用，导致两者之间存在隧穿距离。这使得第二个电流峰会受到电子隧穿速率的限制，幅度减小。这种依赖布朗运动的碰撞过程会一直重复，直到布朗运动将颗粒带回到本体溶液或颗粒完全氧化。2017 年，张波课题组 [14] 基于单个 AgNPs 运动的三维晶格随机游走模型进行模拟，结合电化学动力学参数，定量再现了实验观察到的多重电流峰行为。

与此同时，Unwin、龙亿涛等 [15-16] 也发现了类似的现象并提出了相应的氧化机理。Unwin 等研究了直径范围为 10 ～ 100nm 的单个 AgNPs 碰撞到电极表面后发生的电化学氧化过程。对于 10nm 的 AgNPs，氧化后大多数只产生一个电流峰并且完全溶解。但当 AgNPs 较大时（≥ 20nm），可观察到多个电流峰，即经历多次的碰撞溶解过程，溶解也是不完全的。观察到的多重峰有离散状和锯齿状（峰间的电流值不会降到基线）两种类型，每种类型出现的概率与颗粒的尺寸有关（图 10-9）。对于离散状多重峰，大粒径的 AgNPs

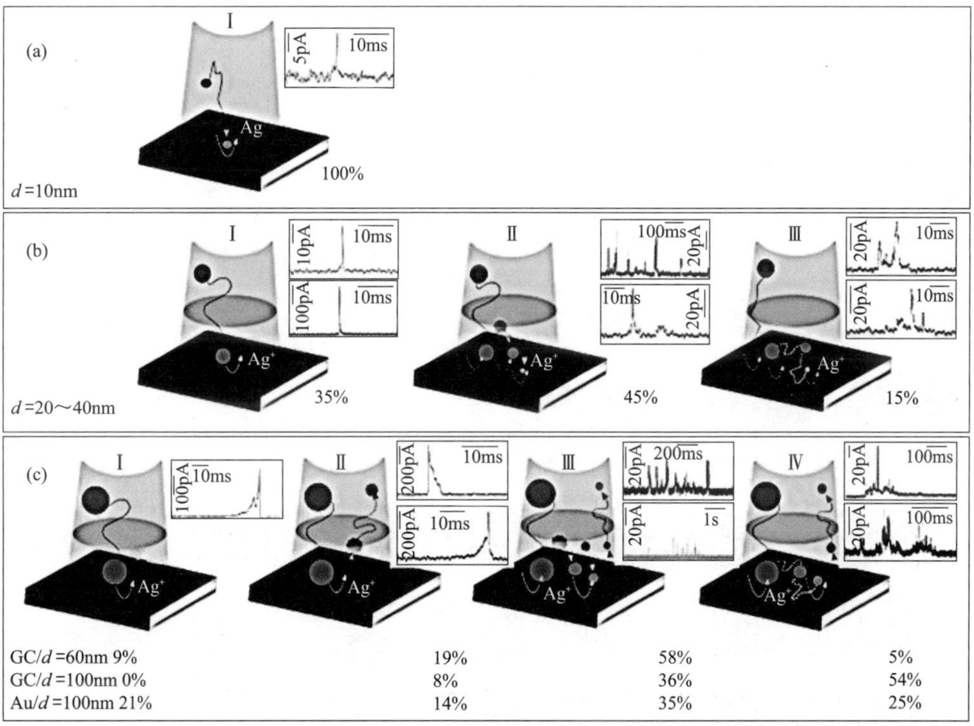

图 10-9　10nm（a）、20 ~ 40nm（b）、60nm 和 100nm（c）的银纳米颗粒电化学碰撞、氧化溶解的示意图 [15]

第一次碰撞后发生部分氧化，然后颗粒离开隧穿（电子转移）区域，但由于近壁阻碍扩散限制以及较大颗粒扩散系数小的影响而保持在电极表面附近，那么这种部分溶解的颗粒就很可能再次碰撞到表面并发生氧化，直至颗粒完全溶解或不完全溶解后从近壁区域扩散到本体溶液中。对于锯齿状多重峰，颗粒碰撞后发生部分氧化，然后可能由于颗粒与电极接触较弱，会加剧颗粒的随机运动，但始终没有离开隧穿区域，所以电流只是波动，并没有降到基线。

通常情况下，由于颗粒-电极界面相互作用显著影响界面扩散，表面扩散系数往往比本体体系中的扩散系数低若干个数量级。因此，理解形成这些相互作用的机制对于认识颗粒的近壁随机运动十分重要。龙亿涛等 [16] 提出通过界面吸附环境的调控，实现对银单颗粒碰撞过程的电子转移行为的直接干预。通过抑制银纳米颗粒的随机碰撞路径并控制其在碱性介质中的运动，观察了直径为 10nm、18nm、34nm、55nm、65nm 和 75nm 的银纳米颗粒的完全氧化过程，并利用随机碰撞电化学多参数分析成功实现了银纳米颗粒混合物的原位尺寸识别（图 10-10）。

此外，张波等 [17] 利用黏性多硫化物和硫代硫酸盐电解质作为路易斯碱来促进颗粒碰撞、黏附和氧化溶解，发展了定量检测准球形 30nm、40nm、60nm、80nm 和 100nm 的 AgNPs 的方法，表明所有颗粒尺寸都发生了完全氧化。

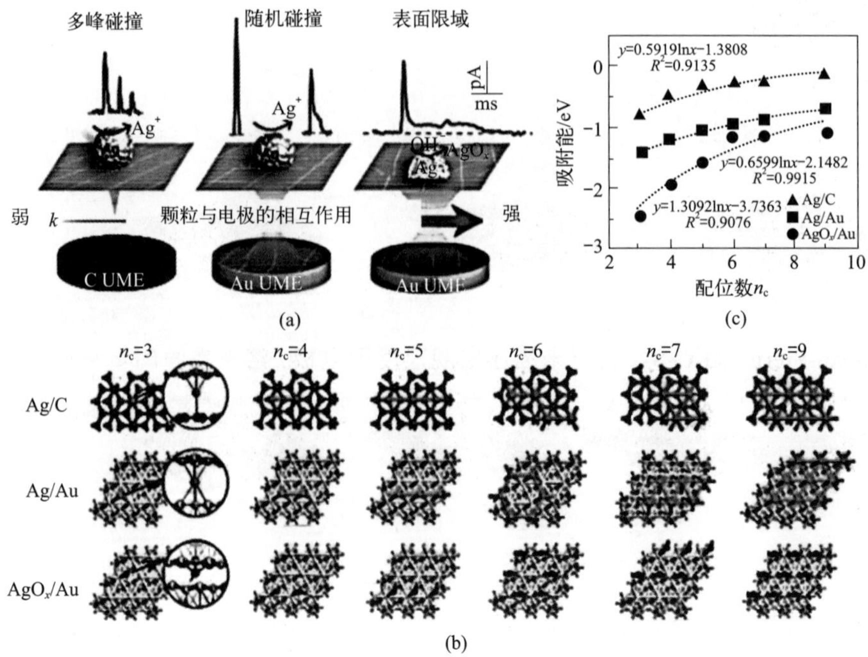

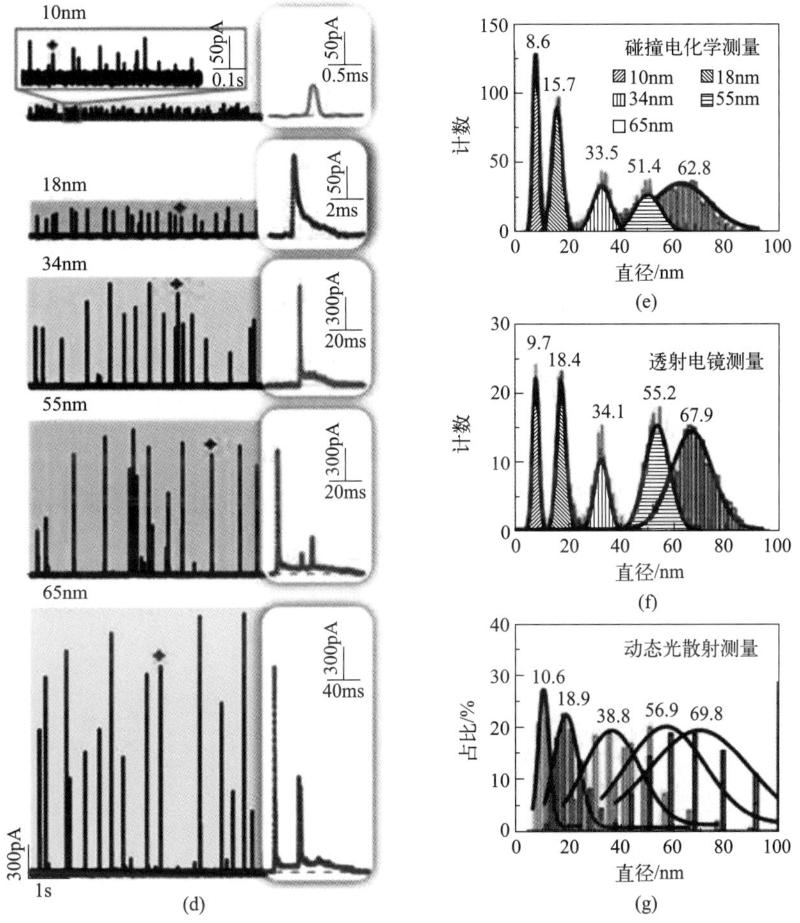

图 10-10 不同电极基底上与介质环境中银纳米颗粒的吸附能模拟[16]

(a) 不同电极上银颗粒碰撞氧化的电流信号；(b) 不同基底银纳米颗粒与其配位情况的模拟示意图；(c) 银纳米颗粒在不同基底上的吸附能模拟结果；(d) 不同尺寸银纳米颗粒的碰撞电流信号；(e) ～ (g) 电流信号的统计分布

单颗粒碰撞电化学也为深入理解一些电化学基础概念提供了技术支撑。电化学中常用 Gouy-Chapman-Stern（G-C-S）模型来描述宏观尺度下电极 / 溶液界面的电势分布。纳米电化学的核心问题之一是测量异质的微纳尺度反应界面，进而探索和调控纳米尺度下电荷传输和物质传递过程。但是，电化学限域和界面尺度效应将会随之显现，G-C-S 经典理论模型是否依然适用于描述微 / 纳米尺度电极界面电势的分布，存在疑问。针对这一问题，龙亿涛等[18] 首先从微观电子隧穿 Simmons 模型入手，经过几何校正，推导出单个银纳米颗粒随机碰撞电化学过程中隧穿电流数学表达式。进一步，结合宏观电极过程动力学 Butler-Volmer 方程，推导出用于描述单个银纳米颗粒“感受”电势与其几何尺寸关系的 Metal-Solution-Metal Nanoparticle（M-S-MNP）理论模型（图 10-11）。根据 M-S-MNP 模型，结合密度泛函理论计算，确定体系中的隧穿能垒，解析出三维随机碰撞电化学过程中，银纳米颗粒在限域电极界面处的动态“感受”电势范围，揭示了“感受”电势受纳米颗粒尺寸的影响趋势（图 10-11）。此外，通过单颗粒碰撞电化学测量，揭示纳米颗粒之间化学通信的机制。如图 10-12 所示，光诱导银纳米颗粒通过氧化还原反应的电荷传输实现彼此之间的交流，可通过经典的奥斯特瓦尔德熟化过程，调控溶液中纳米颗粒结构和形貌的转变路径，提高体系热力学稳定性。该发现实现了对金属纳米颗粒间光致化学通信过程的实时、原位追踪，揭示了纳米尺度下，单颗粒形貌演变的动力学机制[19]。

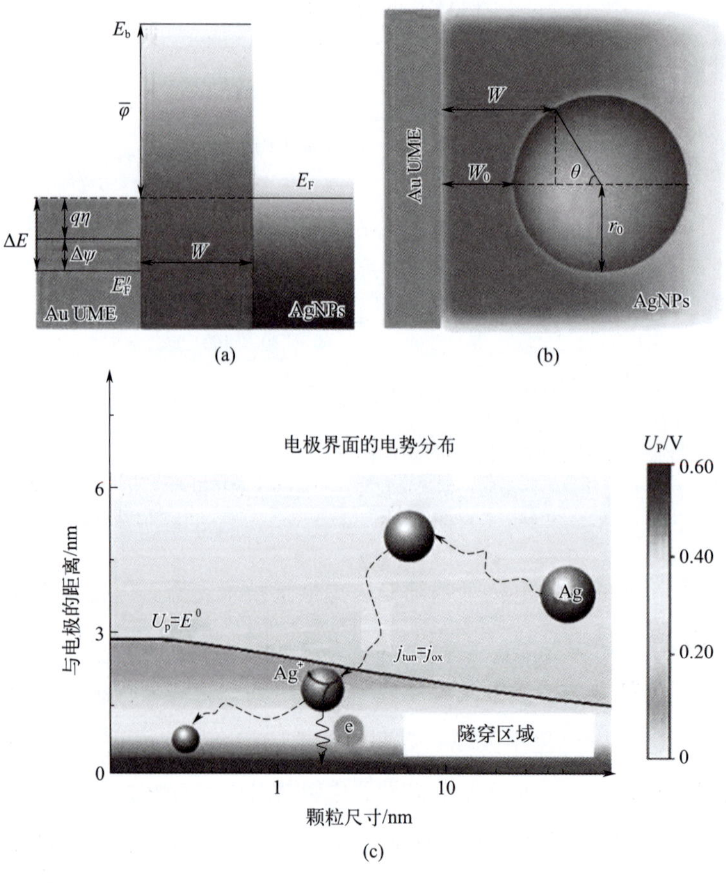

图 10-11 基于 Simmons 模型对颗粒-电极的异相电子转移进行建模［(a)，(b)］，以及不同尺寸银纳米颗粒碰撞过程中的“感受”电势分布（c）[18]

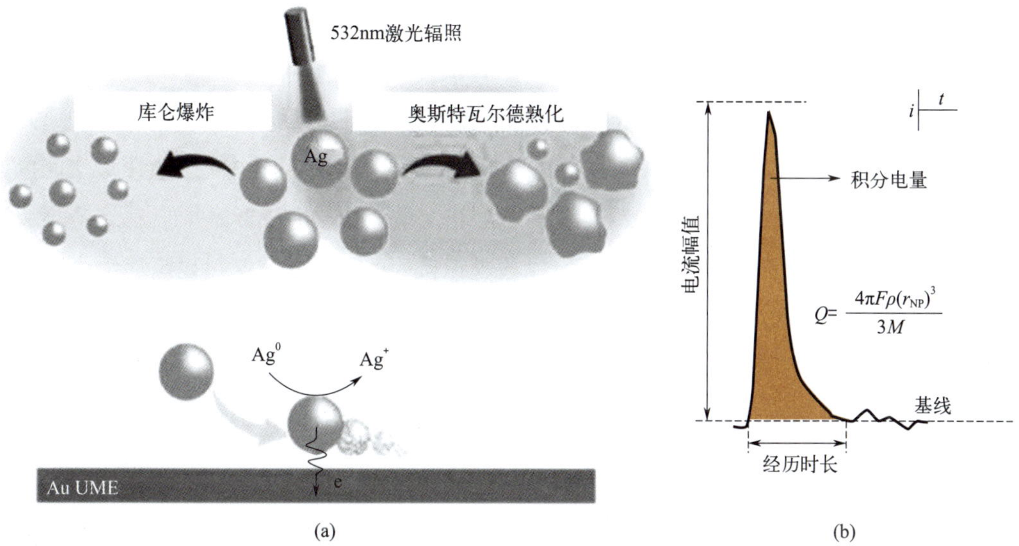

图 10-12　随机碰撞电化学技术实时、原位追踪光诱导银纳米颗粒形貌演变示意图（a）和瞬时电流响应信号（b）[19]

如图 10-13 所示，通过提取高通量电流信号的积分电荷信息，证明化学势差作为颗粒间相互交流的化学信息以驱动银纳米颗粒集体先后经过库仑爆炸和奥斯特瓦尔德熟化两个阶段的形貌演变。进一步，通过调控反应物 Ag^+ 浓度改变纳米颗粒化学势差，调节颗粒间动态化学通信过程，控制纳米颗粒集体的光化学反应路径。单颗粒随机碰撞电化学实验遍历表征溶液中的单个银纳米颗粒，发现纳米颗粒尺寸先增大后减小，表明先经历奥斯特瓦尔德熟化，随后发生光诱导库仑爆炸过程。在单颗粒水平上，实现化学通信的原位表征对于理解纳米材料生长动力学以及材料可控制备具有重要的意义。

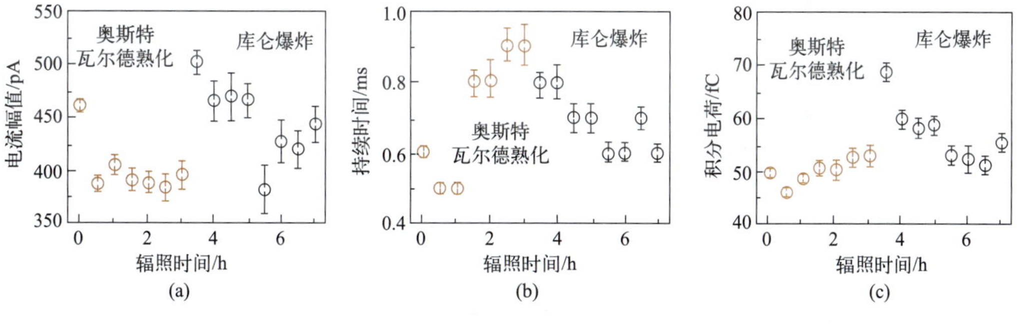

图 10-13　单个银纳米颗粒在 532nm 激光不同时间辐照后进行单颗粒随机碰撞电化学氧化瞬态电流信号的统计结果[19]

（a）电流幅值；（b）持续时间；（c）积分电荷

2. 单颗粒碰撞限域的运动特征

在流场、电场驱动下，了解带电粒子在纳米通道/孔中的运动行为，对于基础研究和实际应用都具有重要意义。单颗粒碰撞电化学信息还可以用于解析微纳尺度限域空间内单颗粒的运动特征，实现单颗粒运动轨迹的监测和定量计数，毛兰群等[20-23]在这一领域取得了系列成果。通过实验测得的碰撞电流和模拟得到的力学参数，可以阐述纳米颗粒在较小尺寸微孔中的运动［图 10-14（a）和（b）］[24]。理论力学分析表明，介电泳力、电泳力和电渗透力具有同等重要的作用，但在解析纳米颗粒内部的转位动力学时，介电泳力往往被忽视。考虑到这些因素后，作者首先通过模拟发现在这些力的共同作用下，粒子

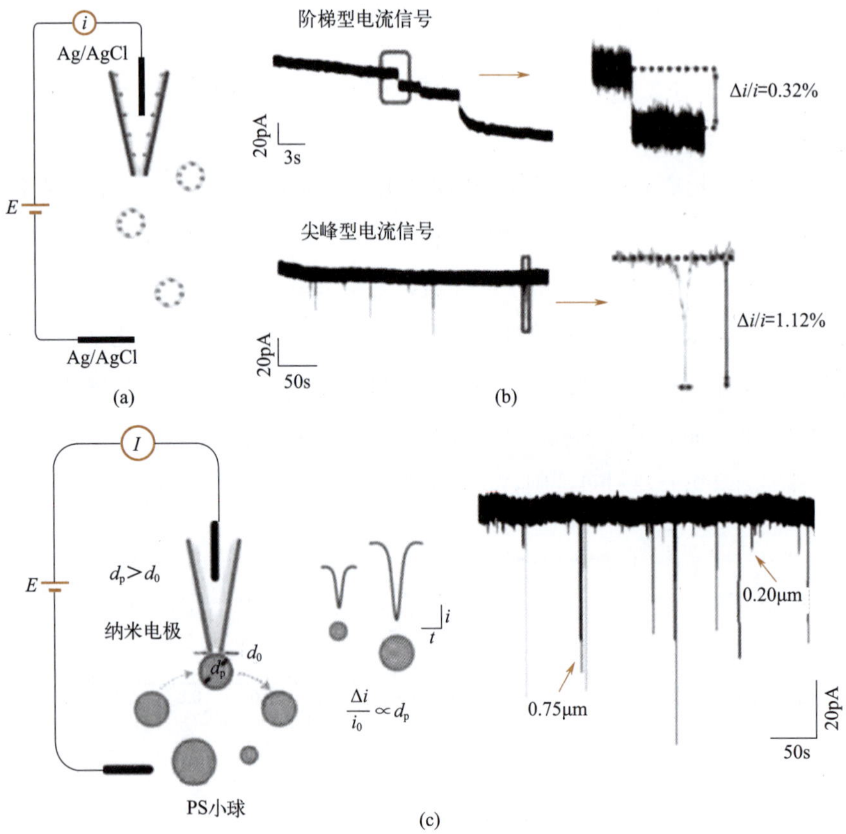

扫码看彩图

图10-14 实验结构示意图(a)；直径0.75μm PS颗粒在0.4V偏置电压下产生阶梯型电流信号(上)和直径4.50μm PS颗粒在0.2V偏置电压下产生尖峰型电流信号(下)的典型实验结果(b)；溶液中单颗粒粒径测量的实验结构示意图及碰撞电流信息(c)[24]

很难与纳米颗粒的孔口发生物理碰撞，导致电流瞬态下降相对较小，这与实验结果吻合［图10-14(c)］。进一步，通过改变实验条件(即偏压、纳米颗粒表面电荷和纳米颗粒大小)来调节动态碰撞行为，可以进一步验证上述力学作用的存在和影响（图10-15）。这项研究提高了对粒子特性与瞬态电流信号之间关系的理解，为精确的单颗粒分析和单实体调节提供了更多的可能性。

扫码看彩图

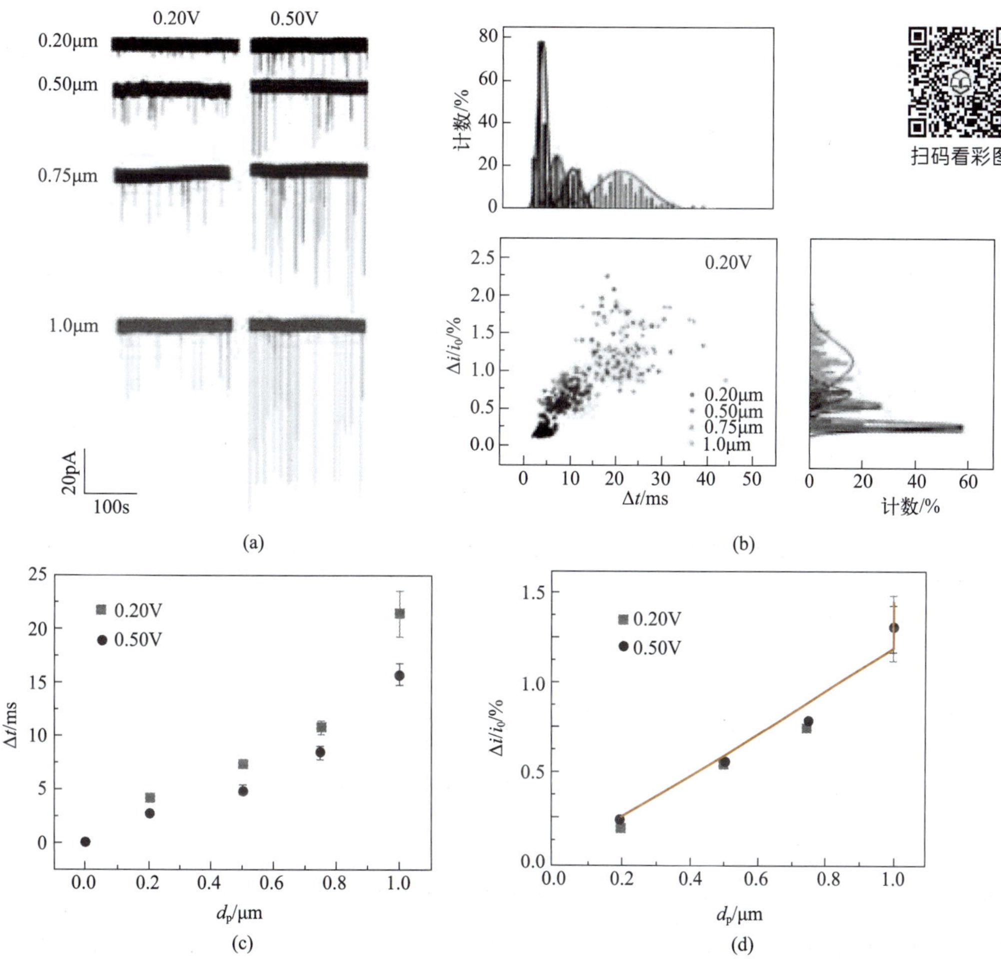

图10-15　在0.20V(左列)和0.50V(右列)偏压电位下，含有0.20μm、0.50μm、0.75μm或1.0μm PS颗粒的溶液中典型的电流-时间迹线(a)，0.20V和0.50V时，背景电流分别为2153pA和5231pA；(b)0.20V外加电压下 $\Delta i/i_0$ -Δt 的散点图，右侧和上方分别是 $\Delta i/i_0$ 和 Δt 根据散点图对应的直方图分布(归一化计数)；Δt(c)和 $\Delta i/i_0$(d)的样本均值 vs. 粒子直径(d_p)，在0.20V和0.50V施加电压[24]

此外，发展溶液中单颗粒尺寸分析的新方法和技术，对于单个生物实体分析（例如，单个细胞或单个囊泡）具有重要意义[25]。毛兰群等开发了一种用纳米管测定溶液中单个颗粒大小的新技术。其基本原理是颗粒接近纳米孔邻近区域时将产生离子电流堵塞，通过合理控制纳米颗粒的几何形状和施加的电势，利用粒子在“碰撞分离”过程中运动产生的瞬态尖峰型离子电流对单个粒子进行粒径判定。同时，采用电阻脉冲原理，建立了单锥纳米管对磷脂囊泡的电压驱动计数方法（图 10-16）[26]。随着正偏置电压的增加，易位事件频率增加，停留时间减小。通过计算囊泡在小孔处的转移频率和转运速度，分析了外加电压对纳米颗粒动力学的影响，发现外加电压对分析性能有明显的影响，可以作为优化囊泡分析性能的一个有用参数。因此，该方法可作为一种易于操作的囊泡计数平台。

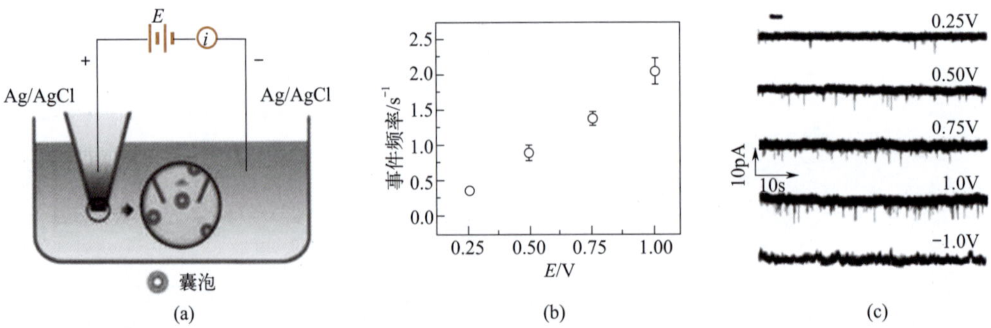

图 10-16　通过电阻脉冲原理建立电压驱动的纳米探针磷脂囊泡计数示意图（a）；事件频率与电压的相关性（b）；在 10mmol/L KCl 溶液 (pH 7.6) 中，浓度约为 5×10^{10} 个 /mL 的囊泡溶液在不同施加电压下的电流-时间痕迹（c）[26]

3. 单颗粒碰撞研究界面化学反应与电催化行为

筛选结构组分合适的高性能双金属合金电催化剂是催化研究领域的一个关键问题。马巍等[27]利用单颗粒碰撞电化学方法在单个颗粒水平上快速筛选高性能双金属电催化剂［图 10-17（a）和（b）］。利用电化学方法将铂壳层沉积到单个内核纳米颗粒的表面上，制得双金属纳米颗粒，然后对该双金属纳米颗粒进行瞬时碰撞电流测试。无缺陷单层膜修饰的金超微电极具有较高的电子传输能垒，因此，铂的电沉积过程仅在颗粒表面发生且能精准调控铂壳层的厚度，这通常伴随着双金属纳米颗粒电催化活性的变化。通过分析获得的瞬态电信号，不仅能评估单个纳米颗粒两种金属的组成比，还可以进一步量化它们的本征电催化活性，从而实现在单颗粒水平上快速筛选双金属电催化剂［图 10-17（c）～（e）］。

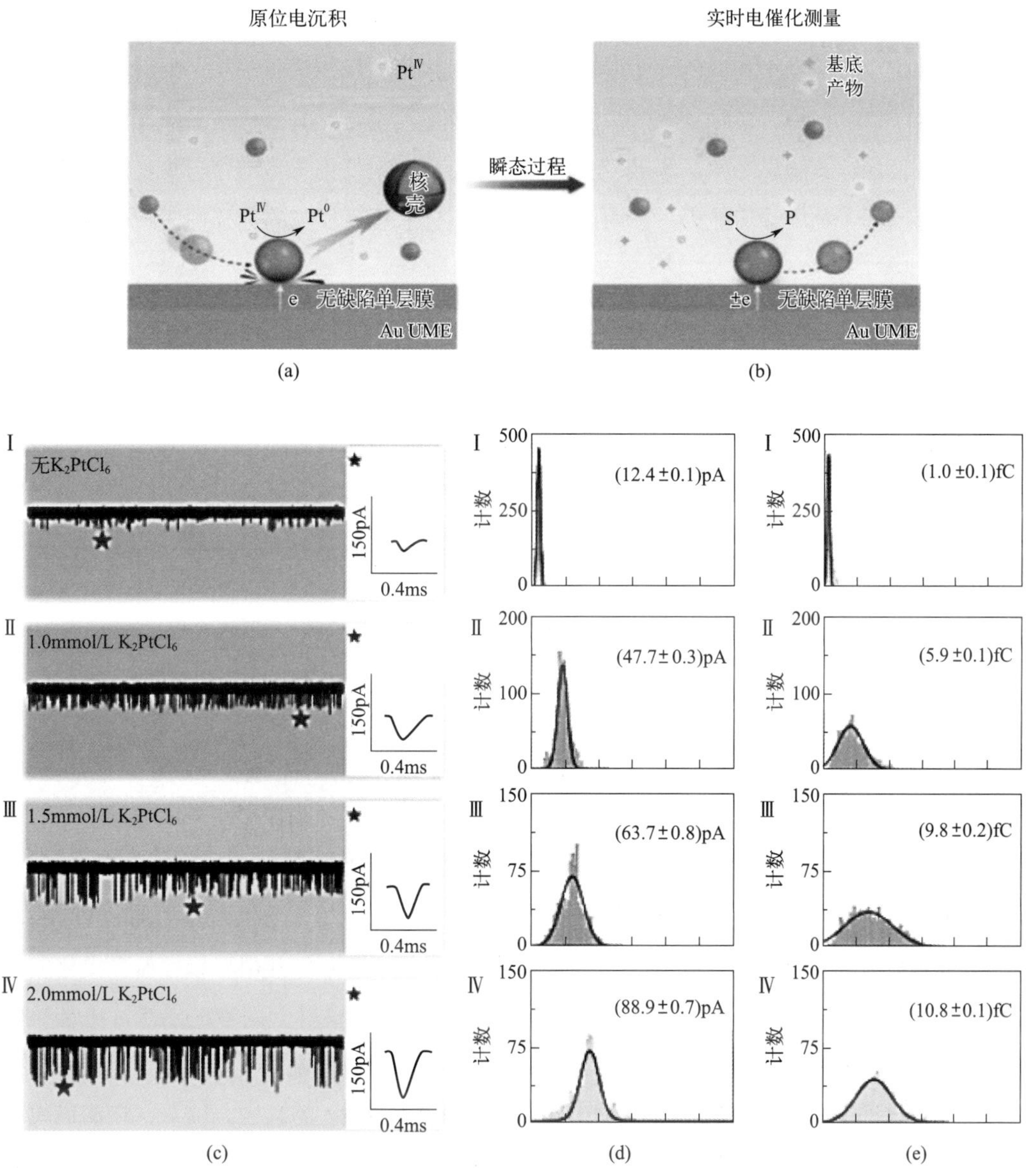

图 10-17　氯铂酸中原位电沉积 Pt（a）与电催化（b）的原理示意图；不同氯铂酸溶液中单颗粒碰撞产生的催化电流分布［(c)～(e)］[27]

周一歌等[28]发现，对于在溶液中自由迁移的单纳米颗粒，如果显著提高物质传输效率，可以明显提高过氧化氢还原反应的选择性，即单纳米颗粒碰撞电化学的方式可以改变反应选择性。以镍酸镧纳米颗粒催化过氧化氢还原反应（HPRR）的电化学行为为例，采用单纳米颗粒碰撞电化学方法在一系列电位下采集了单纳米颗粒催化电流，绘制出单颗粒电流与电位的依赖关系。该曲线即相当于单个纳米颗粒催化过氧化氢还原反应的伏安曲线。使用与修饰电极上完全相同的动力学参数对单颗粒水平的反应进行模拟，发现与实验曲线基本吻合。研究发现，单颗粒水平反应出现了两个电流平台，分别对应过氧化氢还原反应与氧还原反应。该结果表明，不改变任何动力学参数，仅仅由于溶液中自由移动的单纳米颗粒显著增强了物质输运能力，便明显改进了过氧化氢还原反应的选择性（图 10-18）。

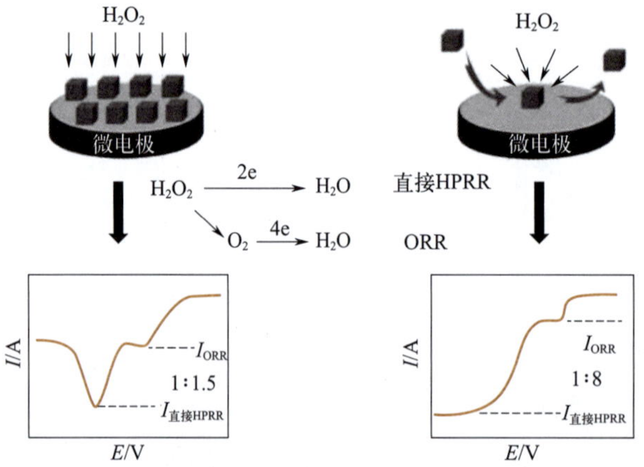

图 10-18　单颗粒碰撞过程改变了过氧化氢还原反应的占比 [28]

等离激元纳米结构材料在光激发下会产生热载流子，可将吸收的光能用于驱动特定的电化学反应，因而已在能量存储与转化体系中得到广泛的应用。等离激元增强电化学中的构效关系研究对设计有效催化剂至关重要，为此，周一歌等 [29] 利用单颗粒碰撞电化学来研究单个等离激元纳米颗粒的电化学增强效应（图 10-19）。以 Co-MOF 纳米片电催化析氢反应（HER）为模型，考察了电极上修饰金、银纳米颗粒的电化学增强效应，在相应的共振波长光照下，金、银等离激元纳米颗粒能显著增强 HER 的活性。随后，在碳微电极上研究了单个金、银等离激元纳米颗粒与电极碰撞过程中的电化学增强效应，这种增强效应是由于等离激元纳米颗粒与电极碰撞时形成金属 /MOF 肖特基结，增强 HER 的法拉第电子转移过程。通过对瞬时电流信号的分析，共振波长光照可显著增大瞬时电流信号的出现频率，这可归因为碰撞过程中热载流子的注入，降低了反应的活化能，见图 10-20。

目前，单颗粒碰撞电化学技术已用于 DNA、RNA、酶、细菌、囊泡、细胞和病毒等的分析。例如，周一歌等基于聚集-碰撞策略建立了甲胎蛋白（AFP）的均相电化学免疫分析方法 [30]，当目标物 AFP 存在时，AFP 与 AgNPs-抗 AFP 探针之间的分子识别诱导 AgNPs 聚集，使

AgNPs 大小增加，AgNPs 浓度降低，从而通过 AgNPs 氧化的纳米碰撞电化学（NIE）实现准确的自我验证的双模式免疫测定。NIE 固有的逐个分析能力，AgNPs 的所有原子都参与信号转导，大大提高了检测灵敏度。利用该方法可实现肝癌患者稀释血清中 AFP 的可靠检测（图 10-21）。

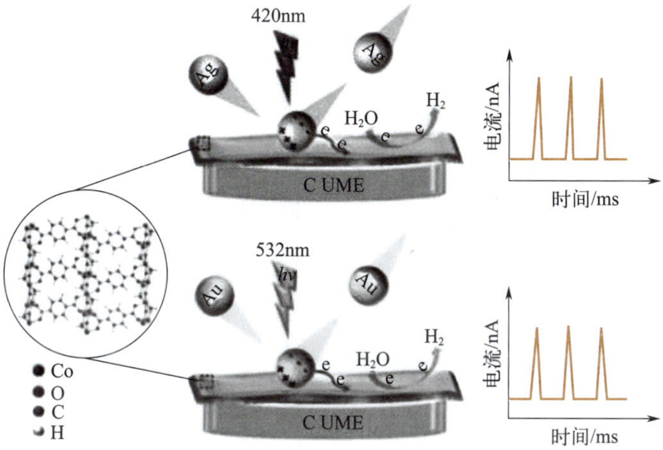

图 10-19　等离激元热电子转移增强电化学碰撞电流的示意图[29]

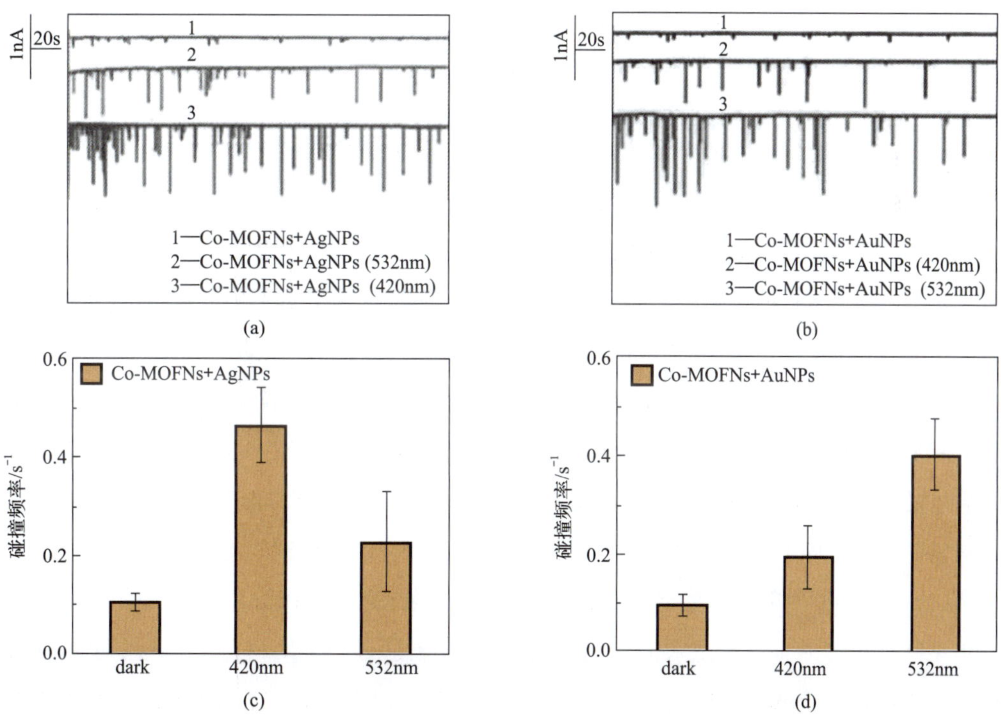

图 10-20　不同等离激元热电子条件下电化学碰撞电流的分布与统计[29]

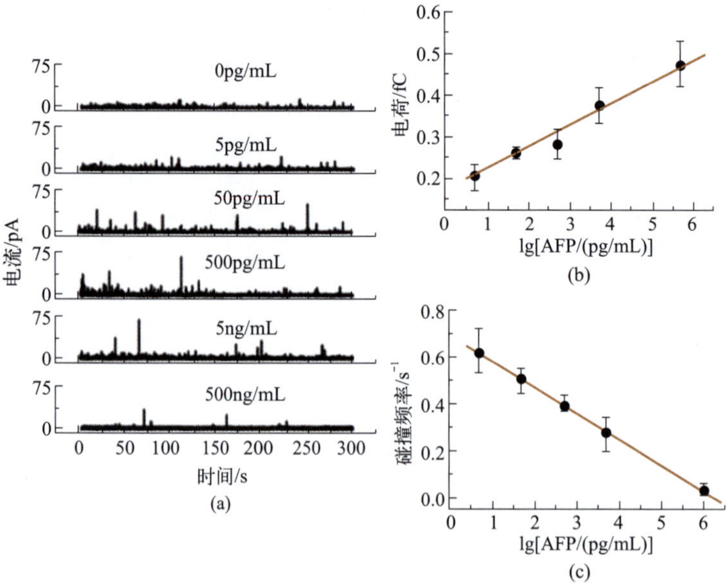

图 10-21 将 100μL 不同浓度的 AFP 靶溶液加入 100μL AgNPs-抗 AFP 探针溶液后 AgNPs 氧化的碰撞电流轨迹，用于 NIE 检测的 AgNPs 探针尺寸为 20nm, AgNPs-抗 AFP 探针浓度为 200pmol/L (a); 氧化电荷（加权后）与 AFP 浓度的关系，误差条表示五次测量的标准差（b）; 碰撞频率与 AFP 浓度的关系，误差条表示五次测量的标准差（c）[30]

Alpuche-Aviles 等 [31] 使用单颗粒碰撞技术观察到了单个二氧化钛（TiO_2）纳米颗粒的光电化学效应。在 Xe 灯（$\lambda<400$nm，光密度是 15mW/cm^2）的照射下，悬浮在甲醇中的 TiO_2 纳米颗粒产生氧化甲醇的空穴。吸附在 Pt UME 表面后，由于颗粒将电子注入到 Pt 电极中，导致 *i-t* 曲线上出现离散的阶梯状电流变化（图 10-22）。这种阶梯状的光电流表示颗粒与 Pt UME（直径＜30μm）不可逆的相互作用。基于单颗粒碰撞产生的光电化学效应，龙亿涛等 [32] 提出了一种实时检测单个纳米颗粒光电化学的超灵敏方法。如图 10-23 所示，在 Au UME 上精确地制造微米厚的 TiO_2 半导体膜，使光注入的电子在 TiO_2 膜中经历陷阱限制扩散过程，导致传输时间显著延长，达到亚毫秒级时间尺度。将单个 N719 标记的 TiO_2（N719@TiO_2）纳米颗粒加入到含有 I^-/I_3^- 氧化还原电对的电解质溶液后，在 Xe 灯（$\lambda>450$nm）照射下观察到显著的电流变化。当光束被阻挡时，信号尖峰消失。I^-/I_3^- 氧化还原电对作为有效的空穴清除剂，使 N719 染料通过电子转移再生。当单个 N719@TiO_2 纳米颗粒与裸 Au UME 碰撞时，在照射的条件下没有观察到电流变化，证实了 TiO_2 纳米结构薄膜的作用。

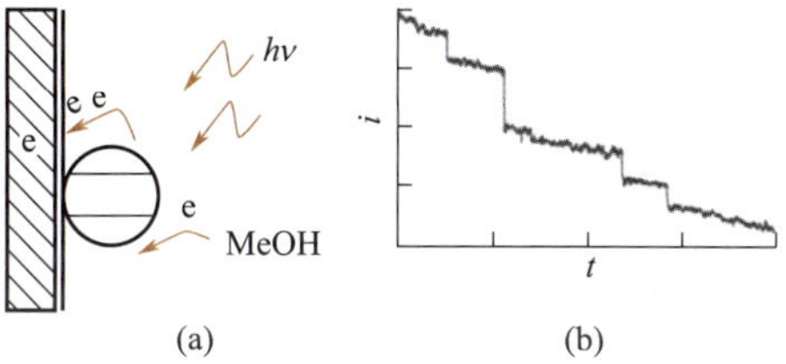

图 10-22 碰撞到 Pt UME 上的 TiO_2 纳米颗粒对甲醇进行光氧化反应示意图（a）以及产生的电流响应曲线（b）[31]

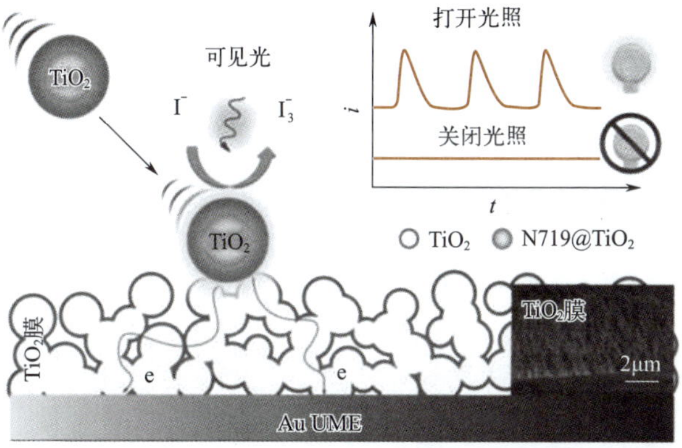

图 10-23 在存在 I^-/I_3^- 氧化还原电解质的情况下，单个 N719@TiO_2 纳米颗粒在可见光照射下碰撞到 TiO_2@Au UME 上的光电化学行为示意图，以及产生的尖峰电流瞬变[32]

4. 柔性颗粒界面的单颗粒碰撞电化学分析

乳液广泛用于工业过程，乳液液滴的尺寸分布影响了它们的稳定性、流变性、光学性质和感官特性。测量液滴尺寸的方法有许多，例如动态光散射（dynamic light scattering，DLS），可以估计尺寸分布，但是这类方法不能很好地解决多分散的样品，而且只能检测整个样品的平均特性。使用单颗粒碰撞的方法，可以方便地获得单个液滴的尺寸和传质信息。Kim 等[33]提出了乳液检测中两种单个液滴碰撞的电化学方法（图 10-24），从中获得单个液滴的尺寸分布、质量传输以及液滴内物质的量等信息。一种是液滴反应器法，即向液滴中加入电活性物质，当液滴与电极碰撞时，电活性物质发生电子转移反应，产生电流尖峰，以此估计液滴中电活性物质的量。另一种是液滴阻挡法，即向连续相溶液中加入高浓度的氧化还原活性物质，当液滴与电极碰撞时，电极活性位点被阻塞，产生电流阶跃。从电流信号可以估计液滴的尺寸分布，并且与 DLS 测得的粒径分布有很好的一致性。液滴直径（d_{drop}）可以通过下式估算：

$$d_{drop} = 2\sqrt[3]{\frac{3Q}{4\pi nFc_{redox}}} \tag{10-7}$$

式中，Q 为电量（电流的积分）；n 为每个分子转移的电子数；F 为法拉第常数；c_{redox} 为液滴中氧化还原分子的浓度。

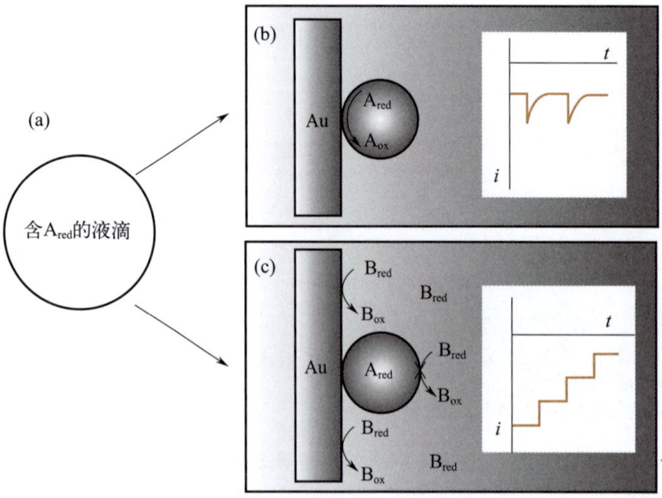

图 10-24　两种液滴碰撞方法的示意图[33]

（a）液滴含有电活性氧化还原物质，例如还原物质 A_{red}；（b）液滴中物质 A_{red} 在电极表面发生电化学氧化。可以观察到尖峰类型的电流增加；（c）通过液滴阻挡法阻碍了水溶液中还原物质 B_{red} 的电化学氧化

此外，Compton 等[34]利用含有维生素 B_{12} 的单个纳米液滴检测三氯乙烯的电催化脱卤过程，实现了单纳米颗粒催化反应动力学常数的半定量测量，第一次在单纳米颗粒水平上量化了催化效率。

Dick 等[35]将单颗粒碰撞技术扩展到生物物种的检测领域，研究了单个鼠巨细胞病毒（murine cytomegalovirus，MCMV）在 UME 表面上的随机碰撞行为（图 10-25）。在聚苯乙烯小球（polystyrene beads，PSB）表面修饰二级抗体，该二级抗体会与一级抗体的 Fc 区特异性结合，并且一级抗体会特异性吸附在 MCMV 的糖蛋白上，这就使得病毒与 PSB 相结合。在存在 MCMV 的情况下，这种结合相互作用会导致 PSB 聚集。因此，基于扩散阻塞反应原理，通过分析碰撞频率和电流大小，判断 PSB 的聚集程度，区分 MCMV 和与抗体结合的 MCMV，实现低浓度病毒的特异性检测。最近，他们以葡萄糖氧化酶修饰特异性抗体，进一步提高了 MCMV 检测的选择性[36]。此外，Compton 等[37]也提出了一种红细胞快速计数分析方法。基于红细胞对过氧化氢的催化活性和表面诱导的溶血作用，红细胞碰撞与电极碰撞后会产生电流尖峰，电流尖峰产生的频率与溶液中的红细胞浓度成正比，以此实现生理条件下红细胞的浓度检测。

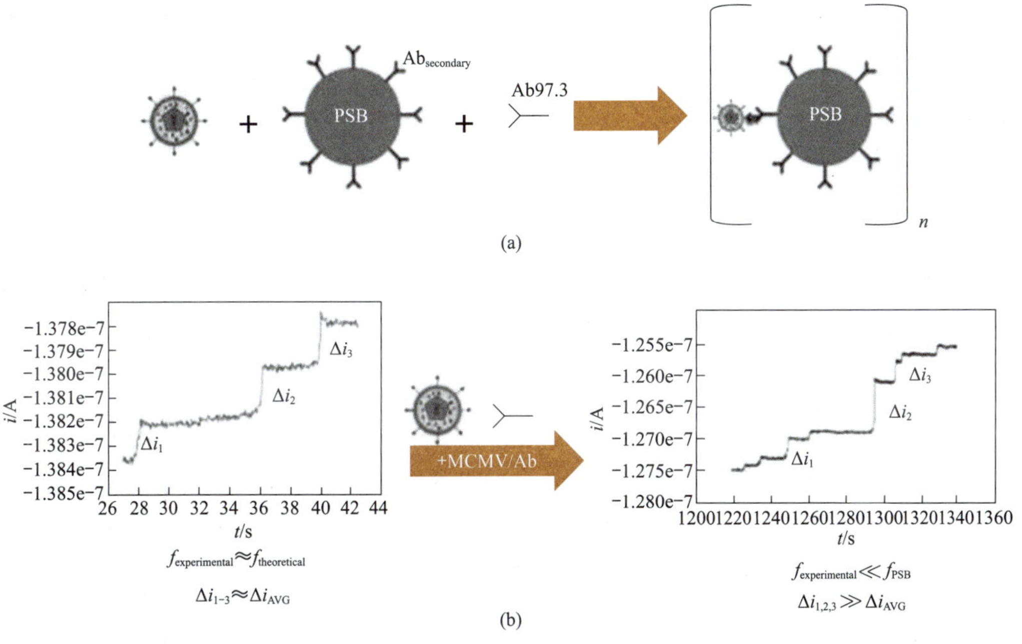

图 10-25　（a）通过一级抗体（Ab97.3），PSB（半径 750nm）与病毒结合的碰撞实验的示意图，二级抗体（$Ab_{secondary}$）对一级抗体的 Fc 区是特异的；（b）加入病毒前后的电流响应曲线，加入病毒前，观察到 PSB 碰撞的特征频率和电流阶跃幅度 Δi[35]

Ewing 等[38]利用囊泡碰撞电化学计数（vesicle impact electrochemical cytometry，VIEC）方法实现单个囊泡中儿茶酚胺总量的快速检测（图 10-26）。将 33μm 的圆盘碳纤维电极插入含有从肾上腺嗜铬细胞分离的囊泡浓缩悬浮液中，施加脉冲电压并记录电流。当囊泡扩散到电极表面时，脉冲电压引起囊泡通过电穿孔机制破裂，释放内容物——儿茶酚胺。儿茶酚胺在电极上被氧化，产生电流尖峰。通过分析电流信号，可以计算出单个囊泡中儿茶酚胺的总量，统计后得到每个囊泡平均含有 4.31×10^6 个儿茶酚胺分子。将其与细胞中囊泡胞吐作用释放的量（1.8×10^6 个分子）进行比较，发现囊泡胞吐作用只释放部分的儿茶酚胺。

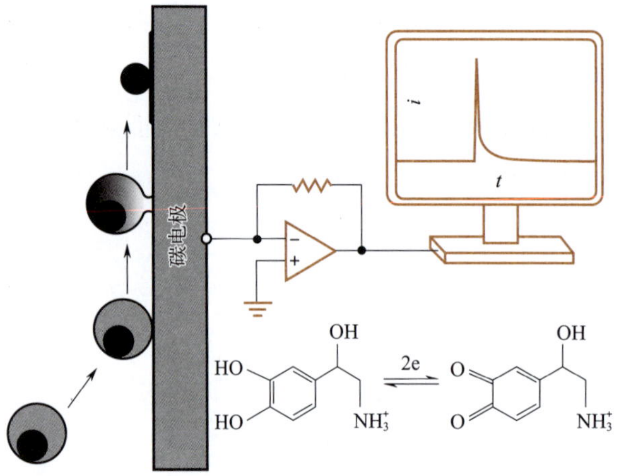

图 10-26 检测囊泡中内容物含量的原理示意图（其所示反应是儿茶酚胺的氧化）[38]

随后，基于 VIEC 技术，使用具有纳米尖端的圆锥形碳纤维电极（尖端处的直径为 50 ～ 100nm）直接插入 PC12 细胞的细胞质中，活细胞内的囊泡会碰撞在电极表面并裂解，从而检测活体细胞内单个囊泡的电活性神经递质（儿茶酚胺）的含量[39]。发现每个囊泡在胞吐期间释放约 64% 的儿茶酚胺分子，这支持了囊泡的胞吐过程是采用部分释放模式的设想，即囊泡先打开通道释放大部分的内容物，然后关闭通道以终止每个胞吐事件（图 10-27）。最近，他们利用 VIEC 技术进一步研究了囊泡的破裂机制，利用荧光基团

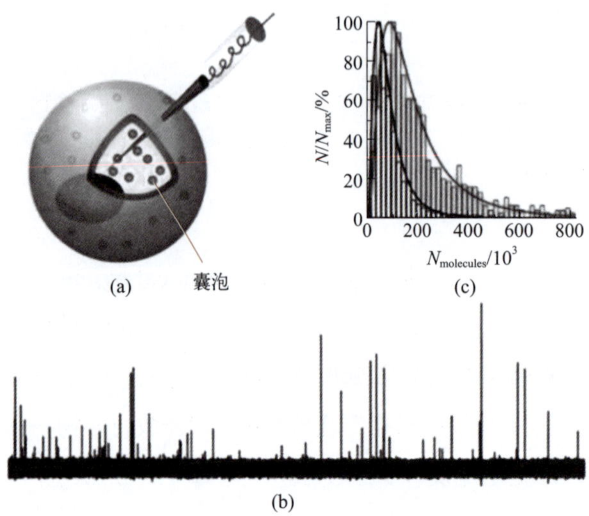

图 10-27 （a）一个纳米尖锥形碳纤维 UME 放置在单个 PC12 细胞质中的示意图；（b）记录到的 i-t 信号；（c）两种方法分别测量 PC12 中囊泡的儿茶酚胺量的归一化频率分布直方图，灰色是使用细胞内 VIEC 法，黑色是 K^+ 刺激的胞吐作用产生的儿茶酚胺量（相同电极）[39]

与囊泡膜上的脂质结合来控制膜的性质，使得囊泡膜对电穿孔更敏感，建立光诱导囊泡破裂方法，调控细胞活动和胞吐作用[40]。囊泡的破裂受囊泡的大小、环境的温度和药物作用等因素的影响，同时，在许多峰电流前面检测到小的电流峰，认为囊泡刚开始破裂时会在囊泡和电极界面处产生瞬时小孔，表明电穿孔是囊泡破裂的主要推动力[41]。

在单个囊泡水平上定量测量囊泡化学成分（化学物质储存和释放）的差异对于理解认知行为的性别差异非常重要。为此，毛兰群等[42]分别采用圆盘微电极和锥形纳米针尖电极研究了儿茶酚胺在胞吐过程中的释放和肾上腺嗜铬细胞中泡状儿茶酚胺储存的性别差异。这项研究为囊泡化学中性别二态性的存在提供了第一个实验证据，在单囊泡水平上为认识认知行为中的性别二态性提供了一个全新的视角。

虽然单颗粒碰撞技术具有高通量、低成本、易操作以及检测范围广等优点，但是传统的单颗粒碰撞技术基本上都是使用计时电流法检测单颗粒碰撞后的电流信号，其反映的信息单一，仅能提供颗粒的碰撞频率、尺寸分布和浓度等信息，这就阻碍了它的发展。因此，需要将该方法与其他技术联用，获取更丰富的信息。最近几年发展出了一些与单纳米颗粒技术联用的其他技术，包括光学成像技术、扫描电化学池显微镜、快速扫描循环伏安法以及电致化学发光等。

第三节
耦合光学成像技术的单颗粒电化学分析

近年来，光学成像技术在单颗粒电化学的研究中起到了举足轻重的作用。这是因为单颗粒水平的电化学反应依然包含界面电子隧穿和物种传质扩散这两个过程，而电化学反应中电子的转移不仅会引起电流的变化，也会使物质在氧化态与还原态之间切换，而一般情况下不同物质的光学性质（折射率、散射强度、荧光强度等）会有或多或少的区别，这驱使研究者另辟蹊径，利用光学显微镜来观察物质在电化学反应中的变化，并通过建立光学信号与电流之间的关系来间接“看到”电子的流动，这就是通常所说的光学电化学成像技术。

这类技术对于电流的空间分辨能力取决于显微技术的分辨率，例如通过单分子荧光技术可以研究如单个亚甲基蓝分子在电化学中的动力学信息，而暗场和表面等离子体共振技术则常常用于对单个纳米粒子的电化学行为进行研究。其电流检测灵敏度则由光学系统的性能决定。光学显微镜的单分子检测能力甚至可以使单电子转移的研究成为可能。

本节将介绍几类经典的光学成像技术，从其成像原理来理解从单颗粒电化学信号到光学信号的转换机制。随后将介绍几种光学成像的单颗粒电分析方法，即通过光学信号构建单颗粒的“光学”循环伏安特性、单颗粒的“光学”法拉第阻抗谱等。

一、耦合光学成像技术简介

由于在单颗粒电化学反应过程中必然涉及介质环境或颗粒物相的变化，因此可以通过光学成像的方式将这些变化量和电子转移的电化学行为建立起定量联系。图 10-28 总结了单颗粒-电极界面发生电化学反应时常见的物相变化。当颗粒表面伴随分子的吸附 / 脱附，或者颗粒自身发生相变过程，引起微区溶液环境发生改变时，往往会引起界面折射率的变化；另外，对于贵金属材料的纳米颗粒，当其形貌、尺寸发生变化时，会伴随散射截面的变化，导致介电环境的改变。而当颗粒的电子态密度发生改变时，往往会引起光谱性质的改变，从而在光学信号中得以体现。例如，金属颗粒表面的充放电过程或界面电子相互作用的量子耦合效应，都会导致电子态密度的显著改变。对于那些荧光物质或光吸收材料，也有特定的成像手段去灵敏地检测这些变化。可见，基于单颗粒在介观层面复杂的界面电子作用和物相变化，使得光学成像技术在检测单颗粒的电化学过程方面具备独特的优势。

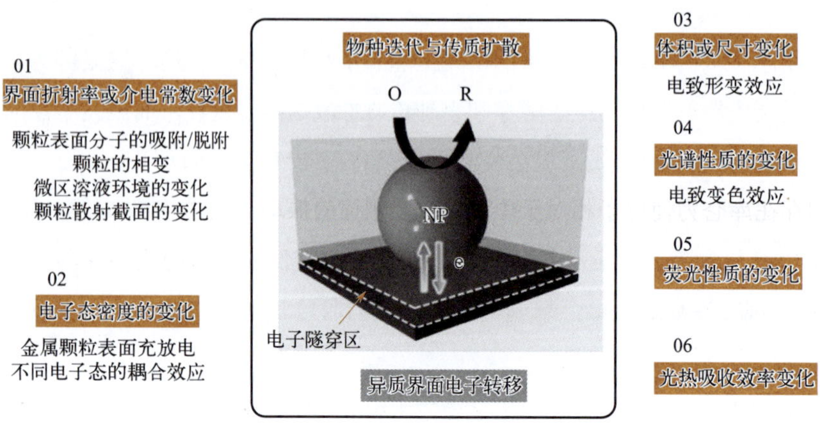

图 10-28　单颗粒电化学反应过程中常见的物相变化

图 10-29 列出了不同物象变化所对应的几种常见的光学成像模式。荧光显微成像是光学显微成像的重要分支，基本原理是借助荧光探针特异性标记感兴趣的分子或者样品区域，再对目标进行荧光成像。荧光是光致发光，尽管发射光强度比激发光弱得多，但发射光与激发光具有不同的波长，可以通过光学滤光片滤掉杂散光，从而获得极高的信背比。科学家们通过发展性能优异的荧光探针和改进照明方式、信号检测方式，成功地实现了单分子（单粒子）的实时、原位荧光成像。当电化学反应过程涉及可以被荧光探针标记的物种，我们就可以用荧光成像来指示颗粒附近的电化学环境变化。

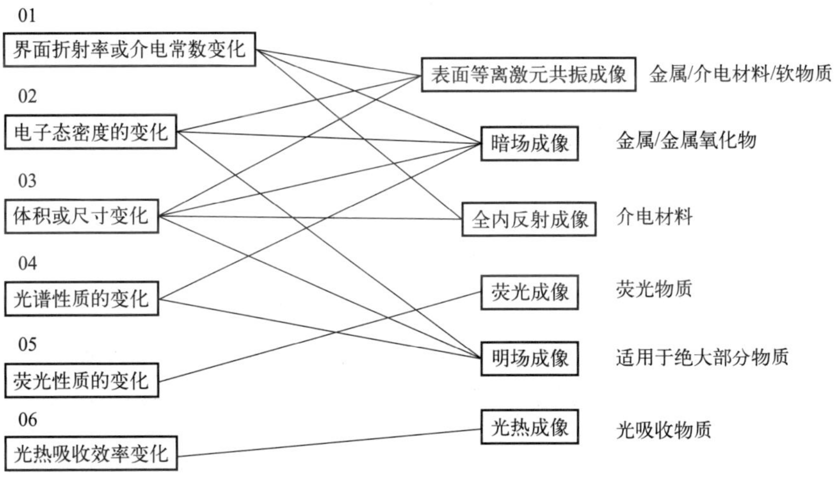

图 10-29　适用于检测不同物相变化所对应的光学成像模式

暗场显微成像的基本过程是一束白光（或单色光）通过暗场聚光器形成斜照明，激发纳米粒子发出散射光，并被物镜收集，使纳米粒子在暗视野中表现为一个个明亮的光斑。暗场成像的质量取决于颗粒的局域表面等离激元共振（LSPR）效应。当一束光照射到纳米粒子表面时，振荡电场驱动纳米粒子的表面电子发生振荡而相对原子核产生位移，引起电子和原子核之间存在库仑力使电子相对于原子核作无规律的振动。此时，若入射光的频率与自由电子的振动频率一致而产生 LSPR 效应，将会使纳米粒子对入射光的吸收和散射增强且纳米粒子周围局域电磁场也大幅增强。因此，暗场显微成像对于电子转移界面的微小变化具有很高的灵敏度。

表面等离激元共振（SPR）成像是一种免标记的、对界面折射率变化十分敏感的光学成像技术，按成像装置可以分为棱镜型和宽场型 SPR。棱镜型 SPR 成像方法结构简单，可以实时获得大尺寸样品的二维图像，成为通过折射率变化来检测界面上微小变化的强大工具。当通过高数值孔径的物镜实现平行光全反射激发表面等离激元传播，并与改装的商业倒置光学显微镜相结合，可以获得高分辨、高灵敏度的宽场 SPR 显微成像装置。物镜的引入使宽场 SPR 达到了棱镜 SPR 受棱镜数值孔径以及光学变形等因素的限制无法获得的较高的空间分辨率。宽场型 SPR 显微镜实现了接近衍射极限的空间分辨率，并且获得不失真的高分辨图像，在每个像素点上可以检测样品折射率的变化。这对于检测单颗粒电化学过程的相变信息具有极高的灵敏度。

二、基于光学成像的单颗粒电化学分析方法

1. 单颗粒的“光学”循环伏安特性测量

SPRM（表面等离子体共振显微镜）可以实现对纳米颗粒自身折射率变化的高灵敏度检测。2016 年，本书编著者团队利用 SPRM 研究了电化学反应过程中锂离子在单个钴酸锂（$LiCoO_2$）纳米颗粒中嵌脱的动力学 [43]。当电压正扫时锂离子脱出，折射率减小导致 $LiCoO_2$ 纳米颗粒的 SPR 光学强度降低；电压负扫时锂离子插入，折射率增加导致 SPR 光学强度升高（图 10-30）。依据建立的光-电转换模型，可计算单颗粒的电化学反应电流：

$$i=\alpha\frac{\mathrm{d}I_{\mathrm{SPR}}}{\mathrm{d}t} \tag{10-8}$$

式中，i 为单颗粒反应电流；α 为转换因子；I_{SPR} 为随时间 t 变化的 SPR 光学强度。

如图 10-30 所示，由该光电转换模型得到的单颗粒电化学循环伏安曲线（虚线）与直接测得的宏观电极的循环伏安曲线（实线）十分接近，且灰色曲线的充放电电流明显小于整体测得的平均电流，这是因为 I_{SPR} 中已扣除背景部分由充放电引起的光学强度变化，进一步体现了单颗粒电化学测量的必要性。除上述 $LiCoO_2$ 纳米颗粒以外，该课题组还运用 SPRM 研究了单个普鲁士蓝纳米颗粒的电化学氧化还原过程 [44]，再次证明了 SPRM 在监测单纳米颗粒电化学反应方面的普适性。

2. 单颗粒的“光学”电化学阻抗谱测量

以单个普鲁士蓝纳米颗粒为模型，利用暗场显微成像技术监测普鲁士蓝纳米颗粒

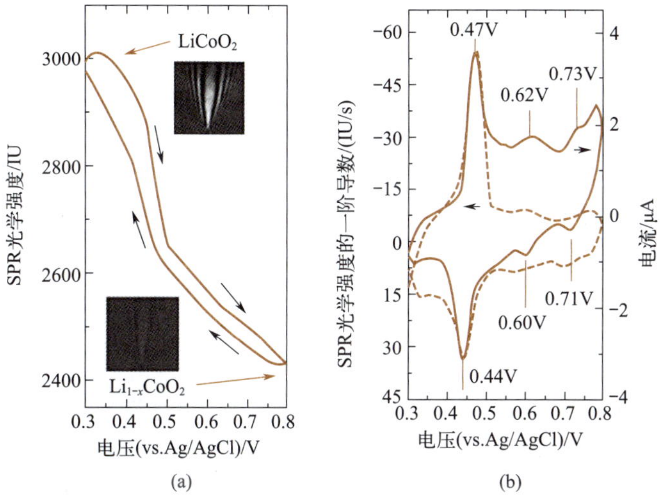

图 10-30 单个钴酸锂纳米颗粒的 SPR 光学强度与循环电压的关系，电势范围为 +0.3 ~ +0.8V（a）；在一个周期的电位扫描下，单个钴酸锂纳米颗粒的 SPR 光学强度的一阶导数与旋涂钴酸锂电极表面测得的整体电化学电流比较，基本吻合一致（b）[43]

（PBNPs）在电位调制过程中的光学强度变化，提取光学信号的幅值和相位，然后将其绘制为频率的函数，就可得到单个 PBNPs 的光学电化学阻抗谱（oEIS）[45]。频域分析表明，光学幅值在高频区（1 ～ 100Hz）与频率成反比（$\Delta I \propto f^{-1}$），而在低频区（0.04 ～ 0.8Hz）幅值与频率的平方根成反比（$\Delta I \propto f^{-0.5}$），表明 PBNPs 存在混合电荷存储机制，包括在高频调制下表面限制的赝电容行为和低频调制下扩散限制的类电池行为。通过分段函数的拟合，确定了转折频率（f_{cutoff}）为 0.9Hz，因此，表面电容性行为的贡献为 5.9IU，占整体光学幅值的 7.2%。再经过 SEM 和 AFM 的原位表征，确定该颗粒的三维尺寸，长、宽、高分别为 215nm、200nm 和 215nm。几何计算表明，表面充电层的深度约为 2.4 个晶胞，见图 10-31。

因此，通过不同电位扫频下的暗场成像，可建立单个纳米颗粒 oEIS 的测量方法，并通过频率分析确定单个纳米颗粒的表面充电层深度。由于法拉第反应会改变电活性材料的介电常数（吸收或散射），因此该方法可以广泛应用于各种储能装置的电极材料，来研究尺寸和形貌对单个纳米颗粒阻抗的影响，这对理解材料的构效关系具有重要意义。

3. 单颗粒碰撞电化学的光学成像

SPRM 具有较高的时间分辨率，因此可用于实时监测和分析单颗粒电化学反应中的快

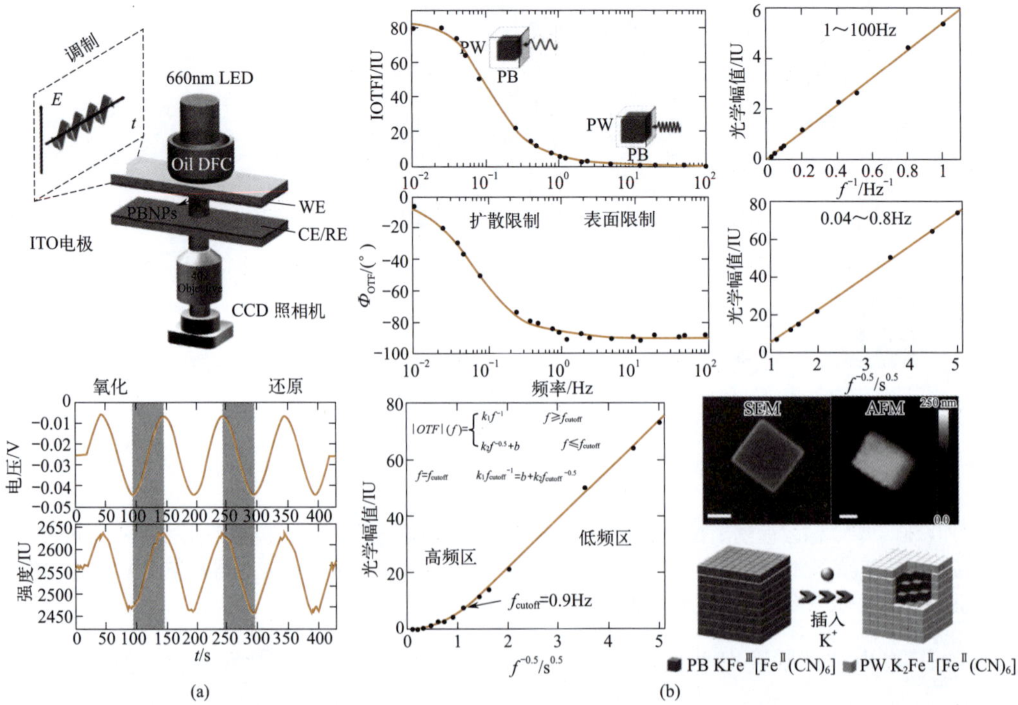

图 10-31 (a)单颗粒光学电化学阻抗谱的测量装置与示意图，随着电位正弦波扫描，暗场光学强度随之周期性变化；(b)单颗粒电化学阻抗谱的测量原理与单个普鲁士蓝纳米颗粒赝电容深度的计算，如图分别展示了单个普鲁士蓝纳米颗粒暗场光学强度和相位随频率变化的关系，通过拟合从中确定转折频率区分赝电容行为和充放电行为，根据充放电和赝电容行为的光学强度占比计算单颗粒内赝电容行为的晶胞数目[45]

速电子转移过程。2017 年，本书编著者团队使用金超微电极（50μm×50μm）代替宏观电极，降低基底的充放电电流，实现了单个银纳米颗粒碰撞过程中的氧化电流和 SPRM 光学信号的同步检测。观察到的银纳米颗粒在碰撞溶解过程中产生的电流信号均为一个完整的氧化电流峰，但多项研究工作表明单个银纳米颗粒在碰撞过程中会出现多个离散的氧化尖峰，其中多数氧化尖峰的持续时间低于 10ms。为了深入探究碰撞氧化过程中的电子转移机理，该课题组尝试将时间分辨率提升至 2.5ms，成功观察到单个银纳米颗粒碰撞到金超微电极表面上发生的不连续氧化过程[46]。在 i-t 曲线上出现离散电流峰时，在金超微电极表面仅观察到一个银纳米颗粒的碰撞过程，且对应的颗粒始终没有发生明显的移动。该结果表明离散的氧化电流峰的确来源于单个银纳米颗粒在电极表面的不连续氧化过程，并且该过程并非由颗粒在电极表面发生垂直或水平方向的晃动导致的，而是由微区电接触不良引起的。

4. 单颗粒异质电接触的光学成像

单颗粒电化学是研究电活性纳米材料构效关系的一种新技术，也是纳米电化学的研究热点之一。这是由于单颗粒研究消除了不同纳米颗粒个体之间的形貌和结构差异。但若在研究中将不同颗粒展现出来的表观活性差异简单归因于其本征活性的不同则失之偏颇，其原因在于不同纳米颗粒和电极之间的电接触状况存在巨大的差异。通常实验测得的表观电化学活性是单颗粒本征活性和电接触这两个因素共同作用的结果。在极端情形下，结构完美（尺寸、晶面与结晶度等）、本征活性优异的颗粒会由于接触不良而表现得完全没有电化学活性。在单颗粒电化学发展的十余年间，尽管纳米颗粒与电极之间电学接触的异质性被时常提及，但一直未能得到明确证实。

本书编著者团队[47]以立方结构的普鲁士蓝纳米颗粒（PBNPs）的离子嵌插反应为模型，揭示了电接触在影响单纳米粒子表观电化学活性中的重要作用。在单纳米颗粒表面溅射一层极薄的铂纳米层（约 4.2nm），增强 PBNPs 与金基底间的电子转移。发现该铂导电层不仅提高了 PBNPs 的表观电化学反应性，而且显著改善了其循环性能。因此，通过均匀的铂层消除不同粒子和电极间各向异性的电接触，可以获得单纳米粒子的本征电化学活性，从而为建立更为准确有效的构效关系扫清了障碍。

众所周知，尺寸较大的纳米颗粒放电较慢，其速率主要由钾离子在 PBNPs 内部的扩散决定。在消除各向异性接触的基础上，研究发现颗粒放电时间与粒子底面积的相关性最高，因此可以认为钾离子在水平方向的扩散是决定放电速率的主要因素。该工作不仅揭示了良好、一致的电接触在单颗粒电化学研究中的重要意义，而且为后续的纳米电化学研究提供了一种高效、简单的溅射金属薄层的方法以消除电接触异质性对电化学反应的影响。

5. 光学质心追踪在单颗粒电化学中的应用

明场、暗场、荧光和电致化学发光技术的光学系统中的点扩散函数均符合二维高斯分布。近年来已有多个课题组采用二维高斯拟合方法来获取光斑的质心信息，并成功将光学显微成像技术的分析精度由光学衍射极限（$0.61\lambda/NA$，λ 为光的波长；NA 为物镜数值孔径）水平提升至几十纳米甚至是几纳米。该技术被称为超定位技术，可用于分析电化学反应过程中亚颗粒层面上反应位点的动态变化，有助于加深对单颗粒电化学反应机理的理解。

对于单个电活性颗粒而言，不可避免的微观结构缺陷，如裂缝、晶界和空腔，使材料的一部分无法注入电子和离子，从而成为单一实体中电化学失活区的诱因。利用暗场显微镜研究单个普鲁士蓝（PB）纳米粒子在电化学反应过程中的散射光谱和光学质心（OMC）的变化，嵌入单个电活性纳米颗粒中的失活区域会导致反应不完全，使 OMC 在不同的电化学中间态下产生移动[48]。在不同的电化学循环中，OMC 的高可逆性和重复性揭示了钾离子在单个 PB 晶体中迁移的路径，这意味着晶格缺陷可能会推动离子在同一实体中的路径选择。该方法将 PBNPs 作为具有超高稳定性的模型材料，通过考察这些非均质无活性区域，为评估其结晶度和电化学可循环性提供了巨大的可能性。

此外，光学质心的超定位技术还可以用于单个金纳米棒充放电过程中电子态密度移动的监测。虽然传统的观点认为等离子体纳米粒子的散射中心反映了它的几何中心，但当几何特征（位置和形态）完全不改变时，单个金纳米棒（AuNR）的散射中心与其电子密度高度相互依赖。当在非法拉第充放电过程中周期性地改变单个 AuNR 的电子密度时，一系列暗场图像中散射点的光学质心会随着扫描势的变化而可逆地来回移动约 0.4nm。通过傅里叶变换的解调方法，可以确定小至 0.1nm 的质心位移。充放电过程中光学质心的移动表明单个 AuNR 表面注入电子会造成不均匀堆积导致的电子密度中心的位移。这一工作不仅阐明了在亚纳米粒子水平上的光子-电子相互作用的研究，还为电致变色和光热转换等过程的研究提供了一个优越的策略[49]。

通过光学超定位技术已经可以确定光斑在平面方向的质心移动，而确定单个电活性纳米材料内的离子迁移和扩散轨迹对于理解离子电池的充电动力学和容量衰减至关重要，这对合理设计性能优异的电极材料具有重要意义。然而，对于确定垂直方向的轨迹移动已被证明是一项更具挑战性的任务。为此，研究者开发了双角度全内反射显微镜，通过同时引入不同角度依赖的照明深度来跟踪纳米物体在垂直维度上的光学质心位移。探索了电化学循环过程中单个 PB 粒子内部的质量输运图。结果表明，当离子插入或提取时，单个 PB 粒子的垂直质心保持不变，这表明离子的迁移路径是由外向内的，而不是人们直观上期望的自下而上的轨道[50]。

三、光学成像技术在其他单颗粒电化学研究中的应用

在单颗粒电化学反应过程中，通过建立合适的光-电转换模型，可实现间接测量单颗粒电化学反应电流，进而获取反应动力学相关信息。与单颗粒直接电流检测技术相比，光学显微成像技术具有较高的空间分辨率，可与原位表征技术结合，从而在单颗粒层面建立纳米材料的结构-活性关系。下面将介绍几种常用于单颗粒电化学反应检测的光学成像技术。

1. 基于暗场成像的单颗粒电化学研究

暗场散射成像技术是一种背景几乎为零的光学成像技术，具有极高的信噪比。暗场成像技术适合用于金、银和铜等纳米颗粒的成像，这类贵金属纳米颗粒具有较强的局域表面等离激元共振（localized surface plasmon resonance，LSPR）性质，在与入射光发生共振时会表现出较强的光散射行为，且纳米颗粒的尺寸、形貌、化学组成及周围介质的折射率均会影响其散射行为。由此可利用暗场成像技术研究纳米颗粒的各类电化学反应，如单纳米颗粒的电沉积和溶解、反应前后颗粒尺寸变化较小的电化学氧化还原过程，单颗粒的充放电过程及电势扫描过程中颗粒表面吸附状态的变化等。

2012 年，龙亿涛等使用单颗粒散射光谱研究了银、金和铜纳米颗粒在氧化铟锡（ITO）电极上的电沉积（尺寸增大）过程。当上述金属纳米颗粒的尺寸逐渐增大时可观察到对应颗粒的颜色发生变化，光谱仪记录的单颗粒散射光谱中心波长发生红移［图 10-32（a）～（c）］[51]。潘善林等[52]监测了银纳米颗粒在电沉积过程中的暗

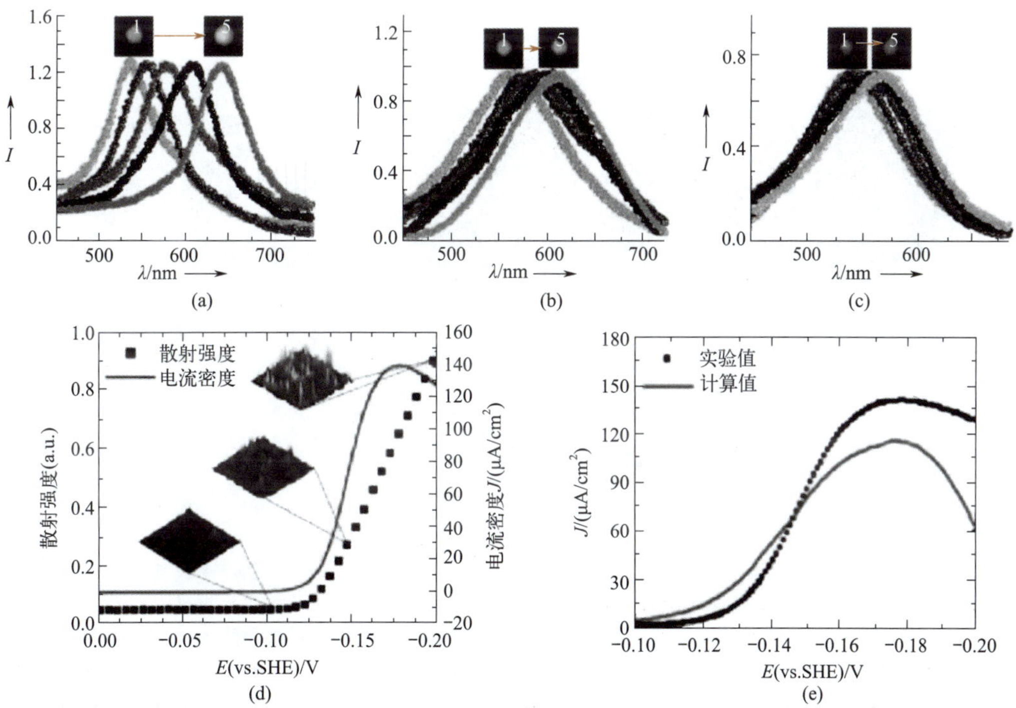

图 10-32　单个银（a）、金（b）和铜（c）纳米颗粒在电沉积过程中随时间变化的典型的散射光谱，插图分别为上述纳米颗粒颜色变化的暗场彩色图像；电势扫描过程中测得的所有银纳米颗粒的总散射强度与电流密度（d）；770 个颗粒实际测得的电流密度与通过散射强度计算所得的电流密度与电压的关系（e）[51]

场光学强度变化，并以其粒径为桥梁建立了散射强度（光学信号）与沉积电流（电学信号）之间的光-电转换模型，实现了暗场中单颗粒电化学检测由定性分析迈向定量检测的转变。利用该模型计算所得的沉积电流与实际测得的电流较为接近，表明通过光-电转换模型由暗场散射强度信息间接获取单颗粒的电化学反应电流值具有可行性［图 10-32（d）和（e）］。

2020 年，任斌等[52]利用暗场成像技术提供的单颗粒光学强度和光谱两种特征信息，实现单个金纳米晶体不同晶面上的单层银原子欠电位沉积（underpotential deposition，UPD）过程的实时监测（图 10-33）。该工作以环形铂导线为对电极，在对应晶面的沉积电位下，散射光谱中心波长位移对（111）晶面上的 UPD 引起的长径比变化较为敏感，而散射强度变化则对（100）晶面上的 UPD 引起的尺寸增大更为敏感。此外，光学强度变化（dI/dt）或光谱中心波长位移的一阶微分（dλ/dt）可用于重构单个金纳米晶体的光学循环伏安曲线［图 10-33（d）］，由其峰值电位［图 10-33（e）］还可精确量化截角八面体表面的晶面类型比例［图 10-33（f）和（g）］。因此，该技术可用于表征含有多个晶面的纳米晶体，为在原子层面上研究表面化学提供了一种有效工具。

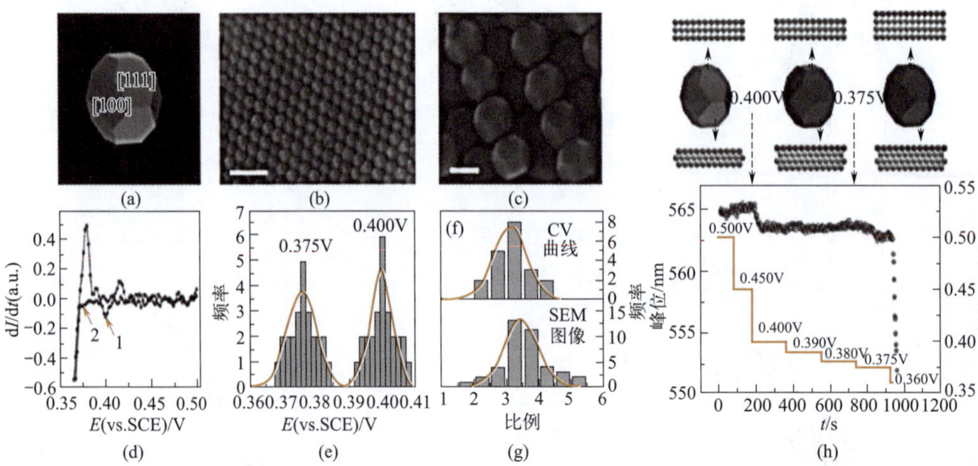

图 10-33 截角八面体金纳米晶体的细节示意图（a）；大尺度（b）和小尺度（c）的截角八面体金纳米晶体的 SEM 图像；将散射光强度的一阶微分对电位作图重构单个截角八面体金纳米晶体的光学循环伏安曲线（d）；从 20 个单颗粒的光学循环伏安曲线中得到的截角八面体金纳米晶体上不同晶面的 UPD 峰值电位统计（e）；从不同的单颗粒金纳米晶体的光学循环伏安曲线（f）和从 SEM 图像中估测不同晶面占比的分布图（g）；施加的电位（下图中折线）和单个金纳米晶体截角八面体的散射光谱中心波长随时间的变化（下图中散点），以及不同面上 UPD 过程的相应示意图（上图）（h）[52]

2. 基于荧光的单颗粒电化学研究

荧光显微术是一种利用荧光物质进行光学显微成像的技术，按照明方式可将其分为落射式荧光和全内反射荧光（TIRF）成像。其中全内反射成像方式仅会对界面上方约 200nm 范围内的物质进行成像，具有极低的背景，目前已可实现单分子的荧光成像。荧光显微术的产生与发展对于在单分子层面上理解电化学反应机理有着广泛而深远的影响。

2013 年，Crooks 等[53]运用荧光显微术探究了荧光染料修饰的聚苯乙烯小球（约 500nm）在羟甲基二茂铁溶液中与铂超微电极发生碰撞和聚集的过程。当荧光图像中观察到单个聚苯乙烯小球碰撞到铂超微电极表面时［图 10-34（a）］，电学信号同时表现为氧化电流的阶梯状变化［i_{step}，图 10-34（b）～（d）］，i_{step1} 与聚苯乙烯小球碰撞到超微电极表面

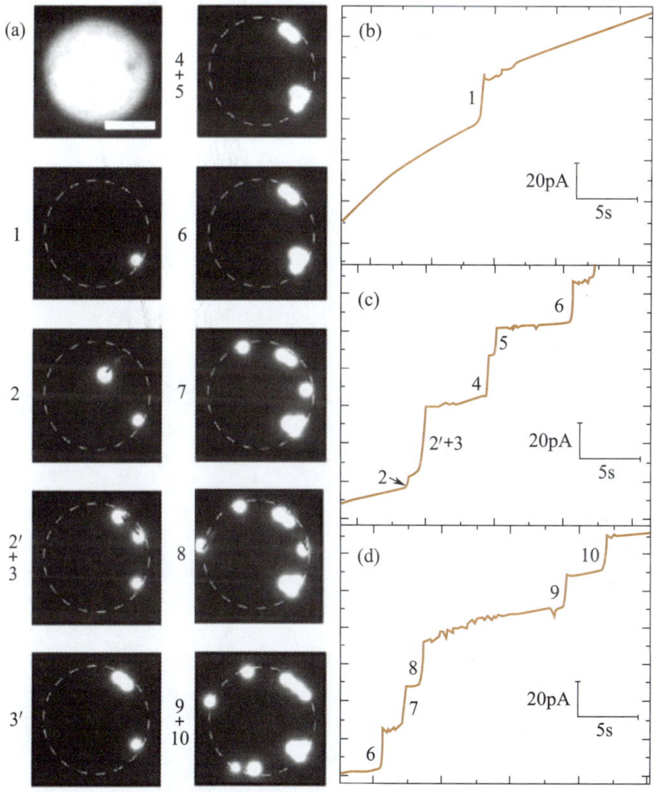

图 10-34　不同时刻聚苯乙烯小球碰撞到铂超微电极上的显微图像（a），10μm 铂超微电极的光学显微图像（左上）标尺为 5μm，其余每帧左边的数字代表在这一帧中发生碰撞的小球序号，箭头指示了发生碰撞后小球在电极表面的移动方向，图（a）所示各个小球碰撞过程的 i-t 曲线［（b）～（d）］，其中与聚苯乙烯小球相关的碰撞过程由每帧中的数字标出[53]

的位置相关，碰撞时接近电极中心处的 i_{step2}［图 10-34（c）中箭头 2 指示的电流变化］仅为电极边缘处的单颗粒碰撞电流 i_{step1} 的 1/3。根据模拟结果可知，电极边缘处的扩散通量远高于电极内部，因此边缘处的 i_{step} 最大。此外，聚苯乙烯小球碰撞到电极边缘附近的绝缘层处也会引起电流突变，这表明 i_{step} 不仅由电极表面活性位点的阻塞引起，还受扩散层的扰动影响。由此可见，将单颗粒碰撞过程中的荧光信号与电流检测相结合有助于深入理解绝缘颗粒的碰撞过程机理。

SPRM 成像的主要缺陷在于信背比相对较低，目前最小可检测到 10nm 的铂纳米颗粒[54]。而荧光显微术的背景很低，可分辨单个量子点乃至单个荧光分子的微弱信号[55]。2017 年，Orrit 等[56]观察到单个亚甲基蓝（methylene blue，MB）分子在电化学反应过程中的荧光强度变化。如图 10-35（a）所示，氧化态 MB 分子有荧光（亮态），而还原态（leuco-MB）分子则无荧光（暗态）。但 MB 分子的荧光量子产率极低（4%），因此其荧光信号不易检测。利用金纳米棒的近场增强效应，可实现金纳米棒两端附近单个 MB 分子的荧光检测［图 10-35（b）］。尽管金纳米棒的近场增强因子比表面增强拉曼热点中的增强因子弱得多，但其作用范围可达 10nm，更适合单分子电化学反应的研究。

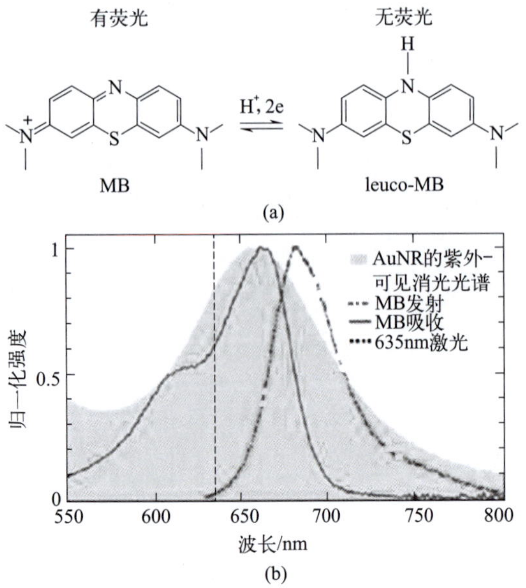

图 10-35　MB 的两电子转移氧化还原反应（a），MB 的还原态（leuco-MB）无荧光，而 MB 具有荧光性质；水中 MB 的吸收（实线）和发射（虚线）光谱（b），阴影部分为金纳米棒悬浮液在水溶液中的紫外-可见消光光谱，点线为 MB 的激发光波长[56]

2018年，张波等[57]使用TIRF成像技术探究了电催化分解水过程中ITO电极表面单个氢气纳米气泡的成核动力学（图10-36）。罗丹明6G（rhodamine 6G，R6G）荧光分子可以迅速吸附到纳米气泡的气液界面处，对纳米气泡进行标记。如图10-36（c）所示，在电压负扫至−0.75V时，ITO电极表面已有氢气气泡产生，由此可知产生氢气纳米气泡的还原电位比该反应的标准热力学电势（−1.23V）偏正约0.5V。该结果表明ITO电极表面存在电催化活性较高的反应位点，可以促进氢气气泡的成核。

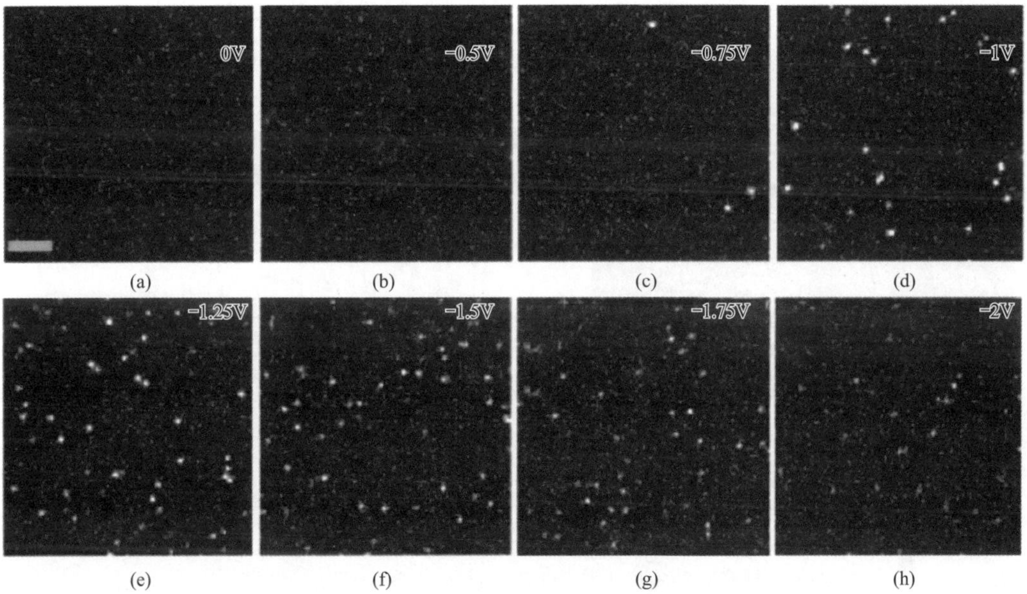

图10-36　在含有10nmol/L R6G的水中，电压分别在0V、−0.5V、−0.75V、−1V、−1.25V、−1.5V、−1.75V和−2V时，ITO电极上22.8μm×22.8μm区域内对应的TIRF图像[57]
采样率为19.81帧/s，标尺为5μm

3. 基于电致化学发光的单颗粒电化学研究

ECL无需使用外部光源，不会在金属纳米颗粒的电催化反应中引入与光学相关的影响因素，因此，具有很高的灵敏度。潘善林等[58]首次使用ECL对金纳米颗粒进行成像时，发现金纳米颗粒的ECL强度会在一段时间内有轻微波动。这是由于在施加电压的过程中，金纳米颗粒表面上金簇不断地氧化和重构会导致其表面状态发生变化，进而影响到电催化活性的稳定性。Willets等[59]在研究金纳米线上的ECL时，同样发现颗粒表面状态显著影响了ECL的稳定性（图10-37）。未经处理的商购金纳米线上包覆的表面活性剂会抑制其电催化活性，因此无法捕获到任何 ECL 信号［图 10-37（f）中实线］。通过煮沸去除该层表面活性剂后，裸金纳米线的 ECL 强度会迅速衰减为零［图 10-37（f）中虚线］。然后在金纳米线表面包覆一层合适厚度的导电聚合物膜后，即可观察到金纳米线上稳定的 ECL 反应［图 10-37（f）中的点线和点划线］。江德臣等[60]则使用金纳米颗粒增强了鲁米诺发光体系的 ECL 信号，并成功检测到单个细胞内的葡萄糖含量。

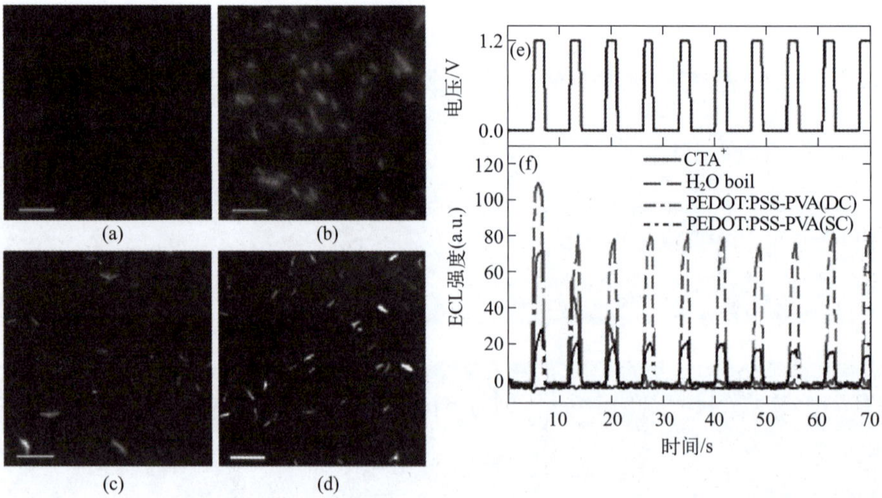

图 10-37 未经处理的商业金纳米线（CTA^+）(a)、在水中煮沸去除表面活性剂的金纳米线（H_2O boil）(b)，以及去除表面活性剂后使用滴落涂布法（DC）(c) 和以 1000r/s 的速度旋涂（SC）(d) PEDOT:PSS-PVA 聚合物材料后金纳米线的 ECL 图像，图中标尺均为 20μm；在图（e）所示的电压下，图（a）~（d）中四种处理方式的金纳米线的 ECL 强度随时间的变化（f）[59]

2018 年，徐静娟等[61]发现 Au-Pt 双面不对称纳米颗粒（Janus nanoparticles，JNPs）在 ECL 反应中的催化活性和长时间稳定性都远高于单独的铂纳米颗粒和金纳米颗粒（图 10-38）。其原因在于铂和金表面电子转移速率存在差异，这会导致 ECL 反应过程中该 Au-Pt 不对称纳米颗粒的周围形成浓度梯度以及流体滑移，从而增加反应中的传质速率并且降低颗粒表面氧化膜形成的可能性，最终达到提高 ECL 强度和稳定性的目的。

2020 年，苏彬等[62]首次报道了一种在电极表面法线方向具有空间分辨率的电化学发光自干涉光谱（ECLIS）技术。自干涉主要是由发光团直接发射的 ECL 信号与电极表面反射的 ECL 信号叠加而成，通过矩阵传播模型进行理论分析，可以在纳米尺度上垂直分辨探测发光基团与电极表面之间的距离。在这项工作中，作者首先验证了使用不同分子连接剂（如双链 DNA）在电极表面组装的 ECL 发光团具有不同的高度，并且说明了连接剂分子在电极表面可能存在的构象。此外，还估算了在溶液中自由扩散的 $Ru(bpy)_3^{2+}$ 体系中靠近电极表面的 ECL 发射层厚度。根据 $Ru(bpy)_3^{2+}$ 浓度的不同，其厚度从约 350nm 到近 1μm 不等。在垂直方向具有高分辨率的 ECLIS 技术将为收集分子构象信息和研究电极界面上的 ECL 反应机制提供一种简便的方法，如图 10-39 和图 10-40 所示。

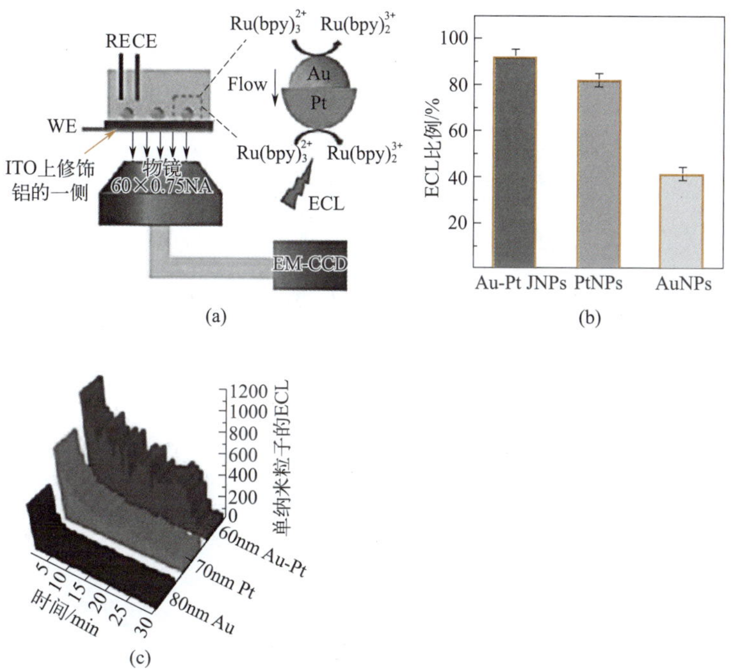

图 10-38　Au-Pt JNPs 的电催化引起的 ECL 成像示意图（a）；Au-Pt JNPs、铂纳米颗粒（PtNPs）和金纳米颗粒（AuNPs）在 30min 内 ECL 的发光比例（b）和稳定性（c）[61]

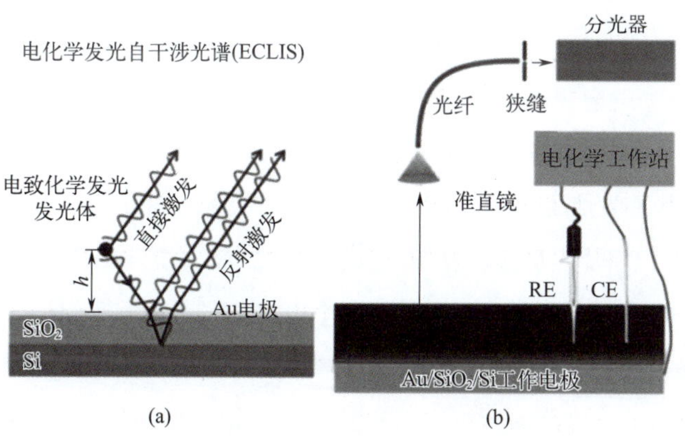

图 10-39　金 / 硅 / 硅 $(Au/SiO_2/Si)$ 电极表面的 ECL 自干涉（a）和实验 ECLIS 测量（b）[62]

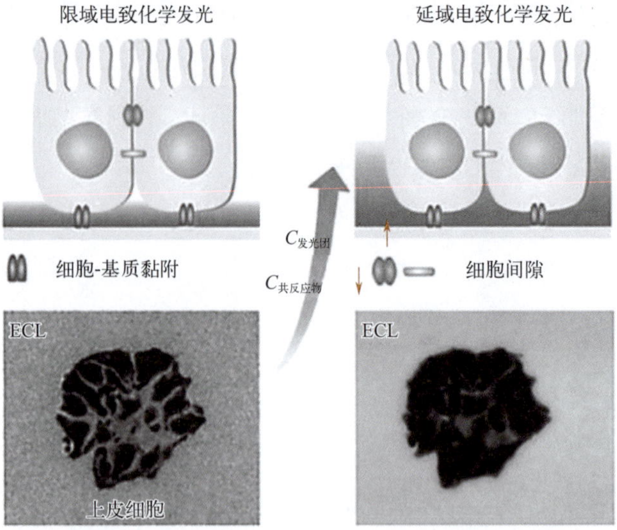

图 10-40 通过合理调节发光团和 / 或共反应物的浓度，使其与不同细胞连接的空间位置相匹配，可以调节电化学发光层的厚度，从而实现细胞底部细胞-基质粘连和靠近根尖表面细胞-细胞连接的空间选择性 ECL 成像[62]

第四节
基于扫描探针显微镜的单分子电化学分析技术

随着纳米测量技术的发展，开发了诸多方法用于单分子电化学行为的测量与研究。将先进分析测试技术与理论计算方法相结合可用于研究电子通过单个分子进行电荷传输的机制。例如，扫描探针显微镜技术被广泛运用于单分子电力学特性的研究，其原理是基于“单分子裂结”的思路。首先，通过共价键或其他弱相互作用，如 Au-S、Au-N、Au-C 等锚定位点，可以成功将单个分子连接在针尖和基底之间，电子从源电极通过量子隧穿或弹道运输经由单个分子或单个分子上的不同位点传输到达漏电极，完成电荷输运。在执行上述过程时，分子与电极的连接往往需要通过锚定基团实现，两个电极和一个单分子组成了一个“单分子结”，可以记录得到一个稳定的单分子电导平台。随后，凭借扫描探针显微镜精准的空间操控能力，通过拉伸两个电极之间的距离，使得单分子结的锚定位点发生原子链断裂，破坏电子在单分子结中的传输，使得单分子电导平台骤然下降，产生可以高时空分辨的单分子电流信号。两电极之间通过成千上万次的拉伸与靠近，就可以不断实现分子结的构筑与断裂，获取这一过程中的单分子的电力学信息，这种方法被称为单分子裂结技术。虽然单分子裂结技术可以获取单个分子的电流信息，但如果要实现电化学行为的分辨，还需要引入参比电极和对电极实现对电极电位的控制。目前，这一构想已被集成于扫描隧道显微镜（STM）等多种方法中，实现了对单分子的电化学行为检测，统称为“分子电子学”。

陶农建等最先将电化学门控方法引入到 STM 裂结技术中。当形成分子结时，STM 尖端悬停，通过电化学门控系统对分子结进行电位扫描来监测单分子电导的变化。单分子电化学事件的氧化还原状态和切换机制可以通过不同导电状态的动态切换图和电流-电位直方图来表征。通过控制电化学栅极电位，可以使分子轨道移动并对准电极的费米能级，从而改变隧穿势垒高度来调节通过分子结的电荷传输效率。王晖等 [63] 利用 STM 裂结技术，发现在电位扫描过程中，烷烃二硫醇分子 S-Au 接触的机械稳定性和机电性能发生了系统性的变化，这归因于 Au 在正电位下的氧化和 S 在负电位下的质子化。该研究建立了稳定 S-Au 键的电位范围，确定了小分子-电极接触的机械、电子和机电特性的电位依赖关系。此外，通过追踪氧化还原态的特征单分子电导，发现了机械拉伸金属配位键而不破裂导致的单分子氧化还原电位的偏移，揭示了单分子层面电力学响应的电化学行为特征 [64]。分子与电极之间的电子耦合效应可以通过电化学电位调节，这一方法揭示了单分子氧化还原反应中间态和电子态转换事件，揭示了在单分子水平的电子转移过程中的随机性和异质性（图 10-41）。

洪文晶等 [65] 首次在室温下观测到单分子电子器件中量子干涉效应的反共振现象，运用机械可控裂结技术在实验和理论两个层面对具有相消量子干涉效应的噻吩衍生物分子器件的电输运过程进行了电化学调控研究，为制备基于量子干涉效应的新型分子材料和器件提供了新的策略，见图 10-42。

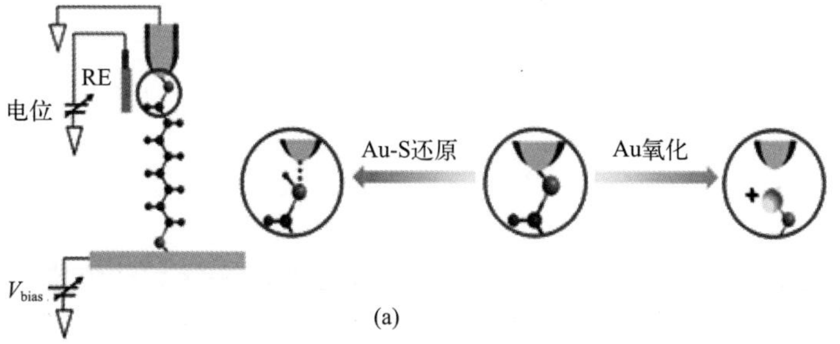

(a)

图 10-41

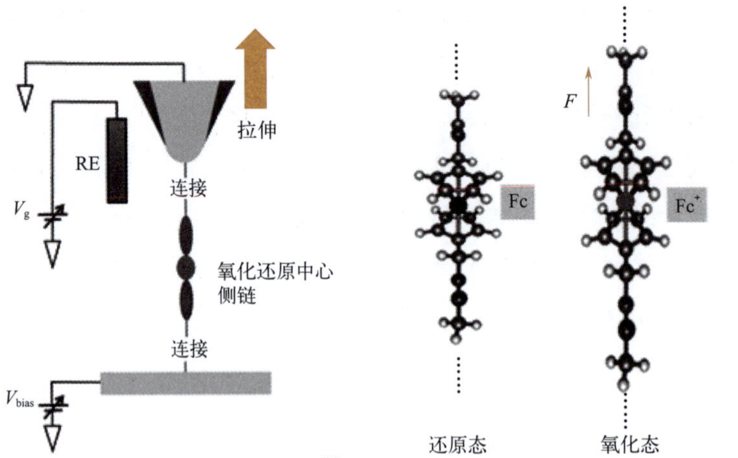

(b)

图 10-41　电化学电位调控下单分子结锚定基团的氧化还原决定单分子结的机电稳定性（a）[63]；拉伸应力响应的单分子电化学氧化还原反应（b）[64]

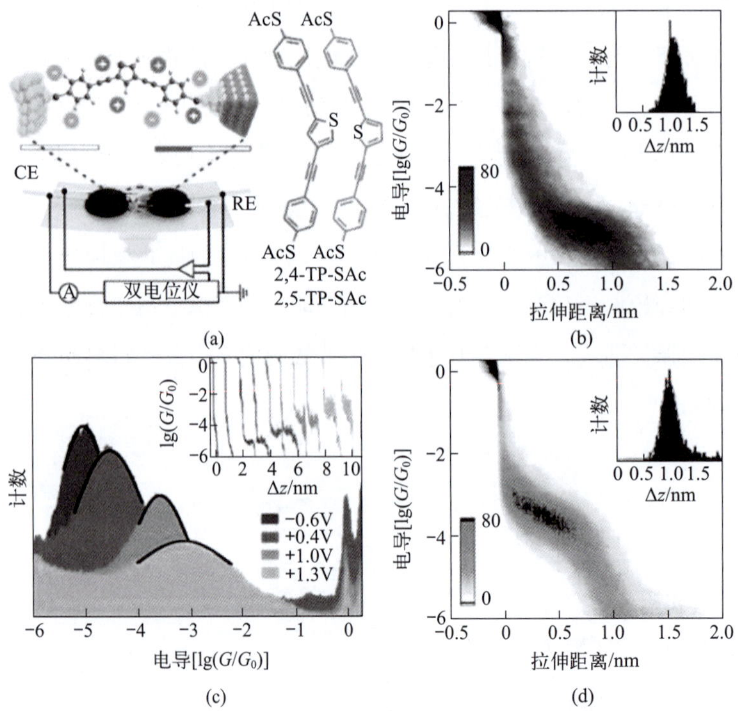

扫码看彩图

图 10-42　电化学门控机械可控裂结技术及分子结构示意图（a）；分子 2,4-TP-SAc 在相应电位下的一维电导直方图（b），内置插图：典型单根曲线示意图；分子 2,4-TP-SAc 在-0.6V 下的二维电导-距离直方图及其位移（Δz）分布图（c）；分子 2,4-TP-SAc 在 1.0V 下的二维电导-距离直方图及其位移分布图（d）[65]

王子潇等[66]提出了一种在对称性分子结构中构建和调整原位整流比的策略。该方法利用双恒电位仪分别控制电化学扫描隧道显微镜针尖和金片基底之间的电位，使电化学扫描隧道显微镜针尖尖端、目标分子和金片基底之间形成独立的能量排列。运用非对称能量排列调控的手段，在 ±0.5V 的电压范围内观察到了明显的单分子整流现象。进一步通过改变电子输运的分子轨道类型，例如调整目标分子和电解质浓度，实现了单分子整流效应的极性和振幅的调控。证明了在该方法中，调控整流效应既不需要创建不对称的分子结构，又不需要制造不对称的电极接触，提出了调控对称单分子整流效应的新方法，见图 10-43。

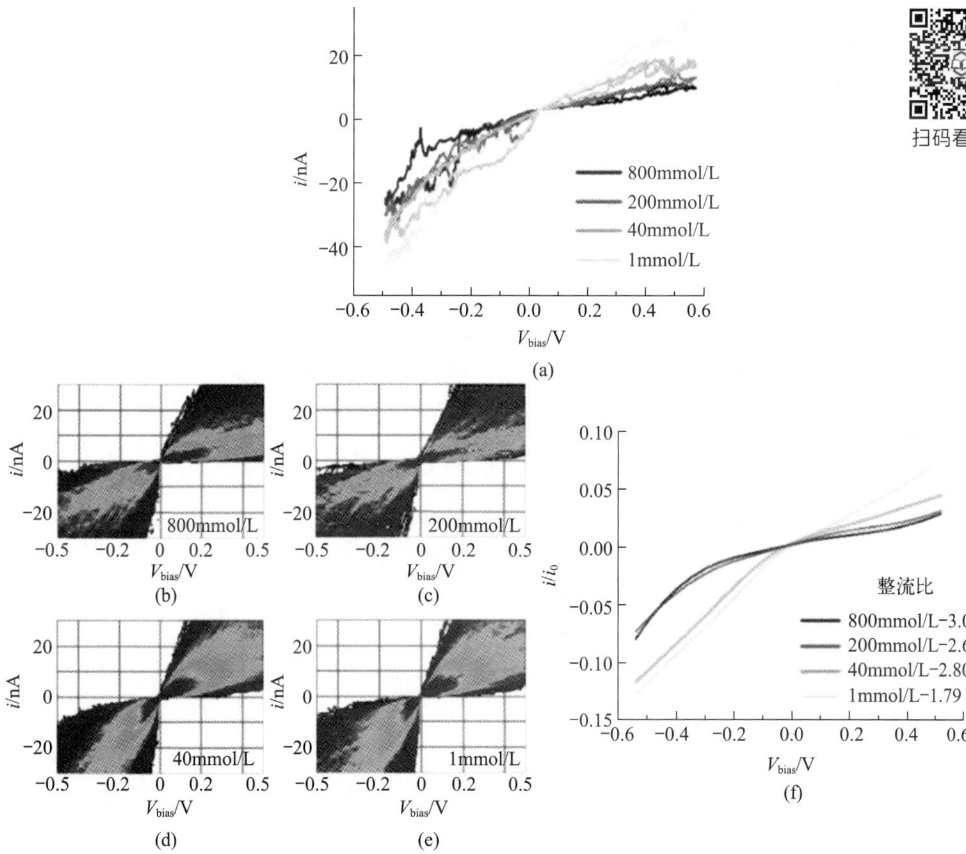

扫码看彩图

◇ 图 10-43　不同电解液浓度下，电化学电位从-0.5V 扫描到 +0.5V 时的单根 *i-V* 特性曲线（a）；在 800mmol/L、200mmol/L、40mmol/L 以及 1mmol/L 的电解液浓度下，分子 CABD 的二维叠加 *i-V* 曲线分布图［（b）~（e）］不同电解液浓度下，对图（b）~（e）中的结果进行拟合平均及归一化后的 *i-V* 特性曲线（f）[66]

除了扫描隧道显微镜单分子裂结技术之外，毛秉伟等[67]通过扫描隧道显微镜针尖和基底之间的跳跃-接触机制来重新定义新型扫描隧道显微镜裂结技术。通过将扫描隧道显微镜金针尖固定在金基底之上，并施加合适的电位，不同类型的外界金属，如铜、钯或铁，在针尖和基底之间形成了薄的金属纳米线并逐渐将两者连接。当扫描隧道显微镜针尖远离基底时，桥接纳米线的延伸在针尖与基底两端均产生原子级的尖锐电极。这一技术可以确定体系中形成单分子连接，提高了扫描隧道显微镜裂结技术的精确度，见图 10-44。

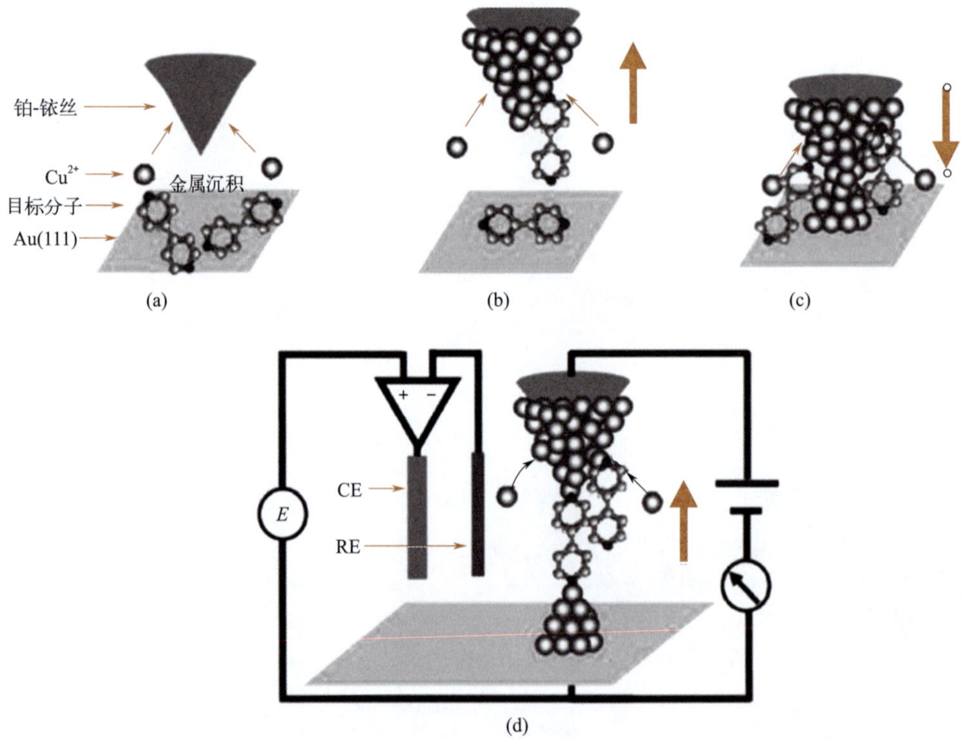

图 10-44　电化学扫描隧道显微镜裂结技术示意图，图为利用原位金属沉积法形成金属纳米线的过程[67]

Leary 等提出了一种新方法，可以在金属表面定位单个 C_{60}-Fl_2-C_{60} 分子。这类分子具有可视化的特点，而且在空间上具有一定刚性与体积，因此，可以通过扫描探针显微镜精确定位单个分子。此外，C_{60} 基团是一种强有力的锚定基团，其与金针尖或金基底一旦结合，通过拉伸桥连分子，即可观察单分子特征 i-V 曲线[68]。Moreno-Garcia 等研究了以 C_{60} 为端基的哑铃形分子，观察到了两种不同的单分子电导状态。这两种电导取决于扫描探针显微镜针尖施加在单分子结上的压力大小，这类分子有望成为机械外力控制下的单分子开关装置，具有潜在的应用价值[69]。

当分子只有一个锚定基团时，以上方法的使用受到了限制。Bumm 等[70]通过将目标分子嵌入另一个导电性较差的分子层基质中（例如烷基硫醇单分子层），目标分子比周围环境导电性更高，通过电导数值大小测定目标分子的接触，实现了单锚定基团分子的单分子电学特性测量，见图 10-45。

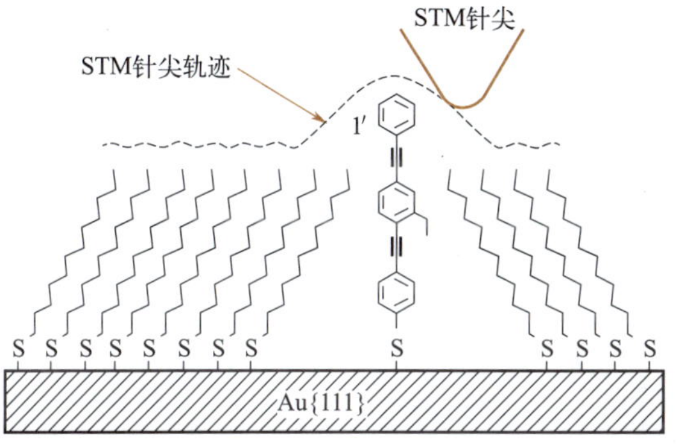

图 10-45　单锚定基团单分子测量示意图[70]

目标分子嵌入到 Au{111} 表面修饰的 1-十二硫醇分子层。STM 针尖对样品表面扫描过程中，当接触目标分子时会产生高电导信号，与低电导的烷基硫醇单分子层形成对比，从而实现单锚定基团单分子的测量

纳米颗粒与扫描探针显微镜针尖相比，尺寸更小且大小可调整。将纳米颗粒应用于扫描探针显微镜技术中，可实现纳米颗粒的可视化。Wilson 等[71]提出了一种基于导电原子力显微镜的单分子测量方法。首先，辛硫醇单分子层充当分子绝缘体，将二硫醇分子彼此分隔开来。再将单分子层在金纳米颗粒溶液中孵育，可使金纳米颗粒与二硫醇分子另一端的巯基相连。该方法是分子电子学裂结技术的前身，但是由于金纳米颗粒通常被涂上一层表面活性剂，扫描隧道显微镜针尖与纳米颗粒之间可能会形成一个额外的隧道结。因此，通过纳米颗粒的电荷传输会表现出库仑封锁效应，不利于单分子电导的确定。

电化学沉积也被应用于单分子裂结技术之中。电化学沉积可将金属原子电沉积到电极的特定表面上，并通过时间的累积不断缩小两个电极之间的间隙，达到单分子测量的需求。例如，在硅片上制作一对镀金电极，通过电化学方法和三电极体系将金属原子沉积在电极表面上，缩小了空隙大小。该方法具有一定的可逆性，即可以通过电流大小控制微电极的形成或溶解，表现出很强的实际操作能力（图 10-46）[72-75]。

经过近二十年的发展，分子电子学在扫描隧道显微镜裂结技术的基础上得到了众多基于扫描探针显微镜的衍生技术，可用于不同的研究对象与目的。目前，电化学门控 STM 断裂结的单分子分析方法逐渐尝试引入外部光场和磁场的调控，为未来的分子电子学的研

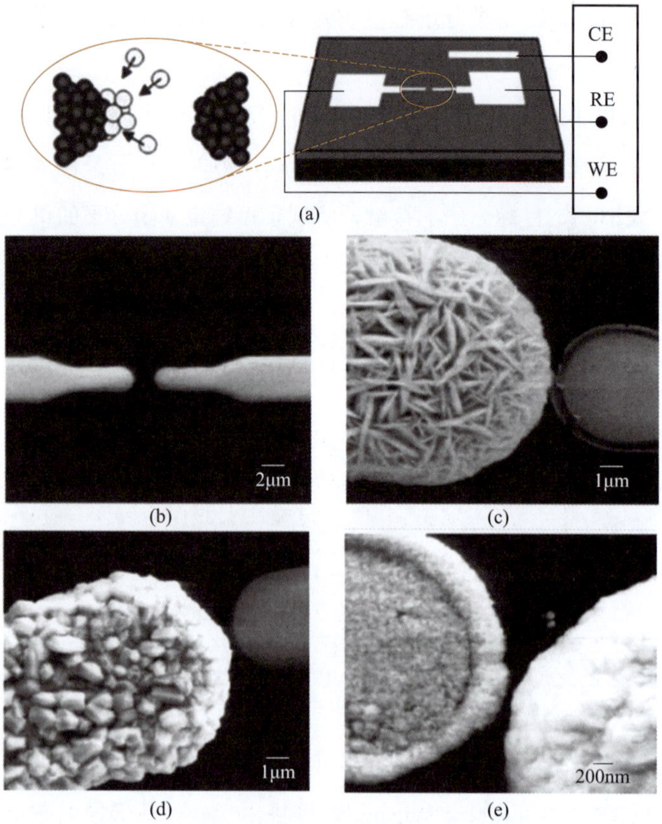

图 10-46 电化学沉积裂结技术装置图（a）；原始的双电极电镜图像（b），电极之间距离约 2μm；使用不同大小的恒定电流逐层沉积金属原子，当电流密度为 1.0mA/cm^2（c）、0.4mA/cm^2（d）、0.1mA/cm^2（e）时双电极距离逐渐减小[72]

究提供了方向。因此，单分子裂结的电化学门控技术在分子电子学和功能化器件的设计与优化中具有广阔的应用前景[76-83]。

综上所述，本章着重阐明单个体电化学研究的重要意义，并简要介绍几种单个体电化学的研究方法。获取单个体电化学信息的关键在于降低背景电流的同时，引入一定的空间分辨能力。从这两点出发，首先介绍了“单颗粒-纳米电极”结构的构筑策略，详细介绍了如何直接获取单个颗粒的电流信息。随后，介绍了单颗粒碰撞电化学的发展历史与测量原理，并展示了单颗粒碰撞电化学方法在研究金属、半导体、生物大分子、液滴等不同单颗粒的应用。虽然这两种方法在单颗粒电流的直接测量上展现出强大的应用潜力，但它们都不具备空间分辨的能力，这意味着我们只能在时间上分辨单颗粒的电化学信息，其空间上的异质性并不能够被反馈。因此人们迫切希望开发高时空分辨、高通量的单颗粒电化学测量方法。在这里，主要介绍了光学成像技术在单颗粒电化学测量中的应用。由于电化学反应过程或多或少均会涉及物相改变或电子态密度的变化，因此通过合适的光学成像方法，就可以对电化学反应造成的环境变化进行超灵敏的时空分辨，进而建立可靠的光学-电化学信号转换机制，实现单颗粒电化学信息的攫取。为了进一步说明这一构想的可行性，首先简要介绍了常见的光学成像技术，从其成像原理出发证明其研究单颗粒电化学的可行性。在此基础上，又介绍了几种基于光学成像的单颗粒电分析方法。例如，如何通过光学信号获取单颗粒的循环伏安特性，如何测量单颗粒的电化学阻抗谱等。此外，通过光学成像技术和纳米电化学测量技术，如单颗粒碰撞电化学方法，可以对单颗粒碰撞的过程进行高时空分辨，揭示电接触对于纳米尺度电子转移过程的主导因素。还介绍了光学质心定位策略对于研究单颗粒电化学反应过程中结构演化的应用，证明了光学成像技术对于单颗粒电化学过程研究独到的优势；基于光学成像单颗粒电化学研究的大量案例，包括如何通过光学成像方法测量单个纳米线的电化学表面应力、如何对单颗粒电沉积过程不同晶面取向的构效关系进行研究等。在本章最后介绍了一部分扫描探针显微镜研究单分子电化学行为的案例，旨在展示显微成像技术在空间上高分辨操控、测量单分子电化学行为的能力，让读者能从中受到启发。由于电极反应界面的电化学反应在时间和空间上都是高度异质的，因此，发展单个体电化学测量技术，有助于充分理解电极反应过程的本质，对于指导纳米电催化剂的筛选、电化学传感体系的优化以及电极材料的设计与合成等方面具有十分重要的意义。

参考文献

[1] Li Y X, Cox J T, Zhang B. Electrochemical responses and electrocatalysis at single Au nanoparticles[J]. J Am Chem Soc, 2010, 132(9): 3047-3054.

[2] Quast T, Aiyappa H B, Saddeler S, et al. Single-entity electrocatalysis of individual “Picked-and-Dropped” Co_3O_4 nanoparticles on the tip of a carbon nanoelectrode[J]. Angew Chem Int Ed, 2021, 60(7): 3576-3580.

[3] Aiyappa H B, Wilde P, Quast T, et al. Oxygen evolution electrocatalysis of a single MOF-derived composite nanoparticle on the tip of a nanoelectrode[J]. Angew Chem Int Ed, 2019, 58(26): 8927-8931.

[4] Gooding J. Advances in interfacial design sensors: Aryl diazonium salts for electrochemical biosensors and for modifying carbon and metal electrodes[J]. Electroanalysis, 2008, 20(6): 573-582.

[5] Micka K. Depolarisation der quecksilbertropfelektrode durch suspensionen unlöslicher stoffe Ⅰ. Allgemeine beobachtungen[J]. Collect Czechoslov Chem Commun, 1956, 21(3): 647-651.

[6] Heyrovsky M, Jirkovsky J. Polarography and voltammetry of ultrasmall colloids: Introduction to a new field[J]. Langmuir, 1995, 11(11): 4288-4292.

[7] Quinn B M, Van't Hof P G, Lemay S G. Time-resolved electrochemical detection of discrete

adsorption events[J]. J Am Chem Soc, 2004, 126(27): 8360-8361.
[8] Xiao X, Bard A J. Observing single nanoparticle collisions at an ultramicroelectrode by electrocatalytic amplification[J]. J Am Chem Soc, 2007, 129(31): 9610-9612.
[9] Zhou Y G, Rees N V, Compton R G. The electrochemical detection and characterization of silver nanoparticles in aqueous solution[J]. Angew Chem Int Ed, 2011, 50(18): 4219-4221.
[10] Xiao X Y, Fan F R, Zhou J P, et al. Current transients in single nanoparticle collision events[J]. J Am Chem Soc, 2008, 130(49): 16669-16677.
[11] Kwon S J, Fan F R F, Bard A J. Observing iridium oxide (IrO_x) single nanoparticle collisions at ultramicroelectrodes[J]. J Am Chem Soc, 2010, 132(38): 13165-13167.
[12] Dick J E, Renault C, Bard A J. Observation of single-protein and DNA macromolecule collisions on ultramicroelectrodes[J]. J Am Chem Soc, 2015, 137(26): 8376-8379.
[13] Oja S M, Robinson D A, Vitti N J, et al. Observation of multipeak collision behavior during the electro-oxidation of single Ag nanoparticles[J]. J Am Chem Soc, 2017, 139(2): 708-718.
[14] Robinson D A, Liu Y W, Edwards M A, et al. Collision dynamics during the electrooxidation of individual silver nanoparticles[J]. J Am Chem Soc, 2017, 139(46): 16923-16931.
[15] Ustarroz J, Kang M, Bullions E, et al. Impact and oxidation of single silver nanoparticles at electrode surfaces: One shot versus multiple events[J]. Chem Sci, 2017, 8(3): 1841-1853.
[16] Ma H, Chen J F, Wang H F, et al. Exploring dynamic interactions of single nanoparticles at interfaces for surface-confined electrochemical behavior and size measurement[J]. Nat Commun, 2020, 11(1): 2307.
[17] Defnet P A, Zhang B. Collision, adhesion, and oxidation of single Ag nanoparticles on a polysulfide-modified microelectrode[J]. J Am Chem Soc, 2021, 143(39): 16154-16162.
[18] Lu S M, Chen J F, Peng Y Y, et al. Understanding the dynamic potential distribution at the electrode interface by stochastic collision electrochemistry[J]. J Am Chem Soc, 2021, 143(32): 12428-12432.
[19] Chen M, Lu S M, Wang H W, et al. Monitoring photoinduced interparticle chemical communication *in situ*[J]. Angew Chem Int Ed, 2023, 62(10): e202215631.
[20] Zhou M, Jiang Y, Wang G, et al. Single-atom Ni-N_4 provides a robust cellular NO sensor[J]. Nat Commun, 2020, 11(1): 3188.
[21] Guo S Y, Jiang Y N, Wu F, et al. Graphdiyne-promoted highly efficient photocatalytic activity of graphdiyne/silver phosphate Pickering emulsion under visible-light irradiation[J]. ACS Appl Mater Inter, 2019, 11(3): 2684-2691.
[22] Liu Y, Xu C, Yu P, et al. Counting and sizing of single vesicles/liposomes by electrochemical events[J]. ChemElectroChem, 2018, 5(20): 2954-2962.
[23] Lin Y Q, Zhang Z P, Zhao L Z, et al. A non-oxidative electrochemical approach to online measurements of dopamine release through laccase-catalyzed oxidation and intramolecular cyclization of dopamine[J]. Biosens Bioelectron, 2010, 25(6): 1350-1355.
[24] Xu C, Liu Y, Xiong T Y, et al. Dynamic behavior of charged particles at the nanopipette orifice[J]. ACS Sens, 2021, 6(6): 2330-2338.
[25] Liu Y, Xu C, Gao T N, et al. Sizing single particles at the orifice of a nanopipette[J]. ACS Sens, 2020, 5(8): 2351-2358.
[26] Liu Y, Xu C, Chen X W, et al. Voltage-driven counting of phospholipid vesicles with nanopipettes by resistive-pulse principle[J]. Electrochem Commun, 2018, 89: 38-42.
[27] Li H M, Zhang X X, Sun Z H, et al. Rapid screening of bimetallic electrocatalysts using single nanoparticle collision electrochemistry[J]. J Am Chem Soc, 2022, 144(36): 16480-16489.
[28] Zhong R, Wang X Y, Tao Q Q, et al. From ensemble electrochemistry to nano-impact

electrochemistry: Altered reaction selectivity[J]. Angew Chem Int Ed, 2022, 61(37): e202207270.

[29] Zhang W M, Li J, Xia X H, et al. Enhanced electrochemistry of single plasmonic nanoparticles[J]. Angew Chem Int Ed, 2022, 61(8): e202115819.

[30] Zhang J H, Liu M J, Zhou F, et al. Homogeneous electrochemical immunoassay using an aggregation-collision strategy for alpha-fetoprotein detection[J]. Anal Chem, 2023, 95(5): 3045-3053.

[31] Fernando A, Parajuli S, Alpuche-Aviles M A. Observation of individual semiconducting nanoparticle collisions by stochastic photoelectrochemical currents[J]. J Am Chem Soc, 2013, 135(30): 10894-10897.

[32] Peng Y Y, Ma H, Ma W, et al. Single-nanoparticle photoelectrochemistry at a nanoparticulate TiO_2-filmed ultramicroelectrode[J]. Angew Chem Int Ed, 2018, 57(14): 3758-3762.

[33] Kim B K, Kim J, Bard A J. Electrochemistry of a single attoliter emulsion droplet in collisions[J]. J Am Chem Soc, 2015, 137(6): 2343-2349.

[34] Cheng W, Compton R G. Quantifying the electrocatalytic turnover of Vitamin B_{12}-mediated dehalogenation on single soft nanoparticles[J]. Angew Chem Int Ed, 2016, 55(7): 2545-2549.

[35] Dick J E, Hilterbrand A T, Boika A, et al. Electrochemical detection of a single cytomegalovirus at an ultramicroelectrode and its antibody anchoring[J]. Proc Natl Acad Sci USA, 2015, 112(17): 5303-5308.

[36] Liang Z, Li J, Zhou Y G. From nanoparticle ensembles to single nanoparticles: Techniques for the investigation of plasmon enhanced electrochemistry[J]. Chem Eur J, 2022, 28(53): e202201489.

[37] Sepunaru L, Sokolov S V, Holter J, et al. Electrochemical red blood cell counting: One at a time[J]. Angew Chem Int Ed, 2016, 55(33): 9768-9771.

[38] Dunevall J, Fathali H, Najafinobar N, et al. Characterizing the catecholamine content of single mammalian vesicles by collision-adsorption events at an electrode[J]. J Am Chem Soc, 2015, 137(13): 4344-4346.

[39] Li X C, Majdi S, Dunevall J, et al. Quantitative measurement of transmitters in individual vesicles in the cytoplasm of single cells with nanotip electrodes[J]. Angew Chem Int Ed, 2015, 54(41): 11978-11982.

[40] Najafinobar N, Lovrić J, Majdi S, et al. Excited fluorophores enhance the opening of vesicles at electrode surfaces in vesicle electrochemical cytometry[J]. Angew Chem Int Ed, 2016, 55(48): 15081-15085.

[41] Li X C, Dunevall J, Ren L, et al. Mechanistic aspects of vesicle opening during analysis with vesicle impact electrochemical cytometry[J]. Anal Chem, 2017, 89(17): 9416-9423.

[42] Yue Q W, Wang K, Guan M, et al. Single-vesicle electrochemistry reveals sex difference in vesicular storage and release of catecholamine[J]. Angew Chem Int Ed, 2022, 61(14): e202117596.

[43] Jiang D, Jiang Y Y, Li Z M, et al. Optical imaging of phase transition and Li-ion diffusion kinetics of single $LiCoO_2$ nanoparticles during electrochemical cycling[J]. J Am Chem Soc, 2017, 139(1): 186-192.

[44] Jiang D, Sun L L, Liu T, et al. Thin-film electrochemistry of single Prussian blue nanoparticles revealed by surface plasmon resonance microscopy[J]. Anal Chem, 2017, 89(21): 11641-11647.

[45] Niu B, Jiang W X, Jiang B, et al. Determining the depth of surface charging layer of single Prussian blue nanoparticles with pseudocapacitive behaviors[J]. Nat Commun, 2022, 13(1): 2316.

[46] Sun L L, Wang W, Chen H Y. Dynamic nanoparticle-substrate contacts regulate multi-peak behavior of single silver nanoparticle collisions[J]. ChemElectroChem, 2018, 5(20): 2995-2999.
[47] Wei W, Yuan T L, Jiang W X, et al. Accessing the electrochemical activity of single nanoparticles by eliminating the heterogeneous electrical contacts[J]. J Am Chem Soc, 2020, 142(33): 14307-14313.
[48] Jiang W X, Wei W, Yuan T L, et al. Tracking the optical mass centroid of single electroactive nanoparticles reveals the electrochemically inactive zone[J]. Chem Sci, 2021, 12 (24): 8556-8562.
[49] Liu T, Liu S S, Jiang W X, et al. Tracking sub-nanometer shift in the scattering centroid of single gold nanorods during electrochemical charging[J]. ACS Nano, 2019, 13(6): 6279-6286.
[50] Yuan T L, Wei W, Jiang W X, et al. Vertical diffusion of ions within single particles during electrochemical charging[J]. ACS Nano, 2021, 15(2): 3522-3528.
[51] Qin L X, Li Y, Li D W, et al. Electrodeposition of single-metal nanoparticles on stable protein 1 membranes: Application of plasmonic sensing by single nanoparticles[J]. Angew Chem Int Ed, 2012, 51(1): 140-144.
[52] Hill C M, Pan S L. A dark-field scattering spectroelectrochemical technique for tracking the electrodeposition of single silver nanoparticles[J]. J Am Chem Soc, 2013, 135(46): 17250-17253.
[53] Fosdick S E, Anderson M J, Nettleton E G, et al. Correlated electrochemical and optical tracking of discrete collision events[J]. J Am Chem Soc, 2013, 135(16): 5994-5997.
[54] Shan X, Díez-Pérez I, Wang L, et al. Imaging the electrocatalytic activity of single nanoparticles[J]. Nat Nanotechnol, 2012, 7(10): 668-672.
[55] Hao R, Peng Z Y, Zhang B. Single-molecule fluorescence microscopy for probing the electrochemical interface[J]. ACS Omega, 2020, 5(1): 89-97.
[56] Zhang W, Caldarola M, Pradhan B, et al. Gold nanorod enhanced fluorescence enables single-molecule electrochemistry of methylene blue[J]. Angew Chem Int Ed, 2017, 56(13): 3566-3569.
[57] Hao R, Fan Y S, Howard M D, et al. Imaging nanobubble nucleation and hydrogen spillover during electrocatalytic water splitting[J]. Proc Natl Acad Sci USA, 2018, 115(23): 5878-5883.
[58] Pan S L, Liu J, Hill C M. Observation of local redox events at individual Au nanoparticles using electrogenerated chemiluminescence microscopy[J]. J Phys Chem C, 2015, 119(48): 27095-27103.
[59] Wilson A J, Marchuk K, Willets K A. Imaging electrogenerated chemiluminescence at single gold nanowire electrodes[J]. Nano Lett, 2015, 15(9): 6110-6115.
[60] Xu J J, Huang P Y, Qin Y, et al. Analysis of intracellular glucose at single cells using electrochemiluminescence imaging[J]. Anal Chem, 2016, 88(9): 4609-4612.
[61] Zhu M J, Pan J B, Wu Z Q, et al. Electrogenerated chemiluminescence imaging of electrocatalysis at a single Au-Pt Janus nanoparticle[J]. Angew Chem Int Ed, 2018, 57(15): 4010-4014.
[62] Wang Y F, Guo W L, Yang Q, et al. Electrochemiluminescence self-interference spectroscopy with vertical nanoscale resolution[J]. J Am Chem Soc, 2020, 142(3): 1222-1226.
[63] Wang H, Wang Z X, Wang Y, et al. Potential dependence of mechanical stability and electronic coupling of single S—Au bonds[J]. J Am Chem Soc, 2018, 140(51)： 18074-18081.
[64] Li Y Q, Haworth N L, Xiang L M, et al. Mechanical stretching-induced electron-transfer reactions and conductance switching in single molecules[J]. J Am Chem Soc, 2017, 139(41): 14699-14706.
[65] Bai J, Daaoub A, Sangtarash S, et al. Anti-resonance features of destructive quantum

interference in single-molecule thiophene junctions achieved by electrochemical gating[J]. Nat Mater, 2019, 18(4): 364-369.

[66] Wang Z X, Palma J L, Wang H, et al. Electrochemically controlled rectification in symmetric single-molecule junctions[J]. Proc Natl Acad Sci USA, 2022, 119(39): e2122183119.

[67] Li J J, Bai M L, Chen Z B, et al. Giant single-molecule anisotropic magnetoresistance at room temperature[J]. J Am Chem Soc, 2015, 137(18): 5923-5929.

[68] Zhou X S, Wei Y M, Liu L, et al. Extending the capability of STM break junction for conductance measurement of atomic-size nanowires: An electrochemical strategy[J]. J Am Chem Soc, 2008, 130(40): 13228-13230.

[69] Nishijima H, Kamo S, Akita S, et al. Carbon-nanotube tips for scanning probe microscopy: Preparation by a controlled process and observation of deoxyribonucleic acid[J]. Appl Phys Lett, 1999, 74(26): 4061-4063.

[70] Bumm L A, Arnold J J, Cygan M T, et al. Are single molecular wires conducting?[J]. Science, 1996, 271(5256): 1705-1707.

[71] Wilson N R, MacPherson J V. Carbon nanotube tips for atomic force microscopy[J]. Nat Nanotechnol, 2009, 4(8): 483-491.

[72] Lee H J, Ho W. Single-bond formation and characterization with a scanning tunneling microscope[J]. Science, 1999, 286(5445): 1719-1722.

[73] Leary E, González M T, van der Pol C, et al. Unambiguous one-molecule conductance measurements under ambient conditions[J]. Nano Lett, 2011, 11(6): 2236-2241.

[74] Moreno-García P, La Rosa A, Kolivoška V, et al. Charge transport in C_{60}-based dumbbell-type molecules: Mechanically induced switching between two distinct conductance states[J]. J Am Chem Soc, 2015, 137(6): 2318-2327.

[75] Bumm L A, Arnold J J, Cygan M T, et al. Are single molecular wires conducting? [J]. Science, 1996, 271(5256): 1705-1707.

[76] Cui X D, Primak A, Zarate X, et al. Reproducible measurement of single-molecule conductivity[J]. Science, 2001, 294(5542): 571-574.

[77] Andres R P, Bein T, Dorogi M, et al. Coulomb staircase at room temperature in a self-assembled molecular nanostructure[J]. Science, 1996, 272(5266): 1323-1325.

[78] Song H, Kim Y, Ku J, et al. Vibrational spectra of metal-molecule-metal junctions in electromigrated nanogap electrodes by inelastic electron tunneling[J]. Applied Physics Letters, 2009, 94(10): 103110.

[79] Morpurgo A F, Marcus C M, Robinson D B. Controlled fabrication of metallic electrodes with atomic separation[J]. Applied Physics Letters, 1999, 74(14): 2084-2086.

[80] Li C Z, He H X, Tao N J. Quantized tunneling current in the metallic nanogaps formed by electrodeposition and etching[J]. Applied Physics Letters, 2000, 77(24): 3995-3997.

[81] Wu Y, Hong W, Akiyama T, et al. Batch fabrication of gold-gold nanogaps by E-beam lithography and electrochemical deposition[J]. Nanotechnology, 2013, 24(23): 235302.

[82] Bonifas A P, McCreery R L. ‘Soft’ Au, Pt and Cu contacts for molecular junctions through surface-diffusion-mediated deposition[J]. Nat Nanotechnol, 2010, 5(8): 612-617.

[83] Bonifas A P, McCreery R L. Assembling molecular electronic junctions one molecule at a time[J]. Nano Lett, 2011, 11(11): 4725-4729.

缩写词汇表

英文缩写	英文全称	中文名称
MCO	multicopper oxidases	多铜氧化酶
CV	cyclic voltammetry	循环伏安法
ECL	electrogenerated chemilumi-nescence	电化学发光
DLS	dynamic light scattering	动态光散射
SPR	surface plasmon resonance	表面等离激元共振
LSPR	local surface plasmon resonance	局域表面等离激元共振
UPD	underpotential deposition	欠电位沉积
UME	ultramicroelectrode	超微电极
STM	scanning tunneling microscope	扫描隧道显微镜
BOD	bilirubin oxidase	胆红素氧化酶
Lac	laccase	漆酶
GOD/GOx	glucose oxidase	葡萄糖氧化酶
GDH	glucose dehydrogenase	葡萄糖脱氢酶
CDH	cellobiose dehydrogenase	纤维二糖脱氢酶
FAD	flavin adenine dinucleotide	黄素腺嘌呤二核苷酸
NAD	nicotinamide adenine dinucleotide	烟酰胺腺嘌呤二核苷酸
PQQ	pyrroloquinoline quinone	吡咯并喹啉醌
GSH	glutathione	谷胱甘肽
ET	electron transfer	电子转移
GCE	glassy carbon electrode	玻碳电极
AgNPs	silver nanoparticles	银纳米颗粒
LIG	laser-induced graphene	激光诱导石墨烯
PDMS	polydimethylsiloxane	聚二甲基硅氧烷
OPH	organphosphorus hydrolase	有机磷水解酶
TMB	tetramethylbenzidine	四甲基联苯胺
AuNPs	Au nanoparticles	金纳米颗粒
EIS	electrochemical impedance spectroscopy	电化学阻抗谱
BFC	biofuel cell	生物燃料电池

续表

英文缩写	英文全称	中文名称
MFC	microbial fuel cell	微生物燃料电池
EBFC	enzymatic biofuel cell	酶生物燃料电池
EBFC-SPB	EBFC-self powered biosensors	基于 EBFC 的自供能生物传感器
AFP	alpha fetoprotein	甲胎蛋白
APBA	aminophenylboronic acid	氨基苯硼酸
CNT	carbon nanotube	碳纳米管
DNA	deoxyribonucleic acid	脱氧核糖核酸
AMP	ampicillin	氨苄西林
ATP	adenosine triphosphate	三磷酸腺苷
RNA	ribonucleic acid	核糖核酸
ORR	oxidation-reduction reaction	氧还原反应
CF	carbon fiber	碳纤维
TIF	tetrathiafulvalene	四硫富瓦烯
E_{OCV}	open circuit voltage	开路电压
EXOs	exosomes	外泌体
HRP	horseradish peroxidase	辣根过氧化物酶
NADH	nicotinamide adenine dinucleotide	还原型烟酰胺腺嘌呤二核苷酸
ITO	indium tin oxide	氧化铟锡
Au NCs	Au nanoclusters	金纳米簇
Ag NCs	silver nanoclusters	银纳米簇
AFP	α-Fetoprotein	甲胎蛋白
IgG	immunoglobulin G	免疫球蛋白 G
α-SYN	α-synuclein	突触核蛋白
CEA	carcino-embryonic antigen	癌胚抗原
PSA	prostate-specific antigen	前列腺特异性抗原
IL	interleukin	白介素
MMP	matrix metalloproteinase	金属基质蛋白酶
SWNTs	single-walled carbon nanotubes	单壁碳纳米管
LAPS	light addressable potentiometric sensor	光寻址电位传感器
GOx	glucose oxidase	葡萄糖氧化酶
ALP	alkaline phosphatase	碱性磷酸酯酶
AChE	acetylcholinesterase	乙酰胆碱酯酶

索引

G

H

J

K

L

M

N